## ·1000MW 超超临界机组发电技术丛书·

# 集控运行

JIKONG YUNXING

本书编写组　编

中国电力出版社
CHINA ELECTRIC POWER PRESS

## 内 容 提 要

　　本书详细介绍百万千瓦超超临界机组各设备系统结构、原理、功能等，重点突出运行岗位技能操作特点，内容包括汽轮机设备系统运行、锅炉设备系统运行、电气设备系统运行、机组启动操作、机组停运操作、运行技术措施、化学设备系统运行、除灰除渣系统运行、脱硫系统运行、事故案例分析等。

　　本书适用于百万千瓦超超临界发电机组生产、技术、管理岗位人员培训需要，也可作为高等院校电力相关专业师生学习参考。

**图书在版编目（CIP）数据**

集控运行/《集控运行》编写组编 . —北京：中国电力出版社，2019.3
（1000MW 超超临界机组发电技术丛书）

ISBN 978-7-5198-2580-5

Ⅰ.①集… Ⅱ.①集… Ⅲ.①火电厂-超临界机组-发电机组-集中控制-运行 Ⅳ.①TM621.3

中国版本图书馆 CIP 数据核字（2018）第 250052 号

出版发行：中国电力出版社
地　　址：北京市东城区北京站西街 19 号 （邮政编码 100005）
网　　址：http://www.cepp.sgcc.com.cn
责任编辑：宋红梅（010-63412383）
责任校对：王小鹏
装帧设计：赵姗姗
责任印制：吴　迪

印　　刷：三河市百盛印装有限公司
版　　次：2019 年 3 月第一版
印　　次：2019 年 3 月北京第一次印刷
开　　本：787 毫米×1092 毫米　16 开本
印　　张：26.5
字　　数：656 千字
印　　数：0001—1500 册
定　　价：**98.00 元**

# 编 委 会

# 前　言

　　2006 年 11 月，国内首台百万千瓦超超临界机组在浙江玉环正式投运，标志着我国火电机组发展迈入新纪元。近十余年来，我国先后投产百万千瓦机组 100 余台，大容量、高参数、低能耗、少污染特性的百万千瓦机组蓬勃发展，俨然成为火电行业的主力军。为确保百万千瓦机组的安全、稳定、经济运行，相应的运行技能和继续教育等培训工作就显得尤为重要。

　　为顺应这一形势发展需要，确保广大生产岗位、技术岗位和管理岗位人员熟悉、了解和掌握百万千瓦超超临界发电机组的性能和特点，在中国电力出版社的大力支持和指导下，华能玉环电厂成立了编写委员会，启动了编写工作，几易其稿，不断修编，至 2017 年 6 月基本完成，并邀请专家进行审稿，力求内容更适合百万千瓦超超临界机组运行岗位培训需求。

　　本书详细阐述了汽轮机设备系统运行、锅炉设备系统运行、电气设备系统运行、机组启动操作、机组停运操作、运行技术措施、化学设备系统运行、除灰除渣系统运行、脱硫系统运行、事故案例分析等内容，以华能玉环电厂设备系统为蓝本，详细介绍百万千瓦超超临界机组各设备系统结构、原理、功能等，重点突出运行岗位技能操作特点，适用于百万千瓦超超临界发电机组生产、技术、管理岗位人员培训需要，也可作为高等院校电力相关专业师生学习参考。

　　在本书的编写过程中，得到了华能集团公司、华能浙江分公司以及相关专家学者的帮助，我们在此一并表示感谢。同时，我们要感谢中国电力出版社，多次派出资深编辑对我们的编写工作进行指导，协助解决实际问题，对我们的工作给予了全方位的支持。

　　由于编审人员水平有限，本书的疏漏之处在所难免，恳请广大读者提出宝贵意见，便于我们修改完善，提高本书质量，以更好的服务于我国电力培训工作。

编委会

2018 年 12 月

# 目　录

# 第一章

# 概　　述

　　自 20 世纪末我国先后引进多台大容量超临界机组，并陆续投运，经过多年的运行实践，已经掌握了超临界火电机组的运行及检修技术。在火力发电机组的发展过程中，超临界机组和超超临界机组是同时开发和交叉发展的。国内外经过近半个世纪的研究、发展和完善，超临界和超超临界机组已经进入了成熟和商业化运行的阶段。

## 第一节　超超临界火电机组优势

　　火电机组锅炉按照蒸汽参数可分为低压锅炉（出口蒸汽压力不大于 2.45MPa）、中压锅炉（2.94～4.90MPa）、高压锅炉（7.8～10.8MPa）、超高压锅炉（11.8～14.7MPa）、亚临界压力锅炉（15.7～19.6MPa）、超临界压力锅炉（大于 22.1MPa）和超超临界压力锅炉（大于 27MPa）。所谓超临界机组是指主蒸汽压力大于水的临界压力 22.12MPa 的机组，而亚临界机组通常指主蒸汽压力在 15.7～19.6MPa 的机组。习惯上，又将超临界机组分为两个层次：一是常规超临界参数机组，其主蒸汽压力一般 24MPa 左右，主蒸汽和再热蒸汽温度为 540～560℃；二是超超临界机组，其主蒸汽压力为 25～35MPa 及以上，主蒸汽和再热蒸汽温度一般 580℃以上。

　　在超临界与超超临界状态，水由液态一次直接加热成为汽态，即由不饱和水直接成为饱和蒸汽或微过热蒸汽，其热效率较高，因此超超临界机组具有煤耗低、环保性能好、技术含量高的特点，一般机组热效率能够达到 45％左右。节煤是超超临界技术的最大优势，通常情况下，亚临界机组（16.7MPa/538℃/538℃）热效率约为 38％，超临界机组（24.1MPa/538℃/538℃）热效率约为 41％，而超超临界机组蒸汽参数愈高，热效率也随之提高。

　　热力循环分析表明，在超超临界机组参数范围的条件下，主蒸汽压力每提高 1MPa，机组的热耗率就可下降 0.13％～0.15％；主蒸汽温度每提高 10℃，机组的热耗率就可下降 0.25％～0.30％；再热蒸汽温度每提高 10℃，机组的热耗率就可下降 0.15％～0.20％。在一定的范围内，如果采用二次再热，则其热耗率可较采用一次再热机组下降 1.4％～1.6％。超临界机组的热效率比亚临界机组高 2％～3％，超超临界机组的热效率比超临界机组高 2％～4％。据测算，常规超临界机组比亚临界机组煤耗低 10g，而超超临界机组又比常规超临界机组煤耗低 10g/（kWh）左右。

　　并且，大容量、高参数的超超临界机组发电技术与同等容量的亚临界或超临界机组相比，在煤耗降低的同时，可以实现较低的污染物排放量，从而减少了对大气的环境污染。另

1

外，大容量超超临界机组还具有良好的启停、运行和调峰性能，能够满足电网负荷的调峰要求，变负荷速率比常规机组高出 10％～20％，可以在较大的负荷范围内实现变压运行。

目前为提高机组的热效率，有两种选择：一是提高初压并采用两次再热，可使机组的热效率提高 1％～2％，但调温方式、设备结构与系统趋于复杂，运行控制难度不断提高，机组可用率下降；二是主汽压力在 24～25MPa，提高主再热汽温向 600℃/600℃发展，从目前来看，明显后者是主流。未来的发展以更高的参数为方向，蒸汽初温将提高到 700℃，再热汽温达 720℃，相应的主蒸汽压力将从目前的 30MPa 左右提高到 35～40MPa，机组的热效率可达到 50％～55％。

## 第二节　超超临界火电机组运行特性

### 一、热效率高、煤耗低

超超临界机组热效率高、煤耗低，故可节约燃料，降低能源消耗和减少大气污染物的排放量。

### 二、流动特性稳定

超超临界机组在超临界状态时水和蒸汽比体积相同，状态相似，单相的流动特性稳定，没有汽水分层和在中间集箱处分配不均的困难，并不需要像亚临界压力锅炉那样用复杂的分配系统来保证良好的汽水混合，回路比较简单。

### 三、流体阻力低

超超临界机组锅炉水冷壁管道内单相流体阻力比亚临界汽包炉双相流体阻力低。

### 四、导热系数高

超超临界机组在超临界压力下，工质的导热系数和比热容要较亚临界压力下的高。

### 五、水冷壁管内径细

超超临界机组在超临界压力下工质的比体积和流量较亚临界的小，故锅炉水冷壁管内径较细，汽轮机的叶片高度可以缩短，汽缸可以变小，降低了设备成本。

### 六、采用汽水分离器

超超临界压力直流锅炉没有大直径厚壁的汽包和下降管，制造时不需要大型的卷板机和锻压机等机械，制造、安装、运输方便。同时取消汽包而采用汽水分离器，汽水分离器远比亚临界锅炉的汽包壁薄，内部装置也很简单，制造工艺也相对容易，相应地降低了成本。

### 七、启动、停炉快

超超临界压力直流锅炉不存在汽包上、下壁温差等安全应力的问题，而且其金属质量和储水量小，因而锅炉的储热能力差，所以其增减负荷允许的速度相对较快，启动、停炉时间可大大缩短。一般在较高负荷（80％～100％）时，其负荷变动率可达每分钟10％额定负荷。

## 八、水质要求较高

超超临界机组对水质的要求较高，使水处理设备费用增加，例如，蒸汽中铜、铁和二氧化硅等固形物的溶解度是随着蒸汽密度的减小而增大，因而在超超临界压力下，即使温度不高，铜、铁和二氧化硅等的溶解度也很高，为防止其在锅炉蒸发受热面及汽轮机叶片上结垢，超超临界锅炉需采取100％的凝结水精处理，以除盐除铁。

## 九、适宜于变压运行

超超临界压力锅炉的蓄热特性不及汽包炉，外界负荷变动时，汽温、汽压变化快，必须有相当灵敏可靠的自动调节系统，锅炉的自控水平要求也较高。变压运行的超超临界锅炉压力随机组负荷变化而变化，不需用汽轮机调节门控制机组负荷；而且部分负荷运行时，由于蒸汽体积流量变化小，能保持较高的汽轮机效率，并通过改善锅炉过热器和再热器的流量分配，提高了机组效率。

## 十、锅炉配套特有的启动系统

超超临界机组直流锅炉在启动前必须建立一定的启动流量和启动压力，强迫工质流经水冷壁等受热面，使其得到冷却。但是，不同于汽包锅炉有汽包作为汽水固定的分界点，直流锅炉是水在锅炉管中加热、蒸发和过热后直接向汽轮机供汽，在启停或低负荷运行过程中有可能提供的不是过热蒸汽，而是湿饱和蒸汽，甚至是汽水混合物。因此，直流锅炉必须配套特有的启动系统，以保证锅炉启停和低负荷运行期间水冷壁的安全和正常供汽。

超超临界直流锅炉的启动流量一般为额定流量的30％～35％。丹麦超超临界锅炉的启动流量为30％MCR（最大持续额定功率）。华能上海石洞口第二电厂超临界锅炉的启动流量为35％MCR。日本超临界锅炉启动流量选取得较小，一般为25％～30％MCR。

根据超超临界直流锅炉启动分离器的运行方式，启动系统可分为内置式和外置式两种。外置式启动分离器系统只在机组启动和停运过程中投入运行，而在正常运行时被解列。外置式启动分离器系统在启动系统解列或投运前后操作复杂，汽温波动大，难以控制，对汽轮机运行不利。内置式启动分离器系统在锅炉启停及正常运行过程中，汽水分离器均投入运行，所不同的是在锅炉启停及低负荷运行期间，汽水分离器湿态运行，起汽水分离作用；而在锅炉正常运行期间，汽水分离器只作为蒸汽通道。内置式启动分离器设在蒸发区段和过热区段之间，汽水分离器与蒸发段和过热器间没有任何阀门，系统简单，操作方便，无外置式启动系统那样的分离器解列或投运操作，从根本上消除了汽温波动问题。由于它适合于机组调峰，因而在世界各国超临界及超超临界锅炉上得到了广泛应用。

### 十一、超超临界高蒸汽参数对锅炉变负荷运行特性的影响

（一）对锅炉变负荷速率的影响

一般亚临界自然循环汽包锅炉允许变负荷速率为 0.6%MCR/min，控制循环汽包锅炉变负荷速率为 3.6%MCR/min，而螺旋管圈式直流锅炉允许变负荷速率为 5%～8%MCR/min。直流锅炉由于没有汽包，具有快速变负荷的能力。由于锅炉蒸汽参数的不断提高，其内置式启动分离器的壁厚会相应增加，因而将限制锅炉负荷的变化速率。但是随着超超临界锅炉材料等级的提高，分离器壁厚仅为亚临界 600MW 锅炉汽包壁厚的 1/3 左右，因此超超临界锅炉允许负荷变化速率还是较大的。国外超超临界机组的变负荷速率一般为 10%～12%MCR/min，完全可以满足机组的负荷变化速率的要求。

机组的调峰速度主要取决于汽轮机热应力、胀差等因素。随着机组蒸汽参数的提高，机组的高温高压部件壁厚将增加，有些部件可能采用奥氏体钢，这样对机组运行方式可能产生不利影响。据有关资料介绍，机组参数为 26MPa/540℃/560℃ 时，允许机组以任何方式运行（包括每日启停、每周启停）；参数为 28MPa/560℃/580℃，且当过热器末级受热面采用膨胀系数较大的奥氏体钢时，按每日启停运行，将有高温腐蚀的危险；参数达 28MPa/580℃/600℃ 时，过热器末级受热面高温腐蚀危险性就更大。

（二）超超临界锅炉的调峰幅度

超超临界机组调峰幅度与诸多因素有关，主要是安全性和经济性方面的要求。超超临界锅炉最低负荷主要取决于水冷壁的安全负荷。一般超超临界锅炉水冷壁安全的最低负荷为 30%～35%MCR。锅炉在此负荷以上运行时，水冷壁是安全的。如果低于 30%～35%MCR 运行时，则需要启动分离器系统，以增加水冷壁的质量流速。启动分离器系统的投运将造成工质热量的损失，使机组的经济性变差。同时，频繁的投停启动分离器系统，将使其阀门受到损伤。因此，超超临界锅炉最低调峰幅度不应低于水冷壁的安全负荷。

另外调峰幅度还应考虑锅炉最低不投油稳燃负荷。若负荷较低，锅炉燃烧不稳，需要投油助燃，燃料成本将增大。最低不投油稳燃负荷取决于煤质和燃烧器特性，锅炉一旦建成，可通过试验确定最低不投油稳燃负荷。因此，超超临界锅炉的调峰幅度应以保证水冷壁安全、不投运启动分离器系统和最低不投油稳燃为原则，来确定锅炉的最低调峰负荷。

（三）锅炉滑压运行应注意的问题

超超临界直流锅炉在滑压运行时，水冷壁内的工质随负荷的变化会经历高压、超高压、亚临界和超临界压力区域，在设计和运行时必须重视可能产生的如下问题：

（1）锅炉负荷降低时，水冷壁中的工质质量流速也按比例下降。在直流运行方式下，工质流动的稳定性会受到影响。为了防止出现流动的多值性等不稳定现象，要限制最低直流负荷时水冷壁入口工质欠焓；同时压力不能降得太低，一般最低压力在 8MPa 左右（即所谓定-滑-定运行方式）。

（2）低负荷时，水冷壁的吸热不均匀将加大，可能导致温度偏差增大。

（3）在临界压力以下运行时，会产生水冷壁管内两相流的传热和流动，要防止膜态沸腾而导致的水冷壁管超温。

（4）在整个滑压运行过程中，蒸发点的变化使水冷壁金属温度发生变化，要防止因温度频繁变化引起的疲劳破坏。

### 十二、超超临界高蒸汽参数对汽轮机运行特性的影响

目前，超超临界火力发电机组的蒸汽温度已达到 580～600℃，汽轮机转子、叶片等旋转部件在此高温下运行需持续承受高的离心应力。长期处于高温下工作的汽轮机转子，由于高温和启停中的热应力，会造成持久强度的消耗（低周热疲劳）和高温蠕变的累积。而随着主蒸汽压力的进一步增加，超超临界汽轮机组存在一些特殊的问题：

（1）超超临界机组压力、温度提高后，汽缸、喷嘴室、主汽阀、导汽管等承压部件的壁厚增加。壁厚的增加将使非稳定传热的热应力增大，对运行不利。从控制机组启停热应力的角度考虑，应尽量控制壁厚增加，部件形状应尽量简单，内径要小。即在满足对超超临界机组的运行性能的要求下，还要兼顾和解决超超临界机组关键零部件的疲劳损耗趋于严重的问题。

（2）若汽轮机转子材料仍用铬钼钒钢时，为适应 600℃ 的再热进汽温度，要采用蒸汽冷却转子的高温部分，使其工作温度降至 510℃ 左右。这也要解决好汽轮机中压进汽部分的冷却技术，包括冷却方式、冷却效果及转子温度场、温度应力，并应兼顾部件强度、膨胀、蠕变、热应力和低周热疲劳性能之间的矛盾。

（3）超超临界机组高压部分的蒸汽密度极大，级间压差大，蒸汽携带的能量大，相应的蒸汽激振力也大。为此，除要研究和精心设计轴系及汽封结构外，在运行中对轴系稳定性问题要格外注意。由于机组在甩负荷时，汽缸、管道、加热器中的蒸汽推动转子转速的飞升比超临界机组的大，这会直接影响机组的安全运行，因而必须解决汽轮机轴系较长，启动过程中因温度变化引起的动静部分的胀差等问题。

（4）据调查分析，限制汽轮机组启停和变负荷运行的主要因素有：①汽轮机蒸汽室、阀门和内缸热应力；②汽轮机转子低周应力疲劳寿命；③汽轮机在启动和停机过程中的振动及胀差。启停和变负荷运行能力的关键在于停机后，再次启动所需的时间和运行中对负荷变化的响应能力。良好的调峰特性体现在低负荷时具有较高的效率、良好的启动特性（启动时间短）和良好的负荷适应性。要求超超临界机组具有良好的运行特性，能以最小的寿命损耗进行启停和变负荷运行，则应从机组部件采用的材料、部件设计、控制系统、运行方式等方面进行考虑。

### 十三、低负荷运行

欧洲以及日本超超临界机组的良好性能是基于低负荷滑压运行，即主蒸汽压力随着负荷的降低而降低，从滑压运行到定压运行的切换点在 30% 负荷，这提高了机组在低负荷时的效率。低负荷运行的特性是炉膛的出口烟温降低，这意味着吸热的增加，将会对炉膛水冷壁管的冷却带来问题。而纯滑压运行意味着降低蒸汽压力，使得蒸发受热面的吸热增加补偿了这种趋势。纯滑压运行使得电厂控制系统更简单，在采用电动给水泵时也能配合得很好。

电厂低负荷运行方式对电厂设计的影响很大，电厂大部分辅机在低负荷运行时，其效率会降低。欧洲有关国家的超超临界机组的额定负荷被设计成最经济的负荷，以保证电厂在额定负荷运行时，所有设备也在额定负荷运行。超超临界机组在低负荷滑压运行时的效率：当负荷分别为 100%、60% 和 40% 时，相对净效率分别为 100%、97.7% 和 93.6%。此外，从丹麦 ELSAM 超超临界机组的运行表明，在 80%～100% 负荷范围内机组效率基本是不变

的，在 60％～100％负荷范围内机组效率的变化也不大。

## 十四、负荷变化范围

超超临界机组的负荷可在 10％～100％BMCR 之间变动，锅炉最低稳燃负荷约为 30％ BMCR，而 35％BMCR 以上时为纯直流运行。在丹麦，当带厂用电运行时，多余蒸汽通过高低压旁路排入凝汽器。

## 十五、负荷变动率

超超临界机组可能的负荷变动率见表 1-1，由于受厚壁部件热应力的限制，通常降负荷时的负荷变动率要比升负荷时的要求更严一些。

表 1-1　　　　　　　　　　　　超超临界机组可能的负荷变动率

| 负荷变动范围 | 负荷变动率 |
|---|---|
| 50％～90％ | 4％/min |
| 20％～50％及 90％～100％ | 2％/min |

超超临界机组一些典型工况的启动过程耗时情况，见表 1-2。

表 1-2　　　　　　　　　　　　机组启动过程耗时情况

| 启动状态 | 点火到并网时间（min） | 并网到额定负荷运行时间（min） |
|---|---|---|
| 热态 | 35～45 | 30～45 |
| 温态 | 100～115 | 80～90 |
| 冷态 | 100～190 | 95～150 |

综上所述，从以上超超临界机组运行特性分析来看，超超临界机组由于比超临界和亚临界机组有较高的效率和运行可靠性，因而具有较大优势。然而，其高效率是在较高的负荷时才能显示出来的。在超超临界机组的日常运行中，若其承担调峰运行或维持低负荷运行，当机组负荷降低至一定负荷时，其经济性将与超临界机组或亚临界机组相当，此时的负荷（或负荷率）可称之为超超临界机组的最低运行经济负荷点。当机组继续降低负荷运行时，则其经济性将低于超临界机组或亚临界机组，失去了其高效率的意义，因此，应避免机组在过低负荷下运行，尽量使机组保持在其最低运行经济负荷点之上运行。超超临界机组在 60％～100％负荷范围内滑压运行时其效率的变化不大，仅下降 2.3％，随后下降较快。因此，超超临界机组运行在 60％～100％负荷范围内是比较经济合理的。

# 第三节　超超临界火电机组技术特点

## 一、超超临界锅炉技术特点

### 1. 炉型

（1）塔式布置。其优点是水冷壁（尤其是上炉膛）回路简单，不仅炉膛各墙水冷壁间热力与水动力偏差小，而且后水冷壁回路也特别简单，烟气自下向上垂直流动，消除了Ⅱ型锅炉中因有二次 90°转弯（炉膛出口和尾部转向室）而导致的烟侧偏差，此外从减轻对流受热面的结渣和烟侧磨损也是有利的。缺点是锅炉本体较高，增加了安装难度，四根大立柱承受锅炉全部荷载，对柱基础的设计要求较高，增加了锅炉房地基的费用。

（2）双烟道的Ⅱ型布置。华能玉环电厂采用此布置方式，其主要优点是锅炉高度稍小，易于安装；缺点是水冷壁特别是上部后水冷壁的回路较复杂，其热力与水动力偏差稍大，目前采用在上下炉膛之间水冷壁装设一圈中间混合集箱以消除下炉膛工质吸热与温度的偏差。

2. 燃烧方式

燃烧方式分切向燃烧和对冲燃烧两大类。而在切向燃烧方式中又分单切圆和双切圆两种。两种燃烧方式都是为了减少炉膛出口烟温偏差，超超临界塔式炉几乎不存在烟温偏差问题。单切圆正方形炉膛，能保证较好的燃烧效果和炉内空气动力场，但存在炉膛出口烟温偏差问题。

华能玉环电厂采用旋转方向相背的双切圆矩形炉膛，可以有效消除Ⅱ型布置单切圆燃烧沿炉宽方向水冷壁、高温过热器和再热器的烟侧偏差，改善切向燃烧炉膛内的空气动力场，且燃烧稳定、热负荷分配均匀、防结渣性能良好。这种燃烧方式能保证沿炉膛水平方向均匀的热负荷分配，由于采用双切圆使燃烧器数目倍增，降低了单只燃烧器的热功率，这些都对燃用结渣性强的煤种比较有利。同时，由于采用双切圆方式，使单个燃烧器煤粉射流的射程变短，对于保证燃烧稳定性有利，解决了大型锅炉采用单切圆正方形炉膛时燃烧器射程过长和炉膛水平截面气流充满度较差的难题。

华能玉环电厂采用经济、高效低 $NO_x$（氮氧化物）改进型 PM（浓淡相）型主燃烧器和 MACT（Mitsubishi Advanced Combustion Technology）（三菱先进燃烧技术）型分级燃烧方式，长期运行经验证明，这种燃烧器的分级送风方式对降低炉内 $NO_x$ 生成量有明显的效果。百万千瓦超超临界锅炉燃用国内煤种且负荷在 700MW 以上时，在脱硝装置进口测得的 $NO_x$ 生成量为 $200\sim300mg/m^3$，经脱硝装置处理后 $NO_x$ 量降到 $50mg/m^3$ 以下，满足对火力发电厂日益严格的环保要求。

制粉系统采用中速磨正压直吹式系统，每炉配 6 台磨煤机，BMCR（锅炉最大连续工况）工况下 5 台运行，1 台备用。每台磨供一层共 $2\times4=8$ 只燃烧器，燃烧器为低 $NO_x$ 的 PM 型并配有 MACT 型分级送风系统。

MACT 燃烧技术：在炉膛的主燃烧区燃料缺氧燃烧，炉膛过量空气系数为 0.85，但在燃烧器喷口附近，由于燃烧率较低，需要的氧量较少，因此在燃烧器喷口附近的区域内是氧化性气氛，燃料氧化后生成 $NO_x$，在炉膛中间的主燃烧区，燃烧的过程也是一个还原的过程，部分 $NO_x$ 被还原为 $NH_3$、HCN。这样整个炉膛沿高度分成三个燃烧区域，即下部为主燃烧区，中部为还原区，上部为燃尽区，这种 MACT 分层燃烧系统可使 $NO_x$ 生成量减少 25%。采用 PM-MACT 型八角反向双切圆布置（见图 1-1）的摆动燃烧器，在热态运行中一、二次风均可上下摆

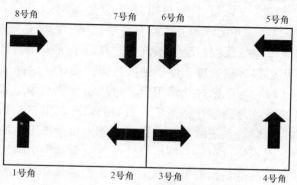

图 1-1 锅炉反向双切圆布置的燃烧器

动,最大摆角为±30°。

### 3. 水冷壁系统

目前,国内外已投运的超超临界锅炉水冷壁大多数为下炉膛采用螺旋管圈,上炉膛采用垂直管圈,其优点是水冷壁沿炉膛四周热偏差较小,对煤种和燃烧方式变化的敏感性较小,也不需采用内螺纹管和节流孔圈,主要缺点是水冷壁阻力较大。

华能玉环电厂采用节流孔圈调节一次上升垂直内螺纹管圈水冷壁,其优点是:可以采用较低的质量流速,阻力较低,易制造和安装;从结渣角度看,螺旋管圈易导致结渣,而垂直管水冷壁不易结渣,吹灰的效果也较螺旋管圈为好。从水动力特性角度出发,垂直水冷壁具有始终保持正向流动的优点,即具有部分自然循环炉的自补偿能力。缺点是:由于水冷壁较细和垂直上升,因此对煤种的变化和炉内空气动力场及温度场的变化较为敏感,另外为装设节流孔圈,需采用大直径的水冷壁下集箱。为此华能玉环电厂对垂直管圈水冷壁做了改进:采用改进型的内螺纹管垂直水冷壁,即在上下炉膛之间加装水冷壁中间混合集箱,以减少水冷壁沿各墙宽的工质温度和管子壁温的偏差,取消早期在大直径水冷壁下集箱内装设小直径节流孔圈的设计,改为在小直径的下联箱外面较粗的水冷壁入口管段上装焊直径较大的节流孔圈以加大节流度,提高调节流量能力,然后通过三叉管过渡的方式与小直径的水冷壁管($\phi$28.6)相接,用控制各回路的工质流量的方法来控制各回路管子的吸热和温度偏差。

20世纪70年代开始,全世界电力行业因调峰和周期性负荷运行方式的需要,要求火电机组从传统的定压带基本负荷运行方式改为变压调峰运行,螺旋管圈水冷壁的超临界锅炉适合变压运行,但由于螺旋管圈水冷壁结构较复杂,阻力较大,运行过程中的热应力也较大,而采用内螺纹管的垂直管圈水冷壁的变压运行超临界锅炉经过十多年的运行经验表明,垂直管圈水冷壁也适合于变压运行,且具有阻力小、结构简单、安装工作量较小、水冷壁在各种工况下的热应力较小等一系列优点,其技术特点如下:

(1) 良好的变压、调峰和再启动性能。采用内螺纹管垂直水冷壁并采用较高的质量流速,能保证在变压运行的四个阶段即超临界直流、近临界直流、亚临界直流和启动阶段中控制金属壁温、控制过热度,防止低过热度高热负荷区的膜态沸腾以及水动力的稳定性等,由于装设水冷壁中间混合集箱和采用节流度较大的装于集箱外面的较粗水冷壁入口管段的节流孔圈,对控制水冷壁的温度偏差和流量偏差非常有利。

(2) 启动系统采用炉水再循环泵,对于缩短启停炉速度,保证启动阶段和低负荷湿态运行的可靠性、经济性,减少锅炉受热面温度偏差,防止低负荷水冷壁拉裂,均是有利的。

(3) 在保证水冷壁出口工质必需的过热度的前提下,采用较低的水冷壁出口温度(430℃),并把汽水分离器布置于顶棚、包墙系统的出口,这种设计和布置可以使整个水冷壁系统包括顶棚包墙管系统和分离器系统采用低合金钢15CrMoG(P12),所有膜式壁不需作焊后整屏热处理,使工地安装焊接简化,对保证产品和安装质量有利。

(4) 为降低过热器阻力,过热器在顶棚和尾部烟道包墙系统采用二种旁路系统,第一个旁路系统是顶棚管路系统,只有前水冷壁出口和侧水冷壁出口的工质流经顶棚管;第二个旁路为包墙管系统的旁路,即由顶棚出口集箱出来的蒸汽大部分被送往包墙管系统,另有小部分蒸汽不经过包墙系统而直接用连接管送往后包墙出口集箱,这样的布置方式在避免后水冷壁回路在低负荷时发生水动力的不稳定性和减少温度偏差方面较为合理和有利。

水冷壁管采用$\phi$28.6×5.8mm的内螺纹管,节距为44.5mm,共2144根。内螺纹管相关参数如表 1-3 所示。

**表 1-3** 内螺纹管相关参数

| 材　质 | 15CrMoG |
|---|---|
| 管子外径及公差（mm） | 28.6±0.15 |
| 最小壁厚及公差（mm） | $5.8^{+20\%}_{-0\%}$ |
| 螺纹头数（个） | 4 |
| 螺纹导角（°） | 30 |
| 螺纹宽度（环向）及公差（mm） | 4.8±0.6 |
| 螺纹宽度（纵向）及公差（mm） | 8.5±1.04 |
| 螺纹高度（mm） | 0.85±0.3 |
| 螺纹节距（mm） | 21.55±3.18 |
| 鳍片（扁钢）材质 | 15CrMo |
| 鳍片宽（mm） | 15.9 |
| 鳍片厚（mm） | 6 |

4. 汽水系统

锅炉的汽水流程以内置式汽水分离器为分界点，从水冷壁入口集箱到汽水分离器为水冷壁系统，从分离器出口到过热器出口集箱为过热器系统，另有省煤器系统、再热器系统和启动系统。

水冷壁系统：由省煤器出口的工质通过两根大直径供水管送到两只水冷壁进水汇集装置，再用较多的分散供水管送到各水冷壁下集箱，再分别流经下炉膛前、后墙及二侧墙水冷壁，然后进入中间混合集箱进行混合以消除工质吸热偏差，然后进入上炉膛前、后、二侧墙水冷壁，其中前墙水冷壁上集箱出来的工质引往顶棚管入口集箱经顶棚管进入布置于后竖井外的顶棚管出口集箱，而由二侧墙水冷壁上集箱引出的工质则通过连接管直接送往顶棚出口集箱，至于进入上炉膛后水冷壁的工质，先后流经折焰角和水平烟道斜面坡进入后水冷壁出口集箱，再通过二汇集装置分别送往后水冷壁吊挂管和水平烟道二侧包墙管，由后水冷壁吊挂管出口集箱和水平烟道二侧包墙出口集箱引出的工质也均送往顶棚管出口集箱，由顶棚管出口集箱引出两根大直径连接管将工质送往二只后竖井工质汇集集箱，通过连接管将大部分工质送往后竖井的前、后、二侧包墙管及中间分隔墙。所有包墙管上集箱出来的工质全部用连接管引至后包墙管出口集箱，然后用连接管引至布置于锅炉后部的两只汽水分离器，由分离器顶部引出的蒸汽送往一级过热器进口集箱，进入过热器系统。

水平烟道二侧包墙管和后水冷壁吊挂管，这二个平行回路出口的工质也均用连接管送往顶棚管出口集箱，这样所有从炉膛水冷壁出口来的全部工质均集中到顶棚出口集箱，然后由此集箱一部分用连接管送往后竖井包墙管进口集箱再分别流经后竖井的前、后二侧包墙及分隔墙，这些包墙管出口的工质全部集中到后包墙出口集箱，然后用四根 $\phi457×70mm$ 的大直径连接管送到布置于锅炉上方的汽水分离器。所有包墙管均采用膜式壁结构，采用上升流动，因此有助于防止低负荷和启动时水动力不稳定性。

水冷壁下集箱（前炉膛底部）不再采用类似于控制循环锅炉那样的大直径集箱，而改用 $\phi219$ 的小直径集箱，并将节流孔圈移到水冷壁集箱外面的水冷壁管入口段，入口短管采用 $\phi44.5\times6mm$ 的较粗管子，在其上嵌焊入节流孔圈，再通过二次三叉管过渡的方法，与 $\phi28.6$ 的水冷壁管相接，这样节流孔圈的孔径允许采用较大的节流范围，可以保证孔圈有足够的节流能力，按照水平方向各墙的热负荷分配和结构特点，调节各回路水冷壁管中的流量，以保证水冷壁出口工质温度的均匀性，并防止个别受热强烈和结构复杂的回路与管段内产生沸腾和出现壁温不可控制的现象。

过热器采用四级布置，即低温过热器（一级）→分隔屏过热器（二级）→屏式过热器（三级）→末级过热器（四级）；再热器为二级，即低温再热器（一级）→末级再热器（二级）。其中低温再热器和低温过热器分别布置于尾部烟道的前、后竖井中，均为逆流布置。在上炉膛、折焰角和水平烟道内分别布置了分隔屏过热器、屏式过热器、末级过热器和末级再热器，由于烟温较高均采用顺流布置，所有过热器、再热器和省煤器部件均采用顺列布置，以便于检修和密封，防止结渣和积灰。

5. 启动系统

锅炉启动系统为带再循环泵系统，两只立式内置式汽水分离器布置于锅炉的后部上方，由后竖井后包墙管上集箱引出的锅炉顶棚包墙系统的全部工质均通过 4 根连接管送入两只汽水分离器。在启动阶段，分离出的水通过水连通管与一只立式分离器贮水箱相连，而分离出来的蒸汽则送往水平低温过热器的下集箱。分离器贮水箱中的水经疏水管排入再循环泵的入口管道，作为再循环工质与给水混合后流经省煤器、水冷壁系统，进行工质回收。除启动前的水冲洗阶段水质不合格时排往扩容器系统外，在锅炉启动期间的汽水膨胀阶段、在渡过汽水膨胀阶段的最低压力运行时期以及锅炉在最低直流负荷运行期间由贮水箱底部引出的疏水均通过三只贮水箱水位调节阀经疏水扩容器送入凝汽器回收。在锅炉启动期间籍于再循环泵和给水泵始终保持相当于锅炉最低直流负荷流量（25％BMCR）流经给水管、省煤器、水冷壁系统，启动初期锅炉保持 5％BMCR 给水流量，随锅炉出力达到 5％BMCR，三只贮水箱水位调节阀全部关闭，锅炉的蒸发量随着给水量的增加而增加，而通过循环泵的再循环流量则利用泵出口管道上的再循环调节阀逐步关小，当锅炉达到最小直流负荷（25％BMCR），再循环调节阀全部关闭。此时，锅炉的给水量等于锅炉的蒸发量，启动系统解列，锅炉从二相介质的再循环模式运行（即湿态运行）转为单相介质的直流运行（即干态运行），此时汽水分离器内全部为蒸汽，只起到蒸汽汇合集箱的作用。

启动系统各管道的功能：

（1）循环泵入口管道：连接分离器贮水箱与循环泵，在锅炉湿态运行时采用循环泵出口的调节阀控制分离器储水箱中的水位。

（2）循环泵出口管道：连接循环泵出口与省煤器给水管道，在锅炉湿态运行时，将锅炉再循环水送入锅炉炉膛水冷壁进行再循环。

（3）循环泵入口冷却水管道（过冷水管路）：连接高加出口到循环泵入口管道，正常运行时流量约为 75t/h，非正常状态下的流量约为 100t/h。当循环泵运行时，用来自给水管道的给水与贮水箱中的近饱和水混合，使其成为不饱和水，避免循环泵入口发生汽蚀。

（4）循环泵暖泵管道：连接省煤器出口到循环泵出口排放管道，在锅炉干态运行时，有一部分热水从省煤器出口到循环泵的出口排放管道，对循环泵进行暖泵，以确保循环泵能随时投入运行，再经循环泵最小流量管路到达过冷管路通过过热器喷水管道作为喷水进入过热器系统。

（5）循环泵最小流量管路：在再循环管路上引出的最小流量管路接至贮水箱底部，用于保证循环泵运行所需的最小流量。最小流量管路上布置有一只气动闭锁阀和一只止回阀。气动闭锁阀与再循环泵的开启条件连锁打开，当泵流量小于 $170m^3/h$ 时阀门打开，当泵流量大于 $170m^3/h$ 时，气动闭锁阀关闭。

（6）WDC 阀：在分离器贮水箱的出口管道上接一疏水管道，分三个支路，每路有一个WDC 阀，其作用是当锅炉启动发生汽水膨胀时，用这三个 WDC 阀控制分离器贮水箱水位，将锅炉水冷壁膨胀疏水排入到扩容器中。

（7）WDC 阀暖阀管道：连接 WDC 阀入口管道与循环泵暖泵管道，其作用是当锅炉干态运行时，有一部分热水从循环泵的暖泵管道到 WDC 阀入口管道，使 WDC 阀入口管道始终保持热备用状态。

（8）到锅炉过热器喷水管道：在锅炉干态运行时，由于循环泵暖泵及 WDC 阀暖阀管道一直有水进入，因此分离器贮水箱中的水位在升高，接此管道到锅炉过热器喷水，使分离器贮水箱中的水位保持正常的水位。

6. 启动系统的主要运行模式

（1）初次启动或长期停炉后启动前进行冷态和温态水冲洗。总清洗水量可达 25%～30%BMCR，除由给水泵提供一小部分外，其余由循环泵提供，水冲洗的目的是清除给水系统、省煤器系统和水冷壁系统中的杂质，只要停炉时间在一个星期以上，启动前必须进行水冲洗。在冲洗水的水质不合格时，必须排入疏水扩容器扩容后排入大气，不能送往凝汽器回收。水质合格后，可以启动锅炉炉水输送泵，排入凝汽器，此时应注意检查凝结水泵进口滤网差压，若较高应进行凝结水泵切换并进行进口滤网清洗。采用启动再循环泵后，由于再循环水也可利用作为冲洗水，因此节省了冲洗水的耗量。

（2）启动初期（从启动给水泵到锅炉出力达到 5%BMCR 阶段）。锅炉点火前，给水泵以相当于 5%BMCR 的流量向锅炉给水以维持启动系统 25%BMCR 的流量流过省煤器和水冷壁，保证有必要的质量流速冷却省煤器和水冷壁不致超温，并保证水冷壁系统的水动力稳定性。在这阶段，再循环泵提供了 20%BMCR 的流量，同时利用分离器疏水调节阀（WDC阀）来控制分离器贮水箱内的水位并将多余的水排入凝汽器回收。疏水调节阀的管道设计容量除考虑 5%BMCR 的疏水量外，还要考虑启动初期水冷壁内出现的汽水膨胀（它由于蒸发过程中比体积的突然增大所导致）所产生的疏水量，这种汽水膨胀能导致贮水箱内水位的波动。

（3）从分离器贮水箱建立稳定的正常水位到锅炉达到 25%BMCR 的最小直流负荷。当分离器贮水箱已建立稳定水位后，WDC 阀（汽水分离器液位控制阀）开始逐步关小，当锅炉出力达到 5%BMCR 的出力时，WDC 阀应完全关闭。此后，再循环流量由装于循环泵出口管道上的 BR 阀（再循环水量调节阀）来调节，并随着锅炉蒸发量的逐渐增加而关小，如图 1-2 所示。

（4）启动系统的热备用。当锅炉达到 25%BMCR 最低直流负荷后，应将启动系统解列，启动系统转入热备用状态，此时通往扩容器的分离器疏水支管上的三只疏水调节阀和电动闸

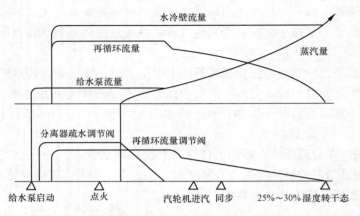

图 1-2　启动系统过程简图

阀已全部关闭。随着直流工况运行时间的增加，为使管道保持在热备用状态，省煤器出口到WDC阀的加热管道上的截止阀始终开启着，因此可以用来加热WDC阀并有一路进入泵出口管道以加热循环泵及其管道及泵出口调节阀。

7. 锅炉承压承温部件

由于超超临界机组主蒸汽和再热汽温度提高到600℃及以上，因此锅炉高温受热面不仅要求有高热强性，即高温下的高蠕变强度和持久强度，而且还应具有优良的抗烟侧高温腐蚀和抗蒸汽侧高温氧化的性能，其中尤以含Cr、Ni最多的HR3C在热强性、抗高温腐蚀和蒸汽氧化方面最为突出，已成功应于汽温为600℃/600℃的百万千瓦级超超临界锅炉中。

华能玉环电厂采用适合高蒸汽参数的超超临界锅炉的高热强钢：由于锅炉的主蒸汽和再热汽温度均在600℃以上，对高温级过热器和再热器，采用了25Cr20NiNb钢和改良型细晶粒18Cr级奥氏体钢（Code case 2328）。这两种钢材对防止因管壁温度过高而引起的烟侧高温腐蚀和内壁蒸汽氧化效果明显。由于过热器和再热器大量采用优质高热强钢，管壁相对较薄，因此各级过热器可以采用较大直径的蛇形管（$\phi51\sim\phi63.5$），保证较低的过热器阻力，而在很多其他公司（特别是欧洲公司）的设计中，超临界和超超临界锅炉过热器均采用小直径管（$\phi38\sim\phi44.5$）以控制壁厚，这样导致较高的过热器阻力。

8. 主、再热汽温调节

主汽温除采用三级喷水减温外，直流运行时主要靠水煤比来控制过热度调节过热汽温，过热器采用三级喷水能更好消除工质通过前级部件所造成的携带偏差，也增加了调温能力；再热汽温主要调节手段为尾部烟气分配挡板，而以燃烧器摆角作为辅助调节手段，再热器还在低温再热器和高温再热器之间装设事故喷水减温装置。过热器正常减温水源来自省煤器出口的给水，这样可减少喷水减温器在喷水点的温度差和热应力，但在非正常情况下，如果屏式过热器和末级过热器汽温和壁温过高，则可利用由给水管引出较低温度的水喷入，达到较好的减温效果。再热器喷水水源来自给水泵中间抽头，为避免再热器的低温喷水（温度177℃）对管道（蒸汽温度501℃）造成冲击，特别从低温再热器入口处取一路再热汽到减温器套筒，以降低喷水点处的温差。华能玉环电厂锅炉技术参数见表1-4。

表 1-4　　　　　　　　　　　　　　　华能玉环电厂锅炉技术参数

| 项　目 | 单 位 | BMCR | BRL | 75%BMCR |
|---|---|---|---|---|
| 过热蒸汽流量 | t/h | 2953 | 2807 | 2214 |
| 过热蒸汽压力 | MPa | 27.46 | 27.33 | 22.20 |
| 过热蒸汽温度 | ℃ | 605 | 605 | 605 |
| 再热蒸汽流量 | t/h | 2446 | 2316 | 1873 |
| 再热器进口蒸汽压力 | MPa | 6.14 | 5.81 | 4.74 |
| 再热器出口蒸汽压力 | MPa | 5.94 | 5.62 | 4.56 |
| 再热器进口蒸汽温度 | ℃ | 377 | 366 | 365 |
| 再热器出口蒸汽温度 | ℃ | 603 | 603 | 603 |
| 省煤器进口水温 | ℃ | 298 | 294 | 280 |
| 预热器进口一次风温度 | ℃ | 29 | 29 | 29 |
| 预热器进口二次风温度 | ℃ | 23 | 23 | 23 |
| 预热器出口一次风温度 | ℃ | 309 | 305 | 293 |
| 预热器出口二次风温度 | ℃ | 324 | 319 | 305 |
| 锅炉排烟温度（未修正） | ℃ | 129.4 | 127 | 118 |
| 锅炉排烟温度（修正后） | ℃ | 125 | 122 | 114 |
| 锅炉保证效率（LHV）BRL 工况 | % | | 93.65 | |
| 锅炉不投油最低稳定负荷 | %BMCR | 35 | 35 | 35 |
| 空气预热器漏风率（一年内） | % | 6 | 6 | 6 |
| 空气预热器漏风率（一年后） | % | 8 | 8 | 8 |
| $NO_x$ 排放量 | mg/m³ | 360 | | |

## 二、超超临界汽轮机技术特点

汽轮机是以蒸汽为工质的旋转式热能动力机械，它接受锅炉送来的蒸汽，将蒸汽的热能转换为机械能，驱动发电机发电，它具有单机功率大、效率高、运行平稳、单位功率制造成本低和使用寿命长等优点。华能玉环电厂汽轮机技术参数见表 1-5。

表 1-5　　　　　　　　　　　　　　　华能玉环电厂汽轮机技术参数

| 参数 | 单位 | 夏季工况 | 最大连续出力工况（TMCR） | VWO 工况 | 高加全部停用工况 | 75%铭牌工况 | 50%铭牌工况 | 35%铭牌工况 | 25%铭牌工况 |
|---|---|---|---|---|---|---|---|---|---|
| 功率 | MW | 1000 | 1000 | 1050 | 1000 | 750 | 500 | 350 | 250 |
| 热耗率 | kJ/kWh | 7568 | 7316 | 7368 | 7587 | 7417 | 7654 | 8091 | 8663 |
| 主蒸汽压力 | MPa（a） | 26.25 | 26.25 | 26.25 | 23.28 | 19.369 | 12.848 | 11.45 | 8.55 |
| 再热汽压力 | MPa（a） | 5.557 | 5.35 | 5.746 | 5.606 | 3.986 | 2.679 | 1.951 | 1.476 |
| 主蒸汽温度 | ℃ | 600 | 600 | 600 | 600 | 600 | 600 | 600 | 580 |
| 高排温度 | ℃ | 371.4 | 362.9 | 377.8 | 387.4 | 368.6 | 375.1 | 372.0 | 359.3 |
| 再热汽温度 | ℃ | 600 | 600 | 600 | 600 | 600 | 600 | 576 | 555 |

续表

| 参数 | 单位 | 夏季工况 | 最大连续出力工况（TMCR） | VWO工况 | 高加全部停用工况 | 75％铭牌工况 | 50％铭牌工况 | 35％铭牌工况 | 25％铭牌工况 |
|---|---|---|---|---|---|---|---|---|---|
| 主蒸汽流量 | t/h | 2864 | 2733 | 2953 | 2371 | 1977 | 1289 | 938 | 711 |
| 再热汽流量 | t/h | 2366 | 2274 | 2446 | 2357 | 1686 | 1127 | 831 | 636 |
| 高排压力 | MPa（a） | 6.181 | 5.946 | 6.393 | 6.229 | 4.435 | 2.983 | 2.175 | 1.646 |
| 中排压力 | MPa（a） | 0.630 | 0.617 | 0.659 | 0.690 | 0.477 | 0.332 | 0.2446 | 0.1874 |
| 低压缸排汽压力（双背压） | kPa（a） | 7.61/9.61 | 4.4/5.39 | 4.4/5.39 | 4.4/5.39 | 4.4/5.39 | 4.4/5.39 | 4.4/5.39 | 4.4/5.39 |
| 补给水率 | ％ | 2 | 0 | 0 | 0 | 0 | 0 | 0 | 0 |
| 高加出口给水温度 | ℃ | 295.5 | 292.5 | 297.9 | 191.7 | 273.0 | 248.6 | 230.9 | 216.2 |
| 发电机氢压 | MPa（a） | 0.5 | 0.5 | 0.5 | 0.5 | 0.5 | 0.5 | 0.5 | 0.5 |

1. 汽轮机本体

国外已投运的百万千瓦级超超临界机组以双轴机组居多，但目前大容量等级的超超临界机组的开发及百万千瓦等级机组倾向于采用单轴方案。为减少排汽缸数，大容量机组的发展更注重大型低压缸的开发和应用；3000r/min 大功率机组中已普遍采用高度为 1000～1200mm（排汽面积在 9～11m² ）的长叶片。

华能玉环电厂采用西门子公司技术生产的超超临界大功率汽轮机，其主要特点是：高压缸采用单流程、小直径筒式结构，中压缸进口为双层结构并作涡旋式冷却，轴承箱与汽缸分离并刚性落地。机组采用滑压运行，调峰性能好。各转子采用整锻转子，转子之间由整体刚性联轴器连接。

机组膨胀系统具有独特的技术风格和独特的结构设计，各轴承座直接支撑在基础上，其特点：机组的绝对死点及相对死点均在高中压缸之间的推力轴承处（2 号瓦处）；中压外缸与低压内缸之间有推拉装置，减小低压段动静相对间隙。汽缸与轴承座之间有耐磨、滑动性能良好的金属介质。

通流部分设计采用全三维技术，除低压末三级外，其余所有的高中低压叶片级全部采用弯扭耦合叶片，级反动度控制在 30％～40％的水平。

高压缸采用双层缸设计，外缸为桶形设计，由垂直径向中分面分为进汽缸和排汽缸，内缸为垂直纵向平分面结构，由于缸体为旋转对称，使得机组在启动停机或快速变负荷时缸体的温度梯度很小，热应力保持在一个很低的水平。内缸为垂直纵向平分面结构，中分面螺栓应力也很小，安全可靠性高。高压通流部分采用小直径多级数的设计原则。单流程叶片级通流面积比双流程要增加一倍，叶片端损大幅度下降。全部采用"T"型叶根、漏汽损失小。

盘车设备安装于前轴承座前，采用液压马达进行驱动，工作油压力 14.5MPa。盘车装置是自动啮合型的，能使汽轮发电机组转子从静止状态转动起来，盘车转速为 50～60r/min。盘车装置配有超速离合器，能做到在汽轮机冲转达到一定转速后自动退出（180r/min），并能在停机时自动投入（120r/min）。盘车装置与顶轴油系统间设有联锁保护。

中压缸采用双流程和双层缸设计，中压高温进汽仅局限于内缸的进汽部分，而中压外缸只承受中压排汽的较低压力和较低温度，这样汽缸的法兰部分就可以设计得较小。同时外缸中的压力也降低了内缸法兰的负荷，因为内缸只要承受压差即可。中压缸进汽第一级除了与高压缸一样采用了低反动度叶片级，以及切向进汽的第一级斜置静叶结构外，为冷却中压转子还采取了一种切向涡流冷却技术，降低中压转子的温度，可满足某些机组中压缸进口再热温度比主蒸汽温度高的要求。

低压外缸由二个端板、二个侧板和一个上盖组成。外缸与轴承座分离，直接坐落于凝汽器上，它大大降低了运转层基础的负荷。低压内缸通过其前后各二个猫爪，搭在前后二个轴承座上，支持整个内缸、持环及静叶的质量，并以推拉装置与中压外缸相连，以保证动静间隙最优化。

除末三级动叶片外，机组全部静叶片都采用低压全三维的弯扭（马刀型）叶片。并且采用变反动度的设计原则，即每一叶片级的反动度是不相等的。自带围带结构，动应力小，抗高温蠕变性能好。

机组四根转子分别由五只径向轴承来支承，除高压转子由两个径向轴承支承外，其余三根转子，即中压转子和两根低压转子均只有一只径向轴承支承。这种支承方式不仅结构比较紧凑，主要还在于减少基础变形对于轴承荷载和轴系对中的影响，使得转子能平稳运行。

整个高压缸静子件和整个中压缸静子件由它们的猫爪支承在汽缸前后的两个轴承座上。而低压部分静子件中，外缸质量与其他静子件的支承方式是分离的，即外缸的质量完全由与它焊在一起的凝汽器颈部承担，其他低压部件的质量通过低压内缸的猫爪由其前后的轴承座来支承。所有轴承座与低压缸猫爪之间的滑动支承面均采用低摩擦合金。它的优点是具有良好的摩擦性能，不需要润滑，有利于机组膨胀畅顺。

2号轴承座位于高压缸和中压缸之间，装有径向推力联合轴承，是整台机组滑销系统的死点，整个轴系是以此为死点向两头膨胀。而高压缸和中压缸的猫爪在2号轴承座处也是固定的，高压外缸以2号轴承座为死点向机头方向膨胀，而中压外缸与中压转子的温差远远小于低压外缸与低压转子的温差，并且中压缸、低压内缸之间有推拉装置。因此，这样的滑销系统在运行中通流部分动静之间的差胀比较小，有利于机组快速启动。华能玉环电厂汽轮机技术规范见表1-6。

| 表1-6 | | 华能玉环电厂汽轮机技术规范 |
| --- | --- | --- |
| 项 目 | 单 位 | 数 据 |
| 额定转速 | r/min | 3000 |
| 配汽方式 | | 全周进汽 |
| 给水回热级数（高压加热器＋除氧＋低压加热器） | | 8（3＋1＋4） |
| 高压缸 | H30-100 | 14级反动级，包括1级低反动度叶片和13级扭叶片 |
| 中压缸 | M30-100 | 13×2级反动级，每侧包括1级低反动度叶片和12级扭叶片级 |
| 低压缸A | N30-2×12.5 | 6×2级反动级，每侧包括3个鼓级和3级标准低压级 |

续表

| 项　　目 | 单　位 | 数　　据 |
|---|---|---|
| 低压缸B | N30-2×12.5 | 6×2级反动级，每侧包括3鼓级和3级标准低压级 |
| 低压末级叶片长度 | mm | 1145.8 |
| 汽轮机总内效率 | % | 92.03 |
| 高压缸效率 | % | 90.39 |
| 中压缸效率 | % | 93.31 |
| 低压缸效率 | % | 88.24/89.89 |
| 机组外形尺寸（长、宽、高） | m | 29×10.4×7.75 汽轮机中心线以上） |
| 变压运行负荷范围 | % | 34%～100%TMCR |
| 定压、变压负荷变化率 | %/min | ≥10 |
| 一阶临界转速 | r/min | 402～840 |
| 二阶临界转速 | r/min | 900～2850 |
| 临界转速时轴振动最大值 | mm | 0.165 |
| 寿命消耗　冷态启动 | %/次 | 0.02 |
| 温态启动 | %/次 | 0.016 |
| 热态启动 | %/次 | 0.01 |
| 极热态启动 | %/次 | 0.005 |
| 负荷阶跃大于10%负荷（TMCR） | %/次 | 无 |

**2. 汽轮机阀门**

高、中压主汽门是内部带有预启阀的单阀座式提升阀，进口处装有永久滤网。主汽门打开时，阀杆带动预启阀先行开启，从而减少打开主汽门阀碟所需要的提升力，以使主汽门阀碟可以顺利打开。在阀碟背面与阀杆套筒相接触的区域有一堆焊层，能在阀门全开时形成密封，阀杆由一组石墨垫圈密封与大气隔绝，另外在主汽门上也开有阀杆漏汽接口。主汽门由油动机开启，由弹簧力关闭。高、中压调门阀碟上有平衡孔以减小打开调门所需的提升力。阀碟背部同样有堆焊层，在阀门全开时形成密封面。在内阀盖里有一组垫圈将阀杆密封与大气隔绝。调门也由油动机开启，由弹簧力关闭。

**3. 补汽技术**

补汽技术是西门子公司特有的技术，从主汽门后、主调门前引出一些新蒸汽（额定进汽量8%），经补汽调节阀节流降低参数（蒸汽温度约降低30℃）后，分上下两根管道进入高压第四、五级动叶后的空间，主汽流与这两股蒸汽混合后在以后各级继续膨胀做功的一种措施。补汽技术提高了汽轮机的过载和调频能力，它使全周进汽轮机型的安全可靠性、经济性全面超过喷嘴调节机型。补汽阀的结构与高压调门相同，它是一只单门座的阀门。蒸汽从两根高压调门中间的支管连接到补汽门，然后经过补汽门再从高压缸上、下部的供汽管道进入高压缸。

**4. 不允许运行及不允许长期连续运行的异常工况**

（1）高压叶片温度过高。为防止高压缸叶片过热引起的热应力以及冷再热蒸汽管道的强度限制，当出现异常值时，该信号接入跳机保护。在转子温度较高的情况（非冷态启动及正常运行）时，高压叶片温度最高温为530℃。对冷态启动的过程中，刚启动时，高压叶片温度最高不得超过410℃。转子温度在100～250℃，最高允许的高压叶片温度在410～530℃。图1-3为高压叶片报警温度及跳机限制曲线。

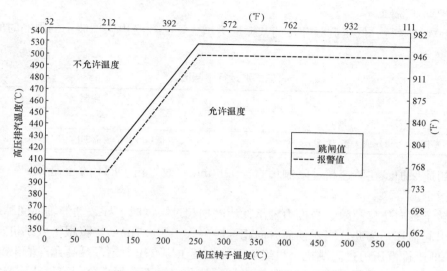

图1-3　高压叶片报警温度和跳闸温度曲线

（2）中压叶片鼓风工况。为保护中压缸叶片不至于过热，下列中压排汽温度过高工况不能运行：

1）报警1：中压排汽温度为300℃。

2）手动跳机：中压排汽温度为330℃。

（3）低压叶片鼓风工况。

1）报警：低压排汽温度为90℃。

2）手动跳机：低压排汽温度为110℃。

（4）低压静叶持环温度。

1）报警1：低压持环温度为180℃。

2）报警2或手动跳机：低压持环温度为230℃。

（5）上下缸温差过大工况。在每个汽缸中间上下部位的温差不能过大，对超过相应温差的限制时（见表1-7），盘车、空负荷时的上下缸温差限制值较大。一旦带上负荷，温差限制值将减小。考虑到汽缸的加热有一个过程，带负荷的限制可延迟2min。

**表 1-7　　　　　　　　　　　　上下缸温差过大限制值**

| 工　况 | | 盘车运行 | 空负荷 | 带负荷 |
|---|---|---|---|---|
| 跳机<br>（已取消） | 上限（℃） | 55 | 55 | 45 |
| | 下限（℃） | －55 | －55 | －45 |
| | 延迟 | | | 2min |
| 警告 | 上限（℃） | 30 | 30 | 30 |
| | 下限（℃） | －30 | －30 | －30 |

（6）倒拖（无蒸汽）运行工况：由于倒拖会造成叶片和其他部件的鼓风发热，将引起汽

轮机的额外寿命损失。确切的时间限制与末级叶片的尺寸有关，从保护汽轮机的角度，倒拖时间越短越好；一般不应超过 1min。如果由于汽轮机跳机而引起的倒拖，即汽轮机内无蒸汽做功，但发电机没有脱离电网，由电网拖动发电机继续以额定转速运转。此时，一般应在 4s 内由保护动作脱网。

（7）偏周波运行。低压调频叶片的共振应力增大，必须给出偏周波下的限制时间，见表 1-8。

表 1-8 偏周波运行限制值

| 偏周波 | 限制 |
| --- | --- |
| 47.5～51.5Hz | 无限制 |
| 小于 47.5Hz 或大于 51.5Hz | 在低压叶片的寿命期内总计不超过 2h |

（8）超速保护。在转速超过限制值（3300r/min）时，由 DEH 的超速保护系统发出报警及跳机指令。

（9）转子轴向位移超限。当推力轴承瓦块磨损超过限度时，导致动静轴向间隙超过允许的范围，引起损坏，为此，当在任何方向超标时（大于 $\pm 0.1$mm），将报警或跳机。

（10）低压排汽压力过高跳机。机组不允许在低压排汽压力超过最高允许值工况下运行。该限制与低压排汽温度限制均为保护低压末端叶片和汽缸不会因小容积流量造成鼓风发热损伤。设定在 20kPa 报警，28kPa 跳机。

（11）润滑油压过低。机组不允许在润滑油压过低工况下运行，在跳机的同时，危急直流油泵自动启动，以保证安全的停机。润滑油压小于 0.26MPa，触发跳机。

（12）润滑油箱油位。油系统中润滑油的流失将导致油箱油位过低，为避免油泵、轴承及其他部件的损坏，机组不允许在油箱油位过低情况下运行。

（13）轴承温度过高。当供油不足或者转子失平衡时，轴承金属温度将可能超出最大许用值，汽轮机将不允许在该工况下运行。在跳机前有报警信号，根据西门子公司要求，报警值为各轴承温度正常运行值 +15℃，1～5 号轴承跳闸值 130℃，6、7 号轴承跳闸值 107℃，8 号轴承跳闸值 120℃。

（14）轴承振动过大。有许多原因造成汽轮机、发电机振动过大，振动数据来源于转子及轴承座。当转子相对振动大于 $83\mu$m 时报警；转子相对振动为 $265\mu$m（已取消）或 1～5 号轴承振动达到 11.8mm/s，6～8 号轴承振动达到 14.7mm/s 时机组跳机。

5. 热力设备及系统

汽轮机设备是火力发电厂的三大主要设备之一，汽轮机设备及系统包括汽轮机本体、调节保安及供油系统、辅助设备及热力系统等。汽轮机本体是由汽轮机的转动部分（转子）和固定部分（静子）组成；调节保安及供油系统主要包括调速汽阀、调速器、调速传动机构、主油泵、油箱、安全保护装置等；辅助设备主要包括凝汽器、抽气器（或水环真空泵）、高低压加热器、抽汽回热系统除氧器、给水泵、凝结水泵、循环水泵等；热力系统主要指主蒸汽系统、再热蒸汽系统、凝汽系统、给水加热系统、给水除氧系统、高低压旁路系统等。

（1）抽汽回热系统。高压缸设有一级抽汽，第二级抽汽采用高压缸排汽，中压缸、低压缸各有三级抽汽，分别供给三台高压加热器，一台除氧器，四台低压加热器。第四级抽汽还供给两台给水泵汽轮机用汽。给水系统：配置两台 50% 额定流量的汽动给水泵和一台 25%

额定流量的电动给水泵。在正常运行工况下，给水泵汽轮机的汽源来自第四级抽汽；在低负荷和启动工况下，给水泵汽轮机的汽源采用辅助蒸汽。给水泵汽轮机的排汽经排汽管道和排汽蝶阀排到主机凝汽器。给水泵汽轮机为双流、反动式，高低压汽源能自动内切换。华能玉环电厂汽轮机 TMCR（汽轮机最大连续工况）工况时各级抽汽参数见表 1-9。

表 1-9　　　　　　　　　　　　汽轮机 TMCR 工况时各级抽汽参数

| 抽汽级数 | 流量（t/h） | 压力 [MPa（a）] | 温度（℃） |
|---|---|---|---|
| 第一级（至 1 号高压加热器） | 134.2 | 7.756 | 400.5 |
| 第二级（至 2 号高压加热器） | 311.0 | 5.946 | 362.9 |
| 第三级（至 3 号高压加热器） | 111.7 | 2.259 | 465.2 |
| 第四级（至除氧器） | 89.4 | 1.122 | 365.4 |
| 第四级（至给水泵汽轮机） | 152.1 | 1.122 | 365.4 |
| 第四级（至厂用汽） | 241.5 | 1.122 | 365.4 |
| 第五级（至 5 号低压加热器） | 117.8 | 0.617 | 286.1 |
| 第六级（至 6 号低压加热器） | 129.2 | 0.242 | 185.6 |
| 第七级（至 7 号低压加热器） | 79.3 | 0.0631 | 85.9 |
| 第八级（至 8 号低压加热器） | 86.9 | 0.0237 | 63.8 |

（2）两级串联的高、低压旁路系统。由高低压旁路控制装置、高低压控制阀门、液压执行机构及其供油装置等组成，具有 40%BMCR 高压旁路容量和 40%BMCR＋高旁喷水量之和的低压旁路容量。主蒸汽管与汽轮机高压缸排汽止回阀后的冷段再热蒸汽管之间连接高压旁路，使蒸汽直接进入再热器；再热器出口管路上连接低压旁路管道使蒸汽再经过三级减温减压后直接进入凝汽器。在机组启停、运行和发生异常情况期间，旁路系统起到控制、监视蒸汽压力和防止锅炉超压及保护再热器的作用。

### 三、超超临界发电机-变压器组技术特点

华能玉环电厂发电机为上海汽轮发电机有限公司引进德国西门子公司技术生产的 THDF125/67 型三相同步汽轮发电机，发电机额定容量 1056MVA，发电机最大连续输出功率 1000MW，发电机额定功率 1000MW，发电机最大输出功率 1050MW。发电机采用水氢氢冷却方式：定子绕组水内冷，转子绕组和定子主出线氢内冷，铁芯轴向氢冷。密封油系统采用单流环式密封。励磁系统采用无刷励磁系统，含主励磁机、永磁副励磁机、旋转整流装置、DAVR（数字式自动电压调整器）、工频手动备用励磁装置 AVR（自动电压调节器）（当两套 DAVR 的 CPU 均故障退出时能自动投入，也可根据需要退出）、中频调试机组（试验用）。

发电机完全能够满足额定功率 1000MW 和 TMCR 工况的要求，并有一定裕度，同时还有以下显著特点：

（1）效率高。当采用无刷励磁时，在 1000MVA、$\cos\varphi$ 为 0.9 工况时，发电机效率的工厂试验值为 99.01%；在 1112MVA、$\cos\varphi$ 为 0.9 工况时的设计值为 98.97%。

（2）励磁电流和励磁容量小。在 1112MVA、$\cos\varphi=0.9$ 时的励磁电流、励磁电压分别只有 5887A 和 437V，提高了效率，降低了转子绕组温升。无刷励磁机的强励电压为 820V，

强励顶值电压不小于 1.8 倍。

（3）定子电压高，定子电流和电磁力小。发电机定子电压高（27kV），与其他同类型发电机相比，定子电流和电磁力小，发电机出水温升低。

### 四、超超临界机组控制系统技术特点

目前，大多数电厂采用炉、机、电、网、化、灰集中布置的控制方式，多台机组合设一个集中控制室。华能玉环电厂 DCS（分散控制系统）系统采用艾默生（EMERSON）过程控制有限公司基于 Solaris 操作系统的 OVATION 系统。DCS 系统从功能上主要包括 DAS（数据采集系统）、SCS（顺序控制系统）、MCS（模拟量控制系统）、CCS（协调控制系统）、FSSS（炉膛安全控制系统）等系统。汽轮机 DEH 控制系统采用西门子公司的 SPPA-T3000，该系统包括汽轮机的自启动、应力、转速控制以及在线试验、ETS（危急跳闸系统）保护系统等功能。MEH（给水泵汽轮机电液控制系统）采用三菱重工 DIASYS NET-MATION 系统，配置给水泵汽轮机超速监控装置。对于机组中的循环水旋转滤网冲洗、空气预热器间隙调整等小程控系统采用就地 PLC（可编程控制）控制。

1. DCS 控制系统

（1）机组控制方式分类。机组控制方式：协调控制方式（CCS）、锅炉跟随控制方式（BF）、锅炉输入控制方式（BI）（包括汽机跟随方式 TF）、锅炉手动方式（BH）（包括汽机跟随方式）。

1）协调控制方式（CCS）。CCS 方式为机组正常运行方式。把机组负荷需求指令（就是功率需求）送给锅炉和汽轮机，以便使输入给锅炉的能量能与汽轮机的输出能量相匹配。汽轮发电机控制将直接跟随 MWD（功率需求指令）。锅炉输入控制将跟随经主蒸汽压力偏差修正的 MWD，期望在这种方式下能稳定运行，因为汽轮机调速器的阀门能快速响应 MWD，因此也会快速改变锅炉负荷，这种控制方式可以极大地满足电网的需求（MWD 来自 NLDC，即 National Load Dispatch Center，频率稳定要求）。为了投入协调控制运行方式，不仅要把锅炉输入控制和汽机主控投入自动，而且还要把所有的主要控制回路投入自动运行，诸如给水、燃料量、风量和炉膛压力控制。CCS 方式控制原理图如图 1-4 所示。

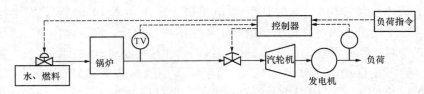

图 1-4 CCS 方式控制原理图

2）锅炉跟随控制方式（BF）。在协调控制方式下，当 DEH（数字式电液调节系统）功率设定 SLC（子回路控制）撤出，DEH 功率指令由外部切换至本地设定时，机组运行方式就从 CCS 方式切换到 BF 方式。在这种方式下，机组负荷通过 DEH 功率本地设定模块由操作人员手动来改变。在"锅炉输入控制自动"和"汽机主控手动（DEH 功率本地设定）"条件下，自动地设定去锅炉的需求指令，来控制用实际的 MW 信号所修正的主蒸汽压力，实际的 MW 信号跟踪 MW 需求信号。该方式可以快速响应电网的需求，但锅炉侧处于被动跟随状态，调节

具有一定的滞后性，不利于锅炉的稳定运行。BF 方式控制原理图如图 1-5 所示。

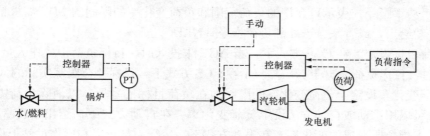

图 1-5　BF 方式控制原理图

3）锅炉输入控制方式（BI）（包括汽轮机跟随方式 TF）。在 BI 方式下，锅炉的输入指令是由操作人员手动操作给出的。这意味着机组负荷的改变是由操作人员通过锅炉输入控制来完成。在"锅炉输入控制手动"和"汽轮机主控自动（汽轮机投入初压 SLC，进入压力调节支路，包括本地压力设定及外部压力设定）"的条件下，汽轮机控制主蒸汽压力，MW 需求信号跟踪实际的 MW 信号。由于直接调整锅炉的输入，该方式极大的稳定了机组运行。然而，这种运行方式对机组负荷响应特性却不如协调控制（CCS）和锅炉跟踪（BF）方式。BI 方式控制原理图如图 1-6 所示。

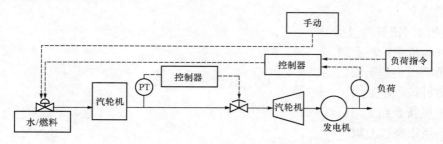

图 1-6　BI 方式控制原理图

发生辅机故障快速减负荷（RB）时，会自动地选择锅炉输入控制方式。

4）锅炉手动方式（BH）（包括汽轮机跟随方式 TF）。在 BH 方式下，机组干态运行时给水控制处于手动，湿态运行时燃料量控制处于手动。一般在机组启动和停止期间、事故处理时使用这种方式。

机组控制方式见表 1-10。

表 1-10　　　　　　　　　　　　　机组控制方式一览表

| 控制方式 | 控制回路的自动/手动状态 | | | |
| --- | --- | --- | --- | --- |
| | 汽轮机控制方式 | 给水 | 燃料 | 风 |
| 协调控制（CCS） | 外部功率 | 自动 | 自动 | 自动 |
| 锅炉跟随（BF） | 本地功率 | 自动 | 自动 | 自动 |
| 锅炉输入（BI） | 不限 | 干态自动<br>湿态手动/自动 | 干态手动/自动<br>湿态自动 | 自动/手动 |
| 锅炉手动（BH） | 不限 | 干态手动<br>湿态手动/自动 | 干态手动/自动<br>湿态手动 | 自动/手动 |

(2) 各控制系统参数简介。

1) 机组功率指令。表示可允许的负荷范围和负荷变化率的限制的 MW 需求信号，是由操作人员手动给出，或者来自于外部负荷指令（NLDC）。

2) 负荷目标设定。在 CCS 方式下，当 AGC 未投入时，目标负荷由操作人员手动设定；AGC 投入时，目标负荷来自于 NLDC。不在 CCS 方式下，目标负荷跟踪实际的 MW 信号。

3) 负荷变化率设定。负荷变化率的限制加在负荷目标信号上，以消除负荷需求信号的突然变化。可以用手动或自动方法设定负荷变化率。在自动方式下，给出了由 MW 需求指令或锅炉输入指令所形成的变化率。在手动方式下，运行人员可以在操作员站上设定负荷变化率。

4) 负荷的高低限制。对负荷需求信号的高值和低值的限制，可以由操作人员手动操作给出，并且只能在协调控制运行方式下使用。不在 CCS 方式下，负荷高低限制值跟踪实际负荷并加上±200MW 偏差。

5) 负荷增/减闭锁。负荷增/减闭锁功能是维持机组稳定运行，并作为保护功能的一部分，如果某些辅机控制指令输出，如给水、燃料和风，在协调控制方式或者锅炉控制输入方式下达到了其控制范围的限值，那么机组就不能稳定运行。因此，当负荷增/减闭锁条件存在时，闭锁负荷增/减变化，如果有关的辅机控制指令输出恢复至控制范围内，那么这个功能得以复位。

a. 负荷增闭锁条件包括：

(a) 汽轮机主控超上限。

(b) 负荷设定超上限。

(c) 燃料指令超上限。

(d) 送风指令超上限。

(e) 引风指令超上限。

(f) 任何一台给水泵指令超上限。

(g) 任何一台给水泵超流量。

(h) 煤限水。

(i) 风限煤。

(g) 水限煤。

(k) 频率大于 50.03Hz。

b. 负荷减闭锁条件包括：

(a) 汽轮机主控超下限。

(b) 负荷设定超下限。

(c) 燃料指令超下限。

(d) 给水指令超下限。

(e) 省煤器保护动作。

(f) 煤限水。

(g) 给水泵指令超下限。

(h) 煤限风。

(i) 频率小于 49.07Hz。

6）汽轮机负荷需求指令。汽轮机负荷需求指令是在实际负荷基础上，加入负荷偏差后，再经过实际压力修正形成，送入 DEH 负荷指令回路。当主汽压力偏差在协调控制运行期间超出了预先确定的范围，汽轮机主控将控制主汽压力，以稳定锅炉输入与汽轮机输出之间的平衡。

7）锅炉输入需求（BID）。锅炉输入需求（BID）指令在协调控制方式下由功率需求指令（MWD）和主汽压力修正信号组成，在锅炉跟随方式下由实际功率和主蒸汽压力修正信号组成。在锅炉输入方式下（BI），锅炉输入需求指令可由操作人员通过 BID 设定器来设定，当发生了 RB（快速减负荷）工况时，锅炉输入需求指令是根据预先设定的 RB 目标负荷和负荷变化率产生。在锅炉手动方式下，锅炉输入需求指令在干态运行时靠给水流量产生，而在湿态运行时靠实际功率产生。

8）主汽压力控制。主汽压力的设定值是通过下列两种方法设定的：在 CCS 方式及 BF 方式时根据功率需求设定，在其他方式下根据锅炉输入需求设定。

9）快速减负荷（RB）运行。当锅炉和汽轮机的辅机在正常负荷运行期间出现意外事故时，机组将按跳闸情况对应的变化率迅速减少去锅炉的输入需求指令。为了产生一个迅速减少的锅炉输入需求指令，锅炉输入指令去的每个辅机控制站（给水控制、燃料和风的供给控制和炉膛压力控制）处于自动运行方式这是最基本的。此外，为了达到快速稳定压力控制以防止由于锅炉输入变化造成主蒸汽压力波动的目的，还需要使汽轮机主控处于压力方式。

10）交叉限制功能。交叉限制功能是在给水、燃料和风的每个需求指令上加上一些限制，以保证这些系统运行在相互匹配的工况下。

a. 限制由于燃料量所引起的给水流量的偏高或偏低。

b. 限制由于总给水量的滞后所引起的燃料量指令偏高。

c. 限制由于总风量的滞后所引起的燃料量指令偏高。

d. 限制由于燃料量所引起的风量指令偏低。

（3）CCS 协调控制回路的总体说明。协调控制回路使用"功率需求指令"作为一个与实际机组功率负荷相比较的负荷目标指令。负荷目标信号通常由操作人员手动给出或来自于电网调度指令，这个负荷目标信号通过一个速率限制器，该限制器根据预先设定的限值限制目标负荷的变化率，只要增加的目标负荷率低于所选定的限制率，就可以传送目标负荷信号，当目标负荷率的增加超过所选定的限制率时，速率限制器将阻止不安全的信号通过而选择安全的预先设定的限制信号通过，于是该目标负荷信号被送到一个加法器中，在引入的目标负荷信号上，加法器加上一个频率误差信号，以补偿系统频率的偏差，然后两个信号的和通过"负荷限制器"的选择器（高值和低值选择器），来自"负荷限制器"的输出信号改变即成所谓的"功率需求信号"，然后功率需求信号分配给汽轮机主控和锅炉主控。去汽轮机主控的功率需求信号用于与机组发出的实际功率相比较的负荷设定值。将主蒸汽压力的误差信号加到所产生功率信号以补偿主蒸汽压力的偏差，来自加法器的输出信号就是所谓的修正的功率指令。

在协调控制方式下，减法器送出一个代表期望值与测量（修正过的）负荷之间差的误差信号（功率控制信号）给汽轮机电/液调速器，去汽轮机电/液调速器的功率控制信号直接送到高低选择器。在正常运行下，功率控制信号直通这些选择器到达 PI 调节器，其输出信号送给汽轮机电/液调速器，然而万一主蒸汽压力的误差过大（压力设定值－压力实际值大于

1MPa，汽轮机切至压力回路），高低值选择器就会闭锁功率控制信号通过，而允许由主蒸汽压力误差信号取而代之发送给电/液调速器，在这些条件下，电/液调速器中断了功率控制而改为蒸汽压力控制。在高值选择器逻辑里，减法器在协调控制方式下从主蒸汽压力的误差信号里减掉一个 0.7MPa 信号。在低值选择器逻辑里，加法器在协调控制方式下在主蒸汽压力的误差信号上加上一个 0.7MPa 信号。当锅炉输入（BI）或锅炉手动（BH）方式被选择时，汽轮机主控将由 PI 功率调节器中单独提供的 PI 压力调节器来控制主蒸汽压力。去锅炉输入控制的功率需求信号被反馈到求和器，在那里与蒸汽压力误差信号相加，然后通过 runback 切换器送到给水、燃料量、风量等相关的锅炉子控制回路。

2. 主汽轮机 DEH（数字电液调节）控制

主汽轮机 DEH 系统核心部分实质上就是对高中压主汽门、调门开度指令的控制，以满足暖阀、升速、负荷变化等要求，以及对转速、振动、轴向位移等主机重要参数的联锁保护，除此之外还包括对主机润滑油系统、液压控制油系统、轴封系统、疏水系统、抽汽系统的控制，也包含汽轮机快冷、主汽门调门严密性试验、抽汽止回阀在线活动试验、ATT（汽轮机阀门自动试验）试验、润滑油低油压在线试验等主机重要试验功能程序。

在控制级别上，DEH 系统分为 SGC（子组控制）级、SLC 级（含 DCO 功能块）、设备级。设备级指直接对设备进行手动操作控制；SLC 级控制涉及设备的联锁，DCO（冗余控制）功能块对冗余设备进行优先运行选择；SGC 级将一系列设备联系到一起，构成一定功能的自动顺序控制流程。

除主机轴承振动保护采取二取二触发的原则外，其他所有参数测点保护均采取三取二触发的原则：如果一个测点坏质量计做此测点已触发，另两个测点有一个超限则触发保护；如果两个测点坏质量则判断第三个测点是否超限；三个测点坏质量则触发保护。

DEH 系统能检测参数测点、设备状态反馈信号质量状况、反馈值是否超限、设备运行状态变化，并触发不同级别的报警信息显示和声音提示。运行人员发现报警信息后应立即查找原因，消除隐患。

（1）DEH 系统对主、再热蒸汽各进汽门的控制。

1）TAB 为 0，高、中压主汽门、调门不能开启。

2）主 SGC 步序进行到 TAB＞42.5％，高、中压主汽门开启。

3）三个主要调节支路：转速支路、功率支路、压力支路。

（2）DEH 三个主要调节支路采用选小值控制，其流量指令转为阀门开度指令控制。

1）转速支路指令输出。根据转速设定值、实际值偏差经 PID（比例积分微分）计算得出。速度设定值由特定的步序给定；速度变化率不能手动设置，由主机各金属部件中最小热应力裕度的金属部件温差裕度自动计算得出。

2）功率支路指令输出。根据负荷设定值、负荷实际值偏差经 PID 计算，与 DEH 侧最大负荷限制比较后得出。负荷设定值可以在 DEH 手动设定，也可以投入外部功率设定 SLC 后由 DCS 送入；负荷变化率在 DCS 手动设定，并投入负荷变化率 SLC 使之有效；负荷变化率同时还受到主机最小热应力裕度的金属部件温差裕度限制。

3）压力支路指令输出：切至压力模式下，根据压力设定值、压力实际值偏差经 PID 计算得出。压力设定值可以在 DEH 手动设定，也可以投入外部压力设定 SLC 后由 DCS 送入。

主机冲转中以及定速状态下，高、中压调门接受 DEH 转速控制支路指令，同时受到压力支路输出以及 TAB（汽轮机启动装置）输出限制；并网后，功率模式投入时，高、中压调门指令接受 DEH 功率控制支路输出，同时受到压力支路输出以及 TAB 输出限制；撤出限压模式 SLC 时，汽轮机切至压力模式，高、中压调门指令接受压力控制支路输出，同时受到转速/功率支路输出以及 TAB 输出限制。最终，高、中压调门指令取决于 TAB 支路输出、转速/功率支路输出、压力支路输出三者中最小值。并受到高压叶片压力控制模块输出、高压缸压比控制模块输出、高压缸叶片温度控制模块输出影响（正常运行时暂未投入运行）。各个调门本身还有其阀限设定，可以在 DEH 手动设定。

（3）瞬间甩负荷快控功能。运行中的汽轮机当由于电力系统故障导致发电机跳闸和电网解列或大幅甩负荷（瞬甩、长甩），DEH 系统快速关闭高压调节阀和中压调节阀，DEH 控制由功率控制方式切至转速控制方式，延时一段时间后，再自动将高、中压调节阀开启，维持汽轮机在同步转速。

下列任一条件产生，DEH 控制由功率控制方式切至转速控制方式：

1）发电机出口断路器跳闸。

2）负荷下降速率大于 875MW/min。

3）当机组出力小于 125MW 大于 -10MW，负荷指令大于机组出力 +125MW。

3. 给水泵汽轮机 MEH 控制

给水泵汽轮机 MEH 实现对给水泵汽轮机高、低压汽门的控制，以满足给水泵汽轮机冲转、带负荷变速调节，以及对转速、振动、真空等重要参数的联锁保护。MEH 有专用 OPS（超速保护控制）操作站，可以在 OPS 操作站进行所有操作，也可以通过 OPS/DCS 切换按钮切换至 DCS 操作，控制对象包括对给水泵汽轮机本体、油系统、盘车。给水泵汽轮机启动冲转完成目标转速定为 2850r/min，冲转完成后检测状态正常后会自动将转速指令交于给水系统产生，目标在于调节给水泵使锅炉给水流量达到其设定值要求。

# 第二章

# 汽轮机设备系统运行

## 第一节　DEH 系统介绍

　　华能玉环电厂汽轮机为上海汽轮机有限公司生产制造的 1000MW 超超临界、中间再热式、四缸四排汽、单轴、凝汽式汽轮机，汽轮机本体通流部分由高、中、低压三部分组成，汽轮机采用全周进汽、滑压运行的调节方式，同时采用补汽阀技术，改善汽轮机的调频性能。全机设有两只高压主汽门、两只高压调节汽门、一只补汽阀、两只中压主汽门和两只中压调节汽门，补汽阀分别由相应管路从高压主汽阀后引至高压第 5 级动叶后，补汽阀与主、中压调节汽门一样，均是由高压调节油通过伺服阀进行控制。

　　华能玉环电厂 DEH 系统采用西门子公司的 T3000 控制系统，它是一个全集成的、结构完整、功能完善、面向整个电站生产过程的控制系统。液压部分是采用高压抗燃油的电液伺服控制系统。由 T3000 与液压系统组成的数字电液控制系统通过数字计算机、电液转换机构、高压抗燃油系统和油动机控制汽轮机主汽门、调节汽门和补汽阀的开度，实现对汽轮发电机组的转速与负荷实时控制。该系统满足对可扩展性、高可靠性、有冗余的汽轮机转速/负荷控制器的需要。采用 T3000 控制系统的 DEH 可实现启动及停机、并网、负荷控制、频率稳定、甩负荷至厂用负荷、超速限制等主要任务。

### 一、DEH 控制回路简介

　　DEH 的控制主要有启动装置（S/UPDEVICE）、转速负荷控制回路、压力控制回路三部分构成，三个回路换算出的指令经过小选器后得出的指令再同高压缸排汽（简称高排）温度控制的限制及调阀位限制取小后去控制高中压调节阀门及补汽阀。

　　1. 启动装置（TAB）

　　启动装置作用于汽轮机启动阶段，其指令即 TAB 指令，TAB 指令由启动步序自动生成，当 TAB 在外部控制时，人为也可输入指令值。在机组启动过程中，启动装置 TAB 每次到达某一限值时，其输出 TAB 都会停止变化，等待启动步序 SGCST 执行特定任务操作，操作完成收到反馈信号后，启动装置 TAB 输出才会继续变化。TAB 定值与控制任务对照表见表 2-1。

　　2. 转速负荷控制回路

　　当汽轮机开始冲转时，转速负荷控制回路中的转速控制器开始起作用，并自动给定暖机转速值、目标转速值及最初始的升速率。在机组并网后，DEH 控制方式自动切至负荷控制回路，初始负荷及升负荷率均由运行人员输入，汽轮机的负荷控制分为本地功率和远方功率两种方式，在本地功率控制时，目标负荷值由运行人员手动输入，当功率控制方式投入远方时，即机组进入 CCS 控制方式，这时负荷控制回路的目标负荷值接受 DCS 传输而来。无论汽轮机是在转速控制方式还是在功率控制方式，它都将接受应力裕度控制器的限制，应力裕度计算主要考虑到 HP 主汽门阀壳、HP 调门阀壳、HP 汽缸、HP 转子和 IP 转子五部分的应力，在升负荷和转速时的应力裕度为高压转子的裕度、中压转子的裕度以及 2 倍的高压缸裕度中的最小值，在升负荷时如果任一部分计算出的应力裕度不满足，出现了负的应力，则应力裕度控制器将限制机组升降转速或负荷。如果在机组在冲转过程中应力不满足，则 DEH 停止升速，并且将目标转速降至 360r/min 暖机转速，而不允许汽轮机在临界转速范围内停留，直至应力裕度满足，运行人员再次释放正常转速，才会再次升速；而降负荷时的应力裕度为 HP 主汽门阀壳、HP 调门阀壳、HP 汽缸、HP 转子、IP 转子五个部位的应力裕度的最小值。如果裕度越大，则 DEH 允许的汽轮机转速变化率和负荷变化率就越大。

表 2-1　　　　　　　　　　　　　　TAB 定值与控制任务对照表

| TAB 定值 | | 控制任务 |
|---|---|---|
| 定值上升过程 | 0% | 允许启动汽轮机程控功能组（SGC） |
| | >12.5% | 汽轮机复置 |
| | >22.5% | 高中压主汽门跳闸电磁阀得电复位 |
| | >32.5% | 高中压调节阀门跳闸电磁阀得电复位 |
| | >42.5% | 开启高中压主汽门 |
| | >62% | 允许通过子组控制，使高中压调节阀门开启，汽轮机实现冲转、升速、并网 |
| | >99% | 发电机并网后，释放汽轮机高、中压调阀的开启范围，汽轮机控制由"启动和进汽限制装置"控制模式切换为"转速/负荷"控制模式 |
| 定值下降过程 | <37.5% | 高中压主汽门关闭 |
| | <27.5% | 高中压调节阀门跳闸电磁阀失电，高中压调节阀门跳闸 |
| | <17.5% | 高中压主汽门跳闸电磁阀失电，高中压主汽门跳闸 |
| | <7.5% | 发出汽轮机跳闸指令 |
| | =0% | 再启动准备 |

同时，DEH 的负荷转速控制器还具备带小网运行的功能，当机组发生 FCB 时，DEH 控制方式自动进入到转速控制方式，快速关小调门，维持汽轮机转速在 3000r/min，机组负荷由小网内的用户负荷来决定，这时主汽压力由旁路进行调节。

3. 压力控制回路

压力控制回路分为初压和限压两种方式，在机组启动阶段，当旁路关闭后，DEH 压力控制方式选择初压方式，压力控制回路起作用，汽轮机负责调节主汽压力，此时为压力方式下的机跟踪，主汽压力设定值由 DCS 给出。当压力回路在限压方式时，汽轮机负责调节功率，压力回路的压力设定值跟踪 DCS 侧，当压力设定值与实际压力偏差较大时，限压回路起作用去调节主汽压力。当汽轮机压力回路在限压模式且投入远方功率模式时，即进入 CCS 方式。

27

DEH 的控制方式由启动开始到正常运行主要经过以下几个步骤:

(1) 启动装置控制。

(2) 冲转至额定转速阶段为转速控制。

(3) 机组并网至旁路关闭前为本地功率控制。

(4) 旁路关闭后至投入 CCS 前为远方压力控制。

(5) 投入 CCS 后 DEH 为远方功率控制。

(6) DEH 切初压的条件。

(7) 手动切初压。

4. 高排温度限制

高排温度限制器主要为保护高压末级叶片所设,在低负荷阶段,尤其在高压旁路开启阶段,高压缸进汽量小,冷再压力相对高,由于鼓风效果,造成高排末级叶片温度升高,当高压缸末级叶片温度达到 470℃时,高排温度限制控制器开始动作,并产生积分值作用于开调门指令上,通过关小中压调门,开大高压调门增加高压缸进汽量,以增加高压缸的进汽量减少鼓风效果来降低高压末级叶片的温度;当高压缸末级叶片温度达到 490℃时,关闭高压调门、高排止回阀,打开高排通风阀,汽轮机变为中压缸进汽方式;高压缸末级叶片温度达到 530℃,汽轮机保护动作跳闸。

## 二、DEH 应力控制简介

1. DEH 应力控制简介

DEH 中设有专有的应力裕度计算器,应力裕度值主要用于汽轮机升降转速和升降负荷时,主要对 HP 主汽门阀壳、HP 调门阀壳、HP 汽缸、HP 转子、IP 转子部件进行监视,用于计算及监视这些部位的热应力,它通过温差来决定相应部件的热应力,将此温差与允许温差比较来计算允许的温升率,所有测量的温度及计算的温度余度均进行指示及记录,并且所计算出来的应力裕度参与到机组的转速控制回路和负荷控制回路中去。

2. X 准则

X 准则用于汽轮机的启动过程中保证进入汽轮机的主蒸汽和再热蒸汽参数符合 X 准则的要求,当 X 准则不满足时,启机步序走到相应步序时将无法执行。

X 准则的含义:

X1——主蒸汽温度大于高调阀 50% 温度＋X1,防止高压进汽阀冷却。

X2——高调阀 50% 温度＋X2 大于主蒸汽压力对应饱和温度,防止产生凝结换热。

X4——主蒸汽温度大于高压进汽压力对应饱和温度＋X4,主蒸汽过热度要求。

X5——主蒸汽温度大于高压转子及高压缸 50% 缸温＋X5,防止缸和转子被冷却。

X6——再热汽温度大于中压转子温度＋X6,防止转子被冷却。

X7A——高压转子温度＋X7A 大于主蒸汽温度,为冲转至全速准备。

X7B——高压缸温度＋X7B 大于主蒸汽温度,为冲转至全速准备。

X8——中压转子温度＋X8 大于再热蒸汽温度,为并网带负荷准备。

其中 X2、X7A、X7B、X8 均为负值;X2 要求高调阀 50% 处温度不能过低,X4、X5 要求主汽温度不能过低,X6 要求再热汽温不能过低,X7A 要求高压转子计算温度不能过低,X7B 要求高压缸温度不能过低,X8 要求中压转子温度不能过低。

X1、X2准则在开主汽门前用到；X4、X5、X6准则在汽轮机冲转前用到；X7A、X7B准则在汽轮机360r/min暖机后释放正常转速时用到；X8准则在机组并网前用到。

### 三、DEH保护（ETS）简介

#### 1. DEH保护（ETS）主要功能

汽轮机超速保护（OPS）：OPS是带有自动在线试验的特殊电子系统，提供3只独立的转速探头和通道。超速监视由三通道转速监视器来实现，该转速监视器有三个测量通道，系统不断检查传感器输入回路，不同通道的传感器输出信号被同时监测，并对各通道进行合理的控制，任何一个故障都会发出报警信号。汽轮机超速保护有两套，其中每套有三个通道，三个通道中任两个通道达到保护动作值3300r/min，则保护即动作。

电子保护系统（EPS）：采集所有需要停机的模拟量的值，当这些值超过设定值时，发出停机信号；汽轮机电子保护系统接受传感器、热电偶等重要的保护信号。当这些信号超过预设的报警值时，发出报警。当参数继续变化超过遮断值时，发出遮断信号，通过TTS系统动作停机电磁阀，遮断机组。汽轮机保护条件通过模拟量测量，信号不间断地进行监视和比较。通过数字化自动系统执行信号处理。每个（EPS）回路提供三个热电偶或传感器，并采用不同的冗余I/O（输入/输出）通道。

汽轮机遮断系统（TTS）：接受所有的停机信号，使停机电磁阀动作，遮断机组。其是一个连接EPS/OPS系统和遮断电磁阀的二通道系统。所有的汽轮机遮断指令，OPS、EPS、发电机保护、遮断按钮等产生停机信号，都通过TTS系统动作遮断电磁阀。

汽轮机监测保护系统（TSI）由仪表组件和传感器以及前置器组成，是一个可靠的多通道监测系统，能实时连续的测量汽轮机发电机转子和汽缸的各种机械运行状态参数，显示汽轮机运行状态、输出记录，越限报警，并能在超出汽轮机运行极限的情况下发出报警信号并使机组安全跳闸，同时能为故障诊断和事故分析提供相关数据。

汽轮机阀门打开之前，用于汽轮机跳闸的两个电磁阀得电关闭，接通高压油与回油管；所有汽轮机阀门的执行机构都有两个失电跳闸电磁阀、两个跳闸阀，它们二选一方式工作，只要有一个电磁阀失磁，就会使一个跳闸阀打开，泄掉油动机中的压力油，使相应阀门关闭；每个电磁阀装有两个分离的线圈，每个线圈与跳闸系统之一联系，一个线圈通电可使电磁阀处于非跳闸位置，只有两跳闸系统都动作时，才使汽轮机跳闸，这种设置可有效地防止保护拒动与误动，提高保护系统的可靠性。

#### 2. TSI系统

TSI系统主要包括的检测项目：每个轴（包括发电机、励磁机轴）轴振和座振振动（X-Y双坐标）、汽缸绝对膨胀、汽轮机键相、轴向位移。

该汽轮机不需要偏心，偏心可通过1号瓦轴承振动折算进行监视。西门子轴承有独特的推力杆设计，差胀较小，汽轮机动静间隙比任何工况可能产生的最大差胀均大，因此不需要测量差胀。

## 第二节　给　水　系　统

给水系统由除氧器、给水泵组、高压加热器（简称高加）及相关辅助设备组成，主要功能是将除氧器给水箱中的主凝结水进行加热、除氧后，通过给水泵组提高压力，再经过高加进一步提高给水温度后送至省煤器的入口，作为锅炉的给水进行一系列的热力循环。此外，给水系统还向锅炉再热器的减温器、过热器的减温器以及汽轮机高压旁路装置的减温器提供减温水。

## 一、系统概述

国产超超临界机组在给水泵的配置上，国内600MW以上火力发电机组给水系统绝大部分采用2台汽动给水泵加1台电动给水泵的配置方法（日本大多数电厂为这种配置方式）。上海外高桥三期工程2×1000MW机组配置1×100％BMCR汽动给水泵组，带独立凝汽器，不配置电动给水泵（德国和美国这种配置方式较多）。大容量机组高加的选型有两种：单列高加和双列高加。由于1000MW级别的大型机组以国内外大部分1000MW机组均选用双列高加布置，只有外高桥三期工程与德国的电厂使用单列高加。给水系统的布置形式也有两种：同层布置与分层布置。外高桥三期工程2×1000MW机组高加的配置为单列分层布置，外高桥二期工程2×900MW机组与华能玉环电厂4×1000MW机组均为双列高加、分层布置。邹县四期2×1000MW机组选用双列高加、同层布置。

华能玉环电厂给水系统配备了两台50％BMCR容量的汽动给水泵及其前置泵（同轴布置），一台25％BMCR的电动给水泵及其前置泵（同轴布置），两台50％BMCR容量的给水泵汽轮机，一台驱动电动给水泵的电动机，1、2、3号双列高加等设备以及管道、阀门等配套部件。

## 二、给水系统的启动

1. 给水系统启动前准备工作

(1) 确认给水系统检修工作已全部结束，工作票已终结。

(2) 大小修后给水系统启动前需执行《给水系统检查卡》，系统内所有手动门状态正确，气动调节门气源正常、电磁阀送电正常，电动门送电正常，系统内所有表计、自动装置、联锁、保护、报警均已投入，全部电气设备、控制设备的交直流电源送上。

(3) 确认电动给水泵的电动机已经单独试转过，各项参数符合设计要求，确认给水泵汽轮机已经单独试转过，各项参数符合设计要求，给水泵汽轮机超速保护试验正常。

(4) 电动给水泵启动前要检查电动给水泵电动机冷却水投入正常，油系统运行正常，油系统的冷却水投入正常；检查机械密封及其冷却水系统投入正常，冷却水系统内的空气要可靠排出。

(5) 汽动给水泵启动前要检查给水泵密封水投入正常、密封水温度自动调节正常、前置泵机械密封正常；检查给水泵汽轮机油箱油位、油温正常，油质合格，冷油器运行正常并投入油温自动控制，交流润滑油泵运行正常，备用交流油泵和直流油泵投入联锁。

(6) 确认凝结水系统、辅助蒸汽系统、闭冷水系统运行正常，除氧器上水至正常水位。

(7) 检查电动给水泵和汽动给水泵再循环调节门开度大于85％，确认再循环调节门前、后隔离门开启；确认给水泵出口门及所有放水门关闭。

(8) 给水泵注水、放气。打开给水泵及给水管路系统的放气门，缓慢打开前置泵进口门至一定开度，从除氧器给水箱注水到给水泵出口门，排净给水管路中的空气，直到有密实水流溢出后关闭所有放气门，注水时应连续几次对机械密封水回路进行排气。在注水放气期间，除氧器水位要保持正常，并检查现场给水管路无泄漏；注水放气结束后全开前置泵进口门，并检查给水泵入口压力高于泵所需的净吸入压头，同时打开暖泵回路系统上的阀门。

（9）给水泵在启动前应进行暖泵，暖泵的方式一般有正暖与倒暖两种。所谓正暖，就是暖泵水由除氧器经给水泵吸入口流入泵内，然后向泵的出口侧流出。正暖的水一般排入地沟，亦可流入凝结水回收箱，加以利用。倒暖就是给水泵热备用启动时采用的方法，暖泵水来自运转中的泵；从给水泵的出口处流入泵内，然后经泵的吸入口流回除氧器。倒暖的暖泵水得到了回收，避免了浪费。

暖泵时应在泵壳的吸入端及压出端的下端有出流孔，这样在暖泵时泵内水流不会产生死角，使暖泵充分。为了监视暖泵进行的情况，在泵体上装设有测温装置，以控制暖泵的速度、时间。控制暖泵升温率小于5℃/min；注意泵体上下金属温度偏差变化情况。

2. 给水系统的启动操作

（1）除氧器投运操作。

1）检查除氧器水位3000mm±100mm，投入除氧器水位自动调节，水温小于50℃。

2）开启辅汽至除氧器加热管道疏水门，开启辅汽至除氧器进汽调门前隔离门、辅汽至除氧头进汽门、辅汽至除氧器水箱进汽门，开启除氧器顶部手动排汽门和电动排汽门。根据需要可以关闭辅汽至除氧头进汽门。

3）开启辅汽至除氧器加热调门至5％开度，辅汽至除氧器加热系统暖管。暖管结束后，关闭辅汽至除氧器进汽调门前疏水门，管路应无振动，否则关闭辅汽至除氧器加热调门，查明原因并消除后方可重新投入除氧器加热。

4）逐渐开启除氧器加热调门，调节除氧器水温104℃、压力0.147MPa，投入除氧器加热调门自动，进行热力除氧；也可根据需要手动控制除氧器加热调门开度大小。机组启动过程中，当除氧器汽源由辅汽供给时，控制辅汽联箱压力不大于1.2MPa，以避免除氧器超压。

5）当四抽压力达0.147MPa时（机组负荷约大于10％BMCR），除氧器加热汽源由辅汽自动切至四抽供汽，除氧器辅汽进汽调门逐渐自动关闭或手动关闭，除氧器进入滑压运行。

（2）给水泵组启动条件。给水泵组启动条件包括电动给水泵启动前的检查和汽动给水泵盘车期间的检查。

1）检查电动给水泵和汽动给水泵已经注水放气完毕，前置泵进口门全开，给水泵出口门关闭，汽动给水泵盘车运行正常。

2）检查前置泵、给水泵及给水管路无泄漏，检查电动机冷却器、油冷却器和机械密封的冷却水回路流动情况正常且无泄漏。

3）检查前置泵、给水泵、液力耦合器、电动机及给水泵汽轮机各轴承油位、油流正常，油系统无泄漏；电动机和给水泵汽轮机油箱油位、油温正常，油质合格。

4）检查前置泵、给水泵、液力耦合器、电动机及给水泵汽轮机各轴承金属温度正常，汽动给水泵任一侧密封水回水温度都在正常范围内。

5）确认除氧器水位正常、电动给水泵勺管在最小位置（小于5％）、给水泵再循环调节门开度大于85％且再循环调节门前、后隔离门开启。

6）检查给水泵汽轮机轴封系统投入正常，主机真空系统已经投入，给水泵汽轮机已经建立真空；冷态情况下，给水泵汽轮机启动前盘车装置应连续运行 4h 以上，转动部分无金属摩擦声。

7）检查给水泵汽轮机 MEH 系统无故障。

（3）泵组启动操作程序。机组启停阶段，负荷小于 20％BMCR（或主汽压小于 8MPa）时，需要启动电动给水泵运行，以满足锅炉上水需要和低负荷时工质热力循环的需要。电动给水泵启动操作程为：

1）启动前确认电动给水泵启动条件均已满足，厂用电电压不低，DCS 上启动电动给水泵，检查给水泵及电动机各部分振动、声音、温度正常，注意电动机电流返回正常。

2）在 30s 内增加勺管开度，调节电动给水泵出口流量在最小流量值以上，液力耦合器的最小输出转速约 1500r/min。

3）电动给水泵启动 5s 后，自动开启电动给水泵出口旁路调节门前、后隔离门。

4）电动给水泵启动后润滑油压应大于 0.22MPa，延时 180s 后辅助油泵应自动停运，否则手动停运辅助油泵，检查润滑油压在 0.15～0.25MPa、液力耦合器工作油压在 0.2～0.22MPa。

5）机组启动阶段，当锅炉具备上水条件后，锅炉开始上水，增加电动给水泵转速，调节电动给水泵出口旁路调节门，控制给水流量，当出口旁路调节门开度大于 85％时给水泵出水主路电动门自动开启。根据需要可投入电动给水泵给水自动控制。若出口旁路调节门大幅晃动，需及时手动打开出水主路电动门，将调节门隔离。

为实现机组节能启动，锅炉点火启动过程可采取汽动给水泵上水，电动给水泵停运或退出的方式。汽动给水泵向锅炉上水的方式，采用调节其转速及锅炉上水总电动门的开度控制省煤器进口给水流量，操作难度比采用电动给水泵上水要大。

机组负荷大于 20％BMCR 阶段时，电动给水泵出力不满足给水流量的需求，此时需要启动汽动给水泵运行；现场根据节能要求，当汽动给水泵最小出力能够满足给水系统调整需要时（一般主汽压大于 8MPa），就可以并入汽动给水泵，退出电动给水泵运行。

（4）汽动给水泵启动操作程序。

1）给水泵汽轮机进汽管路暖管。确认给水泵汽轮机冷再、辅汽、四抽进汽电动门前、后疏水门已开启，给水泵汽轮机本体疏水一、二次门全部开启；确认蒸汽过热度达到 56 ℃后，通过缓慢开启给水泵汽轮机冷再、辅汽或四抽进汽电动门至 5％开度进行暖管，低压进汽部分所用汽源根据机组实际情况选择为辅汽或者四抽汽源。暖管充分后，开足给水泵汽轮机冷再、辅汽或四抽进汽电动门。

2）集控室或就地进行给水泵汽轮机手动复置，然后按手动脱扣按钮，试验手动脱扣正常，再复位正常，检查给水泵汽轮机高、低压主汽门开启。

3）确认给水泵汽轮机高、低压主汽门和汽缸本体疏水门开启后，检查蒸汽参数正常，蒸汽有足够的过热度（大于 56℃）。

4）根据机组状态在 MEH 或 DCS 画面上选择启动方式，手动选择目标转速及升速率。其中：冷态时目标转速选择为暖机转速 2300r/min，升速率 5r/min，暖机 45min 后再选择目标转速为 2850r/min；热态时不需要暖机，目标转速直接选择为 2850r/min，升速率 15r/min。

5）手动选择目标转速及升速率后，按下汽动给水泵子组程控启动"SPEED GO"，检查低压调门开启，给泵汽轮机冲转，转速升至 600r/min 时盘车自动退出，汽缸本体疏水门、高低压主汽门疏水门自动关闭。转速升至 2850r/min 后，给水泵汽轮机的转速控制切换为 DCS 上的给水自动控制器，转速控制范围为 2850～6000r/min。

6）给水泵汽轮机升速过程中，注意检查给水泵汽轮机及泵内部无金属摩擦声，前置泵同轴启动正常，注意监视给水泵汽轮机进汽参数、振动、轴承温度、轴向位移、真空变化情况。注意监视汽动给水泵出口流量在最小流量值以上。

（5）泵组并列、切换操作。机组启动阶段，当机组负荷大于 20％BMCR 时，电动给水泵切换为汽动给水泵运行；反之，机组停运阶段，当机组负荷小于 20％BMCR 时，汽动给水泵切换为电动给水泵运行；第二台汽动给水泵并入给水系统或者退出给水系统的负荷点大约在机组负荷为 40％BMCR 时。下面以汽动给水泵并入给水系统为例，介绍泵组并列、切换操作注意事项如下：

1）当汽动给水泵出口给水压力与给水母管压力压差小于 1MPa 时，开启给水泵出口门。出口门卡涩导致远方打不开时，需及时调整系统运行状态，采取合理方法；切勿就地强行手摇执行机构，否则易造成阀杆与阀芯支座连接处断开。

2）泵组手动并列时，应缓慢提高本泵转速，逐渐降低另一台给水泵转速，将其并入给水系统。操作过程中，注意监视给水流量变化曲线，避免给水流量大幅度变化。

3）泵组并列过程中，注意监视给水泵再循环调节门的动作情况，预测其对给水流量变化的影响。

4）泵组并列结束后，投入该汽动给水泵给水自动调节，根据负荷需要自动增加给水泵汽轮机的转速指令，给水泵汽轮机的低压进汽调门相应开大，当低压进汽调门开大到某一限值时，高压进汽调门自动开启。

（6）高压加热器投运操作及注意事项。

1）高压加热器投运时先投水侧再投汽侧，在锅炉上水时即应投入水侧，高压加热器投运水侧前需要先进行注水，当水侧放气门见水后关闭放气门，注水结束后关闭注水门。

2）高压加热器水侧投运后，注意检查高压加热器汽侧水位计水位正常，严禁泄漏的高压加热器投入运行。

3）高压加热器可以随机投入，根据抽汽压力自动冲开抽汽止回阀；正常运行中恢复高压加热器运行时，应遵循从低压到高压的原则，即先投 3 号高压加热器汽侧，然后投 2 号高压加热器汽侧，最后投 1 号高压加热器汽侧，防止汽侧排挤并检查疏水逐级自流正常。

4）高压加热器必须在水位计完好、报警信号及保护装置动作正常的情况下，方可投入运行；投运时可以通过微开高压加热器进汽电动门进行预热，高压加热器投停过程中应严格控制高压加热器升温率不大于 3℃/min。

5）根据高压加热器升压力和升温度情况逐渐全开高压加热器的进汽电动门，注意疏水调节门动作正常，检查抽汽管道疏水门应关闭，高压加热器水位在正常范围内；高压加热器投运后关闭高压加热器至除氧器的启动排气门，确认连续排气门开启。

6）2 号高压加热器随炉启动：就地确认二抽管道疏水电动门、气动门、2A、2B 高压加热器进汽管道疏水手动门开启，高旁阀开度大于 20％、高旁阀后蒸汽压力大于 0.6MPa、高旁阀后蒸汽温度大于 170℃，检查 2、3 号高压加热器正常疏水调门、危急疏水调门均投自动，缓慢开启 2A、2B 高压加热器进汽电动门至较小开度，暖高压加热器本体及进汽管路，控制 2A、2B 高压加热器出口给水温度变化率小于 1.8℃/min，控制 2、3 号高压加热器水位稳定变化。根据锅炉产汽量变化，通过调整 2A、2B 高压加热器进汽电动门开度（20％左右），控制 2A、2B 高压加热器给水温升不超过 80℃，且 2A、2B 高压加热器出口给水温度不超过 190℃，控制 2A、2B 高压加热器出口给水温度变化率小于 1.8℃/min，控制 2、3 号高压加热器水位稳定且有一定高度，严禁低水位运行。

3. 给水系统启动时异常情况汇总

（1）锅炉燃烧工况波动大，为控制汽水分离器水位，增加锅炉给水流量时，操作不当，容易使电动给水泵超额定流量。

（2）汽动给水泵冲转时，前置泵入口电动门 DCS 上显示为开，实际为关状态，过程中"汽动给水泵最小流量保护动作"跳闸。机组分步试运期间，应加强重要阀门的调试验收环节；不断提高运行人员的反事故处理能力，出现异常及时、准确的判断，防止事件扩大。

（3）机组启动过程，除氧器水温控制较低（100℃以下，甚至更低），这不但会影响到机组效率，还会增加锅炉出口主、再热汽温的控制难度，异常工况造成省煤器进出口温差过大。

（4）停运的电动给水泵、汽动给水泵暖泵不当（如除氧水箱升温时汽动给水泵盘车还未投等），使泵壳上下温差偏大，影响到泵组正常投运。

（5）汽动给水泵汽轮机冲转前，采用的辅助汽源管道没有充分疏水暖管，冲转时给水泵汽轮机轴承振动异常偏大。冲转前汽源管道应充分暖管；出现给水泵汽轮机轴承振动异常偏大时，应果断手动打闸，查明原因后再启动。

（6）汽动给水泵密封水系统投运时，先开密封水进口门，后开回水总门，造成给水泵汽轮机油系统进水。汽动给水泵注水、投密封水前，应先打开密封水回水总门。

（7）给水泵出口电动门无法开启。为防止此情况发生，开启给水泵出口电动门前，运行人员应采取调整给水泵转速等措施，保持阀门前后压差在 1MPa 以内。发生给水泵出口电动门无法开启的情况时，运行人员不得就地手动操作，应及时通知设备部、检修部汽机专业人员到场，运行人员将给水泵出口电动门小旁路门开足，仅由一人手摇执行机构操作杆开启阀门，不允许多人同时手摇。人力无法开启阀门时，根据系统压力情况，在确保安全的前提下，办理好相关手续，检修人员可适当松开给水泵出口电动门盘根压盖，让阀门腔室泄压后，再由一人手摇执行机构操作杆开启阀门。电动门开启正常后，运行人员应及时将其小旁路门关足。

### 三、给水系统的正常运行

1. 给水系统正常运行时主要监视项目

（1）正常运行时应尽量维持除氧器水位自动运行，监视除氧器的压力、温度、水位及进水流量等正常，运行工况与机组负荷相适应，除氧器压力不大于汽轮机四抽压力；监视高压加热器疏水至除氧器调门的动作情况正常，防止高压加热器无水位运行、高压加热器疏水门自动失灵造成除氧器超压。如果除氧器水位高高时，确认除氧器溢流门自动开启。当发现除氧器安全门出现故障时，应及时联系检修处理，不得长期闭锁除氧器安全门运行。

（2）高压加热器运行中，注意其水位控制正常，就地水位计与 DCS 上水位计显示一致。

注意加热器进汽压力、温度和加热器出水温度、疏水温度等正常，与机组负荷相适应。监视加热器的疏水端差，发现端差增大时应分析原因，及时处理。注意核对机组负荷与加热器疏水调整门开度的关系，若疏水调整门有不正常开度增大时，加热器钢管可能有泄漏。

（3）监视电动给水泵、液力耦合器振动不超过 0.05mm，电动机、前置泵各轴承振动不超过 0.06mm。监视电动给水泵控制、润滑油出口油温在 40～45℃；润滑油滤网前后压差正常，否则应切换为备用油滤网运行，联系检修清洗油滤网。检查工作油冷油器进油、出油温度正常；空气冷却器入口、出口风温正常，电动机线圈温度正常。检查电动给水泵前置泵入口滤网前后压差应正常。检查电动给水泵轴承温度、液力耦合器轴承温度、电动机轴承温度正常。电动给水泵在允许运行范围内，进出口压力、流量正常，电动机电流不超限，机械密封冷却器回水温度正常。注意液力耦合器的油温。液力耦合器油箱油位、油质、油流正常。检查泵组冷却水系统、机械密封系统、密封水系统、油系统及给水管道无泄漏。

（4）定期检查汽动给水泵及给泵汽轮机轴承振动、温度、轴承油压、回油油流情况；如冷油器出口油温大于 48℃，应切换为备用冷油器。经常检查润滑油滤网差压，及时联系滤网切换清洗。监视轴承油压油温油流、真空、排汽温度、汽缸金属温度以及前置泵、给水泵密封水温度、给水泵进出口压力流量等均在运行限额内。给水泵汽轮机高、低调门开度正常、调门无晃动。

2. 给水系统正常运行时操作注意事项

（1）除氧器上水调门无法投自动或调节品质不好时可以进行手动调节，此时应对主凝结水流量、主给水流量、除氧器水位进行比较，并考虑到高压加热器疏水的流量（至除氧器或凝汽器）。在调节过程中应注意与除氧器进汽量（四抽或冷再来汽）的匹配，防止造成除氧器失压或超压。在除氧器水位主、副调门机械故障无法操作时，可以用其旁路电动门调整或相应的进行负荷升降。

（2）给水泵汽轮机低压进汽汽源切换时（由辅汽切为四抽或由四抽切为辅汽），必须打开所有管道疏水门，就地缓慢开启辅汽（或四抽）进汽电动门，注意管道振动情况；充分暖管、疏水后方可全开进汽电动门，避免造成冷汽冲击。汽源切换后，必须将被切汽源（辅汽或四抽）进汽电动门全关。

（3）在运行中遇到同时停运高压加热器、低压加热器的情况时，可先行将高压加热器停运，然后再停运低压加热器，减少因水温下降对高压加热器停运带来的影响，同时适当降低机组负荷。若因自动调节异常造成加热器水位异常升高而解列，立即联系热工处理；若高压加热器水位异常升高，立即关闭进汽门，高压加热器水侧切旁路运行；同时注意给水流量和压力的变化，保证锅炉正常给水量。

（4）高压加热器投用前开启汽侧启动排气门。高压加热器投用正常后，关闭其启动空气门，微开连续排气门，如果机组加氧则将连续排气门关闭（可根据需要定期开启）。

（5）一台汽动给水泵与电动给水泵同时运行时，应按规定带负荷，尽量保持给水泵均在自动调节状态。若一电一汽给水泵运行时，因故需解除给水泵给水自动调节时，应先解除电动给水泵自动调节，并手动适当降低电动给水泵出力，以相应增加汽动给水泵出力。

3. 给水系统运行时异常情况汇总

（1）给水泵汽轮机低压调门调节器电液转换装置故障，导致调门在运行中突然关闭。调门调节器电液转换装置属于精密元件，对工作条件要求很高，出现故障具有一定的不可预见性，运行中须加强监视给水泵汽轮机的油质。

（2）汽动给水泵反转信号误发，出口门联锁关闭。在给水泵反转信号基础上，应该加入给水泵转速信号进行判别，防止误关给水泵出口门。

（3）汽动给水泵出口门电动头反馈装置变比齿轮断裂，出口门关信号误发。

（4）给水泵汽轮机高压调门进油管焊口漏油，进行带压堵漏后，高负荷时高压调门开启，油管道中的带压堵漏的胶条在油流的冲刷下进入高调油动机的进油口，并在油压的作用下进入错油门内；当负荷降低时，高压调门应及时关闭，高调油动机的错油门由于胶条卡涩，错油门不能在弹簧力的作用下恢复，造成给水泵汽轮机转速升高，给水泵汽轮机"实际转速和转速指令偏差大"保护动作，关闭所有调门。所以，处理油系统泄漏缺陷时，应避免采用带压堵漏的处理方法。

（5）给水泵汽轮机低压调门开度晃动，导致给水流量有较大波动，需更换低压调门油动机，也有可能为低压调门油动机进油管漏油所致。

（6）汽动给水泵密封水回水不畅或就地回水手动门被人为误关，导致给水泵汽轮机润滑油中进水。

（7）给水泵汽轮机交流油泵或直流油泵出力不足，应在线调整调压阀或检查泵是否损坏。

（8）正常运行中发现两列高加出口给水温度有较大偏差，可就地手动摇紧高压加热器水侧入口三通阀，避免部分给水走旁路。

（9）机组正常运行中，遇到闭冷水泵切换、闭冷水滤网清洗工作结束后投运等可能引起闭冷水母管压力大幅波动的情况，应严密监视运行给水泵汽轮机的润滑油母管压力变化情况，必要时启动给泵汽轮机直流润滑油泵稳定压力，防止给水泵汽轮机润滑油压力低跳闸。

### 四、给水系统的停运

**1. 高压加热器停运操作**

高压加热器的停运操作包括机组正常运行中高压加热器的隔绝操作（检修工作的需要）和机组停运过程中高压加热器的停运操作。高压加热器停运操作注意事项如下：

（1）机组停运过程中，当负荷小于30％BMCR时，1、2号高压加热器的汽侧可以逐台停运，也可以随机停运，逐渐关闭高压加热器进汽门，高压加热器进汽门关闭后注意检查高压加热器抽汽止回阀自动关闭，止回阀前后疏水门自动开足，3号高压加热器汽侧可以随机停运。操作过程中，注意高压加热器出水温降率不大于57℃/h。

（2）机组减负荷过程中，应注意各高压加热器疏水水位的变化情况，监视水位自动调节正常，否则切手动调节。

（3）机组正常运行中高压加热器隔绝时，缓慢关闭需停运高压加热器的进汽门，并严格控制高压加热器出水温降率不大于57℃/h，注意控制机组负荷的变化，关闭连续排气至除氧器的一、二次门。

（4）当高压加热器汽侧完全隔绝后，根据需要确认是否需将高压加热器水侧解列。任何一台高压加热器需水侧隔绝时，同列三台高压加热器必须全停，绝对禁止高压加热器汽侧进汽、水侧隔绝的情况发生。

**2. 泵组停运操作程序**

（1）机组负荷小于 50％BMCR 时退出第一台汽动给水泵，启动电动给水泵。逐渐降低第一台汽动给水泵的转速，将负荷转移至另一台汽动给水泵上，直到其退出给水系统运行，转速降至最低转速 2850r/min，关闭给水泵出口门。

（2）汽动给水泵降速过程中，当泵出口流量低至最小流量时，注意确认给水泵再循环调节门自动开启。在此过程中，尽可能减小锅炉给水流量的晃动。

（3）汽动给水泵转速在 2850 r/min 时，就地手动或 MEH 画面手动进行脱扣操作，脱扣后检查给泵汽轮机高低压调门、四抽进汽门和冷再进汽门均关闭，给水泵汽轮机转速逐渐下降，所有疏水门均自动开足。

（4）当水给泵汽轮机转速降至 600r/min 时盘车电动机自动启动，当转速降至 13r/min 检查盘车啮合正常，转速稳定在盘车转速 13r/min。盘车情况下，汽给水泵的前置泵进口门必须保持开启状态。给水泵汽轮机停运后前置泵同时停运（同轴）。

（5）机组负荷小于 20％BMCR 时可以逐渐退出第二台汽动给水泵，当机组已经停运，锅炉不需要给水时，可以停运电动给水泵。电动给水泵停运后应检查其辅助油泵自启动正常，润滑油压维持在正常范围内。

**3. 除氧器停运操作**

（1）当除氧器压力小于 0.147MPa 时（机组负荷大约在 10％BMCR 时），除氧器由滑压运行转为定压运行，随着压力下降，辅汽供除氧器加热的调节门自动进入调节状态维持压力在 0.147MPa，此时要注意除氧器水位的波动情况。实际操作过程中，可以将辅汽供除氧器加热的调节门切手动控制。

（2）当锅炉不需要进热水时，可以停止除氧器加热，将辅汽供除氧器加热的调节门切手动关闭至 0。

（3）关闭除氧器、给水箱的辅汽进汽门，当除氧器内水温降至 85℃ 以下时，全关除氧器水位调节门，除氧器停止进水。注意凝汽器的水位正常。

（4）为防止除氧器超压：机组异常跳闸时，检查各加热器的抽汽电动门、止回阀关闭，高加疏水自动切至危急疏水，手动开启除氧器排空门，并控制除氧器水位正常；机组在停机状态下，除氧器排空门必须在开启位置，辅汽、四抽、冷再至除氧器供汽门必须在关闭位置。

**五、给水系统试验操作**

给水系统试验操作主要包括给水泵汽轮机的脱扣试验和超速试验。给水泵汽轮机脱扣及超速试验应在给水泵汽轮机大修后、该联动回路检修后、机组检修以后启动时进行。给水泵汽轮机脱扣及超速试验的目的在于校验给水泵汽轮机各保护功能设置是否正确，能否准确无误地保障给水泵汽轮机的安全运行。

**1. 给水泵汽轮机脱扣试验**

（1）试验应具备的条件及准备工作。

1）确认给水泵汽轮机无进汽。

2）给水泵汽轮机油系统正常运行。

（2）试验步骤。

1）脱扣试验前，联系热工人员暂时强制给水泵汽轮机跳闸条件。

2）给水泵汽轮机在复置状态，现场按手动脱扣钮，确认给水泵汽轮机高、低压主汽门、调门关闭正常，试验合格。

3）给水泵汽轮机在复置状态，按下控制室手动脱扣钮，确认给水泵汽轮机高、低压主汽门、调门关闭正常，试验合格。

2. 给水泵汽轮机超速试验

详见第五章第二节《机组启动试验》。

# 第三节　冷却水系统

冷却水系统一般包括循环水系统、开式冷却水系统、闭式冷却水系统。1000MW 凝汽式发电厂中，为了使汽轮机的排汽凝结，凝汽器需要大量的循环冷却水。除此之外，发电厂中还有许多转动机械因轴承摩擦而产生大量热量，发电机和各种电动机运行因存在铁损和铜损也会产生大量的热量。这些热量如果不能及时排出，积聚在设备内部，将会引起设备超温甚至损坏。为确保设备的安全运行，电厂中需要完备的循环冷却水系统，对这些设备进行冷却。

一些对冷却水质要求低于凝结水品质、水温较低而水量较大的冷却设备，采用水质较差、水温较低的开式循环冷却水系统，其水源一般直接取自循环水系统，经过开式冷却水泵升压后作为运行工质。同时一般开式循环冷却水系统也作为闭式循环冷却水冷却工质。

对于冷却用水量小、水质要求高的一些设备，如各种转动机械的密封、轴承等，设置闭式循环冷却水系统。系统采用凝结水作为冷却介质，可防止冷却设备的结垢和腐蚀，防止通道堵塞并保持冷却设备的良好传热性能。

## 一、系统概述

1. 循环水系统及开式冷却水系统概述

华能玉环电厂 1000MW 机组循环水系统，该系统采用海底引水渠引水方式，配置两台 100％容量立式混流循环水泵，循环水泵电动机由闭冷水—空气—线圈二次冷却方式，每台泵入口配置两台旋转滤网、两只固定式拦污栅、两只钢闸门、一台旋转滤网冲洗水泵，循环水母管上配置自动排气阀。每台凝汽器循环水侧还配置一台水室抽真空泵和一台水侧抽真空液位箱排水泵。循环水先经低压凝汽器、后经高压凝汽器，排入厂房外的虹吸井，最后由排水井排入大海。华能海门电厂 1000MW 机组循环水系统配置与此基本相同，区别是配置三台立式混流循环水泵。1000MW 超超临界机组典型的循环水流程图见图 2-1。

2. 闭式冷却水系统概述

闭式冷却水系统采用除盐水作为冷却介质，配置 2×100％容量的闭式冷却水泵和 2×100％容量的闭冷器两套，正常情况下，一套运行一套备用，当开式冷却水温度高、单套冷却效果不足时，可两套同时运行。系统设有一只高位布置的膨胀水箱，其作用是对系统起到稳定压力，消除流量波动和吸收水的热膨胀等作用，并且给闭冷却水泵提供足够的吸入压头。系统补水和启动前对系统的充水都通过膨胀水箱进行。在运行时，膨胀水箱的水位由补水调节阀进行控制，补水由凝结水系统或凝结水输送泵出口来。

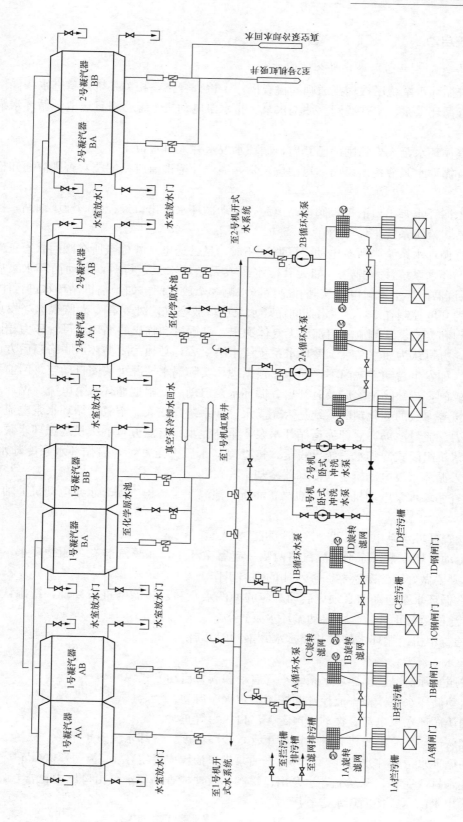

图 2-1　1000MW 超超临界机组典型循环水系统流程

### 二、系统启动

1. 循环水系统启动前检查和准备工作

（1）检查循环水系统已按辅机通则和检查操作卡检查合格，相关系统具备进水条件。

（2）检查循环水泵、旋转滤网、冲洗水泵、排水泵电动机绝缘合格且送电，循环水泵电加热器投入。

（3）检查循环水泵入口钢闸门已开启，循环水取水井入口水位正常。

（4）检查循环水泵液控出口门油箱油位正常，油位计透视窗应见油位，否则应通知检修加油。

（5）送上循环水泵出口液控蝶阀油站电源，启动循环水泵出口液控蝶阀液压油站，检查油站工作正常，液压系统工作压力在 14.5～17.0MPa。

（6）检查循环水系统内所有电动门已调试完成，且已送电，并检查所有阀门状态正确。

（7）对循环水系统注水排气（如无其他水源或无循环水泵运行时，启动循环水泵后进行）。开启凝汽器循环水进口电动蝶阀和凝汽器水侧 3 个放气门。如用临机循环水进行注水，循环水联络门开度控制在 5％，注水期间循环水泵出口放空气门处要有专人监视。当发现所有自动空气门和凝汽器水侧放气门都已无气体逸出，且本机和临机的循环水母管压力相同并不再变化时，方可认为注水结束。循环水系统注水结束后，必须关闭循环水联络门后方可启动循环水泵。如发生自动空气门不严漏水，根据现场实际漏水情况可关闭自动空气门前手动蝶阀或电动蝶阀，待缺陷消除后及时开启。循环水泵启动后，根据循环水泵电流、循环水母管压力、流量等参数的变化判断系统是否充满水；如系统存在大量空气，循环水泵电流、循环水母管压力、流量波动，立即停运循环水泵，重新注水排气后方可继续投运循环水泵。

（8）确认机组闭式冷却水系统已投运，检查冷却水压力正常，开启循环水泵冷却水进、回水门，投入循环水泵电动机空气冷却器冷却水。

（9）检查循环水泵电动机上轴承油位、油质、油温正常。检查循环水泵电动机下轴承油脂加注正常。

（10）检查循环水泵电动机两个冷却风机已投入运行正常。

（11）启动循环水泵，原则上凝汽器两侧一起通循环水，如凝汽器有一侧循环水不具备进水条件，则要做好该侧凝汽器循环水侧的隔离工作。

（12）在循环水泵启动前必须先启动对应的冲洗水泵和旋转滤网进行冲洗，待确认冲洗水泵和旋转滤网运行正常后，再启动循环水泵。

（13）检查本机组循环水虹吸井至排水井钢闸门开启。

2. 循环水系统启动操作

（1）按照实际情况选择循环水系统空管启动和满管启动方式。

（2）启动循环水泵，检查液控蝶阀按照设定程序启动。

（3）确认循环水泵电流、振动、声音、出口压力等正常。

（4）确认循环水泵电动机各轴承温度正常，线圈温度，冷却水流量正常。

（5）向循环水母管注水排气，同时检查油泵出口油压应稳定在 14.5～17.0MPa。

（6）注水排气完毕，开足循环水泵出口蝶阀，就地检查循环水泵出口压力正常，调节凝汽器循环水出水门，维持循环水母管压力。

（7）检查循环水泵及循环水出水母管自动放气门动作正常。

（8）凝汽器水室空气放尽后，关闭所有放空气门。

（9）确认循环水系统各旋转滤网、冲洗水泵、耙草机及排污泵已投自动。

（10）如果循环水母管并列运行，要注意相邻机组循环水母管压力。

3. 开式冷却水系统启动前检查

（1）检查开式水系统各阀门状态正确，系统已按检查卡检查完毕。

（2）检查循环水系统已正常运行，循环水压力正常。

（3）确认开式水泵启动条件满足。

（4）开式水系统注水、排气完毕。

4. 开式冷却水系统启动操作

（1）投用开式冷却水电动滤水器，确认滤水器工作正常，滤水器出口压力正常。

（2）启动一台开冷水泵，确认电流返回正常，出口门自动打开。

（3）检查开冷水泵出口压力正常。

（4）检查开冷水泵旁路门自动关闭。

（5）开启各个冷却器的排空门，见水后关闭。

（6）开启备用开冷水泵进口门，投入联锁。

5. 闭式冷却水系统启动前检查

（1）确认闭冷水泵启动条件满足。

（2）闭冷水泵轴承润滑油正常，各设备冷却水进、出口门按各系统要求已开启。

（3）检查各管道、泵体排空气门开启。

（4）确认闭冷水箱底部放水门及系统各放水门关闭。

（5）用凝结水输送泵向闭冷水膨胀水箱补水至 1.5m，将补水调节门投自动，水位设定 1.5m。

（6）开启闭冷水膨胀水箱至闭冷水泵入口补水门，通过闭冷水回水对系统进行注水。

（7）系统各排空气门排尽空气后关闭。

（8）闭冷水母管压力达到 240kPa 时，判断闭冷水系统注水完毕。

（9）检查闭冷水系统充水后无泄漏。

6. 闭式冷却水系统启动操作

（1）检查闭冷水泵已具备启动条件。

（2）启动一台闭冷水泵，检查出口电动门联开，泵运转正常，电动机电流、出口压力正常。

（3）检查出口母管压力大于 0.65MPa，备用泵投入联锁。

（4）开启各个冷却器的排空门，见水后关闭。

（5）闭冷水温度 25℃投运闭冷器冷却水侧，将调温旁路门投入自动，温度设定 25℃。

## 三、系统正常运行

1. 循环水系统正常运行主要监视项目

（1）定期检查循环水泵电动机轴承油位、油温、油质、线圈温度、冷却水压力正常，检查停运循环水泵无反转。按照 KSB 厂家规定，循环水泵振动达 4.5mm/s 报警，达 7.1mm/s

应手动打闸，防止循环水泵损坏。停运故障循环水泵前需将机组凝汽器循环水出口蝶阀均关至 35%～40%，防止发生循环水中断。

（2）检查出口蝶阀油压（14.7～17.0MPa）、油箱油位和出口门开度指示正常。发现油压异常，油泵自启停频繁或压力低于 10MPa，油泵未能自动启动时，要及时联系检修。

（3）检查拦污栅及旋转滤网前后水位差正常，否则启动清污机、旋转滤网进行清污。

（4）在 DCS 上严密监视循环水泵电动机电流、循环水母管压力，凝汽器循环水进出口压力正常，防止循环水泵出力不足或凝汽器循环水出口虹吸破坏，造成真空下降。

（5）检查循环水阀门井坑水位正常，阀门井坑排污泵联锁正常，否则手动启停排污泵。

（6）当循环水泵冷却水流量低到 37t/h 时，发出冷却水流量低报警信号，及时联系值长，提高闭式冷却水压力或切换闭式冷却水水源。

（7）当循环水母管压力降低至 0.1MPa，备用循环水泵应自启动，否则手动启动备用循环水泵。

（8）如果循环水泵正常运行，出水液控蝶阀全开信号失去 1800s，则循环水泵自动跳闸。如果循环水泵启动命令发出 20s 内出水液控蝶阀未开到 15°，循环水泵将不启动。

（9）循环水泵正常运行时应将加热器停运，循环水泵停运后应将加热器投运，循环水泵电动机停电时，6kV 断路器二次插头不能取下，只有电动机或断路器检修时才能取下。

（10）每天白班手动运行一次耙草机。

2. 循环水系统正常运行操作注意事项

（1）一般采用一机一泵运行方式，当海水温度高于 28℃时，采用两机三泵运行方式。

（2）循环水泵启动过程，出口蝶阀 15°工况循环水泵振动较大，应限制该工况长时间运行。

（3）旋转滤网冲洗时，不允许旋转滤网运转，而冲洗水不投用。当海水中杂质较多时，应增加旋转滤网冲洗次数及冲洗时间，以防旋转滤网受差压变形损坏。

（4）旋转滤网程控运行时，检查其自启停情况是否正常；手动运行时，每 4h 运行 1 次，每次运行 20min。由于缺陷停运超过 8h，投运后要保持连续运行 8h，检查滤网清洁后重新投入程控或手动清洗；如旋转滤网消缺后杂物多无法启动，可采取停运对应循环水泵的办法启动旋转滤网，启动后至少保持连续运行 24h；旋转滤网长期故障停运不能启动时，应及时切换至备用循环水泵运行。循环水泵定期工作切换完毕，应保持旋转滤网连续冲洗至滤网无杂物后再停运。

（5）定期检查旋转滤网冲渣沟畅通且无垃圾堵塞。旋转滤网连续运行期间，加强对滤网的手工捞渣和渣沟的清理。

（6）旋转滤网清渣规定：人工捞渣时应使用专用工具，并站在滤网的正面，禁止站在侧面清渣，防止被转动机械绞住衣服和手臂，渣沟每 10 天应彻底清洗一次。

（7）旋转滤网就地控制箱上有电动机高速、低速运转手动切换开关，运行时采用低速运转状态，检修时采用高速运转状态。

3. 循环水系统运行异常情况汇总

（1）循环水泵振动随海水潮位变化，当海水处于低潮位时，循环水泵振动增大，应格外关注。

（2）海水异物增多或旋转滤网长期停运后启动时，有可能超负荷运行，导致滤网损害。

应根据异物量情况定期启动滤网运行。

（3）长期运行后引水渠可能有大量淤泥沉积，当同一机组两台循环水泵同时运行时，泵前池水位明显偏低，要格外注意循环水泵振动。

（4）凝汽器循环水侧半侧隔离及恢复操作中，一定要注意水室放气门和放水门状态，防止运行侧凝汽器水侧串进空气而影响虹吸，导致真空下降。

（5）凝汽器钛管有可能发生泄漏，运行中要监视凝结水水质情况。若发生钛管泄漏，要立即按相关事故处理预案进行处理。

（6）备用较长时间的循环水泵再次启动，出口蝶阀15°或开、关反馈的信号可能故障，引发循环水泵启动失败、启动后跳闸，过程中要防止循环水母管失压情况的发生。

4. 开式冷却水系统正常运行主要监视项目

（1）一般情况下开冷水泵作备用，采用开冷水旁路电动门供水运行。

（2）当闭冷水温大于35℃，循环水温大于30℃，投入2组闭冷水换热器运行。

（3）当1组闭冷水换热器检修，闭冷水温大于35℃，循环水温大于30℃时，投入开冷水泵运行。

（4）夏季工况，应综合分析闭冷水温、凝汽器真空等情况，决定是采用两组闭冷器还是启动开冷水泵运行，以获得机组经济效益最大化。

（5）当闭冷水换热器脏污时，应及时隔离进行清理。避免两组闭冷水换热器同时长时间运行，防止两组同时脏污情况的发生。

（6）监视运行泵出口压力正常，母管压力正常。

（7）检查泵各轴承温度正常，最高温度不大于75℃，电动机温度正常。

（8）检查泵振动不超限，格兰密封正常，油位正常、油质良好。

（9）备用泵备用良好，无倒转现象。

（10）电动滤网差压小于报警值，并按规定的差压或时间进行自动反冲洗，否则手动冲洗。

5. 开式冷却水系统正常运行操作注意事项

（1）投入开冷水泵后，务必手动关闭冷水旁路电动门。

（2）电动滤网程序冲洗中，需要判断排污电动门状态反馈正常，若限位开关故障会影响程控运行。

6. 开式冷却水系统运行时异常情况汇总

（1）由于循环水节能运行，开冷水系统入口压力不高，开冷水系统工质流速慢，加之循环水泥沙、异物量较大，在开冷水系统长期通过旁路门节能运行的情况下，可能导致闭冷器冷却水侧入口沉积泥沙和异物，导致闭冷器实际流量下降，换热效果变差。应定期启动开冷水泵进行泥沙冲洗，保持闭冷器正常冷却水流量。

（2）由于系统泥沙和异物较多，汽侧真空泵冷却器换热效果经常下降，运行中要注意真空泵密封水温度，若发现该温度明显偏高，应及时启动开冷水泵冲洗，必要时联系检修对换热器开冷水侧进行反冲洗。

7. 闭式冷却水系统正常运行主要监视项目

（1）闭冷水箱正常补水调节门在自动，自动不好用时用旁路手动门维持水位在1.5m。

（2）注意闭冷水各调压门动作正常，母管压力、温度正常，闭冷水系统母管压力正常，应维持在 0.5～0.7MPa。

（3）注意监视闭式泵轴承及电动机振动情况，轴承温度、电动机线圈温度及轴承润滑油正常。

（4）检查闭冷水系统各阀门、管道、冷却器无泄漏。

（5）当闭冷水温大于 35℃，循环水温大于 30℃，投入 2 组闭冷水换热器运行。当 1 组闭冷水换热器检修，闭冷水温大于 35℃，循环水温大于 30℃时，投入开冷水泵运行。

（6）定期化验闭冷水质的导电度、钠离子、铁离子等参数正常。

8. 闭式冷却水系统换热器切换操作注意事项

（1）经值长同意后方可进行切换，记录闭冷水压力、温度及闭冷水箱水位。

（2）检查备用闭冷水换热器开冷水侧进、出口门都已开启。

（3）稍开备用闭冷水换热器闭冷水侧出水门进行注水。

（4）缓慢全开备用闭冷水换热器闭冷水侧出水门，注意闭冷水箱水位变化。

（5）开启备用闭冷水换热器冷却水进口门。

（6）缓慢关闭原运行闭冷水换热器闭冷水侧进水门，注意闭冷水压力、温度变化。

（7）关闭原运行闭冷水换热器闭冷水侧出口门。

9. 闭式冷却水系统运行异常情况汇总

（1）夏季工况下，循环水温度偏高，导致闭冷水温度高，各用户温度调节门开度偏大，导致闭冷水流量增加，闭冷水母管压力下降，闭冷泵电流偏大、入口滤网差压上升。运行中务必保证各用户温度设定值合理，公用用户冷却水由各机组平衡接带，用户备用冷却器闭冷水门保持关闭。

（2）机组间闭冷水系统进行切换时，发生短时串水，导致闭冷水箱水位升高或下降，溢流水可能淋至厂房内电气设备，造成异常。要求切换中不同机组闭冷水压力尽量保持一致，相关阀门要同时操作，尽量缩短串水时间。

（3）空压机冷干机冷却器泄漏，导致压缩空气串至闭冷水系统中，造成闭冷水箱水位大幅波动。应及时进行系统排气，同时逐个隔离冷却器，排查泄漏源。

（4）在执行闭冷泵切换过程中，由于闭式水压力出现短时大幅变化，将有可能导致汽动给水泵汽轮机润滑油压力波动，从而导致汽动给水泵汽轮机润滑油泵联启甚至其跳闸。所以在执行上述两项操作过程中，需启动给水泵汽轮机危急油泵并保持运行已维持其油站供油压力稳定，待操作结束后停运危急油泵。

### 四、系统停运

1. 开式冷却水系统停运操作

（1）确认开冷水无用户。

（2）解除备用泵联锁，停止运行开冷水泵。

（3）检查泵出口电动门联锁关闭，电流指示至零，泵停止不倒转。

（4）确认出口止回阀关闭，泵出口压力返回。

（5）停运电动滤水器。

（6）关闭开冷水电动滤网进、出口门。

（7）开启电动滤网排空门、放水门泄压后关闭。

2. 循环水系统停运操作

（1）解除备用循环水泵联锁。

（2）确认循环水母管已单列运行，系统内无用户。

（3）停运循环水泵时，联系检修一起去现场，派 1 人守在蝶阀油站处，一旦蝶阀不能自关，就地手动关闭蝶阀，防止循环水泵倒转。

（4）按下要停运循环水泵"停止"按钮，检查液控蝶阀开始快速关闭，当循环水泵出水液控蝶阀关到 15°时，循环水泵停止运行，出水液控蝶阀慢关至全闭，在 LCD 上关闭指示灯亮。

（5）检查循环水泵停运后无反转现象，循环水泵电加热器投运。

（6）检查循环水泵本体放空气门自动开启。

（7）根据需要关闭循环水泵电动机冷却水进、出水电动门。

（8）根据需要停运循环水泵的冷却风机。

3. 闭式冷却水系统停运操作

（1）确认机组所有用户均不需闭冷水冷却时，空气压缩机和循环水泵电动机冷却水已倒至其他机组，得到值长同意后，闭冷水系统可以停用。

（2）解除备用泵联锁，停用闭冷水泵。

（3）检查泵出口电动门联锁关闭，电流指示至零，泵停止不倒转。

（4）根据需要打开闭冷水系统各管道及冷却器水室放水、放气门，排尽存水。

# 第四节 凝 结 水 系 统

凝结水系统由凝汽器至除氧器之间的管路与设备组成，主要作用是将凝汽器热井中的凝结水由凝结水泵送出，经精处理装置、轴封加热器、疏水冷却器、低压加热器送至除氧器，期间还对凝结水进行加热、除杂质、加氨、加氧等化学处理。此外，凝结水系统还向其他设备提供密封水、减温水、补水、低压缸喷水等。

## 一、系统概述

国内超超临界百万机组在凝结水系统的配置方式及布置型式上大同小异，现以华能玉环电厂为例，采用 100％ 容量的中压凝结水精处理系统，凝结水从热井来经凝结水泵进入凝结水精处理装置处理后，经一台全容量的轴封冷却器和一台全容量的疏水冷却器，再经过四台全容量的表面式低压加热器后进入除氧器。轴封冷却器与疏水冷却器设有单独的 100％ 容量的电动旁路；5 号低压加热器正常疏水自流至 6 号低压加热器，然后通过 2 台 100％ 容量互为备用的低加疏水泵打至 6 号低压加热器出口凝结水管道。7、8 号低压加热器正常疏水分别自流至疏水冷却器，疏水冷却器疏水排至凝汽器。除了正常疏水外，5、6 号低压加热器还设有危急疏水管路，每台机组设置一台凝结水补充水箱，补充水箱为凝结水系统提供启动充水和运行补水。

## 二、凝结水系统的启动

1. 凝结水系统启动前检查

（1）确认开冷水系统、闭冷水系统、仪用气系统等已投运正常。

（2）确认凝结水系统相关检修工作已全部结束，工作票已终结，系统已复役。

（3）检查各仪表完整齐全，仪表及信号电源、气源已送，仪表指示正确。

（4）检查凝结水系统有关电动、气控阀门均已校验正确，电动阀、气动阀交直流控制、动力电源及联锁保护正常。

（5）对于大修后的第一次启动，应将凝结水泵与其电动机的联轴器脱开，手动盘动电动机正常，确认转动自如，动静部分无卡涩。

（6）确认凝结水系统所有自动装置、联锁、保护、报警均已投入。

（7）确认电动机绝缘合格、电动机已单转试运行正常，方向正确，重新恢复各联轴器，并装好保护罩。

（8）确认凝结水泵电动机接地线连接牢固，电源接线盒完好，电源进线无裸露。

（9）检查凝结水泵无倒转，泵进口电动门开启，出口电动门关闭。

（10）检查凝结水泵轴承油位在观察窗 1/2 左右，油质良好。

（11）检查凝结水泵密封水、轴承冷却水均已投运正常。

（12）确认凝结水泵及其出口管路已经完成注水排气，管路注水隔绝门、放气隔绝门均已关闭。

（13）检查凝结水泵变频器送电正常，具备投运条件。

（14）检查凝结水系统相关管路无异常晃动，管路支架无歪斜松动，管路无水击。

（15）检查凝结水系统相关管路保温无破裂、变色，管路标示牌清洁、字迹清楚。

（16）确认凝结水泵再循环调节门投自动，凝结水泵进口滤网差压无报警。

（17）凝结水系统已按检查卡检查完成。

（18）凝补水箱补水调整门投入自动，水箱水位控制在正常范围内。

（19）确认凝汽器补水系统投运正常，凝汽器就地液位计指示正常。

（20）凝结水精处理系统具备进水条件，条件不具备可走旁路。

（21）检查凝结水系统中各加热器内部无异声，地脚螺栓无松动。

（22）检查凝结水系统中各加热器保温无脱落，无变色。

（23）检查凝结水系统中各加热器水位计无外漏，水位指示正常，各仪表显示值正常。

（24）检查 5、6 号低压加热器进汽电动门、止回阀关闭，进汽管路上的疏水阀已经开启。

2. 凝结水系统的启动操作

（1）凝结水泵的启动条件。

1）凝汽器水位大于 −100mm。

2）凝结水泵进口电动门全开。

3）凝结水泵出口门在 9%～11% 之间且再循环门开度大于 90%，或另一台泵在运行。无自动停信号。

4）电动机线圈温度小于 100 ℃。

5）凝结水泵电机轴承温度小于 75 ℃。

6）凝结水泵推力轴承温度小于 95 ℃。

7）轴加旁路门全开，或轴加水侧进、出口门全开。

（2）凝结水泵启动操作程序。

1）根据系统要求检查凝结水系统各阀门位置正确，确认闭式冷却水、仪用气等相关系统运行正常。

2）联系化学向除盐水贮水箱补水至正常水位。

3）确认凝结水输送泵进口门、再循环门开启，泵出口门关闭后，启动凝结水输送泵，检查泵及电动机声音、振动、轴承温度、电动机电流、出口压力等正常。

4）逐渐开大凝结水输送泵出口门，关闭再循环门，开启凝补水至凝汽器热井补水门，将凝汽器水位补至 1000mm 后将补水调门投入自动控制。停止补水前稍开凝结水输送泵再循环门。

5）通知检修就地准备好临时排水泵，开启凝汽器 A、B 热井放水门，水质澄清后停止放水。

6）开启凝结水泵出口母管放气一、二次门，精处理出口放气一、二次门，轴封加热器小旁路放气一、二次门及凝结水母管放气一、二次门。

7）开启凝结水输送泵至凝结水系统注水门对凝结水系统注水排气，上述放气门见密实水流后关闭。

8）当凝结水压力达到 1MPa 时关闭凝结水注水门。

9）开启凝结水输送泵至凝结水泵密封水总门和 A、B 凝结水泵密封水门，开启凝结水泵出口母管至 1A、1B 凝结水泵密封水门，检查 A、B 凝结水泵密封水压力正常。

10）开启闭冷水至 A、B 凝结水泵轴承冷却水供、回水手动门。

11）开启 A、B 凝结水泵泵体抽空气门。

12）开启 A、B 凝结水泵出口门旁路门，开启 A、B 凝结水泵进口电动门。

13）检查凝结水泵再循环调节门投自动，开度 100%（如果凝汽器真空维持，启动第 1 台凝结水泵，联系热工强制凝结水泵启动条件后手动关闭凝结水泵再循环门，凝结水泵启动后立即开至 100%，恢复启动条件）。

14）通知化学关闭精除盐进、出口门，在 DCS 上开启精除盐旁路门。

15）确认凝结水泵启动允许条件满足。

16）解除 B 凝结水泵联锁，在 DCS 上启动 A 凝结水泵，检查 A 凝结水泵出口电动门开至 10% 后凝结水泵启动，出口电动门开启，凝结水泵电流 150A，电动机及泵体声音、振动正常，轴承、线圈温度正常，凝结水泵滤网差压小于 10kPa，出口压力 3.7MPa。

17）A 凝结水泵运行正常后，投入 B 凝结水泵联锁。

18）开启疏水冷却器进口门前放气一、二次门，8 号低压加热器出口放气一、二次门，凝结水至除氧器进口止回阀后放气一、二次门。

19）开启疏水冷却器进口门、7 号低压加热器出口门、6 号低压加热器进口门、5 号低压加热器出口门。

20）开启除氧器上水副调开度至 5%，向低压加热器管路注水排气。

21）凝结水系统放气一、二次门见密实水流后关闭。

22）当凝结水流量大于 600t/h 时，检查凝结水泵再循环调门自动关闭。

23）开启除氧器上水副调开度至 10%～20%，向除氧器上水。

24）除氧器水位达 3000mm 后，投入水位调节自动。

25）凝结水含铁量大于 500$\mu$g/L，开启除氧器至机组排水槽放水门，进行冲洗。

26）凝结水含铁量小于 $500\mu g/L$，通知化学投入精除盐，关闭精除盐旁路门。

（3）低压加热器投运操作。

1）低压加热器投运前检查。

a. 低压加热器随机启停。

b. 检查各表计齐全完好，投运正常。

c. 各电动门、电磁阀送电正常，试验良好，各气动门试验良好。

d. 仪用空气系统投运正常。

e. 系统各阀门状态已按系统检查卡要求进行调整。

f. 检查低压加热器疏水泵已具备投运条件，进口门及再循环门已开启。

2）低压加热器投用。

a. 将低压加热器汽侧启动排气门开启。

b. 将低压加热器正常疏水调门和危急疏水调门投入自动控制。

c. 当汽轮机负荷大于 $15\%$ 后，检查5、6号低压加热器抽汽电动门、抽汽止回阀自动打开或选择低压加热器随机投入。

d. 注意随着抽汽压力上升，低压加热器汽侧投用，低压加热器出水温度相应升高。

e. 检查低压加热器疏水水位自动调节正常，若加热器水位自动调节不正常，应联系热工进行热态调整。必要时切除低压加热器汽侧水位自动控制，并进行手动调整，注意相邻加热器疏水水位变化正常。

f. 5、6号低压加热器汽侧投用后，检查危急疏水调门调节正常，启动低加疏水泵，检查疏水泵运行正常。

g. 开启5号低压加热器至6号低压加热器正常疏水调门并投入自动控制，开启6号加正常疏水调门，检查5、6号危急疏水调门自动关闭。

h. 低压加热器汽侧投用正常后，关闭其启动排气门，确认至凝汽器的连续排气门开启。

i. 若5、6号低压加热器未随机启动，投入时应先投6号低压加热器汽侧，再投5号低压加热器汽侧，防止汽侧排挤，并注意疏水自动调节正常。只有当低加疏水泵启动10s后，6号低压加热器正常疏水调门才许可开启。

3）运行中低压加热器的投入。

a. 投入低压加热器水侧，当水侧放气隔绝门处出现密实水流后关闭放气隔绝门，注意低压加热器进、出口电动门开启正常，水侧旁路电动门关闭，检查就地低压加热器疏水水位计无水位显示，凝结水流量正常。

b. 微开低压加热器进汽电动门预热，注意控制低压加热器出水升温率不大于 $2℃/min$。

c. 当低压加热器进汽电动门前后压差逐渐减小且温度接近时，全开低压加热器进汽电动门。

d. 确认低压加热器至低压疏水扩容器危急疏水调门关闭，正常疏水调门投入自动控制且调节正常，注意凝汽器真空变化及疏水门动作正常。

e. 检查低压加热器进汽电动隔离门前后疏水门关闭。

f. 开启低压加热器汽侧启动排气门及至凝汽器连续排气门，注意凝汽器真空正常。

### 三、凝结水系统正常运行

1. 凝结水系统正常运行时主要监视项目

（1）凝结水泵运行中各部位振动情况应良好（轴承、电动机、泵驱动端与非驱动端）。

（2）凝结水泵入口滤网差压应小于 10kPa，当差压接近此值或电流比正常偏低，说明滤网堵塞，应将凝结水泵切换后，进行滤网清洗。

（3）凝结水泵电流不超限，凝水流量，压力正常。凝结水泵备用期间，泵体放水门、放气门严禁开启，防止真空破坏。

（4）凝结水泵启动后，就地检查密封水压力 0.7～1.5 MPa，否则立即开启密封补水总门，若压力仍不升高，则应立即停运该泵并联系检修处理。

（5）凝结水泵推力轴承温度和电动机轴承温度小于 75℃，电动机线圈温度小于 100℃，若温度超限，应检查原因。

（6）凝汽器水位自动控制正常，水位在 650～700mm。若水位不正常，应及时分析、处理，水位低于 −400mm，凝结水泵应自停，自动未停，立即手动停用。

（7）机组正常运行时，定期检查并校验凝结水水质（氢电导、钠离子浓度、溶氧量）合格。

（8）正常运行中注意控制凝结水泵坑水位，防止水淹设备。

2. 凝结水系统正常运行时操作注意事项

（1）凝结水泵滤网隔离清理前，开启凝结水泵进口滤网放空气门时，应通过放空气门处吸气情况及凝汽器真空变化情况判断相关隔离阀门确已关严，避免对真空产生影响。凝结水泵滤网清理结束，恢复措施时，一定要确认清理侧滤网放水门和放空气门关闭，再开启清理侧凝结水泵入口、出口抽空气门，待管道中空气抽尽后，再进行注水，防止运行泵进空气。

（2）变频泵和工频泵需要切换运行时，两台凝结水泵并列运行的最长时间尽量不要超过 1min，防止凝结水泵损坏。

（3）应定期对精处理旁路系统进行试验，保证动作可靠性。

（4）如果发生凝汽器钛管泄漏，轻微污染时可采取循环水中加锯末的方法；如果泄漏比较严重或长时间不能消除，应尽快安排凝汽器半面隔绝。根据钛管泄漏的情况，及时将凝结水用户中对水质要求高的切至除盐水供给，如闭冷水箱、定冷水系统补水等。

（5）运行中凝结水质发生变化时，应排除是否为凝补水箱受到污染。

3. 凝结水泵变频运行措施

（1）凝结水泵 A 变频器和除氧器上水主调阀在自动方式时，除氧器水位偏离设定值 ±200mm，值班员要手动干预，将变频器自动解除，手动增加或减少凝结水泵转速，手动调节无效，除氧器水位偏差达 ±250mm，立即切至工频泵运行，调节除氧器水位至正常。

（2）凝结水泵 A 变频运行，工频泵启动后，自动将变频泵升至工频转速，值班员要解除除氧器上水主调阀自动，根据除氧器水位和凝结水流量变化，手动调节除氧器水位正常，停运一台凝结水泵并保持除氧器水位稳定后，如保持变频泵运行，投入变频器和除氧器上水主调阀自动；如保持工频泵运行，根据负荷情况投入除氧器上水主调阀或副调节阀自动。

（3）变频泵和工频泵需要切换运行时，两台凝结水泵并列运行的最长时间尽量不要超过 1min，防止凝结水泵损坏。

（4）变频泵运行时，工频泵启动后不打水，由运行人员判断两台凝结水泵运行状态，1min内停运一台凝结水泵，如凝结水压力仍低，快速减负荷，确认两台凝结水泵由于入口滤网堵均不打水，停运一台凝结水泵清洗滤网，快速将机组负荷减至50MW，如凝汽器水位高机组跳闸，按机组跳闸进行处理。注意真空泵运行状态，如真空下降较快，关闭主再热蒸汽管路疏水和高、低压旁路。关闭凝结水泵再循环调门，利用凝结水输送泵维持凝结水管道压力在1MPa左右，保证杂用水供应。

（5）工频泵切为变频泵为手动切换，在500MW负荷时切换。切换时手动启动变频泵后，快速提高变频器输出，当变频泵和工频泵电流、出口压力基本相同时，停运工频泵，注意整个切换时间控制在1min之内，否则停运变频泵，分析原因并消除后重新切换。

（6）工频泵切为变频泵后，值班员根据除氧器水位和凝结水流量变化，手动调节除氧器水位正常，保持除氧器水位稳定后，投入变频器和除氧器上水主调阀自动。

（7）变频泵切为工频泵时，值班员根据除氧器水位和凝结水流量变化，手动调节除氧器水位正常，保持除氧器水位稳定后，根据负荷情况投入除氧器上水主调阀或副调节阀自动。

（8）每月进行一次凝结水泵工频泵、变频泵切换工作，工频泵运行2h后切回变频泵运行，停运工频泵，投入备用。

（9）认真监视凝结水泵运行期间入口滤网差压，达到10kPa时，及时联系检修清理滤网。

（10）机组负荷小于300MW，除氧器上水辅调门投入自动控制，主调门保持手动方式；A凝结水泵若投入变频方式运行，且变频投自动时，在无强制提升至工频转速的条件下，变频器控制凝结水母管压力1.2MPa（精处理前）。

（11）机组负荷在300～480MW，除氧器上水辅调门保持手动状态，除氧器上水主调门投入自动控制，按设定曲线开启，A凝结水泵变频控制除氧器水位。

（12）机组负荷大于480MW，除氧器上水辅调门保持手动状态，除氧器上水主调门投入自动控制，自动保持全开，A凝结水泵变频控制除氧器水位。

### 四、凝结水系统停运

（1）若备用泵切换，应先启动备用凝结水泵正常后，凝水压力达大于3.8MPa，方可停用原运行泵，注意凝水压力正常。

（2）若需停用凝结水系统，应先确认无凝水用户且除氧器温度小于60℃，锅炉已泄压，汽机真空到0，低压缸排汽温度小于60℃，可以停运凝结水系统。

（3）退出凝结水泵联锁，停运凝结水泵。

（4）通知化学可停运凝结水精处理。

（5）确认系统不需要补水，关闭凝汽器各补水手动门，根据需要停运凝结水输送泵。

（6）凝结水泵停用后，电动机电加热器自动投入。

（7）机组正常运行时，需隔绝凝结水泵，应将其进/出口门、空气门均关闭。

## 第五节　发电机氢、油、水系统

发电机在运行中会发生能量损耗，包括铁芯和绕组的发热、转子转动时气体与转子之间的鼓风摩擦发热，以及励磁损耗、轴承摩擦损耗等。这些损耗最终都将转化为热量，致使发电机发热，因此必须及时将这些热量排离发电机。因此发电机运行中，必须配备良好的冷却系统。本段将介绍的发电机采用水氢氢冷却方式，即定子绕组水内冷，转子绕组和定子主出线氢内冷，铁芯轴向氢冷。密封油系统采用单流环式密封。

## 一、发电机的氢气系统

发电机内的氢气在发电机端部风扇的驱动下，以闭式循环方式在发电机内作强制循环流动，使发电机的铁芯和转子绕组得到冷却。其间，氢气流经氢冷器，经氢冷器冷却后的氢气又重新进入铁芯和转子绕组做反复循环。氢冷器的冷却水来自闭式循环冷却水系统。

1. 氢冷系统的气体置换

发电机检修后，发电机和氢系统的气密试验合格后，且密封油系统也可正常运行，则具备了向发电机充氢的条件。为了防止氢气和空气混合成爆炸性的气体，在向发电机充入氢气之前，必须要用惰性气体将发电机内的空气置换干净。同理，在发电机排氢后，要用惰性气体将发电机内的氢气置换干净。目前在国内，惰性气体普遍采用二氧化碳。发电机启动前，必须先将发电机内的空气置换为二氧化碳，然后再将二氧化碳置换为氢气，最后对发电机内的氢气加压，以达到其要求的工作压力。

（1）在进行气体置换前需注意。

1）汽轮机处于静止或车状态。

2）有关表计和报警装置经校验合格，控制电源投入。

3）发电机已全部封闭，气密性试验合格。

4）密封油系统已投用。

5）通知制氢站，准备足够的氢气，检查现场有足够的二氧化碳气体。

6）确认 $H_2/CO_2$ 气体纯度合格。

7）通知检修对发电机氢气/制氢站总门后滤网进行清洗。

8）系统按检查卡检查无误。

（2）发电机氢置换要求。

1）氢置换时，待氢压降至 $8\sim10kPa$ 时，开始充二氧化碳排氢，通过发电机顶部排气门控制发电机内部气体压力在 $8\sim10kPa$。

2）每次投用一组 5 瓶二氧化碳同时进行置换，用消防水对置换中的二氧化碳钢瓶表面除霜，控制二氧化碳的流量，以钢瓶和管路表面刚好不结霜时的最大流量为准，$20\sim30min$ 5 瓶二氧化碳基本用尽，更换另一组 5 瓶二氧化碳进行置换。如 $20\sim30min$ 内 5 瓶二氧化碳没有用尽，应检查原因，是否消防水除霜效果不好，加大除霜水量。

3）保持二氧化碳蒸发器一直运行，提高二氧化碳温度 $10℃$ 左右。

4）检查二氧化碳蒸发器出口电磁阀旁路阀在关闭状态。

5）氢置换时，应将氢气干燥器、绝缘过热检测装置内氢气一同置换。

6）置换结束前，应开启各排污门、漏液检测装置放油门充分排污。期间不容许任何动火工作。

（3）二氧化碳置换空气操作。

1）氢气系统检修工作结束，工作票收回，具备投运条件。

2）氢气系统中所有电气设备及热工设备已送电。

3）氢气系统已按照启动检查卡检查完毕。

4）检查密封油系统运行正常，机组盘车在静止状态。

5）检查确认 2 个气体分析仪取样来自发电机顶部，工作状态为"空气中的二氧化碳"。

6）检查确认发电机二氧化碳进口门、发电机氢气进口门及发电机底部排气门均关闭。

7）二氧化碳蒸发器送电后，在 DCS 画面启动二氧化碳蒸发器，检查蒸发器风扇运行正常。

8）手动开关二氧化碳蒸发器出口电磁阀，检查电磁阀开关正常。检查二氧化碳蒸发器出口电磁阀旁路阀在关闭状态。

9）检查二氧化碳汇流排上钢瓶已接好，开启汇流排上已连接好钢瓶的二氧化碳隔绝门，每次投用一组 5 瓶二氧化碳同时进行置换。

10）开启二氧化碳减压阀进口门和出口门。

11）开启发电机二氧化碳进口门、发电机排气门、发电机顶部排气门，系统开始二氧化碳置换，同时开启 5 瓶二氧化碳钢瓶出口门，二氧化碳钢瓶内压力达到 1MPa 时就要更换钢瓶。

12）充二氧化碳的同时对发电机进行排气，维持发电机内部气体压力在 8kPa 左右。

13）用消防水对置换中的二氧化碳钢瓶表面除霜，控制二氧化碳的流量，以钢瓶和管路表面刚好不结霜时的最大流量为准，20～30min 5 瓶二氧化碳基本用尽，更换另一组 5 瓶二氧化碳进行置换。如 20～30min 内 5 瓶二氧化碳没有用尽，应检查原因，是否消防水除霜效果不好，加大除霜水量。

14）保持二氧化碳蒸发器一直运行，提高二氧化碳温度，防止二氧化碳温度低，在发电机内部结露。

15）二氧化碳蒸发器出口电磁阀旁路阀保持关闭状态，保证二氧化碳蒸发器出口电磁阀能够正常切换运行，而不是始终运行。

16）开启发电机绝缘过热装置进口门、氢气干燥器进出口门、漏液检测装置进口门，并开启各排污门进行排死角。

17）当二氧化碳纯度达到 95％时，停止二氧化碳置换，关闭发电机二氧化碳进口门、发电机顶部排气门、发电机排气门。

18）联系化验班测量确认混合气体中二氧化碳的含量大于 95％。

19）关闭汇流排上已连接好钢瓶的二氧化碳隔绝门。

20）关闭二氧化碳减压阀进口门和出口门，停止二氧化碳蒸发器运行并停电。检查无误，汇报值长。

（4）发电机氢气置换二氧化碳操作步骤。

1）检查确认 2 个气体分析仪取样来自发电机底部，工作状态为"二氧化碳中的氢气"。

2）检查确认发电机二氧化碳进口门、发电机氢气进口门及发电机顶部排气门均关闭。

3）检查确认发电机氢气进口门前导管已连接至氢气流量仪侧。

4）联系化学准备氢气置换。

5）开启发电机底部排气门。

6）开启发电机排气门。

7) 开启供氢管路至机组供氢隔绝门。

8) 开启氢气减压调门旁路门以及氢气流量仪进出、口隔绝门。

9) 检查补氢压力正常，开启发电机氢气进口门，开始发电机氢气置换二氧化碳，调整发电机氢气进口门开度，使氢气流量仪不超限。

10) 当发电机内部氢气纯度达到98%时，开启发电机绝缘过热装置进出口门、氢气干燥器进出口门对发电机死角排气。

11) 排完死角后停止排氢，关闭发电机排气门与发电机底部排气门。

12) 补氢至氢压为50kPa左右时，关闭发电机氢侧回油箱液位调节阀旁路门。

13) 继续补氢至氢压为470kPa后，关闭发电机氢气进口门。

14) 关闭氢气减压调门旁路门以及氢气流量仪进出、口隔绝门。

15) 关闭氢气汇流排供氢总门。

16) 联系化学氢气置换结束。

(5) 发电机二氧化碳置换氢气。发电机的排氢，是通过在机座底部汇流管充入二氧化碳，使氢气从机座顶部汇流管排出去。为了使机内混合气体中的氢气含量降到5%或以下，应充入足够的二氧化碳，排氢应在发电机静止或低速盘车时进行，需要两倍发电机容积的二氧化碳。充二氧化碳时，纯度仪从发电机机座顶部汇流管采样，充入的二氧化碳应使二氧化碳纯度读数达到95%或以上。二氧化碳置换氢气操作介绍如下：

1) 设置气体分析仪，取样来自发电机顶部，工作状态为"氢气中的二氧化碳"。

2) 开启发电机顶部排气门。

3) 适当开启发电机排气门，调节降压速度10kPa/min，降低发电机氢压至120kPa，关闭发电机排气门。

4) 开启发电机排气门。继续降低氢压至8kPa后关闭发电机排气门，降氢压过程要缓慢，保证差压阀跟踪正常。监视好氢侧回油箱油位，发现氢侧回油箱满油时要开启发电机氢侧回油箱液位调节阀旁路门，防止油箱满油造成发电机进油。

5) 二氧化碳蒸发器送电后，在DCS画面启动二氧化碳蒸发器，检查蒸发器风扇运行正常。

6) 手动开关二氧化碳蒸发器出口电磁阀，检查电磁阀开关正常。检查二氧化碳蒸发器出口电磁阀旁路阀在关闭状态。

7) 检查二氧化碳汇流排上钢瓶已接好，开启汇流排上已连接好钢瓶的二氧化碳隔绝门，每次投用一组5瓶二氧化碳同时进行置换。

8) 开启二氧化碳减压阀进口门和出口门。

9) 开启发电机二氧化碳进口门、发电机排气门，系统开始二氧化碳置换，同时开启5瓶二氧化碳钢瓶出口门，二氧化碳钢瓶内压力达到1MPa时就要更换钢瓶。

10) 充二氧化碳的同时开启发电机排气门进行排氢，维持发电机内部气体压力在8kPa左右。

11) 用消防水对置换中的二氧化碳钢瓶表面除霜，控制二氧化碳的流量，以钢瓶和管路表面刚好不结霜时的最大流量为准，20~30min内5瓶二氧化碳基本用尽，更换另一组5瓶二氧化碳进行置换。如20~30min内5瓶二氧化碳没有用尽，应检查原因，是否消防水除霜效果不好，加大除霜水量。

12）保持二氧化碳蒸发器一直运行，提高二氧化碳温度，防止二氧化碳温度低，在发电机内部结露。

13）二氧化碳蒸发器出口电磁阀旁路阀保持关闭状态，保证二氧化碳蒸发器能够正常切换运行，而不是始终运行。

14）将发电机绝缘过热装置和氢气干燥器电源停用，开启发电机绝缘过热装置进出口门、氢气干燥器进出口门、漏液检测装置进口门和各排污门进行吹扫，防止氢气积聚在死角。

15）当二氧化碳纯度达到 95％时，停止二氧化碳置换，关闭发电机二氧化碳进口门、发电机顶部排气门、发电机排气门。

16）联系化验班测量确认混合气体中二氧化碳的含量大于 95％。

17）关闭汇流排上已连接好钢瓶的二氧化碳隔绝门。

18）关闭二氧化碳减压阀进口门和出口门，停止二氧化碳蒸发器运行并停电。操作完毕，汇报。

（6）发电机空气置换二氧化碳。

发电机排氢后，二氧化碳不宜长时间封闭在机内，如机内需要进行检修，为确保人身安全，必须通入空气把二氧化碳排出。可以通过转换氢气控制装置上的可移管道，向发电机内通入干净、干燥的压缩空气。由于空气比二氧化碳轻，把压缩空气引入机内上方的汇流管，把二氧化碳从底部排出。如果须立即通过人孔观察或进入机内检查，应采取预防措施防止吸入二氧化碳。不允许用固定的压缩空气连接管来清除二氧化碳气体和氢气，因为如不小心空气混入氢气内，造成产生爆炸性混合气体的可能性，给发电机及人身安全带来危害。发电机空气置换二氧化碳操作介绍如下：

1）联系化验班测量确认发电机混合气体中二氧化碳的含量大于 95％。

2）设置气体分析仪取样来自发电机底部，工作状态为"空气中的二氧化碳"。

3）联系检修接上仪用空气短管。

4）开启发电机压缩空气进口门。

5）开启发电机氢气进口门（此时接的是仪用空气短管）。

6）开启发电机底部排气门。

7）调节发电机排气门开度，使发电机内压力保持 8kPa。

8）确认气体分析仪显示空气中的二氧化碳含量小于 5％。

9）联系化验班测量确认混合气体中二氧化碳的含量小于 5％。

10）关闭发电机压缩空气进口门。

11）关闭发电机氢气进口门。

12）关闭发电机排气门。

13）关闭发电机底部排气门。

14）联系检修拆除仪用空气短管。操作完毕，汇报。

（7）氢气系统的正常运行主要监视项目。

为了保证发电机能正常运行，其氢冷系统的运行参数必须遵从一定的限额，表 2-2 列出了发电机氢冷系统正常运行时的主要参数及报警整定值。机组运行时，发现发电机内的氢压降低，应立即查明原因。若属正常降压，则应进行补氢；若属不正常降压，则应查明泄漏原因，待缺陷消除后再补氢。

表 2-2　　　　　　　　　发电机氢冷系统正常运行时的主要参数及报警整定值

| 项目 | 技术规范 |
|---|---|
| 正常运行氢气压力（kPa） | 500（正常）；470（报警） |
| 发电机的容积（气体容积）（m³） | 100 |
| 发电机内气体流量（m³/s） | 33 |
| 发电机机座内的露点温度（℃） | <−10 |
| 发电机 $H_2$/减压门 1 出口压力（MPa） | 0.8～0.95 |
| 发电机 $H_2$/减压门 2 出口压力（MPa） | 0.5 |
| 油氢差压（kPa） | 120（正常）；60（报警并关闭发电机/防火门） |
| 氢气纯度（%） | 97（正常）；95（报警） |
| 最大允许漏氢量（m³/d）（0℃，101.3kPa） | 18＋19.6＝37.6 |
| 发电机 $CO_2$/减压门 1 出口压力（MPa） | 1.8 |
| 发电机 $CO_2$/减压门 2 出口压力（kPa） | 100 |
| 排氢风机进口真空（kPa） | −1.5～−0.5（正常）；<br>−0.3（报警，切至备用风机） |
| 冷氢温度（℃） | 44（正常）；>48 或<（报警）；<br>>53 或<0（汽轮机跳闸） |
| 励磁机热风温度（℃） | 43～60（正常）；>75（报警）；>80（汽轮机跳闸） |
| 励磁机冷风温度（℃） | 25～40（正常）；>42（报警） |

（8）发电机氢气系统运行注意事项。

1）正常运行，应每天计算发电机的漏氢量，如异常增大，应安排人员及时进行现场查漏，全面分析密封油系统等参数变化情况。发电机端盖密封不严、密封油氢差压低、氢气纯度仪开度大等常引起发电机漏氢量增加。

2）机组计划检修期间，发电机内部如有工作，应待发电机气体置换完毕，再用干燥的压缩空气继续通风 24h 以上方可进行。

## 二、发电机密封油系统

发电机密封油系统的功能是向发电机密封瓦提供压力略高于氢压的密封油，以防止发电机内的氢气从发电机轴伸出处向外泄漏。密封油来自主机的润滑油系统，由密封油泵（主密封油泵或事故密封油泵）把真空油箱中的油经冷油器、滤油器、差压调节阀后供至各个密封瓦。密封油进入密封环后，经密封环与发电机轴之间的密封间隙，沿轴向从密封环两侧流出，即分为氢侧回油和空侧回油，并在该密封间隙处形成密封油流，既起到密封作用又润滑及冷却了密封环。其中在空侧，压力油通过环形槽通过数个径向孔进入密封环，以保证当机内气体压力较高时，密封环在径向仍能自由活动。回油通过轴承油管路进入密封油贮油箱，并通过排油烟风机抽去逸入油中的空气和氢气；在氢侧，密封环的二次密封能够减少氢侧的径向油流量，以保持氢气纯度的稳定。回油时先进入消泡室，去除油中气体，然后流入氢侧回油箱。最后氢侧、空侧回油进入真空油箱，通过真空泵建立油箱的轻度真空，进一步去除油箱中气体。

发电机密封油系统主要包括 2 台 100％容量交流主密封油泵、1 台直流事故密封油泵、1 台密封油真空泵、2 台排油烟风机、1 只密封油贮油箱（空侧回油箱）、1 只氢侧回油箱、1 只真空油箱、2 台冷油器、2 台滤油器、2 只差压调节阀、2 只浮动油流量阀及监测仪器、仪表及相关管路。

1000MW 超超临界机组典型的密封油系统流程图如图 2-2 所示。

1. 密封油系统投运前检查

(1) 系统已按检查卡检查完成，确认无误。

(2) 确认有关联锁、保护均校验正常。

(3) 各油泵进出油路通畅。

(4) 密封油冷却器水侧已注满水（当密封油温度上升到 38℃时才可投入运行），备用冷却器注水正常后，关闭备用冷却器进、出水门。

(5) 主机润滑油系统已运行正常，密封油箱、空侧密封回油箱油位正常。

(6) 确认密封油系统各差压控制阀均调整正常，以保证密封油与氢气差压在 0.1～0.13MPa。

(7) 确认密封油箱油位正常，空侧密封回油箱油位正常。

(8) 确认闭冷水等系统运行正常。

(9) 密封油系统应在发电机充二氧化碳或充氢气前，汽轮机投盘车前投运。

2. 密封油系统投运操作

(1) 确认密封油泵启动许可条件满足，密封油箱油位正常。

(2) 选择要启动的一台密封油泵及要启动的一台排烟风机。

(3) 解除备用密封油泵备用联锁。

(4) 解除备用排烟风机备用联锁。

(5) 在 LCD 上启动密封油泵。

(6) 密封油泵运行正常后，启动高位密封油箱排烟风机和密封油箱真空泵。

(7) 检查密封油泵运行正常、排烟风机启动正常、密封油箱真空泵启动正常、系统各参数正常。

(8) 当密封油与氢气的差压正常后，在 0.1～0.13MPa，投入备用密封油泵备用联锁。

(9) 投入备用排烟风机备用联锁。

(10) 将密封油冷却水调门投自动，油温设定 40℃。

3. 密封油系统运行检查项目

(1) 运行泵有明显的不正常异声，振动明显增大，电流超限，应立即启动备用泵，停用故障泵。

(2) 各密封油泵轴承温度正常，不能大于 90℃。

(3) 密封油温度自动控制正常，约 45℃，密封油冷油器通常运行一组，另一组作备用。若油温升高，投用备用组冷油器。

(4) 密封油箱位正常，无高油位和低油位报警，若油位升高或降低，应分析原因，及时处理。

(5) 密封油与氢气差压正常，在 0.1～0.13MPa。若差压小于 0.06MPa，延时 3s，备用密封油泵自启动，若自启动不成功，立即手动启动。并分析差压小的原因，及时处理。

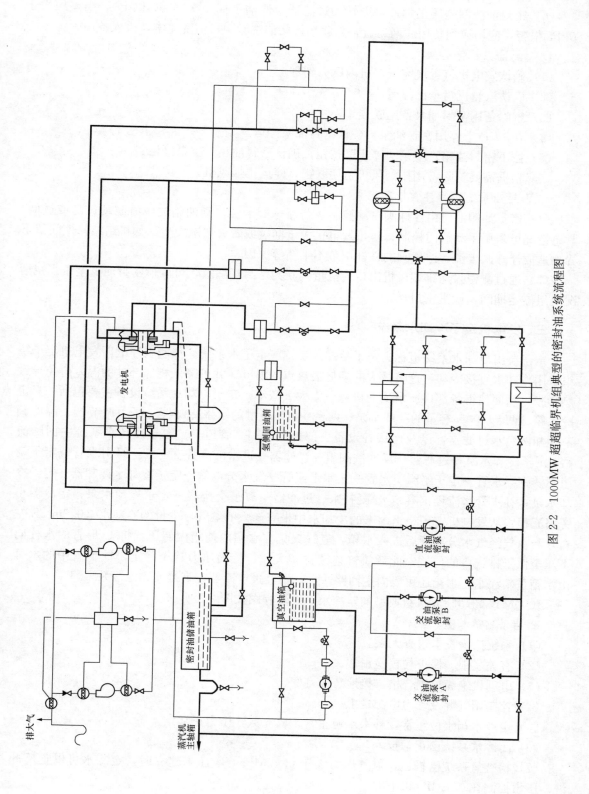

图 2-2　1000MW 超超临界机组典型的密封油系统流程图

（6）密封油滤网差压正常，每天转动过滤器上清洁手柄一次（360°以上），当差压大于80kPa报警，应切换到备用滤网运行，并联系检修清洗滤网，清洗完毕，投入备用。

**4.密封油系统停运操作**

（1）确认发电机氢置换完毕，机内压力到零。

（2）确认汽轮机盘车已停运。

（3）解除备用密封油泵备用联锁。

（4）在LCD上停用密封油泵，确认密封油泵停运。

（5）按下密封油箱真空泵"停止"按钮，确认密封油箱真空泵停运。

（6）根据需要解除备用排烟风机备用联锁，停运排烟风机。

**5.密封油系统运行异常情况汇总**

（1）密封油箱油位由浮球阀自动控制，若浮球阀卡涩，则油箱油位将波动过高或过低。紧急情况可采用手动截门控制，防止发电机大量漏氢或着火情况发生。如机组检修期间留下异物造成浮球阀卡涩、浮球阀的杠杆调节不平衡等原因。

（2）通过测密封油排烟风机出口含氢量判断为密封瓦漏氢，可调节密封油氢差压。视情况机组停运期间，检查密封瓦。

### 三、发电机定子冷却水系统

定子绕组冷却水系统也称为定子冷却水系统或定子水系统。华能玉环电厂发电机定子绕组采用冷却水直接冷却，这将极大的降低最热点的温度，并可降低相邻部件的温差避免导致热膨胀，从而使得各部件所承受的机械应力大大减小。定子冷却水系统设备主要包括一只定冷水箱、两台100%容量的冷却水泵、两台100%容量的水水冷却器、压力调节阀、温度调节阀和两台水过滤器，以及连接各设备、部件的阀门、管道等。定子冷却水系统主回路流程：定子冷却水泵→过滤器→反冲洗阀组→过滤器→进水汇流管→定子绝缘引水管→定子绕组不锈钢导水管→定子绝缘引水管→出水汇流管→气水分离管→定子冷却水冷却器→定子冷却水泵；补水管路流程：凝结水/凝补水→过滤器→离子交换器→定子冷却水泵；定冷器小旁路流程：从发电机定子绕组出来的冷却水中带有渗入的氢气，少量的冷却水（0.2m³/h左右）与氢气经气水分离管后进入水箱，氢气聚集在水箱内使箱内超压，将U形管的水柱向下压至低于排气口的位置，此后氢气连续排至大气，箱内压力趋于稳定，U形管中的水可由水箱重新注水。水箱还可以向主回路注水，不经过定冷器，直接流入定冷泵入口。

1000MW超超临界机组典型的定冷水系统流程图如图2-3所示。

**1.启动前的检查**

（1）系统按检查卡检查无误。

（2）有关联锁、保护均校验正常。

（3）电动机绝缘检测合格，接地装设良好。

（4）控制用气源及动力电源送上。

（5）定冷水箱水位正常，补水水源正常，已充氮，压力正常。

（6）闭冷水系统已正常投入。

（7）检查氢系统已投运，氢气压力大于0.47MPa（氢压未建立时，定冷水可以走反冲洗，压力控制在0.1MPa以下）。

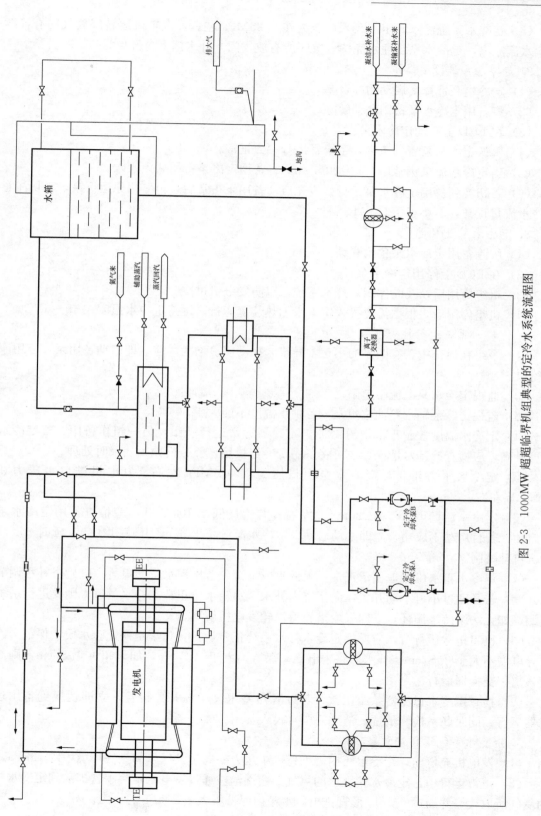

图 2-3　1000MW 超超临界机组典型的定冷水系统流程图

(8) 定冷水系统注水，定冷泵入口压力在 0.25MPa 左右，汽轮机运转层放气门有连续密实水流流出，定冷水系统注水完毕。关闭所有放气门。补水门保持开启。

2. 定冷水系统投用操作

(1) 定冷水泵选择要启动的一台泵。

(2) 将备用定冷水泵备用联锁解除。

(3) 在 LCD 上启动定冷水泵。

(4) 确认定冷水泵启动正常，系统各运行参数正常。

(5) 当定冷水流量正常后，约 120m³/h，将备用定冷泵备用联锁投入。

(6) 若切换到备用定冷水泵运行，应先启动备用泵正常后，再停用原运行泵，密切注意定冷水流量正常，不小于 120m³/h。

3. 定冷水系统停运

(1) 解除备用定冷水泵备用联锁。

(2) 在 LCD 上停用定冷水泵。

(3) 机组停用后，及时停用定冷水系统，以防发电机过冷。

(4) 机组停用后，根据需要投入定冷水加热装置运行，维持定冷水温度在 45～50℃。

4. 定冷水系统运行检查项目

(1) 泵组在运行中若有明显的不正常异声，振动明显增大，应立即启动备用泵，停用原运行泵。

(2) 监视定冷水泵电流不超限。

(3) 监视定冷泵轴承箱油位正常，各轴承温度不能大于 90℃。

(4) 定冷水温度控制正常，约 48℃，定冷器通常运行一组，另一组作备用。若定冷水温度升高，应检查冷却水情况，也可将备用定冷器投用，并分析原因、及时处理。

(5) 定冷水压力正常，定冷水泵出口压力在 0.6MPa 左右，发电机进口水压力在 0.4MPa 左右。

(6) 定冷水流量正常，为 120m³/h 左右。若流量低于 108m³/h，应检查备用定冷水泵自启动，若自启动不成功，立即手动启动。定冷水流量小于 96m³/h（三取二），延时 30s 汽轮机自动跳闸。

(7) 定冷水箱水位就地显示正常，无低水位报警。若出现水位低报警，应检查补水调节阀开度，若开度过小可手动开大，向系统内补水至水箱水位正常。补水量过大则要进行系统查漏，如无法维持水循环，立即采取措施将汽轮发电机解列。

(8) 机组正常运行时，应保持定冷水补水系统正常运行。化学定期化验水质，保证定冷水导电度不大于 $2\mu S/cm$。补水回路中电导率保持不大于 $1\mu S/cm$，如果超过 $1\mu S/cm$，则需投入离子交换器运行。

(9) 检查定冷水过滤器差压正常，若过滤器差压大于 80kPa 报警，立即切换到备用过滤器运行，同时联系检修清洗，清洗完毕，投入备用。

5. 定冷水系统运行注意事项

(1) 发电机充氢前，定冷水箱内需维持一个压力略高于大气压的氮气环境，约 15kPa。

(2) 正常运行中，定冷水箱上部的氮气，会逐渐被通过发电机定冷水管扩散到定冷水中的氢气所取代，并通过一个 U 形管排出，水箱内保持不大于 20kPa 的压力。

（3）补充水进入系统后，多余的水通过定冷水箱排出系统。通过水箱的流量比补充水的流量大 $100dm^3/h$ 左右，多余的水从水箱的溢流管中流出，同时保证水箱溢流管道的水封可靠。

6. 定冷水系统正常运行监视

定冷水系统具体监视项目见表 2-3。

表 2-3　　　　　　　　　　　　　正常运行监视项目

| 项目 | 允许范围 |
|------|---------|
| 定冷泵出口压力（MPa） | 0.85～1（正常）；0.5（报警） |
| 定子冷却水流量（m³/h） | 120 |
| 定冷水补水流量（L/h） | 120（需现场调试） |
| 通过定冷水箱的流量（L/h） | 200（需现场调试） |
| 泵体及电动机内部声音 | 平稳无杂声 |
| 定冷水导电度（µS/m） | ＜2 |
| 泵轴承振动（mm） | 0.05 |
| 泵轴承温度（℃） | ＜70 |
| 电动机外壳温度（℃） | ＜75 |
| 定冷水温度（℃） | 48（正常）；53（报警）；58（保护） |
| 定冷水箱水位 | 正常 |
| 定冷水主滤网差压（kPa） | ＜80 |
| 系统阀门 | 开关正确无泄漏 |

7. 定冷水系统运行限额

定冷水系统运行限额见表 2-4。

表 2-4　　　　　　　　　　　　定冷水系统运行限额

| 参　数 | 报警 | 运行值 | 备　注 |
|--------|------|--------|--------|
| 定子绕组水阻（kPa） | 242 | 220 | |
| 定冷水箱水位（cm） | 40 | ≈60 | |
| 定冷泵 A 出口压力（MPa） | 0.5 | 0.8～1 | |
| 定冷泵出口压力（就地） | — | | |
| 定冷泵 B 出口压力 | 0.5 | | |
| 定冷水导电度（µS/m） | 2 | 0.3 | |
| 定冷器出口定冷水温度（℃） | 53 | ＜43 | |
| 冷却介质间的温差（定冷水和冷氢）（K） | | 5 | 在所有运行条件下，定冷水温度应比冷氢温度高5K |
| 定冷水主滤网差压（kPa） | 80 | ＜80 | |
| 定冷水补水流量（L/h） | | 120 | |
| 定冷水补水滤网差压（就地）（kPa） | 80 | ＜80 | |

续表

| 参　数 | 报警 | 运行值 | 备　注 |
|---|---|---|---|
| 定子绕组出口定冷水流量（m³/h） | 108 | 120 | 定冷水流量小于 96m³/h（三取二），发电机断水保护自动解列发电机 |
| 定子绕组进口定冷水压力（kPa） | 440 | 400 | |
| 定子绕组出口定冷水温度（℃） | 75 | 70 | |
| 氮气减压器设定值（kPa） | — | 200 | 仅在用氮气吹扫过程中 |

定冷水系统运行异常情况及注意事项汇总如下：

（1）定冷水泵切换，停运泵时应适当关小其出口门，防止出口止回阀没及时关闭回座，造成定冷水流量大幅下降。

（2）为保护定冷水系统水质合格，系统采取小流量连续补水的方式。如果采取凝结水为补水来源，应防止凝汽器钛管泄漏等原因造成凝结水质恶化时，污染定冷水质；凝结水取水部位也是考虑的因素。即使是采用凝补水箱作为水源，发电机线圈进、出水设计有差压变送器，进口装设有滤网。当定冷水泵出口主滤网破损时，杂物将随系统流程进入发电机定子线圈进水滤网，造成发电机线圈进、出口差压增大，运行中应严密监视。达到报警值时，应综合分析定子线圈出水温度、定冷水流量等参数的变化趋势，研究是否停机处理。

（3）定冷水导电度升高会造成发电机汇水环接地电流增大，威胁发电机安全运行。规定定冷水补水电导率控制在 $0.1\mu S/cm$ 以下，系统电导率控制在 $0.2\mu S/cm$ 以下，当定冷水补水电导率大于 $0.1\mu S/cm$ 时，联系检修更换补水离子交换器树脂，操作中严格按照操作票步骤执行，防止树脂进入系统。当定冷水系统电导率大于 $0.2\mu S/cm$ 时，开启定冷水补水减压阀旁路手动门，增大系统换水量，降低系统电导率，并做好记录，合格后关闭补水旁路门。

## 第六节　其　他　系　统

其他系统包括 EH 油系统、轴封系统、真空系统、高低压旁路系统等。

### 一、EH 油、轴封、真空、高低旁路系统概述

EH 油系统是一个全封闭定压系统，它提供控制部分所需要的全部动力油，它由油箱、两台 100% 容量的主机控制油泵、两套油循环泵组、一套再生装置、高压蓄能器、各种压力控制门、油滤网以及相关管道阀门组成。正常运行时一台 EH 油泵运行，一台备用。EH 油系统配有一个抗燃油再生系统，两个循环泵共享一套抗燃油再生装置。当循环泵启动时，抗燃油再生装置也将同时参与运行。EH 油站旁配置一台专用滤油机，化学定期化验 EH 油质，当颗粒度、水分等参数超标时，联系检修进行滤油。

轴封系统配置两台 $2\times100\%$ 容量的轴加风机和一台轴封加热器，主机轴封系统和给水泵汽轮机轴封系统回汽联通。启动时轴封系统由辅汽供汽，随着负荷上升逐渐切换至高压轴封漏汽及阀杆漏汽，辅汽供轴封进汽前有减温装置。

每台机组共配置三台 50% 容量的水环式真空泵，正常运行时，能满足汽轮机在各种工况下，抽出凝汽器内的空气及不凝结气体，维持凝汽器一定的真空。该系统在机组启动初期

将主凝汽器汽侧空间以及附属管道和设备中的空气抽出以达到汽轮机启动要求，机组在正常运行中除去凝汽器空气区积聚的非凝结气体。每台凝汽器壳体上还设置 1 只带有滤网和水封的真空破坏阀。

机组旁路系统配置了瑞士 CCI AG/SULZER 公司制造的 AV6＋旁路系统，容量为 40％ BMCR 的高、低压两级串联旁路。高、低压旁油系统共用一个液压油系统，系统由供油系统和电液执行机构组成，系统配置有温度自动控制装置、自动净化过滤及冲洗装置。供油系统（油站）包括油泵、加热器、风扇冷却器、油过滤泵、充油阀、蓄能器、减压阀、释放阀等组成，供油系统在 CCI 提供的控制箱内操作，正常运行两台油泵互为备用，并根据油压信号自启停，维持系统油压在正常范围内。电液执行机构主要由执行器 ASM、比例控制装置 PV、步进控制装置 PAL、安全控制系统（快开/快关模块）SSB、安全旁路系统 SBE 等组成。

### 二、EH 油、轴封、真空、高低压旁路系统的启动

1. EH 油、轴封、真空、高低压旁路系统启动前检查

（1）EH 油系统启动前检查。

1）主机控制油箱油位正常。

2）检查主机控制油箱油阀关闭。

3）确认控制油箱油温大于 5℃，否则投控制油循环泵加热。

4）蓄能器的进油门已开启，放油门处关闭状态。

5）检查主机控制油循环过滤回路滤网进/出口门开，旁路门关，滤网放油门、放空气门关闭。

6）再生装置的进、出口门开启。

7）检查所有主机电磁阀状态正确，所有跳闸阀失电开，先导阀及伺服阀得电关。

（2）轴封、真空系统启动前检查。

1）轴封、真空系统按检查卡检查完成。

2）确认循环水、凝结水、辅助蒸汽及仪用空气系统已投运正常、主机密封油系统、主机/给水泵汽轮机润滑油、盘车等已投入运行（机组正常启动时，主机和给水泵汽轮机同时投用轴封、真空系统，否则将给水泵汽轮机轴封汽供汽门、回汽门关闭）。

3）确认三台真空泵的进口气动门及轴加进口门全关。

4）确认轴封进汽母管疏水门、轴封漏气母管疏水门全开状态。

5）确认轴封溢流调门前、后手动门开启，旁路门关闭，DEH 轴封调节站投入自动。

6）检查主机各轴封回汽调节门开启，排大气手动门关闭。

7）检查给水泵汽轮机轴封供汽调节门前、后隔绝门开启。

8）检查给水泵汽轮机轴封供汽至 A、B 给水泵汽轮机轴封供汽门、回汽隔绝门、回汽至轴加隔绝门开启，排大气隔绝门关闭。

9）确认真空泵汽水分离器水位正常，确认真空泵进口抽空气手动隔绝门开启。

10）确认有关联锁、保护校验正常投入。

（3）高低压旁路系统启动前检查。

1）确认相关系统已投入运行。

2）确认相关管道的疏水阀打开。

3）确认真空、轴封系统投入运行；凝汽器真空建立。

4）确认旁路供油系统已投入运行。

2.EH油、轴封、真空、高低压旁路系统的启动操作

（1）EH油系统启动。

1）检查EH油系统检修工作结束，工作票收回，具备投运条件。

2）检查EH油系统中所有电气设备、电动阀门及热工设备已送电。

3）检查EH油系统联锁试验正常，所有保护、热工仪表投入，热工表计一次门开启。

4）按照EH油系统检查卡检查系统阀门状态正确。

5）检查所有电磁阀状态正确，所有跳闸阀失电开，先导阀及伺服阀得电关。

6）检查EH油箱油位正常。

7）解除EH油泵1B联锁，在DEH上启动EH油泵1A，检查EH油泵1A电流20A，出口及母管油压16MPa（启动时由于注油的问题可能造成泵出口油压小于10MPa延时4s跳泵，若无电气报警，且无明显机械故障则再次启动一次，启动后确认EH油泵运行正常）。

8）就地检查EH油系统无漏油、跑油现象，记录EH油箱油位。

9）投入EH油泵1B联锁。

10）解除EH油循环泵1B联锁，在DEH上启动EH油循环泵1A，检查EH油循环泵1A运行正常。

11）解除EH油循环泵1B联锁，在DEH上启动EH油循环泵1A，检查EH油循环泵1A运行正常。

12）投入EH油循环泵1B联锁。

13）将EH油冷却风扇1A和1B联锁解除，手动启动EH油冷却风扇1A和1B，检查运行正常后停用，投入联锁（冷却风扇60℃自启，58℃自停）。

14）正常运行，母管油压大于15MPa，EH油泵出口油压小于15MPa，延时100s跳EH油泵，联启备用EH油泵。

（2）轴封、真空系统启动。

1）在DEH投入轴加风机SLC ON，确认DCO自动投入，A轴加风机启动，检查电流7A，就地声音正常，入口负压在5kPa左右，B轴加风机无倒转。

2）开启辅汽联箱至主机轴封供汽手动门2～3圈。

3）开启辅汽供轴封母管疏水器前、后隔绝门及旁路门，检查辅汽供轴封调门前温度逐渐上升。

4）当辅汽供轴封调门前温度上升至100℃以上时，缓慢开启辅汽联箱至主机轴封供汽手动门，管路无振动和水击声。

5）开启辅汽至主机轴封供汽调门前、后隔绝门，将轴封供汽调门投自动。

6）当轴封母管温度达到由高压转子温度确定的轴封供汽温度时，辅汽至轴封供汽调门自动开启，调节轴封压力3.5kPa。

7）就地检查各轴封回汽正常，主机盘车转速正常，汽轮机振动和声音正常。

8）轴封系统投入后，立即投入主机真空系统。

9）当轴封母管温度大于320℃时，投入轴封供汽减温水。

10）主机真空系统投入正常后，如给水泵汽轮机盘车运行正常，可投入给水泵汽轮机轴封供汽。

11）开启辅汽联箱至给水泵汽轮机轴封供汽手动门 2～3 圈。

12）开启辅汽至给水泵汽轮机供汽调门前、后疏水器前、后隔绝门和旁路门，进行管路疏水，检查辅汽供给水泵汽轮机轴封调门前温度逐渐上升。

13）当辅汽供轴封调门前温度上升至 100℃ 以上时，缓慢开启辅汽联箱至给水泵汽轮机轴封供汽手动门，管路无振动和水击声。

14）当轴封母管温度达到 150℃ 以上时，辅汽至给水泵汽轮机轴封供汽调门投自动，压力设定值为 30kPa。

15）将给水泵汽轮机轴封供汽减温水调门投自动，温度设定值 150℃，检查减温水调门开启后轴封温度满足汽封温度要求，注意减温水投入时加强轴封温度的监视，确保轴封不进水。

16）确认汽轮机及给水泵汽轮机各轴端、汽封处无蒸气冒出且无吸气现象。

17）关闭凝汽器 A、B 真空破坏门，开启真空破坏门密封水隔绝门，密封水溢流后关小密封水手动门，保持小流量溢流。

18）确认真空泵启动许可条件均满足，汽轮机轴封汽已投入运行。

19）在 DCS 上依次启动 A、B、C 真空泵，检查真空泵密封水泵联启正常，真空泵入口气动门联开正常，真空泵密封水泵电流 6.2A，真空泵电流在 6s 内返回至 300A，真空泵冷却器出口电动门联开正常。

20）就地检查真空泵汽水分离器出口排气正常，真空泵密封水压力，冷却器密封水进、出口温度正常。

21）检查真空泵轴承及电动机轴承温度正常。

22）检查凝汽器 A、B 真空上升正常。

23）当 A、B 凝汽器真空大于 88kPa 时，停止 B 真空泵运行，注意凝汽器真空正常。

24）投入真空泵 B 备用，关闭 A、B 凝汽器抽真空联络电动门。

（3）高低压旁路系统启动。

1）启动旁路油站。

2）高压旁路运行前，操作员应手动设定高压旁路出口温度（约 300℃）。

3）操作员可在 LCD 的高压旁路画面上选择高压旁路的启动方式（STARTUP），或者在锅炉吹扫完成后，高压旁路投入启动方式。

4）锅炉冷态或温态启动时，因主汽压力低于高压旁路最小压力设定值。当锅炉点火后，高压旁路处于最小阀位阶段，高压旁路保持 10％开度，保证过热器最小蒸汽流量进行预热，同时避免再热器干烧，维持一定的锅炉蒸汽流量。

5）随着锅炉燃烧的加强，当主汽压力升高至大于高压旁路最小压力设定值时，高压旁路即进入启动升压控制方式，高压旁路保持相对稳定的开度（预设 23％），维持主汽压力持续上升至并网压力，此阶段高压旁路压力设定值跟踪实际压力，压力设定值只对最大升压速率有限制，在不超限的情况下，实际升压速率由锅炉热负荷决定。

6）当最小压力控制方式取消或阀位指令大于最小阀位值时，最小阀位限制随即取消。

7）当锅炉主蒸汽压力上升至并网压力，高压旁路由启动方式进入定压控制方式，此时高压旁路将维持主汽压力为并网压力不变。压力设定值保持当前规定值。在定压方式下，压力设定值可以由操作员手动设定。

8）汽轮机冲转、并网、带负荷后，随汽轮机进汽量的不断增加，高压旁路门开度逐渐变小。当高压旁路阀开度小于2%时，高压旁路即进入滑压方式（FOLLOW），压力设定值跟踪主蒸汽压力，但还会自动加上一个偏置（DP），使高压旁路压力设定值大于主蒸汽压力，从而使高压旁路保持关闭状态。

9）锅炉启动前低压旁路必须投自动，当高压旁路的开度大于2%，低压旁路立即从自动切换到压力控制方式。低压旁路将调节热段再热蒸汽的压力。

10）锅炉启动时，低压旁路压力设定值为预先设置的最小压力，或者为手动压力设定值（该值必须大于最小压力才有效），在汽轮机冲转前，低压旁路压力设定值保持为该值不变。启动和升负荷过程高压旁路系统曲线如图2-4所示，随燃料量的增加，当热段再热蒸汽压力达到低压旁路压力设定值时，低压旁路自动开启。为维持热段再热蒸汽压力为低压旁路压力设定值，低压旁路不断开大。这个过程维持到汽轮机冲转。汽轮机冲转后，低压旁路压力设定值为汽轮机调节级后压力经过函数 $f(x)$ 得出的值与上述低压旁路最小压力设定值的高选，再经过低压旁路最高压力（$p_{max}$）的限制。函数 $f(x)$ 整定到使机组在正常运行时低压旁路保持关闭并留有一定的余量。

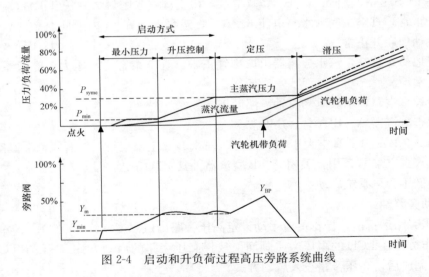

图2-4 启动和升负荷过程高压旁路系统曲线

### 三、EH油、轴封、真空、高低压旁路系统的正常运行

1.EH油、轴封、真空、高低压旁路系统正常运行时主要监视项目

（1）EH油系统正常运行时主要监视项目见表2-5。

（2）轴封、真空系统。

1）检查轴封汽进汽调整门、轴封汽漏汽阀、轴封汽减温水调整门自动调节正常。

2）注意轴封汽压力和温度为35kPa、280～320℃。

3）检查轴加风机运行稳定，声音、温度等均正常。

4）轴封汽投用后，应注意凝水系统运行正常。

表 2-5　　　　　　　　　　EH 油系统正常运行时主要监视项目

| 主机控制油泵电机声音 | 平稳无杂声 |
|---|---|
| 主机控制油箱油位 | >2/3 |
| 主机控制油油色 | 微黄、透明 |
| 主机控制油母管压力 | 16MPa |
| 主机控制油循环泵出口油压 | 500kPa |
| 主机控制油循环油泵声音 | 平稳无杂声 |
| 蓄能器压力 | 16MPa |
| 系统阀门 | 开关正确 |

5）轴封汽压力调节失灵导致跌真空时，运行人员应迅速到现场将轴封汽压力调整门、轴封汽溢流门切手动调节，防止凝汽器跌真空。

6）注意凝汽器真空正常，真空严密性符合要求。

7）真空泵电流不超限，电动机轴承温度小于 75℃，线圈温度小于 95℃。

8）真空泵工作液温度正常小于 80℃。

9）正常情况下，汽轮机真空由两台真空泵维持，另一台真空泵备用。当备用真空泵联锁启动时，凝汽器 A、B 抽真空联络电动门会相应动作。

10）真空泵分离器水位自动调节正常。

11）任一侧凝汽器压力大于 −88kPa，备用真空泵应自启动，若自启动不成功则手动启动。

12）备用真空泵切换，应先启动备用真空泵正常后，方可停用原运行泵。

（3）高低压旁路系统。

1）机组正常运行中蒸汽全部进入汽轮机，旁路阀全关，高压旁路处于滑压控制方式。压力设定值跟随实际压力值，变化速率根据实际压力值不同而变化。将压力偏置加在设定值上，以确保旁路关闭。

2）若主蒸汽压力上升过快，则高压旁路可能会打开，并转为定压控制方式，原先在滑压控制方式加上的偏置（DP）会取消。此时开大汽轮机调门或减少燃料量，高压旁路会逐渐关闭，当高压旁路开度小于 2% 时，高压旁路重新转为滑压方式，还会再自动加上一个偏置（DP）。

3）机组正常运行中，若主蒸汽压力大于高压旁路压力保护定值，并且高压旁路没有快关指令时，则以下任一种情况均会使高压旁路快开：汽轮机脱扣、发电机断路器脱扣、主蒸汽压力和高压旁路压力设定值的差值大于保护定值、手动快开高压旁路。

4）当高压旁路在手动，或阀位指令小于 2% 且锅炉吹扫未结束时，高压旁路控制方式也为滑压方式，压力设定值跟踪主蒸汽压力。

5）机组正常运行中，若热段再热蒸汽压力上升很快使压力大于保护定值，同时热再压力与低压旁路压力设定值的差值也大于某定值，并且不存在低压旁路快关条件，则低压旁路自动快开，也可以手动快开低压旁路。

2.EH 油、轴封、真空、高低压旁路系统正常运行时操作注意事项

（1）EH 油系统。

1）监视主机控制油箱油位正常，系统无渗漏。

2) 主机控制油箱底部应无积油。

3) 主机控制油母管压力大于 17MPa 时，检查主机控制油泵处于正确的运行方式，必要时可将运行泵倒为备用泵运行。

(2) 轴封、真空系统。

1) 送轴封汽前必须确认辅汽温度大于 280℃，否则禁止向轴封供汽。投用轴封时要对轴封供汽管路充分疏水，对轴封母管充分暖管、疏水，并保持轴封供汽温度不低于规定值。

2) 机组启停或低负荷运行时，必须保持辅汽温度的稳定。在辅汽汽源切换或机组工况异常波动时，应及时采取措施减小辅汽温度的波动。若因辅汽温度异常等原因造成轴封温度异常下降且低于规定值时，立即停止向轴封供汽。

3) 机组正常运行中必须加强对轴封汽源温度的监视。当轴封汽源温度下降时应及时开启轴封汽调阀前疏水，保持轴封汽源温度正常。当轴封温度高时，检查轴封汽调阀应自动开启降温。

4) 机组停机减负荷过程中，应严密监视轴封从自密封转为辅汽供汽过程中轴封汽源温度的变化，保持轴封汽源温度正常。

5) 若启停机过程中（或机组低负荷）轴封汽中断时，因轴封无法实现自密封，会造成机组真空下降，应在设法使轴封供汽温度正常后尽快向轴封恢复供汽，并按规程相关规定进行事故处理。若低真空保护动作，机组跳闸，破坏真空，关闭进入凝汽器的所有疏水，防止转子在惰走时发生动静碰磨；轴封压力小于 0Pa，轴封系统进空气，机组未跳闸，且 60min 内无法恢复，则破坏主机真空紧急停机；轴封进空气一年累计不超过 30h。

6) 机组连续运行五年后，会出现 EH 油某些指标超限，如破乳化度、泡沫特性等，且 EH 油温越高，油质恶化速度越快。采取措施：机组运行中应定期全面化验 EH 油指标，定期进行 EH 油滤油工作，按要求控制 EH 油温在一定范围内变动，防止油质恶化造成汽轮机汽门卡涩异常事件的发生。

7) 机组正常运行中，若高、低压旁路系统油站停运，油系统失压，将造成高压旁路开启，高温高压蒸汽进入再热器，对冷再系统安全运行造成威胁。

## 四、EH 油、轴封、真空、高低压旁路系统的停运

1. EH 油系统

(1) 确认 EH 油系统无用户。

(2) 在 DEH 操作画面上选择 EH 油泵 SLC 操作框，将 SLC OFF。

(3) 在 DEH 操作画面上手动停运运行 EH 油泵。

(4) 停运 EH 油循环泵。

2. 轴封、真空系统

(1) 正常情况下停运主机真空，须确认所有至凝汽器疏水已切断，汽轮机旁路关闭。

(2) 停运真空后，应监视凝汽器压力，防止低压缸防爆膜破裂，必要时开启真空破坏门。

(3) 真空泵停用后，检查其进口电动隔绝门和进口蝶阀自动关闭，密封水泵联锁停运。

(4) 事故情况下需要破坏真空，应手动停真空泵，然后手动开启真空破坏门，破坏真

空。切断所有至凝汽器的疏水，关闭旁路。

（5）真空到"零"，方可停用轴封汽。关闭轴封汽进汽门，停用轴加风机。

（6）轴封、真空系统停运时，应做好防止汽轮机进冷水冷气的措施。

（7）机组正常运行时，可以单独停运给水泵汽轮机轴封、真空，确认停运后，关闭给水泵汽轮机排汽蝶阀、轴封母管至低压疏水扩容器气动门。确认给水泵汽轮机排汽压力到"零"后，关闭给水泵汽轮机轴封供汽手动门。同时应密切关注主机真空的变化情况。

3. 高低压旁路系统

（1）机组减负荷至主蒸汽压力到规定时，可在键盘上投入高压旁路停机方式（SHUT-DOWN）。这时偏置（DP）将不存在，且高压旁路压力设定值会限制增加，随汽轮机调节阀门的关小主汽压力会上升，从而使高压旁路打开，高压旁路停机方式会维持到汽轮机脱扣。

（2）汽轮机脱扣后高压旁路转入定压方式。

（3）机组停运时，汽轮机脱扣后，低压旁路压力设定值自动转为预设最小压力与手动最小压力设定值进行高选。低压旁路将开启以保持热再压力为该定值。

# 第七节　引风机汽轮机

## 一、系统概述

近年来多个电厂逐步进行了汽动联合引风机改造。华能玉环电厂3、4号机组取消了脱硫增压风机，配置 $2 \times 50\%$ BMCR 的汽动引风机，引风机的驱动装置为单缸、单轴、冲动式、上排汽背压式引风机驱动汽轮机，在引风机汽轮机与引风机之间设有平行轴齿轮减速器（简称"齿轮箱"）。引风机汽轮机的工作汽源来自锅炉一级再热器出口蒸汽和冷段再热蒸汽的混合蒸汽。机组较高负荷时，引风机汽轮机汽源全部采用锅炉一级再热器出口蒸汽；在低负荷工况，引风机轴功率较低，考虑到引风机汽轮机的运行效率和引风机汽轮机的排汽温度，引风机汽轮机汽源采用混合蒸汽。引风机汽轮机轴封系统利用其轴端漏汽进行自密封，引风机汽轮机疏放水至其自带的疏水扩容器，再排入集水井，轴封冷却器疏水直接排入集水井。2台引风机汽轮机排汽合成一路排汽母管后进入汽机房接入六抽管道排入六号低压加热器，当六号低压加热器解列退出运行时，引风机汽轮机排汽溢流至凝汽器；引风机汽轮机超压事故工况下或启动时，排汽通过安全阀或PCV阀向大气释放。每台引风机汽轮机自身配置供油系统，供引风机汽轮机本体轴承、盘车装置、齿轮箱用油及引风机汽轮机调节、保安用油，系统工质为 ISO VG46 汽轮机油。引风机汽轮机采用低压全电调微机电液控制系统，并配有必要的监视、保安装置，以确保引风机汽轮机的安全运行。

## 二、引风机汽轮机正常启动

1. 引风机汽轮机启动前检查

（1）汽动引风机及引风机汽轮机有关系统按检查卡或操作票检查确认。

（2）汽动引风机及引风机汽轮机所有表计、自动装置、联锁、保护、报警均已投入。

（3）汽动引风机及引风机汽轮机全部电气设备、控制设备的交直流电源送上。

（4）确认引风机汽轮机已单独试转过，超速保护校验正常。

（5）确认汽动引风机轴承冷却风机已投用。

（6）确认炉膛负压控制正常。

（7）确认凝结水、真空、风烟、辅汽、闭冷水等系统已投运正常。

（8）确认 MEH 系统供电正常，各功能模块性能正常，TSI 系统功能正常。

（9）检查引风机汽轮机油箱油位、油温正常，油质合格。

（10）确认齿轮箱正常，齿轮箱顶轴油泵没有故障时应投入运行。

（11）检查所有疏水管路畅通。

2. 引风机汽轮机油系统投运

（1）确认油系统相关阀门状态正常。

（2）检查油箱油位正常、油质良好，油箱油温大于 23℃，根据需要投入油净化装置。

（3）润滑油冷油器和滤网、调节油滤网各选择一组运行。

（4）启动一台排烟风机，油箱负压维持在 196～245Pa，轴承箱负压维持在 98～196Pa。

（5）启动一台交流润滑油泵，检查油泵运行正常、系统无泄漏，润滑油母管压力在（0.18±0.02）MPa 范围内，检查各轴承和齿轮箱回油观察孔油流正常，将备用油泵投入联锁。

（6）启动一台调节油泵，检查油泵运行正常、系统无泄漏，调节油母管压力在 2.0MPa，将备用油泵投入联锁。

（7）根据需要启动齿轮箱顶轴油泵，确认顶轴油泵运行正常。

（8）及时投运引风机汽轮机闭冷水系统，投入油温调节阀（或温控阀）自动控制，设定润滑油温 50～54℃，确认其调节正常。

3. 就地启动盘车装置

（1）确认引风机汽轮机润滑油压力正常，主汽阀已关闭。

（2）确认引风机汽轮机处于零转速或静止状态。

（3）确认就地"自动盘车操作装置"带电正常，就地"自动盘车操作装置"上"就地控制/远方控制"切换按钮旋至"就地控制"位置。

（4）在就地"自动盘车操作装置"上长按"电磁阀动作"按钮，检查盘车装置操纵杆由 0°（"甩开到位"处）逆时针自动旋转至 100°位置处，松开"电磁阀动作"按钮，此时盘车装置并没有"啮合到位"（"啮合到位"时盘车装置操纵杆在 120°位置处）。

（5）至盘车装置处，左手握住盘车装置操纵杆，右手握住盘车电动机端部手轮，右手迅速地顺时针旋转手轮，同时左手向前推动操纵杆至 120°位置处，盘车装置"啮合到位"，就地"自动盘车操作装置"上"啮合到位"指示灯亮，同时 DCS 上收到"啮合到位"信号。（注意：如果盘车装置操纵杆用力仍然无法推动，切勿使用蛮力或其他工具强行操作，应将盘车装置操纵杆拉回至"甩开到位"处，重新进行操作。）

（6）盘车装置"啮合到位"后，插入盘车装置操作钥匙，钥匙旋转至"投盘车"位置，盘车电动机转动，引风机汽轮机随即进入连续盘车状态。

（7）确认盘车电动机转向正确，电流正常稳定，盘车转速为 37r/min 左右。

（8）确认各轴承回油温度正常，汽动引风机、引风机汽轮机及齿轮箱无异声。

（9）引风机汽轮机连续盘车期间，DCS 上应加强对引风机汽轮机转速和润滑油压力的监视。

4. 引风机汽轮机蒸汽管道暖管

（1）确认引风机汽轮机蒸汽及疏水系统已按检查卡执行完毕。

（2）首次投运先投入疏水器旁路手动阀和至无压疏水手动阀，隔离疏水器，以防疏水器堵塞。

（3）确认下列阀门关闭后对引风机汽轮机排汽管路进行暖管、疏水：两台引风机汽轮机排汽蝶阀、引风机汽轮机溢流至高压疏水扩容器的两路管道上的电动阀、气动调节阀和手动阀、引风机汽轮机排汽去 6 号低压加热器管路电动总阀。

（4）开启引风机汽轮机溢流至高压疏水扩容器 A 电动阀后放水阀、引风机汽轮机溢流至高压疏水扩容器 B 电动阀后放水阀、引风机汽轮机溢流至高压疏水扩容器 A 电动阀、引风机汽轮机溢流至高压疏水扩容器 B 电动阀。

（5）全开辅汽联箱供引风机汽轮机排汽管路暖管一次门，微开辅汽联箱供引风机汽轮机排汽管路暖管二次门，对排汽管路进行暖管、疏水，控制排汽管路上的压力和温度缓慢上升。（注意：严格控制排汽管路上的压力小于 0.2MPa、温度小于 230℃。）

（6）引风机汽轮机排汽管路起压，且下列放水阀处无冷凝水流出后，关闭以下 2 个阀门：引风机汽轮机溢流至高压疏水扩容器 A 电动阀后放水阀、引风机汽轮机溢流至高压疏水扩容器 B 电动阀后放水阀；放水阀关闭后可以投入引风机汽轮机溢流至高压疏水扩容器 A、B 疏水器。

（7）引风机汽轮机排汽管路温度至 140～150℃时，才能作为排汽管路暖管充分的标志；此后通过适当调整辅汽联箱供引风机汽轮机排汽管路暖管手动阀 2 开度，保持排汽管路温度在合理范围内，排汽管路压力稳定在 0.1MPa 左右。（注意：第一台引风机汽轮机转速升至 2700r/min 后，进行排汽切换前，关闭机组辅汽联箱供引风机汽轮机排汽管路暖管手动阀 1 和机组辅汽联箱供引风机汽轮机排汽管路暖管手动阀 2。）

（8）确认两台引风机汽轮机的主汽阀和调阀关闭后对引风机汽轮机进汽管路进行暖管、疏水。（注意：进汽管路暖管可以使用本机供汽或者邻机供汽，使用本机供汽时须机组旁路已投运，再热蒸汽压力在 0.1～1.2MPa，高旁后温度设定值不得低于 280℃，邻机供汽时须关注对邻机运行状态的影响。）

（9）微开相关供汽电动阀，进行暖管，就地注意管路振动、疏水情况。

（10）当引风机汽轮机进汽电动阀前温度至一定值时，可以开启两台引风机汽轮机进汽电动阀，进一步进行暖管、疏水。（注意：引风机汽轮机盘车转速和缸温是否发生变化。）

（11）暖管结束后，全开相关供汽电动阀，引风机汽轮机准备冲转。

5. 引风机汽轮机轴封系统检查和操作

（1）引风机汽轮机轴封系统利用其轴端漏汽实现自密封。轴端汽封分前、后两组，每组汽封又因漏汽压力不同而被划分为不同的段，前汽封的一段漏汽引入排汽缸，二段漏汽引入轴封冷却器，后汽封的一段漏汽引入轴封冷却器。轴封冷却器冷却水取自机组主凝结水系统，冷却水被加热后回至机组主凝结水系统。

（2）确认引风机汽轮机盘车装置已投运正常、引风机汽轮机本体疏水阀组开启。

（3）机组第一台引风机汽轮机启动前须投入轴封冷却器冷却水侧，启动一台水侧回水管道泵，检查引风机汽轮机轴封冷却器冷却水系统运行正常，另一台管道泵投入备用；如果管道泵不具备投运条件，水侧回水走管道泵旁路，就地开启管道泵旁路阀。（注意：管道泵运行时，回水至逆止阀后；管道泵旁路时，回水至 5 号低压加热器出口。）

（4）启动引风机汽轮机前须启动对应的一台轴加风机，通过调整轴加风机进口手动阀控制轴封冷却器负压在 −5kPa 左右，检查轴封系统回路正常，轴封管道中无积水，另一台轴加风机进口手动阀调整后投入备用。

6. 引风机汽轮机冲转前的检查和确认

（1）引风机汽轮机连续盘车时间大于 60min，转子偏心度与同一位置的原始值相比较，变化值小于 30μm，且通流部分没有摩擦声。

（2）引风机汽轮机润滑油、调节油系统投运正常，润滑油温在 48～54℃。

（3）引风机汽轮机 MEH 控制系统正常，报警装置及保护装置全部投入，且 MEH 无报警和跳闸信号。

（4）引风机汽轮机主汽阀、调阀全关。

（5）引风机汽轮机转速指示窗口显示为盘车转速（约 37r/min）。

（6）引风机汽轮机疏水系统投运正常，阀门、汽缸和管路上的所有疏水阀已开启。

（7）引风机汽轮机各部件金属温差在合理范围内：汽缸法兰内外壁温差小于 80℃，汽缸内、外壁温差小于 50℃，汽缸内壁上、下温差小于 50℃，汽缸外壁上、下温差小于 50℃，汽缸下半左、右法兰温差小于 10℃。

（8）引风机汽轮机排大气电动阀开启，排大气 PCV 阀开至 100％开度。

（9）冲转蒸汽参数正常，引风机汽轮机进汽电动阀前蒸汽温度高于汽缸前部上半内壁温度 50～100℃，且蒸汽过热度大于 50℃。

（10）启动一台轴加风机运行，检查轴封系统回路正常，轴封管道中无积水。

7. 引风机汽轮机冲转操作

（1）集控室对引风机汽轮机进行挂闸操作：在 MEH 画面上按"挂闸"按钮（LATCH），机组挂闸，检查电磁阀 1AYV、2AYV、3AYV、4AYV、1YV、3YV 带电正常，"安全油压建立"信号发出。

（2）在 MEH 画面上按"运行"按钮（RUN），开启主汽阀，检查 1YV、3YV 失电、主汽阀开启正常。（注意：检查盘车转速是否上升。）

（3）在 MEH 画面上选择"转速自动控制"方式，根据引风机汽轮机状态在 MEH 画面上选择启动方式，手动选择"目标转速"及"速率"：①冷态时，"速率"为 200r/min²；②温态时，"速率"为 300r/min²；③热态时，"速率"为 400r/min²。（注意：升速过程中，冷油器出口油温应能维持在 48～54℃，轴承回油温度小于 65℃，通过临界转速时，轴承振动值不得超过 160μm。）

（4）在 MEH 画面上，"目标转速"设置 500r/min，"速率"按要求设置，按"GO"按钮，调阀逐渐开启，转速上升。（注意：当转速大于一定转速时，确认盘车装置自动脱开，盘上和就地都收到"甩开到位"信号后停运盘车电动机。）

（5）升速至 500r/min 时，对引风机汽轮机进行全面检查，停留时间不超过 5min，检查合格后，按原升速率升速至 1000r/min。（注意：检查引风机汽轮机动静部分有无金属摩擦声，振动及轴向位移是否过大；同时检查汽动引风机及齿轮箱运行正常。）

（6）在 MEH 画面上，"目标转速"设置 1000r/min，"速率"按原升速率设置，按"GO"按钮，转速升至 1000r/min 后进行低速暖机。（注意：冷态时暖机 20min，温态时暖机 10min，热态时不需要暖机；暖机期间，如果法兰内外壁及左右侧温差、汽缸内外壁及上下缸温差有明显增大趋势，且引风机汽轮机轴振有明显波动，应根据情况延长暖机时间。）

（7）在 MEH 画面上，"目标转速"设置 1800r/min，"速率"按原升速率设置，按"GO"按钮，转速升至 1800r/min 后进行中速暖机。（注意：冷态时暖机 30min，温态时暖机 15min，热态时不需要暖机；暖机期间，如果法兰内外壁及左右侧温差、汽缸内外壁及上下缸温差有明显增大趋势，且引风机汽轮机轴振有明显波动，应根据情况延长暖机时间。）

（8）在 MEH 画面上，"目标转速"设置 2700r/min，"速率"按原升速率设置，按"GO"按钮，转速升至目标转速值。（注意：引风机汽轮机升速过程中，注意监视进汽参数、轴承温度、振动、轴向位移、胀差、法兰内外壁及左右侧温差、汽缸内外壁及上下缸温差的变化，控制汽缸缸壁温升率为 2～2.5℃/min；否则应加强暖机。）

（9）引风机汽轮机转速升至 2700r/min 后，逐渐关小排大气 PCV 阀，使排汽压力逐渐升高，当排汽压力达到要求后排汽切换至 6 号低压加热器；排大气 PCV 阀全关后，关闭引风机汽轮机排大气电动阀。（注意：排汽切换前须确认机组 6 号低压加热器已经正常运行，切换时排汽压力提升速度以排汽温升率不大于 4℃/min 为准。）

（10）引风机汽轮机控制方式切换：引风机汽轮机转速升至 2700r/min 且满足 CCS 控制投入条件后，操作员将控制方式从"转速自动控制"切换至"CCS 控制"，CCS 控制方式下，"速率"自动设定为 1000r/min$^2$。

## 三、运行检查项目

（1）定期检查汽动引风机、引风机汽轮机及齿轮箱的轴承振动和温度、轴向位移、胀差、偏心、润滑油压和油温、各处回油温度和油流情况，各回油观察窗上应无水珠；如冷油器没有冷却效果，应及时查明原因并消除，必要时切换至备用冷油器并通知检修处理。

（2）经常检查油系统中各设备运行正常，电动机电流在正常范围内，油箱油位、油质和油温正常，油系统无泄漏，润滑油及调节油蓄能器状态正常，润滑油滤网差压高须及时切换滤网并联系检修清洗。

（3）定期检查复位遮断模块试验油压、调节级后蒸汽压力和温度、排汽压力和温度、汽缸及法兰金属温度等均在运行限额内，运行调节油泵出口油压就地显示正常。

（4）经常检查炉膛负压自动控制正常，必要时切手动调节；引风机汽轮机投入 CCS 控制方式后，若 CCS 控制方式非正常切除，必须尽快查明原因后恢复 CCS 控制方式。

（5）经常检查两台引风机汽轮机出力一致，转速偏差不大。

（6）定期检查管道泵运行正常，轴封冷却器液位正常，轴加风机运行正常，疏水扩容器疏水正常。

（7）引风机汽轮机调阀开度正常、调阀无卡涩和晃动现象。

（8）经常检查引风机汽轮机各开关量状态显示正常，各电磁阀工作状态正常。

（9）经常检查 6 号低压加热器汽侧水位和压力正常，凝汽器真空正常。

（10）定期进行交流润滑油泵切换及联锁试验、直流润滑油泵启停及联锁试验、调节油泵切换及联锁试验、主汽阀活动试验、复位遮断模块试验及超速保护试验。

（11）就地注意检查轴封系统运行正常，轴加风机工作正常，引风机汽轮机轴端无冒汽，否则立即查找原因，消除轴端冒汽现象，避免油中进水。

### 四、引风机汽轮机停运

1. 引风机汽轮机停运

（1）试验引风机汽轮机备用交流润滑油泵、直流润滑油泵，均能正常工作。

（2）确认引风机汽轮机主汽阀、调阀灵活、无卡涩现象。

（3）确认引风机汽轮机轴封系统正常工作。

（4）正常停运时，当 BID 下降至 300MW 时，打开引风机汽轮机汽缸和蒸汽管道的全部疏水阀，同时打开主汽阀前的疏水阀。

（5）随着机组负荷下降，自动或手动降低引风机汽轮机转速，当转速下降到 2700r/min 时，在 MEH 画面上手动按"TRIP"，停运引风机汽轮机，汽动引风机联锁跳闸。停运过程中，尽可能减小炉膛负压扰动。

2. 引风机汽轮机脱扣后的检查项目

（1）引风机汽轮机主汽阀、调阀、进汽电动阀、排汽蝶阀和止回阀均迅速关闭，转速逐渐下降，开启引风机汽轮机排大气电动阀，根据需要开启排大气 PCV 阀少许。转速下降至 2652r/min 时齿轮箱顶轴油泵联启正常，否则迅速查明原因，手动启动。

（2）引风机汽轮机运行方式自动切至手动控制方式。

（3）检查引风机汽轮机所有疏水阀均自动开启。

（4）引风机汽轮机脱扣后应加强汽缸上下缸温差的监视和控制，待调节级后蒸汽压力及排汽压力到零后，应及时停运轴加风机，避免缸温下降过快或上下缸温差增大。根据现场实际情况，可以手动关闭引风机汽轮机调节级后疏水气动阀以控制上下缸温差的增大。

（5）当引风机汽轮机转速至零时，就地及时手动投运盘车装置，盘车转速 37r/min 左右。

（6）盘车装置要连续运行至汽缸温度达 150℃以下方可停止，而后间断盘车。

（7）如果引风机汽轮机停机时间较长，应定期启动油泵和盘车装置盘动转子几转后，使转子停在相应原位置 180°处。

（8）根据情况完成其他停用和隔绝工作。

# 第三章

# 锅炉设备系统运行

华能玉环电厂 4×1000MW 锅炉是由哈尔滨锅炉厂有限责任公司引进日本三菱重工业株式会社技术制造的超超临界变压运行直流锅炉，型号为 HG-2953/27.46-YM1，炉膛断面尺寸为 32084mm（宽）×15670mm（深），炉膛全高为 65.5m，炉膛截面热负荷为 4.59MW/m²，炉膛容积热负荷为 82.7kW/m³，采用 Π 型布置、单炉膛、低 $NO_x$ PM 主燃烧器和 MACT 燃烧技术、反向双切圆燃烧方式。炉膛采用内螺纹管垂直上升膜式水冷壁、循环泵启动系统，一次中间再热系统。锅炉采用平衡通风、露天布置、固态排渣、全钢构架、全悬吊结构。锅炉设计为带基本负荷并参与调峰。在 30％～100％负荷范围内以纯直流方式运行，在 30％负荷以下带循环泵的再循环方式运行。制粉系统采用中速磨煤机直吹式制粉系统，每炉配 6 台磨煤机，煤粉细度按 200 目筛通过率为 80％。旁路系统采用高低压串联旁路，40％容量。脱硫系统采用石灰石湿法烟气脱硫工艺，脱硫效率按不小于 95％设计，脱硫烟气系统设计为带脱硫旁路挡板，目前正在逐台进行技改取消。脱硝系统采用选择性催化还原（SCR）烟气脱硝工艺，脱硝效率按不小于 80％设计，锅炉技术参数见第一章表 1-4。

## 第一节 燃 油 系 统

### 一、系统概述

1. 系统设备概况

锅炉点火设计采用二级点火系统，由高能电火花点燃轻柴油，然后点燃煤粉，锅炉点火及启动助燃油采用零号轻柴油，燃油特性见表 3-1，一期、二期共用一套供油系统。系统配置 3 台离心式供油泵。燃油系统采取油轮卸油和汽车卸油的方式，由油轮上的卸油泵或汽车卸油泵直接打入油罐。系统共有二台轻油罐，每台容量 2000m³。配置一套油水分离装置系统，包括污油水吸入泵、滤网、油水浓度分析仪、电气开关箱、反冲洗装置等。燃油系统油管道吹扫介质采用厂用压缩空气。

2. 燃油系统的日常运行

随着电厂节能、环保的要求及等离子点火系统的日益成熟，玉环电厂燃油系统仅作为锅炉启动、低负荷阶段、机组异常工况时的紧急备用。玉环电厂已实现了机组启动采用等离子无油点火，只有当等离子故障时才投入相应角的油枪；低负荷稳燃采用等离子燃烧的方式。

机组启动及正常运行期间，油枪处于热备用状态；油枪定期进行试验，保证完好备用。

表 3-1 燃油特性

| 项 目 | 单 位 | 轻 油 |
|---|---|---|
| 低位发热量 | kJ/kg | 41800 |
| 高位发热量 | kJ/kg | — |
| 密度 | kg/m³ | 817 |
| 黏度 | °E | 1.2～1.67 |
| 硫（S） | % | 不大于 1.0 |
| 灰（A） | % | 不大于 0.025 |
| 氢（H） | % | 14.3 |
| 炭（C） | % | 85.2 |
| 凝固点 | ℃ | 不高于 0 |
| 闪点 | ℃ | 不低于 65 |

## 二、系统启停和运行监视

1. 燃油系统启动

（1）关闭供油母管至 1、2、3、4 号锅炉隔绝门。

（2）关闭供油母管至启动锅炉隔绝门。

（3）关闭供油母管至柴油发电机隔绝门。

（4）检查轻油泵轴承润滑油位正常（油位指示应高出油环孔底部 3～6mm）。

（5）检查轻油泵轴承冷却水投入正常。

（6）检查轻油泵高、低压端密封油进油门开启。

（7）开启轻油泵入口滤网进、出口隔绝门。

（8）开启轻油泵进、出口隔绝门、出口电动门，泵体注油完毕后，关闭电动出口门。

（9）解除 3 台轻油泵之间的备用联锁。

（10）在就地控制盘上将轻油泵变频器切至"远方"工作方式。

（11）在 LCD 上启动一台轻油泵，轻油泵出口电动门应联动开启。

（12）轻油泵变频器切"手动"方式运行时，手动增加变频器输出，增加轻油泵转速使轻油泵出口母管压力达到 3.5MPa。

（13）轻油泵变频器切"自动"方式运行时，将轻油泵出口母管压力设定为 3.5MPa，观察变频器动作正常、轻油泵出口压力正常，供油母管压力正常。

（14）当轻油泵已达额定工况，而出口母管压力仍未达到设定压力 3.5MPa 时，可逐步关小轻油泵再循环调门，使供油母管压力达到要求值。

（15）当轻油泵出口母管压力超过 4 MPa 时，轻油泵再循环调门将自动增加开度，当轻油泵出口母管压力回到 4MPa 以下时，轻油泵再循环调门开度保持。

（16）当供油母管压力正常后，投入 3 台轻油泵之间的备用联锁。

2. 燃油系统停运

（1）确认轻油泵再循环隔绝门及电动调门在开启位置。

（2）将轻油泵变频器切"手动"方式运行，逐渐降低变频器输出至 5Hz。

（3）观察轻油母管压力已降到最低（维持不动）时，在 LCD 操作站停用轻油泵。

（4）根据需要关闭轻油泵出口电动门及进、出口隔绝门。

3. 燃油系统运行监视

（1）正常运行中，应经常监视轻油泵、轻油压力、轻油流量等是否正常。

（2）定期检查轻油泵轴承油位正常，轴承温度不应超过 80℃。

（3）轻油泵运行过程中，应监视轻油泵连续运行最小流量不低于 50t/h。

（4）当轻油枪投入运行后，应控制轻油母管压力在设定值范围内，当母管压力低于 2.5MPa 时，延时 3s，备用轻油泵应自启动。

（5）油系统的滤网要定期检查，发现滤网差压高时，应及时切换并联系保养清洗。滤网清洗完成后，应及时进行注油、排气工作，保持滤网处于备用状态。

（6）油系统在运行时应检查无泄漏现象。炉前油系统应保持油温、油压正常，油路畅通，保持整个油系统清洁。

（7）经常检查油罐油温不大于 50℃，必要时投入喷淋装置。夏季高温季节制定专门的油罐喷淋制度。

（8）对于首次启动或检修过的油泵，在启动前应对油管路、滤网进行吹扫，启动油泵时应进行充分的注油排气工作。注油排气工作应缓慢小心。

（9）油系统有关检修工作结束后现场须清理干净。

（10）定期做好运行油泵与备用油泵的切换运行工作。

### 三、系统正常运行操作注意事项

（1）因节能需要，根据玉环电厂锅炉燃烧的现状，在没有锅炉稳燃需求用油的情况下，燃油系统母管压力一般降至 1MPa 左右，以满足 1～4 号锅炉及启动锅炉燃油循环。当某台锅炉需要投油助燃时，再提升轻油泵变频器转速，提高燃油母管压力满足现场要求。轻油泵正常打循环时，应注意循环流量不能太小，防止打闷泵。

（2）燃油系统检修完毕，有关放油门应检查严密无泄漏，防止系统跑油。

（3）机组正常运行中油枪应定期试投，保证良好备用。

（4）锅炉投油枪时，现场应设专人检查，确保油枪、油系统软管等进退正常、没有摩擦，防止投油过程跑油酿成火灾。锅炉本体及油系统管路、油枪等处的消防水喷淋系统应保证良好备用。

（5）锅炉停运后，应及时将炉前燃油母管压力泄至 0，关闭炉前燃油进回油手动总门。

（6）锅炉启动、正常运行期间，应检查各油枪进油电磁阀关闭严密，避免内漏跑油。

## 第二节　等 离 子 系 统

### 一、系统概述

煤粉燃烧器等离子点火系统原理是利用接触引弧，在强磁场下获得稳定功率的直流空气等离子体，该等离子体在燃烧器中形成 $T > 5000K$ 的梯度极大的局部高温区，煤粉颗粒在通过该等离子高温区时受到高温作用迅速释放出挥发分并使煤粉颗粒破裂粉碎，从而迅速燃烧，等离子发生器技术参数见表 3-2。

表 3-2 等离子发生器技术参数

| 项 目 | 单 位 | 数 值 |
|---|---|---|
| 调节阀后空气压力 | MPa | 0.01～0.015 |
| 载体风流量 | m³/h | 60～100 |
| 冷却水压力 | MPa | 0.4～0.5 |
| 冷却水进、回水压差 | MPa | 0.3 |
| 最大冷却水流量 | t/h | 10 |
| 最大消耗功率 | kW | 200 |
| 正常工作功率 | kW | 100 |
| 正常负荷电流 | A | (200～375) ±2% |
| 正常电弧电压 | V | (250～400) ±5% |

等离子燃烧系统由点火系统和辅助系统两大部分组成。点火系统由等离子燃烧器，等离子发生器，电源控制柜，隔离变压器，控制系统，一、二次风系统等组成；辅助系统由载体风系统、冷却水系统、图像火检系统、一次风速在线测量装置等组成。每台锅炉有 8 套等离子点火装置，分别安装在锅炉 A 层 8 只煤粉燃烧器中。

华能玉环电厂等离子系统经过异动改造、系统设备升级、加强设备维护、改善运行条件等措施后，其运行的可靠性已得到了大大提高，发生断弧的概率较低，实现了机组启停、低负荷稳燃取代油枪，同时也为取消脱硫旁路、减少油枪运行时间创造了条件。

**二、等离子系统启停及运行监视**

1. 等离子燃烧器的启动运行

(1) 将等离子通信切至本机。

(2) 在操作员站将等离子 1～8 角接触器合闸。

(3) 在操作员站程序启动等离子点火，检查离子发生器启动正常，1～8 角等离子电流、电压正常。

(4) 开启暖风器疏水阀，逐渐开启辅汽至暖风器进汽门，投入磨煤机 A 暖风器运行。

(5) 在操作员站程序启动等离子点火，检查离子发生器启动正常，等离子电流、电压正常。

(6) 所有 8 只角等离子电弧均运行正常后，投入"等离子模式"；磨煤机 A 点火能量满足。

(7) 启动磨煤机 A。

(8) 开启磨煤机 A 热风旁路调门及冷一次风调门，对磨煤机 A 进行暖磨吹扫，调整磨煤机一次风量，磨煤机进口风量保持在 140t/h 左右，维持 8 只一次风管风速在 18～20m/s。

(9) 启动磨煤机 A 旋转分离器，负荷 300MW 之前所有运行的磨煤机分离器转速均要求保持在 1100r/min。

(10) 当磨煤机 A 出口温度达到 70℃，启动给煤机 A。

（11）检查给煤机 A 运行正常，迅速增加给煤量至 26～28t/h。

（12）检查各等离子燃烧器燃烧正常，必要时调整等离子发生器电流。

（13）当各燃烧器稳定燃烧 10min 后，可根据需要增加磨煤机 A 出力。

（14）当磨煤机 A 出力不小于 40t/h 时，可以启动磨煤机 B 运行。

2. 等离子系统停运

（1）当热一次风母管风温大于 160℃后，可以将磨煤机 A 暖风器切除运行。

1）开启磨煤机 A 热一次风隔绝门。

2）逐渐开启磨煤机 A 热一次风调门，关小磨煤机 A 热风旁路调门直至完全关闭。

3）当磨煤机 A 热风旁路调门关闭后，将磨煤机 A 热风旁路隔绝门关闭。

4）关闭辅汽至暖风器进汽门，关闭暖风器疏水阀。

（2）当磨煤机 A 满足"正常模式"下点火能量要求后，将磨煤机 A 切至"正常模式"下运行。

（3）机组负荷升至 450MW，锅炉燃烧稳定后，停止所有等离子运行。

（4）根据需要将等离子通信切换相应机组。

3. 等离子系统运行监视

（1）在"正常运行模式"下 A 磨煤机维持原有的 FSSS 逻辑，在"等离子模式"下，A 磨煤机按等离子模式逻辑控制。

（2）运行中监视等离子电压、电流、风速、火检强度等参数正常。

（3）等离子发生断弧时，检查等离子自动拉弧一次，同时启动对应油枪。待重新拉弧成功并稳定后，停止油枪运行。

（4）"等离子模式"下，磨煤机出口温度维持在 70℃以上运行，有利于煤粉着火。

（5）等离子运行期间，注意通过炉膛负压、火检强度及火焰电视观察煤粉着火情况，发现燃烧不稳，及时调整。

（6）磨煤机增加出力后应随时观察燃烧工况的变化，监视等离子燃烧器的壁温，燃烧器壁温最高不允许超过 600℃，当壁温超过 400℃时应注意加强调整以及时控制。

（7）为防止二次燃烧，等离子运行期间，空气预热器保持连续吹灰。

# 第三节 制 粉 系 统

## 一、制粉系统概述

玉环电厂制粉系统采用正压冷一次风机中速磨煤机直吹式制粉系统，一台锅炉将配置 6 台高效可靠的中速磨煤机和皮带称重式给煤机，5 台运行、1 台备用。每台磨煤机出口引出 4 根煤粉管道至炉前经煤粉分配器分成 8 根煤粉管道，炉前煤粉分配器保证煤粉的均匀分配。在八角煤粉燃烧器前，煤粉管道经过浓淡分离器进行二次分配后接入煤粉喷嘴。

在 BMCR 工况下，煤粉主管道的流速为 26.4m/s，煤粉支管道的流速为 26.5m/s。在 35％BMCR 工况下，煤粉主管道的流速为 22.9m/s，煤粉支管道的流速为 23.0m/s。

每台锅炉配有两台一次风机，部分经空气预热器加热后形成热一次风，通过冷一次风和热一次风配合，满足制粉系统干燥出力和通风出力的要求及一次粉管流速在正常范围。

每台锅炉配有两台密封风机，一台运行、一台备用，向磨煤机及磨煤机进口风门提供密封风。锅炉冷一次风向给煤机和磨煤机出口风门提供密封风。

## 二、制粉系统启动

1. 一次风机启动

(1) 确认一次风机电源已送上，并已具备启动条件与现场检查的巡视操作员取得联系准备启动，在启动中和启动后的检查中如发现问题，检查人员应及时报告机组值班人员。

(2) 在 LCD 操作窗（操作员站）上按"START"钮，确认一次风机启动后电流正常。

(3) 一次风机启动后，检查一次风机出口风门和预热器一次风机出口风门自动开启。

(4) 一次风机启动正常，逐渐开大一次风机动叶，增加风量至需要值，维持一次风压正常。

(5) 一次风机启动时，就地确认另一侧风机无倒转。

2. 密封风机启动

(1) 密封风机电源已送上。

(2) 确认已有一台一次风机启动正常后，启动密封风机，进口风门联动开启，若启动失败或密封风母管压力小于 13kPa，发出报警并自动启动另一台密封风机。

(3) 密封风机的正常启停切换可在 LCD 的操作窗上进行。

(4) 密封风机启动后，应校验连锁正常，并投入连锁。

3. 磨煤机启动

(1) 磨煤机电源已送上，且满足启动条件。

(2) 巡操员检查磨煤机现场符合启动条件，在 LCD 上磨煤机启动操作画面，与现场巡操员取得联系后启动磨煤机。

(3) 磨煤机启动后，应检查磨煤机空载电流正常。

(4) 开启磨煤机热风隔绝门，微开热风调整门。

(5) 适当开启冷风调整门，对磨煤机进行吹扫、暖磨，并控制磨煤机出口温度至 65～80℃，温升率不大于 3℃/min，或将磨煤机冷、热风调节挡板投自动进行暖磨，暖磨时间一般不少于 10～15min。

(6) 开启给煤机出口门。

4. 旋转分离器启动

(1) 确认旋转分离器电源已送上，且满足启动条件。

(2) 巡操员检查磨煤机现场符合启动条件。

(3) 磨煤机运行后延时 2s，确认旋转分离器自启动正常。

(4) 旋转分离器启动后，转速即设定为 600r/min 左右。

(5) 给煤量上升当旋转分离器转速指令接近 600r/min 时，分离器转速控制投"自动"，根据煤种情况设定转速偏差。

5. 给煤机启动

(1) 给煤机电源送上，给煤机控制方式在"远方"，启动条件满足，磨煤机已启动。

(2) 在 LCD 上调出给煤机启动窗口，按给煤机"START"钮，并开启给煤机进口煤闸门。

（3）给煤机启动后，应检查磨煤机电流，风量和出口温度正常，最小给煤量 25t/h 就地应检查给煤机运行正常，磨煤机无异常。

（4）给煤机、磨煤机运行正常后，可将磨煤机的冷、热风调节风门投"自动"。

（5）观察给煤机、磨煤机电流平稳上升，检查给煤机、磨煤机运行正常。

### 三、制粉系统停运

1. 给煤机停运

（1）将给煤机速度控制由"自动"切"手动"，减少给煤量至 25t/h。

（2）关闭给煤机入口挡板。

（3）给煤量至零，就地检查给煤机皮带无煤后停运给煤机。

2. 旋转分离器停运

磨煤机停运后，旋转分离器联锁停运。

3. 磨煤机的停运

（1）给煤机停用后，应保持磨煤机在额定风量下运行不少于 600s。

（2）待磨煤机吹空，磨煤机电流降至 39～40A，磨煤机出口温度低于 50℃后，停止磨煤机。

（3）检查磨煤机消防蒸汽投入正常。

4. 密封风机的停运

（1）确认两台密封风机的运行正常，且密封空气母管压力大于 13kPa，通过 LCD 的操作窗可停用一台密封风机。

（2）当机组停运，密封风用户均不需要密封风时，可停止密封风机运行，停运前先解除密封风机联锁。

（3）两台一次风机停运，密封风机自动跳闸。

5. 一次风机停运

（1）第一台一次风机停用前，必须确认运行磨煤机不超过四台，第二台一次风机停用前必须确认所有磨煤机、轻油枪均已停用，磨煤机吹扫完成。

（2）逐渐关闭需停用的一次风机动叶，开大运行一次风机动叶，保持一次风压稳定。

（3）一次风机动叶关闭后，可在 LCD 操作窗上停用一次风机。

（4）一次风机停用后，确认一次风机出口挡板、预热器一次风门自动关闭。

（5）停用一次风机时应注意风量调节，在关闭一次风机动叶及停用一次风机过程中，避免发生由于风量低低而造成 MFT。

### 四、制粉系统运行监视

1. 一次风机的运行监视

（1）一次风机在正常运行时，应定期实地检查电动机、风机的机械声音，振动及各轴承温度正常。

（2）一次风机轴承温度大于 80℃报警，大于 90℃跳闸。

（3）一次风机轴承振动大于 6.3mm/s 报警，大于 10mm/s 跳闸。

（4）一次风机电动机轴承温度大于 85℃报警，大于 95℃跳闸。

（5）一次风机电动机定子线圈温度大于110℃报警。

（6）一次风机正常运行时，应将其动叶投入自动，若在手动控制方式时，应调节一次风压在设定值范围内，以保持磨煤机有足够的风压。

（7）一次风机的动叶无论在手动控制方式或自动控制方式，均应使并列运行的风机电流、开度、负荷基本接近，保持风机能安全并列运行。

（8）正常运行时，应检查电动机油站和风机油站油压正常。

（9）两台一次风机正常运行时，应保持一次风母管压力正常。

2. 密封风机的运行监视

（1）正常运行时，应保持一台密封风机运行，一台备用。

（2）在一台密封风机运行时，当密封母管压力小于13kPa，另一台密封风机自启动，并发出报警信号，应查明原因，恢复正常后，可停用一台密封风机。

（3）正常运行中，应保持备用密封风机的进、出口风门在开启位置，运行中风机进、出口门任一关闭延时30s，跳该密封风机。

3. 磨煤机运行维护

（1）磨煤机启动时，就地必须有专人负责检查，发现异常情况应及时与机组值班员联系。

（2）给煤机正常运行，给煤量的增减应维持磨煤机出口温度在设定值。

（3）当一台磨煤机出力达到80%，应启动第二台磨煤机。

（4）正常运行中，根据煤种情况，控制磨煤机出口温度75~80℃。

（5）正常运行中，应经常检查各转动设备的轴承、齿轮箱和电动机无异常，温度及振动正常，各转动部件的润滑情况良好，油温、油压、油位正常，油质良好。

（6）磨煤机的磨辊转动正常，无异声。

（7）各煤粉管畅通，温度正常，无漏粉现象。

（8）各轴承、入孔门和法兰等处无漏风、漏粉现象。

（9）给煤机内煤流正常，皮带导向和张力正常，给煤机皮带清扫装置运行良好，落煤管及给煤管正常。

（10）注意监视磨煤机出口温度、出口风压、一次风量应正常，必要时降低该磨给煤量运行，防止磨煤机内部积煤或出口管道积粉。

4. 单侧一次风机系统运行期间注意事项

（1）保留靠上部的四台制粉系统运行，并适当降低其一次风量，避免一次风机停运后一次风母管压力不足。

（2）隔离备用磨煤机的进出口门，减少一次风漏风。

（3）即使脱硝入口烟气温度满足投运条件，也保持脱硝系统退出状态，减少一次风用户。

（4）空气预热器扇形密封板保持原位，不进行提升，减少一次风漏风，通过保证锅炉风量来避免引风机失速。

（5）需检修的一次风机停运后应摇紧出口挡板、对应冷风道隔离挡板、空气预热器进出口一次风挡板，减少一次风漏风。

（6）磨煤机上为热值高、挥发分高、水分低、灰分低的好煤。

（7）适当调节一次风母管压力设定值，使运行一次风机的动叶至少保留略有调节余量。

（8）运行人员应加强运行一次风机的监视和就地巡检，将运行一次风机电流、振动、轴承温度、动叶指令和反馈、一次风母管压力等加入实时曲线进行监视，每 2h 对运行一次风机就地巡检一次，发现异常应立即通知设备部和检修部处理，并汇报部门锅炉专业。

（9）暂停任何影响机组稳定运行，尤其是对运行一次风系统有影响的定期工作。

（10）停止与该机组相关的不必要的检修工作。

（11）机组值班员做好运行一次风机故障跳闸、机组 MFT 的事故预想。

# 第四节　汽　水　系　统

## 一、汽水系统简述

玉环电厂锅炉采用 MHI 开发的内螺纹管垂直管圈水冷壁，水冷壁汽水系统流程见图 3-1，在水冷壁集箱的出口管接头安装节流圈。在传统的一次上升垂直水冷壁的基础上，又加装了带有二级分配器的水冷壁中间集箱，以降低水冷壁出口沿炉膛周界的工质温度偏差。为降低管阻，在顶棚和尾部烟道包墙系统采用两种旁路系统，第一个旁路系统是顶棚管路系统，只有前水冷壁出口的工质流经顶棚管；第二个旁路为包墙管系统的旁路，即由顶棚出口集箱出来的蒸汽大部分送往包墙管系统，另有小部分蒸汽不经过包墙系统而直接用连接管送往后包墙出口集箱。

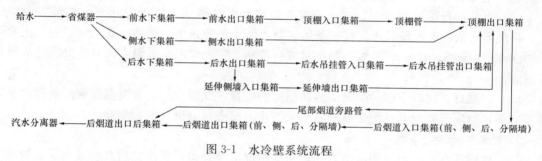

图 3-1　水冷壁系统流程

过热器采用四级布置，即低温过热器（一级）→分隔屏过热器（二级）→屏式过热器（三级）→末级过热器（四级）；再热器为二级，即低温再热器（一级）→末级再热器（二级）。其中低温再热器和低温过热器分别布置于尾部烟道的前、后竖井中，均为逆流布置。在上炉膛、折焰角和水平烟道内分别布置了分隔屏过热器、屏式过热器、末级过热器和末级再热器，由于烟温较高均采用顺流布置，所有过热器、再热器和省煤器部件均采用顺列布置，以便于检修和密封，防止结渣和积灰。

锅炉启动系统为带再循环泵系统，分离器贮水箱中的水经疏水管排入再循环泵的入口管道，作为再循环工质与给水混合后流经省煤器—水冷壁系统，进行工质回收。除启动前的水冲洗阶段水质不合格时排往扩容器系统外，在锅炉启动期间的汽水膨胀阶段、在渡过汽水膨胀阶段的最低压力运行时期以及锅炉在最低直流负荷运行期间由贮水箱底部引出的疏水均通过三只贮水箱水位调节阀送入冷凝器回收或通过炉水循环泵送入给水管道进入水冷壁进行再循环。

## 二、汽水系统控制要求

1. 汽水系统正常运行监视

（1）如果锅炉效率、燃料发热量、给水热焓在一定负荷变化范围内保持不变，则蒸汽温度只决定于燃料量和给水量的比例，即煤水比。如果煤水比保持不变，则汽温稳定。反之煤水比变化，是造成过热蒸汽温度变化的主要原因。因此在直流锅炉中，汽温的调节主要是通过煤水比调整来实现的，保持合适的煤水比是汽温调节的主要手段。

（2）运行中加强各受热面的热偏差监视和调整，使锅炉运行中过热器出口蒸汽温度左右侧偏差不超过 5℃，屏式过热器出口蒸汽温度左右偏差不超过 10℃，再热器出口蒸汽温度左右侧偏差不超过 10℃。

（3）机组运行中正常升、降负荷时控制负荷变化速率不超过 15MW/min，注意监视主汽温、再热汽温、屏式过热器出口汽温不超过额定温度，并注意监视屏式过热器进出口、高温过热器进出口、高温再热器进出口的汽温变化率不超过 2℃/min，如由于升降负荷的扰动造成上述温度的变化率超过 2℃/min 或主汽温、再热汽温和屏式过热器出口汽温超过规定的温度，则要适当降低机组的升、降负荷速率或暂停升降负荷，待温度调整稳定后继续进行负荷变动操作。

（4）严格控制屏式过热器、高温过热器和高温再热器各管壁温度不超限，受热面蒸汽温度的控制要服从金属温度要求，发现有任一点壁温超过限额时应降低蒸汽温度运行，待原因查明处理正常和各管壁金属温度均不超限后再恢复正常汽温运行。

（5）正常运行中过热器一、二、三级减温水和再热器烟气挡板应处于可调整的中间位置，再热器事故减温水应处于良好的备用状态，防止炉膛热负荷扰动时受热面超温。正常运行时注意尽量避免一、二、三级减温水量大幅波动，防止减温器后温度突升、突降造成氧化皮脱落。

（6）加强运行过程中锅炉受热面金属温度的监督，发现受热面金属温度测点故障时及时联系处理，值班员要对受热面金属壁温异常变化情况进行分析并汇报专业。

2. 机组停运运行要求

（1）机组正常停机不采用滑停方式，特殊情况下须经运行部同意后方可采用滑参数停用方式，滑参数停炉主汽温目标值最低控制在 400℃，防止在低负荷区域过热器进水、各受热面进出口汽温突变使氧化皮剥落。

（2）锅炉停炉过程中需要走空煤仓时，在停机后期低负荷阶段由于燃料量波动极易引起汽温大幅波动，停炉时应特别注意煤仓煤位，控制停机到走空给煤机和磨煤机的时间不超过 1h。

（3）机组正常停运和滑停过程中控制屏式过热器进出口、高温过热器进出口和高温再热器进出口蒸汽温度的温降速率不大于 1.25℃/min（厂家启停机曲线要求），主汽压降速率不超过 0.10MPa/min（厂家启停机曲线要求），特别注意一、二、三级减温和再热减温后温度，避免减温后汽温跌入饱和温度使蒸汽带水，操作减温水门应缓慢，控制减温后蒸汽温度变化率不超过 2℃/min。

（4）正常停炉或故障紧急停炉时，锅炉熄火并保持 1500t/h 风量通风吹扫 5min 后，停运送、引风机，关闭送、引风机出入口挡板，关闭高、低压旁路阀，关闭锅炉上水总门，关闭汽水系统各疏放水门，进行闷炉。为防止温度突降，禁止保留油枪进行查漏。

（5）闷炉16h后，开启送、引风机出入口挡板，送风机动叶和引风机静叶全开，锅炉进行自然通风冷却。期间汽水分离器压力降至1.0MPa、汽水分离器入口水温小于220℃时，关闭送、引风机出入口挡板，进行锅炉水冷壁和省煤器带压放水，放水期间禁止通风冷却。汽水分离器压力降至0.5MPa时开启省煤器、水冷壁、过热器、再热器排空气门，排除系统内水汽。检查锅炉水冷壁和省煤器放水完毕并排水汽2h后，再关闭汽水系统各排空气门和放水门，开启送、引风机出入口挡板进行自然通风。

（6）自然通风冷却12h后（锅炉放水时间不计算在内，但包括锅炉放水前的自然通风时间），若需进行炉内强制通风冷却，征得专业人员同意后启动一台引风机运行，开启送风机动叶，调整烟气调温挡板开度使尾部烟道内烟气温降平衡，调节炉膛负压控制烟气温降率在1℃/min左右，控制过热器、再热器壁温温降速率不大于1℃/min。

3. 机组启动时运行要求

（1）机组冷态启动过程中，严格按照机组升温控制曲线控制蒸汽温度。锅炉点火起压后，应逐步开大汽轮机旁路以对过热器和再热器进行冷却，并控制主蒸汽升温速率不大于1.25℃/min（厂家启停机曲线要求），主汽压升压速率不大于0.028MPa/min（厂家启停机曲线要求）。汽轮机冲转前一般不建议开启一、二级减温水。当主汽温过高超过冲转参数，必须开启过热器减温水时，操作减温水门应采用脉冲方式逐步开大，控制减温后温降率不超过2℃/min。如汽轮机冲转后开启一、二级减温水或再热减温水，也采用以上方式，防止减温器后温度突降。

（2）机组启动过程中严密监视各受热面金属壁温及偏差情况，控制各金属管壁温度不超限，发现任一点壁温超过限额或异常升高时应暂停升温升压，待温度调整稳定正常后再继续升温升压。当机组负荷加至500MW后对水冷壁、屏式过热器、高温过热器和高温再热器壁温测点进行一次全面检查，检查无异常后方可继续增加负荷。

（3）在热态启动过程中，为防止受热面金属温度降低，锅炉的烟风系统要与其他系统同步启动。烟风系统启动后控制总风量为35%对炉膛进行吹扫，炉膛吹扫结束后立即点火，点火后要尽快增加燃料量，控制屏式过热器、高温过热器、高温再热器进出口的温升速率为2℃/min，防止受热面金属温度降低。

（4）机组启动过程中，屏式过热器、高温过热器和高温再热器各管壁温度升至350～400℃时，需稳定壁温1h，然后再继续增加锅炉热负荷。

## 第五节　锅炉启动循环系统

### 一、锅炉启动循环系统概述

锅炉采用内置式分离器启动系统，启动系统按全压设计，主要作用就是在锅炉启动、低负荷运行（蒸汽流量低于水冷壁所需的最小流量时）及停炉过程中，维持水冷壁内的最小流量。锅炉的启动系统由立式布置的内置式分离器、贮水箱、循环泵、阀门、管道及附件等组成，启动时大大减少了工质损失和热损失，同时减轻热态启动时对锅炉的热冲击。在分离器内部设有汽水分离环和消旋器，在两个分离器的下方布置有一个贮水箱，用于收集分离器的排水。

启动系统中设置一台循环泵，在锅炉启、停和低负荷运行时，通过循环泵将分离器热水送回到省煤器和水冷壁，减小了热量损失，此时冷壁内最小流量和循环泵流量之间的流量差由给水泵补充。在分离器储水箱的出口管路上接一疏水管道，疏水管道上共有三个 WDC 阀，其作用是锅炉清洗时将炉水排放到锅炉疏水扩容箱，以及在锅炉正常运行时参与汽水分离器的水位调节。

### 二、锅炉启动循环系统启停及控制要求

1. 启动循环泵的高压注水

（1）下列情况下必须进行高压注水。

1）锅炉酸洗。

2）炉水循环泵电动机冷却系统发生泄漏。

3）炉水循环泵电动机冷却系统密封损坏。

（2）在炉水循环泵注水之前，应检查热力系统高压管道清洗结束，给水水质合格。

（3）炉水循环泵注水系统阀门位置校验正确无误，关闭炉水循环泵低压注水总门。

（4）炉水循环泵高压注水系统的管路清洗。

1）确认炉水循环泵电动机注水进口门关闭。

2）开启高压注水系统进水总门。

3）开启注水滤网进口门。

4）关闭注水滤网出口门。

（5）连续地对炉水循环泵高压充水管路进行清洗，炉水循环泵高压充水水质要求见表3-3。

表 3-3　　　　　　　　　　　　炉水循环泵高压充水水质要求

| 项　目 | 单　位 | 允许值 | 目标值 |
|---|---|---|---|
| pH 值（25℃） | — | 9.3～9.6 | 9.45 |
| 固体物质含量 | μg/L | ≤0.25 | |
| 氯化物含量 | μg/L | <50 | |

（6）水质合格后，关闭炉水循环泵注水滤网放水一、二次门，开启注水滤网出口门。缓慢开启炉水循环泵电动机注水进口门进行高压注水。

（7）高压注水停止后，关闭炉水循环泵电动机注水进口门，关闭注水滤网进口门，关闭高压注水系统进水总门。

（8）关闭炉水循环泵进、出口门。

（9）关闭炉水循环泵再循环门。

（10）关闭炉水循环泵暖泵门。

（11）开启炉水循环泵出口管路疏水门及泵体放气门。

（12）缓慢开启炉水循环泵电动机注水进口门，保持注水速度在 5L/min。

（13）当炉水循环泵出口管路疏水门有水连续排出时，全开炉水循环泵电动机注水进口门。

（14）检查炉水循环泵出口管路疏水水质达到上述要求后，关闭炉水循环泵出口管路疏水门。

（15）当炉水循环泵泵体放气门有水溢出后，关闭炉水循环泵泵体放气门。

（16）注水结束，关闭炉水循环泵电动机注水进口门。

2. 启动循环系统启停与运行监视

（1）冷态清洗。

1）关闭锅炉疏水扩容器凝结水箱排污阀门。

2）开启锅炉疏水扩容器凝结水箱到凝汽器电动隔绝门。

3）当锅炉疏水扩容器凝结水箱水位达到 1m 时，启动锅炉疏水泵。

4）将锅炉炉水循环泵过冷水调节门投自动方式，维持一定的过冷水流量。

5）锅炉炉水循环泵已具备启动条件。

6）将锅炉炉水循环泵投入运行。

7）调节锅炉再循环阀（BR 阀）开度，保持锅炉再循环流量在 600t/h 左右。

8）调节电泵出口调门开度，保持锅炉省煤器入口流量在 750t/h。

9）当汽水分离器贮水箱出口水质含 Fe 量小于 $200\mu g/L$ 时，锅炉循环清洗结束。

（2）热态清洗。

1）锅炉点火升压后，当水冷壁出口温度达到 150℃（注：温度不能超过 170℃）时，必须对炉水系统进行热态清洗。

2）当汽水分离器贮水箱出口水质含 Fe 量大于 $100\mu g/L$ 时，开启锅炉疏水扩容箱排污阀门，进行热态清洗排放。

3）当汽水分离器贮水箱出口水质含 Fe 量小于 $100\mu g/L$ 时，关闭锅炉疏水扩容箱到凝汽器电动门，启动锅炉疏水泵，锅炉进行循环清洗，直到含 Fe 量小于 $50\mu g/L$ 时合格。

（3）系统停运。

1）锅炉升负荷至 220～295MW 期间，炉循泵满足停运条件后，炉水循环泵自动停止，锅炉转入干态运行。

2）开启炉水循环泵暖泵进口门，投入暖泵系统运行。

3）开启分离器至二级减温水隔离门，分离器贮水箱水位由分离器至二级减温水水位调节阀控制。

4）当机组负荷大于 290MW 时，A WDC 阀隔绝门自动关闭。

5）当机组负荷大于 505MW 时，B&C WDC 阀隔绝门关闭。

（4）运行监视。

1）温、热态启动时，炉水循环泵投用前必须预热，泵壳温度与炉水温差小于 50℃。

2）锅炉炉水循环泵启动运行后，及时调节锅炉再循环阀开度，维持分离器贮水箱在正常水位。

3）锅炉出力小于 5%BMCR 时，在保证分离器贮水箱水位正常的条件下，通过调节锅炉再循环阀开度来控制再循环流量在 600t/h 左右。

4）根据锅炉再循环流量的变化，及时调节给水流量，保证省煤器入口流量 738t/h。

5）锅炉点火升压后，应注意由于汽水膨胀引起分离器贮水箱水位的波动。

6）确认锅炉炉水循环泵电动机冷却器冷却水温度、流量正常。

7) 确认锅炉炉水循环泵电动机腔温度在 40~50℃，当温度达到 60℃时报警，达到 65℃时，延时 5s 锅炉炉水循环泵跳闸。

8) 确认锅炉炉水循环泵进、出口差压在 0.97MPa 左右，当差压小于 0.35MPa 时报警。

9) 确认锅炉炉水循环泵热屏蔽装置冷却水压力在 0.2~0.4MPa，冷却水流量不小于 1.4m³/h。

10) 确认过冷水流量正常，保证炉水循环泵入口有一定过冷度，减小泵发生汽蚀的可能。

11) 随着锅炉蒸发量的增加，锅炉再循环流量将逐渐减小，当再循环流量小于 100t/h 时，炉水循环泵最小流量阀将自动开启。

## 第六节 烟 风 系 统

### 一、烟风系统简述

锅炉烟风系统采用平衡通风方式，满足锅炉在燃用设计煤种时从启动至最大连续蒸发量（BMCR）的风量和排出烟气量的需要，且满足燃用校核煤种的需要。锅炉启动时向油燃烧器提供燃烧风。

在空气预热器出口的二次风管上引一路热风再循环管至送风机入口风道，以加热空气预热器进口二次风，防止空气预热器低温腐蚀及堵灰。热风再循环风量将由制造厂根据传热元件的保护性能确定。

系统内的送风机、引风机和一次风机在汽轮机额定工况运行时获得最高效率，并具有较宽的调节范围。

在锅炉低负荷时，烟风系统的设计和布置，能使送风机、引风机、增压风机、一次风机、空气预热器满足单侧运行的要求。

每台锅炉配有两台密封风机，一台运行、一台备用，向磨煤机及磨煤机出口风门提供密封风。

### 二、烟风系统的启停

1. 烟风系统的正常启动（以先启动 A 侧风机为例）

(1) 建立 B 侧增压风机通道：B 侧增压风机静叶开至 75%，B 侧增压风机进出口挡板开启，脱硫净烟气挡板全开。

(2) 关闭 A 侧增压风机进口挡板和静叶，开启 A 侧增压风机出口挡板。

(3) 开启引风机 A 出口挡板，确认引风机 A 启动条件满足。启动引风机 A，引风机 A 进口挡板自动开启，逐渐开大引风机 A 静叶到 20% 开度左右，注意保持炉膛负压和增压风机入口压力稳定。

(4) 确认送风机 A 启动条件满足，启动送风机 A。送风机 A 出口挡板自动开启，逐渐开大送风机 A 动叶到 10% 开度左右，注意保持炉膛负压和增压风机入口压力稳定。

(5) 待引风机 A 和送风机 A 各参数及增压风机入口压力、炉膛负压稳定后，逐步开启 A 引风机的静叶增加引风机出力，使增压风机入口压力逐渐上升至 550Pa 左右，过程中调整 A 送风机的风量，控制炉膛负压在－100Pa 左右。

（6）确认增压风机 A 启动条件满足。启动增压风机 A，增压风机 A 进口挡板自动开启，逐渐开大增压风机 A 静叶到 20％左右开度，注意保持炉膛负压和增压风机入口压力稳定。

（7）确认 A 侧送、引风机和增压风机各参数及增压风机入口压力、炉膛负压稳定，逐步开启引风机 A 的静叶至 30％～40％开度，过程中调整送风机 A 的风量，控制炉膛负压在－100Pa 左右，增压风机 A 的开度根据入口压力调节至适当位置。

（8）至此，A 侧送风机、引风机和增压风机已全部启动。

（9）逐渐关闭增压风机 B 静叶至最小开度，同时根据需要通过增加增压风机 A 静叶开度调节风量，保持增压风机入口压力在 300Pa 左右稳定。

（10）关闭增压风机 B 进口挡板，确认增压风机 B 启动条件满足。启动增压风机 B，增压风机 B 进口挡板自动开启。逐渐开大增压风机 B 静叶，调整两台增压风机出力到平衡状态，注意保持炉膛负压在－100Pa 左右和调整增压风机入口压力至－300Pa 左右稳定。

（11）待各风机参数及增压风机入口压力、炉膛负压稳定后，开启引风机 B 出口挡板，确认引风机 B 启动条件满足。启动引风机 B，引风机 B 进口挡板自动开启。逐渐开大引风机 B 静叶到 20％左右开度，注意保持炉膛负压和增压风机入口压力稳定。

（12）确认送风机 B 启动条件满足，启动送风机 B，送风机 A 出口挡板自动开启。逐渐开大送风机 B 动叶到 10％左右开度，注意保持炉膛负压和增压风机入口压力稳定。

（13）逐步开启引风机 B 静叶，使其出力与引风机 A 接近，过程中相应开启送风机 B 动叶，使其出力与 A 侧接近，调整过程中控制炉膛负压在－100Pa 左右，增压风机入口压力在－50Pa 左右。投入引风机静叶自动。

（14）至此，双侧送风机、引风机和增压风机已全部启动。

2. 烟风系统的正常停运（以先停运 B 侧风机为例）

（1）逐渐关闭增压风机 B 静叶、引风机 B 静叶和送风机 B 动叶开度，同时根据需要调整引风机 A 静叶、增压风机 A 静叶和送风机 A 动叶开度来调节风量，保持增压风机入口压力和炉膛压力稳定。

（2）当 B 侧风机出力最小时，停运送风机 B，联跳引风机 B，再停运增压风机 B。

（3）逐渐关闭引风机 A 静叶、增压风机 A 静叶和送风机 A 动叶开度，保持增压风机入口压力稳定和炉膛压力稳定。

（4）当 A 侧风机出力最小时，依次停运送风机 A、侧引风机 A 和增压风机 A。

（5）至此，双侧送风机、引风机和增压风机均已停运，根据相关规定开始锅炉闷炉操作。

### 三、烟风系统正常运行监视

1. 引风机正常运行时主要监视项目

（1）电动引风机风机电流正常，不超过额定电流，引风机汽轮机转速、调门开度在正常范围内，炉膛负压正常。

（2）各挡板、调节装置动作良好，盘面位置指示与就地位置一致。

（3）引风机正常运行时，应定期实地检查电动机、引风机汽轮机、风机的机械声音，振动及各轴承温度正常，油位和油质正常，油系统无泄漏现象。

（4）冷却风机运行正常，备用冷却风机处于可靠备用状态。

（5）引风机正常运行时，应将其入口导叶投入自动，若在手动时，应保持炉膛负压在正常范围内。

（6）引风机入口导叶无论在手动或自动方式，均应使并列运行的风机静叶开度、负荷、引风机汽轮机处理基本接近，保持风机能安全地并列运行。

2. 送风机正常运行时主要监视项目

（1）风机电流正常，不超过额定电流。

（2）各挡板调节装置动作良好，盘面位置指示与就地位置一致。

（3）送风机正常运行时，应定期实地检查电动机、风机的机械声音，振动及各轴承温度正常，轴承冷却水畅通，流量正常。

（4）正常运行时，应检查液压、润滑油系统，工作正常，油压、油位、油温正常，油系统无泄漏现象。

（5）送风机正常运行时，应将其动叶投入自动，若在手动时，应调节送风量在设定值范围内，保持锅炉燃烧稳定。

（6）送风机动叶无论在手动或自动，均应使并列运行的风机电流、开度、负荷基本接近，保持风机能安全地并列运行。

3. 空气预热器正常运行时主要监视项目

（1）正常运行时，空气预热器主电动机运行，辅助电动机备用。

（2）空气预热器运行中检查轴承油系统无漏油，冷却水畅通，轴承箱油位在 $1/3\sim2/3$ 范围内，发现轴承箱油位不正常降低、升高应立即查找原因进行处理。

（3）检查轴承箱油质应透明，无乳化和杂质。

（4）检查空气预热器齿轮箱油位在 $1/3\sim2/3$。

（5）检查空气预热器主电动机机运行时辅助电动机不转动。

（6）检查齿轮箱无振动，无异常声音，各部件和轴端不漏油。

（7）检查空气预热器运行平稳无刮卡、碰磨现象。

（8）检查空气预热器各人孔、检查孔关闭严密，不向外漏风、冒灰和向内抽空气。

（9）机组运行中如发现送风机、引风机电流或送风机动叶、引风机入口导叶和对应负荷不匹配要全面进行空气预热器密封装置的检查。

（10）检查空气预热器火灾报警装置无损坏，控制盘无报警。

（11）检查空气预热器运行中电动机外壳温度不超过 70℃，空气预热器电动机、油泵电动机及相应的电缆无过热现象，现场无绝缘烧焦气味，发现异常应立即查找根源进行处理。

（12）检查空气预热器推力轴承和导向轴承温度不高于 70℃。检查推力轴承和导向轴承润滑油温度不高于 55℃。

（13）空气预热器运行，监视预热器一次风侧压差、二次风侧压差、烟气侧压差在正常范围内，压差异常升高，应及时进行增加吹灰或提高空气预热器冷端温度。

（14）运行中密封调整装置的监视：确定扇形板位置在设定值附近。

（15）锅炉点火后，应对空气预热器进行连续吹灰。正常运行期间，定期对空气预热器进行吹灰，吹灰时要监视吹灰器行程和蒸汽压力是否正常。

### 四、单侧风机检修的注意事项

1. 单侧风机系统检修前停运步骤及注意事项

（1）单侧风机系统（简称本侧）停运前需全面检查对侧送引风机、一次风机、空气预热器运行状态良好，锅炉运行参数正常，机组无其他重大操作。

（2）检查相关信号和保护强制单已准备好（引风机停运联锁开启脱硫旁路挡板、本侧送风机停运联锁跳闸引风机、两台送风机热风再循环风量强制当前值、本侧送风机风量强制当前值、本侧风机动静叶操作联锁对侧风机自动调节）。

（3）提升燃油系统压力至 3.0MPa，保持油枪良好备用。

（4）通知燃脱部单侧风机系统将停止运行。

（5）降低机组负荷至 450～500MW（根据磨煤机运行情况，尽量控制负荷接近500MW），其中空气预热器扇形密封板保持原位，不进行提升，通过保证锅炉风量来避免引风机失速。

（6）保留上四台制粉系统运行，隔离其他磨煤机进出口门。

（7）检查送风机出口和引风机入口联络挡板均在开启状态。

（8）关闭本侧送风机热风再循环调门。

（9）执行相关信号和保护强制（引风机停运联锁开启脱硫旁路挡板、本侧送风机停运联锁跳闸引风机、两台送风机热风再循环风量强制当前值，其中引风机停运联锁开启脱硫旁路挡板保护需联系燃脱部确认）。

（10）通知检修人员做好风机停运后倒转制动的准备。

（11）解除本侧送引风机自动，逐渐缓慢关闭本侧送风机动叶和引风机静叶，监视对侧送风机动叶和引风机静叶自动开大，电动机电流正常，二次风箱与炉膛差压正常。

（12）本侧送风机动叶和引风机静叶关闭后，在 DCS 操作窗上先停运本侧送风机，再停运本侧引风机，联系检修人员立即对本侧送引风机进行制动。

（13）确认本侧送风机出口挡板、本侧引风机进出口挡板自动关闭，否则手动关闭，并手动摇紧相关挡板。检查对侧送引风机、空气预热器运行正常，二次风箱与炉膛差压正常，各二次风小风门开度正常。

（14）若本侧风机系统停运过程中对侧风机系统出现异常，则恢复操作，待检查确认处理后再决定进行后续操作。

（15）若本侧风机系统停运过程中或检修期间出现脱硫系统跳闸，则需汇报相关专业部门决定是否立即恢复脱硫系统运行。

（16）执行相关信号和保护强制（本侧送风机风量强制当前值、本侧风机动静叶操作联锁对侧风机自动调节），执行其他相关安措，许可风机检修工作开工。

2. 单侧风机系统运行期间注意事项

（1）通过调整锅炉风量，必要时适当降低增压风机入口负压设定值（最低不低于－200Pa），确保单侧运行的引风机电流不大于 650A，控制稳定后的引风机电流不大于 600A。

（2）运行人员应加强运行空气预热器、风机的监视和就地巡检，将空气预热器电流、风机电流、振动、轴承温度、动静叶指令和反馈等加入实时曲线进行监视，每小时对运行风机就地巡检一次，发现异常应立即通知设备部和检修部处理，并汇报部门锅炉专业。

（3）暂停任何对机组运行有影响的定期工作。

（4）停止与该机组相关的不必要的检修工作。

（5）机组值班员做好对侧送引风机故障跳闸、机组 MFT 的事故预想。

3. 单侧风机系统检修后恢复步骤及注意事项

（1）本侧风机检修结束后，检查相关工作票已回押，恢复相关安全措施。

（2）开启相关摇紧过的风门挡板前，需预先就地摇开部分，确保开启时正常。

（3）启动本侧引风机，检查其入口挡板自动开启，否则立即手动开启，检查其电动机、风机的机械声音正常，振动及各轴承温度正常，轴承冷却风机运行正常，电动机油站运行正常，各轴承回油正常。

（4）恢复相关信号和保护强制（本侧送风机风量、本侧风机动静叶操作联锁对侧风机自动调节）。

（5）启动本侧送风机，检查其出口风门自动开启，否则立即手动开启，检查其电动机、风机的机械声音正常，振动及各轴承温度正常，各轴承回油正常。

（6）逐渐开大本侧引风机静叶和送风机动叶，调整至与对侧风机出力平衡，维持炉膛风量和压力正常。静叶不要在小开度时长时间停留，以免发生卡涩现象。两侧风机出力平衡后，投入本侧送引风机自动。

（7）通知燃脱部停运的送引风机已投运正常。

（8）恢复相关信号和保护强制（引风机停运联锁开启脱硫旁路挡板，本侧送风机停运联锁跳闸引风机、两台送风机热风再循环风量）。

# 第七节 烟气脱硝系统

## 一、系统概述

脱硝 SCR 反应器布置在锅炉省煤器出口与空气预热器之间，脱硝反应器位于送风机与一次风机的上方。华能玉环电厂脱硝装置设置 SCR 反应器烟气旁路，反应器进出口及旁路烟道分别设烟气挡板门。催化剂采用蜂窝式，按照"2＋1"模式布置，反应器安装吹扫装置，采用蒸汽吹灰器。全厂 4 台锅炉的脱硝装置共用一个还原剂储存与供应系统，采用尿素法制备脱硝还原剂。

SCR 烟气脱硝装置的工艺流程主要由尿素供应系统、尿素溶解系统、热解炉、催化剂、排气系统、反应器等组成。外购尿素颗粒经斗式提升机输送到尿素颗粒仓，尿素颗粒经过中间储仓输送到溶解罐里，除盐水将干尿素溶解成 55% 质量浓度的尿素溶液，通过尿素溶液混合泵输送到尿素溶液罐。尿素溶液经过高压循环泵使尿素溶液不断在计量分配模块和尿素罐之间循环。尿素溶液在热解炉内蒸发为氨气，热解炉出口的空气/氨气混合物经母管送入各分支管，分支管的混合气体喷入位于烟道内的涡流混合器处。通过涡流混合器使空气/氨气与烟气充分混合，再经静态混合器充分混合后进入催化反应器。当达到反应温度且与氨气充分混合的烟气气流经 SCR 反应器的催化层时，氨气与 $NO_x$ 发生催化氧化还原反应，将 $NO_x$ 还原为无害的 $N_2$ 和 $H_2O$。同时在尿素溶解罐和尿素溶液罐在装有蒸汽加热系统，以保持尿素溶液的温度，防止尿素溶液结晶，蒸汽加热系统疏水全部返回到疏水箱，再通过疏水泵返回尿素溶解罐，作为尿素溶解水。主要反应如下：

$$4NH_3 + 4NO + O_2 = 4N_2 + 6H_2O$$
$$8NH_3 + 6NO_2 = 7N_2 + 12H_2O$$

尿素溶液品质：悬浮固态物含量小于 $5\mu g/g$；水硬度（$CaCO_3$）小于 $10\mu g/g$。

## 二、系统启停及运行监视

### 1. 系统启动

（1）确认脱硝反应器入口烟气温度大于 322℃。

（2）检查确认脱硝热解计量模块压缩空气压力正常。

（3）检查确认脱硝热解计量模块尿素溶液母管压力正常。

（4）检查确认脱硝热解计量模块冲洗水（凝汽器补水泵出口母管来）正常。

（5）开启 A 侧脱硝反应器出口挡板，观察反应器出口烟气温度上升。

（6）开启 B 侧脱硝反应器出口挡板，观察反应器出口烟气温度上升。

（7）开启 A 侧反应器进口挡板，观察反应器出口烟气温升幅度正常（反应器温度小于 150℃时，温升小于 5℃/min；反应器温度大于 150℃时，温升小于 10℃/min），否则关闭进口挡板。

（8）开启 B 侧反应器进口挡板，观察反应器出口烟气温升幅度正常（反应器温度小于 150℃时，温升小于 5℃/min；反应器温度大于 150℃时，温升小于 10℃/min），否则关闭进口挡板。

（9）待 A、B 两侧反应器出口烟气温度接近于进口烟气温度且变化缓慢时，同时缓慢同步关闭 A、B 两侧反应器的旁路挡板（注意调节炉膛负压和两侧引风机出力平稳）。

（10）就地检查 A、B 侧脱硝反应器进、出口挡板在全开位置，旁路挡板在全关位置。

（11）投入脱硝反应器蒸汽吹灰。

（12）检查确认脱硝热解炉热一次风手动隔离门开启。

（13）检查确认脱硝热解检修冷却风手动隔离门关闭。

（14）检查确认脱硝热解炉出口喷氨隔离总门开启。

（15）开启 A 侧脱硝喷氨调节门至 90％以上。

（16）开启 B 侧脱硝喷氨调节门至 90％以上。

（17）逐渐开启脱硝热解稀释风调节门或将其投入自动，调节热解炉稀释风流量到 9000m³/h 左右。

（18）启动脱硝热解炉电加热器，设定热解炉尾部风温为 342℃，投入脱硝热解炉电加热器温度自动控制。

（19）投入喷氨自动，观察 DCS 根据脱硝效率自动投入尿素喷枪和调节尿素流量，必要时进行手动干预调节，稳定后投回自动调节。

### 2. 系统停运

（1）解除喷氨自动，逐渐退出喷氨计量模块 A~M。观察各喷氨计量模块自动完成冲洗步骤（以 A 为例）。

（2）关闭热解计量模块 A~M 尿素溶液手动隔离门。

（3）开启热解计量模块冲洗水母管排污阀，排污结束后关闭。

（4）关闭热解计量模块冲洗水隔离总门（凝结水输送泵出口母管处）。

（5）关闭热解计量模块冲洗水隔离门（尿素计量模块处）。

（6）开启热解计量模块冲洗水母管排污阀，排水结束后关闭。

（7）撤出脱硝热解炉电加热器温度自动控制，停运脱硝热解炉电加热器。

（8）半小时后，关闭脱硝热解炉热一次风调节门。

（9）关闭脱硝热解炉热一次风手动隔离门（注意关闭该门时先松开自锁装置，门关到位后再锁紧自锁装置）。

（10）保持 A 侧脱硝喷氨调节门开启。

（11）保持 B 侧脱硝喷氨调节门开启。

（12）保持脱硝喷氨隔离总门开启。

（13）根据热解炉本体检修需要决定是否开启脱硝热解检修冷却风手动隔离门。

（14）保持热解计量模块雾化空气总电动门开启。

（15）关闭热解计量模块雾化空气总电动门旁路门。

（16）保持热解计量模块 A～M 雾化空气门开启。

（17）关闭尿素喷枪 A～M 密封隔离门。

（18）在烟气系统停运前对脱硝反应器吹灰一遍。

（19）缓慢同时开启 A、B 侧脱硝反应器旁路挡板直至全开。

（20）关闭 A 侧脱硝反应器进口挡板。

（21）关闭 B 侧脱硝反应器进口挡板。

（22）关闭 A 侧脱硝反应器出口挡板。

（23）关闭 B 侧脱硝反应器出口挡板。

（24）退出脱硝反应器蒸汽吹灰程控自动。

（25）关闭脱硝吹灰汽源总门（炉后 10.5m 层）和各吹灰器汽源分门。

3. 降低 SCR 入口 $NO_x$ 浓度运行调整

（1）磨煤机运行方式。

1）如必须保持 6 台制粉系统运行，则在磨煤机出力允许的情况下，各给煤机的煤量由下至上呈递减趋势，尽量减少 F 给煤机的煤量。

2）运行 5 台制粉系统满足负荷要求时，应优先采用下 5 台制粉系统运行的方式。

3）运行 4 台制粉系统满足负荷要求时，应优先采用中间 4 台制粉系统运行，其次也可采用下 4 台制粉系统运行。

（2）风箱配风方式。

1）尽量控制两侧 OFA 风开度在 60％以上。OFA 风开大的过程中需监视炉膛各角风箱压力，控制风箱压力不低于 0.1kPa，避免风箱压力过低。

2）开大 AA 风风门在 60％左右，同时根据负荷及 SCR 入口 $NO_x$ 浓度情况确定具体的开度。一般来讲，低负荷开大 AA 风风门对降低 SCR 入口 $NO_x$ 浓度的影响比高负荷时大。

（3）总风量的控制。

1）在高负荷阶段（700MW 以上），采用低氧量方式运行（锅炉氧量压红线运行）。

2）在低负荷阶段（700MW 及以下），在保证风机稳定运行的情况下，尽量减少总风量。

3）总风量一定的情况下，及时关闭备用制粉系统的冷、热一次风调门，调整运行制粉系统合理的一次风量，尽量增加二次风的比例。

（4）注意事项。

1）调整中注意监视热解炉尿素喷枪流量，防止 SCR 入口 $NO_x$ 浓度下降过快导致喷枪流量低跳闸，必要时退出一组喷枪运行。

2）调整中注意监视 A/B 侧 SCR 出口 $NO_x$ 浓度偏差，及时调节两侧喷氨调门开度，控制 A/B 侧 SCR 出口 $NO_x$ 浓度偏差小于 $15mg/m^3$。

3）调整中注意监视过热度、水冷壁温度、主再热汽温，防止由于风箱压力过低对上述反映锅炉燃烧情况的参数造成不利影响。

4. 脱硝系统投运防止空气预热器堵塞措施

（1）控制氨的逃逸率。较低的氨逃逸率会改善空气预热器的工作条件。在脱硝调试初期，反应器出口氨逃逸测量表计可能存在一定误差，此时可以通过适当降低脱硝效率设定值的方法来降低氨的逃逸量，严格控制反应器出口氨的浓度在 3mg/L 以下。

（2）控制燃煤的硫分和灰分。燃煤硫分的增加会直接增加烟气中的 $SO_x$（硫氧化物）含量和提高空气预热器的凝露点，促使硫酸氢氨的生成；同样燃煤灰分的增加会使更多的灰在空气预热器蓄热片上堆积，造成堵塞。因此要控制燃煤中综合硫分不大于 0.9%（折算成设计煤种后），综合灰分不大于 15%（折算成设计煤种后）。

（3）适当增加空气预热器吹灰。若用辅汽汽源时，适当提高蒸汽压力，最高不要超过 1MPa，防止吹损蓄热片；适当增加空气预热器吹灰，保证 5～6h 吹灰一次。要注意的是：过多的吹扫次数和过高的压力都是不适宜的，因为这对蓄热元件的使用寿命有不好的影响。清除积灰的关键是选择合适的换热元件表面和材料，而不是靠加强吹灰操作。

（4）提高锅炉脱硝设备运行的稳定性。在锅炉运行情况变化较快时，可能会造成 $NH_3$ 逃逸量的瞬时增加，因此在快速升降负荷时，要密切关注氨的逃逸情况。脱硝设备自动运行工况的好差直接影响到脱硝效率和氨逃逸率，因此在自动设备运行性能欠佳时及时降低尿素的喷入量并联系处理。

5. 脱硝经济运行措施

（1）运行中控制脱硝烟气出口 NO 浓度在 80～100mg/m³（调节时可参考脱硫净烟气 $NO_x$ 浓度值），并尽量提高出口 $NO_x$ 浓度使接近上限，即 100mg/m³；任一侧脱硝烟气出口 $NO_x$ 浓度平均值超过 100mg/m³ 时要在 10min 内调整至正常，绝不允许超过 200mg/m³。

（2）严密监视反应器出口氨浓度值，控制反应器出口氨浓度在 3mg/L 以下。目前正常情况下反应器出口氨的浓度一般在 1mg/L 以下，如果反应器出口氨浓度异常升高至 1mg/L 以上时，需综合检查比较喷尿素量、机组负荷、反应器进出口 $NO_x$ 浓度是否有问题并及时调整，若无异常则联系热控进行氨浓度测点检查。

（3）在保证对汽温稳定和水冷壁温度不产生影响的前提下，可适当开大 AA 风开度增强燃烧器区域还原性反应来降低反应器入口 $NO_x$ 和 $SO_3$ 浓度，进而降低氨需求量。

（4）发现反应器进出口 $NO_x$ 浓度显示故障或脱硝烟气 CEMS 系统故障报警时及时联系热控人员处理，并在日志上明确记录以备环保检查。

（5）运行中监视氨需求量与实际尿素流量是否匹配，是否存在尿素喷入过量的现象，尤其在喷枪流量手动方式时更要注意。

（6）为保证尿素喷枪流量的正常调节，当喷枪调节门开度大于 80％且流量小于 0.05m³/h 时切换至备用组喷枪，并联系检修清理堵塞的喷枪，防止局部尿素溶液喷入过量。

（7）因 A、C 组为长喷枪，B、D 组为短喷枪，为保证热解炉内尿素良好地热解效果，脱硝正常运行时优先选择 A 组和 C 组运行，尿素溶液喷枪理想运行流量在 0.1m³/h 左右，正常运行时控制单根喷枪流量在 0.06～0.15m³/h，当多组喷枪运行、单根脱硝尿素溶液喷枪流量不大于 0.06m³/h 时，及时退出一组喷枪。

（8）脱硝烟气进出口温度（任一侧三取二）小于 319℃时退出脱硝运行；为提高脱硝系统投运率，脱硝系统投入条件满足后立即投入脱硝系统；若条件满足 1h 后仍未投入脱硝系统，需汇报专业人员并在日志上做好记录。

# 第八节　锅炉吹灰系统

## 一、系统概述

锅炉吹灰器有 116 只炉膛吹灰器（短枪）布置在炉膛部分，56 只长伸缩式吹灰器（长枪）布置在炉膛上部和对流烟道区域。汽源来自二级过热器出口集箱，经过减压后，炉膛吹灰器蒸汽压力为 1.0～1.5MPa，长伸缩式吹灰器蒸汽压力为 1.8～2.5MPa。炉膛吹灰器和长伸缩式吹灰器共用一套减压站，由吹灰器 PLC 实现自动切换。

每台空气预热器烟气进、出口端各布置 1 只伸缩式吹灰器，共 4 只，汽源来自辅汽和三级过热器出口集箱两路汽源；锅炉蒸发量大于 10％时，空气预热器汽源由辅汽切换至三级过热器出口蒸汽汽源。

整套吹灰器实现程序控制，2 台长伸缩式吹灰器、2 台炉膛吹灰器、2 台空气预热器吹灰器均可以同时投用。长伸缩式吹灰器、炉膛吹灰器相对两侧墙（或前、后墙）各一台同时投用。

## 二、系统启停及运行维护

1. 空气预热器吹灰器的投用

（1）吹灰动力电源已经送上。

（2）控制柜内空气预热器吹灰器电动机及控制电源送上。

（3）吹灰器系统与 DCS 通信正常好用。

（4）按检查步骤检查完毕，所有项目正常。

（5）吹灰器可在 LCD 画面上，选入空气预热器吹灰程序组。

（6）确定吹灰器吹灰周期。

（7）选择辅助汽源/主汽源作吹灰汽源（辅汽、三级过热器出口主汽源）。

（8）自动开启疏水电动阀，疏水 5min 且疏水温度不小于 235℃，疏水合格。

（9）吹灰器启动，LCD 画面机炉空气预热器吹灰器运行时间，吹灰器运行状态正常。

2. 锅炉本体部分吹灰器的投用

（1）投入程序运行，供汽电动阀开启。

（2）进入暖管程序，疏水阀自动开启。

（3）疏水时间达 5min 且疏水温度不小于 235℃，疏水阀自动关闭。

（4）汽压调节阀自动调节蒸汽压力为 1.0～1.5MPa 符合要求。

（5）吹灰器按程序顺序成对进行吹灰。

（6）全部选入的吹灰器吹灰完毕，吹灰程序结束。

（7）检查就地设备及 LCD 画面上吹灰器退出状态正确。

（8）锅炉吹灰器可以根据需要自由组合。

3. 吹灰器运行监视

（1）监视吹灰蒸汽压力保持在正常范围内。

（2）吹灰蒸汽温度不小于 235℃。

（3）监视运行吹灰器的电流、吹灰时间等。

（4）炉膛吹灰器电流为 0.77A，吹灰时间为 100s。

（5）烟道吹灰器电流为 3.64A，吹灰时间为 640s 左右。

（6）空气预热器吹灰器电流为 1.45A，吹灰时间为 684s。

（7）吹灰器各阀门状态正常，无故障报警。

（8）就地检查吹灰器实际位置与画面位置相符。

（9）停止吹灰器弹簧阀无内漏现象。

（10）运行吹灰器盘根无漏汽现象。

（11）所有系统管道无漏汽、漏水现象。

4. 吹灰注意事项

（1）吹灰负荷要求。吹水冷壁负荷 500MW、吹水平烟道负荷 700MW、吹尾部烟道大于 600MW。

（2）锅炉运行时，吹灰器严禁在无蒸汽情况下伸入炉内。运行中应加强监视，如发生故障应立即设法使其退出（使用专用工具），在退出之前不能中断蒸汽，防止吹灰枪被烧坏。

（3）投入炉本体吹灰器前应预先适当提高炉膛负压，保持燃烧稳定，同时密切注意锅炉排渣情况，防止渣量过大压死捞渣机。

（4）锅炉本体吹灰器投用时，就地派专人监护。

（5）本体炉膛、烟道每天吹灰一次，当负荷较大，受热面结焦积灰严重以及排烟温度较高时，应增加吹灰次数。

（6）空气预热器每 6h 吹灰一次，炉本体吹灰前后各一次。

（7）事故情况下停止吹灰。

（8）锅炉低负荷及燃烧不稳定时禁止吹灰，严禁在锅炉负荷低于 50％BMCR 时投炉膛吹灰。

（9）自动疏水阀在吹灰开始时自动开启，当疏水时间大于 5min，温度不小于 235℃时，自动关闭。

（10）监视前进行程时间和返回行程时间，监视水压、汽温、汽压和各报警显示。

（11）在蒸汽吹灰范围内的受热面要定期检查，若受热面有损伤或磨损，要减少吹灰次数和降低介质压力。

（12）在正常吹灰时，定期检查运行情况以及吹灰器是否漏水漏汽，若漏汽应及时处理。

（13）空气预热器吹灰周期应根据空气侧或烟气侧压差以及烟风出入口温度、预热器蓄热板温度而确定。

（14）在锅炉启动时或低负荷运行油伴燃时，空气预热器投连续吹灰。

（15）空气预热器吹灰要和其他吹灰配合进行，在炉内吹灰前首先进行预热器吹灰，在停炉前必须对锅炉受热面进行全面吹灰。

（16）当出现过载现象时，吹灰枪不能自动退出，需将就地动力柜对应的热继电器复位，如还不能退出，则需就地手动退出。

### 三、吹灰运行方式控制要求

1. 锅炉本体吹灰

（1）正常汽源为冷再，二过为备用汽源，只有当冷再汽源故障无法使用时才使用二过汽源。

（2）为保证锅炉燃烧稳定和吹灰枪管的冷却，高温区长吹要求机组负荷大于 650MW，低温区长吹要求机组负荷大于 600MW，水冷壁短吹要求机组负荷大于 500MW。

（3）烟道长吹汽源母管压力设定为 2.5MPa，水冷壁短吹汽源母管压力设定为 1.5MPa。

2. 空气预热器吹灰

（1）机组负荷不小于 100MW 时使用三过汽源，机组负荷小于 100MW 时使用辅汽汽源。

（2）根据目前空气预热器的运行情况，空气预热器三过汽源吹灰时蒸汽母管压力设定为 2.5MPa。空气预热器辅汽汽源吹灰时提高本机组辅汽母管压力至 1MPa。

3. 脱硝催化剂吹灰

（1）脱硝催化剂吹灰汽源为辅汽，吹灰时要求汽源母管压力大于 0.6MPa。

（2）脱硝反应器通入烟气运行时，催化剂每班需吹灰一遍，反应器进出口挡板关闭时催化剂不进行吹灰。

4. 尾部烟道声波吹灰

（1）尾部烟道声波吹灰气源为除灰输送压缩空气，吹灰时要求气源母管压力大于 0.5MPa。

（2）正常情况下尾部烟道声波吹灰投入程控自动周期运行。

## 第九节　锅　炉　燃　烧　调　节

### 一、燃烧系统简述

玉环电厂锅炉采用 MHI 反向双切圆燃烧方式，它具有炉内烟气温度场和热负荷分配较为均匀、单只燃烧器热功率较小的优点，双切圆燃烧炉膛相当于两个尺寸较小的单切圆炉膛，对保证直流燃烧器的火焰穿透能力和改进燃烧组织均非常有利。采用 MHI 的 PM 型燃烧器和 MACT 燃烧系统，风粉混合物通过入口分离器分成浓淡两股分别通过浓相和淡相两只喷嘴进入炉膛，浓相煤粉浓度高，所需着火热量少，利于着火和稳燃；由淡相补充后期所需的空气，利于煤粉的燃尽，同时浓淡燃烧均偏离了 $NO_x$ 生成量高的化学当量燃烧区，大大降低了 $NO_x$ 生成量，与传统的切向燃烧器相比，$NO_x$ 生成量可显著降低。PM 燃烧器由于将每层煤粉喷嘴分开成上下二组，增加了燃烧器区域高度，降低了燃烧器区域壁面热负荷，有利于防止高热负荷区结焦。

MACT（Mitsubishi Advanced Combustion Technology）燃烧技术：在炉膛的主燃烧区燃料缺氧燃烧，炉膛过量空气系数为 0.85，但在燃烧器喷口附近，由于燃烧率较低，需要的氧量较少，因此在燃烧器喷口附近的区域内是氧化性气氛，燃料氮氧化后生成 $NO_x$，在炉膛中间的主燃烧区，燃烧的过程也是一个还原的过程，部分 $NO_x$ 被还原成为 $NH_3$、HCN。这样整个炉膛沿高度分成三个燃烧区域，即下部为主燃烧区，中部为还原区，上部为燃尽区，这种 MACT 分层燃烧系统可使 $NO_x$ 生成量减少 25%。

### 二、锅炉运行调节

1. 燃烧调节

（1）燃烧调整的目的是为了通过合理配风充分提高燃烧的经济性；使煤粉燃烧稳定，防止喷燃器灭火；在炉膛内形成合理的温度场、适当的煤粉着火点和合理的氧化、还原氛围，防止炉膛和喷燃器结焦和形成受热面热偏差；使煤粉实现分级燃烧，减少 $NO_x$ 排放量。炉膛配风合理，煤粉着火点适中，煤粉燃烧稳定无闪烁。

（2）就地观察煤粉燃烧时具有金黄色火焰，火焰应均匀地充满炉膛并且无抖动，同一标高燃烧的火焰中心应处于同一高度，运行中的喷燃器着火点适中，喷燃器扩散角适中，火焰不贴墙。在火检显示上观察运行喷燃器火检强度满量程，火检显示无闪烁。在炉膛火焰监视电视上观察火焰充满程度良好，火焰金黄无抖动。

（3）了解本班入炉煤质情况，以便根据燃料特性及时调整运行工况；当来煤品质偏离设计煤种或阴雨天来煤较湿运行人员应在班前做好预想。

（4）正常运行时，炉膛负压在 -150Pa，炉膛上部不向外冒烟；省煤器出口氧量值在风量控制系统中根据负荷自动进行设置，在额定负荷时炉膛的氧量控制在 3.5 左右，当氧量控制在手动方式时，要根据锅炉负荷控制氧量值，在升负荷时先加风后加煤，减负荷时先减煤后减风。锅炉点火期间在 30%～40%BMCR 负荷前炉膛保持定风量燃烧（保持风量 30%～40% 不变），30%～40%BMCR 负荷后要注意风量和燃料量相匹配，继续升负荷要先加风后加燃料。燃用灰熔点低的煤或煤油混烧时，为防止炉膛结焦，可适当修正提高氧量设定值。

（5）为确保燃烧的经济性要定期对煤粉细度进行现场取样分析，及时调整磨煤机旋转分离器转速，使煤粉细度符合要求；定期对飞灰、炉渣进行取样分析，以便及时对燃烧进行调整。

（6）在对锅炉进行正常监视调整的同时要加强运行参数和受热面金属温度的分析，如果受热面蒸汽温度或一、二级减温水两侧偏差大、各处受热面金属温度偏差大要及时组织分析并查找原因进行处理。检查和分析喷燃器是否存在结焦和损坏；校对氧量测点是否准确，氧量值是否和对应负荷相适应。

（7）锅炉的最低不投油稳燃负荷为 35%BMCR，机组负荷低于最低稳燃负荷要投入油枪或等离子进行助燃；机组在运行中要注意对火检强度和火焰监视工业电视的观察分析，磨煤机启动或停止期间或运行喷燃器火检闪烁、工业电视显示火焰发暗、炉膛负压和氧量摆动大要立即投入油枪助燃并查找原因进行处理。

（8）为防止燃烧不稳，在锅炉负荷 50% 以下不得进行炉膛和受热面蒸汽吹灰。

2. 主蒸汽温度调整

(1) 锅炉正常运行时，主蒸汽温度在机组 40%～100% BMCR 负荷范围内能保持在 (600±6)℃，两侧蒸汽温度偏差小于 10℃。

(2) 主蒸汽系统通过煤量和给水量的平衡调整来达到沿程受热面介质温度的平衡，汽水分离器内蒸汽温度是煤量和给水量是否匹配的超前控制信号。锅炉在直流工况以后汽水分离器要保持一定的过热度。主蒸汽一、二、三级减温水是主汽温度调节的辅助手段，在主蒸汽温度额定值的情况下一、二、三级减温水调门开度在 40%～60% 范围内。如果减温水调门开度超过正常范围可适当修正中间点温度过热度定值，使一、二、三级减温水有较大的调整范围，防止系统扰动造成主蒸汽温度波动。

(3) 锅炉正常运行中汽水分离器内蒸汽温度达到或接近饱和值时，是煤/水比严重失调的现象，要立即针对形成异常的根源进行果断处理（增加热负荷或减水），如果是制粉系统运行方式或炉膛热负荷工况不正常引起要对中间点温度进行修正。如炉膛工况暂时难以更正或给水自动异常，中间点温度修正不能将分离器过热度调整至正常，要解除给水自动进行手动调整。如果进入炉膛的热量短时间发生急剧变化（启、停制粉系统、燃料的热值剧烈变化、断煤或给煤机计重失灵等），根据中间点温度变化趋势要果断进行热值修正，扰动结束再将修正值逐渐调整至正常值。

(4) 在一、二、三级减温水手动调节时要考虑到受热面系统存在较大的热容量，汽温调节存在一定的惯性和延迟，在调整减温水时要注意监视减温器后的介质温度变化，注意不要猛增、猛减，要根据汽温偏离的大小及减温器后温度变化情况平稳地对蒸汽温度进行调节；锅炉低负荷运行时调节减温水要注意，减温后的温度必须保持 20℃ 以上过热度，防止过热器积水。

(5) 锅炉运行中在进行负荷调整、启、停制粉系统、投停油枪、炉膛或烟道吹灰等操作以及煤质发生变化时都将对主蒸汽系统产生扰动，在上述情况下要特别注意对蒸汽温度的监视和调整。

(6) 高加投停时，沿程受热面工质温度随着给水温度变化逐渐变化，要严密监视给水、省煤器出口变化情况。高加投、停后由于机组效率变化，在汽温调整稳定后应注意适当减、增燃料来维持机组要求的负荷。

(7) 在主蒸汽温度调整过程中要加强受热面金属温度监视，蒸汽温度的调整要以金属温度不超限为前提进行调整，金属温度超限必要时要适当降低蒸汽温度或降低机组负荷并积极查找原因进行处理。

3. 再热蒸汽温度调整

(1) 锅炉正常运行时，再热蒸汽温度在机组 50%～100% BMCR 负荷范围内能保持在 600℃，正常运行允许运行的温度范围为 594～606℃，两侧蒸汽温度偏差小于 10℃，烟气挡板开度应在 40%～60% 范围内，事故减温水全关。当蒸汽温度不能保持在正常范围、烟气挡板开度超过正常范围、事故减温水经常有开度时要对系统进行检查分析。检查制粉系统运行方式是否合理；喷燃器执行机构是否损坏，喷燃器配风挡板位置是否正确；喷燃器是否损坏；煤质是否严重偏离设计值；炉膛和喷燃器是否严重结焦；蒸汽吹灰是否正常投入；烟气挡板是否动作正常。

(2) 再热蒸汽温度主要通过尾部烟气挡板进行调整，当再热器出口温度超过 606℃，再热器事故减温水投入参与汽温控制。正常运行中要尽量避免采用事故喷水进行汽温调整，以免降低机组循环效率。

（3）在再热蒸汽温度手动调节时要考虑到受热面系统存在较大的热容量，汽温调节存在一定的惯性和延迟，在调整再热蒸汽温度时注意不要猛开、猛关烟气挡板，事故减温水的调节要注意减温器后蒸汽温度的变化，防止再热蒸汽温度振荡过调。锅炉低负荷运行时要尽量避免使用减温水，防止减温水不能及时蒸发造成受热面积水，事故减温水调节时要注意减温后的温度必须保持 20℃以上过热度，防止再热器积水。

（4）锅炉运行中在进行负荷调整、启、停制粉系统、投停油枪、炉膛或烟道吹灰等操作以及煤质发生变化时都将对再蒸汽系统产生扰动，在上述情况下要特别注意蒸汽温度的监视和调整。

（5）在再热蒸汽温度调整过程中要加强受热面金属温度监视，蒸汽温度的调整要以金属温度不超限为前提进行调整，金属温度超限必要时要适当降低蒸汽温度或降低机组负荷并积极查找原因进行处理。

# 第四章

# 电气设备系统运行

## 第一节  发电机及励磁系统

### 一、系统概述

大型火力发电机组发电机由定子、转子、轴承、轴密封及氢、油、水、励磁系统等辅助系统组成。大容量发电机一般采用水氢氢冷却方式：定子绕组水内冷，转子绕组和定子主出线氢内冷，铁芯轴向氢冷。发电机采用直接冷却，冷却介质直接吸收热量，这将大大地降低热点温度、相邻部件之间的温差及其导致的热膨胀差异，从而能够使各部件，尤其是铜线、绝缘材料、转子和定子铁芯等所受的机械应力减至最小。同时大型发电机都具有发电机效率高；励磁电流和励磁容量小；定子电压高，定子电流和电磁力小等特点。

供给同步发电机励磁电流的电源及其附属设备统称为励磁系统。它一般由励磁功率单元和励磁调节器两个主要部分组成。励磁功率单元向同步发电机转子提供励磁电流；而励磁调节器则根据输入信号和给定的调节准则控制励磁功率单元的输出。励磁系统的自动励磁调节器对提高电力系统并联机组的稳定性具有相当大的作用。尤其是现代电力系统的发展导致机组稳定极限降低的趋势，也促使励磁技术不断发展。励磁系统采用无刷励磁系统，含主励磁机、永磁副励磁机、旋转整流装置、数字式自动电压调整器（DAVR）、工频手动备用励磁装置自动电压调节器（AVR）、中频调试机组（试验用）。无刷励磁主要有以下优点：①结构紧凑；②没有滑环和炭刷，不需要进行这方面的维护工作，也不会因此发生故障，运行的可靠性提高了；③因为没有炭粉和铜沫引起电机绕组污染，故绝缘的寿命较长；④由于无滑环、炭刷，所以即使周围环境中有易燃气体存在，也不会因整流子、滑环和炭刷间产生火花而造成事故。

### 二、发电机及励磁系统的接线方式与运行规定

1. 发电机及励磁系统介绍

发电机及励磁系统接线方式如图 4-1 所示，永磁副励磁机（一个 16 极旋转磁场电机）产生三相交流电，通过 AVR 整流和控制提供一可变的直流电流给主励磁机励磁（是一个 6 极旋转电枢电机）。在主励磁机转子感应的三相交流电经旋转整流桥整流后，通过转轴内的直流引线提供给发电机转子绕组。整流盘和励磁机转子同轴，与发电机转子刚性相连，由一个位于其端部的轴承支撑。因此发电机和励磁机的转子由三个轴承支撑。轴中心的直流引线

连接通过由插头螺钉和插座组成的多接触电气系统连接起来。这种接触系统也考虑了由于热膨胀引线长度变化的补偿。整流盘的主要元件是硅二极管，它们安装在整流盘上接成一个三相整流桥电路。

2. 发电机及励磁系统运行规定

（1）发电机运行规定。

1）发电机不允许无励磁运行，也不允许做逆功率运行。

2）发电机的载荷能力要受到其各部分温度限额的限制。发电机在运行中各部分的温度不得超过报警值。

3）发电机的有功负荷除受"负荷曲线"，机、炉工况限制外，还必须运行在 $P$-$Q$ 曲线的限额范围内。

4）发电机轴系振动值应在允许值范围内。

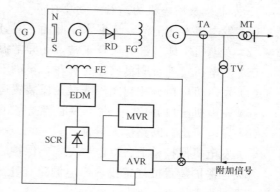

图 4-1　发电机及励磁系统接线

5）发电机无功调节规定。发电机无功负荷的调节，应在保证发电机定子电压允许和功率因数运行在允许范围内的前提下，以满足系统对电压的需要为原则；同时还应兼顾到厂用母线电压的运行要求。

6）发电机内氢气压力必须正常，否则应降负荷运行或停机。

（2）发电机电压、频率、功率因数变化时的运行方式。

1）发电机在额定容量、频率、功率因数下运行时，发电机定子电压在额定电压的 95%～105% 范围内变动，且功率因数为额定值时，其额定容量不变，即定子电压在该范围内变动时，定子电流可按比例相反变动，即定子电压增加时定子电流应相应降低；定子电压降低时定子电流可按降低幅度反比例增加。但当发电机电压低于额定值的 95% 时，定子电流长期允许的数值不得超过额定值的 105%。

2）发电机正常运行中频率变化时，定子电流、励磁电流及各部分温度不得超过限额值。

3）发电机在正常运行时，AVR 电压调节器投入运行，允许功率因数在不大于 1 的范围变化。若 $\cos\varphi$ 大于 0.99 接近 1 运行时，应及时进行调整，防止发电机进相运行，但必须注意发电机电压在 105% 额定值范围内。

4）发电机正常运行时，定子电流三相应平衡，其各相电流之差不得超过额定值的 6%，同时最大一相电流不得大于额定值。

（3）励磁系统运行规定。

1）励磁系统采用了数字式电压调节器（DAVR），正常运行时 AVR 运行方式应投遥控位置。电压调节器由两个完全相同却各自独立的通道组成。正常运行时可任选一个通道，另一通道备用，备用通道跟踪运行通道，当运行通道故障时，备用通道可以无扰动自动切换。当数字式电压调节器（DAVR）两个通道故障时，后备手动励磁调节装置自动投入。

2）发电机具有进相运行能力，当系统要求进相运行时，发电机能在进相功率因数（超前）为 0.95 时长期带额定有功连续运行。此时，应加强对发电机的各部分温度的监视。

3）发电机运行时，发电机磁场和励磁回路接地检测装置应投入自动检测方式。

4）励磁机冷却装置必须运行正常，否则降负荷运行或停机。

### 三、发电机及励磁系统的运行与维护

1. 发电机及励磁机的运行检查项目

（1）发电机本体清洁，无漏水、漏油、漏氢现象。

（2）发电机本体各部分声音正常，无异常振动，无异臭。

（3）发电机接地炭刷良好，无火花，炭刷不短于限额线。

（4）发电机出口分相封闭母线微正压装置运行正常。

（5）发电机出口 TV、中性点接地装置完好，前后仓门关好，无异常状况。

（6）发电机出口断路器无异常。

（7）发电机保护柜上各继电器完好，保护装置运行正常，无异常报警信号。

（8）各保护装置按规定投入，电源工作正常；发电机-变压器组跳闸出口连接片位置符合运行要求。

（9）集控室各灯光、信号显示正常，LCD 画面显示正确。

（10）正常运行中，监视发电机的各项参数在正常范围内，发电机定子电流、励磁电流与机组负荷相对应，相间应基本平衡。发电机电压在额定值以内，当机组进相运行时，发电机电压最低不得低于 25.65kV，6kV 母线电压不得低于 5.7kV，并应注意发电机铁芯温度、线圈温度、氢温、水温、振动等在正常范围内。

（11）正常运行时，发电机中性点电压在 700V 以下，若有不正常偏高，应立即检查发电机保护运行正常，连接片投切正确，尤其是定子接地保护。

（12）当出现机组负荷波动，与电负荷不匹配，发电机无功负荷升高，机端电压一相电压降低，其他相电压不变时，表明发电机出口 TV 一相熔丝熔断。若出现无功一直增大，发电机运行点可能超出 $P$-$Q$ 曲线允许范围时，应立即将 AVR 控制切至恒定励磁方式。将 DCS 中发电机有功测点选择为正常 TV 对应的有功输出，尽力稳定机组工况。

（13）发电机正常运行时，各相电流之差不得超过额定值的 6%，发电机电流三相不平衡时，应立即检查本机组振动及其他发电机参数、其他机组及 500kV 线路的运行情况。当系统正常时，则应检查本机组定子绕组是否存在开路、短路以及测量回路是否存在开路，应立即减负荷以减少 TA 磁饱和，降低 TA 二次侧开路电压，退出相应的保护，通过机组其他参数进行监视，并减少不必要的操作，通知相关人员立即处理。发电机、励磁机声响正常，无金属摩擦或撞击声，无异常振动现象，无焦味。

（14）机组一般在滞相运行，发电机励磁电流不应超限。正常运行中应投入 AVC 自动调压，如需根据调度指令退出 AVC，因系统电压高发电机需进相时，进相功率因数（超前）不得低于 0.95，进相深度不应使发电机超出 $P$-$Q$ 曲线运行范围，发电机进相时加强对机组振动、铁芯温度、厂用电系统等重点监视。

（15）励磁机外壳、门、观察孔等处密封良好。转子接地保护和转子测量及接地炭刷运行正常，炭刷长度符合运行要求。

（16）发电机电压互感器和中性接地电阻（变压器）处无异声、无焦味、柜门及门锁完好；无漏水和积水情况。

（17）每班用频闪仪检查旋转整流器熔丝是否有熔断，并做记录。

（18）厂用电切换装置运行正常，无异常报警信号。

（19）发电机上、下、左、右以及氢管道周围严禁烟火，不得进行明火作业。特殊情况下要进行可能引起火花的工作，必须办理动火工作票。

2. AVR 柜的检查项目

（1）柜内接线无松动，柜门应关闭良好。

（2）柜内各元件无过热、无焦味，声响正常。

（3）柜内各小开关位置正确。

（4）柜面上各仪表指示准确且正常。

（5）室内温度正常。

（6）柜面上信号灯正常，无异常灯亮。

3. 励磁系统的检查项目

（1）整流盘上的熔断器，每天至少要检查一次，每年要测量一次绝缘电阻（结合机组启停进行测量）。

（2）借助于可以自动控制闪光频率的频闪仪，可以观察到两个整流盘上每一个熔断器。

（3）熔断器监视器的位置可以指示出哪个熔断器是完好的或由于二极管故障而烧断。熔断器烧断时，有标记的熔断器指示器会有一个径向位移。为了确定整个整流盘的情况，需要知道烧断的熔断器属于哪个支路，这可以从整流盘边缘上熔断器的标识识别。

（4）接地故障检测用炭刷，每个月至少检查一次炭刷磨损情况。目测炭刷的损坏情况。如果有损坏，必须更换炭刷。

### 四、发电机及励磁系统的运行操作

1. 系统电压与频率调整操作

（1）电力系统正常运行时的频率要求保持 50Hz，其偏差不得超过±0.2Hz。

（2）当系统特殊需要临时指定为第一调频厂时，应尽力配合调度保持电网频率在（50±0.2）Hz 以内，失去调频能力时应及时汇报调度。

（3）不论是按调度曲线还是按调度命令、调整出力时，均应监视系统频率，当频率超过 50.1Hz 时，应停止加出力，当频率低于 49.9Hz 时，应停止减出力（当需要调整电钟误差时例外）。

（4）如果机组当时在 AGC 方式运行，则应汇报调度，然后根据调度员的命令处理。

（5）如按上述要求调整出力过程中，因 500kV 输电线等设备容量或稳定输送限额限制，无法调整至规定频率或最低技术出力时，则根据设备或稳定限额调整出力，并及时向调度汇报，说明原因。

（6）火电厂应认真执行网调编制的电压曲线，调整电压采用逆调节的方法，就是在电网高峰负荷时争取在电压曲线上限值运行，轻负荷时在平均值运行，低谷负荷时争取在下限值运行，调节无功必须及时，以满足系统和发电机电压的要求，如有困难应及时向调度汇报。

2. 利用发电机出口断路器进行发电机的解、并列操作

（1）发电机并列必须满足下列条件。

1）待并发电机的电压与系统电压近似或相等。

2）待并发电机的频率与系统频率相等。

3）待并发电机的相位与系统相位相同。

（2）发电机自动同期并列步骤。

1）检查汽轮机转速 3000r/min。

2）检查"GEN EXCT SYS"画面上无异常报警信号且电压调节的目标值 27kV。

3）在"GEN EXCT SYS"画面上将发电机励磁系统投入。

4）在"GEN EXCT SYS"画面上将发电机励磁断路器切至"CLOSE"位置，检查发电机励磁断路器合闸正常，励磁机空载电压、电流正常，机端电压升至 27kV（三相电压平衡，三相电流指示为 0）。

5）选择发电机出口断路器 DCS 操作框内"SYNCHRONOUS"按钮。

6）确认同期装置自动投入，进行发电机出口断路器合闸并网。

7）确认发电机出口断路器确已合上，发电机三相电流平衡，机组自动带 5% 额定负荷。

8）将同期装置退出运行。

（3）发电机解列操作。

1）查发电机有功功率降至接近 0MW。

2）调节发电机无功功率降至接近 0Mvar。

3）手动打闸汽轮机，确认主汽门已关闭。

4）查发电机有功功率降至 −10MW，延时 1.5s，程序逆功率保护动作出口"停机 2"。

5）查发电机出口断路器三相分闸，发电机定子电流三相均为 0A。

6）查发电机磁场断路器 FCB（FMK）分闸。

7）拉开发电机出口隔离开关。

8）复位发电机第一、二套保护屏逆功率保护和"停机 2"出口双位置继电器。

9）就地合上发电机励磁机干燥器电源空开。

3. 发电机进相运行注意事项

（1）进相运行时，时应保证参数不超限：发电机定子电流不大于 $105\% I_e$，发电机机端电压不小于 $95\% U_e$，发电机功角小于 $70°$，系统电压保持不低于 505kV，厂用电电压控制在不小于 5.9kV，发电机各部温度不超限。其中：

1）定子绕组槽内层间温度（运行温度小于 90℃）；

2）定子上层线棒出水口温度（运行温度小于 70℃，报警 75℃，定冷水温度大于冷氢温度 5℃）；

3）定子线棒汽端总出水管温度（运行温度小于 70℃，报警值 85℃）；

4）定子铁芯端部温度（汽端）（运行温度小于 105℃，报警值 120℃）；

5）定子铁芯端部温度（励端）（运行温度小于 105℃，报警值 120℃）；

6）定子铁芯端部磁屏蔽温度（汽端）（运行温度小于 105℃，报警值 120℃）；

7）定子铁芯端部磁屏蔽温度（励端）（运行温度小于 105℃，报警值 120℃）；

8）定子冷却水温度运行值约 48℃，报警值 53℃，保护值 58℃。

（2）进相试验和低励试验数据规定发电机进相深度如下：

1）有功 900MW 及以上，允许无功最低值为 +50Mvar；

2）有功 800MW 时，允许无功最低值为 −60Mvar；

3）有功 500MW 时，允许无功最低值为－160Mvar。

（3）进入进相运行工况后，手动减小励磁电流应缓慢调节，每次操作减少无功约 10Mvar（或功角变化 5°）后停留 15min，观察记录参数变化情况。调节过程中随时注意功角的变化，若发现功角自行增大，则应立即增加励磁电流以免发电机失步。

（4）防止过励磁保护误动。若电压仍上升较多致使可能达到过励磁报警值时，汇报调度请求电网采取措施降低系统电压，并且降低我厂有功负荷，加大进相深度。

（5）当发电机低励信号发出时，记录当时的有功、无功、定子电压、励磁电流/电压、功角等。

（6）试验中注意监视 380V 电压，防止电机因电压低电流大跳闸。特别注意仪用空气压缩机、给煤机。做好可能出现的事故预想：发电机失磁，发电机振荡、失步，发电机异步运行，发电机端部温度过高、汽轮发电机组轴振异常。做好发电机紧急打闸或跳闸的预想。

（7）励磁系统低励限制、发电机无功控制均应根据发电机制造厂提供数据执行，运行中不得越限运行。

（8）定子铁芯及端部构件的温度限值见表 4-1。

表 4-1　　　　　　　　　　　　发电机定子铁芯及端部构件的温度限值

| 机内氢气 | 定子绕组出水 | 定子绕组线棒层间 | 定子铁芯 |
|---|---|---|---|
| 88℃ | 85℃ | 90℃ | 120℃ |
| 定子端部结构件 | 转子绕组 | 轴承金属 | 轴承和油密封出油 |
| 120℃ | 110℃ | 90℃ | 65℃ |

4. 更换励磁系统接地炭刷操作

（1）短时退出发电机励磁接地保护。

（2）施压并逆时针方向旋转从刷架的卡锁中取出刷握。

（3）在接线头处断开电连接。

（4）从刷握中拉出带有炭刷的刷盒。

（5）从刷盒尾部抽出炭刷。

（6）从刷盒尾部插入新的炭刷。

（7）把带有炭刷的刷盒安装到刷握的上面。

（8）在接线头处恢复电连接。

（9）检查炭刷的接触压力，如果需要调整炭刷的接触压力为 6N，把刷握插入刷架，啮合卡锁。

（10）投入发电机励磁接地保护。

5. 发电机绝缘测量

（1）发电机定子绕组的绝缘电阻在通水情况下，用 2500V 的绝缘电阻表测量只能用来判断定子绕组是否有对地直接短路。要精确测量绝缘值，需用专用测量仪器。

（2）每次测量之前，发电机必须去励磁、转子停转，并且使绕组接地放掉所有的静电，每次测量后也应接地放掉静电。

（3）发电机定子绕组在干燥后接近工作温度时，其对地及相间的绝缘电阻，应不低于规定值，在 40℃时发电机定子绕组对发电机额定电压的每千伏绝缘电阻不小于 1MΩ，且吸收比 $R_{60s}/R_{15s} > 1.3$，或极化指数 $R_{10min}/R_{1min} \geqslant 2$。

（4）转子绕组在 40℃时绝缘电阻不小于 1MΩ。

（5）每次测量前，必须对发电机断开励磁并将绕组接地放掉所有静电。

（6）应在励端的接地故障检测滑环上测量绝缘电阻，测量时应使用电压等级不大于 500V 的绝缘电阻表。

（7）测量持续时间至少 2min。

（8）测量时，接地检测用的测量刷不应与滑环接触。

（9）测量绝缘时，不得从事任何可能会导致静电放电和产生火花的活动，转子两端必须正确接地。

# 第二节　变　压　器

## 一、系统概述

变压器是发电厂和变电站重要的电气设备之一。它不仅能够实现电压的转换，以利于远距离输电和方便用户使用；而且能够实现系统联络并改善系统运行方式和网络结构，以利于电力系统的稳定性、可靠性和经济性。变压器是构成电力网的主要变配电设备，起着传递、接受和分配电能的作用。在发电厂中，将发电机发出的电能经过变压器升压后并入电网，这种升压变压器称为主变压器；另一种是分别接于发电机出口或电力网中将高电压将为用户电压，向发电厂常用母线供电的变压器，这种变压器称为厂用总变压器（简称厂总变）和启动备用变压器（简称启备变）。随着单机容量的增大，在机组的接线方式选择时，一般都采用发电机变压器组的单元接线，即将每台汽轮发电机和一台变压器直接连接作为一个单元，这样接线简单。当任一台机组发生异常和故障时对其他机组没有影响，便于运行人员的调节、监视和事故处理。由于大型发电厂主变压器的容量很大一般采用三台单相变压器以 Yd11 形接线组成与发电机组成单元接线，变压器的冷却方式为强迫油循环风冷（ODAF）。

## 二、变压器的运行规定

1. 变压器的绝缘监督

（1）变压器在新安装或大修后投入运行前，以及长期停用的变压器在重新投入运行前，均应测量其绝缘电阻和吸收比，测得数值和测量时的顶层油温（干式变可记录当时变压器温度）应记录在《绝缘电阻记录簿》内。

（2）测量绝缘电阻应使用 1000V 或 2500V 的绝缘电阻表。

（3）变压器绕组及与三相直接连接的一次回路设备的绝缘电阻值一般每千伏不应小于 2MΩ，测量结果应和以往记录结合比较分析，如明显下降时，应查明原因并汇报值长或值班负责人。

（4）由于运行人员不具备测量主变压器、高压厂用变压器、高压备用变压器等变压器绝缘的条件，上述设备的绝缘数据应由检修人员负责测量。这些变压器投运前，检修人员应向运行人员提供变压器绝缘数据（如：记录在工作票试验数据栏内），由运行人员确认合格，并记入《绝缘电阻记录簿》内。

（5）变压器的绝缘电阻值一般不得低于初次值的 85%，吸收比应不小于 1.3，变压器绝缘电阻与温度的关系如图 4-2 所示。

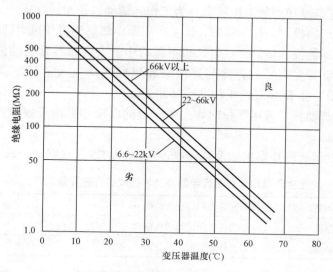

图 4-2　变压器绝缘电阻与温度的关系

2. 变压器瓦斯保护运行规定

（1）凡变压器投入运行，其瓦斯保护必须同时投入跳闸。若瓦斯保护不能投跳，该变压器不准投入运行。

（2）瓦斯保护投入前，检修人员应负责下列内容：

1）气体继电器动作正确、可靠，并有完整的合格记录。

2）瓦斯保护二次回路正确、可靠，绝缘电阻值不小于 5MΩ。

（3）瓦斯保护投入前，运行人员应检查下列内容：

1）查阅气体继电器校验报告。

2）气体继电器外壳完整，无渗油漏油。

3）气体继电器内无空气且充满油。

3. 主变压器冷却装置运行规定

（1）主变压器冷却控制箱采用两路独立电源供电。两路电源可任意选一路工作或备用，当一路电源故障时，另一路电源能自动投入。（当 SAM2 开关投"WORK"位置时冷却器自动投、退控制回路投用，当 SAM2 开关投"TEST"位置时冷却器自动投、退控制回路退出。当冷却器自动投、退控制回路投用时，冷却器自动投、退是根据主变压器 500kV 开关动断辅助触点动作）。

（2）主变压器冷却器正常运行方式：SAM2（冷却器自动投退开关）切换开关始终投在"TEST"，SAM3（冷却器全停保护投退开关）切换开关在主变压器恢复热备用且冷却器正常投运后投入"工作位置"，并必须投入主变压器冷却器全停保护出口连接片；主变压器风扇正常运行方式为两组"工作"、一组"辅助"、一组"备用"，无异常情况下，风扇的切换只能在定期工作规定的时间内进行，其他时间不得随意切换。

（3）在主变压器停运后，如主变压器有检修工作需停用主变压器冷却器时，要断开冷却器电源，其他情况下主变压器转冷备用只需将风扇全部停用，应先将 SAM3 投"停止位置"并必须退出主变压器冷却器全停保护出口连接片。

（4）主变压器每组冷却器的工作状态分为工作、辅助、备用、停止。

1）主变压器冷却器投"工作"位时，该主变压器冷却器油泵和风扇即投入运行。

2）主变压器冷却器投"辅助"位时，根据运行中的主变压器顶层油温或变压器负荷达到规定值（约 75% 负荷左右）时，冷却器油泵和风扇自动投入运行。顶层油温温度达到 50℃启动辅助冷却器，低于 40℃停止辅助冷却器。

3）主变压器冷却器投"备用"位时，当工作或辅助冷却器出现故障停止运行时，备用冷却器自动投入运行。

（5）主变压器投运的冷却器组数及其允许连续运行的容量规定见 4-2。

表 4-2　　　　　主变压器冷却器运行组数与允许连续运行的容量规定

| 一组冷却器退出运行，变压器允许长期运行的负荷 | 约 80% |
|---|---|
| 二组冷却器退出运行，变压器允许长期运行的负荷 | 约 60% |
| 三组冷却器退出运行，变压器允许长期运行的负荷 | 不允许长期带负荷运行 |

（6）主变压器冷却系统故障，冷却装置全部停用后，允许的运行负荷和时间规定见表 4-3。

表 4-3　　　　主变压器冷却装置运行组数与允许的运行负荷和时间规定

| 投入冷却器数 | 满负荷运行时间（min） | | | | 持续运行的负荷数（%） | | | |
|---|---|---|---|---|---|---|---|---|
| | 10℃ | 20℃ | 30℃ | 40℃ | 10℃ | 20℃ | 30℃ | 40℃ |
| 1 | 约 205 | 约 150 | 约 100 | 约 45 | 约 90 | 约 80 | 约 70 | 约 60 |
| 2 | 约 440 | 约 325 | 约 215 | 约 100 | 约 100 | 约 100 | 约 90 | 约 80 |
| 3 | 连续 | | | | 100 | | | |

变压器满负荷运行时，当全部冷却器退出运行后，油层温度不超过 75℃时，允许继续运行 1h。

变压器满负荷运行时，当全部冷却器退出运行后，当油层温度上升到 75℃，允许继续运行 20min。

4. 变压器额定运行方式

（1）正常运行时，变压器应在规定的冷却条件下按照铭牌规定的范围运行。

（2）主变压器、高压备用变压器、高压厂用变压器均为油浸电力变压器，厂用变压器主要为 F 级干式变压器，运行中的环境温度为 +40℃时，其温升、温度的限额见表 4-4。

表 4-4　　　　　　　　变压器温升限额

| 设备名称 | | 主变压器 | 高压备用变压器 | 高压厂用变压器 | 厂用变压器 |
|---|---|---|---|---|---|
| 冷却方式 | | 强油风冷 | 油浸风冷 | 油浸风冷 | 干式 |
| 限额温升<br>（℃） | 油 | 55 | 55 | 55 | |
| | 线卷 | 65 | 65 | 65 | |

续表

| 设备名称 | | 主变压器 | 高压备用变压器 | 高压厂用变压器 | 厂用变压器 |
|---|---|---|---|---|---|
| 报警温度 (℃) | 油 | 85 | 95 | 90 | 140 |
| | 线卷 | 110 | 105 | 110 | |
| 跳闸温度 (℃) | 油 | 95 | 105 | 100 | |
| | 线卷 | 120 | 115 | 120 | |
| 冷却风机启动温度（℃） | | 50 | 50 | 50 | 80 |
| 冷却风机停用温度（℃） | | 40 | 40 | 40 | 70 |

（3）当冷却介质温度下降时，变压器最高上层油温也应该相应下降，为防止绝缘油加速劣化，自然循环风冷变压器油温一般不宜超过95℃。强迫油循环风冷变压器油温一般不宜超过85℃。

（4）高压厂用变压器及高压备用变压器两组低压侧输出容量之和，不得超过其额定容量，单侧的低压输出为额定值的50%。

（5）变压器的外加一次电压，一般不超过相应分接头电压值的105%，此时，变压器的二次侧可带额定电流运行。

（6）高压备用变压器有载调压装置，正常运行时应投入"近控自动"位置。

5. 允许的过负荷运行方式

（1）变压器可以在正常过负荷和事故过负荷的情况下运行。变压器在过负荷运行时，应投入全部冷却装置。变压器在存在较大缺陷时（如冷却系统不正常，严重漏油、色谱分析异常等）时，不允许过负荷运行。

（2）主变压器允许在额定容量的1.3倍内过负荷连续运行。

6. 低压干式变压器冷却装置的运行方式

（1）低压干式变压器冷却风扇控制具有自动和手动两个位置。当冷却风扇控制投自动时冷却风扇的启停受变压器绕组温度控制。风扇的自启动温度为80℃，停止温度为70℃，变压器绕组温度高报警温度为140℃，跳闸温度为150℃。

（2）干式变压器温控器具有显示绕阻温度、故障报警、超温跳闸、自动启停风机和故障诊断功能。干式变压器温控器联锁动作项目见表4-5。

表 4-5　　　　　　　　　　　干式变压器温控器联锁动作项目

| 温度（℃） | $T_1=70$ | $T_2=80$ | $T_3=140$ | $T_4=150$ |
|---|---|---|---|---|
| 动作情况 | 停运风扇 | 启动风扇 | 变压器超温报警 | 跳闸 |

### 三、变压器的运行与维护

（1）检修人员需在运行或热备用中的变压器及其附属设备上进行工作，有可能引起瓦斯保护误动作跳闸的，应事先向值长申请，经批准后，将瓦斯保护由"跳闸"改接"信号"，并在工作票上提出要求。

（2）在停用变压器或其附属设备上做过吊芯、换油、滤油、油泵修理、调换气体继电器，瓦斯保护误动作跳闸的，检修应在复役时书面向运行人员交代，并制定和采取措施（包括放气校验等）。

（3）重瓦斯保护正常投跳闸。当在重瓦斯保护回路上工作时，应将重瓦斯保护改为信号，工作结束后投入跳闸。

（4）运行中的变压器在加油、滤油时，应将重瓦斯保护改为信号。加、滤油工作结束，运行 48h 经放气后再投入跳闸。

（5）新装变压器，停役或备用变压器在油回路上做过如吊芯、滤油、换油、加油、更换硅胶、油泵修理、调换气体继电器等工作后，在合闸充电前应将瓦斯保护投入跳闸。充电正常后改接信号，待空气排尽，且在载荷（对于强迫油循环的变压器，此时无论载荷容量多少、应投入全部油泵）24h 后瓦斯保护无动作信号及其他异常情况时，方可将瓦斯保护投入跳闸。若有气体应放去，并每隔 8h 检查一次，直至连续 24h 无气体时再投跳闸，然后按本规程的规定相应调整运行油泵台数。

（6）在重瓦斯保护退出运行期间，严禁退出变压器的其他主保护。

（7）变压器的监视与检查项目。

1）变压器的油温和绕组温度指示应为正常，储油柜（包括有载调压装置邮箱）的油位应与温度相对应，充油套管油位应正常，各部位无渗油，漏油。

2）套管绝缘子、避雷器等瓷质设备外部清洁，无破损裂纹，无放电痕迹及其他异常现象。

3）变压器音响正常，本体无渗漏油，吸湿器完好，硅胶干燥不变色。

4）运行中的各散热器温度应相近，油温正常，各散热器的蝶阀均应开启，风扇、油泵转动均正常，油流继电器指向应正确。

5）气体继电器与油枕间阀门应开启，气体继电器内应无气体，压力释放装置情况正常，无动作象征。

6）变压器附近无焦臭味，各载流部分（包括电缆、接头、母线等）无发热现象。各控制箱和二次端子箱应关严，无受潮现象。变压器的门、窗、锁等完好，房屋不漏水，照明及通风系统良好。

7）有载调压开关的分接头位置及电源指示应正常。

8）变压器冷却器控制箱内各开关手柄位置与实际运行状况相符，各信号灯指示应正常。干式变温度指示及冷却风扇运行正常。

9）干式变压器的外部表面应无积污。

（8）新安装和运行中的电力变压器，化学部门应做好绝缘油的化学监督，并按照制造厂的要求和有关规定，定期进行色谱分析试验和耐压试验。

（9）主变压器、厂用高压变压器、高压备用变压器装有可燃烃气体检测仪，用以连续监测绝缘油中的可燃烃气体，正常巡检时应注意指示值变化情况，如发现变动较大或指示值不正常升高报警时，应及时取样化验。

### 四、变压器的运行操作

1. 变压器并列运行条件

（1）绕组接线组别相同。

（2）电压比相等（允许偏差 5%）。

（3）阻抗电压相等（允许偏差 5%）。

（4）电压比和阻抗电压不符合时，经过计算，在任何一台变压器不会过负荷的情况下，允许并列运行。

2. 变压器的操作

（1）变压器在投运前，应仔细检查，并确保变压器在完好状态，具备带电运行条件。对检修后的变压器应终结所有相关工作票，拆除有关接地线和拉开有关接地隔离开关，查核分接头位置。测量或查核绝缘电阻合格，按规定投入冷却装置。变压器在低温投运时，应防止呼吸器因结冰被堵。恢复常设遮栏及标示牌。

（2）变压器投运前，应按整定要求投入继电保护。

（3）变压器的投运和停用，一般分为全电压合闸和分闸以及零起升压和逐步降压两种方法，华能玉环电厂按下列原则进行操作。

1）正常运行时主变压器、高压厂用变压器采用全电压合闸投运。在特殊情况下，用 500kV 断路器与系统并列时，采用零起升压法投运。上述各变压器均采用全电压分闸停用。

2）高压备用变压器及其他厂用变压器采用全电压合闸投运，全电压分闸停用。

3）以全电压投运的双绕组变压器，应先合高压侧（电源侧）断路器，后合低压侧（负荷侧）断路器；停用时反之，应先断开低压侧（负荷侧）断路器，后断开高压侧（电源侧）断路器。

3. 变压器的紧急停用情况

（1）内部声响很大，且不均匀，有爆裂声。

（2）在正常负荷及冷却条件下，变压器上层油温不正常，并不断上升。

（3）由于变压器故障引起储油柜或防爆管喷油。

（4）严重漏油使油位下降，低于油位计的指示限度。

（5）油色变化过甚，油内出现碳质等。

（6）套管有严重的破损和放电现象或严重漏油。

（7）压力释放装置动作而不返回，向外大量喷油。

（8）干式变压器绕组有放电声，并有异臭。

# 第三节　厂用电动机

## 一、厂用电动机运行规定

1. 厂用电动机运行的一般规定

（1）在每一台电动机外壳上，均应有原制造厂的额定铭牌。铭牌若遗失，应根据制造厂数据或试验结果补上新铭牌，所有的电动机均应有相应的保护，不允许无保护投入运行。

（2）经常保持电动机周围干燥清洁，防止水、汽、油侵入，特别是通风口附近应无任何障碍物，通风口无积灰。

（3）电动机的转动部分应装设遮拦或护罩，电动机及启动调节装置的外壳应接地。

（4）备用中的电动机应经常检查，能保证随时启动并按时进行备用电动机的定期切换和定期启动。

（5）电动机运行一段时间后视轴承型式进行加油或注润滑剂。轴承用的润滑油或滑脂剂应符合化学规定，间隔时间和出量依据制造厂家的规定，并做好加油记录。

（6）交流电动机定子线圈引出线应标明相别，直流电动机则应标明极性。

（7）电动机轴承温升即使低于规定值，但突然增高（如5℃/min），应作为异常工况，必须查明原因，及时处理。

（8）用温度计或直接用手测试电动机部件和减速装置部件的表面温度，必须低于其极限温度。电动机的表面温度必须保持低于绝缘级别的极限温度10～20℃。

（9）经常监视电动机运行工况和抄录运行参数，断路器分合闸指示灯不亮，应查明原因设法排除。

（10）电动机及其所带设备上应标有明显的箭头，以指示旋转方向，外壳上应有明显的编号名称，以表示它的隶属关系。启动装置上应标有"启动""运行""停止"标志。

（11）电动机的断路器、接触器、操作把手及事故按钮，应有明显的标志以指明属于哪一台电动机。事故按钮应有防护罩。

（12）保护电动机用的各型熔断器的熔体，应经过检查。每个熔断器的外壳上都应写明其中熔体的额定电流。就地应标明各电动机装设的熔断器的型号和容量。

2. 电动机的允许运行方式

（1）电动机在额定冷却条件时，可按制造厂铭牌上所规定的额定数据运行。不允许运行限额不明的电动机盲目地投入运行。

（2）电动机的温升限额，见表4-6。电动机在任何运行情况下，均不应超出此温升，超出时应采取措施降低出力，并迅速查明原因，若此时仍超温则应停用该电动机。

表 4-6　　　　　　　　　　　　　电动机温升限额　　　　　　　　　　　　　　（℃）

| 测温方法 | 绝缘等级 | | | | | | | | | | | |
| --- | --- | --- | --- | --- | --- | --- | --- | --- | --- | --- | --- | --- |
| | A 级 | | | E 级 | | | B 级 | | | F 级 | | |
| 电动机部件 | 温度计法 | 电阻法 | 检温计法 | 温度计法 | 电阻法 | 检温计法 | 温度计法 | 电阻法 | 检温计法 | 温度计法 | 电阻法 | 检温计法 |
| 定子线圈 | 50 | 60 | 60 | 60 | 70 | 70 | 70 | 80 | 80 | 85 | 100 | 100 |
| 定子铁芯 | 60 | | | 65 | | | 80 | | | 100 | | |

注　1. 上表为空气冷却的电动机温升限值，按环境温度40℃计算。

　　2. 对A级绝缘电动机，外壳温升允许35K，最高温度限额不得超过75℃。

　　3. 对E级绝缘电动机，外壳温升允许45K，最高温度限额不得超过80℃。

　　4. 对B级绝缘电动机，外壳温升允许45K，最高温度限额不得超过85℃。

　　5. 对F级绝缘电动机，按B级绝缘考核，个别点温升可超过B级，但不得超过F级规定温升。

（3）电动机轴承的最高允许温度，应遵守制造厂的规定，无制造厂规定时可按下列标准：

1）滑动轴承不得超过80℃。

2）滚动轴承不得超过95℃。

（4）电动机运行时的振动限值见表4-7。

**表 4-7**　　　　　　　　　　　　　　电动机运行时振动限值

| 额定转速（r/min） | 7600 | 3200 | 1500 | 1000 | ≤750 |
|---|---|---|---|---|---|
| 振动值（双振幅 $\mu m$） | 40 | 50 | 85 | 100 | 120 |

（5）电动机可以在额定电压变动$-5\%\sim+10\%$的范围内运行，其额定出力不变。一般厂用母线电压许可变动范围见表 4-8。

**表 4-8**　　　　　　　　　　　厂用母线电压许可变动范围

| 母　线 | 下　限（V） | 上　限（V） |
|---|---|---|
| 6000V | 5700 | 6600 |
| 400V MCC(AC) | 361 | 418 |
| 220V MCC(DC) | 210 | 232 |

1）当电压低于额定值时，电流可相应增加，但最大不应超过额定电流值的 10%，并监视绕组、外壳及出风温度不超过规定值。

2）电动机在额定出力运行时，相间不平衡电压不得超过额定值的 5%，三相电流差不得超过 10%，且任何一相电流不得超过额定值。

3）电动机绕组的绝缘电阻，每千伏工作电压的绝缘电阻不小于 $1M\Omega$，工作电压在 1kV 以下者，不应小于 $0.5M\Omega$，6kV 电动机冷态绝缘电阻须在 $6M\Omega$ 以上，特殊情况须经总工程师批准后方可投入运行。

### 二、厂用电动机的运行与维护

1. 厂用电动机的运行检查项目

（1）用听棒检查机内的电磁声、通信声、轴承摩擦声等是否有异常。

（2）是否有过载等原因造成电动机过热而产生油漆等烧焦的臭味。

（3）用手触摸电动机外壳、轴承是否存在异常温度和振动。

（4）观察轴承有否漏油，轴承内油量、油环旋转状况是否正常。

（5）检查轴承的润滑油及温度是否正常，对强力润滑的轴承，应检查其油系统和冷却水系统运行正常。

（6）电动机及其周围温度不应超过规定，保持电动机附近清洁（不应有煤灰、水汽、油污、金属导线、棉纱头等）。

（7）由外部引入空气冷却的电动机，应保持管道清洁畅通，进口滤网清洁，风扇运转正常，连接处严密，闸门在正确位置。对大型密闭式冷却电动机应检查其冷却水系统运行是否正常。冷却水管不应漏水、渗水。

（8）按时记录电动机表计读数、启停时间与原因及所发现的一切异常现象。

（9）对直流电动机应注意检查下列项目：①炭刷是否有冒火、晃动或卡涩现象；②炭刷软铜辫是否有碰外壳现象；③炭刷是否已磨至规定值；④炭刷是否有因集电环、整流子磨损不均匀，整流子中间云母片凸出，炭刷固定太松，机组振动等原因而产生不正常振动现象，如发现上述现象，应立即消除；⑤备用中的电动机，应定期检查，保证能随时自启动。

（10）装有防潮加热器的电动机，在电动机停止运转后应确保其加热器自动投入运行，运转时应检查加热器自动停用。加热器投入时，应由值班人员严密监视电动机温度，不使电动机绕组烧焦。

（11）对于装有防潮加热器的电动机，检修后送电时，要求将电动机加热电源一同送电。拉电时，如果不是电动机检修，应保留电动机加热电源。检查电动机加热器电源是否投用（处于试验位置的断路器，二次断开触头应接通，且控制电源送上）。

2. 电动机测量绝缘电阻的规定

（1）新安装或检修后的电动机第一次送电前，必须测量绝缘电阻合格。

（2）装有加热器的电动机，连续停转一个月后或受潮后重新启动前应测量绝缘值合格。

（3）未装加热器的电动机或虽装有加热器，却因故未投入使用的电动机，在连续停转15 天以后，在投入运行前应测量绝缘值合格。

（4）环境恶劣地方的电动机停运超过 8h，启动前应测量其绝缘电阻。

（5）在连续阴雨天及梅雨季节，上述两条测量绝缘的期限减少一半。开启式电动机，在停用一天后启动前应测绝缘合格。

（6）电动机绝缘电阻后，应将绝缘数值登记在《电气绝缘记录簿》内。

（7）电动机绝缘电阻的测量，额定电压为 6kV 的应使用 2500V 绝缘电阻表，400V 及以下电压的电动机使用 500V 绝缘电阻表测量。

1）环境恶劣地方的电动机停运超过 8h，启动前应测量其绝缘电阻。

2）电动机绝缘电阻值应符合要求：6kV 电动机定子绕组绝缘电阻值不小于 6MΩ，特殊情况须经总工程师批后方可投入运行。6kV 高压电动机绝缘电阻值如低于前次测量数值（相同环境温度条件）的 1/3～1/5 时应查明原因，并测吸收比 $R60''/R15''$，比值不低于 1.3；400V 及以下的电动机定子绕组绝缘电阻值不小于 0.5MΩ。特殊电动机（如炉水循环泵）的合格绝缘电阻定值按其特殊规定执行。

### 三、厂用电动机的启停操作

1. 电动机检修后启动前的检查

（1）有关工作票已终结，有关接地线已拆除。

（2）新安装或检修后的电动机第一次送电前，必须测量绝缘电阻合格。

（3）电动机上或其附近应无杂物和无人工作。

（4）电动机所带动的机械应具备运行条件，可以启动，保护应投入。

（5）轴承和启动装置中的油位应正常，油盖应盖好，如轴承系强制供油循环或用水冷却，则应将油压调至正常值，并检查回油情况或将水系统投入运行。

（6）对直流电动机，应检查整流子表面是否良好，炭刷接触是否紧密。

（7）最好设法盘动转子，以确认定子和转子不相摩擦，或被机械卡住，盘动前应做好安全措施防止盘动时断路器误合闸。

（8）转动部分防护罩应装设牢固，外壳接地线良好。

（9）电动机绕组的绝缘电阻合格。

（10）机械部分无卡涩现象，联轴器能盘动（小容量电动机）。

（11）由外部引入冷空气的阀门是否打开。大型密封式电动机空冷器的冷却水系统是否投入运行。

（12）检查电动机有关各部测温元件显示指示应正确。

（13）检查是否有机械引起的反转现象，如有应及时停运。

2. 电动机启动规定

（1）在检修过程中，如果电动机不具备 LCD 遥控启动的条件，可采取在断路器室直接启动的方法。但对于 6kV 电动机，为了防止出现不安全情况，一般不应在断路器面板上直接启动，而应要求检修采取外接启停按钮的安全措施。

（2）关于 6kV 电动机在运行中跳闸，进行再次启动前应确认：确认是电气量保护动作使电动机跳闸，则不允许再次启动电动机。需要对电动机进行绝缘检查和直流电阻测量，判断电动机无故障后才允许电动机重新启动。若是非电气量保护如仪控的压力、温度等原因造成电动机的跳闸，则允许在处理好非电气量保护以后，重新启动电动机。

（3）电动机的启动一般应采用遥控启动（只能就地启动的电动机例外），就地应派巡检员负责启动前后的检查和联系。6kV 电动机启动时，就地应有人监视，确认启动正常，同时应严密监视启动电流变化，若启动电流在规定启动时间内不返回或合闸后电流值不变且电动机不转，应立即停运，查明原因后再进行启动。

（4）电动机启动次数规定。笼型转子电动机在冷、热态下允许连续启动的次数，应按制造厂规定进行。如制造厂无规定时，应按下列规定执行：正常情况下，笼型电动机一般允许在冷态启动二次，允许热态下启动一次，只有在事故处理时以及启动时间不超过 2～3s 的电动机可以多启动一次。（电动机运行 30s 以上为热态，停用 2h 后为冷态），当进行动平衡试验时，启动的时间间隔为：

1）200kW 以下的电动机，不应小于 0.5h。

2）200～500kW 的电动机，不应小于 1h。

3）500kW 以上的电动机，不应小于 2h。

电动机冷热态规定：

1）冷态：电动机本身温度 60℃ 及以下。

2）热态：电动机本身温度 60℃ 以上。

（5）电动机启动应逐台进行，一般不允许在同一母线上同时启动两台以上较大容量的电动机，启动大容量电动机，启动前应调整好母线电压（若使用启动备用变压器电源启动电泵）。

（6）对于新安装或检修后的电动机单转试验，由试验人员检查，运行人员负责操作，一般初次启动需采取"点转"（即启动后马上停止），确认下列各项正常后，方可正式启动电动机：

1）转动方向正确。

2）振动正常。

3）轴承不发出异常噪声，吸油环旋转。

4）电动机内无异常噪声。

5）无异常气味。

6）电动机安装和接线正确。

# 第四节 配 电 装 置

## 一、装置概述

配电装置是发电厂的重要组成部分，它是按主接线的要求，由高压配电装置、母线、断路器设备、保护装置、测量装置和必要的辅助设备所组成的合称。500kV 系统设备一般采用六氟化硫封闭式组合电器，国际上称为"气体绝缘断路器设备"（Gas lnsulated Switch-gear, GIS），它将一座变电站中除变压器以外的一次设备，包括断路器、隔离开关、接地隔离开关、电压互感器、电流互感器、避雷器、母线、电缆终端、进出线套管等，经优化设计有机地组合成一个整体，具有小型化、可靠性高、安全性好、安装周期短、维护方便，检修周期长等优点。厂用封闭母线、离相封闭母线、真空断路器或高压限流熔断器＋真空接触器组合成的 F-C 回路断路器等广泛应用于大型火力发电机机组。先进机组还配有发电机出口断路器成套柜，减少了机组正常启、停时的厂用电切换；机组在发电机断路器以内发生故障时，减少机组事故时的操作量；便于发电机、主变压器、高压厂用变压器的保护配置；发电机内部故障只需跳开发电机出口断路器，不需跳主变压器高压侧 500kV 断路器，对系统的电网结构影响较小，对电网有利；虽然初期投资大，但便于检修、调试，缩短故障恢复时间，提高了机组可用率，同时每年可节约大量的运行费用。

## 二、配电装置的接线方式与运行规定

1.500kV 系统设备一般运行规定

（1）500kV 设备属网调管辖改变运行工况应向所辖网调申请，得到批准后，才可操作。

（2）断路器、隔离开关操作原则上采用遥控操作方式，只有在特殊情况下才可以近控操作。

（3）接地隔离开关设计为近控操作。

（4）隔离开关手动操作仅在试验时允许，试验结束应检查三相位置，断路器指示一致。无论是遥控操作、近控操作、手动操作，在操作时必须有人在现场检查三相位置动作是否一致，并对近控箱内断路器位置指示灯复位。断路器重新合闸后也必须到现场检查断路器三相位置是否一致。

（5）为防止断路器损坏，$SF_6$ 气压低于 0.50MPa 时，禁止操作。

（6）500kV 系统除特殊情况外应保持两个完整串运行。

（7）500kV 断路器操作机构内加热器应一直保持在接通状态。

（8）GIS 送电操作前，必须检查具备下列条件：结束工作票，拆除临时设备安全措施；$SF_6$ 及操作油压力正常；有关接地隔离开关断开；断路器、隔离开关位置指示分闸；经远方分、合闸操作及保护传动试验，证明良好。

（9）华能玉环电厂 500kV 断路器不带合闸电阻。为了防止操作过电压规定如下：正常运行时，500kV 线路避雷器不得退出运行；500kV 输电线路的停、送电操作应用靠母线侧的断路器来进行，即：母线侧断路器采用"先合、后拉"的操作原则；发电机运行时不允许用 500kV 发电机侧断路器空充 500kV 母线；主变压器与 500kV GIS 之间有 100m 左右的架空线，正常运行时规定：主变压器 500kV 侧的避雷器不得退出运行。

（10）设备或线路送电时，应先合上母线侧隔离开关，再合上负荷侧隔离开关，最后合上断路器（设备送电前必须将有关保护投入，没有保护或不能电动跳闸的断路器不准送电）。设备或线路停电时，应先断开断路器，再断开负荷侧隔离开关，最后断开母线侧隔离开关，取下断路器熔丝或断开控制电源空气断路器。

2. 电力电缆的运行规定

（1）电力电缆运行电压不应高于额定电压的 115%。

（2）电力电缆投入运行前应测量绝缘电阻。500V 及以下的电缆使用 500V 绝缘电阻表测量，500V 以上的电缆使用 2500V 绝缘电阻表测量。电缆绝缘不低于 $1M\Omega/kV$，且各相绝缘电阻的不平衡系数不应大于 2，测量结果应与以前测量结果相比较，如偏差较大应查明原因，才可投入运行。电缆长期运行允许的温度限值见表 4-9。

表 4-9　　　　　　　　　　　　电缆长期运行允许的温度限值

| 额定电压（kV） | 0.4 | 6 | 10 | 25～35 |
|---|---|---|---|---|
| 允许运行最高温度（℃） | 65 | 50 | 45 | 35 |

（3）电缆一般不得过负荷。事故时，电缆允许短时过负荷，但应遵守下列规定：

1）低压电缆允许过负荷 10%，6～10kV 电缆允许过负荷 15%，但均不得超过 2h。

2）220kV 以上电缆不得过负荷。

3）对于间歇过负荷，必须在前一次过负荷 10～12h 以后才允许再次过负荷。

3. 避雷器的运行规定

（1）避雷器检修后，应由高压试验人员做工频放电试验并测绝缘电阻。能否投入运行由工作负责人做出书面交代。除检查试验工作时间外，全年应投入运行。

（2）每次雷击或系统发生故障后，应对避雷器进行详细检查，并将放电记录器指示数值记入《避雷器动作记录簿》。

（3）正常运行时，500kV 线路避雷器不得退出运行。

（4）主变压器与 500kV 断路器之间有架空线，正常运行时规定：主变压器 500kV 侧的避雷器不得退出运行。

（5）避雷器发生爆炸、冒烟、着火故障，必须将断路器切断。

（6）避雷器必须每年进行预防性试验，测量电导电流，并比较其变化情况。

4. 二次测量设备的运行规定

（1）电压互感器带电压时二次侧不得短路，电流互感器在一次侧载流时二次侧不得开路。

（2）6kV 各段母线电压互感器的防铁磁谐振装置应常投入。

（3）在下列情况下，可能引起有关继电保护和自动装置误动作，须事先慎重考虑，并采取相应措施：

1）停用电压互感器或其二次回路。

2）短接运行中电流互感器的二次侧。

3）加入或退出保护的电流回路。

（4）电压互感器有明显故障时，严禁将电压互感器手车拉出。禁止用电压互感器隔离开关隔绝故障电压互感器。

### 三、配电装置的运行与维护

1. 500kV 配电装置的运行与维护

（1）500kV 配电装置正常运行中检查。

1）检查保护配电室各断路器保护屏无报警装置绿灯亮，连接片正确投用，发现保护报警不要立即复归，应记录报警内容，通知继保人员检查处理。

2）检查故障录波器无报警。

3）检查 NCS 配电室各测控屏无报警。

4）检查就地控制屏上断路器、隔离开关、接地隔离开关状态与上 NCS 显示一致。

5）检查断路器、隔离开关、接地隔离开关本体上机械位置指示三相一致并与就地控制屏上显示一致。

6）检查就地控制屏上无报警灯亮，油泵打压次数正常，加热器运行正常，各屏柜门应关紧。

7）检查各断路器、隔离开关、接地隔离开关气体压力正常，各断路器油泵电源正常投入，油压正常，现场无漏气漏油现象。

8）设备声音正常，无异味，绝缘子无裂纹，无局部放电现象，无引线发热现象，无接地线发热现象，无架空线放电现象。

9）定期检查和记录避雷器计数器动作次数和电流，发现异常应汇报。

（2）断路器故障跳闸后的检查项目。

1）支持绝缘子及各瓷套等有无裂纹破损、放电痕迹。

2）各引线的连接有无过热变色、松动现象。

3）$SF_6$ 气体有无泄漏或压力大幅度下降现象。

4）储能操动机构启动储能是否正常。

5）机械部分有无异常现象，三相位置指示是否一致。

（3）特殊天气下的断路器检查项目。

1）大风时，引线有无剧烈摆动，上面有无落物，周围有无被刮起的杂物。

2）雨天时，断路器各部有无电晕、放电及闪络现象，接头有无冒气现象。

3）雾天时，断路器各部有无电晕、放电及闪络现象。

4）气温骤降时，检查电控箱、液控箱及操作箱加热器投运情况。

2. 低压配电装置的运行与维护

（1）各仪表指示正常，无报警，断路器指示灯正确。

（2）切换母线电压表，三相电压应平衡。

（3）运行中的断路器，选择开关应放遥控位置；处于试验位置的断路器，二次断开触头应接通（根据热工与电动机加热器要求）。

（4）检查备用电动机加热器投运正常。

（5）在运行电压下，设备不允许出现外部放电现象，可根据噪声、辉光等现象来判断。

（6）停送电时应检查断路器触头完整无损坏、断路器各部绝缘合格。

（7）在每次断开故障电流后应联系检查断路器。

（8）在清洁环境下工作的断路器，每年检查一次，对在尘埃和腐蚀性环境下应一年检查两次。一次绝缘可用交流高压试验检查，试验电压为 25kV（均方根），1min。测绝缘标准大于 $1M\Omega/kV$。

3. 离相封闭母线的运行与维护

（1）中压厂用离相封闭母线投运前的检查项目。

1）母线上接地线已拆除，封闭母线内无杂物，检修工作票已终结，并有书面检修交底。

2）检修后的母线绝缘值应合格，不低于 $1M\Omega/kV$。

3）检修后的母线密封性良好，密封性试验合格。

4）检查微正压装置完好，各阀门、小开关位置正确，启动微正压装置运行。

5）检查母线外壳完好，各处螺栓紧固，接地良好，各支持部件牢固无松脱现象。

（2）发电机离相封闭母线投运前的检查项目。

1）母线上接地线已拆除，封闭母线内无杂物，检修工作票已终结，并有书面检修交底。

2）检修后的母线绝缘值应合格，不低于 $50M\Omega$。发电机封闭母线连同发电机一起测绝缘时，应根据发电机绝缘要求规定，但测量时发电机中性点接地隔离开关应拉开，发电机出口各组电压互感器应拉至"隔离"位置。

3）检修后的母线密封性良好，密封性试验合格。

4）检查微正压装置完好，各阀门、小开关位置正确，启动微正压装置运行。

5）检查母线外壳完好，各处螺栓紧固，接地良好，各支持部件牢固无松脱现象。

6）检查发电机中性点接地变压器一、二次接线良好，无结露现象，满足运行条件。

7）检查避雷器、电压互感器柜内无杂物，电压互感器及其高压熔丝完好。

（3）母线运行中的检查。

1）检查母线在微正压状态下运行，压力值符合规定。

2）微正压装置运行正常，无异常现象，油水分离器底部无水，无漏气现象。

3）封闭母线表面及连接端无过热现象。

4）封闭母线无异常振动、无异声。封闭母线的外壳应牢固，无松动或振动现象，外壳接地线完整，接地可靠。

5）邻近的其他金属构件无发热现象。

4. 发电机出口断路器的运行与维护

（1）发电机出口断路器的运行监视项目。

1）监视各部件的运行工况，其运行参数不超过规定值。

2）监视发电机出口断路器各部件的温度正常。

3）检查发电机出口断路器弹簧操动机构的正常。

4）检查发电机出口断路器 $SF_6$ 压力正常。出口断路器没有操作时，液压弹簧操作泵的启动次数每天允许达到 20 次。当泵启动次数在每天 20～40 次之间时需对操动机构进行监视，超过 40 次每天需联系检修处理。

（2）发电机出口断路器运行中的检查项目。

1）发电机出口断路器室应通风良好。

2）发电机出口断路器与操动机构的位置指示应对应，且和控制室电气位置指示一致。

3）就地控制柜上应无报警指示，控制柜内无异常。

4）发电机出口断路器各部件声音正常，无异味，壳体无局部发热现象，接地引线完好。

5）$SF_6$ 气体压力应在正常范围内，无泄漏现象。

5. 避雷器的运行检查项目

（1）瓷套清洁无裂纹、破损及放电现象。

（2）引线无抛股、断股或烧伤痕迹。

（3）接头无松动或过热现象。

（4）均压环无松动、锈蚀及歪斜现象。

（5）接地装置应良好，检查计数器是否动作。

（6）500kV 出线侧、高压备用变压器、主变压器高压侧避雷器在线监测装置指示正常。

（7）支持绝缘子清洁良好。

（8）保护间隙安装牢固，无电弧烧伤痕迹，接地应良好。

6. 电压互感器、电流互感器运行中的检查项目

（1）无焦臭味。

（2）无异声异振。

（3）外部无变形变色。

（4）各接头无脱落、松动、无发热及放电现象。

（5）对于充油的电压互感器、电流互感器应检查油位正常、油色透明、无渗漏油现象。

7. 电力电缆的运行中的检查项目

（1）钢甲电缆沥青不应脱落，铅皮电缆外皮不应损伤。

（2）支架完整，电缆放置平整，无挤压、鼓包现象。

（3）电缆周围无积水、积灰、积油及堆放杂物。

（4）电缆密集的地方无火花、放电现象。

（5）端头、套管无裂纹和放电现象，外皮接地线良好。

（6）电缆上不允许放任何物件。

（7）运行中除用专用工具进行温度、电流测量外，禁止在电缆回路上进行任何工作。

## 四、配电装置的运行操作

（1）断路器送电操作步骤。

1）接受命令，复诵正确。

2）认清断路器仓位，核对断路器仓名称编号且在试验位。

3）检查断路器在分闸状态且二次插件合好，保护装置电源各开关合位。

4）检查断路器后柜接地隔离开关三相在分闸位。

5）将小车断路器摇到运行位置。

6）合上控制电源开关。

7）检查断路器状态指示及保护装置显示正常。

8）关好仓门上锁。

9）确认断路器摇手柄联锁装置已弹出。

10）选择开关切遥控位置。

（2）断路器停电操作步骤。

1）接受命令，复诵正确。

2）认清操作断路器位置，核对断路器名称。

3）检查断路器在分闸状态且"分闸"绿灯亮。

4）断开控制电源空开。

5）将小车断路器摇到试验位置。

6）根据需要是否将二次插件断开。

7）关好断路器仓门、上锁。

## 第五节　直　流　系　统

超超临界火力发电机组直流系统一般每台机组设置 1 套 220V 动力用直流系统和 1 套 110V 控制用直流系统。动力用直流系统采用单母线接线，放射形供电方式；控制用直流系统采用单母线分段接线，放射形供电方式。还有为了对 500kV 升压站的控制、保护、仪表、信号等装置提供直流电源，500kV 升压站设置 1 套 110V 网控用直流系统，采用单母线分段接线，放射形供电方式。另外对一些外围辅助系统的控制及保护装置（如：海淡化水、锅炉电除尘、炉底渣控制系统、油库设备控制系统等）配备独立的 110V 直流系统。

### 一、系统概述

直流系统主要由充电器、配电屏、微机直流接地选线监测装置以及阀控式密封铅酸蓄电池等组成。充电器具有稳压、稳流及限流性能，即为定电流，恒电压型（微机控制整流器）。充电方式为稳流恒压两阶段充电方式。充电器采用智能高频开关型、N＋1 模块化设计。任一充电模块故障不影响系统运行，并可实现带电热插拔。充电设备的工作方式具有手动与自动两种调节方式。手动调节方式在输出电压调节范围内连续可调。充电器在交流失电又恢复供电后能自动调节，可使整流设备自动投入工作，并根据蓄电池状态自动选择工作状态。均充运行时间在 1～8h 可调，当达到整定时间后，可自动转为浮充电工作。充电器的容量能满足在均衡充电条件下带正常负载，并具有手动充电方式。充电器有定期转定压充电功能；有定期转低压充电功能，当电池长期处于浮充电状态下时，定期转为定压充电功能。

### 二、直流系统的运行规定

（1）当任一母线充电器由于某种原因退出运行时，由备用充电器投入代其运行。

（2）禁止两组母线充电器或蓄电池同时退出运行。

（3）禁止两组蓄电池长期并列运行。

（4）当机组正常运行时，直流系统的任何操作均不应使直流母线瞬时停电。

（5）一般情况下，不允许充电器单独向直流负荷供电。

（6）充电器一般应运行在"自动—稳压"方式。

（7）正常运行时，直流接地检测装置投入，支路有接地时自动报警。

（8）正常运行时，各级直流系统母线电压应维持在 85％～110％范围内：110V 直流系统为 94～121V；220V 直流系统为 192～248V。

（9）所有双回路供电或有联络线设备的操作原则。所有双回路供电或有联络线的设备，当需停一路电源时，可先进行负荷调整由另一路电源供电。电源切换操作原则：先拉后合，即不允许在负荷侧进行电源并列。

（10）6kV、380V 母线的保护、控制直流电源有工作和备用两路，为了防止直流系统并列运行，正常运行中作如下规定：6kV 母线直流切换开关应切至工作电源或备用电源；直流配电盘上，工作直流开关、备用直流开关都合上；380V PC 母线（除保安 PC&MCC 段母线）直流电源开关采取三取二方式运行（即 PC 母线上三只直流开关不许同时合上）；直流配电盘上，380V PC 母线 A 段、B 段工作直流电源开关合上；380V 保安 PC&MCC 段母线单刀双置直流隔离开关选择一路；直流配电盘上，两路直流开关均合上。

### 三、直流系统的运行与维护

1. 直流系统的运行与维护

（1）高频开关整流器运行与维护项目。

1）运行指示灯亮且正确，无故障、无保护动作信号，各表计指示正常。

2）高频开关整流器屏内各部件无松动、过热，无异常声响及振动，无异味。

（2）蓄电池运行与维护项目。

1）外部完整无破裂，各接头连接牢固，无松动发热、各电池无漏液现象。

2）极板无弯曲、膨胀、裂开和短路现象，出线桩头无腐蚀。

3）蓄电池室房屋完整，通风良好，无酸味。

4）各蓄电池无发热及大量冒汽现象。

5）蓄电池室内清洁、通风良好且干燥，电池及台架无污损，室温保持 15～25℃。

6）由检修人员定期检查并记录电解液密度及单体电池电压、温度。

7）严禁烟火靠近蓄电池室，易燃物品不得携入蓄电池室内。

（3）直流配电装置运行与维护项目。

1）母线电压、浮充电流等表计正常，各指示灯指示正常。

2）盘柜内各元件无过热、松动、异常声响、焦臭味。

3）母线绝缘良好，无绝缘低信号。

4）直流接地监测装置运行正常，无异常信号指示和报警。

（4）直流系统的运行与维护项目。

1）正常运行中，应检查各充电器运行正常。

2）直流室内各直流配电盘上直流母线电压、浮充电流应在允许范围内。

3）正常运行时，蓄电池组应经常保持在浮充电运行状态，除非高频开关整流器故障需要放电或放电后再充电。

4）检查蓄电池正常。蓄电池工作时，应检查蓄电池室通风设施完好。氢气体浓度不应超过 1%，蓄电池充放电前应启动通风设施，充、放电结束，通风设施一般再连续运行 2h。

5）蓄电池组的充、放电一般在 12 个月左右进行一次。

6）运行中应关注蓄电池的使用寿命，对容量不足的单体蓄电池应及时进行活化处理，必要时应及时更换。

2. 微机直流接地选线监测装置的运行与维护

（1）正常运行，WZJX 型微机直流接地选线监测装置显示母线常规监测状态的参数，如母线电压，正、负极对地电压等。

（2）在母线监测状态中，如检测到超压、欠压或超过绝缘电阻整定值时，主机上的超欠压报警指示灯或绝缘报警指示灯亮。

（3）在母线监测状态中，检测母线绝缘电阻低于接地电阻整定值时，仪器进入自动支路巡检状态，液晶显示器显示已检测到的支路号与支路电阻值。当有支路接地报警时，液晶显示器显示画面分为两组：一组显示继续巡检的支路号与支路电阻值，另一组显示报警支路的支路号与接地电阻值。

（4）在自动支路巡检状态下，支路巡检完毕，没有支路接地报警，仪器自动回到母线监测状态。

（5）在自动支路巡检状态下，有支路接地报警时，主机发出声光报警，支路巡检继续巡查，直到支路巡检完毕。巡检完毕时，液晶显示器显示画面又分为两部分：一部分显示母线监测数据，另一部分显示报警支路号与接地电阻值。而且仪器反复巡检报警支路，如果支路接地故障消除，仪器自动回到母线常规监测状态。

3. 直流系统的常见故障及处理

常见故障主要有：直流系统接地、充电器故障、直流母线电压异常等。相应处理参见第十一章事故处理相关内容。

### 四、直流系统的运行操作

1. 高频开关整流器的操作

（1）高频开关整流器的投用操作。

1）检查设备应完好，屏内元器件无松动，接线无脱落。

2）查相对应的蓄电池组已投运正常。

3）查监控器面板上电源小开关已合上。

4）放上高频开关整流器进线熔断器。

5）合上高频开关整流器交流进线断路器。

6）查运行指示灯，以及各电压、电流表计等指示正常。

7）分别合上各充电模块面板上的电源开关，查模块工作状态指示灯、电压、电流等显示正常。

8）查监控器前面板上电源指示灯亮，液晶显示屏上参数正常，无报警。

9）将高频开关整流器直流出线隔离开关合于直流母线位置。

10）查各项参数运行指示正常。

（2）高频开关整流器的停用操作。

1）拉开高频开关整流器直流出线隔离开关。

2）拉开高频开关整流器交流进线断路器。

（3）常用整流器切换到备用整流器操作。

1）查备用整流器交流进线断路器已投运。

2）将原备用整流器输出开关切换到直流母线侧。

3）拉开工作整流器输出开关。

4）查各项参数运行指示正常。

（4）备用整流器切换到常用整流器操作。

1）查常用整流器交流进线断路器已投运。

2）将常用整流器输出开关切换到直流母线侧。

3）拉开备用整流器输出开关。

4）查各项参数运行指示正常。

5）切换整流器全过程中，应监视直流母线电压电流正常。若出现异常情况应及时切回原运行方式。

2. 机组 110V 直流系统特殊运行方式（一台充电器带两段直流母线运行）

当一台充电器在检修，同时运行中的两台充电器中任一充电器出现故障时，只能由一台充电器带两段 110V 直流母线运行时。如：110V 直流 A 段母线由 3 号充电器供电、110V 直流 B 段母线由 2 号充电器供电，以 1 号充电器检修、3 号充电器故障为例，其主要操作步骤为：

（1）查 110V 直流 A 段母线联络开关合在蓄电池侧，母线电压正常。

（2）拉开 3 号充电器输出开关。

（3）将 110V 直流 B 段母线联络开关打至 110V 直流 A 段母线侧。

（4）查 2 号充电器输出电压、电流正常。

（5）110V 直流 A/B 段母线电压正常。

（6）A 组蓄电池电压正常。

3. 微机直流接地选线监测装置的操作

（1）微机直流接地选线监测装置的投运操作：合上微机直流接地选线监测装置电源开关，仪器自动进入自检状态；自检通过后，液晶显示器显示设定参数画面。约 40s 后，显示器显示母线监测数据。

（2）微机直流接地选线监测装置的停用操作：拉开微机直流接地选线监测装置电源开关。

## 第六节 交流不停电电源及事故保安电源系统

1000MW 火力发电机组的各种热工自动装置，如计算机监控系统、数据采集系统、协调控制系统、炉膛安全保护系统、汽机电液数字调整装置、汽机监视控制保护装置、火灾报警系统、厂内调度通信以及其他自动和保护装置等，这些装置都需要有一个可靠的电源，该电源不论在机组或电力系统以及机组本身厂用电中断时，都不允许中断供电，这将是保证机组安全、可靠稳定运行的前提条件之一。否则，会使机组失去自动调节与安全监视，使保护设备不受损坏的功能降低，甚至可能由于失去必要的监视和控制手段或处理及时而发生其他事故，造成较大的经济损失。这就需要配置一个具有供电品质高、切换无扰动的不间断供电交流不停电电源系统（Uninterruptable Power System，UPS），其作用：为不允许短时停电的用电设备提供一个稳定、不中断的工频交流电源；将主要仪表、自动装置和监视计算机与厂用电源系统分开，减少暂态干扰。大容量火力发电厂单元机组的 UPS 有三相交流电输入、单相交流电输出（三进单出）和三相交流电输入、三相交流电输出（三进三出）两种方式。一般来说，采用单相输出，在技术上有一定优越性，因负荷不需要进行重新分配，承受冲击能力强；而三相输出要对负荷进行二次分配，设计工作量大，当单个负荷太大时，还会造成 UPS 容量的浪费。目前大容量火力发电厂多采用单相输出方式。

## 一、系统概述

不停电电源系统是保证在机组正常或事故状态时，向机组计算机、机组控制和仪表设备等重要负荷提供稳频、恒压的交流电源。正常运行时，UPS 系统由正常工作电源提供三相交流电源，当工作电源或整流器故障时，由直流系统经逆变器提供额定值的电源，主电源恢复正常后，负载又自动切换到工作电源供电。在过载、电压超限或逆变器发生故障，或蓄电池放电至终止电压值时，静态开关将负荷转为旁路供电。当 UPS 主机柜或旁路柜检修时，由手动旁路开关对设备隔离，并直接供电。UPS 系统故障等重要信号，由 RS-232 串行接口或 RS-485 串行接口或无源干触点接口发至 DCS，以提醒运行人员进行处理。

## 二、UPS 系统构成及运行方式

### 1. UPS 系统构成

交流不停电电源（UPS）包括主机部分、旁路部分和配电部分。主机部分包括输入隔离变压器、整流器（AC/DC）、输出隔离变压器、逆变器（DC/AC）、静态转换开关、逆止二极管、监视器机控制面板、控制单元等；旁路部分包括旁路隔离变压器、旁路稳压调压器、补偿变压器、控制仪表等；配电部分包括馈线和控制仪表等。UPS 系统图如图 4-3 所示。

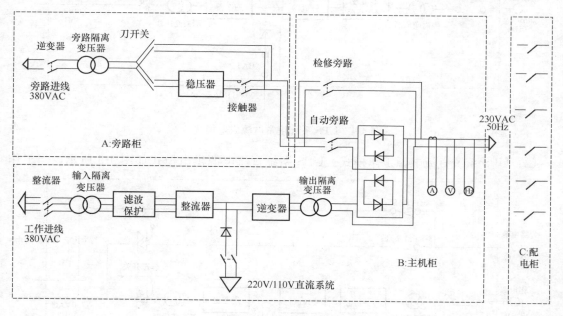

图 4-3　UPS 系统图

### 2. UPS 系统的技术指标

（1）交流不停电电源系统技术指标。

1）在正常和事故运行期间，向不停电电源系统负荷提供电压和频率稳定的正弦交流电源。

2）在正常的交流电源失去时，向负荷提供不停电电源。

3）将交流不停电电源系统负荷与厂用电系统产生的瞬变过程加以隔离。

4）交流不停电电源应具有足够的容量，使得在承受所接负荷的冲击电流和切除出线故障时对本系统不致产生不利影响。

（2）交流不停电电源装置的技术指标。

1）输出电压幅值稳定度范围为±2%。

2）输出频率稳定度范围为±0.5%。

3）谐波失真度小于5%。

4）要求切换时间不大于5ms。

3.UPS系统的运行方式

（1）UPS系统正常电源供电模式。UPS系统正常电源供电模式如图4-4所示，UPS工作电源正常时，三相交流电源经过输入隔离变压器、滤波变压器、整流器、逆变器、输出隔离变压器、静态开关向负载供电。

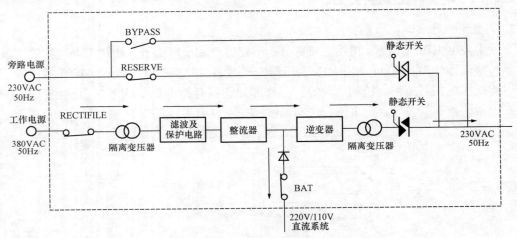

图 4-4　UPS系统正常电源供电模式

（2）UPS系统直流电源工作模式。UPS系统直流电源供电模式如图4-5所示，当工作

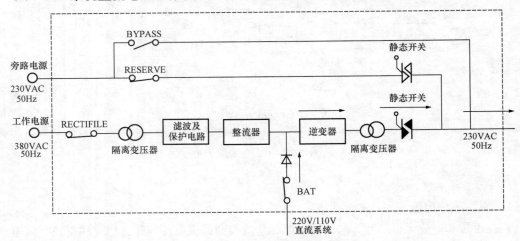

图 4-5　UPS系统直流电源供电模式

电源发生异常时，直流电源经过逆变器、输出隔离变压器、静态开关向负载供电，使交流输出不会有中断现象，进而达到保护输出负载的作用。只有当整流器不工作时才能由直流电源向逆变器供电。

（3）备用电源供电模式。UPS 系统备用电源供电模式如图 4-6 所示，旁路电源输入到旁路调压柜经调压后作为逆变器发生故障时 UPS 负载的备用电源，在正常情况下，逆变器输出静态开关处于常闭状态，旁路静态开关处于常开状态。当出现逆变器温度过高、短路现象、输出电压异常或负载超载等故障时，逆变器会自动切断以防止损坏，若此时旁路电源仍然正常时，静态开关会将电源供应转为由备用电源输出给负载使用。

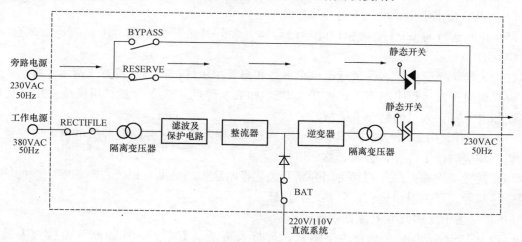

图 4-6 UPS 系统备用电源供电模式

（4）检修旁路供电模式。UPS 系统检修旁路电源供电模式如图 4-7 所示，当 UPS 要进行维修或直流电源中断而且负载供电又不能中断时，可先切断逆变器开关然后激活旁路无熔丝开关，再将整流器和备用电源无熔丝开关切断。在手动维护旁路转换的过程中，交流电源经由检修旁路开关继续供应电源给负载，此时，UPS 内部将可靠隔离，检修人员可以安全地进行维护。

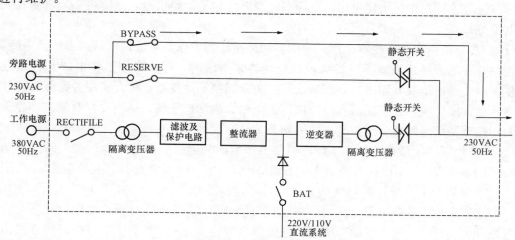

图 4-7 UPS 系统检修旁路电源供电模式

### 三、UPS 系统的运行与维护

1. UPS 系统的运行与维护

(1) 柜内各元件无异声、异味，无过热现象。

(2) 主机柜内冷却风扇运转正常，主机柜上方是否有风排出，环境温度在 5～35℃ 范围内。

(3) 检查旁路柜面板上输入和输出指示正常，柜内隔离变压器和调压变压器的温升正常，调压系统和传动机构工作正常，部件无松动，接触良好，炭刷无严重磨损。

(4) UPS 输出电压、电流及各项参数正常。

(5) 正常运行时 UPS 主机柜内除检修旁路开关外其余开关均在合上位置；如未合上，应查明原因。

(6) 无异常报警信号，各运行监控指示灯和报警指示灯按实际运行方式指示正确。

(7) 机组正常运行中绝不允许停用 UPS，如必须停用，应在负载已切换或停用并已联系热控和电气专业人员的情况下进行。

(8) 当 UPS 由备用旁路电源切逆变器，或由逆变器切备用旁路电源供电前，应注意观察面板上相应的指示灯亮，否则，禁止切换。

(9) 逆变器检修旁路开关和备用旁路开关切换时应先通后断，以便在不影响负载的情况使逆变器和静态开关退出运行，对其进行检修。

(10) 尽量不要用直流电源直接启动 UPS。

(11) UPS 装置主机柜面板内部熔丝，运行人员不负责断开，如需断开由检修人员自理，且必须合上后交返运行。运行人员在送电时（由检修旁路倒回正常运行或开机等）必须检查确认熔断器已送上，否则会造成静态开关和逆变器闭锁，造成切换过程中 UPS 输出中断。

(12) 在逆变器切换至旁路的操作过程中，如果没有将逆变器停用而直接拉开直流电源开关和常用电源开关，此时，虽然静态转换开关也能切换至旁路供电，但此种切换方法为异常切换。逆变器能跟踪旁路的输出，一旦逆变器失电，静态转换开关可自动切换至旁路。正常操作方法应为：先将逆变器停用，使静态转换开关切至旁路供电，然后将直流电源开关和常用电源拉开。

(13) 在旁路切换至逆变器操作过程中，如果整流器工作，直流供电后，未激活逆变器，而直接拉开备用旁路开关，UPS 即失电。逆变器未激活时，即使常用工作电源和直流电源均恢复，逆变器还是没有输出，静态转换开关也未切换至逆变器，拉开备用旁路开关，UPS 将失电。正常操作应为：整流器和直流恢复供电后，激活逆变器，待逆变器有输出，静态转换开关切换至备用旁路后，可拉开备用旁路开关。

(14) 若稳压器故障或有检修工作，确保工作电源和逆变器回路工作正常，断开自动旁路开关 "RESERVE" 和检修旁路开关 "BYPASS"，按下旁路柜稳压器停止按钮，稳压器输出电压、电流至 0，断开旁路进线开关 "QF"，将稳压器隔离开关 "QN" 打至 "市电" 位置。旁路稳压柜由检修恢复备用时，将稳压器隔离开关 "QN" 打至 "稳压" 位置，合上旁路进线开关 "QF"，按 "启动" 按钮，稳压器接触器合上后，"稳压" 灯亮，检查输出电压、电流正常，再合上自动旁路开关 "RESERVE"。

2. UPS 系统的常见故障及处理

（1）主机柜投运前未投上控制保险。在 UPS 主机柜检修时，为了检修维护人员的安全，需要将控制熔断器及主机柜风扇熔断器取下。检修工作结束，工作人员未及时放上控制熔断器，在逆变器处于锁机状态下直接拉开旁路电源，导致 UPS 失电。在检修工作结束，务必要放上控制熔断器，确保控制电源正常和主机柜风扇运转正常后方可进行旁路电源切换至工作电源的操作。

（2）逆变器未激活状态下拉开旁路电源。在整流器输出和直流电源正常后，如果逆变器未激活，则逆变器没有输出，此时拉开旁路电源，就会导致 UPS 失电。在整流器输出正常后，因静态转换开关设定工作电源为主电源，激活逆变器后静态转换开关会自动切换至逆变器供电。

（3）交流电源输入正常，但是整流器无法激活。在排除整流器输入断路器未合闸，可能原因为交流输入相位错误。

（4）逆变器无法激活。检查直流母线电压是否建立，使用整流器或直流电源开关建立直流母线电压。在检查直流母线电压正常后，检查自动旁路开关"RESERVE"在合闸，因控制电源取自自动旁路，控制电源正常后方能激活逆变器。

**四、UPS 系统的运行操作**

1. UPS 由检修旁路供电倒为工作电源供电

（1）检查 UPS 主路电源，旁路电源，直流电源合闸正常。

（2）打开主机柜面板检查熔断器均完好插入。

（3）检查 UPS 旁路柜内旁路电源开关"INVERTER"在合闸，进线刀开关"QN"投在隔离稳压侧，"稳压"灯亮，输出电压、电流正常。

（4）检查旁路柜面板上手动/自动切换开关在"自动"位置，或通过手动方式调节稳压器输出电压与 UPS 馈线电压一致。

（5）检查 UPS 主机柜内工作电源进线开关"RECTIFILE"、直流电源进线开关"BAT"、自动旁路开关"RESERVE"在分闸，检修旁路开关"BYPASS"在合闸。

（6）合上自动旁路开关"RESERVE"。

（7）检查面板上自动旁路电源和输出端 LED 亮起，自动旁路电源经静态开关供电，风扇开始转动。

（8）拉开检修旁路开关"BYPASS"，检查 UPS 由自动旁路供电运行正常，面板显示正确。

（9）合上工作电源进线开关"RECTIFILE"，整流器自动投入。

（10）等待 15～30s 整流器输出正常，直流母线电压建立，电池低电压报警消失。

（11）合上直流电源进线开关"BAT"，同时在面板上按下逆变器切断开关（R）和逆变器控制开关（Q），启动逆变器。

（12）约 4s 后逆变器有输出，再经 3s 后静态开关自动切至由逆变器供电。

（13）检查显示屏上旁路静态开关退出运行，逆变器静态开关投入，UPS 由工作电源供电。

（14）检查 UPS 输出电压、电流、频率正常。

2. UPS 由主路供电倒为检修旁路（经稳压回路）供电

（1）检查 UPS 运行正常，面板显示正确，无报警。

（2）检查 UPS 主路电源，旁路电源，直流电源正常。

（3）检查 UPS 旁路柜内旁路电源开关"INVERTER"在合闸，进线隔离开关"QN"投在隔离稳压侧，"稳压"灯亮，输出电压、电流正常。

（4）检查旁路柜面板上手动/自动切换开关在"自动"位置。

（5）检查 UPS 主机柜内工作电源进线开关"RECTIFILE"、直流电源进线开关"BAT"、自动旁路开关"RESERVE"在合闸，检修旁路开关"BYPASS"在分闸。

（6）同时在面板上按下逆变器切断开关（R）和逆变器控制开关（Q），切断逆变器"INVERTER"。

（7）检查显示屏上逆变器退出运行，静态开关自动转换输出负载由逆变器转换为自动旁路电源供电。

（8）拉开直流电源进线开关"BAT"，工作电源进线开关"RECTIFILE"。

（9）等待约 5min 后，直流母线将能量释放完毕，电池低电压报警发出。

（10）合上检修旁路"BYPASS"开关，检查检修旁路及自动旁路静态开关 LED 灯均亮起，同处导通状态，断开自动旁路开关"RESERVE"。

（11）检查 UPS 输出电压、电流正常。

3. UPS 旁路由停用恢复备用

（1）检查 UPS 主机柜内自动旁路开关"RESERVE"在分闸位。

（2）将旁路柜面板上手动/自动选择开关放置"自动"位置。对于旁路柜初投或检修后第一次投入需要将手动/自动选择开关放置"手动"位置，并进行升/降压试验。

（3）将稳压器刀开关置"稳压"位置。对于稳压器在异常状态下无法投运时，可将稳压器刀开关置"市电"位置，旁路电源开关合上后即获得"市电"输出。

（4）合上 UPS 旁路柜内旁路电源开关"INVERTER"。检查稳压器输入电压正常。按下稳压器"输出"按钮，延迟 5～15s，稳压器输出接触器闭合。检查面板上稳压绿灯亮，稳压器输出电压正常。

（5）合上 UPS 主机柜内自动旁路开关"RESERVE"。

4. UPS 旁路由备用改为停用

（1）检查 UPS 由工作电源供电运行正常。

（2）检查 UPS 旁路稳压器开关在"稳压"位置，检查面板上绿色稳压灯亮，稳压器输出电压正常。

（3）按下稳压器"停止"按钮，检查稳压器输出接触器断开，面板上稳压绿灯灭。

（4）拉开 UPS 旁路柜内旁路电源开关"INVERTER"，拉开 UPS 主机柜内自动旁路开关"RESERVE"。

（5）若稳压器需要检修时仍可保证旁路电源备用，在按下稳压器"停止"按钮后，将稳压器刀开关置"市电"位置，可对稳压器进行维护检修。

**五、事故保安电源系统概述**

为了在全厂停电或机组厂用电消失情况下，不中断火电厂顶轴油泵、润滑油泵、热控微机等重要负荷的供电，保证汽轮发电机组安全停机，避免烧轴瓦及大轴弯曲等恶性事故的发生，火力发电厂都配置有可靠的应急事故保安电源，已满足在任何情况下保证机组安全停机的供电需要。保安母线一般设有 3 路电源，两路常用工作电源引自厂用母线段供电（两路工作、备用电源可以在 ECS 上选择为"主电源""备电源"），再配置一台快速启动的应急柴油发电机，作为的事故保安的备用电源。

### 六、事故保安的接线方式与运行规定

1. 应急事故保安电源的运行方式

（1）正常运行时，380V 保安段由 A 电源供电，柴油发电机组在"AUTO"热备用状态，柴油发电机组出口断路器断开。当保安段常用工作电源故障造成保安段母线失电，即当保安段母线电压降低至 $25\%U_H$ 或失去电压状态时，延时 3s 正常工作电源将跳闸，备用工作电源合闸，同时启动柴油发电机组，当备用工作电源成功合上时，若 4min 内保安母线电压恢复正常，则柴油发电机出口断路器不合闸，柴油发电机组自动停机。若备用工作电源合闸失败，同时正常工作电源跳闸，柴油发电机将自动启动并合上柴油发电机组出口断路器，10s 内可带负荷，15s 后带满负荷。

（2）380V 保安段正常工作电源或备用工作电源恢复时，柴油发电机组就地控制盘通过自动同期装置，可以将保安母线切换到工作电源或者备用工作电源供电（切换时检同期时间为 10s）。切换成功后柴油发电机将自动减少负荷直到停用（按停机逻辑约 180s 后停机，恢复备用）。

（3）柴油发电机应经常处于暖机热备用状态。其润滑油系统、冷却水系统、发电机本体都装有预热装置。手动和自动启动功能在柴油发电机组近控控制面板上实现启动功能锁定。

应急事故保安的接线方式如图 4-8 所示。

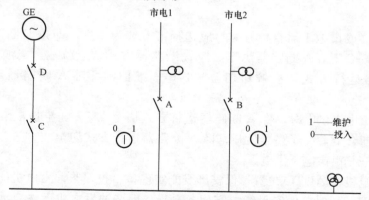

图 4-8 应急事故保安的接线方式

2. 柴油发电机与保安母线联锁

保安母线三路电源联锁逻辑安装在柴油发电机就地控制柜内，当柴油发电机控制方式置"AUTO"或"STOP"位逻辑起作用，而当置于"MANAL"位，以下逻辑均失效。A/B 断路器在柴油发电机控制柜内有"1"（检修位）和"0"（运行位）。集控室设紧急启动柴油发电机按钮，若按此按钮，柴油发电机自启动，同期并列，跳开主电源断路器，保安母线即由柴油发电机供电。按主路电源断路器"RESUME PW SUPPLY"按钮，主路电源断路器

同期并列，柴油发电机出口断路器跳开。柴油发电机事故停机按钮共有四处，分别设在集控室、柴油发电机控制柜、集装箱门口、柴油发电机机头。柴油发电机在备用时，任按个事故按钮，柴油发电机会在"AUTO"位置切到"STOP"位置，事故按钮复归前，柴油发电机不能切回"AUTO"，只有事故按钮复归后，才可以从"STOP"切回"AUTO"，恢复柴油发电机热备用。柴油发电机监视参数可在配电柜液晶屏上看到。如果出现异常，分别有水温、油压、电池电压、故障、报警指示灯显示。

（1）正常运行时，市电1为主用，A、C断路器合，B、D断路器分。保安由市电1供电，选择市电2为主用，即按B断路器M-PW按钮，B断路器合上，A断路器跳开，柴油发电机不启动。

（2）市电1失电，3s确认后，A断路器跳开，B断路器自合，柴油发电机自启动。此后，市电1电源恢复，3s确认后，A断路器同期合上，B断路器跳开。柴油发电机空载运行3min后自停。市电2失电，柴油发电机不启动。市电2失电，之后市电1也失电，3s确认，A断路器跳开，发合B断路器的命令，柴油发电机自启动，B断路器合失败，D断路器自合并列。市电2恢复供电，3s确认，B断路器合上，D断路器跳开。市电1恢复供电，3s后A断路器同期合上，B断路器跳开，柴油发电机空载运行3min后自停。

（3）A断路器误跳，发合A断路器的命令，A断路器合上。若A断路器拒合，发合B断路器的命令，B断路器合上。柴油发电机自启动，运行4min后自停。市电1恢复后，没有任何动作，需按A断路器"RESET"按钮复归故障信息，A断路器同期合上，B断路器跳开。

（4）A断路器保护动作跳闸，B断路器自合，发"A Tripped"报警，此时若B断路器也保护跳闸，柴油发电机不启动，D断路器不自合。当市电1、市电2均市电供电或均恢复供电，柴油发电机不应有任何动作。市电1故障消除后，按"RESET"按钮，A断路器合上。

（5）A断路器或市电1需要检修时，应选择市电2为主用，即按B断路器M-PW按钮，B断路器同期合上，A断路器跳开，将A断路器方式切至就地，柴油发电机就地控制屏内A断路器运行方式切换按钮切至"1"——维护，可对A断路器或市电1进行检修。

（6）正常由市电1供电时，将A断路器运行方式切至"1"——维护，柴油发电机即启动，D断路器同期合上，A断路器跳开。将A断路器运行方式切至"0"——投入后，A断路器同期合上，恢复由市电1供电。

（7）柴油发电机在AUTO位置，保安母线能实现备自投，柴油发电机能自动启动。柴油发电机在STOP位置时，保安母线能实现备自投，但柴油发电机无法启动。柴油发电机在MANU位置时，保安母线不能实现备自投，柴油发电机不能自启动。

### 七、柴油发电机的运行操作

柴油发电机组操作方式的选择开关有3个位置："AUTO""STOP""MANAL"。"AUTO"位置为正常运行位置，表示柴油发电机组投入自动启动状态。柴油发电机的启动方式：自动、就地控制盘手动启动。停机方式：就地控制盘停机、集控室控制台远方紧急停机、发电机本体控制盘事故停机和柴油机本体机械停机（户外）。

1. 远方紧急启、停方式

运行方式选择开关在"AUTO"位置，在集控室控制台上按下"紧急启动柴油发电机"按钮。柴油发电机自启动后，工作电源断路器断开，柴油发电机达到全速、全压后柴油发电机出口断路器自动合上。当复归"紧急启动柴油发电机"按钮后，柴油发电机与工作电源检同期后，工作电源断路器自动合上，柴油发电机出口断路器自动断开，柴油发电机运行3min后自动停机。运行方式选择开关"AUTO/MANUL"选择开关在任何位置时，在集控室控制台上按下"紧急停止柴油发电机"按钮，柴油发电机自动停机。

2. 就地手动启、停方式

就地将"AUTO/MANUL"选择开关在"MANUL"位置，按下"TEST 1"按钮，柴油发电机就地手动启动。按下"TEST 0"按钮，柴油发电机就地手动停机。绝对禁止按"STOP"停机。

3. 柴油发电机带负荷试验

柴油发电机配自动同期装置，试验时在可以与厂用电同期并联，实现带负荷运行的试验。将运行方式选择开关"AUTO/MANUL"切至"AUTO"位置，按下"TEST 1"按钮，选择"TEST WITH LOAD"，柴油发电机自启动，当转速、电压达到额定值时与工作电源检同期，柴油发电机出口断路器自动与厂用电并列，10s后工作电源断路器自动断开，此时380V保安段负载由柴油发电机供电。只有当按下"TEST 0"按钮，柴油发电机与工作电源检同期，工作电源断路器自动合上，10s后柴油发电机出口断路器自动断开，柴油发电机运行180s后自动停机。

4. 柴油发电机空负荷试验

就地将"AUTO/MANUL"选择开关在"AUTO"位置，按下"TEST 1"按钮，选择"TEST WITHOUT LOAD"，柴油发电机自启动，运行10min后，柴油发电机自动停机，或按下"TEST 0"按钮柴油发电机立即停机。

5. 柴油发电机手动准同期并列

就地将"AUTO/MANUL"选择开关在"MANUL"位置，按下"mian synchronization"按钮，此时柴油发电机与工作电源检同期，按下组合键"＋U"和"－U"按键，调节柴油发电机电压，按下组合键"＋V"和"－V"按键，调节柴油发电机频率，按下"合工作电源断路器"，工作电源断路器合上。按下"分柴油发电机出口断路器"，柴油发电机出口断路器断开，按下"TEST 0"按钮，停柴油发电机。（此方式在工作电源和备用工作电源恢复供电后切换时可以采用。）

6. 柴油发电机组的例行试验

柴油发电机组应每月进行两次手动启动试验，空载运行10min。柴油发电机组应每半年进行一次带负荷试验（结合机组启停进行），并使柴油发电机组带50％负荷运行一小时。

# 第七节 继 电 保 护

## 一、系统概述

继电保护通过研究电力系统故障和危机安全运行的异常工况，以探讨其对策的反事故自动化措施。因在其发展过程中曾主要使用有触点的继电器来保护电力系统及其原件（发电机、变压器、输电线路等）使之免受损害故称为继电保护装置。继电保护装置反映电力系统中电器元件发生故障或不正常运行状态，并动作于断路器跳闸或发出信号的一种自动装置。

继电保护装置的基本任务：当电力系统发生故障或异常工况时，在可能实现的最短时间和最小的区域内，自动将故障设备从系统中切除，或发出信号，由值班人员消除异常工况根源，以减轻或避免设备的损坏和对相邻地区供电的影响。

## 二、继电保护运行原则和维护规定

1. 继电保护运行原则

（1）在任何情况下，电气设备不允许无保护运行，必要时可停用部分保护，但主保护不允许同时停用。运行中的保护装置，因故必须停用时，应汇报有关领导，涉及网调管辖的设备应得到网调的同意后方可进行。

（2）投入、停用运行设备的继电保护及自动装置或调整继电保护的定值，必须由有关调度员（局管设备）或值长（自主设备）的命令，并按值长的书面命令执行。应严格执行《调度规程》中的有关规定："除厂用部分的保护和自动装置的投停玉环电厂自行管理外，其余的保护和自动装置的投停均属网调调度"。当判明保护装置有误动作危险时，值班人员有权先解除该保护装置的跳闸作用，然后逐级汇报。

（3）保护装置两路直流电源分别从 110V 直流 A、B 段母线引接，发电机-变压器组第一、二套保护装置分别由直流 A、B 段母线供电。

（4）值班人员在下列情况下，对继电保护及自动装置进行外部检查。

1）对集控室的继电保护及自动装置，除接班后、交班前做必要的一般检查外，每班要进行一次详细的检查。

2）对断路器室内的继电保护装置，结合巡回检查一并进行。

3）在继电保护或自动装置投入的前后。

4）每次电气事故、有信号发出后。

（5）严禁停用保护装置的直流电源，如确因处理故障需停用直流电源必须报经总工程师同意，并做好有关安全措施和事故预想。

（6）为防止运行设备的保护误动作，不允许在运行的控制盘和保护盘上或附近进行钻孔等振动较大的工作，必要时应采取措施或停用部分保护。

（7）电子设备间严禁使用任何无线电设备。

（8）不允许在未停用的保护装置上进行试验和其他测试工作。也不允许在保护未停用的情况下，用装置的试验按钮做试验。

（9）继电保护及自动装置正常运行的投入和停用由运行人员操作。保护的投入、退出应由两人按操作票进行，一人操作，一人监护。当保护的投停需动二次线或微机保护中的设置时，则由保护人员进行。

（10）正常情况下，继电保护及自动装置的投入、退出及保护方式的切换，应用专用连接片和开关进行，不得随意采用拆接二次线头加临时线的方法进行。

（11）故障录波器在电网发生事故或振荡时，能自动记录整个过程中各种电气量的变化，据此可准确判断分析事故发展过程和类型，寻找线路故障点，评价保护动作情况，积累第一手资料，不断提高系统运行水平。因此故障录波器必须投入运行。由于录波器本身元件损坏等原因致使不能继续运行时，可申请并经调度同意停用，但应立即通知检修人员，修复后使用。

2. 正常运行时，继电保护及自动装置的检查项目

（1）保护装置柜门完好，关紧。继电器罩壳完好，玻璃清晰。

（2）继电器触点距离正常，无烧黑、烧毛情况，触点无不正常的抖动或响声；带动触点的连杆不卡煞，触点间无异物。

（3）继电器线圈无过热、烧焦、冒烟及电阻灼热的情况。

（4）运行中应充电的继电器（或元件）应在励磁状态，并无异声。

（5）各类切换开关及连接片位置应符合当时运行方式的要求。

（6）继电保护装置的电源及运行指示信号灯（如有指示灯时）应正常。

（7）交、直流小开关的状态符合当时设备的运行情况，小开关保护装置未动作。

（8）保护及自动装置无不正常信号发出。

3. 继电保护及自动装置经检修后复役时，复核下列事项

（1）设备有无异动和特殊要求，并在继电保护工作记录簿上书面交清，检修工作负责人、当值运行主值班员双方复核无误后分别签字，并经值长审核签字，按值进行交接。

（2）根据继电保护整定书要求核对定值。

（3）二次回路连接片符合运行方式要求及接触良好。

（4）要投入运行的继电保护和自动装置，必须有保护人员提供的保护定值整定通知书和电网调度命令或有关领导的命令方可执行。运行应建立保护整定专用记录本，并对过时的整定书加盖"作废"章后存档，执行的整定书应加盖"执行"。

4. 一次接线调整操作和二次回路配合的原则

（1）在改变一次系统运行方式时，应同时考虑到二次设备和继电保护装置的配合，即在书写一次设备的操作票时，应一并写入有关继电保护和二次回路的调整操作。

（2）在断开电压互感器或处理电压互感器回路故障时，应解除取用该电压互感器作电源的保护或自动装置的跳闸作用或自动功能（如低电压保护、低电压启动的备合闸装置及其他自动装置等），不可无措施地信赖某些元件的自动闭锁作用（如低压断路器脱扣闭锁备合闸装置等）。

（3）在运行设备的电压互感器及电流互感器二次回路上进行工作或调整继电器定值时，要防止电压互感器二次回路短路和电流互感器二次回路开路。

（4）在改变一次系统运行方式的同时，如需调整继电器定值则应遵守：

1）对反应故障时数值上升的继电器（如过电流继电器等），若定值由大调小，应在运行方式改变后进行调整。若定值由小调大，则在运行方式改变前进行调整。

2）对反应故障时数值下降的继电器（如低电压继电器，阻抗继电器等），则调整顺序与"1）"所述相反。

5. 继电器定值调整的基本措施

（1）由于运行方式的变更，需要调整继电保护定值或改变二次运行方式时，仅在具备下列条件的情况下，由运行人员执行。

1）通过连接片、开关改变继电保护或自动装置的运行方式者。

2）运行值班员应向接班值班员将上述情况交接清楚，并进行现场熟悉与讲解，务求彻底掌握。

3）遇有临时性定值调整，运行人员对调整方法和安全事项不掌握时，则应由值长通知继电保护人员执行，以免造成严重后果。

（2）运行中调整继电器定值必须执行下列措施。

1）做好可靠措施，保证调整过程中不致引起电流互感器二次侧开路和电压互感器二次侧短路。

2）调整作用于跳闸的保护装置定值时，应于调整前取下与该保护装置有关的保护跳闸连接片（无跳闸连接片时，应隔绝动作继电器的直流电源），调整完毕，应按下列方法之一，判断保护装置确实没有误动作的可能时，方可放上跳闸连接片或送上直流电源：

a. 清楚地看到继电器触点在分开位置，不致动作跳闸者。

b. 对于无法清楚地看到触点是否在分开位置，但在跳闸连接片断开情况下，动作后有信号指示的继电器，经检查无信号指示者。

c. 对于无法清楚地看到触点是否在分开位置，且在跳闸连接片断开情况下，动作后无信号指示的继电器，应以专用高内阻电压表测量连接片两端无异极性电压。

d. 调整继电器定值时，应小心谨慎，动作要轻，防止引起振动或误碰触点。同时也应注意勿误碰相邻继电器元件。

e. 调整继电保护及自动装置切换保护连接片时，应注意不要使连接片误碰其他连接片或接地，并使连接片接触良好。

3）在放上差动保护跳闸连接片之前，除对相应的保护装置进行详细检查外，还应着重检查：①差动保护断线闭锁装置未动作；②测量差动保护跳闸连接片两端无异极性电压。

4）新投入或检修后的继电保护和自动装置应经整组动作试验正确后方可投入运行。

6. 微机保护运行中的注意事项

（1）严禁操作装置上的键盘、开关、拨轮。

（2）运行中运行人员不允许随意改变定值。

（3）微机保护全停应该将微机保护的跳闸连接片全部断开，不允许用停保护直流电源的方法来代替。

（4）装置在运行中，故障闭锁回路动作时，应立即汇报当值值长并通知继电保护班处理。

（5）微机保护正常运行时，打印机故障时，应及时通知继电保护班。

（6）运行人员查找直流接地故障时，若必须查找微机保护专用直流电源，需要停用保护时必须经电网调度许可后方可进行。

（7）禁止在微机保护盘附近 5m 内使用任何无线电通信工具。

（8）微机型继电保护装置室内最大相对湿度不应大于 75%，应防止灰尘和不良气体的侵入；微机保护装置室内环境温度应在 5～30℃范围内。

### 三、继电保护配置

1. 500kV 设备保护配置

（1）分相电流差动保护。线路 A、B、C 相各自独立一套差动保护，单相故障跳单相并启动重合闸，相间故障跳三相不重合闸。作为线路的主保护。

（2）距离保护。距离保护是反映故障点至保护安装地点之间的距离（或阻抗），并根据距离的远近而确定动作时间的一种保护。作为线路的后备保护。

（3）方向零流保护。在零序电流保护中增加一个零序电流方向继电器，保证保护的选择性和灵敏性。作为线路的后备保护。

（4）短引线保护。采用3/2断路器接线方式的一串断路器，当一串断路器中一条线路停用，则该线路侧的隔离开关将断开，此时保护用电压互感器也停用，线路主保护停用，因此在短引线范围故障，将没有快速保护切除故障。为此需设置短引线保护，即短引线纵联差动保护。

（5）自动重合闸。当线路出现故障，继电保护使断路器跳闸后，自动重合闸装置经短时间间隔后使断路器重新合上。采用有压检测、单相一次重合闸方式，取消重合闸优先回路。为防止两次重合于永久性故障，造成对系统的再次冲击，重合时应有先后次序，通常选择母线断路器先合，待其重合成功后，中间断路器再重合。

（6）失灵保护。预定在相应的断路器跳闸失败的情况下通过启动其他断路器跳闸来切除系统故障的一种保护。失灵保护由电压闭锁元件、保护动作与电流判别构成的启动回路、时间元件及跳闸出口回路组成。

2. 发电机-变压器组保护配置

（1）发电机主要保护配置。

1）发电机差动保护。

2）发电机定子负序电流保护。

3）发电机失磁保护。

4）发电机逆功率保护。

5）发电机定子过负荷保护。

6）复合电压闭锁过电流保护。

7）发电机定子接地保护。

8）低频保护。

9）发电机过励磁保护。

10）发电机过电压保护。

11）发电机突加电压保护。

12）发电机失步保护。

13）发电机定子匝间保护。

14）发电机阻抗保护。

15）发电机断路器失灵保护。

16）发电机转子接地保护。

17）发电机励磁系统保护。

18）发电机断水保护。

（2）主变压器主要保护配置。

1）主变压器差动保护。

2）主变压器过励磁保护。

3) 主变压器高压侧零序过电流保护。

4) 主变压器高压侧复合电压闭锁过电流保护。

5) 主变压器低压侧接地保护。

6) 非全相启动 500kV 断路器失灵保护。

7) 主变压器单相电流动作于启动主变压器通风。

(3) 高压厂用变压器主要保护配置。

1) 高压厂用变压器差动保护。

2) 高压厂用变压器速断保护。

3) 高压厂用变压器高压侧复合电压闭锁过电流保护。

4) 高压厂用变压器低压侧零序过电流保护。

5) 高压厂用变压器单相电流动作于启动高压厂用变压器通风。

(4) 电发机-变压器组非电量保护配置。

1) 主变压器重瓦斯保护。

2) 主变压器冷却器全停保护。

3) 主变压器油温高、油温高-高保护。

4) 主变压器绕组温高、绕组温高-高保护。

5) 主变压器压力释放保护。

6) 火灾报警跳闸保护。

7) 高压厂用变压器重瓦斯保护。

8) 高压厂用变压器冷却器故障和冷却器失电保护。

9) 高压厂用变压器油温高、油温高-高保护。

10) 高压厂用变压器绕组温高、绕组温高-高保护。

11) 高压厂用变压器压力释放保护。

### 四、继电保护装置的操作

(1) 所有 500kV 继电保护装置投用/停用时，其交、直流电源操作须按下述要求进行。

1) 保护投用时，先送直流电源，后送 TV 交流电源，再送 TA 交流电源。

2) 保护停用时，先停 TA 交流电源，后停 TV 交流电源，再停直流电源。

(2) 对于微机保护投用/停用，须按下述要求进行。

1) 微机保护由停用改投用时，先投直、交流回路，待人机对话视窗显示或有关继电器指示灯正常后再接通相关跳闸回路。

2) 微机保护由投用改停用时，先将相关跳闸回路隔离后，再停用保护交、直流回路。

(3) 原则上当一次回路由冷备用改热备用前，应将保护投用；一次回路由热备用改冷备用后，应将保护改信号或停用（二次回路检修需要时）。

(4) 断路器由非自动改自动状态前，需检查各套保护均在正常状态后方可改为自动。

(5) 继电保护装置的投入或停用，须按当值调度员的命令执行。

(6) 正常情况下保护交、直流回路不得退出，如果应检修要求或调度要求需将保护装置停电时，停用顺序：退保护连接片→停装置电源，投用顺序为：送装置电源→测量连接片正常→投保护连接片。玉环电厂保护装置改停用时，保护装置直流电源不停用。

（7）断路器转检修，将断路器"运行/检修"选择至"检修"，断路器有保护连接片均退出。

（8）断路器转检修，二次回路有工作时，在将本断路器柜保护改停用后，将本断路器在其他保护柜失灵启动保护改停用。

（9）不允许在未停用的保护装置上进行试验和其他测试工作。也不允许在保护未停用的情况下，用装置的试验按钮做试验。

（10）继电保护及自动装置正常运行的投入和停用由运行人员操作。保护的投入、退出应由两人按操作票进行，一人操作，一人监护。当保护的投停需动二次线或微机保护中的设置时则由保护人员进行。

（11）正常情况下，继电保护及自动装置的投入、退出及保护方式的切换，应用专用连接片和开关进行，不得随意采用拆接二次线头加临时线的方法进行。

（12）保护连接片投退应注意事项：

1）万用表挡位选择正确。

2）连接片测量方法：分别测量上/下端头。

3）操作前应熟悉操作内容与要求，如：机组检修，线路检修等，需要对哪些连接片进行调整。

4）保护的投、退应由两人按操作票进行，一人操作，一人监护。

5）在投、退保护连接片时，要戴线手套。

6）投入保护连接片前需用万用表（高内阻电压表）测量两端对地电压，用万用表测量时注意选择正确的"直流电压"挡位。

7）500kV保护系统采用110V直流，连接片投入前正常状况是下端对地电压为"0"，上端为−55V左右。测量两端电压正常后方可投入保护连接片。

8）操作完毕，将所操作的项目进行复查梳理，防止漏项跳项。

# 第五章

# 机 组 启 动 操 作

## 第一节 概 述

### 一、汽轮机和锅炉状态划分

1. 汽轮机状态划分

(1) 冷态Ⅰ：高压转子平均温度小于 50℃，中压转子平均温度小于 50℃。

(2) 冷态Ⅱ：停机 150h 内，高压转子平均温度 50～200℃，中压转子平均温度 50～110℃。

(3) 温态：停机 56h 内，高压转子平均温度 200～380℃，中压转子平均温度 110～250℃。

(4) 热态：停机 8h 内，高压转子平均温度 380～540℃，中压转子平均温度 250～410℃。

(5) 极热态：停机 2h 内，高压转子平均温度大于 560℃，中压转子平均温度大于 500℃。

2. 锅炉状态划分

(1) 冷态：停炉 150h，汽水分离器金属温度不大于 120℃。

(2) 温态：停炉 56h，汽水分离器金属温度 120～260℃。

(3) 热态：停炉 8h，汽水分离器金属温度 260～340℃。

(4) 极热态：停炉 2h，汽水分离器金属温度不小于 340℃。

### 二、启动模式一览表

机组启动模式见表 5-1。

表 5-1 机组启动模式

<table>
<tr><td colspan="2">参数</td><td>冷态Ⅰ</td><td>冷态Ⅱ</td><td>温态</td><td>热态</td><td>极热态</td></tr>
<tr><td rowspan="3">冲转参数</td><td>主汽温（℃）</td><td>380</td><td>400</td><td>420</td><td>560</td><td>580</td></tr>
<tr><td>再热汽温（℃）</td><td>360</td><td>380</td><td>400</td><td>540</td><td>560</td></tr>
<tr><td>主汽压（MPa）</td><td>8.5</td><td>8.5</td><td>8.5</td><td>12</td><td>12</td></tr>
<tr><td colspan="2">锅炉上水要求</td><td colspan="3">上水流量小于 200t/h，除氧器出口水温 105～110℃</td><td colspan="2">上水流量小于 120t/h，除氧器出口水温大于 105℃，省煤器出入口温差小于 105℃</td></tr>
</table>

续表

| 参数 | 冷态 I | 冷态 II | 温态 | 热态 | 极热态 |
|---|---|---|---|---|---|
| 点火方式 | 等离子＋A磨煤机 | 等离子＋A磨煤机 | 等离子＋A磨煤机 | 等离子＋A磨煤机或EF层油＋F磨煤机 | |
| 燃料量（t/h） | 50～65 | | 70～85 | 100～120 | |
| 旁路控制方式 | 点火前投入高压旁路启动模式，低压旁路自动 | | | 高压旁路定压模式，设定主汽压力为12MPa，低压旁路自动 | |
| 冲转前高压旁路开度 | 大于25%，机组工况稳定 | | | | |
| DEH步序开始 | 炉侧过热汽温高于汽轮机主汽阀内壁温度100℃开始走步 | | | 炉侧过热汽温高于汽轮机主汽阀内壁温度20℃开始走步 | |
| 点火至冲转耗时（h） | 3～5 | | 2.5～4 | 1～2 | |
| 360r/min暖机时间（h） | 1 | 0 | 0 | 0 | 0 |
| 3000r/min暖机时间（h） | 1 | 2 | 0 | 0 | 0 |
| 初负荷暖机时间（h） | 0 | 0 | 约0.5 | 0 | 0 |

### 三、机组禁止启动项目

1. 锅炉禁止启动项目

（1）锅炉主保护不能正常投运。

（2）锅炉设备存在有严重缺陷时。

（3）炉水品质不合格。

（4）主要监视仪表不能投入或指示不正确。

2. 汽轮机禁止启动项目

（1）汽轮机主保护不能正常投运。

（2）DEH、DCS等系统工作不正常，影响机组启停或只能在手动的方式下运行。

（3）主要监视仪表不能投入或指示不正确，仪用气源不正常。

（4）盘车设备故障，盘车时汽轮发电机组动静部分有明显摩擦声。

（5）机组发生"汽轮机跳闸"，原因未查明或缺陷未消除。

（6）高、低压旁路系统不能正常投入。

（7）汽轮机高、中压主汽门、调门、补汽阀、抽汽止回阀卡涩，关不严。

（8）轴向位移超过跳闸值±1.0mm。

（9）电超速保护不能正常投用。

（10）汽缸上下温差大于±55℃。

（11）主机润滑油交、直流油泵及控制油系统之一工作不正常。

（12）主油箱油温低于35℃或油位低，油质不合格。

（13）主机EH油质不合格。

3. 发电机-变压器组禁止启动项目

（1）发电机-变压器组主保护不能投入。

(2) 发电机-变压器组设备有严重缺陷。

(3) 发电机-变压器组主要参数不能显示。

(4) 发电机-变压器组一次设备回路绝缘不符合标准。

(5) 主变压器、高压厂用变压器油质不合格。

(6) 发电机同期装置或励磁系统故障。

(7) 发电机氢气纯度小于 95%。

(8) 发电机定冷水系统异常或水质不合格。

### 四、机组启动温度控制

机组启动温度控制见表 5-2。

表 5-2　　　　　　　　　　　　　机组启动温度控制

| 序号 | 项目 | | 要求 | |
| --- | --- | --- | --- | --- |
| 1 | 省煤器出水温度 | | 最大限制：亚临界压力下出口水温高于饱和温度 10℃ | |
| 2 | 锅炉水温 | | 省煤器入口和出口的允许最大温差小于 105℃ | |
| 3 | 水冷壁出口最大温升 | | <220℃/h，<105℃/10min | |
| 4 | 炉膛出口烟气温度 | | 再热汽通道建立前，炉膛出口最大允许烟气温度 560℃ | |
| 5 | 水冷壁中间集箱入口温差 | | 最大运行温差 180℃ | |
| 6 | 减温器出口的过热汽温 | | 最小汽温：比亚临界压力运行的饱和温度高 5℃ | |
| 7 | 减温器出口的再热汽温 | | 最小汽温：比亚临界压力运行的饱和温度高 10℃ | |
| 8 | 机侧主汽温左右侧偏差（K） | | <17 | |
| 9 | 机侧再热汽温两侧偏差（K） | | <17 | |
| 10 | 高、中压缸上下缸温差（K） | | <30 | |
| 11 | 主汽阀内外壁温差 | 根据主汽阀 50% 温度不同，主汽阀内外壁温差限制 | 主汽阀 50% 温度（K） | 主汽阀内外壁温差要求（K） |
| | | | 0 | <76 |
| | | | 305 | <65 |
| | | | 423 | <47 |
| | | | 600 | <46 |
| 12 | 主调阀内外壁温差 | 根据主调阀 50% 温度不同，主调阀内外壁温差限制 | 主调阀 50% 温度（K） | 主调阀内外壁温差要求（K） |
| | | | ≤50 | <180 |
| | | | ≥228 | <65 |
| 13 | 高压缸内外壁温差 | 根据高压缸 50% 温度不同，高压缸内外壁温差限制 | 高压缸 50% 温度（K） | 高压缸内外壁温差要求（K） |
| | | | 0 | <103 |
| | | | 280 | <190 |
| | | | 406 | <64 |
| | | | 600 | <62 |

| 序号 | 项目 | | 要求 | |
|---|---|---|---|---|
| 14 | 高压转子许可温差必须同时满足 | 根据高压转子中心温度不同，高压转子名义温度与表面温度差值限制 | 高压转子中心温度（K） | 高压转子名义温度与表面温度差值要求（K） |
| | | | 0 | ＜50 |
| | | | 20 | ＜100 |
| | | | ≥100 | ＜175 |
| | | 根据高压转子名义温度不同，高压转子名义温度与表面温度差值限制 | 0 | ＜120 |
| | | | 264 | ＜106 |
| | | | 393 | ＜77 |
| | | | 600 | ＜75 |
| 15 | 中压转子许可温差必须同时满足 | 根据中压转子中心温度不同，中压转子名义温度与表面温度差值限制 | 中压转子中心温度（K） | 中压转子名义温度与表面温度差值要求（K） |
| | | | 0 | ＜50 |
| | | | 20 | ＜90 |
| | | | ≥100 | ＜175 |
| | | 根据中压转子名义温度不同，中压转子名义温度与表面温度差值限制 | 0 | ＜119 |
| | | | 265 | ＜105 |
| | | | 395 | ＜75 |
| | | | 600 | ＜74 |
| 16 | 汽轮机最小上升方向裕度（K） | | ≥30 | |
| 17 | 主、再热蒸汽过热度（℃） | | 满足相关要求 | |

## 五、机组启动汽水品质要求

1. 凝结水水质要求

（1）凝结水泵出口含铁量大于 $500\mu g/L$ 走精处理系统旁路。

（2）凝结水泵出口含铁量小于 $500\mu g/L$ 走精处理系统。

（3）除氧器进水含铁量大于 $500\mu g/L$ 由 5 号低压加热器出口管放水阀排放。

（4）除氧器进水含铁量小于 $500\mu g/L$，关闭 5 号低压加热器出口管放水阀，除氧器进水。

（5）除氧器出水含铁量大于 $500\mu g/L$ 排放。

（6）除氧器出水含铁量小于 $500\mu g/L$，回收进凝汽器。

（7）除氧器出水含铁量小于 $200\mu g/L$，进入高压给水系统冲洗。

2. 给水水质要求

（1）汽水分离器疏水含铁量大于 $500\mu g/L$、$SiO_2$ 大于 $200\mu g/L$ 排放。

（2）汽水分离器出口含铁量小于 $500\mu g/L$、$SiO_2$ 小于 $200\mu g/L$ 可回收进凝汽器。

（3）汽水分离器出口含铁量小于 $100\mu g/L$、$SiO_2$ 小于 $50\mu g/L$ 可启动炉水循环泵。

（4）汽水分离器出口含铁量小于 $50\mu g/L$、$SiO_2$ 小于 $30\mu g/L$ 满足点火要求。

3. 锅炉点火前的给水标准

锅炉点火前的给水标准见表 5-3。

表 5-3 锅炉点火前的给水标准

| 项目 | 标准值 | 项目 | 标准值 |
|------|--------|------|--------|
| K+H 电导率（$\mu$S/cm） | $\leqslant$0.65 | Fe（$\mu$g/L） | $\leqslant$50 |
| pH 值 | 9.2～9.6 | 溶解氧（$\mu$g/L） | $\leqslant$30 |
| $SiO_2$（$\mu$g/L） | $\leqslant$30 | | |

注意：鉴于西门子汽轮机低压缸隔热罩的结构特点，机组启停过程，隔热罩易剥落，使凝汽器钛管发生泄漏，所以启动过程还应监视钠离子的含量在正常范围内。

### 六、机组启动前检查

1. 锅炉部分

（1）确认过热器出口电动泄压阀（PCV 阀）具备投运条件。

（2）确认分离器出口、过热器出口、再热器进、出口安全门具备投运条件。

（3）锅炉各部件能自由膨胀，膨胀指示完好。

（4）所有油枪已清理干净，油枪雾化器、高能点火、等离子高能点火器等完好，油枪进/退正常。

（5）吹灰器及烟温探针完好且都在退出状态。

（6）锅炉干灰、炉底渣系统已能正常投运。

（7）锅炉受热面大面积更换后，需确认水压试验合格。

2. 汽轮机部分

（1）确认启动前汽轮机各项试验合格。

（2）确认汽轮机全部联锁脱扣保护校验正常。

（3）汽轮机重要参数显示均正确及正常。

（4）汽轮机高中压主汽门、调门及相应的控制执行机构正常。

（5）汽轮机本体保温完整，各种测量元件指示正常。

（6）汽轮机滑销系统正常，缸体能自由膨胀。

（7）确认各个辅助设备、系统及有关阀门的热工电气联锁试验合格。

3. 发电机部分

（1）发电机经大、小修后，必须要求进行各项电气试验合格，试验数据应有书面报告并且符合启动要求。经解体检修后的发电机必须进行气密性试验且要试验合格。设备如有异动，设备异动手续应已履行，继保工作情况已记入《继电保护工作记录簿》，且值班人员已确认、签字。

（2）发电机检修后或较长时间备用后，启动前必须测量并确认发电机各部分的绝缘电阻合格。

（3）确认发电机大轴接地装置已装好，且接触良好、长度合适。

（4）确认发电机及励磁系统处于热备用状态（按标准卡执行）。

（5）检查 AVR 控制柜内无异常信号。

(6) 检查发电机出口断路器、隔离开关的操作机构正常。

(7) 检查发电机同期装置具备投用条件。

# 第二节 机组启动试验

机组大小修后，必须先进行主、辅设备保护、联锁试验，试验合格方可投运。设备试验由热工人员提出书面申请，经值长同意并下达命令后执行。试验方法分静态、动态两种。静态试验，设备仅送试验电源，对于没有试验电源的 400V 低压设备送动力电源。动态试验时，控制、动力电源均送上，动态试验必须在静态试验合格后方可进行。已投入运行的系统及承受压力的电动门、调节门不可试验。试验结束后应恢复强制条件，保证设备保护、联锁功能可靠。

机组启动试验流程：检修工作结束→电气保护传动→风门、挡板、电动门联调→辅机静态联动试验→辅机电机单转→压力容器试验→主机保护试验→机组大联锁试验→机组启动→冲转过程试验→3000r/min 试验→并网后试验。

## 一、机组检修后电气整套启动试验

### （一）启动试验应具备的条件

整套启动工作正式开始以前，调试人员应对本系统调试应具备的条件进行全面检查，并做好记录。

1. 机务应具备的条件

（1）机务各分系统试运调整已结束，具备整套启动条件。

（2）汽轮机投入超速保护。

（3）机炉所有联锁保护均应投入。

（4）汽轮机旁路系统正常投入，保护投入。

（5）发电机本体风压试验合格，且已通入合格的定子冷却水，氢气冷却器及干燥器已投入，本体已按额定氢压充氢完毕。

（6）发电机各测温点温度显示正确。

2. 电气应具备的条件

（1）发电机-变压器系统一、二次设备的检修、试验工作已全部结束，符合规程、规范要求具备启动条件。

（2）与本次启动试验有关的其他设备均已安装完毕，经检查验收合格。

（3）与本次启动试验有关的所有设备名称、编号齐全，带电设备应有明确的标志，设好警戒围栏。

（4）6kV 厂用快切装置检修工作结束。

（5）发电机及其他与本次启动试验有关的电气设备的控制、保护、测量、信号等二次回路均已再次复查，确认接线符合设计要求，传动试验动作可靠；ECS 逻辑已检查完毕，无强制信号。

（6）继电保护装置已按最新定值通知单的要求整定完毕，且具备投运条件；发电机自动准同期装置检修工作结束，具备投运条件。

（7）励磁自动调节器静态调试和回路传动试验结束。

（8）机、炉、电大联锁试验结束，试验结果正确无误。

（9）保安柴油发电机组检修工作结束，具备使用条件。整套启动期间保安柴油发电机组处于备用状态。

（10）机组启动方案已经启动小组及调度审批完毕，运行部门已按试验方案写好操作票。

（11）主变压器高压侧断路器在备用状态。

3. 其他应具备的条件

（1）试运现场已全面清理干净，施工机械全部撤出，脚手架全部拆除，场地平整、道路畅通、照明充足，沟道及孔洞盖板齐全。

（2）现场有充足的正式照明，事故照明能及时自动投入。

（3）全厂的工业、消防水系统已投入正常使用；配备有足够的适合电气灭火的消防器材。

（4）试运现场通信设备方便可用。

4. 试验前的准备工作

（1）对发电机电流、电压回路进行检查，确认二次电流回路无开路，二次电压回路无短路现象，确保回路完整。

（2）组织全体调试人员学习本措施文件，明确试验内容和人员职责。

（3）备齐有关的厂家资料、技术数据、保护定值通知单及试验记录，以备查用。

（4）检查并确认发电机出口断路器和隔离开关及接地隔离开关在"断开"位，灭磁断路器在"断开"位，锁紧柜门。

（5）检查测量发电机一次系统的绝缘电阻及吸收比并记录，应符合要求。

（6）按保护定值通知单复核继电保护整定值。

（7）试验前，只投入发电机、变压器保护"跳发电机出口断路器""跳AVR磁场断路器"出口连接片，由值长通知热工人员解除"DEH并网后自动加初负荷"的逻辑或接线，在并网前恢复。

（8）在AVR-2柜2X1-107/108引出两根临时电缆接一只隔离开关防止在试验过程中出现紧急情况时可紧急分开AVR磁场断路器，启动前做好传动试验。

（9）检查主变压器低压侧和发电机1TV、2TV、3TV柜内二次插头连接正常，一、二次熔断器配置齐全，规格符合设计要求，并备置足够的备品；检查发电机所有控制回路电源熔断器均应完好，规格符合设计要求，并备有足够备品。

（10）准备好集控室与发电机-变压器组保护室、发电机、变压器等处的监视人员用的通信工具，随时保持联系畅通。

（二）试验内容和步骤

整套启动时，由高压备用变压器带厂用电负荷。主变压器零起升压试验采用励磁调节器手动方式（即励磁恒定方式）励磁，确认设定值为最小。各试验阶段均应检查一次设备状态及保护投入是否正常。

1. 汽轮机升速过程中测量永磁机（PMG）的输出电压及相序

（1）安全技术措施。

1）确认PMG输出断路器在分开状态。

2）确认 AVR 磁场断路器在分开状态。

（2）在不同转速下测量 PMG 输出电压和相序同时录取电压波形，见表 5-4。

表 5-4　　　　　　　　　　不同转速下测量 PMG 输出电压和相序记录表

| 转速（r/min） | PMG 输出电压 | | | |
| --- | --- | --- | --- | --- |
| | $U_{ab}$ | $U_{bc}$ | $U_{ca}$ | 相序 |
| 360 | | | | |
| 3000 | | | | |

测量永磁机（PMG）的输出电压幅值、相序由继保负责，相序反则由检修部负责改线。

2. 主变压器零起升压试验

当发电机内部接线、励磁系统、主变压器接线、主变压器一、二次侧 TV 或 TA 等经过改动时，其参数可能会受到影响，包括绝缘方面也可能受到影响。发电机-变压器组进行零起升压试验，可以重新检测其安全性能及升压试验过程中的各项参数变化，与设计数据进行比较，便于发现其中的问题，为发电机运行提供依据。

（1）试验条件。发电机过电压保护临时改定值为 1.1 倍额定电压，发电机过励磁保护定值改为 1.1 倍额定电压，时间均为定时限 0s 跳闸；投入主变压器、高压厂用变压器保护。录波装置按要求进行试验接线，确保回路接入正确，试验设备无异常。临时取下发电机保护屏磁场断路器联跳开入继电器（31AZJ、31BZJ），临时断开励磁屏中发电机出口断路器 GCB 合位（端子：1X2：60），短接励磁屏中发电机出口断路器 GCB 分位（端子：1X2：61，62）。

（2）试验过程。零升期间应加强对一、二次设备的监视检查，派专人检查发电机机端 TV、主变压器低压侧 TV、6kV 工作电源进线 TV、主变压器高压侧 TV 等设备运行情况。确认发电机出口断路器在分位。检查确认 1TV、2TV、3TV 的一次、二次熔断器完好并推至运行位置。

1）确认主变压器高压侧两断路器在备用状态，确认 6kV 工作电源进线断路器在试验位置。

2）确认 6kV 工作电源进线 TV 在工作位置；投入主变压器低压侧 TV。

3）确认主变压器高压侧接地隔离开关、主变压器高压侧隔离开关在分位。

4）确认主变压器、高压厂用变压器挡位正常。

5）确认励磁调节器运行方式为手动（磁场电流恒定）方式，设置给定值为最小，励磁调节器装置无故障报警。

6）确认已取下发电机保护屏磁场断路器联跳开入继电器，临时断开励磁屏中发电机出口断路器 GCB 合位，短接励磁屏中发电机出口断路器 GCB 分位。

7）送上发电机出口隔离开关 2011 的控制电源，在发电机出口断路器控制柜将 X31：3，4 端子短接，就地手动合上发电机出口隔离开关 2011（继保负责端子短接，运行负责合闸操作）。

8）合上发电机出口断路器 201 的控制电源，在发电机出口断路器控制柜将 X31：11，12 端子短接，就地手动合上发电机出口断路器 201（继保人员负责端子短接，运行人员负责合闸操作）。

9）就地启动励磁调节器，合 AVR 磁场断路器，按增磁按钮，单方向缓慢分阶段升发电机电压分别至（13.5kV、27kV、29.7kV），同时录取发电机空载上升曲线。在电压升至 13.5kV 时，查看发电机-变压器组保护屏、励磁屏、测控屏、录波器屏电压采样的幅值和相序是否正确。

10）电压二次回路检查无异常，单方向缓慢升发电机电压至 27kV，停留 1min 后单方向缓慢降发电机电压，同时录取发电机空载下降曲线，手动减励磁为 0，分开 AVR 磁场断路器。

11）断开 AVR 磁场断路器直流控制电源。

12）分开发电机出口断路器和隔离开关，并拉掉其控制电源。

13）报值长主变压器零启升压试验完毕。

3. 自动励磁电压调节器 AVC 装置（以下简称 AVC 装置）动态调节试验

本试验是在 AVC 装置首次安装结束，机组启动过程中进行试验，为机组运行中投入 AVC 装置做必要的准备。因为没有投入 AVC 装置的发电厂，每台百万机组每个月将被电网考核数万元。发电厂 AVC 装置以发电机主变压器高压侧系统母线电压为控制目标，实现服从于电网统一调度下的分布式无功源终端管理，根据电网实时潮流变化，提供动态无功支撑，平衡各局部电网无功潮流，减少因无功长距离传输及无功分布不均衡带来的有功损耗。

（1）试验条件。

1）AVC 下位机屏柜安装、内部接线、DCS 逻辑组态下装完毕。

2）AVC 下位机经静态调试合格。

3）AVC 下位机与上位机通信正常，功能配置齐全。

4）励磁调节器无异常报警，远方、就地切换功能正常。

5）断开 AVC 下位机增、减磁连接片。

（2）试验过程。试验期间应加强对一、二次设备的监视检查。确认发电机出口断路器在分位。

1）送上磁场断路器控制电源。

2）将励磁调节器 AVR 设置为"远方"，采用自动调节方式。

3）设定发电机输出电压为额定电压（27kV），并升压至额定。

4）在 AVC 退出状态下远方操作 DCS 减励磁，应能正常降发电机机端电压。

5）在 AVC 退出状态下远方操作 DCS 增励磁，应能正常增发电机机端电压。

6）远方操作励磁调节器将发电机电压降至 25kV。

7）DCS 发出投入 AVC 指令，10s 内在 2 号机 AVC 下位机将"AVC 投入确认"信号进行强制开出，DCS 收到 AVC 投入信号后，励磁调节器切换至 AVC 自动控制方式。

8）投入 2 号机 AVC 下位机增、减磁连接片。

9）在 AVC 投入状态下，操作 DCS 增减磁，应操作无效。

10）手动设置使 AVC 发出增磁脉冲，检查调节器调节方向是否正确，并记录机端三相电压值。

11）重复 10）步操作两次，并记录机端三相电压值。

12）手动设置使 AVC 发出减磁脉冲，检查调节器调节方向是否正确，并记录机端三相电压值。

13）重复上一步操作，操作两次，并记录机端三相电压值。

14）减励磁为 0，拉开 AVR 磁场断路器及直流电源。

15）试验结束，报值长 AVC 调节试验结束。

（3）措施恢复。恢复发电机过电压保护、发电机过励磁保护定值为原始定值，恢复试验中取下的发电机保护屏磁场断路器联跳开入继电器，断开的励磁屏中发电机出口断路器 GCB 合位，短接的励磁屏中发电机出口断路器 GCB 分位临时措施。拆除 AVR-2 柜 2X1-107/108 引出两根临时隔离开关电缆接线。由值长通知热工恢复"DEH 并网后自动加初负荷"的逻辑或接线。

4. 主变压器及高压厂用变压器送电

变压器送电前，必须做消磁工作。由于铁磁材料固有的磁滞现象，在对电力变压器进行电压比、直流电阻测量等操作后会在铁芯中残留剩磁。剩磁的存在，当变压器投入运行时铁芯剩磁使变压器铁芯半周饱和，在励磁电流中产生大量谐波，可能引起继电保护器误动作，造成一定的经济损失。所以在变压投运前必须做消磁工作，确保变压器安全正常运行。

恢复试验时所修改的保护临时定值。主变压器及高压厂用变压器送电时，上述设备就地应设专人监护，如有异常情况立即汇报指挥人员。

以华能玉环电厂 2 号机组为例，由 5023 断路器对 2 号主变压器及 2A 和 2B 高压厂用变压器送电，其试验过程如下：

（1）检查 5023、5022 断路器在备用状态。

（2）检查 502367 隔离开关、5023617 接地隔离开关在分位置。

（3）检查 2 号发电机出口 201 断路器、2011 隔离开关在分位置。

（4）检查 6kV 2A1、2A2、2B1、2B2 工作进线断路器在试验位置，拉开其控制电源。

（5）检查 6kV 2A1、2A2、2B1、2B2 工作进线 TV 在工作位置，确认 2 号主变压器低压侧 TV 已推入。

（6）投入跳 5023 断路器的出口连接片。

（7）合上 50236 隔离开关。

（8）合上 5023 断路器，对 2 号主变压器及 2A、2B 高压厂用变压器送电。

（9）就地人员监视各设备状态，如有异常，立即汇报指挥人员。

（10）对 2 号主变压器高、低压侧 TV 和 6kV 2A1、2A2、2B1、2B2 工作进线 TV 电压回路进行采样检查。

（11）试验结束，报值长主变压器及高压厂用变压器送电完毕。

5. 厂用电源快切试验

（1）试验条件。恢复发变组保护中所更改的定值，由运行人员采用手动并联切换验证厂用电点切换回路正确。初始状态为 6kV 厂用 2A1、2A2、2B1、2B2 段母线由备用电源供电，试验时应做好厂用电源可能失电的预想工作，如切换不成功，则抢先合备用电源断路器。

在机组长周期连续运行超过一年以上的机组，6kV 厂用电切换过程中曾出现备用电源断路器辅助触点异常的情况，致使厂用切换不成功，此时要求现场的操作人员迅速根据工作、备用进线断路器的电流、电压等情况，进行人工干预，过程中应防止 6kV 厂用母线失电的情况发生。

（2）试验过程。以华能玉环电厂2号机组为例。

1）检查6kV 2A1段工作进线断路器在工作位置，确认其在分位，控制电源已送上。

2）检查2A1段快切屏上"跳2A1段工作""合2A1段工作""跳2A1段备用""合2A1段备用"连接片已投入。

3）在ECS上选择"并联切换"，将6kV 2A1段母线由备用电源切换至工作电源。

4）在ECS上选择"并联切换"，将6kV 2A1段母线由工作电源切换至备用电源。

5）在ECS上选择"并联切换"，将6kV 2A1段母线由备用电源切换至工作电源。

6）按1）～5）步，将6kV 2A2、2B1、2B2段母线进行同样的切换试验，相应连接片名称分别由"2A1"改为"2A2、2B1、2B2"，切换完毕后，6kV 2A1、2A2、2B1、2B2段母线由工作电源供电，备用电源进线断路器为热备用状态。

7）利用厂用负荷电流检查高压厂用变压器2A、2B差动保护的差流。

6. 发电机并网

（1）试验条件。试验保护投退清单分别见表5-5～表5-7，并拆除所有试验接线并恢复为正常状态，检查所有保护已按要求投入，并核对保护整定值及励磁调节器参数是否正确。

表5-5　　　　　　　　　　　　　　发电机保护投退清单

| 保护名称 | 发电零起升压试验机 | 主变压器、厂用变压器送电试验 | 厂用电快切试验 | 并网试验变送 | 假同期试验 |
|---|---|---|---|---|---|
| 发电机比例差动保护 | 投入 | 投入 | 投入 | 投入 | 投入 |
| 发电机复压过电流保护 | 投入 | 投入 | 投入 | 投入 | 投入 |
| 发电机95%定子接地保护 | 投入 | 投入 | 投入 | 投入 | 投入 |
| 发电机100%定子接地保护 | 投入 | 投入 | 投入 | 投入 | 投入 |
| 发电机反时限过负荷保护 | 投入 | 投入 | 投入 | 投入 | 投入 |
| 发电机失步保护 | 退出 | 退出 | 退出 | 退出 | 投入 |
| 发电机失磁保护 | 退出 | 退出 | 退出 | 退出 | 投入 |
| 发电机过电压保护 | 投入 | 投入 | 投入 | 投入 | 投入 |
| 发电机反时限过励磁保护 | 投入 | 投入 | 投入 | 投入 | 投入 |
| 发电机逆功率保护 | 退出 | 退出 | 退出 | 退出 | 投入 |
| 正向低功率保护 | 退出 | 退出 | 退出 | 投入 | 投入 |
| 发电机低频保护 | 退出 | 退出 | 退出 | 投入 | 投入 |
| 突加电压保护 | 退出 | 退出 | 退出 | 投入 | 投入 |
| 发电机GCB失灵 | 退出 | 退出 | 退出 | 投入 | 投入 |
| 发电机转子接地保护 | 退出 | 退出 | 退出 | 退出 | 投入 |
| 发电机断水保护 | 投入 | 投入 | 投入 | 投入 | 投入 |
| 发电机负序过负荷保护 | 投入 | 投入 | 投入 | 投入 | 投入 |
| 发电机手动紧急跳闸 | 投入 | 投入 | 投入 | 投入 | 投入 |
| 阻抗保护 | 退出 | 退出 | 退出 | 投入 | 投入 |

表 5-6　　　　　　　　　　　　　　主变压器保护投退清单

| 保护名称 | 发电机零起升压试验 | 主变压器、厂用变压器送电试验 | 厂用电快切试验 | 并网试验变送 |
|---|---|---|---|---|
| 主变压器比例差动保护 | 投入 | 投入 | 投入 | 投入 |
| 主变压器差动速断保护 | 投入 | 投入 | 投入 | 投入 |
| 主变压器高压侧复压过电流 | 投入 | 投入 | 投入 | 投入 |
| 主变压器零序过电流 | 投入 | 投入 | 投入 | 投入 |
| 主变压器低压侧接地保护 | 投入 | 投入 | 投入 | 投入 |
| 主变压器定时限过励磁保护 | 投入 | 投入 | 投入 | 投入 |
| 主变压器反时限过励磁保护 | 投入 | 投入 | 投入 | 投入 |
| 主变压器过电流启动通风 | 投入 | 投入 | 投入 | 投入 |
| 主变压器零功率切机保护 | 退出 | 投入 | 投入 | 投入 |
| 主变压器非全相保护 | 投入 | 投入 | 投入 | 投入 |
| 发电机-变压器组手动紧急跳 | 投入 | 投入 | 投入 | 投入 |

表 5-7　　　　　　　　　　　　高压厂用变压器保护投退清单

| 保护名称 | 发电零起升压试验机 | 主变压器、厂用变压器送电试验 | 厂用电快切试验 | 并网试验变送 |
|---|---|---|---|---|
| 厂用变压器 2A 比例差动保护 | 投入 | 投入 | 投入 | 投入 |
| 厂用变压器 2A 差动速断保护 | 投入 | 投入 | 投入 | 投入 |
| 厂用变压器 2A 速断保护 | 投入 | 投入 | 投入 | 投入 |
| 厂用变压器 2A 复压过电流保护 | 投入 | 投入 | 投入 | 投入 |
| 厂用变压器 2A 过流启动通风保护 | 投入 | 投入 | 投入 | 投入 |
| 厂用变压器 2A 低压 1A1 侧零序保护 | 投入 | 投入 | 投入 | 投入 |
| 厂用变压器 2A 低压 1A2 侧零序保护 | 投入 | 投入 | 投入 | 投入 |
| 厂用变压器 2B 比例差动保护 | 投入 | 投入 | 投入 | 投入 |
| 厂用变压器 2B 差动速断保护 | 投入 | 投入 | 投入 | 投入 |
| 厂用变压器 2B 速断保护 | 投入 | 投入 | 投入 | 投入 |
| 厂用变压器 2B 复压过电流保护 | 投入 | 投入 | 投入 | 投入 |
| 厂用变压器 2B 过流启动通风保护 | 投入 | 投入 | 投入 | 投入 |
| 厂用变压器 2B 低压 1B1 侧零序保护 | 投入 | 投入 | 投入 | 投入 |
| 厂用变压器 2B 低压 1B2 侧零序保护 | 投入 | 投入 | 投入 | 投入 |

（2）试验过程。

1）向值长汇报，发电机并列前试验结束，一切正常，可申请并网。

2）提请机炉监盘人员注意，发电机准备进行并网操作。

3）发电机保护 A、B 柜所有保护出口按正常运行的要求投入。

4）确认发电机出口隔离开关在合位，发电机出口断路器在断开位。

5）检查系统无异常后，启动励磁调节器，合灭磁断路器，发电机自动建压至额定值。

6）选择自动准同期装置并网。分别在 DCS 上按"选择同期断路器""投入同期装置"按钮，装置将自动调整发电机转速和电压使满足同期要求，在同步点自动合发电机出口断路器。

7）检查无异常后，报值长并网结束。

7. 机组并网后试验

（1）保护检查。

1）在不同负荷下，检查主变压器差动、发电机差动、高压厂用变压器差动保护的差电流。

2）测量并网后三次谐波比率，核对并修改发电机100％定子接地保护定值。

3）测量发电机电能表屏关口表、变送器电流、电压正常。

（2）额定负荷下，测量发电机轴电压。

**（三）安全注意事项**

（1）参加调试的所有工作人员应严格执行《安规》及现场有关安全规定，确保调试工作安全可靠地进行。

（2）在启动试验过程中，如机组运行部分发生异常情况，电气试验人员应暂停试验，等电厂运行人员处理完故障再继续进行。

（3）所有在带电设备上的试验须至少由两个人来完成，并做好安全措施。

（4）试验过程中若发现电流回路开路、有火花放电声、电流不平稳、三相相差较大等情况时，均应立即灭磁，查明原因，消除缺陷后方可进行下一个项目试验。

（5）操作人员每次跳灭磁断路器前，均应降发电机电压至最小。

（6）试验全过程均应有各专业人员在岗，以确保设备运行的安全。

（7）如果厂用电失去，柴油发电机未能启动，机炉应立即启动各备用直流电动机。

**二、机组检修后汽轮机整套启动试验**

机组检修后汽轮机整套启动试验项目清单见表5-8。

表5-8 汽轮机整套启动试验项目清单

| 序号 | 试验内容 | 进行阶段 | 结果 |
|---|---|---|---|
| 1 | 汽轮机汽门关闭时间测试 | 机炉电大联锁后 | |
| 2 | 给水泵汽轮机超速试验 | 转速设定值 2000r/min | |
| 3 | 汽轮机冲转就地手动脱扣试验 | 汽轮机转速 360r/min | |
| 4 | 汽轮发电机组摩擦检查 | 汽轮机转速 360r/min 暖机 | |
| 5 | 汽轮机超速试验 | 转速设定值 2550r/min | |
| 6 | 汽轮机惰走试验 | 汽轮机超速试验后 | |
| 7 | 汽轮发电机组摩擦检查、轴系振动监测 | 汽轮机转速 3000r/min 暖机 | |
| 8 | 汽门严密性试验 | 汽轮机转速 3000r/min 暖机后 | |
| 9 | 汽轮机 ATT 试验 | 机组 60％额定负荷时 | |
| 10 | 抽汽止回阀活动试验 | 机组 70％额定负荷时 | |
| 11 | 真空严密性试验 | 机组 80％额定负荷时 | |
| 12 | 汽轮发电机轴系在线振动监测 | 冲转至满负荷全过程 | |

**（一）给水泵汽轮机超速试验**

当给水泵汽轮机超速后，超速保护能够尽可能快的降低汽轮机速度，是汽轮机避免超速对设备造成潜在损伤的最重要的保护回路。

1. 试验目的

检验超速保护设定值的正确性和超速保护的可靠性。

2. 试验条件

（1）新机组投产、甩负荷试验前、机组大修后或检修停运时间超过一个月后启动，必须进行超速试验。

（2）集控室及就地手动紧急停机试验正常。

（3）主机润滑油系统各油泵自启动联锁正确，联锁已投入。

（4）速度测量系统检查和校准正常。

（5）真实超速保护试验必须在较低值进行，试验动作值为 2000r/min。

（6）无其他试验正在进行。

3. 试验步骤

（1）给水泵汽轮机启动前将超速保护定值从 6440r/min 临时降低至 2000r/min。

（2）给水泵汽轮机正常启动。

（3）在启动过程中记录给水泵汽轮机转速及高、低压调门开度。

（4）确认给水泵汽轮机转速达到 2000r/min 时超速保护动作，给水泵汽轮机跳闸；检查给水泵汽轮机高、低压主汽门、调门关闭。

（5）在成功地完成测试后，必须恢复超速保护定值至 6440r/min。

4. 安全措施

（1）执行危险源辨识与预防措施。

（2）就地和集控室均设专人监视给水泵汽轮机组转速和振动，若试验过程中，给水泵汽轮机组振动、轴承金属温度和回油温度等主要参数超标，应立即停机。

（3）定值修改和恢复应设专人监护。

**（二）汽轮机超速试验**

当汽轮机超速后，超速保护能够尽可能快的降低汽轮机速度，是汽轮发电机组避免超速对机组造成潜在损伤的最重要的保护回路。

1. 试验目的

检验超速保护设定值的正确性和超速保护的可靠性。

2. 试验条件

（1）新机组投产、甩负荷试验前、机组大修后或检修停运时间超过一个月后启动，必须进行超速试验。

（2）机组能保持转速 3000r/min 稳定运行，主辅机系统及设备运行情况正常。

（3）疏水系统及高压缸通风阀联锁试验正常。

（4）集控室及就地手动紧急停机试验正常。

（5）主机润滑油系统各油泵自启动联锁正确，联锁已投入。

（6）速度测量系统检查和校准正常。

（7）真实超速保护试验必须在较低值进行，试验动作值为 2550r/min。

（8）无其他试验正在进行。

3. 试验步骤

（1）汽轮机启动前将超速保护定值从 3300r/min 临时降低至 2550r/min。

（2）投入汽轮机启动 SGC（成组控制），正常自动启动。

（3）在汽轮机启动过程中记录汽轮机转速及高中压主汽门、调门开度。

（4）确认汽轮机转速达到 2550r/min 时超速保护动作，汽轮机跳闸。检查高中压主汽门、调门关闭。

（5）在成功地完成测试后，必须恢复超速保护定值至 3300r/min。

4. 安全措施

（1）执行危险源辨识与预防措施。

（2）就地和集控室均设专人监视机组转速和机组振动，若试验过程中，机组振动、轴承金属温度和回油温度等主要参数超标，应立即停机。

（3）定值修改和恢复应设专人监护。

**（三）汽轮机惰走试验**

1. 试验目的

通过试验，记录汽轮机在不同工况下的惰走时间和惰走曲线，为以后机组的运行和事故分析提供参考。

2. 试验条件

（1）机组暖机结束，汽轮机冲转进行 2550r/min 超速试验保护动作。

（2）无其他试验进行。

3. 试验方法

惰走试验工况：不破坏真空停机试验。

（1）确认主蒸汽压力、温度正常。

（2）机组超速试验动作，确认主机各汽门关闭，机组转速下降。

（3）记录机组转速、真空及时间。

（4）注意汽轮机转速小于 550r/min 时顶轴油泵自启动，否则手操启动。

（5）机组转速小于 120r/min 时，确认盘车电磁阀打开，机组连续盘车。

（6）根据记录，绘制汽轮机惰走曲线。

**（四）汽门严密性试验**

1. 试验目的

通过试验，确认汽轮机的高、中压主汽门和高、中压调门严密性符合设计要求，能满足机组安全、稳定运行的需要。

2. 试验条件

（1）原则上应在额定汽压、正常真空和机组空负荷运行时进行汽门严密性试验。

（2）主汽压力达不到额定汽压但符合机组安全运行要求时，亦可做该试验，但结果需折算。实际试验中考虑到机炉蒸汽参数的匹配，往往降低主汽压力进行；同时，过高的蒸汽压力对锅炉分离器 WDC 排放阀的动作也是不利的。

3. 试验步骤

（1）高、中压主汽门严密性试验。

1）确认机组运行状态符合严密性试验要求。

2）在 DEH 操作员站 CRT 上手动设置，使高、中压主汽门全关，高、中压调门全开。

3）监视机组转速，要求小于转速 $n$（见后文"评价标准"），主汽门严密性合格。

（2）高、中压调门严密性试验。

1）主汽门严密性试验后可进行本项试验。

2）汽轮机打闸，重新复位汽轮机，并冲转至 3000r/min。

3）确认机组运行状态符合严密性试验要求。

4）在 DEH 操作员站 CRT 上手动设置，使高、中压主汽门全开，高、中压调门全关。

5）监视机组转速，要求转速小于规定值（见下面"评价标准"），调门严密性合格。

6）汽轮机转速下降过程，有可能出现在临界转速区域停留时间过长，使机组振动异常增大，甚至保护动作机组跳闸。

4．评价标准

（1）额定参数下应保证机组转速能降至 1000r/min 以下。

（2）主汽实际压力偏低额定压力但不低于 50％额定压力时，机组转速下降值修正为 500r/min。

（五）汽轮机 ATT 试验

汽轮机 ATT 试验包括 SLC 高压主汽门和调门 A、SLC 高压主汽门和调门 B、SLC 中压主汽门和调门 A、SLC 中压主汽门和调门 B、SLC 高排止回阀、SLC 高压缸通风排汽阀。

机组运行期间，按规定要对高压缸阀门组和中压缸阀门组分别进行试验，对于每组阀门，完成一侧试验并给出试验成功的反馈后可进行另一侧的试验。

试验过程应做好相关事故预想，如跳闸电磁阀卡涩或控制回路断线将不能回座关闭，先导阀或伺服阀打开后，形成泄压回路，将可能造成汽轮机控制油母管压力大幅下降，机组保护动作跳闸；必要时，运行人员应就地切断控制油母管至试验阀组隔离门。

还应做好一侧汽门不能开启的预想：如果是高压主汽门、高压调节汽门不能开启，仅限制机组的最大出力，对两侧主再热汽温的平衡没有影响；如果是中压主汽门、中压调节汽门不能开启，则很快出现两侧汽温偏差，应立即进行锅炉燃烧调整、快速降机组负荷等措施减少两侧汽温偏差，过程中达到规程规定的打闸停机时应果断执行。这是因为进汽轮机前，两侧主蒸汽联通管的直径能够满足一侧汽门关闭安全连续运行；两侧再热蒸汽虽有联通管，但直径偏小，关闭汽门一侧的再热汽温将快速升高。

高压缸阀门组试验时，高压调门根据指令关闭，另一侧高调门打开，其开度的大小根据负荷进行控制。当被试验的高调门完全关闭后，进行主汽门活动试验及跳闸电磁阀活动试验，阀门的两个电磁阀分别动作一次，使相应的阀门活动两次。给出试验成功的反馈，主汽门试验完成。在该侧主汽门关闭的情况下，进行调门活动试验及跳闸电磁阀活动试验，阀门的两个电磁阀分别动作一次，使相应的阀门活动两次。给出试验成功的反馈，调门试验完成。完成高压调门试验之后，该侧主汽门打开，在主汽门全开后，高调门开始打开，对侧高调门开始关，直到恢复到试验前的状态。

补汽阀试验，在高压主汽门/调门 A 试验成功后进行。

阀门组试验完成后，对高排止回阀和高压缸通风排汽阀进行相同的试验，每个阀门的两个电磁阀分别动作一次，使相应的阀门活动两次。

1．试验目的

确认 DEH 的汽轮机 ATT 试验功能符合设计要求，高、中压主汽门和调门活动正常、无卡涩，高排止回阀和高压缸通风排汽阀动作正常。各汽门及相关疏水阀无卡涩情况。

2. 试验条件

（1）发电机负荷小于 800MW，但应大于 500MW，同时自动发电控制系统（AGC）退出。过低负荷进行试验时，会造成机组负荷波动较大。

（2）机组并网，负荷控制激活。

（3）补汽阀关闭。

（4）高中压主汽门均开启。

（5）主机及各辅助系统运行情况良好，参数稳定。

（6）试验过程中，避免机组负荷、蒸汽参数大的波动；可预见性的采取措施，如 A 侧主汽门、调门关闭情况，该侧主、再热汽温将上涨，另一侧将下降，应提前进行燃烧调节或喷水降温的方法，降低影响因素。

（7）无其他试验进行。

3. 试验步骤

（1）ATT SGC 手动按钮 ON，选择下列任一 ATT 阀门试验 ON。

1）SLC 高压主汽门和调门 A。

2）SLC 高压主汽门和调门 B。

3）SLC 中压主汽门和调门 A。

4）SLC 中压主汽门和调门 B。

5）SLC 冷再止回阀。

6）SLC 高压缸通风排汽阀。

（2）以下以 SLC 高压主汽门和调门 A 为例进行描述。

1）高压调门 A 根据指令关闭，高压调门 B 打开，根据负荷进行调节。

2）高压调门 A 完全关闭后，进行高压主汽门 A 活动试验及其跳闸电磁阀活动试验，确认高压主汽门 A 的两个跳闸电磁阀分别动作一次，相应的高压主汽门 A 全关活动两次。

3）给出试验成功的反馈，高压主汽门 A 试验完成。

4）在高压主汽门 A 关闭的情况下，进行高压调门 A 活动试验及跳闸电磁阀活动试验，确认高压调门的两个电磁阀分别动作一次，相应的高压调门 A 全关活动两次。

5）给出试验成功的反馈，高压调门 A 试验完成。

6）完成高压调门试验之后，确认高压主汽门 A 打开。

7）在高压主汽门 A 全开后，高压调门 A 开始缓慢打开，高压调门 B 开始缓慢关小，直到恢复到试验前的状态。

8）试验期间，注意负荷向下波动不应超过 80MW。

（3）类似的方法对其他阀门进行试验。

（六）抽汽止回阀活动试验方案

1. 试验目的

通过试验，记录汽轮机抽汽止回阀动作是否正常，是否能够有效地防止汽轮机进水和汽轮机超速，为以后机组的运行和事故分析提供参考。

2. 试验条件

(1) 机组负荷小于 800MW。

(2) 高、低压加热器汽侧投入运行，高、低压加热器水位均正常。

(3) 确认仪控压缩空气系统运行正常。

(4) 高、低压加热器危急疏水调门动作正常，危急疏水调门前后手动门均处于开启状态。

(5) 机组抽汽止回阀开关反馈均正常。

(6) 抽汽气动止回阀电磁阀均带电，且处于全开位置。

(7) 抽汽气动止回阀气缸无漏气现象。

(8) 无其他试验进行。

3. 试验方法

(1) 就地缓慢打开六抽抽汽止回阀活动试验阀 A 放气，观察抽汽止回阀气动执行机构阀位显示转动 5°～10°时，关闭六抽抽汽活动试验阀 A，恢复设备正常运行状态。

(2) 就地缓慢打开六抽抽汽止回阀活动试验阀 B 放气，观察抽汽止回阀气动执行机构阀位显示转动 5°～10°时，关闭六抽抽汽活动试验阀 B，恢复设备正常运行状态。

(3) 就地缓慢打开五抽抽汽止回阀活动试验阀放气，观察抽汽止回阀气动执行机构阀位显示转动 5°～10°时，关闭五抽抽汽活动试验阀，恢复设备正常运行状态。

(4) 就地缓慢打开四抽抽汽止回阀活动试验阀放气，观察抽汽止回阀气动执行机构阀位显示转动 5°～10°时，关闭四抽抽汽活动试验阀，恢复设备正常运行状态。

(5) 就地缓慢打开三抽抽汽止回阀活动试验阀放气，观察抽汽止回阀气动执行机构阀位显示转动 5°～10°时，关闭三抽抽汽活动试验阀，恢复设备正常运行状态。

(6) 就地缓慢打开一抽抽汽止回阀活动试验阀放气，观察抽汽止回阀气动执行机构阀位显示转动 5°～10°时，立即关闭一抽抽汽活动试验阀，恢复设备正常运行状态。

4. 安全措施

(1) 试验过程中小心控制气缸泄压过程，避免气缸压力过低而使止回阀关闭。

(2) 试验过程中，若发现高、低压加热器液位波动较大，应立即停止试验；实际过程中，观察高、低压加热器液位均较平稳。

(3) 试验需在当值值长的指挥下进行，抽汽止回阀活动试验阀由运行人员操作，设备部汽机专工、运行部汽机专工负责操作监护。

(七) 真空严密性试验

1. 试验目的

通过试验，确认机组真空系统工作情况良好，严密性符合部颁标准。如果试验不合格，应安排进行真空系统相关管道、阀门等进行全面查漏，消除缺陷后再次做真空严密性试验，直至试验合格。

2. 试验条件

(1) 真空泵联锁保护动作正常。

(2) 机组能维持在额定真空运行。

(3) 就地与集控室间的通信已建立。

3. 试验标准

试验应连续记录 8min，要求后 5min 内真空的平均下降率符合下列要求，见表 5-9。

**表 5-9** 机组真空合格标准

| 真空下降平均值（kPa/min） | 评价等级 |
| --- | --- |
| ≤0.27 | 合格 |
| >0.27 | 不合格 |

4. 试验步骤

（1）关阀试验。

1）维持机组负荷在 80％额定负荷运行，检查机组及各辅助系统运行正常。

2）确认备用真空泵启、停动作正常，运行状态良好。

3）维持一组真空泵运行，关闭该组真空泵进口抽真空气动阀。

4）就地及集控室严密监视真空的变化情况，并记录凝汽器真空和低压缸排汽温度。

5）从进口气动阀全关后开始记录，连续记录 8min，要求后 5min 内真空的下降率符合要求。

（2）停泵试验。

1）若关阀试验情况良好，可进行停泵试验，进一步确认试验结果，并与上次试验结果进行参照、对比。

2）维持机组负荷在 80％额定负荷运行，检查机组及各辅机系统运行正常。

3）确认备用真空泵启、停动作正常，运行状态良好。

4）确认停泵可能引启动作的保护已解除，停运所有真空泵组，试验开始。

5）就地及集控室严密监视真空的变化情况，并记录凝汽器真空和低压缸排汽温度。

6）从停泵开始，连续记录 8min，要求后 5min 内真空的下降率符合要求。

7）试验结束，启动一组真空泵，恢复机组正常运行。

5. 安全措施

（1）试验过程中，若发现真空下降过快，真空严密性明显不合格或凝汽器真空低于设计值，应立即停止试验。

（2）关阀试验时，若出现异常应立即启动备用真空泵，再开启运行真空泵的进口隔离阀。

（3）停泵试验时，真空泵进口气动阀应维持全开，确保故障情况下启动时，系统能迅速投入运行。

## 第三节 机组冷态和温态、热态、极热态启动

### 一、机组冷态启动

#### （一）辅助系统投运

1. 机组辅助系统投运顺序

（1）投运凝补水系统。

（2）投运闭式水系统。

（3）投运循环水系统。

（4）投运开式水系统。

（5）投运仪用气、杂用气系统。

（6）投运润滑油、密封油系统。

（7）投运控制油系统。

（8）投运顶轴油系统，汽轮机盘车。

（9）发电机进行氢气置换。

2. 汽轮机盘车启停注意事项

（1）汽轮机冲转前，连续盘车 4h 以上。

（2）轴封汽投入前，必须投入盘车。

（3）汽轮机转子温度小于 100℃时，可以停用盘车。

（4）汽轮机转子温度大于 100℃时，可以临时停用盘车，但需要在 15～30min 内，通过手动盘车将转子转动 180°。

（5）如果停机一周以上，可以适当提早停盘车。

3. 发电机气体置换注意事项

（1）发电机在进行气体置换时，要密切监视漏液检测，防止发电机进油。

（2）气体置换时，先将风压降至 8kPa 左右，高中压转子温度在 100℃ 以下时，停止主机盘车进行置换，充 $CO_2$ 的同时排空气，维持发电机内部气体压力在 8kPa 左右。

（3）用消防水对置换中的 $CO_2$ 钢瓶及汇流排、减压阀表面除霜，注意调节 $CO_2$ 的流量不要太大，否则容易造成管路结冻，反而造成置换速度下降。

（4）保持 $CO_2$ 蒸发器一直运行，提高 $CO_2$ 温度，防止 $CO_2$ 温度低在发电机内部结露。

（5）$CO_2$ 蒸发器出口电磁阀旁路阀保持关闭状态，保证 $CO_2$ 蒸发器能够正常切换运行，而不是始终运行。

（6）$CO_2$ 纯度达到 90％时，要对氢气干燥器、发电机绝缘过热装置和漏液检测装置进行置换，防止气体积聚在死角。

（7）$CO_2$ 纯度达到 95％时，向发电机内充入氢气，排出 $CO_2$。

（8）氢气纯度达到 98％时，停止排放 $CO_2$，要对氢气干燥器、发电机绝缘过热装置和漏液检测装置进行置换，防止气体积聚在死角。

（9）发电机氢侧回油箱液位调节阀旁路门开启时，发电机直流密封油泵不能运行，否则发电机有进油危险。

（10）将发电机内氢压升至 0.05MPa 时，关闭发电机氢侧回油箱液位调节阀旁路门。发电机内氢压升至 0.05MPa 时，务必检查发电机氢侧回油箱液位调节阀旁路门关闭，否则将导致氢侧油箱及真空油箱油位下降，甚至导致密封油中断、发电机跑氢及氢气爆炸等严重后果。

（11）发电机内气体升压过程，检查密封油氢差压阀调节正常，空侧、氢侧密封油箱油位自动调节正常。防止检修后异物卡涩、浮球阀杠杆力调节等原因，使空侧、氢侧密封油箱油位过高或过低。

（12）发电机内氢压至 0.47MPa 时，氢气置换结束。

161

（二）辅汽系统投运

当无机组运行时，启动炉点火，沿途管路疏水正常后向厂用辅助蒸汽系统供汽，就地微开本机辅汽联箱进汽电动门 5%，辅汽联箱充分暖管后远方全开进汽电动门，维持辅汽联箱压力 0.7MPa 左右、温度 300～330℃。当有机组运行时，首先开启联通管疏水门，然后缓慢开启邻机供汽手动门，联通管充分暖管后，再向本机辅汽联箱供汽，维持辅汽联箱压力 0.7MPa 左右、温度 300～330℃。注意事项如下：

（1）机组真空未建立，防低压缸安全门爆破。与辅助蒸汽有关的疏放水排至无压漏斗，不进入凝汽器。

（2）预暖辅汽联通管、辅汽联箱前，应根据现场管路的布置情况，将管路、系统的存水排尽，防止水冲击。

（三）锅炉上水

（1）冷态启动锅炉上水规定。

1）冷态启动省煤器上水温度要求 105～110℃。

2）冷态启动锅炉上水速率要求不大于 200t/h。

3）控制省煤器进出口温差小于 105℃。

4）锅炉进水水质合格。

（2）锅炉汽水系统及启动系统已按检查卡检查。

（3）确认下列阀门关闭。

1）过热器减温水电动门。

2）锅炉循环泵出口电动门。

3）锅炉循环泵进口电动门。

4）锅炉循环泵再循环气动门。

5）锅炉循环泵高压冲洗水门。

6）锅炉给水总门。

7）锅炉循环泵暖泵进口手动门。

8）暖管至过热器二级喷水减温水电动门。

9）炉膛 A 侧入口分配集箱放水手动门、电动门。

10）炉膛 B 侧入口分配集箱放水手动门、电动门。

11）炉膛 A、B 水平烟道和后墙悬吊管分配箱放水手动门、电动门。

12）炉膛 A 侧后烟道入口集箱入口管放水手动门、电动门。

13）炉膛 B 侧后烟道入口集箱入口管放水手动门、电动门。

14）水冷壁前、后、两侧中间集箱放水门。

（4）确认下列阀门开启。

1）水冷壁前、后、两侧中间集箱气门。

2）尾部烟道出口管放气门。

3）分离器出口放气手动、电动门隔绝门。

4）顶棚入口分配管放气门。

5）水平烟道侧墙和后墙悬吊管出口管道放气门。

6）二、三、四级过热器进口管放气门。

7）末级再热器入口放气门。

8）末级再热器出口管放气门。

9）一过入口放水门。

10）再热器入口放水门。

11）WDC 阀 A、B、C 电动隔绝门。

12）尾部烟道旁路电动门。

（5）确认 WDC 阀开关动作正常后投自动。

（6）启动电动给水泵，检查电动给水泵电流、声音、振动等正常。

（7）投运高压加热器水侧。

（8）开启锅炉给水总门。

（9）调节给水流量至 200t/h，向锅炉进水。

（10）分离器水位达到 8m，关闭以下阀门。

1）水冷壁前、后、两侧中间集箱气门。

2）尾部烟道出口管放气门。

3）分离器出口放气手动、电动门隔绝门。

4）顶棚入口分配管放气门。

5）水平烟道侧墙和后墙悬吊管出口管道放气门。

6）尾部烟道旁路电动门。

7）二、三、四级过热器进口管放气门。

8）末级再热器入口放气门。

9）末级再热器出口管放气门。

（11）分离器水位达到 9.5m，分离器疏水门按以下方式控制水位，如图 5-1 所示。

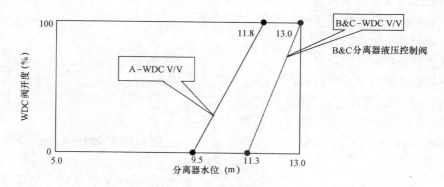

图 5-1　分离器水位控制

**（四）投运锅炉启动系统**

（1）锅炉循环泵注水。

1）锅炉循环泵检修或放水后，启动前必须先进行低压注水。

2）锅炉循环泵系统工作票已终结，系统按卡检查完毕。

3）确认锅炉循环泵高压注水总门关闭。

4）锅炉循环泵低压注水水质要求，见表 5-10。

表 5-10　　　　　　　　　　　　锅炉循环泵低压注水水质要求

| 项　目 | 单　位 | 允许值 | 目标值 |
|---|---|---|---|
| pH 值（25℃） | — | 9.3～9.6 | 9.45 |
| 温度 | ℃ | 4～50 | 35 |
| 固体物质含量 | μg/L | ≤0.25 | — |
| 氯化物含量 | μg/L | <50 | — |

5）确认锅炉循环泵进、出口门关闭。

6）确认锅炉循环泵再循环门关闭。

7）确认锅炉循环泵暖泵进口门关闭。

8）开启锅炉循环泵出口管路疏水门及泵体放气门。

9）缓慢开启锅炉循环泵电动机注水进口门，保持注水速度在 5L/min 左右。

10）当锅炉循环泵泵体放气门有水溢出后，可以关闭锅炉循环泵泵体放气门。

11）当锅炉循环泵出口管路疏水门有水连续排出时，全开锅炉循环泵电动机注水进口门。

12）检查锅炉循环泵出口管路疏水水质合格后，关闭锅炉循环泵出口管路疏水门，注水结束，关闭锅炉循环泵电动机注水进口门。

13）如锅炉进行酸洗、锅炉循环泵电动机冷却系统发生泄漏、密封损坏，则必须进行高压注水。锅炉酸洗时，采用临时的高压水泵连续注水。

（2）锅炉循环泵启动条件。

1）汽水分离器储水箱水位大于 4m。

2）锅炉循环泵 BR 阀开度小于 5%。

3）锅炉循环泵冷却水流量大于 $10.5 m^3/h$。

4）锅炉循环泵电动机温度小于 60℃。

5）锅炉循环泵进口门开启。

6）锅炉循环泵出口门开启。

7）锅炉循环泵再循环门开启。

8）锅炉循环泵过冷水调门投自动方式。

9）锅炉循环泵电机绝缘合格（大于 200MΩ）。

（3）确认锅炉冷态清洗结束、水质满足要求后，启动锅炉循环泵，检查循环泵启动正常。

（4）锅炉循环泵启动后，循环泵出口调整阀（BR 阀）投自动时，按下图 5-2 控制。

投运锅炉启动系统注意事项：

1）BR 投自动后应注意启动初期汽水膨胀、汽压波动造成水位波动导致 BR 阀失调。

2）BR 阀投自动时，设专人监视分离器水箱水位、省煤器进口给水流量等参数，当燃烧工况、蒸汽参数变化较大时，可能会失调。

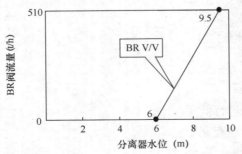

图 5-2　分离器水位自动控制

（五）分离器水质合格后，投运锅炉启动疏水系统

（1）当汽水分离器出口含铁量大于 $500\mu g/L$、$SiO_2$ 含量大于 $200\mu g/L$，开启锅炉疏水扩容箱排放门进行排放。

（2）当汽水分离器出口含铁量小于 $500\mu g/L$、$SiO_2$ 含量小于 $200\mu g/L$、$Na^+$ 含量小于 $20\mu g/L$，投入炉水回收系统。

（3）关闭锅炉启动系统暖泵水门、暖阀水门，投入锅炉启动循环泵过冷水，启动锅炉启动循环泵。

（六）投运灰渣系统

在锅炉风烟系统投运前，安排电除尘电场进行升压试验，发现设备缺陷及时处理，检查电场各参数正常后，投入电除尘低压侧设备加热。

（七）投运锅炉风烟系统

投运风烟系统前注意检查确认炉底水封已建立正常，底渣系统运行正常，输灰系统已投运正常。

（八）投运火检冷却风系统

检查火检冷却风机具备启动条件后启动火检冷却风系统，风机启动后注意检查冷却风母管压力正常，出口三通挡板位置正确（不能停留在中间位置）。

（九）投运锅炉燃油系统

检查燃油系统无检修工作，各部件连接完好，开启锅炉燃油系统供回油手动总门，建立炉前燃油循环，开启各角油枪供回油手动门、压缩空气吹扫手动门，并检查确认系统无泄漏。

（十）进行燃油泄漏试验

1. 燃油泄漏试验条件

（1）锅炉风量大于 30%。

（2）轻油快关门关。

（3）所有油枪进、回油门关。

（4）轻油母管压力正常大于 3.43MPa。

（5）轻油泄漏试验没有旁路。

2. 燃油泄漏试验过程

（1）燃油泄漏试验开始，开启燃油快关门，燃油压力控制门全开，同时燃油回油门关闭，对炉前燃油母管充油 30s。

（2）充油 30s 计时结束，燃油快关门关闭，保持压力大于 3.43MPa，180s 泄漏试验计时开始。

（3）在泄漏试验计时周期内，燃油压力仍大于 2.94MPa，泄漏试验完成。

（4）如果在泄漏试验过程中，油压小于 2.94MPa，泄漏试验失败；油压下降过快，应查明原因，然后再重做泄漏试验。

3. 燃油快关门开条件

（1）MFT 已复置。

（2）满足以下条件：所有油枪进、回油门关闭；燃油母管压力正常（不小于 2.5MPa）；泄漏试验已完成或旁路。

4. 燃油快关门关条件

（1）主燃料跳闸（MFT）。

（2）任一油枪进、回油门在开位置且燃油压力低，小于 0.8MPa（三取二，延时 5s）。

**（十一）炉膛吹扫**

（1）锅炉在 MFT 后，在进入燃料前，必须对炉膛进行 5min 的吹扫，将炉膛和烟道内的可燃物吹扫干净。

（2）锅炉吹扫条件满足，启动按锅炉吹扫程序。锅炉吹扫开始，5min 计时开始，在这期间吹扫条件必须始终满足；任一条件失去，吹扫自行中断，计时器复位归零，吹扫必须重新开始。

（3）锅炉吹扫完成，MFT 自动复置，炉膛烟温探针正常伸进。

**（十二）投运一次风、密封风系统**

注意事项：投运一次风机及密封风机时应先建立风道，建立通道前确认磨煤机内没有积煤；启动第二台一次风机时，确认无倒转；通一次风的磨煤机应投入密封风系统。

密封风机投联锁时，注意密封风压正常，避免备用风机自启动；密封风压正常后，及时投入联锁，避免密封风机失去备用。

**（十三）锅炉点火**

1. 锅炉点火前检查

（1）炉水品质符合点火要求。锅炉分离器出口水质满足表 5-11 要求时，锅炉可以点火。

表 5-11　　　　　　　　　　　　　分离器出口水质要求

| 项目 | 氢电导率（25℃） | 二氧化硅 | 铁 | 溶解氧 |
| --- | --- | --- | --- | --- |
| 单位 | $\mu S/cm$ | $\mu g/L$ | $\mu g/L$ | $\mu g/L$ |
| 标准 | ≤0.65 | ≤30 | ≤50 | ≤30 |

（2）高压旁路投入启动模式、低压旁路投入自动。

（3）各点火器电源均已正常投入。

（4）炉膛出口烟温显示正常。

（5）锅炉循环系统已运行正常。

（6）锅炉总风量在 30%～50%之间，且脱硫增压风机已投用或烟气旁路挡板已开启。

（7）省煤器入口流量为 738t/h。

（8）火检冷却系统和工业电视投用正常。

（9）轻油油循环已建立，供油压力不小于 2.5MPa。

（10）等离子高能点火器装置正常。

（11）空气预热器辅汽吹灰系统具备投运条件。

（12）各燃烧器摆角在水平位置。

（13）MFT 已复置。

2. 炉膛点火允许条件

（1）MFT 信号已复置。

（2）火检冷却风压正常。

（3）满足其中之一：锅炉总风量在 30%～50%之间，已有任一煤层在运行，已有油层在运行。

3. 油系统允许点火条件

(1) 满足炉膛点火允许条件。

(2) 燃油进油、回油快关门开。

(3) 轻油母管压力正常。

(4) 没有油层在点火过程中。

(5) 任一一次风机在运行。

(6) 燃烧器摆角在水平位置。

4. 油枪点火

(1) 检查轻油母管压力不小于 2.5MPa。

(2) 确认所有油枪在"远方"控制方式。

(3) 辅助风挡板投自动。

(4) 启动第一层 2、6 号角轻油枪，2 号角轻油枪启动，10s 后启动 6 号角轻油枪启动，火检显示正常，就地看火孔查看火焰正常，无漏油现象。若油枪点火不成功则触发 MFT。

注意事项：点火初期当着火不良时，可以采取以下方法进行调整。

1) 保持合适的炉膛/风箱差压，油辅助风的开度满足要求。

2) 开大回油调门，适当降低燃油压力。

(5) 第一对油枪投运后，将油流量控制投自动。

(6) 并再次确认一级过热器入口疏水门、再热器入口疏水门开启。

(7) 第一对油枪运行 90s 后，可以启动第二对油枪，4、8 号角。火检显示正常，就地看火孔查看火焰正常，无漏油现象。

5. 等离子高能点火器无油点火（低位磨点火方式）

(1) 等离子点火注意事项。锅炉点火之前，尽量提高炉内温度，为等离子无油点火创造条件。等离子无油点火时，为保证等离子着火稳定，要求如下：

1) 锅炉冷态冲洗期间，采取措施提高给水温度，尽量提高炉内温度，为等离子点火创造条件。

2) 启动 A 给煤机前磨煤机应充分预暖，磨煤机出口温度可提高至 75～80℃（正常运行时，磨煤机 A 出口温度应据不同煤种执行）。

3) 点火期间，磨煤机进口风量保持在 140t/h 左右。

4) 磨煤机暖风器保持疏水畅通，点火初期，应开启疏水器旁路门加强疏水；待等离子暖风器退出运行后及时关闭暖风器进汽电动门。

5) 采取措施，将磨煤机进口温度提高至 120℃以上。

6) 负荷 300MW 以前所有运行的磨煤机分离器转速均要求保持在 1100r/min。

7) 等离子点火时磨煤机 A 入口一次风量调至 120～140t/h，风量过大时等离子不容易点着火。点火燃烧正常后可以适当增加一次风量，但是点火初期给煤机最小煤量运行时一次风量不能超过 160t/h。

8) 等离子燃烧器壁温正常运行时应在 400℃以下，不能长时间运行在 600℃以上。燃烧器壁温高时可通过增加一次风量或增加给煤量的方法来降低，增加时需注意防止风量过大吹断等离子弧和炉膛热负荷瞬时增加过快。

9) 锅炉启动初期，等离子运行时，要时刻监视炉膛火焰电视、炉膛负压、A层燃烧器火检强度，判断锅炉的燃烧情况。也可通过观察烟囱的排烟判断燃烬情况，必要时安排有经验的人员从看火孔处观察着火情况。考虑到燃烧良好及燃尽情况，磨煤机A单磨运行时出力最大允许到55t/h时，此时需安排启动第二套制粉系统。

10) 等离子拉弧以后，等离子配电间空调及时投运；磨煤机旋转分离器变频间空调在系统启动后及时投运。

（2）等离子方式下，磨煤机A启动条件。

1) 磨煤机A切换至等离子方式。

2) 1~8号等离子点火器拉弧成功。

3) 磨煤机A其他启动允许条件满足。

注意事项：确认在等离子模式，如果不在等离子模式，而高低压旁路未开启，高中压主汽门调门都关闭，如有给煤机运行就会发再热器保护；等离子模式下，任两个角断弧，不管油枪是否投入成功，都会发MFT；在等离子模式下，磨煤机A出力大于40t/h时，磨煤机B点火条件满足。

在取消脱硫旁路的机组中，点火时采用无油等离子燃烧的方式，将显得非常重要，脱硫系统随锅炉同时启动，有效地防止了燃油对吸收塔运行的影响。

（3）等离子方式下，磨煤机A跳闸条件。

1) 任意一个角等离子、油枪、煤层均无火检，延时15s。

2) 任意两个等离子点火器断弧。

3) 其他磨煤机跳闸条件满足。

（4）允许投用等离子点火器的条件。

1) 锅炉吹扫已完成，MFT已复置。

2) 等离子点火装置通信正常。

3) 等离子点火器载体风压大于6kPa。

4) 等离子点火器冷却水压正常大于0.2MPa。

5) 等离子点火器对应整流柜运行正常。

（5）产生下列任一条件，等离子点火器跳闸。

1) 锅炉MFT。

2) 磨煤机A跳闸。

3) 等离子点火装置通信故障。

4) 等离子点火器冷却水压小于0.2MPa。

5) 等离子点火器载体风压小于6kPa。

6) 等离子点火器整流柜故障。

7) 等离子点火器断弧。

（6）等离子点火启动。

1) 开启磨煤机A暖风器疏水阀。

2) 逐渐开启辅汽至暖风器进汽门，调整暖风器辅汽进汽压力在1MPa左右。

3) 逐个启动A层等离子发生器，并调节各等离子发生器电流，使电弧功率维持在110kW左右。

4）当部分等离子发生器拉弧过程中出现拉弧不正常情况时，发出报警信号，同时自动重新拉弧一次，若自动拉弧不成功，手动单只拉弧。

5）启动磨煤机 A，调节磨煤机一次风量在 120t/h 左右，各煤粉管风速在 18～20m/s。

6）当磨煤机 A 出口温度达到 75℃，启动给煤机 A，并立即将给煤机 A 煤量增加至 26～28t/h。

7）检查各等离子燃烧器燃烧正常，必要时调整等离子发生器电流。

8）当各燃烧器稳定燃烧 10min 后，可根据需要增加磨煤机 A 出力。

9）当热一次风母管风温达到 160℃后，将磨煤机 A 暖风器切除运行。

10）检查磨煤机点火能量满足启动磨煤机 B。

11）机组负荷大于 20MW，确认炉膛燃烧工况良好，将等离子方式切换至正常运行方式。

注意事项：在磨煤机 A 一次风管未通风的情况下，禁止等离子发生器拉弧，防止烧坏燃烧器。离子点火装置投运过程中，应监视燃烧器壁温低于 400℃，否则应降低磨煤机出力、加大磨煤机的入口风量、降低等离子发生器功率等，燃烧器显示壁温超过 500℃时，应停止该燃烧器进行检查。

6. 磨煤机点火能量

（1）相邻油层运行。

（2）机组负荷小于 50%，相邻煤层运行且给煤量大于 45t/h。

（3）机组负荷大于 50%，三层及以上煤层运行。

注意事项：负荷在 500MW 以下时，启动制粉系统时，给煤机启动后的 180s 内，注意相邻煤层给煤量大于 45t/h，防止由于点火能量失去导致制粉系统跳闸；建议负荷在 500MW 以上时启动第四套制粉系统，避免由于 500MW 负荷上下波动造成点火能量判据切换导致制粉系统跳闸。

7. 点火之后

点火后，空气预热器进行连续吹灰。投入电除尘一电场。

注意事项：空气预热器吹灰时，提高辅汽压力至 0.8MPa 以上，避免空气预热器二次燃烧。

（十四）锅炉升温、升压

（1）依照机组启动温度控制一览表，升温升压。

（2）大修、长期停运后或新机组首次启动，要严密监视锅炉的受热膨胀情况。从点火至满负荷，做好膨胀记录，发现问题及时汇报。

（3）锅炉升温升压过程，要全面检查各系统、设备参数的变化情况，有异常提早发现、提早解决。如现场热力系统有无泄漏、内漏情况；各管道系统的预暖，疏放水系统是否通畅，两侧主再热汽温有无偏差；风烟系统的温升情况，两侧是否平衡，空气预热器排烟温度的变化情况等，许多事故的发生，在点火的初期，特别是前几小时，均有不同程度的反映，这都需要监盘人员勤翻画面，多分析，做出及时正确的判断。

（4）观察风箱挡板在自动控制情况下自行开启正常，否则手动开启。

（5）锅炉点火后，确认高、低压旁路方式正确（设定高压旁路出口温度约 360℃、选择高压旁路启动模式、低压旁路投自动，最小开度 10%，低压旁路将调节再热蒸汽压力），高、低压旁路减温器、三级减温减压装置均正常投入。

（6）当主蒸汽压力大于 0.4MPa 时。

1）开启机侧主、再热蒸汽管道疏水。

2）关闭一级过热器进口管放水门。

3）关闭分离器出口放气手动、电动门隔绝门。

4）关闭再热器入口放水门。

（7）分离器入口温度达到 150℃，锅炉热态清洗，控制温度不超过 170℃。

（8）汽水分离器储水箱出口水质符合表 5-12 标准，锅炉热态清洗结束。

表 5-12 汽水分离器储水箱出口水质标准

| 项 目 | 单 位 | 允许值 |
|---|---|---|
| pH | — | 9.3～9.5 |
| Fe | $\mu g/L$ | <100 |
| DO | $\mu g/L$ | <10 |
| $SiO_2$ | $\mu g/L$ | <30 |
| $N_2H_4$ | $\mu g/L$ | >200 |
| 电导率 | $\mu S/cm$ | <0.5 |

（9）炉水合格后，继续升温升压。

（10）主汽压力达到 0.7MPa，观察高压旁路调门逐渐开启，也可在点火前手动开启。

（11）高压旁路自动开条件。

1）油枪已点火 20min。

2）主汽压力大于点火时压力+0.3MPa。

3）主汽压力大于 0.7MPa。

4）四级过热器出口温度大于进口温差 5℃。

（12）分离器压力大于 0.8MPa，开启过热器电动泄压门 PCV 阀 60s 后关闭。

注意事项：主汽压力小于 15MPa，PCV 电动隔绝阀保持关闭，避免过早开启引起 PCV 阀泄漏，注意汽水分离器水位稳定，WDC 阀和再循环门 BR 阀控制良好，再热器蒸汽通道建立前，控制燃料量，保护再热器。

（13）烟气温度联锁项目。

1）炉膛出口烟气超过 560℃报警。

2）再热器蒸汽通道未建立，炉膛出口烟气温度超过 620℃，延时 20s，锅炉 MFT。

3）炉膛出口烟气温度大于 650℃，发报警信号。

（14）全面检查锅炉水冷壁、过热器和再热器金属壁温正常。

（15）水冷壁出口升温率控制限值见表 5-13。

表 5-13 水冷壁出口升温率控制限值

| 应 用 | 限定要求 |
|---|---|
| 水冷壁出口升温率最大限定 | < 220℃/h, < 105℃/10min |

（16）升温升压至汽轮机冲转参数。

1）监视主汽压力 8.5MPa，高压旁路已切至定压模式。

2）适当提前减少燃料量，控制主汽温度 380℃。

3）用辅汽冲一台给水泵汽轮机，将给水泵并入系统运行，电泵至旋转备用，给水投自动。

注意事项：并泵前确认主汽压力 8.5MPa，给水投自动前，确认给水流量 888t/h；给水投自动时，观察给水流量没有大幅波动。

**（十五）发电机由冷备用转热备用**

发电机由冷备用转热备用操作详见《发电机由冷备用改热备用操作票》。

**（十六）启动汽轮机 DEH 程序走步**

汽轮机 DEH 走步注意事项介绍如下：

（1）主汽温度大于阀体温度 100℃，第一时间汽机走步序暖阀，缩短启动时间。

（2）监视主、再热汽温两侧偏差，确认主、再热汽管道疏水正常，控制主、再热汽温两侧温差小于 28℃。

（3）汽轮机"启动装置"控制任务。

**（十七）（DEH 程序走步）汽轮机开始暖管暖阀**

（1）第 1 步：启动初始化。

（2）第 2 步：程序自动投入汽轮机抽汽止回阀子回路 SLC。

（3）第 3 步：程序自动投入汽轮机限制控制器。

（4）第 4 步：程序自动投入汽轮机疏水 SLC。

（5）第 5 步：程序自动开启汽轮机高/中压调门前疏水阀。

（6）第 6 步：空步。

（7）第 7 步：空步。

（8）第 8 步：汽轮机润滑油泵试验准备。

（9）第 9 步：空步。

（10）第 10 步：空步。

（11）第 11 步：程序自动投入发电机励磁机干燥器 SLC，等待蒸汽品质合格。

注意事项：温态启动、热态启动和极热态启动中，当高压调阀阀体（50%）温度大于 350℃时，本步必须投入蒸汽品质 SLC ON，否则步序无法进行下去。投入蒸汽品质 SLC ON，步序下行后，15 步完成主汽门开启，至 20 步结束主机立即冲转。如果不打算立即冲转汽轮机，应在 14 步将蒸汽品质 SLC OFF，待决定冲转汽轮机时再投入蒸汽品质 SLC ON。

（12）第 12 步：空步。

（13）第 13 步：投入低压缸喷水自动。

（14）第 14 步：程序自动开启汽轮机中压主汽门前疏水阀。

（15）第 15 步：本步准备开启主汽阀进行暖阀，首先应确认主蒸汽品质满足汽轮机冲转蒸汽指标要求。确认启动装置定值 TAB 在内部方式，否则手动将其切至内部方式。确认其自动拉升至 10% 后自动切回外部方式。

注意事项：汽轮机转速不上升，若出现汽轮机转速达 300r/min 时，应立即手动脱扣。

（16）第 16 步：程序自动关闭高排通风阀。

（17）第 17 步：空步。

（18）第 18 步：确认炉侧蒸发量满足汽轮机冲转条件。

(19) 第 19 步：空步。

(20) 第 20 步：等待蒸汽品质合格，确认汽轮机具备冲转条件后，手动投入蒸汽品质 SLC ON。

注意事项：

1）主汽门在第 15～20 步之间开启，对主汽门阀体预热，开启时间长短取决于加热蒸汽温度和蒸汽品质，开启时间可能由几种情况决定。DEH 能忽略某些步骤，在第 16～19 步之间任一点关闭主汽门，程序在第 20 步终止（调门不会在 20 步之前开启，蒸气品质合格后再开启），返回至第 16 步重新走程序。

2）主汽压力小于 2MPa 时，主汽门保持全开；主汽压力大于 2MPa 时，主汽门开启，延时后关闭；主汽压力 2～3MPa 时，调门预热 30min；主汽压力 3～4MPa 时，调门预热 15min；主汽压力大于 4MPa 时，主汽门立即关闭。

3）当蒸汽品质合格后，主汽门开启时间不得超过 60min，若在 60min 内，第 16～20 步未执行完，主汽门将关闭，并导致汽轮机重新启动。

4）启动程序在第 20 步蒸汽品质仍不合格，主汽门关闭直到蒸汽品质合格，程序重新从第 11 步开始。子回路控制必须由操作人员从"手动"切换到"自动"（发出关闭主汽门的命令，此后若释放蒸汽品质，步序会自动返回第 11 步，重新走步序开启主汽门）。

5）发电机并网前，汽轮机转速控制器限制 TAB 在 62%，发电机并网后，转速控制器放开限制，调门开度转由负荷控制器控制调节。

**（十八）（DEH 程序走步）汽轮机冲转、定速**

汽轮机冲转给水水质要求见表 5-14，蒸汽品质要求见表 5-15。

表 5-14　　　　　　　　　　　　汽轮机冲转给水水质要求

| 序号 | 指标 | 单位 | 启动值 | 标准值 |
|---|---|---|---|---|
| 1 | 氢电导率（25℃） | $\mu$S/cm | ≤0.65 | ≤0.15 |
| 2 | 硬度 | $\mu$mol/L | ≈0.0 | ≈0.0 |
| 3 | 溶氧 | $\mu$g/L | ≤10 | ≤7 |
| 4 | $SiO_2$ | $\mu$g/L | | ≤10 |
| 5 | 联氨 | $\mu$g/L | | 20～50 |
| 6 | pH | | | 9.3～9.6 |
| 7 | 铁 | $\mu$g/L | ≤20 | ≤5 |
| 8 | 铜 | $\mu$g/L | | ≤1 |
| 9 | 钠 | $\mu$g/L | | ≤2 |

表 5-15　　　　　　　　　　　　汽轮机冲转蒸汽品质要求

| 序号 | 指标 | 单位 | 冲转前 | 标准值 | 期望值 |
|---|---|---|---|---|---|
| 1 | 氢电导率（25℃） | $\mu$S/cm | ≤0.50 | <0.2 | ≤0.10 |
| 2 | 二氧化硅 | $\mu$g/kg | ≤30 | ≤10 | |
| 3 | 铁 | $\mu$g/kg | ≤50 | ≤20 | ≤5 |
| 4 | 铜 | $\mu$g/kg | ≤15 | ≤2 | ≤1 |
| 5 | 钠 | $\mu$g/kg | ≤20 | ≤5 | ≤2 |

注意事项：等待蒸汽品质合格后，通过人为按蒸汽品质按钮（"STEAM PURITY RE-

LEASED"）确认，步序下行开启调门。若蒸汽品质不合格，未投入蒸汽品质 SLC，则步序重新回到第 8～20 步，进行暖管、暖阀。

（1）第 21 步：程序自动开调门汽轮机冲转至暖机转速。

注意事项：

1）冲转后注意主机油温变化，适时投入主机冷油器水侧。

2）适时投入发电机氢冷器及密封油冷油器。

3）注意检查机组振动、轴向位移等主要参数的变化。

4）当汽轮机转速达到 180r/min 时，盘车电磁阀自动关闭，盘车自动脱开。

5）冷态启动汽轮机转速达到 360r/min 时暖机 60min，TSE/TSC（应力控制器）监控整个暖机过程。

（2）第 22 步：程序自动解除蒸汽品质子程序，确认蒸汽品质 SLC 自动退出。

（3）第 23 步：冷态启动时保持 360r/min 暖机转速 60min，暖机结束后，手动投入释放正常转速 SLC ON，继续升速至 3015r/min。

注意事项：

1）冲转后注意主机油温变化，适时投入主机冷油器水侧。

2）适时投入发电机氢冷器及密封油冷油器。

3）注意检查机组振动、轴向位移等主要参数的变化。

4）就地检查机组振动、声音、回油温度等是否正常。

5）当汽轮机转速达到 540r/min 时，确认顶轴油泵自动停运正常。

6）当汽轮机转速达到 2850r/min 时，确认盘车电磁阀自动开启。

（4）第 24 步：空步。

（5）第 25 步：汽轮机转速设定值自动上升。确认汽轮机转速设定值逐渐上升至 3015r/min，继续升速至 3015r/min。

（6）第 26 步：程序自动关闭汽轮机高、中压主汽门疏水门。

（7）第 27 步：程序自动解除正常转速 SLC。

（8）第 28 步：程序自动向 DCS 发送允许启动 AVR 装置信号。

（9）第 29 步：确认并网前满足要求。

（10）第 30 步：发电机准备并网。

发电机并网带初负荷前注意事项：

1）组织措施：全面检查机组各系统设备的运行方式、缺陷情况，影响到机组安全稳定运行时，应申请上级领导暂缓并网。运行方式，如备用设备的状态、主保护及热工联锁的投入情况、电气母线的运行方式等符合机组正常运行的需求；缺陷方面，重要热工测点、主要参数、重要辅机等符合机组长期运行的要求；确认蒸汽品质合格。

2）检查初负荷设定值 50MW，负荷上限 1050MW，升负荷率 10MW/min。

3）检查 DEH 控制回路升负荷裕度大于 30K。

4）检查汽轮机投入限压模式。

5）确认主变压器、高压厂用变压器正常运行中，27kV 离相封闭母线微正压装置已经正常投运。

6）确认发电机-变压器组保护正常按标准操作卡投入，故障录波器正常投入。发电机励磁系统处于热备用状态。

7）确认发电机已恢复至热备用。

（11）第31步：准备同期并网。

1）励磁系统已投用。

2）励磁断路器位置正常。

3）发电机出口断路器已同期并网。

**（十九）（DEH 程序走步）发电机并网、载荷**

（1）在机组全速且运行正常后，全速不加励磁工况时的各有关温度数据正常。

（2）待机、炉有关试验结束，检查机组正常无报警信号，得值长命令后，进行发电机升压并列操作。

（3）发电机并列必须满足下列条件：

1）待并发电机的电压与系统电压近似或相等。

2）待并发电机的频率与系统频率相等。

3）待并发电机的相位与系统相位相同。

（4）发电机升压并列一般由 DEH 程序走步完成，当不走 DEH 程序时，按以下步骤进行自动同期并列（发电机自动同期并列步骤）：

1）检查汽轮机转速 3000r/min。

2）检查 DCS 发电机并网画面上无异常报警信号且电压调节的目标值 27kV。

3）在 DCS 发电机并网画面上将发电机励磁系统投入。

4）在 DCS 发电机并网画面合上发电机磁场断路器，检查发电机磁场开关合闸正常，励磁机空载电压、电流正常，机端电压升至 27kV（三相电压平衡，三相电流指示为 0）。

5）选择发电机出口断路器 DCS 操作框内"SYNCHRONOUS"（同期）按钮。

6）确认同期装置自动投入，进行发电机出口断路器合闸并网。

7）确认发电机出口断路器确已合上，发电机三相电流平衡，机组自动带 5％额定负荷。

8）将同期装置退出运行。

（5）机组并网及带初负荷期间应注意：

1）励磁投入后发电机升压期间，发电机出口电压达到 27kV 时，确认励磁系统正常。

2）并网过程中同期画面上无故障报警。

3）机组并网后注意保持主汽压力稳定，锅炉加强燃烧。

4）发电机并网后，应增加部分无功，保证机组不在进相运行，检查三相定子电流是否平衡。

5）机组带初负荷暖机的时间根据蒸汽参数按机组启动曲线确定。

6）在机组带初负荷暖机期间应全面检查汽轮机振动、汽缸膨胀、轴向位移、轴承金属温度、润滑油回油温度、润滑油压、主机控制油油压、汽缸上下壁温差等各项参数在正常范围之内。

（6）第32步：启动装置 TAB 至 102％，增加调门开度。

1）确认汽机启动装置 TAB 无 AUTODOWN（自动下降）信号，将其切入内部方式，确认 TAB 上升至 102％。

2）汽轮机调门开度由负荷控制器设定，转速控制器退出运行。

（7）第 33 步：完成汽轮机启动过程。

1）主蒸汽流量大于 20%。

2）汽轮机转速大于 2950r/min。

3）主蒸汽压力大于 2.5MPa。

（8）第 34 步：检查汽轮机控制器投入。

（9）第 35 步：启动步骤结束。启动程序结束，信号送至汽机 SGC 反馈端。

（二十）机组加负荷

（1）低压加热器汽侧随机投运。

1）确认低压加热器系统已执行系统检查卡。

2）将低压加热器正常疏水调整门和事故疏水调整门投入自动。

3）开启 5、6 号低压加热器抽汽电动门。

4）当汽轮机负荷大于 15% 后，检查 5、6 级抽汽止回阀自动打开。

5）随着抽汽压力上升，低压加热器汽侧投用，低压加热器出水温度相应升高。

6）检查低压加热器疏水水位自动调节正常，必要时切手动调整，注意相邻加热器水位。

7）低压加热器汽侧投用正常后，关闭其启动排气门，确认至凝汽器的连续排气门开启。

8）若 5、6 号低压加热器未随机启动，投入时应先投 6 号低压加热器汽侧后再投 5 号低压加热器汽侧，防止汽侧排挤并注意疏水自动调节正常。

（2）高压加热器汽侧随机投运。

1）确认高压加热器系统已执行系统检查卡。

2）确认机组疏水控制组投入自动。

3）将 3、2、1 号高压加热器正常疏水调整门、事故疏水调整门投自动。

4）开启 3、2、1 号高压加热器进汽电动门。

5）当汽轮机负荷大于 15% 时，检查各级抽汽止回阀自动打开。

6）随着抽汽压力上升，3、2、1 号高压加热器汽侧投用，高压加热器出水温度相应升高。

7）当相邻高压加热器汽侧压差大于 0.2MPa，检查高压加热器正常疏水调门自动开启，事故疏水调门自动关闭，高压加热器疏水逐级自流回至除氧器。

8）检查高压加热器疏水水位自动调节正常，必要时切手动调整，注意相邻加热器水位。

9）当所有高压加热器事故疏水调门全部关闭，正常疏水调门正常开启后，高压加热器投入完毕。

10）高压加热器汽侧投用正常后，关闭启动排气门，确认连续排气门开启。

注意事项：上述步骤只适用于高压加热器随机投运。高、低压加热器投入过程给水温度升高，对锅炉的出力产生影响，应监视汽温、汽压等参数的变化；检修后的机组，加热器疏水先排入凝汽器，加强监视凝结水品质及凝结水泵滤网差压的变化情况；高压加热器投入过程的温升率应小于 57℃/min。

（3）加负荷至 100MW。检查高压旁路逐渐关闭，自动切至跟随模式，将 DEH 侧控制方式切至初压模式。并注意 DEH 侧控制方式切初压模式前，确认实际主汽压力与目标压力一致，合理控制煤、水量，防止出现过热器各级无温升现象。

（4）机组加负荷，湿干态转换。

1）发电机并网带初负荷后，加负荷速率见表 5-16，并确认主蒸汽管道疏水门、热再热器管道疏水门关闭。

表 5-16 机组加负荷率

| 负荷段 | 冷态 | 温态 | 热态 | 极热态 |
|---|---|---|---|---|
| 50～200MW | 5MW/min | 5MW/min | 10MW/min | 10MW/min |
| 200～300MW | 5MW/min | 5MW/min | 5MW/min | 5MW/min |
| 300～500MW | 5MW/min | 10MW/min | 10MW/min | 10MW/min |
| 500～1000MW | 15MW/min | 20MW/min | 20MW/min | 20MW/min |

2）机组负荷 150～200MW 时，确认汽轮机本体疏水门关闭。

3）机组负荷大于 200MW，启动第三台磨煤机，燃料主控投自动，机组投入 CCS 模式，用四抽冲转第二台给水泵，注意冲转参数有 56℃ 以上过热度。

注意事项：WFR（水煤比）投自动前，检查水冷壁和过热器金属壁温无超温或坏点，确认 WFR 的输出值在 ±20t/h 范围内。

4）CCS 方式加负荷至 300MW。

5）满足下列条件之一，锅炉循环泵停运，锅炉由湿态转入干态运行。

a. 机组负荷大于 220MW，分离器储水箱水位小于 6.3m，延时 60s。

b. 机组负荷大于 220MW，分离器储水箱水位不大于 7.5m，分离器入口蒸汽过热度大于 5℃，延时 15s。

c. 机组负荷大于 295MW。

6）锅炉转入干态运行，锅炉循环泵停止后，开启锅炉循环泵暖泵进口门，储水箱水位由暖水溢流阀控制。

7）检查水冷壁、过热器、再热器金属温度正常，锅炉湿态干态转换要求与注意事项见表 5-17。

表 5-17 锅炉湿态干态转换要求与注意事项

| 序号 | 项目 | 要求与注意事项 |
|---|---|---|
| 1 | 机组负荷 | 220～300MW |
| 2 | 升负荷率 | 5MW/min |
| 3 | 过热度 | 控制在 12℃ 以内 |
| 4 | 分离器水位 | 9m 以下 |
| 5 | 机组控制方式 | 首选 CCS，其次 DEH 初压方式 |
| 6 | 高低旁路系统状态 | 已关闭且在跟随模式 |
| 7 | 高低压加热器状态 | 运行正常，给水温度大于 200℃ |
| 8 | 过热器各级减温水 | 各级减温水均在关闭状态 |
| 9 | BCP 流量 | 控制在 150t/h 以内 |
| 10 | 水冷壁金属温度 | 全面检查水冷壁各屏金属温度工况良好 |
| 11 | 磨煤机运行方式 | 三套制粉系统运行 |

续表

| 序号 | 项目 | 要求与注意事项 |
|---|---|---|
| 12 | 锅炉干态运行后 | (1) BCP泵跳闸后检查过冷水调门自动关闭。<br>(2) 锅炉分离器至二过减温水溢流阀投入。<br>(3) 投入BCP暖泵水，WDC阀暖阀水系统 |

（5）机组负荷大于290MW，A WDC隔绝门关闭。

（6）机组负荷大于350MW，确认6号低压加热器水位正常，适时投运低压加热器疏水泵系统。

（7）机组负荷大于400MW，启动第四台磨煤机，并视情况申请调度同意投入AVC装置。

（8）当机组负荷大于450MW时：

1）并入第二台给水泵，第一台给水泵汽源由辅汽切换至四抽，停运电泵。

2）撤出所有油枪或等离子熄弧，投入电除尘、脱硫系统运行（有脱硫旁路的机组）。

3）空气预热器连续吹灰改为正常方式吹灰。

4）辅汽疏水扩容器疏水回收至凝汽器。

5）开启冷再至辅汽联箱进汽电动门，投入辅汽联箱的备用汽源。

6）开启冷再至给水泵汽轮机供汽电动门，投入给水泵汽轮机高压汽源。

7）申请调度同意投入一次调频与PSS。

（9）当机组负荷大于505MW时：

1）B&C WDC隔绝门关闭。

2）当脱硝反应器入口烟温达到322℃，投入脱硝系统。

3）投入空气预热器扇形板间隙自动调整系统。

4）全面检查机、炉侧各疏放水系统阀门泄漏情况，配合检修进行处理。

（10）主汽压力大于15MPa，确认PCV电动隔绝阀开启正常。

（11）机组负荷大于700MW，检查尾部烟道旁路电动门开启正常，锅炉本体全面吹一次。

（12）当机组负荷大于750MW时：

1）启动第五台磨煤机。

2）800MW做真空严密性试验。

3）800MW进行锅炉安全门定砣。

（13）升负荷至1000MW。

1）全面检查机组各设备系统的运行情况。

2）确认各受热面（包括水冷壁、过再热器）金属壁温有无异常。

3）向调度报机组复役。

## 二、机组温态、热态、极热态启动

### （一）温态、热态、极热态启动一览表

机组温态启动参考冷态启动一览表，热态和极热态启动一览表见表5-18。

表 5-18             热态和极热态启动一览表

| 序号 | 主要阶段 | 历时（h） | 说明 |
|---|---|---|---|
| 1 | 锅炉上水 | 0.5～1 | 上水流量＜120t/h，除氧器出口水温大于 105℃ |
| 2 | 点火至冲转 | 1～2 | (1) 锅炉点火后，旁路控制：<br>1) 主汽压力大于 8.5MPa，设定压模式缓慢调整至 12MPa。<br>2) 主汽压力小于 8.5MPa，投入启动模式，待压力升至 8.5MPa 后，定压模式升至 12MPa。<br>3) 低旁投入自动模式。<br>(2) 水冷壁出口升温率最大限定：220℃/h，＜105℃/10min。<br>(3) 投入电除尘，启动两套制粉系统（脱硫取消旁路时）。<br>(4) 脱硫逐渐投入相关系统（脱硫取消旁路时）。<br>(5) 冲转第一台给水泵汽轮机，当主汽压大于 8.5MPa 时并入运行，电泵退至旋转备用 |
| 3 | 定速 3000r/min | 0.2 | 对照主机保护定值单，检查相应系统运行正常 |
| 5 | 并网至初负荷 | 0.5 | (1) 并网前确认高压旁路开度大于 20%。<br>(2) 并网前确认 DEH 设定初负荷 50MW，负荷上限 1050MW，负荷变化率 10MW/min。<br>(3) 加强高压缸末级叶片温度监视，加强再热汽压力监视。<br>(4) 低压、高压加热器随机投入。<br>(5) 通知临机调整快切连接片 |
| 6 | 初负荷至 200MW | 0.5 | (1) 旁路关闭后，DEH 侧切至本地压力模式，设定 12MPa。<br>(2) 投入四段抽汽至除氧器加热。<br>(3) 启动第三套制粉系统 |
| 7 | 200～300MW | 0.5 | 注意事项：DEH 侧本地压力与外部压力偏差大于 1MPa 时禁止投入外部压力模式 |
| 8 | 300～500MW | 1 | (1) 当外部压力与本地压力一致时投入 CCS 模式。<br>(2) 冲转第二台给水泵汽轮机。<br>(3) 投运低压加热器疏水泵。<br>(4) 450MW，并入第二台汽泵运行，停运电泵。<br>(5) 450MW，撤出所有油枪，投入电除尘、脱硫系统运行。<br>(6) 启动第四套制粉系统。<br>(7) 申请调度同意投入一次调频、AVC 与 PSS |
| 9 | 500～1000MW | 1 | (1) 全面检查锅炉受热面金属温度。<br>(2) 投入脱硝系统。<br>(3) 投运第五套制粉系统。<br>(4) 视锅炉水冷壁金属温度情况将制粉系统切至上层运行 |

**（二）温态、热态、极热态启动操作步骤**

机组温态、热态、极热态启动操作步骤参考冷态启动操作步骤。

## 第四节 机组启动注意事项

### 一、锅炉启动注意事项

（1）对于取消脱硫旁路的机组，脱硫系统将随机组一同启动。应注意启动过程尽量不用或少用油枪。如果锅炉的引风机和脱硫增压风机同时存在，共同参与调节炉膛负压，则低负荷（60％额定负荷）以下，应适当增加锅炉总风量，防止引风机、增压风机进入失速区，风机抢风造成负压大幅波动。

（2）油枪点燃后，检查油枪雾化情况，调整油枪燃烧良好。

（3）点火初期，由于炉膛温度低，油枪着火不稳定，容易灭火，应密切监视着火情况，如油枪灭火应立即退出。

（4）等离子点火期间，应加强炉内燃烧工况监视，实地观察炉膛燃烧情况，火焰应明亮，不冒黑烟，燃烧充分，火炬长，火焰监视器显示燃烧正常。若炉内燃烧恶化，炉膛负压波动大，应迅速调节一、二次风量、磨煤机旋转分离器转速及给煤量来调整燃烧。如效果不佳，应投入油枪稳燃。若燃烧工况仍不好，应立即停止相应给煤机，必要时停止等离子发生器，经充分通风，查明原因后再行投入。

（5）点火时，避免油压波动过大引起锅炉灭火。

（6）点火过程中及投粉初期，投入空气预热器吹灰器连续吹灰，防止空气预热器着火。密切监视空气预热器的进、出口温度。（参考厂家说明书：其中一点或更多的点的温度不正常的升高大于10℃应立即进行研究，温度不正常的升高表明可能着火。）

（7）锅炉启动过程中进行热态清洗时，控制水冷壁出口温度150～170℃。

（8）锅炉点火初期，控制炉膛出口烟温小于560℃。

（9）空气预热器出口一次风温度达到150℃后，方可投用第二台磨煤机运行。

（10）锅炉启动过程中，密切监视炉膛负压及时调整。

（11）在20％～30％ECR期间，锅炉湿、干态转换，禁止长时间停留。锅炉转干态过程，下层制粉系统运行，应加强监视水冷壁温度，防止大面积超温，影响到锅炉受热面寿命。这个过程运行人员往往操作上存在一个误区，想尽快消除分离器储水箱存水，将锅炉由湿态转变为干态运行方式，因机组处于手动方式，水煤比需人为控制，煤量的增加显现效果存在滞后性，煤量容易加过量，使实际的水煤比失调，造成水冷壁超温。实际操作中，可将机组投压力模式，即汽轮机跟随模式，严格控制水煤比，逐渐加负荷，平稳过渡，炉水循环泵可迟一点停运。

（12）大修后、长期停运或新机组的首次启动，严密监视锅炉的受热膨胀情况。

（13）停机过程，锅炉分离器压力升至10MPa以上后不允许再用WDC排放阀。避免WDC阀突然大幅开启，管道振动造成阀杆弯曲、气动阀门反馈失效情况的发生。

（14）机组启动后，每个负荷段应全面检查锅炉受热面金属温度。

### 二、汽轮机启动注意事项

（1）汽轮机冲转前，需连续盘车4h以上，发生盘车短时间中断，则延长盘车时间。

（2）控制主蒸汽温度，严格执行 X 准则，避免汽轮机产生较大热应力。

（3）汽轮机组要充分暖机，疏水子回路正常投入，保证疏水畅通。

（4）监视汽轮机组振动、轴承温度、上下缸温差、轴向位移及缸胀正常。

（5）主、再热汽温左、右温差不超过 17℃，汽轮机高/中压缸上、下缸温差不超过 ±45℃。

（6）机组升速及并网初期要注意主机冷油器出口油温、发电机冷氢温度、励磁机风温、定冷水温等参数变化，低压缸排汽温度不超过 90℃，就地各轴承回油温度不超过 70℃。

（7）西门子汽轮机冲转过程，临界转速 2600r/min 时，4 号轴承座容易振动大使汽轮机保护动作跳闸，每台汽轮机虽然厂家一样，但因安装、维护、机组检修等因素，其振动特性又各不一样。4 号轴承座的保护动作值是 11.8mm/s，现场往往采取降低凝汽器真空、增加汽轮机低速暖机时间、采取措施充分暖中压缸、汽轮机冲转前旁路具有足够的开度、短时修改保护动作定值等方法进行。当汽轮机通过临界转速以后，其振动值会立即恢复正常。

（8）发电机并网后，至机组负荷 500MW 以下，如果停留时间较长，汽轮机容易出现 3、4、5 号轴承座振动异常增加，甚至接近保护动作值的情况。此阶段，现场往往采取降低凝汽器真空等方法，维持汽轮机各轴承座振动在允许范围内。

（9）机组启动投高压加热器过程，应注意高压加热器的温升不超过 57℃/h。某厂在机组投产 5～6 年后，多次出现 3 号高压加热器水侧泄漏事件，从运行层面要考虑高压加热器投入时的温升率严格按制造厂规定。

### 三、发电机启动注意事项

（1）发电机检修后第一次启动，升速过程中监听发电机声音正常。

（2）汽轮机冲转后，观察发电机轴承是否有异常噪声，并检查轴承润滑和密封油系统的运行情况。

（3）当机组转速增加或正在暖机时，应观测轴承振动情况，特别注意当发电机过临界转速和转速上升到额定转速时的振动情况。并注意轴承温度，应严密监视密封油系统各油箱的油位，防止发电机进油。

（4）发电机升压过程中检查转子电流、电压、定子电压均匀上升，定子电流为零或接近零且三相平衡，发电机升压后应检查发电机空载参数正常，发电机电压应为额定值。

（5）发电机升负荷时，应及时调整发电机无功功率。注意监视发电机、励磁系统各种运行参数和各部位温度变化。

（6）发电机带满负荷以后，应对发电机一、二次系统进行一次详细检查。

### 四、其他

（1）华能玉环电厂地处海岛，缺乏淡水资源，电厂生产、生活用水采用海水淡化，先天的地理条件决定了节水在机组启动过程的重要性，通过长期的实践过程，摸索到以下节水的经验。

1）避免多台机组同时密集启动，主要是春节的时候。

2）机组大小修后启动，制定专门的锅炉冷、热态冲洗措施。如果锅炉进行酸洗或节流孔圈浸泡，采取大流量分离器出口直排的办法，配合短时启动炉水循环泵进行扰动；酸洗后的锅炉，如果水质较差，也可锅炉点火，分离器器出口水温达 100℃ 以上，锅炉熄火，整炉放水后重新上水。

3）从组织措施上缩短机组启动时间：合理安排水质化验的时间，减少锅炉冲洗时浪费水；主要岗位人员做好化学精处理投运、除氧器上水、锅炉上水、冷态冲洗、炉水回收、启动循环泵、锅炉点火、热态冲洗、升温升压、汽轮机冲转、机组并网、锅炉干湿态转换等工作，尽量缩短各阶段的时间。

4）因邻机辅汽供给水泵汽轮机、除氧器加热、轴封等的影响，启动过程超前控制，减少因凝汽器水位高而向系统外排水。

5）汽水品质合格后，应合理控制汽水分离器水位，尽量减少 WDC 阀的排放量，以达到减少锅炉疏水扩容器蒸发量、减少 WDC 阀使用频率、缩短启动时间的目的。本条措施是最重要、最有效的措施。

6）及时回收辅汽疏水扩容器疏水、轴加疏水至凝汽器。

7）锅炉热一次风温达 160℃，及时将等离子用磨煤机 A 暖风器退出运行。

（2）节能启动措施。

1）如上述的节水启动方案。

2）合理安排启动进程，严格按照冷热态启动曲线，尽早并网。

3）锅炉上水不采用传统的启动电动给水泵，而是提高辅汽联箱供除氧器的压力，利用除氧器与锅炉汽水分离器的静压差，即"静压上水"的办法，完成锅炉上水、冷态冲洗，降低机组启动时的用电量。如果利用电动给水泵上水、启动，则启动过程及早安排利用邻机辅助蒸汽冲转一台给水泵汽轮机，满足条件并入给水系统后，停运电泵备用。

4）凝结水系统采用变频凝结水泵，降氧器上水采用凝补水泵。

5）锅炉点火采取"等离子无油点火"的方法，油枪仅作为等离子断弧时的紧急备用，近几年已实现了启动时几乎不用投油。

6）锅炉点火时单侧送、引、一次风机运行，并网前投运另一侧风机。但使机组启动中安全风险增大，增大了操作人员的工作量；某些风烟系统挡板不严，两侧风温、烟温偏差大等负面因素。

7）机组负荷达 500MW 以上，及时投入空气预热器扇形板间隙自动调整装置。

8）汽水品质合格后，将闭式冷却水箱、发电机定子冷却水系统补水切至凝结水系统供水，停运凝补水泵以便节能。

# 第六章

# 机组停运操作

## 第一节　概　　述

### 一、机组停运分类

机组停运分类见表 6-1。

表 6-1　　　　　　　　　　　　　　机组停运分类

| 项目 | 正常停机 | 锅炉检修停机 | 汽轮机检修停机 |
|------|---------|------------|--------------|
| 定义 | 正常停机，机组处于热备用状态 | 锅炉需要检修，采用滑参数至锅炉受热面低于 400℃停炉；汽轮机转子温度保持 | 汽轮机需要检修，采用滑参数至转子温度低于 400℃停机 |
| 耗时（h） | 3～5 | 4～6 | 8～10 |
| 停磨方式 | 由上至下，采用等离子助燃 | 由上至下，采用等离子 | 由上至下，采用等离子 |
| 旁路控制方式 | 压力降至 8.5MPa，投入 shutdown 模式 | 压力降至 8.5MPa，投入 shutdown 模式 | 压力降至 8.5MPa，投入 shutdown 模式 |
| 主、再汽温降速率 | 根据汽轮机下降方向应力裕度要求，阀体内外壁温差小于 15℃，转子内外壁温差小于 30℃ | | |
| 煤仓煤位 | 停炉 7 天以上，全部煤仓存煤烧空 | | |
| 通风方式 | 正常闷炉 | 闷炉、强制冷却 | 自然通风 |
| 停炉后炉水状态 | 停炉时间超过 4 天，热炉放水 | 闷炉、放水结束后，强冷通风 | 热炉放水 |

　　除上述表格内的三种停机方式之外，还有一种事故状态下的机组紧急停运，如主机设备的重大缺陷、主参数超限、保护拒动等情况发生时，需在最短时间内快速或直接将机组停运。

### 二、机组正常停运操作

1. 停机前准备

（1）值长接到停机计划后通知燃脱值班人员按照机组停运要求上煤，脱硫系统计划停运。

（2）通知辅控值班员做好机组停运前的各项准备工作：确认除盐水量能满足机组停运需要；确认化学海水淡化系统运行正常，消防水池、工业水池水量充足水位正常。

（3）机组全面检查，统计机组主要缺陷。

（4）全面检查燃油系统，提高燃油压力至 3.2MPa。油枪试点火正常。

（5）对柴油发电机进行试启动，确认正常。

（6）试启动顶轴油泵、事故润滑油泵、事故密封油泵及给水泵汽轮机事故油泵启动正常。

（7）锅炉全面吹灰一次。

（8）停炉烧空部分原煤仓，降低充煤原煤仓煤位，通知检修准备充足 $CO_2$，对存煤原煤仓充 $CO_2$。

（9）冬季已做好机组停运后的防冻保护措施。

2. 机组降负荷至 700MW

（1）在 CCS 方式下以 10MW/min 的速率将机组负荷降至 700MW。

（2）锅炉受热面已全面吹灰一次。

（3）将 A 原煤仓烧空，制粉系统内部结粉吹扫干净。

（4）将 B 原煤仓煤位尽量降低。

（5）缓慢降主再热汽温至 585℃，控制汽轮机应力裕度大于 0，转子内外壁温差小于 30℃。

（6）控制主再热汽温小于汽轮机主汽阀内壁温度 15℃左右。

（7）锅炉全面听声一次。

（8）检查汽轮机各瓦振动、轴承温度、上下缸温差，轴向位移，膨胀参数正常。

3. 机组降负荷至 600MW

（1）在 CCS 方式下以 10MW/min 的速率将机组负荷降至 600MW。

（2）将 B 原煤仓烧空，制粉系统内部结粉吹扫干净。

（3）缓慢降主再热汽温至 580℃，控制汽轮机应力裕度大于 0。转子内外壁温差小于 30℃。

（4）控制主再热汽温小于汽轮机主汽阀内壁温度 15℃左右。

（5）锅炉全面听声一次。

（6）检查汽轮机各瓦振动、轴承温度、上下缸温差，轴向位移，膨胀参数正常。

（7）脱硝反应器进口烟温低于 319℃，退出锅炉脱硝系统。

4. 机组降负荷至 500MW

（1）在 CCS 方式下以 10MW/min 的速率将机组负荷降至 500MW。

（2）缓慢降主再热汽温至 575℃，控制汽轮机应力裕度大于 0，转子内外壁温差小于 30℃。

（3）控制主再热汽温小于汽轮机主汽阀内壁温度 15℃左右。

（4）锅炉全面听声一次。

（5）检查汽轮机各瓦振动、轴承温度、上下缸温差，轴向位移，膨胀参数正常。

（6）开启辅汽联络管疏水，充分疏水正常后，辅汽切至邻机带。

（7）保持 4 台制粉系统运行。

（8）保证主、再热汽温有 50℃以上的过热度。

（9）注意检查凝汽器水位，必要时关小凝补水流量。

（10）检查各级减温器后温度具有充足的过热度。

（11）打开因节能而关闭的疏水手动隔离门。

5. 减负荷至 400MW

（1）以 5MW/min 的速率继续减负荷至 400MW，控制主、再热汽温至 570℃左右，控制汽轮机应力裕度大于 0。转子内外壁温差小于 30℃。

（2）检查汽轮机各瓦振动、轴承温度、上下缸温差，轴向位移，膨胀参数正常。

（3）投油前退出电除尘运行，通知燃脱值班员退出脱硫系统运行。

（4）负荷降至 450MW 投 EF 层油稳燃。对于无脱硫旁路的机组，可采用投等离子稳燃的方式停机，尽量减少油枪投运的时间。

（5）负荷低于 400MW，退出 500kV 母线电压自动调节系统 AVC 装置运行。

（6）保证主、再热汽温有 50℃以上的过热度。

（7）检查各级减温器后温度具有充足的过热度。

（8）控制主再热汽温小于汽轮机主汽阀内壁温度 15℃左右。

（9）切换一台给水泵汽轮机汽源为辅汽带。

6. 减负荷至 350MW

（1）以 5MW/min 的速率继续减负荷至 350MW，控制主、再热汽温至 560℃左右，控制汽轮机应力裕度大 于 0。转子内外壁温差小于 30℃。

（2）机组退出一次调频。

（3）机组由 CCS 控制转换为 BI 控制。

（4）检查汽轮机各瓦振动、轴承温度、上下缸温差，轴向位移，膨胀参数正常。

（5）启动电动给水泵，调整电动给水泵出口压力接近给水管路压力。

（6）退出一台给水泵，关闭其出口门。

（7）保证主、再热汽温有 50℃以上的过热度。

（8）检查各级减温器后温度具有充足的过热度。

（9）检查 5、6 号低压加热器疏水，将 5、6 号低压加热器疏水倒至危急疏水正常后，停运低压加热器疏水泵疏水。

（10）停运 C 磨煤机，制粉系统内部结粉吹扫干净。

7. 降负荷至 220MW 干湿态转换

（1）以 5MW/min 的速率继续减负荷至 220MW，控制主、再热汽温至 550℃左右，控制汽轮机应力裕度大于 0。转子内外壁温差小于 30℃。

（2）机组为 BI 控制，DEH 为内部压力，检查旁路投入正常。

（3）检查汽轮机各瓦振动、轴承温度、上下缸温差，轴向位移，膨胀参数正常。

（4）保证主、再热汽温有 50℃以上的过热度。

（5）检查各级减温器后温度具有充足的过热度。

（6）锅炉汽水分离器见水。开启锅炉循环泵入口减温水，投入自动。关闭分离器储水箱至二级减温水气动门、调整门。

（7）下列条件满足情况下检查锅炉循环泵自启动：

1) 汽水分离器水位大于 7.5m，延时 10s。

2) 负荷小于 285MW。

3) 无升负荷指令。

（8）锅炉循环水泵启动后，将 BR 阀投自动，控制汽水分离器水位尽可能小于 9.5m，减少炉水排放。

（9）通知化水机组排水槽开始进水。

（10）检查确认 BID 指令小于 300MW，机组由干态转为湿态正常，关闭锅炉循环水泵暖泵，暖 WDC 阀手动门。

（11）电动给水泵并入给水系统，降低给水泵汽轮机转速。

（12）停运退出给水泵汽轮机，投入其盘车，检查倒暖投入。

（13）停运给水泵汽轮机，注意给水泵降速过程中，当给水泵流量低至最小流量时，确认给水泵再循环调整门自动开启。汽动给水泵脱扣后，检查高低压调门、主汽门关闭，转速逐渐下降。当给水泵汽轮机转速降至小于 600r/min 时，盘车电动机启动，盘车投用正常，注意给水泵汽轮机为盘车转速 13r/min。停机后，盘车应连续运行不小于 24h，盘车停运后油系统至少运行 10h。

（14）稳定机组负荷 220MW，降主再热汽温至 525℃。

8. 减负荷至 200MW

（1）以 5MW/min 的速率继续减负荷至 200MW，控制主、再热汽温至 520℃左右，控制汽轮机应力裕度大于 0。转子内外壁温差小于 30℃。

（2）检查汽轮机各瓦振动、轴承温度、上下缸温差，轴向位移，膨胀参数正常。

（3）保证主、再热汽温有 50℃以上的过热度。

（4）检查各级减温器后温度具有充足的过热度。

（5）退出燃料、给水自动，机组切为 BH 控制，DEH 为内部控制。

（6）尽量降低运行磨煤机原煤仓煤位。

（7）A、B 列高压加热器疏水将不满足逐级自流，高压加热器疏水走危急疏水。

（8）退出另一台给水泵运行，关闭其出口门。

（9）关闭四抽至除氧器电动门。

（10）停运退出给水泵汽轮机，投入其盘车，检查倒暖投入。

（11）切换空气预热器吹灰汽源至辅汽供应。空气预热器吹灰切换至连续吹灰。

9. 降负荷至 0，汽轮机打闸，发电机解列

（1）稳定机组参数以 5MW/min 的速率继续减负荷。

（2）负荷至 185MW，检查汽轮机本体疏水门自动开启。

（3）检查汽轮机各瓦振动、轴承温度、上下缸温差，轴向位移，膨胀参数正常。

（4）保证主、再热汽温有 50℃以上的过热度。

（5）检查各级减温器后温度具有充足的过热度。

（6）负荷减至 50MW。

（7）申请调度机组准备解列。

（8）负荷减至 20MW 时，将汽轮机打闸，检查主、再汽主汽门、调门关闭，抽汽止回阀关闭，发电机逆功率动作正常，出口断路器跳闸，励磁断路器跳闸，发电机电压、电流为

0，汽轮机转速下降（注意调节主机油温、氢温、定冷水温等）。

（9）汽轮机惰走过程中注意检查：汽轮机各瓦振动、轴承温度、上下缸温差，轴向位移，膨胀参数正常。过临界转速时稍开真空破坏门快速通过临界转速。

（10）汽轮机转速至540r/min时，检查顶轴油泵自启动。

（11）汽轮机转速至120r/min时，检查盘车电磁阀开启，盘车转速维持在48～54r/min。

（12）注意监视汽轮机轴封温度压力正常。

10. 锅炉灭火吹扫

（1）将运行磨内积粉吹尽，停止运行磨煤机。

（2）撤油抢，MFT动作，检查MFT动作正常。

（3）保持总风量的30％～40％吹扫锅炉5min。

（4）停运空气预热器吹灰。

（5）检查已投用过的油枪已完全退出，关闭各油枪供回油手动门。

（6）检查确认空气预热器及所有风机润滑油系统运行正常。

（7）停运制粉系统消防蒸汽。关闭消防蒸汽减温水。

11. 发电机转至冷备用

将发电机出口断路器控制电源小空气断路器断开，投运励磁机通风机，复位发电机保护。改变各机组厂用电快切连接片。

12. 锅炉闷炉

（1）吹扫结束后，停运送、引风机，根据要求进行锅炉闷炉。

（2）关闭高低压旁路。

（3）停运给水泵。

（4）停运炉水循环泵。

（5）空气预热器入口烟温度小于80℃时，停运空气预热器。

### 三、机组事故停运的一般操作

机组事故状态的停运，在停机过程也要保持各项参数稳定，特别是主、再热汽温等参数。停机过程应从大局出发，防止人身和设备受到安全威胁，防止事故扩大，同时又要考虑为检修开工创造条件。

1. 机组故障停运条件

（1）锅炉遇到下列情况，应紧急停炉，手动MFT。

1）MFT拒动。

2）主蒸汽、再热蒸汽、给水或锅炉汽水管道、受热面严重泄漏，严重危及人身、设备安全。

3）燃料在尾部烟道内发生二次燃烧，任一侧排烟温度不正常地升高至200℃。

4）当锅炉压力超过安全门的起座压力时而所有安全门拒动。

5）热控电源中断，无法监视、调整主要运行参数。

6）锅炉房发生火灾，危及人身、设备安全。

（2）机组发生下列情况，申请停炉。

1）炉水、蒸汽品质严重恶化，经努力调整不能恢复正常时。

2）锅炉承压部件发生泄漏尚能维持运行。

3）锅炉受热面管壁温度超限，经采用降负荷等降温措施处理仍不能恢复正常。

4）锅炉严重结焦，虽经处理，仍难维持正常运行。

5）灰渣系统异常，严重积渣、积灰，经处理无效，危及人身、设备安全。

6）锅炉安全门动作后不能回座，采取措施无效。

7）仪用气压力低，经处理后仍无法恢复正常，影响机组无法维持安全稳定运行。

8）控制系统故障，致使机组某些重要参数无法监视或调整，将危及机组正常运行。

（3）汽轮机遇下列情况，应破坏真空紧急停机。

1）汽轮机跳闸保护拒动（超速、低油压、主油箱油位、轴向位移、振动保护）。

2）汽轮机有明显的内部撞击声或有断叶片的声音。

3）任何一道轴承断油、冒烟或轴承温度超过限额。

4）汽轮机油系统着火。

5）发电机密封油中断。

6）发电机内冒火或氢气爆炸。

7）汽轮机发生水冲击。

8）机组周围着火，严重威胁机组安全。

（4）汽轮机遇下列情况，不破坏真空紧急停机。

1）汽轮机跳闸保护拒动（超速、低油压、主油箱油位、轴向位移、振动保护除外）。

2）主、再热汽、给水及其他管道破裂，危及人身安全。

3）主汽温左、右侧蒸汽温度偏差大于 28℃超过 15min。

4）主、再热蒸汽温度高于 624℃超过 15min，或高于 628℃。

5）主机中压排汽温度超过 338℃

6）主机低压缸内缸温度超过 230℃。

7）主机上下缸温差超过 45℃。

8）热控电源中断，无法监视、调整主要运行参数。

（5）机组发生下列情况，申请停机。

1）凝汽器真空缓慢下降，采取措施，负荷降至零仍无效时。

2）主机控制油油管道破裂，处理无效，控制油油箱油位无法维持。

3）DEH 控制系统或高、中压调门故障，不能维持运行。

4）主要辅机故障无法维持运行。

5）仪用气压力低，经处理后仍无法恢复正常，影响机组无法维持安全稳定运行。

6）控制系统故障，致使机组某些重要参数无法监视或调整，将危及机组正常运行。

（6）发电机紧急停运条件。

1）发电机跳闸保护拒动。

2）需要停机的人身、设备事故。

3）发电机强烈振动。

4）发电机大量漏水。

5）发电机着火，氢气爆炸。

6）密封油泵停运，事故油泵运行超过 30min。

7) 发电机氢纯度低于 90%。

8) 发电机氢气压力低于 0.3MPa，不能恢复。

(7) 发电机发生下列情况，申请停运。

1) 发电机无主保护运行。

2) 发电机铁芯过热超过允许值，调整无效。

3) 发电机内部漏水。

4) 发电机密封油系统漏油严重，无法维持运行。

5) AVR 故障，调节失控。

**2. 机组不破坏真空紧急停运步骤**

(1) 确认机组紧急停运条件产生，在控制室操作台上按下汽轮机"紧急停机"按钮或锅炉"MFT 紧急停炉"按钮。

(2) 确认发电机出口断路器、磁场断路器跳闸，发电机三相定子电流为 0。

(3) 确认汽轮机跳闸，转速下降，汽轮机高压主汽门、补汽门、调门、中压主汽门调门、加热器的抽汽电动门、止回阀关闭；汽轮机主汽管疏水门、本体疏水门、抽汽管疏水门开启。

(4) 确认 MFT 动作，所有进入炉膛的燃料已切断，所有磨煤机、给煤机、一次风机、密封风机，轻油进、回油快关门关闭、油枪进、回油门以及磨煤机出口门、一次风隔离门、给煤机出口门全部关闭。

(5) 确认辅汽系统由邻机供汽，轴封供汽压力、温度正常。

(6) 确认凝结水泵再循环自动开启，凝结水流量大于 800t/h，检查凝结水泵推力轴承温度正常。

(7) 确认 1、2、3 号高压加热器，5、6 号低压加热器汽侧水位正常。

(8) 确认锅炉减温水电动门、调门联锁关闭。

(9) 确认磨煤机消防蒸汽投运正常。

(10) 确认主蒸汽压力正常，高低压旁路关闭，检查高压旁路减温水调阀及隔离阀关闭。炉侧有泄压需要，则开启高低压旁路，检查高低压旁路减温水投入正常。

(11) 给水泵汽轮机跳闸，确认给水泵汽轮机高低压主汽门关闭，高低压调门关闭，转速下降正常。转速降到 600r/min 时盘车电动机自启动，13r/min 时自动啮合。

(12) 关闭给水泵汽轮机高低压进汽电动门，开启给水泵汽轮机供汽管路疏水一、二次电动门。

(13) 确认汽轮机惰走正常，转速下降过程中，进行全面检查，倾听机组声音，注意监视机组振动、发电机密封油压。转速降至 510r/min 时，顶轴油泵自启动；120r/min 时，盘车电动机自启动，超速离合器啮合，盘车转速 48~54r/min，确认汽轮机惰走时间约 90min。

(14) 若机组不能启动，则按正常停机处理。

(15) 如故障可很快消除，应做好重新启动准备。

**3. 机组破坏真空紧急停运步骤**

(1) 确认机组紧急停运条件产生，在控制室操作台上按下汽轮机"紧急停机"按钮或锅炉"MFT 紧急停炉"按钮。

(2) 确认发电机出口断路器、磁场断路器跳闸，发电机三相定子电流为 0。

（3）确认汽轮机跳闸，转速下降，汽轮机高压主汽门、补汽门、调门、中压主汽门调门、加热器的抽汽电动门、止回阀关闭。

（4）确认 MFT 动作，所有进入炉膛的燃料已切断，所有磨煤机、给煤机、一次风机、密封风机，轻油进、回油快关门关闭、油枪进、回油门以及磨煤机出口门、一次风隔离门、给煤机出口门全部关闭。

（5）停运所有凝汽器汽侧真空泵，开启凝汽器 A/B 侧真空破坏门。

（6）确认汽轮机本体疏水阀联锁开启，关闭至凝汽器的其他所有疏水门。

（7）关闭高低压旁路，检查高压旁路减温水调阀关闭。

（8）确认辅汽系统由邻机供汽，轴封供汽压力、温度正常。

（9）确认凝结水泵再循环自动开启，凝结水流量大于 800t/h，检查凝结水泵推力轴承温度正常。

（10）确认 1、2、3 号高压加热器，5、6 号低压加热器汽侧水位正常。

（11）确认锅炉减温水电动门、调门联锁关闭。

（12）确认磨煤机消防蒸汽投运正常。

（13）给水泵汽轮机跳闸，确认给水泵汽轮机高低压主汽门关闭，高低压调门关闭，转速下降正常。转速降到 600r/min 时盘车电动机自启动，13r/min 时自动啮合。

（14）真空到零，关闭汽轮机本体疏水阀，停轴封，并停止轴加风机。

（15）确认汽轮机惰走正常，转速下降过程中，进行全面检查，倾听机组声音，注意监视机组振动、发电机密封油压。转速降至 510r/min 时，顶轴油泵自启动；120r/min 时，盘车电动机自启动，超速离合器啮合，盘车转速 48～54r/min，确认汽轮机惰走时间约 45min。

（16）若机组不具备盘车投运条件或盘车失效，则执行闷缸措施。

## 第二节　机组停运注意事项及停炉后的保养

### 一、机组停运一般注意事项

（1）如果机组停运时间超过 7 天，计划将原煤仓烧空，滑参数停机过程应处理好煤仓煤位与机组解列时机的配合，满足锅炉和汽轮机检修的要求。

（2）油枪投运需就地检查无泄漏，雾化良好。

（3）对于取消脱硫旁路的机组，脱硫系统将随机组一同停运。应注意停机过程尽量不用或少用油枪。停机过程中锅炉电除尘器正常投运。如果锅炉的引风机和脱硫增压风机同时存在，共同参与调节炉膛负压，则低负荷（60%额定负荷）以下，应适当增加锅炉总风量，防止引风机、增压风机进入失速区；风机抢风造成负压大幅波动。

（4）无脱硫旁路机组停炉后的冷却与采用脱硫旁路有所不同，其自然通风冷却速度因系统阻力的增加而变慢。停炉后，启引风机强制通风时，应加强监视脱硫吸收塔进口烟温在规定范围内。

（5）密切监视锅炉排烟温度，空气预热器保持连续吹灰，加强监视热点检测装置。

（6）制粉系统停运前，吹空系统内存煤存粉。

（7）烧空原煤仓时，应根据煤仓煤位进行燃烧调整，避免多个煤仓同时烧空。

（8）停机过程中，主、再热汽两侧温差小于 28℃，降温率在允许范围内。汽轮机热应力裕度合格，防止机组负荷受限。

（9）严密监视汽轮机组振动、轴承温度、上下缸温差、轴向位移及缸胀正常。如果汽轮机组振动异常增加，可通过调节凝汽器真空等手段。

（10）严密监视轴封供汽压力和温度正常。

（11）确认各疏水阀门联锁动作正常。

（12）汽轮机打闸后，监视汽轮机盘车装置工作正常。

（13）发电机解列通过程序逆功率动作实现，严禁在机组带负荷时直接解列发电机（汽轮机脱扣后，逆功率保护回路没有自动将发电机从电网中切除，只有确认有功功率指示为负、不会再有蒸汽进入汽轮机，才可以手动解列发电机）。

（14）发电机出口断路器断开后，确认三相分闸正常，及时拉开发电机出口隔离开关，防止发电机误带电。

（15）机组停运后，按照调度令退出稳定切机装置，调整各机组厂用电快切连接片。

（16）停机过程，锅炉分离器压力降至 10MPa 以下才允许用 WDC 排放阀。避免 WDC 阀突然大幅开启，管道振动造成阀杆弯曲、气动阀门反馈失效情况的发生。

（17）锅炉低负荷下层制粉系统运行时，应加强监视水冷壁温度，防止大面积超温，影响到锅炉受热面寿命。

（18）低负荷时加强锅炉燃烧的调整，据情况及时投入等离子或油枪稳燃。

## 二、防止锅炉受热面氧化皮生成和脱落

（1）机组正常停机不采用滑停方式，特殊情况下可采用滑参数停用方式，滑参数停炉主汽温目标值最低控制在 400℃，防止在低负荷区域过热器进水、各受热面进出口汽温突变使氧化皮剥落。

（2）锅炉停炉过程中需要走空煤仓时，在停机后期低负荷阶段由于燃料量波动极易引起汽温大幅波动，停炉时应特别注意煤仓煤位，控制停机到走空给煤机和磨煤机的时间不超过 1h。

（3）机组正常停运和滑停过程中控制屏式过热器进出口、高压过热器进出口和高压再热器进出口蒸汽温度的温降速率不大于 1.25℃/min（厂家启停机曲线要求），主汽压降速率不超过 0.10MPa/min（厂家启停机曲线要求），特别注意一、二、三级减温和再热减温后温度，避免减温后汽温跌入饱和温度使蒸汽带水，操作减温水门应缓慢，控制减温后蒸汽温度变化率不超过 2℃/min。这就要求停机过程各项操作提前规划，合理控制停机的进程，负荷、汽温、汽压平稳下降，避免某些负荷段参数急剧变化的情况发生。

（4）正常停炉或故障紧急停炉时，锅炉熄火并保持 1500t/h 风量通风吹扫 5min 后，停运送、引风机，关闭送、引风机出入口挡板，关闭高、低压旁路阀，关闭锅炉上水总门，关闭汽水系统各疏放水门，进行闷炉。为防止温度突降，禁止保留油枪进行水冷壁查漏。

（5）闷炉 16h 后，开启送、引风机出入口挡板，送风机动叶和引风机静叶全开，锅炉进行自然通风冷却。期间汽水分离器压力降至 1.0MPa、汽水分离器入口水温小于 220℃时，关闭送、引风机出入口挡板，进行锅炉水冷壁和省煤器带压放水，放水期间禁止通风冷却。汽水分离器压力降至 0.5MPa 时开启省煤器、水冷壁、过热器、再热器排空气门，排除系统

内水汽。检查锅炉水冷壁和省煤器放水完毕并排水汽 2h 后，再关闭汽水系统各排空气门和放水门，开启送、引风机出入口挡板进行自然通风。

（6）自然通风冷却 12h 后（锅炉放水时间不计算在内，但包括锅炉放水前的自然通风时间），若需进行炉内强制通风冷却，启动一台引风机运行，开启送风机动叶，调整烟气调温挡板开度使尾部烟道内烟气温降平衡，调节炉膛负压控制烟气温降率在 1℃/min 左右，控制过热器、再热器壁温温降速率不大于 1℃/min。

### 三、防止汽轮机进冷汽、冷水

（1）检查左右侧高、中压主汽门、调门关闭严密。

（2）检查高排止回阀、各抽汽止回阀和电动门关闭严密。

（3）高、低加水位维持低限。

（4）检查其他疏水系统保持畅通，所有疏水阀动作正确。

（5）检查主、再热蒸汽减温水门关闭。

（6）认真按照要求记录《停机记录本》，并注意各参数和盘车正常。

（7）高压旁路停运后，检查其蒸汽侧及减温水侧阀门关闭严密。

（8）锅炉不需要上水，电动给水泵停运后，及时停止除氧器加热，切断除氧器的所有汽源、水源，除氧器水位维持低限，必要时将除氧器水箱中的水放尽。

（9）确认机组不使用辅汽，将辅汽联络门关闭并加锁。

（10）停机过程应严密监视锅炉分离器储水箱水位，防止满水造成过热器进水、主汽温突降、汽轮机进冷水冷汽情况的发生。

（11）汽轮机轴封供汽由自密封改至辅汽带时，汽源参数应合适。停机前做好相关系统的暖管工作。

### 四、防止汽轮机盘车失效

（1）机组正常运行中，定期检查主机盘车电磁阀开启。

（2）停机前，试转顶轴油泵，确认主机各瓦顶轴油、润滑油压正常。

（3）停机过程中监视主机轴封压力、温度正常。

（4）监视汽轮机组振动、轴承温度、上下缸温差、轴向位移及缸胀正常，就地听声正常。

（5）监视汽轮机惰走曲线正常，不破坏真空停机惰走时间 90min，破坏真空 45min。

（6）汽轮机惰走过程，转速小于 540r/min，顶轴油压不能满足要求时，应启动第三台顶轴油泵。

（7）汽轮机转速小于 120r/min，主机盘车电磁阀开启。

（8）监视盘车转速在 48～54r/min，低于 48r/min 时及时通知检修处理。

（9）液压盘车失效后，及时手动盘车。

（10）手动盘车失败，汽轮机进行闷缸处理。

### 五、机组停运后的保养

机组停运后各系统的保养方式见表 6-2。

表 6-2 机组停运后各系统的维护方式

| 序号 | 项目 | 停运 3 天以下 | 停运 4～7 天<br>停炉前 2h 完成从 CWT 到<br>AVT 法的切换 | 停运 8 天以上<br>停炉前 2h 完成从<br>CWT 到 AVT 法的切换 |
|---|---|---|---|---|
| 1 | 锅炉水冷壁 | 湿态闷炉 | 烘干或充氮湿法保养 | 烘干或充氮保养 |
| 2 | 过热器与主蒸汽管道 | 湿态闷炉 | 充氮保养 | 充氮保养 |
| 3 | 再热器和再热汽管道 | 湿态闷炉 | 放水烘干法保养 | 放水烘干法保养 |
| 4 | 高压加热器水侧 | 热备用 | 带压放水、余热烘干 | 带压放水、余热烘干 |
| 5 | 低压加热器水侧 | 热备用 | 高 pH 值除盐水湿保养 | 高 pH 值除盐水湿保养 |
| 6 | 高、低压加热器汽侧 | 热备用 | 充氮保养 | 充氮保养 |
| 7 | 除氧器、凝汽器热井 | 热备用 | 排尽积水、自然干燥 | 排尽积水、自然干燥 |
| 8 | 定冷水系统 | 热备用 | 保持运行或充氮保养 | 充氮保养 |
| 9 | 发电机氢气 | 热备用 | 循环干燥 | 循环干燥 |

**注** 充氮保养时氮气压力大于 0.03MPa，压力下降，随时补氮。

1. 锅炉热炉放水、余热烘干操作要点

（1）锅炉熄火，汽水分离器压力下降至 1MPa、分离器入口水温 200～220℃，停送、引风机，关闭送、引风机挡板，封闭炉膛。

（2）关闭高、低压旁路。

（3）迅速开启水冷壁、省煤器进口集箱放水阀，带压放水。

（4）4h 后开启水冷壁、省煤器、过热器、再热器排空气阀，排除统内蒸汽，系统压力至 0，开启高、低压旁路抽真空，排尽剩余湿汽。

（5）保持上述工况闷炉 24h 后开启送、引风机挡板，投送、引风机冷却。

2. 高压加热器水侧带压放水、余热烘干操作要点

锅炉热炉放水的同时，打开高压加热器水侧的放水阀，带压放水，水放空后，开启水侧排气阀，排尽余气，并利用余热将水侧烘干。

3. 低压加热器水侧高 pH 值除盐水湿保养操作要点

停炉后，凝结水泵与除氧器之间小循环时，将凝结水精处理旁路同时加大加氨量，将 pH 值提高至 10 以上。停凝结水泵前，将 4 台低压加热器旁路，并隔绝低压加热器进出口阀，保持保护液液位。

4. 高、低压加热器汽侧充氮保养操作要点

停机后，当汽侧压力下降至 0.05MPa 时，进行充氮操作，在保持氮气压力的条件下，开启底部排水阀，放尽疏水，并保持氮气在 0.05MPa。

5. 除氧器、凝汽器热井排尽积水，自然干燥操作要点

凝结水泵停运后，排空给水箱及热井，打开人孔门，用人工将无法排尽的剩水吸干，自然通风干燥。

6. 汽轮机自然通风，干燥保养操作要点

凝汽器热井排空，人工吸干剩水，打开凝汽器上下两个人孔门，用铁丝网封口，自然通风干燥。

7. 定子冷却水系统充氮保养操作要点

定冷水系统停止运行后，从定冷水箱顶部充入高纯氮，保持压力为 0.05MPa（如停机前定冷水箱顶部压力较高，就保持停机前的压力），检修前排尽内部除盐水，排水时用氮气顶压并保持氮气压力 0.05MPa，排空后，用氮气将系统吹干。

8. 发电机氢气侧循环干燥操作要点

发电机解列后，加强对定子冷却水温度监视，防止氢气过冷结露；氢气置换时尽量缩短二氧化碳在发电机内停留时间；氢气置换结束后立即投运循环空气干燥系统进行干燥，系统检修结束后应投运循环空气干燥系统。

# 第七章

# 运 行 技 术 措 施

## 第一节　汽机专业运行技术措施

### 一、循环水注水规定

（1）正常运行时，各循环水泵出口空气门前手动门置关闭状态，注水前开启，循环水泵启动正常后关闭。

（2）启动第一台循环水泵时，如用临机循环水进行注水，循环水联络门一个开度控制在5％，另一个门电动全开，注水期间循环水泵出口放空气门处要有专人监视，发现有连续水流即可认为注水结束，关闭循环水泵出口放空气门，关闭注水的循环水联络门后启动循环水泵。

（3）其他自动空气门前手动门要检查在开启状态，如发生空气门不严漏水，可关闭自动空气门前手动门，汇报值班员和值长，视漏水情况和循环水泵电流、系统压力、流量情况判断系统是否充满水，如系统存在大量空气，循环水泵电流、系统压力、流量波动，立即停运循环水泵，待空气门缺陷消除后方可继续投运循环水泵。

### 二、辅机试转或切换运行规定

1. 试转或切换基本要求

（1）所有转动设备试转或切换均需派人到就地，手持对讲机和集控室联系，试转或切换结束后方可离开。

（2）转动设备试转或切换要求负荷在 700MW 以下时进行。

（3）其他泵试转或切换操作和要求参照凝泵试转或切换执行。

（4）检查备用泵正常后方可启动，备用泵启动后，检查声音、振动、电流、流量等参数正常后，停运原运行泵。

2. 凝结水泵试转

（1）变频 A 凝结水泵在没有缺陷的情况下正常保持连续运行，为保证工频 B 凝结水泵在运行中处于良好的热备用状态，每月进行定期试转，每次运行 30min，无异常后停运 B 凝结水泵备用。

（2）B 凝结水泵启动前，将 A 凝结水泵变频器切手动，转速升至额定转速，此时应注意除氧器水位应能控制在 3000mm±100mm，否则手动干预，待水位稳定后进行试转。

（3）解除 B 凝结水泵备用联锁，10s 后启动 B 凝结水泵，大屏报警显示变频泵和工频泵均运行，检查 B 凝结水泵运行正常后，关闭 A 凝结水泵出口门至 10% 开度，停运 A 凝结水泵，A、B 凝结水泵并列运行时间控制在 1min 内，防止两台凝结水泵并泵时 A 泵长时间处于闷泵状态。

（4）B 凝结水泵运行 30min 后，手动启动变频 A 凝结水泵，快速提高变频器输出，当 A 凝结水泵和 B 凝结水泵电流、出口压力基本相同时，关闭 B 凝结水泵出口门至 10% 开度，停运 B 凝结水泵，注意整个切换时间控制在 1min 以内，否则停运变频泵，分析原因并消除后重新进行切换。

（5）B 凝结水泵停运后，投入备用。

3. 凝结水泵切换

（1）A 凝结水泵在工频方式下执行切换制度。

（2）凝结水泵切换时，启动备用泵前解除备用联锁，备用泵运行正常后，关闭原运行泵出口门至 10% 后停运，投入备用，出口门自动开启，注意切换时两台凝结水泵并列运行时间控制在 1min 之内，防止闷泵。

（3）凝结水泵停运后要检查出口门是否关至 0，凝结水泵是否倒转。

4. 定冷水泵切换

（1）定冷水泵切换时，两台泵并列运行时间控制在 30s 以内。两台定冷水泵均运行时，流量大，可能会引起流量测点变坏点，引起发电机断水保护动作，由于保护延时 30s 跳发电机，如在 30s 以内流量恢复正常，即使流量测点变坏点也不会引起机组跳闸。

（2）定冷水泵停运采用开出口门停运方式，如停运泵发生倒转，立即手动快速关闭倒转泵出口门。

5. EH 油泵和润滑油泵切换

EH 油泵和润滑油泵切换用 DCO 自动倒换方式进行，倒换前后检查有无报警，有报警进行复位后再操作。

6. 闭冷水泵切换

闭冷水泵切换时要注意闭冷水压力变化引起的给水泵汽轮机、主机油系统油压波动，必要时可启动给水泵汽轮机、主机直流油泵，稳定油压。

### 三、发电机充氟利昂查漏技术措施

发电机气密性试验不合格时，必须进行充氟利昂查漏。为保证查漏过程的安全，制定如下措施。

1. 操作步骤

（1）将密封油直流油泵停电。

（2）开启发电机底部排气门、发电机排气门、发电机顶部排气门，将发电机内气体压力降至 120kPa 后，关闭发电机底部排气门、发电机排气门、发电机顶部排气门。联系检修人员充入氟利昂。

（3）开启发电机压缩空气进口门、发电机氢气进口门，向发电机充入压缩空气，升压至 500kPa，关闭发电机压缩空气进口门、发电机氢气进口门。静置 1h 后，通知检修人员查漏。

2. 注意事项

（1）压缩空气采用仪用空气，充气过程中，应保证二期仪用气压力稳定，否则可通过调节进气门开度的方法来稳定仪用气压。

（2）发电机降低气体压力过程中，DCS上监视氢油差压正常，发现异常时，可通过调节发电机排气门开度来控制排气速度；就地监视氢侧回油箱油位，发现氢侧回油箱满油时要及时开启发电机氢侧回油箱液位调节阀旁路门；就地监视发电机漏液检测装置观察窗中无油滴落。

（3）充氟利昂查漏过程中，定冷水系统保持运行，并保证定冷水温度高于发电机气体温度5℃以上。

（4）充氟利昂前，应确认4号发电机温度测点正常。

（5）充氟利昂过程中，盘面应有专人监视发电机各点温度，并与现场保持联系畅通，发现有测点温度5min内下降超过2℃，应立即通知现场人员停止充氟利昂。

### 四、氢气纯度、湿度加强监视的规定

为保证发电机氢气系统的安全运行，加强对氢气纯度、湿度的监视，规定如下：

（1）运行中加强对氢气纯度、湿度的监视，发现氢气纯度小于96％或湿度大于0℃时，要及时排、补氢，确保氢气品质合格。

（2）发现DCS上显示氢气纯度的2块表有1个指示氢气纯度小于96％或显示氢气湿度的2块表有1个指示湿度大于0℃时，联系化验班化验氢气纯度或氢气湿度，表计指示错误要登记缺陷并通知检修校验，表计指示正确要立即进行排、补氢操作，直至氢气品质合格。

（3）DCS上氢气纯度或氢气湿度仪表指示不准，在检修校验正常前，每天白班由值长联系化验班化验氢气纯度或氢气湿度，直至DCS上氢气纯度或氢气湿度仪表正常。

### 五、机组正常运行中单列高压加热器检修时隔绝措施

机组正常运行中，高压加热器系统存在缺陷，经常需要隔绝单列高压加热器进行处理，为保证机组安全稳定运行及检修工作顺利开展，制定本措施。以下措施以B列高压加热器为例进行说明。

1. 隔绝措施

（1）联系调度，将机组负荷转移至其他机组，保持负荷500MW稳定运行，将机组AGC、一次调频退出，机组控制方式投入CCS。

（2）B列高压加热器退出运行，按照1、2、3号顺序依次进行。缓慢关闭高压加热器抽汽电动门，并严格控制高压加热器出水温度变化率不大于2℃/min，高压加热器进汽关闭后，检查高压加热器抽汽止回阀自动关闭，止回阀前后疏水门自动开足。

（3）将B列高压加热器正常疏水调门切手动缓慢关闭，检查危急疏水调门自动开启，密切监视B列高压加热器水位及凝结水泵滤网差压变化情况。

（4）3B高压加热器正常疏水调门全关后，关闭B列3号高压加热器正常疏水调门后隔绝门。

当B列高压加热器抽汽电动门全关后，手动关闭B列高压加热器进出口三通阀，确认高压加热器水侧解列（旁路门开启，进出水门关闭），注意除氧器和高压加热器水位变化。

（5）过程中注意控制机组负荷的变化，确认 B 列高压加热器启动排气隔绝门在关闭状态，关闭 B 列高压加热器连续排气至除氧器隔绝门。

（6）通过 B 列高压加热器危急疏水将高压加热器汽侧压力逐渐泄至零，开启 B 列 2 号高压加热器水侧入口管道放水总门、至有压放水门，将 B 列高压加热器水侧泄压放水。

（7）将 B 列高压加热器危急疏水调门保持 5％开度，过程中密切监视机组真空变化情况。

2. 注意事项

（1）操作过程中幅度应缓慢，单列高压加热器解列对机组负荷有一定影响，应尽量保持机组负荷稳定。

（2）B 列高压加热器解列后，应加强监视除氧器水位、凝汽器水位、凝结水泵滤网差压、凝结水泵电动机电流、凝结水流量等参数变化情况。

（3）B 列高压加热器解列后，应加强监视机侧主蒸汽压力、轴向位移变化、A 侧高压加热器水位、各监视段抽汽压力、温度变化情况，以及 B 列高压加热器一、二、三段抽汽止回阀、电动门的关闭情况。

（4）B 列高压加热器解列后，对锅炉主、再热汽温影响较大，应及时进行预控，防止主、再热汽温波动较大，并加强对锅炉燃烧的监视和调整。

（5）B 列高压加热器解列过程中，如机组出现异常情况，及时通知相关人员，并按照规程相关规定进行处理。

## 六、发电机氢置换要求

（1）氢置换时，待氢压降至 8～10kPa 时，开始充 $CO_2$ 排氢，通过发电机顶部排气门控制发电机内部气体压力在 8～10kPa。

（2）每次投用一组 5 瓶 $CO_2$ 同时进行置换，用消防水对置换中的 $CO_2$ 钢瓶表面除霜，控制 $CO_2$ 的流量，以钢瓶和管路表面刚好不结霜时的最大流量为准，20～30min 内 5 瓶 $CO_2$ 基本用尽，更换另一组 5 瓶 $CO_2$ 进行置换。如 20～30min 内 5 瓶 $CO_2$ 没有用尽，应检查原因，是否消防水除霜效果不好，加大除霜水量。

（3）保持 $CO_2$ 蒸发器一直运行，提高 $CO_2$ 温度 10℃左右。

（4）检查 $CO_2$ 蒸发器出口电磁阀旁路阀在关闭状态。

## 七、汽轮机停运后快冷措施

1. 目的

停机后，快速降低高中压转子、汽缸、高中压主汽门、调门的金属温度，尽快停止盘车运行，缩短检修工期。

2. 汽轮机各部温度控制要求

（1）投快冷时需高、中压转子和高压缸金属温度降到 300℃以下，主汽温度小于 330℃，主、再热蒸汽压力小于 0.15MPa。严格控制高、中压转子温降小于 3℃/h。

（2）检查所有温度裕量（MARGIN）均正常，高中压缸上下缸温差小于±55℃。

如高压转子温度与高压外缸 50％温度的差值大于 80℃，暂停快冷系统，维持参数稳定，差值小于 70℃再继续投快冷。

（3）高压缸转子温度小于100℃，所有高压缸温度小于130℃，中压缸、中压转子温度小于100℃后，可以停止盘车运行，主机油系统随后停运。

3. 操作步骤

（1）检查机组压缩空气系统、循环水系统、闭式水系统、凝结水系统、辅汽系统、轴封系统、抽真空系统运行正常。

（2）通过调整真空泵入口手动门，保持凝汽器真空在30kPa，投入低压缸喷水，观察低压缸排汽温度变化。

（3）开启过热器空气门，联系检修将空气门入口包一层滤网，开启主汽管路疏水门，对过热器疏水半小时。

（4）手动挂闸，开启主汽门，联系热控人员在工程师站强制逻辑打开调门至运行人员要求的开度。

（5）开启汽轮机高压主汽门、调门开度保持5%，开启汽轮机本体疏水门和高压缸通风阀，观察高压主汽门、调节汽门、高中压转子及汽缸温度下降不大于3℃/h，高中压缸上下温差、高中压转子内外温差不大于10℃，否则汽轮机立即打闸，关闭主汽门和调门；如高压主汽门、调节汽门、高中压转子及汽缸温度继续下降或高中压缸上下温差、高中压转子内外温差还有增大趋势，立即破坏真空，开启真空破坏门，停止轴封供汽。

（6）如高压主汽门、调节汽门、高中压转子及汽缸温度下降小于3℃/h，可通过开大高调门的方法提高温降速度，如高调门全开后仍不能保证高中压转子温度下降达到3℃/h，可通过开大真空泵入口手动门来提高凝汽器真空。

（7）注意调整要缓慢进行，高调门每次开大5%，观察半小时，无变化时继续开启；真空每次提高5kPa，观察半小时，无变化时继续开启。

（8）汽轮机快冷期间，密切监视盘车转速变化，如有明显下降趋势，要立即关闭高压主汽门和调门，破坏凝汽器真空，开启真空破坏门，停止轴封供汽。

（9）高中压转子温度降到100℃以内，破坏凝汽器真空，开启真空破坏门，停止轴封供汽，停止主机盘车运行。

4. 安全注意事项

（1）操作需在当班值长的统一指挥下进行，其他专业人员配合进行。

（2）严格按照汽轮机各部金属温降速度，发现有超限的要立即停止快冷，关闭高中压主汽门、调节汽门，查明原因并等温差在合理范围内方可重新投入快冷。

（3）两个高压调门开度必须保持一致，两个中压调门开度必须保持一致。

（4）每小时记录一次主要高中压缸主要部件金属温度，发现异常及时停止快冷，汽轮机打闸。

## 八、运行机组A凝结水泵检修期间B凝结水泵单泵运行技术措施

运行机组A凝结水泵存在缺陷，必须停泵隔离检修，在检修期间A凝结水泵将失去备用，为保证机组安全稳定运行，制定本措施。

（1）值班员对B凝结水泵运行状况要加强监视，密切注意电流、出口压力、滤网差压、凝结水流量、除氧器水位、凝汽器水位等参数的变化，发现异常时，对照历史运行数据，及时分析，查找原因，精心调整，出现凝结水系统报警时，应当立即检查，及时通知检修消除

故障，并汇报值长和专工。

（2）巡检员加强就地对 B 凝结水泵的检查，发现声音、振动、温度异常时，汇报值班员，并和 DCS 上参数对比，并及时联系处理。

（3）涉及凝结水系统的检修工作，应周密考虑，防止发生异常。

（4）当 B 凝结水泵跳闸时，检查其无明显故障象征，可强合一次，启动成功，检查 B 凝结水泵运行良好，监视给水泵密封水温度正常，防止给泵密封水温度高跳闸。同时将除氧器上水调门切手动，控制除氧器水位正常，并注意 B 凝结水泵不要超流量运行，最大流量控制在 2100t/h。

（5）当 B 凝结水泵合闸不成功时，快速将机组负荷减至 50MW，关闭凝结水泵再循环调门，利用凝输泵维持凝结水管道压力在 1MPa 左右，保证杂用水供应。

（6）当两台给泵密封水温度高跳闸，锅炉 MFT，按机组跳闸处理；当除氧器水位低至 800mm，给水泵跳闸，锅炉 MFT，按机组跳闸处理；当凝汽器水位高至 2080mm，汽轮机跳闸，按机组跳闸处理。

（7）联系检修检查 B 凝结水泵跳闸原因，待两台凝结水泵故障消除后立即启动凝结水泵，恢复机组正常运行。

### 九、给水泵汽轮机润滑油泵切换技术措施

给水泵汽轮机润滑油泵切换定期工作中出现了较多问题，如油压波动、油压下降、润滑油压下降至定值而直流油泵不联启等，这些问题的出现与设计、设备选型有很大关系。为保证给水泵汽轮机油泵定期切换工作的顺利进行，避免不安全事件的发生、扩大，制定本措施。

（1）运行中应加强对给水泵汽轮机油系统的监视，发现油压下降、油压波动、油泵有报警等异常要及时分析原因，并联系处理。

（2）给水泵汽轮机直流润滑油泵试启及交流油泵切换定期工作，应尽可能安排在机组负荷低于 600MW 时进行。

（3）进行定期工作前，应联系设备部、检修部汽机、热工专业人员到场。

（4）给水泵汽轮机直流润滑油泵试启定期工作中，如出现启动指令发出而油泵启动失败的情况时，应及时处理，确保直流油泵的可靠备用。

（5）给水泵汽轮机交流润滑油泵切换前，须确认直流油泵试启正常且油压已稳定。

（6）给水泵汽轮机交流润滑油泵切换时，并泵时间原则控制在 3min 左右，就地检查正常，并经设备部汽机专业人员确认后，方可停运原运行泵。

（7）因 DCS 显示给水泵汽轮机油系统的参数较为滞后，快速的压力波动不能显示，切换时，应加强对就地表计的监视。

（8）交流油泵切换时，如润滑油压低，直流油泵未自启，应立即手动启动给水泵汽轮机直流油泵。

### 十、汽轮机闷缸措施

当汽轮机盘车盘不动时，采取以下闷缸措施，以清除转子热弯曲。

（1）尽快恢复润滑油系统向轴瓦供油。

（2）迅速破坏真空，停止快冷。

（3）隔离汽轮机本体的内、外冷源，消除缸内冷源。

（4）关闭进入汽轮机所有汽门以及所有汽轮机本体、抽汽管道疏水门，进行闷缸。

（5）严密监视和记录汽缸各部分的温度、温差和转子晃动随时间的变化情况。

（6）开启顶轴油泵。

（7）当汽缸上、下温差小于 50℃ 时，可手动试盘车，若转子能盘动，可盘转 180° 进行自重法校直转子，温度越高越好。

（8）转子多次 180° 盘转，当转子晃动值及方向回到原始状态时，可投连续盘车。

（9）在不盘车时，禁止向轴封送汽。

### 十一、关于蓄能器隔离和恢复的规定

（1）蓄能器隔离和恢复操作应缓慢进行，避免造成系统压力突变。

（2）操作时应注意监视系统压力，发现压力变化较大时，应停止操作，观察压力变化的趋势，待压力平稳后再继续操作。

（3）就地操作前，巡检员应与相应主值班员或副值班员保持密切联系，得到允许方可操作；操作过程中，主值班员或副值班员应加强对相关设备状态和参数的监视。

（4）蓄能器隔离操作顺序：先关闭进油阀，后开启泄压阀。

（5）蓄能器恢复操作顺序：先关闭泄压阀，后开启进油阀。

（6）机组停运时，蓄能器如需隔离，应尽可能先停运相关油系统，避免因进油阀内漏而造成系统油压波动的情况。

（7）本规定适用于 EH 油系统蓄能器、旁路油系统蓄能器、给水泵汽轮机油系统蓄能器、循环水泵出口蝶阀液压油系统蓄能器。

### 十二、运行机组单侧中压调门开度反馈装置更换的技术措施

运行机组单侧中压调门反馈装置故障，而调门实际开度未变化时，须对单侧中压调门开度反馈装置进行更换。为保证更换过程中，机组的安全、稳定运行，制定如下措施。

1. 注意事项

（1）工作开始前，应有详细交底。

（2）更换过程中，运行部汽机专业、设备部热工、汽机专业、检修部仪控应有专人全程监护。

（3）更换过程中，安排有经验的人员不间断监视、调节两侧再热汽温，烟气挡板、再热汽事故喷水的调节要有预见性，避免汽温大幅波动。

（4）更换过程中，安排专门人员不间断监视汽轮机上下缸温差、汽缸膨胀、轴向位移、振动、轴承温度、调阀内外壁温差等参数。

（5）更换过程中，就地安排一名巡检员，并与集控室保持密切联系，及时汇报工作进度。

（6）更换过程中，如两侧再热汽温偏差达 28℃，采取措施无效，持续时间超过 15min，停运汽轮机；如汽轮机各瓦轴振达 130μm，手动停运汽轮机；其他主要参数达到报警值，要立即汇报，达到跳闸值，保护不动作，手动停运汽轮机。

（7）A 侧低压旁路投入后，应加强凝水压力的监视，如不能满足低压旁路减温水流量要求，应及时将凝结水泵变频切手动，提升至工频转速。

（8）疏水开启后，应加强高、低压疏水扩容器温度的监视，及时投入减温水。

2. 工作步骤

（1）确认检修所有准备工作已做好，人员、备品已到齐，工作票已提交且运行审核无误并接票。

（2）确认运行部、设备部、检修部所有相关人员已到位。

（3）确认设备部热工专业已完成相关逻辑设置的核查工作。

（4）联系调度，机组 AGC、一次调频退出，负荷稳定 500MW，各参数无异常。

由仪控人员拔出 A 侧中压调门伺服阀航空插头，将伺服阀测试工具航空插头插入，确保及时将调门 A 开足，并记录航空插头切换时 A 侧中压调门最小阀位。

（5）当 A 侧中压调门航空插头切换时会出现调门自关自开现象，在 A 侧中压调门关闭的同时，值班员根据再热汽温变化，可适当调整 A 侧低压旁路调阀，尽量保持再热汽两侧汽温基本一致，保持再热汽压稳定。

（6）过程中若 A 侧中压调门开度关闭至零，开启 A 侧中压主汽门前疏水门、A 侧中压调门前疏水门。若仪控人员在 2min 内不能将 A 侧中压调门开足，则立即恢复中压调门 A 伺服阀航空插头，开启 A 侧中压调门，恢复机组原有工况。

（7）若 A 侧中压调门伺服阀航空插头切换顺利，机组参数无异常，由仪控人员拆除 A 侧中压调门开度反馈接线，安装新反馈装置。

（8）值班员在 DEH 控制系统中将 A 侧中压调门阀限设为"航空插头切换时 A 侧中压调门最小阀位"。

（9）由仪控人员拔出伺服阀测试工具航空插头，将原来的 A 侧中压调门伺服阀航空插头插入，就地确认调门开度在设定的"航空插头切换时 A 侧中压调门最小阀位"。

（10）值班员通过设置 A 侧中压调门阀限的方法，缓慢开启 A 侧中压调门，每次调整不超过 5％，观察就地调门动作情况，直至 105％，就地确认调门全开，观察各参数稳定，机组恢复正常。

（11）联系调度，重新投入 AGC、一次调频。

### 十三、给水泵出口电动门技术措施

（1）机组启动前，执行给水系统检查卡时，在所有给水泵均不运行的情况下，当班主值班员组织进行所有给水泵出口电动门开关试验，发现问题及时联系处理。

（2）开启给水泵出口电动门前，运行人员应采取调整给水泵转速等措施，保持阀门前后压差在 1MPa 以内。

（3）按照给水泵出口电动门厂家设计，其小旁路门的作用是调节电动门开启时的前后压差，因控制压差的目的完全可通过其他方法实现，为减少操作量，正常情况下给水泵出口电动门小旁路门保持关闭状态。

（4）发生给水泵出口电动门无法开启的情况时，运行人员不得就地手动操作，应及时通知设备部、检修部汽机专业人员到场，采取以下措施处理：

1）运行人员将给水泵出口电动门小旁路门开启。

2）仅由检修一人手摇执行机构操作杆开启阀门，不允许多人同时手摇。

3）人力无法开启阀门时，根据系统压力情况，在确保安全的前提下，办理好相关手续，检修人员可适当松开给水泵出口电动门盘根压盖，阀门腔室泄压后，再由一人手摇执行机构操作杆开启阀门。

4）阀门开启过程中，运行人员应采取措施，保持故障阀门前后压差在 0.5MPa 以内。

5）电动门开启正常后，运行人员应及时将其小旁路门关闭。

（5）任何情况下，汽动给水泵转速 2850r/min 以下时，除再循环流量外，不得接带负荷。

## 十四、机组破坏真空针型阀使用规定

（1）一个破坏真空针型阀全开，影响凝汽器真空 4～5kPa，两个破坏真空针型阀已完全能满足调节真空的需要；运行中真空破坏电动门保持关闭状态，如需开启，必须得到汽机专工的同意。

（2）两个破坏真空针型阀开启按照先 A 后 B 的顺序进行，破坏真空针型阀 A 开足后，才可以根据需要开启破坏真空针型阀 B；关闭按照先 B 后 A 的顺序进行，破坏真空针型阀 B 关足后，才可以根据需要关闭破坏真空针型阀 A；避免出现两个破坏真空针型阀同时调节的状况。

（3）破坏真空针型阀调节时，就地巡检员必须和盘面值班员保持密切联系，待真空平稳后，得到值班员许可，才能离开。

（4）破坏真空针型阀开启或关闭时，应加强现场检查，通过声音、吸力等判断是否存在异常情况，并及时汇报。

（5）应加强对凝汽器真空、汽轮机振动的监视，特别是工况变化时，及时对破坏真空针型阀开度进行调整。

## 十五、汽轮机手动间断盘车运行技术措施

（1）液动盘车停运由值长（副值长）统一指挥，停运前，通知运行部汽机专工到场，集控室安排一名熟悉 DEH 操作的人员负责 DEH 操作和监视，17m 层安排一名巡检员负责联系和就地操作，并与集控室保持通信畅通。

（2）停运液动盘车前，试启备用顶轴油泵，确认顶轴油泵备用正常。

（3）停运液动盘车前，确认大机润滑油系统运行正常，冷油器冷却水调门手动隔离门及旁路门已关闭，油温保持 45℃ 以上。

（4）停运液动盘车前，确认汽轮机各参数无异常，确认辅汽联箱已泄压至零，进汽手动门已关闭、挂"有人工作，禁止操作"牌，并上锁。

（5）液动盘车停运过程中及停运后 2h 以内，17m 层巡检员不得离开，并及时将现场情况向集控室汇报。

（6）液动盘车停运期间，停机参数记录每 1h 进行一次。

（7）液动盘车停运期间，每半小时检查一次就地手动盘车是否正常进行，并做好记录。

（8）如就地人员告知手动盘车困难时，立即启动第三台顶轴油泵，同时立即通知检修人员停止工作，设法恢复液动盘车，并及时汇报。

（9）如液动、手动均无法盘动汽轮机转子时，应及时汇报，并执行闷缸措施，设法消除转子热弯曲，闷缸期间应做好记录。

### 十六、防止凝汽器钛管泄漏扩大的技术措施

为正确处理凝汽器钛管泄漏的异常情况，避免事故扩大，特制定如下措施。

1. 运行循环水泵入口加锯末

（1）凝汽器钛管微量泄漏，当凝结水泵出口钠离子含量大于 $5\mu g/L$，且持续 3h，或者凝结水泵出口钠离子含量大于 $60\mu g/L$ 时，联系检修人员在运行循环水泵入口加 5 袋锯末。

（2）加锯末后，如 4h 内无任何效果，则再加 5 袋锯末，如此类推。

（3）加锯末前，应合理调整循环水系统的运行方式，将循环水联络门全关，避免加锯末对邻机循环水、开冷水系统的影响。

（4）循环水加锯末前，手动启动开冷水电动滤水器，并保持其连续运行，直至加完锯末 1h 后方可恢复正常运行方式。

（5）循环水加锯末前，将一台闭冷器闭冷水侧出口门关闭，将闭冷器退出运行并保持充水状态，将其开冷水侧进、出口门关闭隔离；加锯末 1h 后，检查闭冷水系统、开冷水系统运行工况稳定，方可恢复正常运行方式。

（6）循环水加锯末前，启动一台开冷泵，提高开冷水流速，加快锯末在闭冷器中的流通，防止沉积堵塞；加锯末 1h 后方可停运开冷泵。

（7）循环水加完锯末后，应密切监视闭冷水系统的运行情况，如发现闭冷器有堵塞现象，且无法维持运行时，应及时汇报汽机专工，并进行闭冷器切换操作，待工况稳定后，联系设备部汽机专业安排闭冷器清理；此过程中，如闭冷水系统无法维持运行，应及时启动开冷泵。

（8）闭冷水系统、开冷水系统操作过程中，应严密监视闭冷水各用户的运行情况，操作前应先启动给水泵汽轮机直流油泵运行。

2. 闭冷水、定冷水补水切至凝输泵供

无备用精处理混床的情况下，任一精处理混床后电导率大于 $0.3\mu S/cm$ 时，将闭冷水、定冷水补水切至凝输泵供。

3. 凝汽器循环水半侧隔离

凝汽器钛管明显泄漏，当凝结水泵出口钠离子含量大于 $200\mu g/L$，或者加锯末累计时间达 72h 且凝结水泵出口钠离子含量大于 $60\mu g/L$ 时，申请调度同意将机组负荷降至 700MW以下，进行凝汽器循环水半侧隔离、放水，判断出泄漏的半侧凝汽器，由检修进行检查堵漏。

4. 机组停运

凝汽器钛管严重泄漏，导致给水电导大于 $1\mu S/cm$，且通过除氧器前、汽水分离器、主蒸汽电导等参数判断给水电导显示正确的情况下，征得分管厂领导同意，在 1h 内停运机组，停运所有给水泵，锅炉停止上水。

### 十七、防止汽轮机阀门活动试验（ATT）过程中出现异常的措施

为了防止汽轮机阀门活动试验（ATT）过程中 EH 油压异常下降不能恢复、调门及调

门跳闸电磁阀卡涩危及机组运行安全，制定如下措施。

（1）ATT 试验阀门动作过程中，主值班员应密切监视 EH 油压，特别是阀门开启过程中，发现油压下降超过 2MPa 时，立即选择 ATT 试验画面中"ATT ESV/CV"按钮，按下 OFF 中止试验，观察 ATT 试验结束，各阀门自动恢复，EH 油压恢复正常。

（2）如 EH 油压未恢复正常，则应立即操作出现异常前试验阀门的跳闸电磁阀。对于主汽门，操作前应先检查对应的调门开度，并用设阀限方法，将对应调门关闭至零，然后使主汽门跳闸电磁阀得电关闭，使 EH 油压恢复正常，再缓慢恢复调门的阀限，使调门开启；对于调门，操作前应先检查阀限设定为零，然后使调门跳闸电磁阀得电关闭，使 EH 油压恢复正常，再缓慢恢复调门的阀限，使调门开启。

（3）ATT 试验中，如出现阀门关闭后打不开的情况，应立即中止试验，同时立即联系设备部和检修部在场人员检查，采取措施使阀门重新开启；同时，运行人员应开启相应的疏水门保持疏水，加强对两侧主再热汽温的监视和调整，大于 28℃ 达 15min 以上时，立即手动脱扣汽轮机；阀门重新开启过程中，应采取设阀限、降负荷等方法，防止出现阀门突开、负荷、汽压大幅波动的情况。

（4）ATT 试验过程中有报警，试验会中断，如不影响机组稳定运行，在 ATT ESV/CV SGC 上按"RESET"，然后按"EXCUTE"，选择"OPER"，然后"EXCUTE"，试验继续进行。

（5）ATT 试验过程中，如出现影响机组稳定运行的任何异常工况，则选择 ATT 试验画面中"ATT ESV/CV"按钮，按下 OFF 中止试验。

（6）采用分步方式进行 ATT 试验，即需要试验哪个阀门时，就投入相应的 SLC，避免现场人员无法正确判断试验的阀门。

（7）择机执行汽轮机调门油动机伺服阀进油截止逻辑优化的技改。技改后在以下两种情况下，调门油动机伺服阀进油将被自动截断：一是跳闸阀断线状况；二是跳闸阀卡涩状况，通过逻辑判断，当出现"调门指令超过反馈 4% 以上，反馈小于 8%，且 EH 油压低于 13.8MPa"的情况，延时 3s，认为相应跳闸阀卡涩。

（8）在汽轮机调门油动机伺服阀进油截止逻辑优化完成后，若 ATT 试验过程中发生跳闸阀卡涩现象，伺服阀进油将被截止，EH 控制油压将快速恢复。值班员应及时将相应调门阀限设置至 0%，同时密切监视 EH 油压，如 EH 油压未出现回升并继续下降时，应及时联系巡检员关闭相应的 EH 油供油手动门。当跳闸阀处理后须继续验证是否还存在卡涩现象时，需要将对应阀限一次性设置至 5% 以上，建议设置在 8%。当反馈也到达设定值后可判定不再存在卡涩现象，此后的阀限设置可根据运行需要任意设置。

（9）在汽轮机调门油动机伺服阀进油截止逻辑优化完成前，若 ATT 试验过程中发生跳闸阀卡涩现象，伺服阀进油将不会自动截止，EH 油压将快速下降。此时运行人员应快速将对应调门的任一跳闸阀执行关操作，伺服阀进油也将被截止，操作后可进一步将阀限设置为 0%，同时密切监视 EH 油压，如 EH 油压未出现回升并继续下降时，应及时联系巡检员关闭相应的 EH 油供油手动门。当跳闸阀处理后须继续验证是否还存在卡涩现象时，需要首先将跳闸阀执行开操作，然后将对应阀限设置在 1%，当反馈也跟上时可判定不再存在卡涩现象，此后的阀限设置根据运行需要任意设置。在执行跳闸阀关操作时，为确保不关错阀门，应确定 DEH 画面上相关阀门旁边的反馈信号为零值（在 DEH 的 CONTROL2 及 AUTO

TEST 画面中，调门旁的两组数据，第一组为指令信号，第二组为反馈信号，补汽阀和主汽门为反馈信号）。

（10）相关故障调门伺服阀进油被切断，EH 油压恢复后，运行人员应尽快减负荷（高压调门故障时，建议减负荷至 500MW，中压调门故障时，建议减负荷至 350MW），同时采用开单侧低压旁路、投油枪等方法，控制两侧汽温偏差，为检修工作争取时间。如多方采取措施无效，两侧汽温偏差大于 28℃达到 15min 以上时，应及时手动脱扣汽轮机。

### 十八、防止循环水加锯末造成闭冷器堵塞技术措施

在运行循环水泵入口加锯末是一种行之有效的处理凝汽器微漏的方法，但由于设备原因，开冷水电动滤水器无法挡住锯末，容易在加锯末后造成闭冷器开冷水侧堵塞，使闭冷器换热效果下降。为尽可能避免循环水加锯末后闭冷器堵塞情况的发生，制定如下措施。

（1）循环水加锯末前，手动启动开冷水电动滤水器，并保持其连续运行，直至加完锯末 1h 后方可恢复正常运行方式。

（2）循环水加锯末前，将一台闭冷器闭冷水侧出口门关闭，将闭冷器退出运行并保持充水状态，将其开冷水侧进、出口门关闭隔离；加锯末 1h 后，检查闭冷水系统、开冷水系统运行工况稳定，方可恢复正常运行方式。

（3）循环水加锯末前，启动一台开冷泵，提高开冷水流速，加快锯末在闭冷器中的流通，防止沉积堵塞；加锯末 1h 后方可停运开冷泵。

（4）循环水加完锯末后，应密切监视闭冷水系统的运行情况，如发现闭冷器有堵塞现象，且无法维持运行时，应及时汇报汽机专工，并进行闭冷器切换操作，待工况稳定后，联系设备部汽机专业安排闭冷器清理；此过程中，如闭冷水系统无法维持运行，应及时启动开冷泵。

（5）闭冷水系统、开冷水系统操作过程中，应严密监视闭冷水各用户的运行情况，操作前应先启动给水泵汽轮机直流油泵运行。

### 十九、循环水系统运行中单台循环水泵检修时出口门的措施

循环水系统运行中，单台循环水泵需要检修（包括电动机试转）时，为保证循环水泵出口门可靠关闭，制定本措施。

（1）循环水泵出口门油站不停电，保持运行，保持油压正常。

（2）热工人员将循环水泵出口门"开电磁阀"拔下，并用绝缘胶布对电磁阀和阀座进行包裹，同时由运行人员在阀座上悬挂"有人工作，禁止操作"警告牌。

（3）热工人员对逻辑进行以下强制。

1）出口门开指令强制为 0、关指令强制为 1。

2）退出"出口门全关延时 2s 联锁跳循环水泵"的保护。

3）退出"出口门未全开延时 1830s 跳循环水泵"的保护。

4）强制出口门总的 15°信号为 1。

（4）检修工作结束，循环水泵需要恢复备用时，在其余措施均已恢复的情况下，先通知热工人员恢复"出口门全关延时 2s 联锁跳循环水泵""出口门未全开延时 1830s 跳循环水泵"的保护，并将出口门总的 15°信号恢复（此时应为 0）；然后由热工人员就地将循环水泵

出口门"开电磁阀"恢复；检查无异常后，由热工人员将出口门开、关指令的强制恢复（此时开指令为0、关指令为1）。

### 二十、防止除氧器超压的技术措施

除氧器及其给水箱在各种运行工况下都必须确保安全、可靠并能长期稳定运行，为防止除氧器及给水箱发生超压，特制定如下措施。

（1）机组大修后按压力容器定期校验的有关规定进行除氧器安全门的整定校验工作，除氧器安全门整定值为1.39MPa，相关历史数据由设备部汽机专业保存。

（2）机组启动前需确保除氧器进汽门、除氧器上水门、除氧器溢放水门相关联锁试验正常，此项工作由各机组主值按照票卡执行。

（3）机组启动过程中，当除氧器汽源由辅汽供给时，控制辅汽联箱压力不大于1.2MPa。

（4）机组启动过程中，当汽轮机四抽压力大于0.147MPa时，检查辅助蒸汽到除氧器供汽门自动关闭，否则手动关闭。

（5）机组正常运行时，密切监视除氧器压力、水位变化情况，监视除氧器压力不大于汽轮机四抽压力。

（6）机组正常运行时，当发现除氧器安全门出现故障时，应及时联系检修处理，要求检修人员不得长期闭锁除氧器安全门运行。

（7）机组正常运行时，每班由各机组主值负责安排两次除氧器就地和远方压力、水位数值的核对工作。

（8）机组正常运行时，监视高压加热器疏水至除氧器调门的动作情况正常，防止高压加热器无水位运行、高压加热器疏水门自动失灵造成除氧器超压。

（9）机组异常跳闸时，检查各加热器的抽汽电动门、止回阀关闭，高压加热器疏水自动切至危急疏水，手动开启除氧器排空门，并控制除氧器水位正常。

（10）机组在停机状态下，除氧器排空门必须在开启位置，辅汽、四抽、冷再至除氧器供汽门必须在关闭位置。

### 二十一、防止密封油氢侧油箱油位偏低的运行技术措施

1. 正常工况下的技术措施

（1）远方和就地要严密监视密封油氢侧油箱油位。

（2）运行人员通过手动关小密封油氢侧油箱浮子阀后隔离阀，将密封油氢侧油箱油位稳定在10～15cm，当油位出现偏离时，应及时调节密封油氢侧油箱浮子阀后隔离阀的开度。

（3）运行人员操作密封油氢侧油箱浮子阀后隔离阀时，应谨慎缓慢，操作完毕，操作人员应待油位稳定后才可离开。

（4）运行人员应尽量保持密封油温度稳定在45℃，通过适当关小密封油冷却水回水调阀前隔离阀的方式，使密封油冷却水回水调阀开度保持在20%～30%，以提高调阀的调节特性。

2. 事故工况下的技术措施

（1）密封油氢侧油箱油位异常下降。由于密封油氢侧油箱浮子阀后隔离阀已保持小开度

运行，所以出现油位突然异常下降的概率不大。如确实出现，应立即至就地关小密封油氢侧油箱浮子阀后隔离阀直至全关，以保持油位正常。

（2）密封油氢侧油箱油位异常上升。密封油氢侧油箱浮子阀后隔离阀全关后，油箱油位上升较缓慢（大约 5cm/min）。当出现密封油氢侧油箱油位异常上升的情况时，应立即至就地开大密封油氢侧油箱浮子阀后隔离阀直至全开，以保持油位正常；如油位仍不下降，可适当缓慢开启密封油氢侧油箱浮子阀旁路阀以降低油位。

### 二十二、机组凝结水输送泵节能运行规定

为进一步深挖节能潜力，优化运行方式，通过运行分析、方案论证、设备改造等工作，实现机组运行中停运凝结水输送泵节能项目，将机组凝结水输送泵节能运行规定如下。

1. 机组启停机阶段

（1）机组启动时，从凝汽器上水开始至机组报复役前，机组凝结水输送泵仍采用原方式运行，即保持凝结水输送泵连续运行状态。

（2）机组停运时，从机组负荷降至 500MW 以下开始，及时启动凝结水输送泵，关闭凝结水输送泵旁路电动门，恢复凝结水输送泵原方式运行。

2. 机组正常运行时

（1）机组启动正常报复役后，当值人员联系相关专业将定冷水、闭式水系统补水切至凝杂水接带，监视无异常后停运凝结水输送泵，并检查确认锅炉大气疏水扩容箱减温水、脱硝枪头冲洗用水已有效隔离，化学再生用水正常。

（2）机组凝结水输送泵停运后，选择一台凝结水输送泵作为联锁备用，两台凝结水输送泵出口门保持关闭状态，同时维持凝汽器水位在 700mm 左右，凝补水箱水位不低于 4000mm。

（3）机组主控值班员需密切监视凝补水箱、闭冷水箱、凝汽器水位，并关注机组真空、低压缸排汽温度、定冷水溢流、定冷水/闭式水水质变化情况；辅控值班员需密切监视凝结水泵出口、精处理出口水质变化情况，发现异常及时汇报值长和专业。

（4）机组凝补水与凝结水存在约 5℃温差，需密切监视闭冷水温度、压力变化情况，发现异常，及时采取措施。

（5）机组凝结水输送泵定期切换工作改为定期试转，每台凝结水输送泵试转 10min 凝结水输送泵试转期间，凝结水输送泵旁路电动门保持开启，定冷水、闭式水补水方式无需改变。

（6）每班由机组主值负责安排两次凝汽器、凝补水箱就地和远方水位数值的核对工作。

（7）化验班每周定期化验机组定冷水、闭冷水水质，并将水质报告发送给值长和专业。

（8）当机组锅炉大气疏水扩容箱减温水、脱硝枪头原冲洗用水等用户投用时，会降低凝补水管道压力，将对机组凝汽器真空产生影响，因此机组锅炉侧、脱硝、化学等需用凝补水时，主控巡检员、辅控人员需与机组值班员加强沟通与联系，并汇报值长和专业。

3. 机组异常工况下

（1）当机组出现异常跳闸时，监视机组真空、凝汽器水位正常，凝结水、定冷水、闭式水水质无异常，维持凝结水输送泵节能运行方式；否则应将定冷水、闭冷水系统补水切回凝补水供给，并立即启动凝结水输送泵，关闭凝结水输送泵旁路电动门。

（2）当机组出现大幅度减负荷、RB 等异常工况时，如果凝汽器水位快速下降静压补水不足，应及时启动凝结水输送泵，并将与之受影响的系统恢复凝补水供水。

（3）当机组凝结水泵出口钠离子不小于 $5\mu g/L$ 或氢电导率不小于 $0.15\mu S/cm$ 时，要认真分析比对，及时采取措施，同时汇报值长和专业。

（4）当机组精处理出口钠离子不小于 $1\mu g/L$ 或氢电导率不小于 $0.1\mu S/cm$ 时，要立即将定冷水、闭冷水系统补水切回凝补水供给，并立即启动凝结水输送泵，关闭凝结水输送泵旁路电动门。

（5）当机组定冷水补水电导率不小于 $0.15\mu S/cm$、定冷水系统 pH 值大于 8 或小于 6，闭式水电导率不小于 $30\mu S/cm$ 时，要立即将定冷水、闭冷水系统补水切回凝补水供给，并立即启动凝结水输送泵，关闭凝结水输送泵旁路电动门。

（6）当机组凝汽器补水流量大于 150t/h 时，需检查凝结水输送泵联启正常，否则手动启动凝结水输送泵，关闭凝结水输送泵旁路电动门。

# 第二节　锅炉专业运行技术措施

## 一、防止灰渣系统故障的运行措施

为确保输灰系统安全运行，防止灰渣系统故障影响机组出力，特制定以下措施。

（1）应加强输灰人员数量及质量配置，尽早发现灰渣系统异常。监盘人员应勤翻画面，根据机组负荷、煤种、吹灰情况，及时分析输灰、除渣系统运行工况，按要求进行相应落料时间调整。

（2）当输灰系统灰斗落料不畅，应尽快联系检修处理；当输灰出现堵灰情况，输送压力超过上次输送时间达一倍以上，尽快按照要求进行排堵操作并联系检修，降压后进行吹扫 $1\sim2$ 个循环。

（3）对于灰系统高料位、高高料位报警要高度重视，根据输灰情况判断其报警真实性。在没有得到检修关于此报警为误报警书面交代之前，一律以真实高料位对待。

（4）当输送系统各落料阀、切换阀等气动阀门出现热控故障时，应联系热工人员及时处理，并及时汇报值长进行联系。

（5）灰系统异常处理原则为以保证输灰畅通为根本，最大限度降低输灰系统停运时间，防止长时间出现堵灰而导致灰斗高料位被迫停运电除尘高压电场，沉积灰更加难送，从而进入恶性循环。

（6）加强电除尘系统高压单元运行的二次侧电压、电流监视，并对比以往记录和趋势进行分析，发现有异常下降，查找分析原因并联系检修检查。保证低压单元运行正常，发现振打、加热器故障异常应联系检修尽快处理。

（7）渣系统应保持正常运行方式，远方控制，联锁投入。捞渣机正常油压应在 $4\sim12MPa$，转速在 $1\sim1.5r/min$ 之间。若油压上升超过 12MPa，应立即就地检查捞渣机运行状况，检查捞渣机刮板、链条、浸水轮工作状况及渣量、张紧油压，同时适当降低捞渣机转速设定值，并联系检修检查。若油压异常大幅度升高至 20MPa 以上，应紧急停运捞渣机。捞渣机水封温度应控制在 60℃ 以下，最高不超过 80℃。

（8）按照巡回检查制度要求的时间、路线、内容进行全面巡检和重点巡检，提高就地设备巡检质量。除正常巡视项目外，需要特别对以下项目加强检查，并将检查结果向机组值班员汇报。

1）对于输灰系统应特别加强以下项目的检查：落料管畅通程度；每次落料时仓泵充满程度；落料管温度；输灰管温度；输送时流化管气流状态；主泵流化阀出口弯头温度；输送空气压缩机运行状态；冷干机运行状态等，并每班对输送空气压缩机储气罐进行一次排污。

2）对于出渣系统应特别加强以下项目的检查：捞渣机浸水轮温度；浸水轮听音；浸水轮手摸振动；刮板弯曲状态；链条松紧程度；链条冲洗水大小；液压马达温度；张紧装置压力；锅炉出渣量；二级刮板积渣量；就地盘柜电流及异常报警等。发现异常，及时汇报。

## 二、捞渣机刮板回渣处理措施

为确保捞渣机系统安全运行，要求每小时对捞渣机运行状况进行就地检查记录，并督促检修人员不间断对捞渣机链条、刮板进行冲洗清渣。当出现捞渣机刮板回渣情况时，进行如下处理。

（1）捞渣机头部下降段刮板出现回渣，应及时清理。

（2）若清理不及时，捞渣机底部第一个导向轮后开始出现回渣，汇报值长，值长联系灰渣班增派人员，保证至少3人清渣。同时可以适当安排值内部分人员配合清渣。清理顺序为按捞渣机运行方向，由前向后清理。

（3）若大量回渣已至中部，清理仍然来不及，将捞渣机转速降低到0.5m/min，加快清理速度，同时值长联系检修部经理要求增派人员到至少8人进行清理。清理后将捞渣机转速逐步提升至1.2～1.5m/min。

（4）若清理还来不及，当大量回渣至捞渣机尾部转向轮前一块刮板时，停运捞渣机，汇报值长，值长汇报运行部主任。捞渣机停运后加快尾部清理速度，确保10min内清理干净尾部刮板、导轮及链条，同时将头部驱动链轮、导向轮及链条冲洗干净，尽快启动捞渣机运行。30min内捞渣机仍然不能启动，立即汇报发电厂主管生产的领导。

## 三、防止制粉系统爆炸的技术措施

（1）制粉系统的联锁保护应投入良好，确保动作正确。

（2）磨煤机出口动态分离器转速合适并运行正常，保证煤粉细度满足燃烧要求，可调缩孔应定期检查，检修后应重新调整，防止积粉自燃或被误动导致煤粉分配不均。

（3）磨煤机启动暖磨时要投入消防蒸汽惰化，时间不小于5min。

（4）磨煤机启动前暖磨过程中，严格控制暖磨速度，发现温度异常升高立即停止暖磨，投入消防蒸汽并查明原因。正常启动暖磨时磨煤机出口温度不超过80℃。

（5）磨煤机正常运行过程中，磨煤机出口温度根据煤种的不同控制在60～75℃范围内。

（6）备用的磨煤机应在48h内切换一次，每次运行时间不小于10h，防止原煤仓及给煤机内煤粉自燃；当原煤仓内煤粉自燃时应采取措施消除火源后方可运行给煤机，同时投入磨煤机消防蒸汽，并适当降低磨煤机出口温度，防止磨煤机内爆炸。

（7）制粉系统停止前，给煤量减到最低值后，关闭热风调节挡板和热风关断挡板，用冷风挡板控制磨煤机风量，待磨煤机出口温度降至55℃且稳定后方可停止给煤机运行，并投入消防蒸汽，磨煤机继续运行至电流降至空载电流。

（8）制粉系统正常停运时，停止给煤机前先关闭原煤仓落煤插板，在给煤机皮带及清扫器均无煤后停止给煤机运行，这样一是防止给煤机内部有煤自燃，二是可防止给煤机内空气进入煤仓引起自燃。如果制粉系统故障停止后给煤机内有煤，而系统又不可能在短时间内启动，应打开给煤机清理存煤。

（9）磨煤机停止后，磨煤机冷风调节挡板开大，风量不低于最小风量吹扫至少5min，以确保煤粉管道吹扫干净，而后保持冷风隔绝挡板全开，调节挡板开度5%～10%通风，以排出磨煤机内可燃气体。

（10）磨煤机故障跳闸或紧急停止后，检查冷风挡板和热风挡板及磨煤机出口挡板自动关闭，否则手动关闭。短期内不能启动时，应设法将磨煤机内的存煤清理干净。

（11）磨煤机运行中及停止后要及时清除渣斗内的石子煤，防止长时间存放自燃。各磨煤机运行中一次风量应与给煤量保持一致，最小风量不得低于120t/h。

（12）加强对磨煤机风室刮板和石子煤系统的检查和维护，防止刮板和石子煤系统故障使石子煤在磨煤机风室内堆积自燃而引起制粉系统的着火、爆炸。

（13）定期检查磨辊轴承油位情况，防止磨辊轴承油位过高漏油产生爆炸。

（14）正常运行中当出现落煤管堵煤、给煤机故障断煤或原煤仓棚煤不能立即解决时，应投入磨煤机消防蒸汽，解除一次风量自动，及时调整磨煤机的配风，防止磨煤机出口温度急剧升高。

（15）计划停炉时应合理分配各磨煤机负荷，有计划地将原煤仓、给煤机及磨煤机内存煤烧光，同时清除原煤仓内壁挂煤，防止积粉自燃。

（16）及时消除制粉系统漏泄点，清理积粉时应杜绝明火，防止粉尘爆炸。

（17）加强燃料管理，防止易燃易爆物品进入磨煤机内。

（18）制粉系统附近消防器材应充足齐全，并保持消防水源充足，水压正常。

### 四、防止锅炉结焦的安全技术措施

（1）加强对入厂煤、入炉煤的管理工作，保证原煤质量。当锅炉结焦严重时应寻求最合理的煤种混配方法，提高入炉煤的灰熔点，减轻锅炉结焦程度。

（2）在每次变更煤种后应进行煤的元素分析和灰的成分分析，同时准确检验分析入炉煤煤质和灰熔点，并及时报交运行值长，以利于锅炉燃烧调整。

（3）锅炉运行过程中，必须保证烟气含氧量。非系统、设备安全原因，不得因锅炉超温而降低氧量强行加负荷。

（4）保证燃烧配风合理，二次风压与炉膛差压大于0.5kPa，否则应调整二次风挡板开度或增加送风机出力。

（5）在保证锅炉燃烧稳定的前提下，合理分配磨煤机运行方式和出力，使炉膛热负荷均匀，防止局部热负荷偏高出现结焦。

（6）制粉系统运行中，应维持合格的煤粉细度（R90≤25%），保持磨煤机出口温度不高于75℃，正常运行中最小一次风量不低于120t/h。

（7）根据煤种的变化，及时调整一次风率。挥发分大于设计煤种时应适当增加一次风率，反之则减少一次率。避免着火点提前，引起一次风喷口区域结焦。

（8）保证再热器温度在合格范围内的情况下燃烧器摆角尽量调低，以防炉膛火焰中心上移，引起炉膛出口烟温增加，而使过热器受热面产生积灰、结焦。

（9）定期进行制粉系统一次风量的校对，确保一次风量指示的准确性；利用可调缩孔及时调整八根煤粉管道偏差，防止局部热负荷偏高或堵管事故发生。

（10）调整送风量时应尽量做到左右对称，二次风门开度时应动作一至，以保证炉膛内完好的空气动力场。避免火焰中心偏斜，引起结焦。

（11）经常检查碎渣机及二级刮板机、输送皮带机的运行情况，发现异常及时处理。

（12）确保炉底水封水位、水温正常，严防因缺水造成大焦存在现象。运行中加强巡回检查，发现渣斗漏水等缺陷，及时联系检修处理。

（13）当煤质较差、灰分较大时，应适当调整捞渣机速度，防止堵渣。

（14）充分利用看火孔、渣池水温度、浊度、焦渣量等情况判断锅炉结焦及排渣情况。发现受热面大面积结焦时，不得快速减负荷甩焦或无选择地吹灰，以免发生堵焦。

（15）根据锅炉结焦情况，合理选择吹灰频率、吹灰器组合方式，保持受热面清洁，避免结焦加剧的恶性循环。

（16）锅炉吹灰时要疏水干净，保证规定的蒸汽参数，以保证吹灰效果。

### 五、水冷壁局部金属温度高时的控制措施

以锅炉水冷壁后墙中间集箱入口 88 点温度高为例，该点金属温度比附近点偏高约 50℃ 时，为保持该点金属温度稳定，避免发生超温现象，确保机组连续运行，对该点温度控制提出特别要求，具体措施如下。

（1）该点报警温度为 498℃，金属材料极限温度为 560℃，监视运行上限温度为 530℃。故尽量控制该点温度在 490℃ 以下，以延长该水冷壁管的使用寿命。若该点温度升高至报警值（498℃）且经调整无效后，值班员汇报运行部和设备部锅炉专业；若该点温度升高至监视运行上限温度（530℃）且经调整无效后，值长汇报运行部和设备部部门领导；若该点温度升高至金属材料极限温度（560℃）且经调整无效后，值长汇报发电厂生产领导。

（2）锅炉主、再热汽温暂按额定值控制。

（3）负荷变化时注意调整过热度偏置设定值，尽量控制汽水分离器出口过热度在 30℃ 以下。

（4）四个二次风箱挡板开度调节投入自动方式，必要时适当开大后墙 3 号二次风箱（5、6 号角）挡板开度和适当关小 2 号二次风箱（3、4 号角）挡板开度，使右炉膛火焰切圆前移，调节幅度不要大于 10% 开度。采取相关调节手段时需通过就地检查和监视 DCS 上各水冷壁温度来防止火焰贴壁和燃烧器喷口烧坏。

（5）后墙水冷壁 A7、B7、C6、D7 暂时停止吹灰，其他水冷壁吹灰方式不变。

（6）机组升降负荷时，密切关注该点温度变化趋势，必要时稳定负荷，待调节该点温度稳定后再继续升降负荷。

（7）降负荷时，无特殊情况下优先停运 A 和 B 制粉系统，以降低该点温度。

（8）做好负荷预测工作，在负荷高峰到来之前，尽量提前启动备用制粉系统。启动备用制粉系统时，该点温度有一明显上升的过程。因此启动制粉系统后，先保持最小煤量 25t/h 运行，待该点温度回降后再逐渐增加给煤机煤量，防止加煤过快造成该点温度快速上升乃至超温。

(9) 在机组高负荷六套制粉系统运行期间，该点温度一般处于较高的温度水平，应加强该点温度的监视。此时可通过减少下层磨煤机煤量和降低分离器出口过热度来控制，并避免过热度出现大幅波动。

(10) 锅炉巡检到水冷壁 5 号角区域时注意听音检查，如发现声音异常，及时联系相关人员检查处理。

(11) 做好水冷壁超温爆管泄漏的事故预想。

(12) 在控制该点温度不超过报警值的前提下，可尝试对二次风小风门开度、各磨煤机煤量、分离器转速等进行适当调整，观察对控制该点水冷壁温度的影响。

### 六、防止锅炉灭火的措施

(1) 保证炉膛压力自动调节正常，运行中炉膛负压保持稳定。

(2) 炉膛火焰电视正常投入并清晰，火焰监视探头位置正确，锅炉运行中加强对火焰明亮程度的对比和观察。

(3) 及时了解入厂煤质变化情况，加强上煤管理，当燃料的灰分较大、挥发分和发热量较低时不得单独燃用，应与高挥发分、高热值的煤进行混配，并做出相应燃烧调整。

(4) 监盘人员应思想集中，注意监视炉膛压力、火检模拟量的变化，当炉膛火焰任意一假想切圆火检模拟量有 3/4 低于 70% 时可视为燃烧不稳，投入对应层油枪稳燃。

(5) 注意监视各自动调节跟踪情况，一旦发现自动失灵应及时切为手动调节，加减负荷速度不可超过 10MW/min。

(6) 锅炉低负荷运行时应及时投油助燃或投入等离子点火。

(7) 锅炉进行烟道吹灰时机组负荷应大于 60%，炉膛吹灰时机组负荷应大于 50%，炉内燃烧稳定。吹灰过程中注意监视炉内燃烧情况，如发生燃烧不稳、负压波动过大及其他异常情况应停止吹灰。

(8) 对锅炉燃烧系统火检不得随意强制，如因设备缺陷需强制时必须经过审批，并做好相应的安全措施。

(9) 点火初期投油枪时，应从就地及火焰监视电视观察油枪着火情况，发现油枪未着火但火检信号存在时，应立刻手动停止该油枪，联系检修人员查明原因，禁止在未查明原因之前重复点火。

(10) 使用等离子系统点火时，要确保暖风器正常投入后一次风温不低于 140℃ 后，方可投入磨煤机运行。磨煤机投入后要观察等离子燃烧器着火情况，适当增加旋转分离器转速、等离子发生器电流，在个别角着火不稳定的情况下应投油助燃。

(11) 当锅炉发生泄漏或爆管事故，危及锅炉燃烧稳定时应紧急手动停炉。

(12) 锅炉运行中各人孔、看火孔要关闭严密，注意检查和保持炉底捞渣机水封正常，运行中若由于检修工作的要求需要破坏水封时，必须做好相应的安全措施方可进行。

(13) 正常运行中，加强对锅炉结焦和炉渣的检查，防止锅炉出现结焦严重大焦块掉落引发大量蒸汽进入炉膛。

### 七、过热器局部金属温度高时的控制措施

以锅炉三级过热器 29 屏第 3 点温度高为例，该点金属温度比附近点偏高约 50℃ 时，为

保持该点金属温度稳定，避免发生超温现象，确保机组连续运行，对该点温度控制提出特别要求，具体措施如下。

（1）运行中控制三级过热器 29 屏第 3 点温度不高于 620℃。在保证该点温度不高于 620℃的情况下，尽可能提高主、再热汽温至额定值运行。

（2）控制汽水分离器过热度在合适的值。根据锅炉燃烧情况及时修正 WFR 和 BTU，避免锅炉压力大幅波动。运行中 WFR 尽量调整至 0 位附近，BTU 采用微修正来进行该点温度的调节。

（3）过热器三级减温水调门投自动时过热器出口实际温度与设定温度的偏差会影响 WFR 计算，因此可将三级减温水切手动关闭（必要时再开启），利用一、二级减温水调节末级过热器入口温度，根据减温水流量及时修正煤量，控制一、二级减温水的使用量，保留一、二级减温水量有一定的增加裕度。在三级过热器 29 屏第 3 点温度有升高裕度的情况下，及时提高一、二级减温器后汽温的设定值、增加煤量，最大限度提高主汽温度。

（4）为控制三级过热器 29 屏第 3 点温度所进行的二次风门、AA 风、OFA 风、燃烧器摆角等调整时操作要缓慢。尽量保持锅炉烟气挡板在 70％以上开度，减少一级过热器吸热，增大一级再热器吸热，利于控制该点温度。三级过热器 29 屏第 3 点温度偏高时，尽量避免切手动关小 A 侧燃烧切圆的最上层 AA 风小风门。

（5）值班员要监视锅炉燃烧器摆角、烟气挡板开度、二次风箱辅助风小风门开度指令与反馈偏差不大于 5％，发现偏差大及时联系检修处理。巡检员就地巡检时需对燃烧器摆角、烟气挡板开度、二次风箱辅助风小风门实际位置和气动执行机构仪用气压力的检查，发现异常及时联系检修处理。

（6）尽量在机组负荷波峰到来之前完成锅炉高温区吹灰。根据锅炉结焦情况，征得锅炉专工同意可适当增加 1 号、12～16 号、20～23 号各吹灰器的吹灰。

（7）运行中可以控制 B 侧主蒸汽温度略高于 A 侧 3～5℃，以便提高主蒸汽汽温的整体温度。

（8）下层磨煤机停运后应及时关闭出口闸板门备用，以降低火焰中心，利于控制三级过热器 29 屏第 3 点温度。

（9）加强两侧主汽温偏差、给水流量、凝补水流量异常变化的监视，做好过热器泄漏爆管的事故预想，巡检时注意倾听炉内声音是否正常，当听到炉内异声或炉管泄漏，检测装置报警时，及时联系设备管理部和检修部人员检查。

## 八、防止锅炉受热面氧化皮生成和脱落的控制措施

超超临界机组长周期运行后炉管内壁高温氧化皮加厚是不可避免的，如管壁超温，则氧化皮的生成呈现加速趋势。由于高温氧化皮与基体有着不同的热膨胀系数，在机组长周期运行后的停运过程中，若炉管温降过快，可能会出现大量氧化皮脱落的现象，锅炉再次启动时易堵塞爆管。为防止氧化皮大量脱落堆积造成锅炉爆管，以提高机组的安全经济性，特制定如下措施。

1. 正常运行

（1）运行中严格按照主再热汽温定值（锅炉出口主汽温 600℃、再热汽温 603℃）控制，锅炉出口主汽温度超过 605℃、再热汽温超过 608℃或屏式过热器出口蒸汽温度超过 550℃

视为超温。

(2) 运行中加强各受热面的热偏差监视和调整，使锅炉运行中过热器出口蒸汽温度左右侧偏差不超过 5℃，屏式过热器出口蒸汽温度左右偏差不超过 10℃，再热器出口蒸汽温度左右侧偏差不超过 10℃。

(3) 机组运行中正常升、降负荷时控制负荷变化速率不超过 15MW/min，注意监视主汽温、再热汽温、屏式过热器出口汽温不超过规定温度，并注意监视屏式过热器进出口、高温过热器进出口、高温再热器进出口的汽温变化率不超过 2℃/min，如由于升降负荷的扰动造成上述温度的变化率超过 2℃/min 或主、再热汽温和屏式过热器出口汽温超过规定温度，则要适当降低机组的升、降负荷速率或暂停升降负荷，待温度调整稳定后继续进行负荷变动操作。

(4) 严格控制屏式过热器、高温过热器和高温再热器各管壁温度不超限，受热面蒸汽温度的控制要服从金属温度要求，发现有任一点壁温超过限额时应降低蒸汽温度运行，待原因查明处理正常和各管壁金属温度均不超限后再恢复正常汽温运行。

(5) 正常运行中过热器一、二、三级减温水和再热器烟气挡板应处于可调整的中间位置，再热器事故减温水应处于良好的备用状态，防止炉膛热负荷扰动时受热面超温。正常运行时注意尽量避免一、二、三级减温水量大幅波动，防止减温器后温度突升、突降造成氧化皮脱落。

(6) 加强运行过程中锅炉受热面金属温度的监督，发现受热面金属温度测点故障时及时联系处理，值班员要对受热面金属壁温异常变化情况进行分析并汇报专业。

2. 机组停运

详见第六章第二节"二、防止锅炉受热面氧化皮生成和脱落"。

3. 机组启动

(1) 机组冷态启动过程中，严格按照机组升温控制曲线控制蒸汽温度。锅炉点火起压后，应逐步开大汽轮机旁路以对过热器和再热器进行冷却，并控制主蒸汽升温速率不大于 1.25℃/min，主汽压升压速率不大于 0.028MPa/min。汽轮机冲转前一般不建议开启一、二级减温水。当主汽温过高超过冲转参数，必须开启过热器减温水时，操作减温水门应采用脉冲方式逐步开大，控制减温后温降率不超过 2℃/min。如汽机冲转后开启一、二级减温水或再热减温水，也采用以上方式，防止减温器后温度突降。

(2) 机组启动过程中严密监视各受热面金属壁温及偏差情况，控制各金属管壁温度不超限，发现任一点壁温超过限额或异常升高时应暂停升温升压，待温度调整稳定正常后再继续升温升压。当机组负荷加至 500MW 后对水冷壁、屏式过热器、高温过热器和高温再热器壁温测点进行一次全面检查，检查无异常后方可继续增加负荷。

(3) 在热态启动过程中，为防止受热面金属温度降低，锅炉的风烟系统要与其他系统同步启动。烟风系统启动后控制总风量为 35% 对炉膛进行吹扫，炉膛吹扫结束后立即点火，点火后要尽快增加燃料量，控制屏式过热器、高温过热器、高温再热器进出口的温升速率为 2℃/min，防止受热面金属温度降低。

(4) 机组启动过程中，屏式过热器、高温过热器和高温再热器各管壁温度升至 350～400℃ 时，需稳定壁温 1h，然后再继续增加锅炉热负荷。

### 九、电除尘低压侧振打装置运行规定

为规范电除尘低压侧阴极、阳极振打装置的使用，避免出现振打装置长时间连续投运导致振打锤掉落引发输灰管道堵塞或设备损坏，对电除尘低压侧阴极、阳极振打装置规定如下。

（1）电除尘电场正常运行中，低压侧阴极、阳极振打装置投入周期运行方式，时间设定按照规程要求设定。

（2）电除尘电场正常停运后，投入阴极、阳极振打装置连续振打方式 2～3h 后，停运振打装置。

（3）电除尘电场异常停运后，不排除是内部积灰原因引起时，需投入阴极、阳极振打装置连续振打 4h，然后进行电场试投。若试投成功则将振打装置投回周期运行方式。若试投失败则继续投入连续振打 8h 后再次进行电场试投。试投成功则将振打装置投回周期运行方式，试投失败则停运该电场振打装置，并告知锅炉运行专工，由锅炉运行专工负责联系相关部门择机再进行处理。

### 十、印尼煤运行措施

印尼煤挥发分大，属易燃易爆煤种。为保证制粉系统的运行安全，降低制粉系统发生爆燃的可能性，确保制粉系统爆燃后能快速、正确地处理，根据燃用印尼煤的运行经验，对印尼煤运行措施规定如下。

1. 上煤要求

（1）接卸配煤掺烧小组综合考虑煤场存煤情况、天气因素和制粉系统设备健康状况合理安排印尼煤的上仓，制定每日的配煤单。

（2）值长负责监督输煤运行人员按照每日的配煤单上煤加仓，设备故障、恶劣天气等特殊情况下需采用配煤单所列以外方式上仓时需征得锅炉运行专工同意；机组值班员负责根据燃用情况，将掺烧中出现的不正常现象及时汇报锅炉运行专工，以便采取应对措施。

（3）全水分在 26% 以上的高水分印尼煤原则上不单烧，需与低水分煤种掺配后再上仓。

2. 正常运行时的措施

（1）根据环境温度的不同而调节磨煤机的出口温度：环境温度小于 10℃ 时，出口温度控制在 68～70℃；环境温度在 10～15℃ 时，出口温度控制在 65～68℃；环境温度在 15～25℃ 时，出口温度控制在 62～65℃；环境温度大于 25℃，出口温度控制在 60～62℃，阴雨天气下出口温度按上限控制。

（2）磨制印尼煤的磨煤机旋转分离器转速在自动工况下改变偏置或手动，在不同煤量下保持分离器电机转速较对应的自动工况下转速低 200r/min，对于热值 15 909.84kJ 左右的高水分印尼煤，旋转分离器转速可降低至 550r/min。

（3）磨制热值 18 421.92kJ 以下印尼煤时，控制一次风量与煤量的比值（即风煤比）不大于 4，在磨煤机进出口温度满足要求的前提下尽量降低一次风量，避免发生爆燃。

（4）运行中加强磨煤机电流、出口温度、一次风压、一次风量和 CO 浓度等运行参数变化情况的监视。发现磨煤机出口温度两侧偏差增大 3℃ 以上、出口压力异常升高 0.5kPa 以上和磨煤机内部 CO 浓度异常增大至 30% 以上等爆燃前兆现象时，立即增加其给煤量 5t/h。

若仍出现磨煤机一次风量、一次风压、出口温度等参数异常变化报警时，立即打闸磨煤机，按磨煤机着火处理。

(5) 每4h测量磨煤机本体、可调缩孔、一次风管的温度一次。每2h检查一次石子煤排放情况，观察磨制印尼煤后石子煤量的变化。督促石子煤排放人员必要时增加石子煤的排放次数，防止斗内石子煤自燃或结焦堵住排放口。

(6) 保证磨煤机消防蒸汽在良好的备用状态，在磨制印尼煤的磨煤机停运后以及出口温度异常升高等情况下，及时投入消防蒸汽。定期对磨煤机消防蒸汽电动门后管路进行测温，电动门后温度高于150℃的联系进行阀门内漏检查处理。

(7) 加强对锅炉结焦、积灰情况的监视，发现结焦呈严重变化趋势或排烟温度升高时应进行锅炉吹灰。

(8) 为降低磨煤机发生爆燃的可能性，正常情况下控制磨煤机入口一次风温度不大于270℃，任何情况下不得超过280℃。

(9) 启停磨煤机时要对磨煤机进行充分吹扫，停磨时要将磨内存粉吹扫干净，时间不少于10min。

(10) 停运制粉系统时，随着给煤量的降低要提前关小热风调门开度，停运给煤机前保证磨煤机入口一次风温度不大于180℃和磨煤机出口温度不大于55℃。

3. 制粉系统备用时的措施

(1) 磨制印尼煤种的制粉系统备用时，要求磨煤机停运后关闭冷、热一次风快关门、调门及磨煤机出口门、给煤机出口闸板门，使磨煤机处于隔绝状态。

(2) 磨制印尼煤种的制粉系统备用时间不大于24h，备用期内每班投入消防蒸汽一次，时间为5min。

(3) 磨制印尼煤种的制粉系统备用时，每4h测量原煤仓外壁、磨煤机出口煤粉管道和对应燃烧器喷口前段等处的温度，进行比较分析，以便尽早发现着火隐患。

4. 磨制印尼煤制粉系统跳闸时的处理措施

(1) 检查确认制粉系统冷、热一次风快关门、调门及磨煤机出口门、给煤机出口闸板门联锁关闭，消防蒸汽电动门自动开启；手动关闭磨煤机入口混合风门，防止向磨煤机内漏风。

(2) 手动关闭给煤机、磨煤机密封风门，加强磨煤机出口温度、磨煤机本体温度、出口管道温度的监视；温度大于正常运行温度15℃或停运时间大于3h时，应增投磨煤机消防蒸汽一次，时间不小于5min。

(3) 机组运行稳定后，投入磨煤机密封风，对跳闸磨煤机通入冷一次风进行大风量逐台吹扫，时间30min。吹扫过程注意磨煤机温度变化，温度异常升高时按照着火处理。

(4) 整个吹扫过程中联系检修人员对磨煤机出口弯管部分、可调缩孔及出口门等部位进行敲打，清除积粉。

(5) 吹扫结束后，重新启动制粉系统，控制磨煤机出口温度在规定下限，24h内密切监视制粉系统运行参数。

5. 机组RB保护动作后，磨制印尼煤未跳闸制粉系统时的处理措施

(1) 机组RB动作后，控制磨制印尼煤的制粉系统给煤量小于70t/h，根据锅炉总燃料量来确定机组接带负荷，必要时可以投入等离子或油枪稳燃。

（2）RB事件处理过程中，注意监视磨制印尼煤的磨煤机出口温度、出口风压、一次风量应正常，必要时降低该磨给煤量运行，防止磨煤机压煤或出口管道积粉。

（3）RB处理结束机组运行稳定后，启动备用磨煤机。逐台停运磨制印尼煤的给煤机，大风量对制粉系统吹扫一次，时间30min。吹扫过程中联系检修人员对磨煤机出口弯管部分、可调缩孔及出口门等部位进行敲打，清除积粉。

（4）吹扫结束后重新投入给煤机运行。

6. 磨煤机或出口管道着火处理措施

（1）使用DCS上跳闸按钮紧急停止制粉系统运行。

（2）检查确认制粉系统冷、热一次风总门、调门及磨煤机出口门、给煤机出口闸板联锁关闭，消防蒸汽电动门自动开启；手动关闭磨煤机入口混合风门，防止向磨煤机内漏风。

（3）手动关闭给煤机、磨煤机密封风门，投入磨煤机消防蒸汽进行灭火不小于10min。

（4）密切监视磨煤机出口温度、磨煤机本体温度、出口管道温度的变化，温度无明显下降时，增加消防蒸汽投入时间和次数。

（5）就地检查磨煤机本体及出口管道，确认是否存在明火和着火部位，通知消防队及检修人员协助处理。

（6）就地确认无明火且磨煤机出口温度小于120℃时，点动磨煤机分离器，检查分离器转动及电流正常后，保持分离器低转速（100r/min）运行，直至磨煤机出口温度小于80℃。

（7）就地测量磨煤机本体、出口管道温度小于80℃，通知检修进行检查，确认着火已熄灭。

（8）投入磨煤机密封风，通入冷一次风，对磨煤机进行大风量吹扫不小于1h。吹扫过程注意监视磨煤机出口温度、磨煤机本体温度、出口管道温度变化，温度异常升高重新按照着火处理。

（9）吹扫过程中联系检修人员对磨煤机出口弯管部分、可调缩孔及出口门等部位进行敲打，清除积粉。吹扫结束后，通知检修检查确认煤粉吹扫干净。

（10）通知检修对制粉系统全面检查。若检修时间大于24h，应通知检修人员对给煤机内部进行清煤，防止煤粉自燃烧损皮带。

（11）检修人员检查结束后，启动磨煤机，通入冷一次风对磨煤机大风量吹扫20min，逐渐提升磨煤机出口温度至70℃，对制粉系统烘干吹扫，吹扫过程中联系检修人员对磨煤机出口弯管部分、可调缩孔及出口门等部位进行敲打，清除积粉。

（12）启动给煤机，投入制粉系统运行，通知输煤运行人员，在煤场条件允许的条件下将该仓煤种更换为低挥发分煤种，72h以后方可重新恢复原煤种。

**十一、褐煤掺烧运行措施**

褐煤水分高、热值低，煤质较黏，容易发生堵塞，为做好褐煤掺烧工作，特制定如下措施。

1. 配煤掺烧要求

（1）因褐煤水分高、热值低，为避免制粉系统出力过度降低，燃用褐煤须与其他低水分煤进行掺烧，原则上不进行单烧。

（2）褐煤与其他低水分煤进行掺混，暂定每台炉上仓数不大于2仓，进行1仓掺混试烧时混煤加至 E 仓，进行 2 仓掺混试烧时混煤加至 B、E 仓。

（3）提前安排好褐煤掺烧煤种和上仓数及仓位。值长负责监督燃脱运行人员按照每日的配煤单上煤加仓，特殊情况下需采用配煤单所列以外方式上仓时需征得锅炉运行专工同意；机组值班员负责根据燃用情况，将掺烧中出现的不正常现象及时汇报，以便采取应对措施。

2. 正常运行时的措施

（1）褐煤与印尼煤等高挥发分煤掺烧时，控制磨煤机出口温度在 65～68℃之间；褐煤与平混煤、优混煤等较低挥发分煤掺烧时，控制磨煤机出口温度在 68～72℃之间。

（2）磨煤机旋转分离器电动机转速保持较对应的自动工况下低 100r/min 左右，一次风量按自动状况下偏置 10～20t/h 控制。

（3）加强磨煤机电流、出口温度、一次风压及一次风量等运行参数变化情况的监视，保证磨煤机消防蒸汽在良好的备用状态，出口温度异常升高时立即停运磨煤机，并投入消防蒸汽。

（4）每 2h 检查一次给煤机落煤管粘煤堵塞情况，发现有堵塞现象时，立即联系检修处理，并在日志中记录。

（5）每 2h 检查一次石子煤排放情况，督促石子煤排放人员在必要时增加石子煤的排放次数，防止煤斗内石子煤自燃或结焦棚住排放口。

（6）巡检时加强对炉底渣的大小及形状、炉底水封落渣情况、就地看火的检查，并在巡检日志上记录。对锅炉结焦、积灰情况进行严密监视，发现结焦呈严重变化趋势或排烟温度对比升高时，应及时汇报专业人员并处理。

（7）启停磨煤机时要对磨煤机进行充分吹扫，停磨时要将磨内存粉吹扫干净，吹扫时间不少于 10min。

（8）褐煤较黏，易堵塞，运行时应加强监视，做好给煤机断煤和出口堵煤的事故预想。

## 第三节　电气专业运行技术措施

### 一、节假日期间 500kV 电压控制规定

（1）严格执行调度下发的电压控制曲线。发电机无功按照发电机 $P\text{-}Q$ 曲线调整。发电机无功负荷达到高限且不能满足监视点母线电压目标值时，及时汇报值长，由值长汇报调度进行协调，严禁发电机无功超出力运行。发电机进相按照发电机 $P\text{-}Q$ 曲线，汇报调度同意后方可进行。进相时，应保持发电机静态稳定，密切注意发电机定子电流及端部温度，定子电流不超过额定值，端部铁芯温度不超过 120℃。

（2）发电机进入进相调整应缓慢进行，每次操作减少无功约 10Mvar（或功角变化 5°）后停留 15min，观察记录参数变化情况。调节过程中随时注意功角的变化，发现功角自行增大，则立即增加励磁电流以免发电机失步。

（3）防止过励磁保护误动。发电机机端电压上升较大，可能达到过励磁报警值时，申请调度采取措施降低系统电压，降低发电机有功负荷，加大进相深度。

（4）当发电机低励信号发出时，记录当时的有功、无功、定子电压、励磁电流、电压、功角等。

(5) 做好事故预想，诸如发电机失磁，发电机振荡、失步，发电机异步运行，发电机端部温度过高。

(6) 监视发电机出口电压、6kV、380V 厂用电压在允许范围，特别注意易受电压变化影响的变频设备运行状况，防止电动机因电压低电流大跳闸，特别注意仪用空气压缩机、给煤机。

## 二、关于 500kV 断路器保护投退规定

为保证 500kV 继电保护动作可靠性，防止因保护投退不正确或不确定的人力因素导致保护拒动或误动，对 500kV 断路器保护投退作如下规定。

(1) 500kV 继电保护装置投用和停用时，其交、直流电源操作按下述要求进行：

1) 保护投用时，先送直流电源，后送 TV 交流电源，再送 TA 交流电源。

2) 保护停用时，先停 TA 交流电源，后停 TV 交流电源，再停直流电源。

(2) 对于微机保护投用和停用，按下述要求进行。

1) 微机保护由停用改投用时，先投直、交流回路，待人机对话视窗显示或有关继电器指示灯正常后再接通相关跳闸回路。

2) 微机保护由投用改停用时，先将相关跳闸回路隔离后，再停用保护交、直流回路。

(3) 一次回路由冷备用改热备用前，将保护投用；一次回路由热备用改冷备用后，将保护改信号，二次回路有检修将保护改停用。

(4) 断路器由非自动改自动状态前，检查各套保护均在正常状态后方可改为自动。

(5) 继电保护装置的投入或停用，须按当值调度员命令执行。

(6) 正常情况下保护装置交、直流回路不得退出，如果应检修要求或调度要求需要将保护装置停电时，停用顺序：先停保护连接片，后停装置电源；投用顺序：先送装置电源；测量连接片正常的情况下再投保护连接片。厂内保护装置改停用时，保护装置直流电源不停用。

(7) 断路器转检修，将断路器运行/检修选择切至"检修"，断路器有关保护连接片均退出。

(8) 断路器转检修，二次回路有工作时，在将本断路器保护柜保护改停用后，将本断路器在其他保护柜失灵启动保护改停用。

## 三、发电机进相运行措施

(1) 进相运行时应保证参数不超限：发电机定子电流不大于 $105\%I_e$，发电机机端电压不小于 $95\%U_e$，发电机功角小于 $70°$，系统电压保持不低于 505kV，厂用电电压控制在不小于 5.9kV。

(2) 发电机各部温度不超限。

1) 定子绕组槽内层间温度（运行温度小于 90℃）。

2) 定子上层线棒出水口温度（运行温度小于 70℃，报警 75℃，定冷水温度大于冷氢温度 5℃）。

3) 定子线棒汽端总出水管温度（运行温度小于 70℃，报警值 85℃）。

4) 定子铁芯端部温度（汽端）（运行温度小于 105℃，报警 120℃）。

5) 定子铁芯端部温度（励端）（运行温度小于 105℃，报警 120℃）。

6) 定子铁芯端部磁屏蔽温度（汽端）（运行温度小于 105℃，报警 120℃）。

7) 定子铁芯端部磁屏蔽温度（励端）（运行温度小于 105℃，报警 120℃）。

8) 定子冷却水温度运行值约 48℃，报警值 53℃，保护值 58℃。

9) 冷氢温度运行值约 43℃，报警值 48℃，保护值 53℃。

（3）据进相试验和低励试验数据规定发电机进相深度如下：

1) 有功 900MW 及以上，允许无功最低值为 +50Mvar。

2) 有功 800MW 时，允许无功最低值为 -60Mvar。

3) 有功 500MW 时，允许无功最低值为 -160Mvar。

（4）发电机进入进相运行工况后，手动减小励磁电流应缓慢调节，每次操作减少无功约 10Mvar（或功角变化 5°）后停留 15min，观察记录参数变化情况。调节过程中随时注意功角的变化，若发现功角自行增大，则应立即增加励磁电流以免发电机失步。

（5）防止过励磁保护误动。若电压仍上升较多致使可能达到过励磁报警值时，汇报调度请求电网采取措施降低系统电压，并且降低有功负荷，加大进相深度。

（6）当发电机低励信号发出时，记录当时的有功、无功、定子电压、励磁电流、电压、功角等。

（7）试验中注意监视 380V 电压，防止电动机因电压低电流大跳闸，特别注意仪用空气压缩机、给煤机。

（8）做好可能出现的事故预想：发电机失磁，发电机振荡、失步，发电机异步运行，发电机端部温度过高，汽轮发电机组轴振异常。做好发电机紧急打闸或跳闸的预想。

### 四、变压器温度监视处理措施

（1）干式变压器绕组温度高报警（140℃）时，检查开启风扇，运行人员用红外测温仪就地实测（不开柜门）绕组外部温度，如温度不高，联系检修处理。如确实温度高，立即将负荷倒至另一变压器，将其停运，联系检修检查；如没有备用，迅速降低其接带负荷。如温度继续上升太快，达到或超过跳闸温度（150℃）发报警，在不影响机组运行的情况下可以迅速将其停运，其中汽轮机、锅炉、保安变压器需切至对侧变压器接带或倒换负荷后停运。如已出现明显的放电、声音异常、异味、冒烟着火等现象，立即紧急停运。

（2）当 ECS 发主变压器温度高报警时，运行人员首先检查开启冷却装置；就地检查两块油温表和绕组温度表是否均指示温度高，如果只有一块温度表高，则可能是表计故障，通知检修检查。

（3）主变压器：如果三块表均显示温度高，应汇报调度，立即以最快的速率降低机组负荷直至变压器电流、温度呈下降趋势，通知检修检查，做色谱分析。如温度继续上升至跳闸值且没有下降趋势，应汇报调度，紧急停运发变组。

（4）高压厂用变压器：如果三块表均显示温度高，立即将厂用电快切至高压备用变压器接带，观察变压器电流、温度应呈下降趋势，通知检修检查，做色谱分析；如温度继续上升至跳闸值且没有下降趋势，汇报调度，紧急停运发变组。

（5）高压备用变压器：如果三块表均显示温度高，如果带了厂用电则将厂用电快切至高压厂用变压器接带，观察变压器电流、温度应呈下降趋势，通知检修检查，做色谱分析；如温度继续上升至跳闸值且没有下降趋势，汇报调度，紧急停运高压备用变压器。如其他原因不能将厂用电切至高压厂用变压器接带，汇报调度，立即以最快的速率降低机组负荷直至变压器电流、温度应呈下降趋势；如温度迅速升至跳闸值且继续上升，汇报调度，紧急停运机组。如没有带负荷，如温度升至跳闸值，汇报调度，紧急停运高压备用变压器。

（6）如变压器伴有其他明显的故障现象：冒烟着火、喷油、声响明显异常、剧烈振动、严重漏油（油枕、套管油位计中已看不到油）等，而保护没有动作，可以立即紧急停运，再向调度汇报。

（7）变压器温度异常的一般处理原则：

1）检查变压器的负荷和环境温度，并与相同负荷和环境温度下的正常温度进行核对。

2）联系检修检查测温装置及回路是否正常。

3）检查变压器的冷却装置是否正常运行。

4）若不能判断为温度表指示错误时，应适当降低变压器的负荷，以限制温度的上升，并使之逐步降低到允许范围之内。

5）如发现变压器的温度较平时同样负荷、同样环境温度下的正常温度高出 10℃ 以上，或变压器负荷不变，温度却不断上升，而检查结果证明冷却装置和温度表正常，则认为变压器内部有故障，应停用变压器进行检查。

### 五、电气运行操作规定

（1）投入保护连接片。首先要检查确认保护装置正常、复归后无保护动作信号；测量连接片两端电压时，切记使用万用表时挡位要打在"直流电压"挡，如果挡位打错可能造成保护误动；分别测量上下端头对地电压也可以作为判断依据，一般连接片正极无电压，负极有电压（各连接片可能电压不同）。

（2）有关保护动作记录。任何电气保护，不论保护异常动作或正常动作，都必须记录好保护动作情况、保护装置上报警信号、控制系统报警信号、动作值等，且必须在值班记录和"继电保护动作登记簿"上分别记录。电气保护动作后，如不是必须立即恢复的，待继保人员检查后再复归，如属保护异常动作则必须待继保人员检查同意后才能复归并恢复设备运行。

（3）接地刀（线）的拆除。在电气工作票终结后，如本系统还有其他工作票但不要求合地刀（线），工作票终结时将接地刀（线）拆除，投入电动机加热，其他措施暂保留，在备注中说明，工作票只盖"终结"章。如仍有的工作，接地线保留并在工作票备注栏及运行日志上记录清楚。待本系统所有工作票均终结后，设备复役时，拆除所有安措后，再在工作票上盖"复役"章。

（4）380V 设备转检修操作。380V 电动机转检修一律不挂接地线，但须验明电动机电源断路器出线侧无电；380VMCC 盘检修时要将 MCC 盘电源断路器均拉至检修位并挂设警示牌。检修需要挂临时接地线和拆除临时接地线运行必须到就地检查确认，并同样做好接地线记录。380VPC 母线检修或母线所属负荷断路器检修时一定要注意有的 MCC 盘（双隔离开关）电源会返送到 PC 母线负荷断路器出线端电缆。在布置安全措施时要将 MCC 盘（双隔离开关）要检修一路负荷断路器对应隔离开关拉开并挂警示牌。

（5）电气开关转检修操作。运行人员将断路器小车拉至试验位置，并断开二次回路电源

（有要求的把接地开关合上），挂警告牌。如需将断路器拉至柜外，由检修人员操作，工作结束后由检修人员将断路器送回至试验位置（不送二次回路电源）。

### 六、高压备用变压器停电期间保证机组安全的技术措施

为保证高压备用变压器停电期间全厂机组的安全运行，特制定如下安全技术措施。

（1）高压备用变压器停电之前对全厂厂用电系统进行一次普查，做到运行方式心中有数。高压备用变压器停电之前联系设备部了解未来几天天气变化情况，如有恶劣天气应暂缓检修工作。

（2）高压备用变压器停电期间要加强 UPS 系统的检查，检查 UPS 系统运行正常，检查蓄电池至 UPS 系统直流电源在良好送电状态。

（3）加强直流系统的检查，检查 110V、220V 直流系统运行正常，主机、辅机直流备用设备在良好送电状态，发现缺陷及时联系消除。

（4）高压备用变压器停电期间要加强检查保安电源系统运行正常，检查保安 PC 各路电源在良好运行或热备用状态；检查柴油发电机各部良好，柴油发电机自用电源、蓄电池在正常状态，油位、水位、油温、水温正常，处于"自动"状态，具备随时启动、运行条件。

（5）高压备用变压器停电期间要加强检查厂用 380V 系统、6kV 系统、主变压器、高压厂用变压器及其保护控制装置，运行方式正确，发现缺陷及时联系消除。

（6）高压备用变压器停电期间要加强检查处于备用状态的重要辅机在"联锁"自投状态，主机、辅机的交、直流备用油泵在"联锁"自投状态。

（7）高压备用变压器停电期间 6kV 工作段、主变压器、高压厂用变压器一/二次系统、直流电源、UPS 电源停止一切可以暂缓进行检修工作，如有必须检修的工作须事先提出申请，并制定详细措施后进行。

（8）高压备用变压器本体、5031 断路器、5032 断路器及 6kV 公用段在进行预试工作前，设备部、检修部应详细检查确保措施完善，特别是二次回路、保护回路措施要到位。

（9）高压备用变压器停电时，值长要及时通知各辅助岗位，所有岗位运行人员做好机组跳闸、厂用电失去的事故预想，保证保安段、直流系统正常供电。

（10）高压备用变压器停电期间，若主变压器或高压厂用变压器出现异常发生跳闸，造成部分或全部厂用电失去，则严格按照厂用电失去的事故处理规定执行。

（11）高压备用变压器停电之前，试转机组主机、给水泵汽轮机直流油泵，密封油直流油泵。如有不能正常启动设备及时联系检修处理。

（12）高压备用变压器停运前进行柴油发电机启动试验，柴油发电机油箱油位大于 50%。

（13）高压备用变压器停运前将机组的厂用电快切装置出口连接片全部退出，并确认 DCS 上快切装置发"闭锁"信号。

（14）高压备用变压器停电期间直流充电器切换、主变压器/高压厂用变压器冷却电源/风扇切换试验、低压厂用变压器并联切换、大机主汽门、再热调门活动试验、凝结水泵、真空泵、闭式水泵、给水泵汽轮机主油泵、循环水泵、给水泵汽轮机冷油器、火检冷却风机、发电机定子冷却水泵、主机冷油器、风机油泵切换等，对机组稳定运行有重要影响的工作暂停执行。

（15）高压备用变压器停电期间若逢台风暴雨等恶劣天气，所有人员要加强巡查，排除安全隐患。

（16）所有岗位运行人员做好机组跳闸、厂用电失去的事故预想。

（17）高压备用变压器停电期间，若机组出现异常发生跳闸，造成部分或全部厂用电失去，则严格按照厂用电失去的事故处理规定执行。

### 七、防止过励磁保护动作的措施

电网特殊运行方式期间，500kV 系统电压较高，频率也存在较大波动的可能性，可能引起过励磁保护动作。为防止过励磁保护动作，特制定如下措施。

（1）过励磁保护保护发电机或变压器过励磁，即当电压升高或频率降低时工作磁通密度过高引起绝缘过热老化的保护装置。保护装置设低定值和高定值两个时限，低定值定时限动作于信号，低定值反时限及带延时的高定值动作启动出口继电器。设 TV 断线闭锁该保护并发出报警信号。

（2）运行当班人员要严密监视系统电压及频率、主变压器低压侧电压，特别是发电机出口电压。

（3）加强与调度联系，及时汇报情况和了解电网情况。

（4）采取降低无功、进相等手段控制电压。

（5）若电压仍上升较多致使可能达到过励磁报警值时，汇报调度请求电网采取措施降低系统电压，并且降低发电机有功负荷，加大进相深度。根据进相试验和低励试验数据规定发电机进相深度如下：

1）有功 900MW 及以上，允许无功最低值为＋50Mvar。

2）有功 800MW 时，允许无功最低值为－60Mvar。

3）有功 500MW 时，允许无功最低值为－160Mvar。

### 八、500kV 出线单线运行专业技术措施

（1）在 500kV 某一条出线检修的情况下，首要的任务是确保运行机组和线路安全稳定。

（2）加强对机组、GIS 升压站、继电器楼、公用系统设备的管理、巡回检查，发现运行方式错误、异常及时汇报。积极发现设备缺陷，督促检修人员消缺。

（3）认真监视 DCS、NCS 操作员站，发现系统和参数异常，要分析原因，及时果断处理。

（4）根据设计单条线路最大负荷为 300MVA，但考虑输出系统的影响，在系统正常的情况下，实际负荷还要根据调度的实时指令，一定要严格按照指令执行，绝不允许无故不执行调度指令负荷，严防线路过负荷。单线运行时，一要特别防止发生线路跳闸事故，二要防止机组跳闸事故，即使是两台机运行跳一台机，由于系统运行方式的原因，将对系统造成很大的影响。

（5）加强与调度联系，当班值长应清楚系统情况，包括启停设备和线路情况、各发电厂负荷情况、系统用电情况。

（6）监视系统电压、频率，及时进行调整，做好电压、频率异常事故预想。注意厂用母线电压，防止厂用母线电压低引起其他辅机跳闸。保障高压备用变压器在正常运行，快切装

置投入正常。

（7）当唯一的线路跳闸后，运行机组将可能会跳闸，如跳闸则全厂失电，立即启动全厂停电事故处理和黑启动预案，立即检查启动直流润滑油泵、密封油泵及柴油发电机供保安段电源，确保机、炉安全停运；通知领导和有关专业人员，联系调度，迅速查明线路跳闸原因，尽快恢复线路送电，执行处理预案步骤，各专业协同作战，尽快恢复机组运行。

（8）进行有风险的检修工作，要汇报专业和部门，同意后方可进行，做好可靠的安全措施。

（9）对可能影响到机组、升压站安全的定期轮换工作，汇报专业后可以暂不进行，待检修线路投入后进行。

### 九、防止全厂停电的运行措施

（1）对全厂厂用电快切装置的检查，发现装置异常及时联系保护班处理，保证厂用电快切装置的正常运行。检查厂用电快切系统方式开关方式选择的正确性，保护屏快切投入、闭锁连接片投入方式正确。机组正常启停，手动进行厂用电切换时，任何时候必须经过厂用电快切装置进行，严禁不经过快切装置进行厂用电源切换。

（2）当机组发生异常跳闸，而厂用电系统不能正常切换时，及时查清厂用电快切装置闭锁切换原因，严禁在快切装置闭锁条件没有消除之前进行强行手动切换。

（3）加强对柴油发电机及保安电源联锁开关选择方式检查，保证联锁开关投入的正确性，按规程要求对柴油发电机进定期试验，发现问题及时联系消除。

（4）加强110V直流系统的检查，发现异常及时消除，保证设备的控制、保护电源正常投入，加强220V直流系统的检查，发现异常及时消除，保证220V直流动力、直流照明电源能可靠投入。

（5）每班检查汽轮机、给水泵汽轮机直流润滑油泵、直流密封油泵控制回路的状态，发现异常及时查清并消除。定期对汽轮机、给水泵汽轮机、电动给水泵直流润滑油泵、直流密封油泵进行启停、运转试验，保证可靠启停，运行参数正常。

（6）加强UPS系统的检查，任何时候不得使UPS系统失去电源，保证DCS系统、DEH、FSSS等热控系统的电源，保证任何情况下机组安全停机。

### 十、防止发电机、电动机损坏的措施

（1）发电机试验中及并网前应核对发电机定子铁芯、同一种水路其层间测温元件或出水小元件相互间温度读数基本一致，并作好原始记录。如正常运行中发现同一种水路其层间测温元件或出水小元件相互间温度读数最大差异达8K应引起重视；达10K应加强监视，申请停机处理；达14K应立即解列停机。

（2）加强变压器油温监视，防止绝缘老化，发现上层油温高，主变压器达65℃应查找原因，主变压器达75℃应降负荷运行，主变压器达95℃应打闸停机。

（3）电动机正常运行时，线圈、铁芯温度超过绝缘等级所允许的范围时，应倒备用设备，无备用设备时应请示值长降低其出力，并检查其原因。

（4）当发生非全相运行时，保护应动作解列发电机，如保护未动应手动解列；如断路器拒动应汇报值长联系调度拉开主变压器高压侧断路器，解列发电机。

（5）严格执行缺陷管理制度，不得将绝缘不合格的发电机、变压器及电动机投入运行。发电机气密性试验不合格严禁投入运行。

（6）严格控制发电机氢气的湿度、内冷水水质、变压器油质指标在规程允许的范围内。经常检查密封油、氢气压力的稳定，防止发电机进油。

（7）加强检查变压器、互感器、避雷器；防止接头套管、引线、分接开关进水受潮引起事故；发现问题及时处理。

（8）主变压器不准无保护运行，重瓦斯、差动保护投运率应达 100％，重瓦斯及差动不得同时停用。

### 十一、防止电气误操作的措施

（1）严格执行"两票"制度，把好操作票审查关，严禁无票操作，严禁执行错票。操作任务不明确，不准填写操作票，操作前严格进行"三核对"（核对设备位置、名称、编号）。

（2）拆除接地线要按操作票中填写的应拆除接地线的编号进行拆除，严防遗漏和走错位置。接地线拆除和装设要在接地线登记簿和工作日志上记录清楚，交接班时值班员一定要查清接地线数量及装设地点。

（3）所用的安全器具、安全防护用具，必须配备齐全，并且完好。

（4）加强防误闭锁装置的运行维护与管理。发现问题应及时处理。防误闭锁装置不得随意退出，如需退出，必须经当值值长批准。

# 第四节 综合运行技术措施

## 一、停机节能技术措施

为进一步深挖潜力，在保证安全的基础上，规范操作，做好停机各阶段的节能工作，制定如下措施。

1. 停机过程中的节能措施

（1）停机前进行 AB 层油枪试投和等离子试拉弧，A、B 原煤仓改上高热值煤种，便于使用等离子方式停机。

（2）需烧空煤仓时，停机前应合理控制原煤仓煤位，保持原煤仓煤位从下到上逐渐降低，确保自上而下烧空煤仓。

（3）停机过程中，控制锅炉汽水分离器压力不低于 8.5MPa 运行，不启动电动给水泵。

（4）负荷 500MW 以下，视真空情况，及时调整循环水泵运行方式，保留一台循环水泵运行。

（5）负荷 450MW 以下时，及时投入 A 磨煤机等离子助燃。滑参数方式停机时，停运一侧送、引风机，加强运行风机的振动、两侧主再热汽温偏差、两侧排烟温度偏差的监视。

（6）负荷 350MW 以下，视真空情况，及时调整真空泵运行方式，保留一台真空泵运行。

（7）滑参数方式停机，剩余两套制粉系统运行时，确认停运磨煤机的冷、热一次风快关门均已关闭后，停运一台一次风机。

（8）检查确认锅炉启动疏水扩容箱底部放水门关闭严密，待机组转入湿态方式运行后，锅炉启动疏水扩容箱开始蓄水，投用锅炉启动疏水回收系统将排放水回收至凝汽器。

（9）合理安排停机操作项目，缩短机组在低负荷阶段的运行时间，机组解列后，尽快手动 MFT。

2. 停机后的节能措施

（1）机组停运后，循环水联络门保持开启状态，并合理调整两台机组的凝汽器循环水出口门开度，使运行机组侧循环水流量适当增大。

（2）机组停运，真空未破坏前，仅保持一台真空泵运行。

（3）机组停运后，关闭凝汽器补水手动门，凝结水泵保持变频运行，在满足除氧器上水、高压疏水扩容器喷水、低压缸喷水、旁路减温水、给水泵密封水等用户要求的基础上，尽量降低变频器输出，降低凝结水泵出口压力。在降低凝结水泵出口压力时，应充分考虑压力低于 1.6MPa 闭锁低压旁路开启、给水泵密封水回水温度不能高于 85℃ 等限制条件。

（4）炉膛熄火并吹扫结束后，停运送、引风机，并关闭送、引风机出入口挡板闷炉。

（5）汽轮机打闸后 4h 内，隔离所有至凝汽器的热水、热汽后，及时破坏真空，真空到零，停运轴封系统。辅汽系统中空气预热器吹灰、磨煤机惰性蒸汽等用户无用汽要求时，停运辅汽系统。

（6）风机停运 4h，确认风机没有转动后，停运其油站和冷却风扇；机组停运 4h 后，停运所有磨煤机的油站。油站停运后，应将加热器退出运行。

（7）真空系统、轴封系统停运，低压缸排汽温度小于 50℃ 后，将停运机组侧循环水联络门保持全开，运行机组侧阀门关至 5% 左右，全停停运机组的循环水泵，并立即将停运机组的凝汽器循环水进出口门关闭，用运行机组的循环水来供停运机组的开冷水系统，同时注意加强对停运机组闭冷器冷却水母管压力的监视，如压力小于 15kPa 时，可通过适当开大循环水联络门的方法，将压力保持在 15kPa 以上，开大循环水联络门时，应缓慢操作，避免对运行机组循环水系统造成影响。

（8）真空系统、轴封系统、给水系统停运，除氧器水温降至 80℃ 以下，低压缸排汽温度小于 50℃ 后，停运凝结水泵。如高压疏水扩容器等凝杂水用户仍有用水要求，可开启凝补水至凝结水管路的注水门向凝杂水供水。

（9）检查主机润滑油冷却器、发电机密封油冷却器等闭冷水用户调门关闭至零，油温、水温等仍能保持正常，将闭冷水系统公共用户切至邻机接带，邻机闭冷水系统运行正常，可将停运机组的闭冷水系统停运。

（10）二级刮板上无渣、水冷壁金属温度 100℃ 时，停止捞渣机运行，破坏炉底水封。

（11）锅炉停运后，电除尘灰斗无灰后停运输灰系统，期间根据输灰系统压力情况减少输灰空气压缩机运行台数。

**二、"迎峰度夏"期间运行技术规定**

迎峰度夏期间，电网负荷高，台风、暴雨、持续高温等恶劣天气情况多发，为保证机组安全稳定运行，争取多发、超发电量，制定如下规定。

1. 总则

（1）每位运行人员必须牢固树立"安全第一，预防为主"的思想，严格执行"两票三制""各项规程制度""各项技术措施",坚决杜绝各种习惯性违章行为的发生。

（2）对发现的设备缺陷，凡是影响机组出力的要及时通知检修处理，重大缺陷要逐级汇报。对风险较高的设备消缺工作，各专业、值长应妥善安排，原则上应尽量利用低谷消缺，白天的缺陷晚上做，晚上的缺陷不许拖到白天做。同时要有充分的事故预想和安全措施。

（3）运行人员要精心监盘，精心操作，精心巡检。牢记"一站、二看、三核对"原则，各项操作前要做好危险点分析和预控措施。对于重要设备启停或定期切换，要求到场人员应全部到位后方可操作，各台机组定期工作应错开进行。

（4）对带有一定危险性的试验，征得专业及厂领导同意方可进行。

（5）禁止设备超设计参数运行，以确保机组能长周期安全运行。

（6）台风、暴雨等恶劣天气时，应按照有关预案，将措施执行到位。

（7）对所有防台、防雨、空调、通风等设施全面清查一次，发现的问题及时通知相关部门处理好，确保设备的安全可靠运行。

2. 电气专业

（1）每班要检查配电室内门窗关好，室内轴流风机或空调运行正常，空调室内温度不超过 26℃，空调风口无滴水。一般情况下有空调的房间不开轴流风机，但如发现由于配电室内湿度大在断路器本体出现结露现象，应及时通知电气专工。

（2）高温季节对于电动机轴承温度、绕组温度重点监视，对于工作环境较差的如磨煤机、六大风机电动机要测量电动机接线盒处的温度，如温度过高应联系检修确认并停运处理，防止接线盒因温度高过热短路。

（3）每班检查主变压器、高压厂用变压器、高压备用变压器冷却器工作正常。随着环境温度升高，变压器油温及绕组温度都会大幅上升，保持冷却器正常运行非常重要。当主变压器绕组温度大于 85℃时手动开启备用冷却器，保持四台冷却器运行。当主变压器绕组温度大于报警值时应汇报值长降低机组负荷直至主变压器绕组温度到报警值以下。由于控制箱所处环境温度高，就地检查时注意冷却器控制箱内各元件发热情况，特别是各电缆接头处，发现有过热问题时及时汇报并通知检修处理。现场巡检务必注意风扇运行情况和就地冷却器控制箱各小开关位置，发现问题及时汇报并通知检修。随着环境温度及负荷升高，主变压器油位可能会发出油位高报警，应汇报电气专工，并联系检修采取放油处理措施并做好放油期间防止保护误动的措施。

（4）巡检干式变压器时注意各相绕组温度及铁芯温度，检查冷却风扇是否根据温度自启动，如不能根据温度自启动要及时联系检修处理，必要时转移部分负荷降低变压器出力。干式变重点要注意 CAS 楼除尘除灰变，注意检查就地整流变电源断路器柜有无过热现象。

（5）电气专业建立就地测温登记制度，应认真遵照执行，按照要求定期测量、登记相关设备的温度，发现异常，及时汇报并联系处理。

（6）500kV 升压站就地除正常执行正常巡检项目外，还要特别注意就地控制箱柜门关闭是否严密，还要注意就地控制屏内温度（防止加热误投）。由于温度升高可能导致断路器渗油或油泵打压频繁，如出现此问题要及时通知检修和设备部责任班组。对于 500kV 保护室及 NCS 监控间要特别注意室内温度，保持室内空调运行正常，室内温度稳定。

（7）机组高负荷运行或环境温度较高时，要注意发电机冷氢温度、定子冷却水、励磁机空冷器、发电机绕组温度及铁芯等相关参数的变化，注意这些介质冷却水调门工作正常，否则开启旁路门参与调节。如是因机组负荷高而导致参数较高，应汇报值长暂时降负荷处理直至参数恢复至正常运行值。

(8) 对于室外的控制箱要检查柜门关好，防止进水。在大雨期间要采取一些临时防护措施包好。对于室外电动执行机构信号电缆要检查屏蔽外壳完整。

(9) 夏季由于高温多雨容易造成直流系统或交流系统接地，在查找直流或交流系统接地时，要正确使用万用表，防止因使用不当导致伤人或保护误动。找到接地点后尽快隔离故障设备，联系检修处理。

(10) 注意凝结水泵变频间、磨煤机旋转分离器变频器配电间、海水淡化高压泵变频间空调运行正常，控制室内温度不超过30℃。

(11) 在水汽较大或雾气较大时，应重点检查室外500kV系统绝缘子放电情况，检查时应使用望远镜，远离绝缘子。

(12) 检查各台机组柴发油位及柴发充电器电压正常，柴油发电机控制室内空调运行正常，控制室温不超过30℃。

(13) 遇有机组启停使用等离子点火时，事先开启等离子配电室内空调运行，等离子系统停用后及时停运部分空调。

(14) 由于异常天气，如台风、暴雨等恶劣天气，要做好线路跳闸事故预想，要学习掌握今年电网运行方式规定，遇有500kV线路单线跳闸情况下，做好与调度的沟通，做好单台机组出串运行准备工作。

3. 锅炉专业

(1) 燃烧煤种变化较大，煤质不稳定，值长应关注加仓情况，按照配煤单做好配煤加仓工作，有疑问时联系配煤掺烧小组，努力保证高峰时段的机组出力，防止锅炉结焦、炉底堵渣。要注意梅雨、台风季节多雨水，入炉煤水分变化大，可能导致机组负荷受限和低负荷时燃烧不稳的情况。

(2) 按照制粉系统运行措施，加强制粉系统运行调整和检查，尤其是磨制高挥发分煤种的制粉系统。发现漏粉时，及时联系检修堵漏并清理积粉，防止煤粉自燃引起火灾事故。发现石子煤刮板室声音异常时联系检查，确认刮板故障后及时停运处理。

(3) 高负荷时加强锅炉金属壁温的监视和调整，确保不发生壁温超温现象。

(4) 迎峰度夏期间，油温偏高，加强一次风机、送风机、引风机、空气预热器油站的巡视，检查油系统是否有泄漏或满油现象；投退油枪时，现场检查油枪是否漏油，及时联系检修处理并清理积油，防止积油着火。

(5) 加强空气预热器扇形板运行情况的监视，投入间隙调整自动，减少漏风，扇形板故障时及时提升，避免空气预热器动静摩擦，电流发生摆动。

(6) 迎峰度夏期间，机组负荷高，炉底渣及干灰输送系统压力大。加强对捞渣机浸水轮、刮板弯曲状态、链条松紧程度、张紧装置压力、锅炉出渣量、二级刮板积渣量的检查，防止捞渣机刮板出现回渣。根据机组负荷、煤种、吹灰情况，及时调整除渣、输灰系统运行状态，确保捞渣机及输灰系统安全运行，不影响机组出力。

4. 汽机专业

(1) 按要求完成循环水旋转滤网定期冲洗工作，冲洗期间对滤网脏污情况进行检查，发现滤网较脏时，应增加冲洗次数和时间，并汇报汽机专业；旋转滤网及冲洗水系统有缺陷，应及时联系，督促处理。

（2）密切监视闭冷水系统、开冷水系统运行状况，特别是闭冷水压力、温度、闭冷泵入口滤网差压、闭冷泵电动机绕组温度、闭冷水用户调阀开度等参数，并根据专业要求，及时投入一台开冷泵运行或两台闭冷器并列运行。

（3）合理调整闭冷水系统公共用户，避免出现某台机组闭冷水系统负荷特别重的情况。

（4）密切监视循环水系统、真空系统运行参数，当海水温度超过 25℃持续 3 天以上时，及时调整循环水泵运行方式。

（5）密切监视辅机轴承温度、油位、油质等情况，发现问题及时联系处理。

（6）密切关注油系统泄漏，发现有漏点时要及时联系，采取措施，防止高温时段引发着火事故。

5. 化学专业

（1）按要求进行雨水泵定期试验工作，试验期间对雨水泵及潜水泵出口压力及水流量情况进行检查，发现泵无出力或出力异常、程序异常等情况，应立即汇报化学专业，当发生电气异常情况时，应同时汇报电气专业。

（2）按要求进行台风来临前各项检查，需特别注意的是综合泵房、消防泵房、化学酸碱库及废水酸碱库低位坑泵的自动情况，及时联系仪控专业配合进行液位连锁试验。

（3）加强对超滤排污泵的运行监视，每月定期对备用超滤排污泵进行绝缘测试，保证备用泵随时可以投入使用。

（4）按要求进行反渗透冲洗及保养，因不及时冲洗导致压差异常上升，将列入月度考核。

6. 脱硫脱硝专业

（1）运行值班人员要集中精力，认真监盘，做好设备故障的事故预想，时刻注意设备电流的变化，发现设备异常，立即采取措施并认真检查，确保异常处理迅速、正确。

（2）严格控制工艺指标，在生产中做到不超温、不超压、不超负荷，并根据设备运行情况，及时做好工艺指标的调整，保持生产的安全平稳运行。

（3）加强对巡回检查工作的抽查力度，每周至少抽查一次。做到及时发现设备运行中的问题，及早消除隐患，保障设备的安全运行。

（4）运行班组合理组织人员，对所辖设备进行认真细致的定期巡回检查。由于转动机械轴承温度变化随气温变化较为频繁，温度普遍升高，运行人员严格检查浆液循环泵、氧化风机、磨煤机主风机轴承冷却水，磨煤机油站冷却水，对轴承温度变化较大的设备要进行跟踪观察分析，及时掌握情况。

（5）对重要设备轴承每班用红外线测温仪进行测温，及时与 LCD 画面温度进行对比。

（6）对装有冷油器的设备及时根据温度变化，投用冷油器，必要时对冷油器进出口油温、进出口水温进行测量。

（7）每天对运行设备的润滑状况进行检查，特别是长周期大负荷运行设备运行中的油温、油位变化，发现不合格的及时通知检修整改，确保设备安全。

（8）迎峰度夏期间机组负荷率高，GGH 低负荷进行高压水冲洗的时间较少，应每班进行压缩空气吹扫二次。吹灰时应注意吹灰枪运行时间，吹灰枪从左到右一般运行时间为140min。为保证 GGH 压缩空气吹扫效果，杂用空气压缩机应开启两台，另一台备用，杂用空气压力应维持在0.6MPa。

（9）达到机组负荷相对应的GGH进出口差压之和后，运行班组在机组负荷允许的情况下实施高压水冲洗。高压水冲洗尽可能安排在晚间低负荷时段，避免在用电高峰期间影响负荷接带。

（10）重点确保电气设备安全，加强对配电室变电设备变频器的巡视，要根据季节性高温特点用红外测温仪对电气设备回路易发热点及负荷大的设备接头作重点检查，要尽量选择在电流最大、环境温度最高的条件下的电气设备进行测温，以便及时发现设备接头的发热点。

（11）加强对变频器的巡视，检查现场的变频器柜内温度，检查变频器温度是否过高，变频器柜门冷却风扇运行是否正常，如果风扇运行正常但是温度仍然高，则开变频器柜门运行，但要做好防雨准备。

（12）燃料脱硫控制楼、脱硫综合楼、石膏脱水楼各配电室及电子间均采用中央空调降温；运行每班要检查配电室内门窗关好，室内空调运行正常，空调室内温度不超过26℃（空调设定25℃），无空调室内温度不超过30℃，空调风口无滴水现象。

（13）每天对中央空调运行方式进行一次检查，中央空调新风门一般关闭，出口门开启，温度调节由中控室设定。每班对中央空调电动机皮带进行一次检查，防止因皮带打滑、断裂而影响空调效果。滤网需及时进行清理，每月由检修对中央空调滤网清理一次。

（14）尿素溶液车间注意通风，溶解箱通风机和尿素溶液制备车间通风机运行正常，防止室内氨气浓度过高。

### 三、运行部应对计划性负荷低谷的技术措施

节假日、恶劣天气等特殊时段，电网都会出现负荷低谷，这些负荷低谷是可以预见的，称之为计划性负荷低谷。由于特殊的负荷结构，电网的计划性负荷低谷呈现出低点低、回升快等特点，对发电厂的机组运行提出了较高要求。为有效应对电网计划性负荷低谷的特殊形势，明确运行调整方法、标准，保证机组安全稳定运行，编制如下技术措施。

1. 总体要求

（1）计划性负荷低谷期间，运行人员要以满足调度命令要求、保机组稳定、设备安全为第一要务。

（2）节日假期前一天，部门明确各运行机组的停运序列，优先停运的机组考虑优先深度降负荷，并将等离子切至优先停运的机组运行。

（3）节日假期前一天的白班，降负荷停运磨煤机时考虑保留B、C、D、E四台磨煤机运行，便于后期倒换磨煤机和投入等离子运行。

（4）节日假期前一天的白班，试投所有油枪，等离子试拉弧，有缺陷则联系处理。

（5）加强配煤掺烧管理。配煤掺烧小组应至少提前10h对计划性低谷期间的上仓做出安排，确保低负荷期间A制粉系统燃用煤种的挥发分不低于25%，全水分不大于25%，低位发热量不低于20 096.64kJ/kg，其余制粉系统尽量选用接近设计值的煤种。当班值长应监督燃脱部严格执行。

（6）值班员及时了解入炉煤煤质情况，接班后半小时内打印本机组锅炉上煤班报，严格执行制粉系统运行规定和防止积灰堵焦规定。

（7）锅炉后烟道吹灰时机组负荷应大于60%，炉膛吹灰时负荷应大于50%，三过、四过和高温再热器处吹灰时负荷应大于65%，炉内燃烧稳定。吹灰过程中注意监视炉内燃烧情况，如发生燃烧不稳、负压波动过大及其他异常情况应停止吹灰。

（8）加强锅炉低负荷期间看火检查，看火时按照要求佩戴看火镜侧面观察，根据炉膛负压、火焰电视及机组各项参数判断炉内燃烧情况，如确认锅炉已灭火，若灭火保护不动作应立即手动停炉，停止所有燃料供给，严禁继续投油投粉用爆燃的方法点火，再次点火前锅炉必须进行充分通风吹扫。低负荷期间，加强监盘的质量和仔细程度，密切注意火检的强弱信号变化，注意监视炉膛火焰电视的明亮程度和炉膛压力的波动情况，做好事故预想。

（9）低负荷期间，磨煤机运行方式尽量不断层运行，绝对禁止隔两层运行。低负荷期间，如电除尘入口烟温低于100℃，则确认脱硫系统已停运后，停运电除尘高压电场。

（10）长时间（超过一个班）低负荷后，炉温降低，容易掉大焦，应加强对炉膛负压和捞渣机动力油压的监视，发现异常，及时调整处理。

（11）低负荷运行期间，维持主再热蒸汽温度稳定，控制高中压转子内外温差在30℃以内，高中压缸上下缸温差在30℃以内，检查降负荷应力裕度是否小于5℃，X、Z准则是否满足，否则适当提高主再热汽温。

（12）加强监视主机各瓦绝对振动和相对振动、轴向位移、轴承金属温度、推力瓦温、汽缸膨胀、轴封供汽温度、各冷却器温度、高低压加热器水位调节情况、低压加热器疏水泵运行情况，发现异常或偏离正常值要分析原因，采取措施恢复，原因不明要及时汇报专业，确保机组安全运行。

（13）计划性负荷低谷期间，应高度关注辅汽系统的运行状况，值长应依据各机组缺陷情况、运行稳定性、负荷情况、辅汽联箱运行情况、用户多少来综合考虑辅汽系统的运行方式，必要时可安排两台机组同时供辅汽。

（14）计划性负荷低谷期间，应加强低压加热器疏水泵工况监视，必要时可退出运行。

（15）计划性负荷低谷期间，机组负荷原则上不得低于400MW；如调度要求机组负荷降至400MW以下，当班值长应征得运行部主任（副主任）、厂部生产领导同意后，方可执行。

2. 负荷下降阶段的技术措施

（1）负荷降至600MW。

1）及时根据脱硝反应器进出口烟温情况停止热解炉喷尿素和停运热解炉，并开启脱硝烟气旁路挡板，保持脱硝烟气进出口挡板在开启状态。

2）加强两台引风机运行偏差的监视，及时调整。

3）炉膛负压设定在−100Pa，空气预热器扇形密封板保持正常位置不提升，通过增加锅炉风量来避免引风机失速。降负荷过程中，密切监视调节锅炉氧量到自动设定值，需待炉膛负压、省煤器出口氧量均已调整到位后，方可继续降负荷。

4）设定负荷变化率5MW/min，避免负荷快速下降诱发引风机抢风。

（2）负荷降至500MW。

1）为保证制粉系统足够的裕量，优先保持B、C、D、E四台磨煤机运行，同时保持其他磨煤机处于良好备用状态。当运行磨煤机一台跳闸时应监视其余三台给煤量自动上升，否则手动增加煤量，待工况稳定后立即启动备用制粉系统；若两台运行磨煤机在5min内相继或同时跳闸时，立即投入运行磨煤机对应层 8 支油枪稳定燃烧，待工况稳定后立即启动备用制粉系统。

2）检查锅炉灭火保护和炉膛压力保护可靠投入，不得长时间强制火检。检查等离子系统和燃油系统处于良好备用状态。

3）密切监视调节锅炉氧量到自动设定值，必要时手动调整锅炉风量，控制继续降负荷时锅炉风量不再下降。调整风量时，可参照引风机性能曲线，使风机运行点尽量远离失速区。

4）将燃油压力提升至 3MPa。

5）负荷降至 500MW 后，退出 INFIT 系统控制。

6）通知燃脱运行人员，做好负荷进一步下降和对脱硫系统进一步调整的准备。

7）若负荷继续下降至低于 500MW，视具体情况停运脱硝系统。

（3）负荷降至 450MW。

1）当煤质变差或发现燃烧不稳炉膛负压波动时立即投油助燃，投入油枪数量以 4～6 支油枪为宜，投入方式为：当 A、B、C、D 四台磨煤机运行时，油枪投入 AB 层油枪，按照两个假想炉膛切圆对角方式投入；B、C、D、E 四台磨煤机运行时，油枪投入 CD 层油枪，按照两个假想炉膛切圆对角方式投入；C、D、E、F 四台磨煤机运行时，油枪投入 EF 层油枪，按照两个假想炉膛切圆对角方式投入。

2）注意检查磨煤机的运行情况，防止出现磨煤机低煤量时产生振动，如发生振动应进行磨煤机间的煤量分配调整。

3）投入空气预热器连续吹灰（机组负荷不小于 100MW 时使用三过汽源，机组负荷小于 100MW 时使用辅汽汽源，并提高辅汽母管压力至 1.0MPa）。

4）加强对金属壁温的监视和调整，除设计及系统本身的原因外，杜绝人为操作调整不当所造成的超温。

5）原则上保留脱硫系统运行。

6）如负荷降至 450MW 之下，投入等离子系统助燃，并检查等离子配电间空调投运正常。等离子故障无法投运或本期另一台机组已投入等离子的情况下，投入本机组 AB 层油枪 4～6 支油枪助燃，按照两个假想炉膛切圆对角方式投入，并通知燃脱做好停运脱硫系统的准备。

7）各机组凝结水泵深度变频 450～300MW 负荷段均未调试过，机组负荷至 450MW 后，应密切监视除氧器水位、凝结水压力、凝结水泵、除氧器上水调门等运行工况，必要时将凝结水泵变频器切手动，将凝结水母管压力提升至较高压力（1.8MPa），由除氧器上水调门自动调节除氧器水位，来维持机组运行。

（4）负荷降至 400MW。辅汽至给水泵汽轮机供汽管路暖管。

（5）负荷降至 400MW 以下。

1）主再热汽温维持 560℃，辅汽汽源切至临机冷再供汽，单机运行时汽源由本机冷再供给，启动炉运行时切至启动炉供汽。

2）负荷降至 300MW 时，将暖管完成的给水泵汽轮机汽源切至辅汽供给。

3）应注意给水泵再循环调门的开启情况，如发现有开启时，可将一台给水泵再循环切手动开启（开度在 50% 左右），确保另一台给水泵再循环调门不开启，避免给水系统的波动；负荷降至 300MW 时，降低四抽供汽给水泵汽轮机的转速，退出供水。做好电泵启动前的检查工作。

4）保留下三台磨煤机运行。

5）尽可能保持脱硫系统运行，当低负荷时脱硫系统运行不稳定无法维持连续运行时，应及时退出脱硫系统运行，并汇报部门领导，通知技监组环保专工，同时做好记录。

6）若机组负荷继续降低，协调控制自动调节不稳时，可将机组控制方式切至 BI 方式手动调节。

3. 负荷回升阶段的技术措施

（1）负荷升至 400MW 以上。

1）恢复至下四台磨煤机运行的方式，若机组不在 CCS 方式运行，则投入 CCS 方式运行。

2）负荷 300MW 以上时，将运行给水泵汽轮机的汽源切至四抽供。

3）负荷 300MW 以上时，提升备用给水泵汽轮机的转速，并参与供水。

（2）负荷升至 450MW。

1）根据炉膛燃烧情况，逐步退出各角等离子运行。

2）根据炉膛燃烧情况，逐步退出所有油枪运行。

3）若脱硫系统在停运状态，则恢复脱硫系统运行。

4）脱硝反应器入口烟温满足脱硝投运条件后，按规定及时投入脱硝系统运行。

（3）负荷升至 500MW。

1）空气预热器吹灰恢复至正常方式。

2）加强两台引风机运行偏差的监视，及时根据两侧引风机电流偏差调整静叶偏置，控制电流偏差在 10A 以内。

3）投入 INFIT 系统运行。

（4）负荷升至 600MW。

1）恢复炉膛负压设定值至 −150Pa，检查空气预热器扇形密封板在正常位置，密切监视调节锅炉氧量到自动设定值。

2）恢复机组负荷变化速率至正常值。

**四、运行部防寒防冻管理规定**

为保证机组正常运行，安全过冬，防范严寒天气，特别是持续低温对安全生产造成影响，根据气候特点，以炉侧一次风机入口温度为依据，分气温低于 4℃ 和气温低于 1℃ 两个阶段，规定如下。

**（一）气温低于 4℃ 且持续 2h 以上的防范措施**

1. 机组部分

1）运行人员负责将汽机厂房门、窗户关闭，并将卷帘门电源断开，同时对穿墙、穿顶棚孔洞进行认真检查，确认封闭完好。

2）运行人员负责将循环水泵房门、窗户关闭，并将卷帘门电源断开，运行、检修人员进入循环水泵房应从小门进入，走后应及时将小门关闭。

3）无论锅炉运行或停运，开启机组燃油平台供油母管回油阀来保持燃油系统循环运行，注意监视燃油泵运行情况，防止电流超限；燃油系统检修时将管路存油排净并吹扫干净。

4）高度重视并防范，因油温低油黏性增大造成回油不畅，而发生轴承溢油的情况；对于运行的辅机油站，检查电加热器根据油温自动投入，适当关小油站冷却水，保持风机油站油温在 25～35℃之间，磨煤机润滑油温在 35～40℃之间，检查调节油压在正常范围内；对于停运的辅机油站，要保持冷却水小流量流通，防止结冻。

5）检查脱硝计量模块伴热系统投入运行正常。

2. 电气部分

1）检查 6kV 电机电加热电源正常投入，检查备用电机电加热能可靠投入。

2）检查就地电气盘柜及断路器柜装有电加热的能正常投入；当伴有阴雨或空气湿度大时，加强对就地盘柜的检查，将室外盘柜柜门关严，检查柜内是否有结露现象，出现结露或电加热工作不正常时联系检修处理。室外重点做好 500kV 升压站控制柜内检查，如有结露现象，及时联系继保班擦拭。

3）由于环境温度下降，可能有小动物进入配电室，进出配电室要将门随手关好，并检查防鼠板可靠完整。

4）检查各台机组主变压器、高压厂用变压器、高压备用变压器及电除尘整流变油位及呼吸器油位在正常油位范围内，检查电机轴承油室油位应在油位观察窗 2/3 以上液面，注意 500kV 断路器油压及气体压力变化，超限时及时汇报并联系检修人员处理；变压器及辅机参数显示数据正常。

5）巡检时注意 500kV 线路保护装置及通信装置工作正常，检查 NCS 监控画面发电厂与省调和网调通信联络应正常，有异常时及时联系继保班处理并汇报上级调度部门。

3. 除灰渣部分

1）检查 CAS 楼、灰库的厂房、控制室门窗关好。

2）停运机组的渣水系统在备用状态，则启动相关设备，保持捞渣机水封正常供水；停运机组的渣水系统在检修状态，则联系检修，将沉淀池至捞渣机区域的冷渣水管、冲洗水管、溢流水管存水放尽。

3）加强输灰系统运行监视，检查气化风温度、灰斗加热温度、电除尘加热系统温度是否正常，避免出现温度低堵灰现象。

4. 油库区部分

1）检查燃油泵房门窗关好。

2）燃油系统保持循环运行，燃油系统检修时将管路存油排净并吹扫干净。

5. 启动锅炉部分

1）启动锅炉控制室门窗关好。

2）燃油系统保持循环运行，燃油系统检修时将管路存油排净并吹扫干净。

6. 消防系统部分

运行人员开启主变压器 A、B、C 相，高压厂用变压器 A，高压厂用变压器 B，高压备用变压器水喷淋灭火装置室外管道放水门，放尽存水后关闭。

7. 输煤部分

1）检查各转运站 MCC 室及电子室门窗关好。

2）检查各 6kV 电机电加热电源正常投入，检查备用电机电加热能可靠投入。

3）各台推煤机、推耙机、装载车、自卸车、吸尘车等加入防冻液。

4）联系物资部购买 1t 柴油作备用。

**（二）气温低于 1℃ 且持续 2h 以上的防范措施**

气温第一次达到 1℃ 及以下，持续 2h 以上，除了继续采取气温低于 4℃ 的措施外，还应执行以下措施。

1. 机组部分

（1）加强运行机组锅炉侧参与重要保护和协调控制相关测点的运行监视（例如：主汽压力、分离器压力、分离器进出口温度、给水流量、后烟道后墙入口联箱入口温度、一过出口联箱出口温度等），将其加入实时监视曲线，并每 30min 检查确认一次 DCS 逻辑中各相同的多个测量点之间的偏差是否超过正常值，发现测量值变化缓慢、出现偏差或与机组运行工况不匹配时联系检查处理。

（2）炉侧各备用水泵及备用凝输泵的泵体放空气门微开，保持流通。

（3）保持机、炉各辅机冷却水供、回水畅通。

（4）锅炉辅机冷却水系统管路的放水放气门每 2h 开启排放一次，锅炉辅机冷却水系统因故停运的要将冷油器内存水及冷却水管存水放净。

（5）锅炉房 0m 各杂用气、仪用气疏水门放水后保持微开。

（6）每 2h 检查清理一次炉侧所有露天风机吸入口及其电动机风扇吸风口的冰雪杂物，露天风机包括送风机、引风机、一次风机、火检冷却风机、引风机轴承冷却风机等。

（7）若脱硝系统投运，则每 2h 倒换一次喷枪组。若脱硝系统未投运，则对计量模块冲洗水管路放水，确认各机组凝输泵出口至脱硝计量模块冲洗水供水总门关闭，开启脱硝计量模块冲洗水进水手动门，计量模块处冲洗水放水门保持开启。联系检修解开凝输泵出口至脱硝计量模块冲洗水供水门靠模块侧法兰，进行管路放水后，将法兰回装，并检查计量模块伴热系统投入。

（8）若脱硝系统投运，则每 2h 倒换一次喷枪组。若脱硝系统未投运，则保持热解炉通热一次风状态，并每 2h 对各喷枪冲洗一次。

（9）每班每 2h 对仪用空气压缩机组合式干燥器、杂用空气压缩机吸附式干燥器 A 进出口管道进行排污放水。仪用、杂用储气罐底部疏水旁路门开启 1/4，处于连续疏水状态，避免储气罐存水冻裂。

（10）每 2h 启动循环水旋转滤网（包括备用循环旋转滤网）和冲洗水泵一次，每次 25min。

（11）主值班员每 2h 安排核对凝补水箱就地和盘面水位指示一次，发现异常，及时联系处理。

（12）视凝补水箱水位情况，每 4h 进行 15min 手动补水一次，以避免凝水箱补水管路冻结。

（13）确认各机组凝输泵出口至锅炉疏水扩容箱减温水电动门关闭，开启凝结水输水泵出口至锅炉疏水扩容箱减温水手动门，将管道存水放尽后关闭此门，以避免管路冻结。

（14）就地检查备用凝结水输水泵正常，每 8h 启动短时运行一次。

（15）锅炉厂房区域高、低压消防水系统放水门、放空气门微开。

（16）若机组在停用阶段，还应做好下列工作：

1）锅炉停炉检修期间，炉本体及疏水回收箱的存水放尽。

2）将停用的系统、设备上的所有放水门开启，放尽存水。

3）锅炉长时间停运时，采取热态放水余热烘干的防腐方式，同时放净变送器及仪表管的存水。

4）机组长时间停运时，冷灰斗水封及捞渣机保持正常供水。

5）机组长时间停运时，空气预热器吹灰疏水、本体吹灰蒸汽疏水、暖风器疏水、磨煤机消防蒸汽疏水门全部打开，将存水放净。

6）高压加热器、低压加热器疏水及汽轮机侧管道疏水放净，轴封疏水放净。

7）汽轮机本体、给水泵汽轮机本体疏水及阀门疏水放净。

8）凝补水系统存水放净，否则保持凝补水系统连续运行。

2. 电气部分

（1）按照专业要求，进行柴油发电机试启动工作。

（2）有雨夹雪天气，注意巡检室外架空线路绝缘子有无覆冰。

（3）应注意高压厂用变压器及主变压器冷却器风扇运行情况，防止可能在风扇处有结冰造成电机振动大，如有结冰及时清理。

（4）检查室外电动机冷却风进风口是否有结冰现象，防止进风口被堵影响电动机冷却效果。

（5）检查柴油发电机油箱保温完好，检查油箱与柴油发电机之间供油管路完好，检查柴油发电机循环冷却液液位正常，电加热投入运行正常。

（6）增加发电机出口断路器及 500kV 升压站内断路器检查次数，重点检查六氟化硫气体压力和断路器油压等参数。

（7）遇有大雪等恶劣天气，注意检查主变压器及高压厂用变压器顶部及高压绝缘子、500kV 架空线上积雪是否融化，是否有覆冰等情况，是否有放电现象等。

（8）如环境温度持续低于 0℃，开启继电器楼保护室及监控屏室内空调运行，运行于制暖方式，设定温度 24℃。联系检修部综合班，对楼顶室外机进行检查，清理积雪或结冰。

3. 除灰渣部分

（1）CAS 楼和灰库各空气压缩机冷却水保持畅通，冷却水系统因故停运的要将冷油器内存水及冷却水管存水放净。除灰输送压缩空气和仪用压缩空气储气罐排水后疏水器旁路门保持微开、放水门保持微开。

（2）溢流水泵保持自动正常，与冷渣水泵、冲洗水泵形成供回流动循环；若停运机组的渣水系统检修则要将捞渣机水封槽、渣水系统管路、沉淀池、贮水池、溢流水池内的存水排净，并保持补水及冲洗水阀门微开。

（3）通知检修部灰渣班将锅炉 0m 的渣水系统冲洗水门每 2h 开启排放一次。

4. 油库区部分

（1）燃油泵房内门窗完好，发现损坏立即联系处理。

（2）运行及备用燃油泵的冷却水保持畅通，油水分离器放水门开启，放尽存水。

（3）消防水管路及油罐底部放水每 4h 稍开关一次。

5. 启动锅炉部分

若启动锅炉内部烟温低于 3℃（以控制室电脑上烟温测点为准），则进行一次试点火，运行 5min 后停运。无条件进行点火热炉放水时仍需对启动锅炉放水，包括上下锅筒、省煤器、过热器、给水管道、给水箱和各变送器及仪表管的存水；燃油系统保持循环运行，燃油系统检修时要将管路存油排净并吹扫完毕。

6. 化学部分

（1）防止生产场所进冷气的措施。

1）海水淡化厂房、化学制水厂房、储氢站、电解制氯厂房、工业废水厂房、雨水泵房、生活污水处理厂房、消防泵房、综合泵房、预处理加药间等生产场所的门窗玻璃进行一次认真彻底的检查，并将缺少玻璃、门窗损坏等检查结果及时联系处理。

2）当环境温度下降至 0℃ 以下时，上述各厂房门窗需关闭严密，如为通风需要定时或暂时开启，通风结束后，必须关严。

3）厂房建筑物存在穿墙管或存在孔洞情况，应汇报值长，通知检修部封闭孔洞。当环境温度降至 -5℃ 以下时，将不必要的通风孔用铝板暂时封闭，气温回升后拆除。

4）当发现上述厂房门、窗、玻璃或建筑物本体有损坏时，填写缺陷单，并汇报值长，请检修部采取紧急措施处理。

（2）生产设备的防寒防冻措施。

1）原则上保持海水淡化系统连续运行；每 2h 检查所有设备的运行情况一次。

2）按要求定期启、停泵；按要求排空设备内存水。

3）设备正常运行期间，值班人员认真巡检，尤其对环境温度较低处的水系统应加强监视。

4）巡检中发现系统有泄漏现象应及时填报缺陷，防止泄漏量增大。

5）机组正常运行中须停运的系统，若短时间内能够恢复运行，应做好防冻措施；若长时间停运，应将管道和设备内的存水放净。如无法放净存水，应考虑定期启动设备短时间运行。

6）现场值班人员应做好冬季防高寒的准备。高寒期间应增加巡检次数，由原来的每 2h 一次改为每 1h 一次。当环境温度低于 -5℃ 时，设备启动间隔为 2h。

（3）化学制水厂房防寒防冻措施。

1）除盐系统如不能维持连续运行，需每隔 4h 运行一次，运行时间不少于 2h。

2）除盐水泵打到自动位。如不能实现，与值长联系好，每隔 4h 向四台机凝补水箱补水一次，运行时间不少于 15min。

3）三台除盐水箱入出口管保持连通状态。

4）化学酸碱储存区冲洗水管、喷淋装置、超滤溢流水泵虹吸箱补水管每隔 4h 开启一次，时间不少于 5min。注意监视高、低位酸碱槽进水管道，当发现泄漏时，必须关闭进水总阀门。

5）超滤溢流水泵、再生废水排放泵每隔 4h 启动一次，运行时间不少于 15min。如电解制氯系统全部停运，反渗透浓水排放泵每 4h 启动一次，通过发生器旁路排水管排至循环水前池，运行时间为 15min。

6）如水池水位过低，可采取通过设备放水的方法保证泵防冻用水。

7）至化验班除盐水管，每隔 4h 通过水槽放水一次，时间不少于 10min。夜间，保持一支水管连续运行，需确保水槽排水畅通。

8）当环境温度低于 -5℃ 时，每隔 8h 向精处理输送一次酸碱，时间不少于 5min。超滤及反渗透输送酸碱可采用自流方式，时间不少于 5min。要通过管内有液体流动声或液位有变化确认。

（4）海水淡化厂房防寒防冻措施。

1）二级淡水泵每隔 4h 向消防水池及生活水池补水一次，运行时间不少于 15min。

2）一级反渗透至工业水池一、二号管保持连续运行，各水池可适当溢流运行。

3）停运的预处理混凝剂加药泵入口阀门必须关闭。

4）预处理混凝剂间卷帘门在环境温度低于 0℃时关闭，操作及巡检时打开。

5）超滤车间卷帘门需关闭，只有在卸货或检修时才可打开，巡检等需走小门。

（5）储氢站防寒防冻措施。

1）储氢站工业冷却水供、回水管路防冻，每隔 4h 分别启动一、二号纯化装置，运行时间 3min。

2）原则上，储氢罐每周排污一次，防止排污管受冻。可根据氢中水分凝结情况适当缩短或延长排污周期。排污时操作阀门要缓慢，微开排污门即可，严格禁止快速开关阀门。

（6）电解制氯系统停运状态下防寒防冻措施。

1）放空发生器内存液，保持发生器排水门开启状态。

2）放尽次氯酸钠储罐内存液，并用海水冲洗罐底部。

（7）工业废水处理厂房防寒防冻措施。

1）低位及高位酸碱罐工业水管加强监视，当发现有泄漏时，必须关闭工业水总门。

2）加药间工业水管、澄清器工业水管、浓缩池工业水管、脱水机工业水管每隔 4h 开启一次，时间不少于 3min。

3）工业废水处理装置每隔 4h 启动一次，运行时间不少于 20min。包括加药系统。

4）澄清器排泥泵、浓缩池排泥泵、脱水机每隔 4h 运行一次，时间不少于 5min。

5）工业废水泵（8 台）每隔 4h 启动一次，运行时间不少于 10min。以开始打水时间计算。

6）卸酸碱区喷淋装置每隔 4h 开启阀门一次，放水时间不少于 3min。

（8）机组排水槽设备防寒防冻措施。

1）喷淋装置每隔 4h 开启阀门放水 3min。

2）巡检时注意检查酸碱槽工业水管，当有泄漏时，必须关闭总门。

3）每隔 8h 必须向工业废水排水 20min。

（9）其他厂房防寒防冻措施。

1）生活污水处理装置每隔 4h 将石英砂过滤器及活性炭过滤器手动投入运行一次，时间不少于 10min。

2）消防泵房再循环管每隔 4h 开启阀门一次，时间不少于 5min。

3）预处理混凝剂、助凝剂加药管在管道混合器处地上部分需做保温，如无保温，必须及时填写缺陷单。

7. 输煤部分

（1）各台推煤机、推耙机、装载车、自卸车、吸尘车在加油时，必须掺入 1/3 10 号柴油，确保各台机车能正常使用。

（2）各场地的冲洗水阀保持微开，防止结冰冻裂冲洗水管。

（三）防寒防冻措施的解除

（1）连续 3 天气温达 2℃以上，解除气温低于 1℃防寒防冻措施。

（2）连续 3 天气温达 6℃以上，解除气温低于 4℃防寒防冻措施。

（3）防寒防冻措施的解除，须得到相关专业专工同意。

## 五、机组低负荷运行安全技术措施

1. 锅炉措施

（1）运行操作调整要精心仔细，做好事故预想及预控措施，坚决杜绝误操作。

（2）严格执行各项技术措施和规定，重大操作和调整及主要设备缺陷情况必须及时通知专业专工。

（3）加强与调度的沟通，控制机组负荷稳定。

（4）低负荷运行期间应加强监盘的质量和仔细程度，密切注意火检的强弱信号变化，注意监视炉膛火焰电视的明亮程度和炉膛压力的波动情况，做好事故预想。

（5）低负荷运行期间等离子系统和燃油系统处于良好备用状态。当机组负荷低于 450MW 运行时，投入等离子助燃；等离子故障无法投运或本期另一台机组已投入等离子的情况下，投入本机组 AB 层油枪 4～6 支油枪助燃，按照两个假想炉膛切圆对角方式投入，如油枪连续投入 1h，且脱硫系统已退出运行，则停运电除尘高压侧电场。当煤质变差或发现燃烧不稳炉膛负压波动时立即投油助燃，投入油枪数量以 4～6 支油枪为宜，投入方式为：当 A、B、C、D 四台磨煤机运行时，油枪投入 AB 层油枪，按照两个假想炉膛切圆对角方式投入；B、C、D、E 四台磨煤机运行时，油枪投入 CD 层油枪，按照两个假想炉膛切圆对角方式投入；C、D、E、F 四台磨煤机运行时，油枪投入 EF 层油枪，按照两个假想炉膛切圆对角方式投入。

（6）锅炉低负荷时为保证制粉系统足够的裕量，保持四台磨煤机运行，同时保持其他磨煤机处于良好备用状态。当运行磨煤机一台跳闸时应监视其余三台给煤量自动上升，否则手动增加煤量，待工况稳定后立即启动备用制粉系统；若运行磨煤机两台在 5min 内相继或同时跳闸时，立即投入运行磨煤机对应层 8 支油枪稳定燃烧，待工况稳定后立即启动备用制粉系统。

（7）低负荷时磨煤机运行方式尽量不断层运行，绝对禁止隔两层运行。

（8）锅炉低负荷时值班员应注意检查磨煤机的运行情况，防止出现低煤量磨煤机产生振动，如发生振动应进行磨煤机间的煤量分配调整。

（9）加强上煤管理，确保低负荷期间所燃烧的煤的综合挥发分不低于 25%，全水分不高于 25%，综合发热量不低于 20 096.64kJ/kg。

（10）及时了解入炉煤煤质情况，接班后 30min 内打印本机组锅炉上煤班报，严格执行制粉系统运行规定和防止积灰堵焦规定，做好制粉系统爆燃的事故预想。

（11）锅炉灭火保护和炉膛压力保护可靠投入，不得长时间强制火检。

（12）锅炉进行后烟道吹灰时机组负荷应大于 60%，炉膛吹灰时机组负荷应大于 50%，三级过热器、四级过热器和高温再热器处吹灰时机组负荷应大于 65%，炉内燃烧稳定。吹灰过程中注意监视炉内燃烧情况，如发生燃烧不稳、负压波动过大及其他异常情况应停止吹灰。机组低负荷阶段有油枪或等离子运行时，保持空气预热器连续吹灰。

（13）根据炉膛负压、火焰电视及机组各项参数判断炉内燃烧情况，如确认锅炉已灭火，若灭火保护不动作应立即手动停炉，停止所有燃料供给，严禁继续投油投粉用爆燃的方法点火，再次点火前锅炉必须进行充分通风吹扫。

（14）手动偏置要根据不同的运行工况做相应调整。杜绝由于数值输入错误所造成的误操作。

（15）学习人员不得参与进行设备系统操作，可参与现场巡视、操作准备。

（16）及时按规定进行表纸记录工作，当数据、参数变化异常时应立即分析并寻求解决办法。

（17）严格执行《巡回检查制度》，巡检时要注重巡检质量，对于长时间停运后刚启动的设备或刚轮换过的设备，启动初期必须增加检查次数。

（18）加强锅炉低负荷看火和高负荷结焦情况的观察，看火时按照要求佩戴看火镜。

（19）规范交接班管理，交接班前后，值班员应对所管辖设备、参数进行认真检查。接班时必须对设备的运行状态清楚明了，对设备的缺陷必须如实告诉接班人员。

（20）加强对金属壁温的监视和调整，除设计及系统本身的原因外，杜绝人为操作调整不当所造成的超温。

（21）为防止机组主保护及设备保护因测点故障造成保护误动，对重要参数的测点曲线应加强监视。发现测点曲线指示异常应首先确定其准确性，出现误指示时及时做出相应处理，防止机组或设备跳闸，同时做好安全措施，联系相关单位进行处理。

（22）雨天应加强对设备的巡检，防止变送器、接线盒等电气设备淋雨短路造成设备跳闸和保护误动。

（23）加强缺陷管理工作，巡检人员在发现设备缺陷时，应及时向主值班员汇报，主值班员接到汇报并确认后，及时与检修部门联系并在生产 MIS 上登记缺陷。对于检修已处理好的设备缺陷，要及时与检修工作负责人共同将缺陷封闭。

2. 电气措施

（1）低负荷运行期间，对于危及机组安全的定期切换、试验工作暂停执行，待恢复另一台机组运行时，要进行补做。

（2）每次增减负荷前及增减负荷过程中，都要检查主机有关参数是否满足升降负荷条件、有无报警现象。若存在影响升降负荷条件时，应停止升降负荷，并查明原因及时处理，待影响因素消失后，值长再根据具体情况，合理调度负荷。

（3）值长要严格执行省调下达的电压曲线。无功低谷期间，发电机无功要减到监视点母线电压达到目标值，未经调度允许不得进相运行，若进相，进相力度要按照外方提供的发电机 P-Q 曲线执行，进相时，应保持系统及发电机静态稳定，密切注意发电机定子电流及端部温度，定子电流不超过额定值，端部压指温度不超过 120℃。同时，应严密注意 6kV、380V 系统电压不得过低，防止变频器跳闸。

（4）监视好发电机出口电压、6kV 厂用电压在允许范围，启动 6kV 电机或变压器时，要通知值长，做好事故预想。

（5）低负荷运行期间机组应全保护运行，厂用电应保持正常运行方式。确保厂用回路投入正常，确认厂用电各段进线断路器位置正确。

（6）加强电气设备间的巡回检查工作，特别注意直流系统的运行情况，发现直流绝缘不正常，立即汇报值长，并联系检修配合查找、处理。

（7）值班期间运行人员要保持良好的精神状态。严格遵守值班纪律，严格遵守监盘纪律，精心监盘，精心操作，严禁酒后上班。

（8）针对季节特点，执行有关措施或规定，做好应对恶劣天气影响等工作。

3. 汽机措施

（1）机组负荷减至 400MW 时，主再热汽温降到 560℃，辅汽至 A 给水泵汽轮机供汽管路暖管。

（2）机组负荷减至 350MW 时，主再热汽温维持 560℃，辅汽汽源切至临机冷再供汽，单机运行时汽源由本机冷再供给，启动炉运行时切至启动炉供汽，A 给水泵汽轮机汽源切至辅汽供给，凝汽器水位高时可通过 WDC 阀进行排放。

（3）择机启动电动给水泵，开启出口门备用。

（4）机组负荷减至 300MW 时，主再热汽温维持 560℃，逐渐退出 B 给水泵运行，手动开启 B 给水泵再循环调门至 100%，关闭 B 给水泵出口门备用。

（5）将机组"CCS方式"切至汽轮机内部功率方式，汽轮机在 DEH 侧控制功率，根据主汽压力下降情况减负荷，维持主汽压力在 8.5MPa。

（6）机组负荷减至 200MW 时，主再热汽温维持 560℃，停运 B 给水泵，检查盘车自动投运正常。高压调门开度小于 20% 或中压调门开度小于 30% 时，手动开启高、低压旁路减压阀至 8% 以上开度，由旁路维持主汽压力在 8.5MPa。

（7）控制高压缸排汽温度小于 450℃，高压缸排汽温度缓慢上升时，通过开大低压旁路、关小高压旁路的办法降低再热蒸汽压力，维持再热汽压力小于 1.5MPa，避免由于高压缸叶片温度高引起高压缸切缸。

（8）继续由汽轮机 DEH 控制功率，旁路控制主汽压力，机组负荷减至 150MW 时，主再热汽温维持 560℃，主汽压力降到 8.0MPa 以下或 A 给水泵转速降至 2850r/min，无法调节给水流量时，逐渐退出 A 给水泵运行，手动开启 A 给水泵再循环调门至 100%，关闭 A 给水泵出口门备用，提高电动给水泵勺管开度，由电动给水泵供水。

（9）低负荷运行期间，维持主再热蒸汽温度稳定，控制高中压转子内外温差在 30℃ 以内，高中压缸上下缸温差在 30℃ 以内，检查降负荷应力裕度是否小于 5℃，X、Z 准则是否满足，否则适当提高主再热汽温。

（10）加强监视主机各瓦绝对振动和相对振动、轴向位移、轴承金属温度、推力瓦温、汽缸膨胀、轴封供汽温度、各冷却器温度、高低压加热器水位调节情况、低压加热器疏水泵运行情况，发现异常或偏离正常值要分析原因，采取措施恢复，原因不明要及时汇报专业，确保机组安全运行。

4. 化学措施

（1）运行人员执行措施。

1）加强监盘质量，对各项参数及时翻查，发现问题立即查明原因，协调检修部立即解决。

2）严格按运行规程及说明执行操作，如不能确定操作是否正确，可请教专工。

3）按巡检路线及巡检内容对设备进行及时有效的巡视，对发现的设备缺陷及时录入生产 MIS，并联系检修处理，保证设备的健康水平。

4）注意机组给水氧量手动控制，800MW 情况下，给水氧量维持在 $10\sim20\mu g/L$ 之间，保证主汽氧量小于 $7\mu g/L$，如有变化，立即进行调整，并汇报专工。

5）注意低水温情况下超滤及反渗透产水量及压力的变化，每班向值长汇报一次。如出现不能保证制水的情况或制水困难，须立即汇报专工和主任。

6）按时检查重要设备及重点环节，保证加药量、水汽品质，及时对除盐及精处理进行再生，保证再生效果。

7）保证除盐水制水量，将各水箱尽量控制高位运行，以便应对突发事件。

8）春节期间海水淡化系统全部停运检修，在检修前需将一、二级淡水箱及除盐水箱制到高位，以保证停运期间生活水及除盐水的安全供给。

（2）化验人员执行措施。

1）节日或周末，安排好值班人员做好入炉煤的煤样取送、煤质分析工作，及时将结果发布到生产 MIS 上。

2）如出现特殊情况需对水、汽、油、煤等进行分析时，安排好值班人员。

（3）管理人员执行措施。

1）掌握海水淡化运行情况，水温对超滤和反渗透的影响变化趋势，向部门领导汇报。

2）每天对现场巡检至少一次，检查设备运行状态及各项参数变化，及时提醒运行人员调整运行方式。

3）将节日期间所需药品计划通过 OA 传送给物资部，沟通好物资来货数量及到货时间，以及节后来货时间，确保春节期间机组用药量。

# 第五节  技术改造及运行措施

## 一、概述

电力企业技术改造是采用新技术、新工艺、新设备、新材料对现有设施、工艺条件及生产过程等进行改造提升，是促进电力企业安全生产、实现技术进步、提高生产效率、推进节能减排的重要途径。促进电力企业技术改造，对电力企业安全生产、推动自主创新具有重要意义，是推进绿色发展的重要举措。

新时期电力企业技术改造工作要紧紧围绕安全、发展的新要求，更加注重电力企业安全生产工作，提升企业核心竞争力；更加注重技术创新能力的增强，提升行业技术水平；更加注重节能降耗工作，提高生产效率；更加注重环境保护工作，做到绿色发展。

本节将着重介绍电厂运行过程中的部分技术改造内容、针对该项技术改造的运行措施、未来电力企业技术改造的发展方向等，总体分为安全生产、节能降耗、环境保护三大部分。

## 二、安全生产

### （一）锅炉部分

1. 制粉系统防爆燃

（1）制粉系统爆燃原因分析。

1）印尼煤普遍挥发分高，易着火和自燃，与电厂设计煤种偏离较大。印尼煤已成为华能玉环电厂主力煤种（占总量 75% 以上），锅炉全烧印尼煤的情况已成为普遍现象，这大大增加了制粉系统爆燃的概率。

2）磨煤机出口闸板门和可调缩孔存在缝隙，煤粉易在缝隙处局部沉积，当沉积煤粉受到热风长时间烘烤后氧化自燃，其内部热量不易散发，最终达到煤质着火点。

3）地处海边，环境风速较大，在秋冬季节环境温度下降时，煤粉管道散热增强。高水分低热值印尼煤使用量增加，磨煤机出口风粉混合物中的水分相应增加。同时，制粉系统惰化蒸汽电动门内漏也加大了煤粉中的水分含量。煤粉中水分含量的增加，使得煤粉结露点升高，即在煤粉管道散热增强后管道内部更易于发生结露现象，从而造成煤粉黏结沉降堆积，最终积粉自燃引发着火。

4）锅炉炉膛为八角切圆设计，每台磨煤机出口为 4 根粉管，每根粉管在靠近燃烧器前分为两根粉管，即通过 8 根粉管将煤粉输送至 8 个角的燃烧器。各粉管风速、风量、煤粉浓度调节不平衡，存在抢粉现象，粉量偏差达 20％以上。部分粉管实际风速偏低，携带煤粉的能力不足，煤粉易在此沉降堆积并发生自燃。

5）随着煤粉颗粒的变小，氧气与煤粉颗粒接触面积增加，煤粉就越容易自燃和爆炸，粗煤粉的爆炸可能性较小。对于印尼煤这种挥发分大的煤，煤粉过细容易发生自燃和爆炸。

6）原煤中带有较多铁丝、铁块等异物，在磨煤机内与石子煤刮板摩擦时形成火星，可能引燃煤粉。原煤在煤场存放时存在氧化自燃过程，尤其在秋冬季环境温度低时，煤堆内外温差大，煤粒间的空气流动加强，促进了原煤的氧化自燃过程。若自燃过的带有火星的原煤进入制粉系统，将极有可能使制粉系统发生爆燃。

7）磨煤机热风门关不严密，尤其是经常操作的 A/B 磨煤机，磨煤机停运后内部温度过高，存煤就会自燃。

（2）防止制粉系统爆燃的技术改造项目及采取的措施。

1）配煤掺烧。有条件时对低热值印尼煤和优混煤等低挥发分低水分煤种进行掺烧，降低加权挥发分和全水分，降低磨煤机入口一次风温度，以降低爆燃风险。定期对高水分低热值印尼煤进行轮流换仓，避免高水分煤粉在粉管内黏结沉降。

2）磨煤机启停操作及注意事项：

a. 保证消防蒸汽的良好备用，在启、停燃烧印尼煤的磨煤机时，投入 5min。

b. 启磨时，在满足磨煤机入口一次风量的前提下控制好出口温度在 65～72℃之间，暖磨时间控制在 10min 左右，保证整个一次粉管暖透。

c. 停磨时，冷热风调门操作要平缓，提前关小热风调门开度，避免磨入口风量的大幅变化，瞬间使制粉系统内风粉混合物达爆炸极限或磨出口风管内因风速的变化局部积粉，诱发制粉系统爆燃；保证磨煤机入口一次风温度不大于 180℃；停磨过程中降低磨煤机出口温度，控制在 50～55℃；煤走空后磨煤机吹扫时间不少于 10min。

d. 合理控制配煤燃烧，有条件时 A、B 原煤仓不上高挥发分煤种，尽量减少 A、B 制粉系统频繁启停过程中引起爆燃现象的发生。

3）磨煤机运行中的要求和注意事项：

a. 接班时及时了解各台磨煤质情况，燃烧高挥发分煤种时，严格按照规定控制磨出口温度、一次风量、旋转分离器转速等参数，并加强就地制粉系统的巡检，定期对原煤仓外壁、磨煤机本体、磨煤机出口粉管等部位进行测温，发现有漏粉点时及时联系检修清理。

b. 低煤量维持时间不能太长，低于 50t/h 煤量时运行时间不大于 30min。

c. 备用磨煤机应在 48h 内切换一次，切换后运行时间不小于 10h。

d. 定期巡回检查系统设备运行状况，加强石子煤的排放，防止石子煤堵塞引起爆燃。石子煤有火星飞溅或明火时，应立即采取措施消除火源。

e. 出现给煤机断煤或落煤管堵煤时，要及时开大冷风调门关小热风调门，防止磨煤机出口温度急剧升高，并投入消防蒸汽。

4）在磨煤机可调缩孔处安装温度测点。由于制粉系统爆燃大多数原因均为磨煤机可调缩孔处积煤自燃引起，故在此安装可以在 DCS 上监视的温度测点，运行中监视该温度，出现温度异常升高时应停磨进行检查清理。

5）磨煤机可调缩孔改造。由于磨煤机出口煤粉管道原有可调缩孔设计不合理，通过内部螺旋杆传动调节，容易积粉后卡死；内腔室容易积粉，燃用印尼煤时易自燃，导致制粉系统爆燃。因此对原有磨煤机出口管道可调缩孔进行改造，新改造后的可调缩孔技术要求介绍如下：

a. 可调缩孔用于送粉管道调节管道的阻力。采用手动调节，调节灵活，在旋转运动部位设计了随动清尘装置，在直线运动部位设计了平衡承重部件，结构合理，维修保养方便，可调缩孔为耐磨型。

b. 可调缩孔采用双芯板同步相向运动调节，保证管道内介质始终在管道中心流动。

c. 可调缩孔有较大的调节范围，可在 25%～100%范围内任意调节，调节精度不大于 2%。

d. 可调缩孔芯板的材料采用耐冲刷耐磨损的稀土耐磨合金钢材料，单侧芯板厚度为25mm，可经受煤粉的长期冲刷。

e. 可调缩孔内壁表面光滑，无明显的凹凸痕、残渣及毛刺等。

f. 耐磨双芯可调缩孔由壳体、耐磨芯板、调节传动机构等组成。耐磨双芯可调缩孔用手轮驱动旋转运动付调节，运动平稳，调节力不大于 120N。

g. 可调缩孔在旋转部位采用轴端迷宫式填料密封，确保无外漏。芯板经过精加工，表面无积存粉尘部位，确保内部不积粉。

h. 可调缩孔保证 10 年的使用寿命，在运行期内，调节灵活，不发生泄漏。

i. 可调缩孔的外侧有明显的标记，表示缩孔的开度、介质的流向，并在可调缩孔外侧标出可调缩孔的规格、尺寸等。

j. 在可调缩孔结构设计中，壳体应采用静（固定）密封，轴端采用填料函密封结构，确保无外漏。

6）磨煤机热风快关门换型改造。磨煤机热风门关不严密，尤其是经常操作的 A/B 磨煤机，磨煤机停运后内部温度过高，存煤就会自燃。热风快关门经多次检修仍有泄漏，而更换新型热风快关门与其他磨煤机不同，此类型快关门隔绝效果好。

a. 磨煤机热风快关门更换为隔绝效果好、故障率低的新型快关门。

b. 磨煤机紧急停运或故障跳闸后，短时间内无法启动的应设法将磨煤机内存煤清理干净。

c. 磨煤机停运时保证不低于最小风量的情况下吹扫时间不少于 10min。

7）各粉管风速、风量、煤粉浓度不均匀，存在抢粉现象，可能部分粉管实际风速低，煤粉易沉降堆积自燃。通过试验，调平 1～8 号角煤粉管的一次风速、一次风量和煤粉浓度，防止个别煤粉管因风速低造成积粉，平衡各个燃烧器的热负荷，减少爆燃的概率。

8）煤粉越细越容易自燃和爆炸，粗煤粉的爆炸可能性较小。挥发分大的煤不能磨得过细。通过试验，在保证煤粉燃烧和燃尽的前提下适当提高煤粉的粒度，减小接触面积，避开煤粉的爆燃浓度。

9）原煤中带有铁丝、铁块等异物，在磨煤机刮板出形成火星，引燃煤粉。严格控制好入炉煤，加强上煤过程中对煤中铁丝、铁块等金属异物的清理；原煤仓安装温度计，观察原煤仓内的煤是否有自燃现象。

2. 给水加氧

（1）问题的引出。为彻底解决锅炉水冷壁下部的节流孔内四氧化三铁的富集及因此引起的水冷壁超温、爆管等问题，华能玉环电厂采取如下措施：

1）重新设计和制造节流孔板，改用加工精度满足要求的奥氏体孔板，孔板的小孔应有45°的倒角。

2）化学清洗锅炉，主要是炉前系统，彻底清除腐蚀产物后，将给水处理方式改为加氧处理（OT），以便降低热力系统 pH 值和增加氧化还原电位，从腐蚀和沉积两个方面控制水冷壁节流孔氧化铁沉积问题。

（2）给水 AVT 处理方式存在问题及加氧处理的原理。

传统给水还原性全挥发处理（AVT）是尽可能降低给水的含氧量并加入氨提高水汽系统的 pH 值，同时加入联氨除去给水剩余的氧，使水汽系统处于还原性条件下。给水 AVT 处理时，碳钢表面形成磁性四氧化三铁保护膜，由于该氧化膜在高速流动的高温纯水中有较高的溶解度，使碳钢制给水管道、省煤器以及疏水系统等容易发生流动加速腐蚀，给水、疏水的含铁量一般较高，由此带来锅炉受热面结垢速率偏高、锅炉化学清洗周期缩短等问题。

提高水汽系统的 pH 值至 9.5 左右，能够在一定的程度上降低碳钢的腐蚀和给水的含铁量。此时凝结水含氨量大于 $1000\mu g/L$，如果凝结水精处理氢型运行，会明显缩短混床的周期制水量，再生频繁，再生剂消耗量、再生自用水量及废水排放量等都会大大提高。

给水弱氧化性全挥发处理[AVT(O)]时，凝结水微量氧使给水系统处于弱的氧化状态，给水系统的流动加速腐蚀现象仅得到一定程度的抑制，但疏水系统的铁含量仍然相对较高，仍然存在腐蚀产物由给水向锅炉水冷壁迁移、沉积、结垢的问题，精处理混床的氢型运行周期短的问题。根据国内外有关电厂的运行经验，给水加氧处理（OT）是解决以上问题的有效方式。

锅炉给水加氧处理技术的原理：当水的纯度达到一定要求后（一般氢电导率小于 $0.2\mu S/cm$），一定浓度的氧不但不会造成碳钢、低合金钢的腐蚀，反而能使碳钢或低合金钢表面形成均匀致密的三氧化二铁＋磁性四氧化三铁双层结构的保护膜，从而抑制给水管、省煤器以及疏水系统等发生流动加速腐蚀。

给水加氧处理的优越性体现在以下几个方面：

1）给水系统和疏水系统的流动加速腐蚀现象得到抑制，热力系统腐蚀及腐蚀产物转移速率显著下降。

2）可以解决减温水调节阀、高压加热器疏水调节阀以及水冷壁管节流孔的结垢堵塞问题。

3）锅炉受热面沉积速率显著降低，延长锅炉的化学清洗间隔时间。

4）锅炉压差上升速度变慢。汽动给水泵转速降低、汽耗降低。

5）可减少给水加氨量，延长凝结水精处理混床氢型运行周期，减少树脂再生酸、碱耗和自用水量。

6）减少锅炉酸洗废液及树脂再生废液的排放，有利于环境保护。

（3）两种给水处理方式比较。

1）弱氧化性全挥发处理[AVT(O)]。

直流锅炉给水采用 AVT（O），是指向精处理出口或除氧器出口加氨调节水汽系统 pH

值，系统不加联氨等还原剂。

给水采用 AVT（O）处理后，凝结水微量氧使给水系统处于弱的氧化状态，给水系统的流动加速腐蚀只是得到了一定程度的抑制，但疏水系统仍然存在流动加速腐蚀现象，给水系统腐蚀产物铁含量偏高，仍然存在锅炉水冷壁节流孔结垢堵塞及锅炉酸洗周期短等问题。

2）加氧处理（水侧加氧、汽侧无氧）。

锅炉给水加氧处理（OT）是一种优化的氧化性处理工艺，加氧处理不加联氨，而是通过向弱碱性水中加入氧气，促使金属表面生成更加致密、溶功率更低的保护性氧化膜（三氧化二铁＋四氧化三铁双重保护膜）。

通过试验观察，机组加氧转换平衡后，负荷稳定或变化速率较小时，省煤器入口给水溶解氧含量控制在 $30\sim50\mu g/L$ 时，给水铁含量的平均值由 AVT（O）处理时的 $2.6\mu g/kg$ 降低至 $1.0\mu g/kg$ 以下，铁含量降低了 1 倍多，降低了腐蚀产物铁在省煤器、水冷壁的沉积速率，意味着锅炉受热面的结垢速率将大幅度降低，锅炉酸洗周期将会延长 1 倍以上，酸洗废液排放量减少，有利于环境保护。

如果蒸汽中有氧，疏水系统的铁含量也会大大降低，降低疏水向给水系统转移的腐蚀产物铁的量，给水中铁含量将会更低；同时还可以实现给水加氧处理的另一大优点，即可以降低水汽系统的 pH 值，降低加氨量，以减轻精处理混床的负担，大大提高精处理混床周期制水量，并且可降低酸碱再生液的用量，减少废液排放，有利于环境保护。

（4）给水加氧后运行措施。

1）给水加氧处理方式运行，维持省煤器入口给水溶解氧含量在 $30\sim50\mu g/L$，连续加氧。

2）由于机组为负荷调峰机组，机组负荷变化频繁且迅速，手动调节加氧量无法满足省煤器入口给水 $30\sim50\mu g/L$ 的控制指标，将手动加氧装置更换为自动控制加氧装置。

3）由于机组经常性出现负荷急速变化的情况，而加氨量的变化延迟性太大，故将凝结水流量信号作为主导信号，除氧器入口电导率信号作为辅助信号来控制加氨量。

4）由于加氧处理对水质要求高，化学在线表准确与否很关键，应加强维护并及时更换易损部件，氧表电极的使用寿命一般为一年，应提前购买并及时更换。

5）监测氢电导率时，阳交换柱树脂是否失效非常关键，建议及时更换失效阳树脂。

6）今后机组停机保养采用加氨法（加氨调节 pH 值 9.5 以上）、充氮法、热炉放水法、通干燥空气或通压缩干燥空气法等方法进行保养。加氧处理的机组不宜采用成膜胺进行停用保护。加氧机组在任何情况下都不能使用联氨。

（5）给水加氧投退规定。

1）当机组稳定运行后，如给水电导率＜$0.1\mu S/cm$，热力系统的其他水汽品质指标均正常，给水处理可由 AVT（O）切换至按定向氧化方式运行。

2）当正常运行的机组遇到下列情况时，给水处理应由定向氧化方式切换到 AVT（O）方式运行。

a. 机组准备停运，停机前 4h。

b. 当机组给水电导率＞$0.2\mu S/cm$ 时或凝汽器存在严重泄漏影响水质时。

c. 加氧装置有故障无法加氧时。

d. 机组发生 MFT 时。

给水加氧装置投入前或退出后，由辅控化学值班员负责联系，经值长批准，进行操作。给水泵投入后或退出前，由相应主值班员负责联系，值长批准后，进行操作。

（6）给水加氧处理效果。

在给水加氧的处理方式后，华能玉环电厂4台机组检修检查中，节流孔圈再也没有出现四氧化三铁富集现象，证明给水加氧处理方式对于华能玉环电厂抑制机组给水中的铁是有效、安全、可靠的。

### （二）电气部分

水油灰母线负荷进线断路器柜机械闭锁锁具改造。

**1. 改造原因**

华能玉环电厂水油灰0A、0B段电源断路器和下级负荷进线断路器之间未设计安装具有联锁性质的机械闭锁锁具，现场的水油灰0A、0B段下级负荷进线断路器柜处于相邻的位置，现场对水油灰0A、0B段下级负荷进线断路器柜进行检修时存在误入带电间隔的可能性。基于以上原因，经过现场测量和设计，计划在水油灰0A、0B段电源断路器及下级负荷进线柜上分别安装具有联锁性质的机械闭锁锁具，其中水油灰0A、0B段电源断路器本体安装了机械闭锁锁具及钥匙交换盒，下级各级负荷断路器柜进线柜门处安装了机械闭锁锁具（循环水泵房A、B段进线断路器柜、雨水泵房进线及备用断路器柜、海淡A、B段进线断路器柜、制粉A、B段进线断路器柜进线电缆为下进线方式，故机械闭锁锁具安装在下柜门，而海水预处理A、B变电源断路器、综合泵房A变电源断路器、灰库A、B变电源断路器、油库A、B变电源断路器、煤码头A、B段电源断路器进线电缆为上进线方式，故机械闭锁锁具安装在上柜门）。只有当水油灰0A、0B段电源断路器在试验位置后方可取出断路器本体钥匙去钥匙交换盒交换出九把钥匙，这九把钥匙可以用于打开安装在下级各负荷进线断路器柜的后柜进线柜门。同时只有下级各负荷进线断路器柜的后柜进线柜门全部关闭锁上后才能拿出九把钥匙去钥匙交换盒上交换出水油灰0A、0B段电源断路器本体的锁具钥匙，如此方可进行水油灰0A、0B段电源断路器的相关操作，从而有效防止在水油灰系统检修或操作中误入带电间隔造成事故，具体的机械闭锁锁具联锁性质如图7-1所示。

**2. 改造内容**

改造将随各台机组停运检修时进行，具体步骤介绍如下。

（1）办理工作票并做好相关的安全措施。

（2）在水油灰0A、0B段电源断路器本体安装机械闭锁锁具及钥匙交换盒。

（3）在水油灰0A、0B段下级负荷进线断路器柜安装机械闭锁锁具。

（4）对安装完毕的机械闭锁锁具进行调试，确保安装后的锁具使用正常。

**3. 500kV 线路过载切机装置作用**

华能玉环电厂：两条出线500kV玉塘5429、玉岭5430线的三相电压、三相电流，用于防止任一回线严重过载引起电网设备损坏和局部系统稳定破坏的重要装置，达到提高玉塘5429、玉岭5430双线路送出能力的目的。另外本装置对玉塘5429线和玉岭5430线分别设置了过载告警功能，当过载告警功能投入，线路功率达到告警功率定值且满足告警延时条件后，装置发出过载告警信号，以提醒运行人员注意，按照规程和预案调整出力。

**4. 改造说明**

为缓解浙江电力缺口对世博期间全网电力平衡的影响，尽可能挖掘玉环电厂送出潜力，

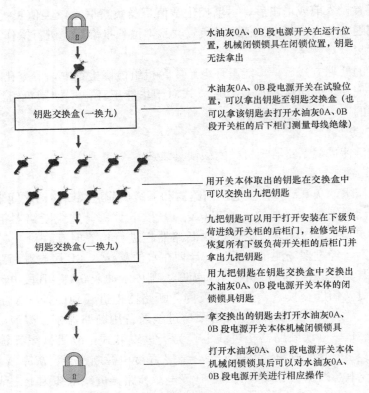

水油灰0A、0B段电源开关在运行位置，机械闭锁锁具在闭锁位置，钥匙无法拿出

水油灰0A、0B段电源开关在试验位置，可以拿出钥匙至钥匙交换盒（也可以拿该钥匙去打开水油灰0A、0B段开关柜的后下柜门测量母线绝缘）

用开关本体取出的钥匙在交换盒中可以交换出九把钥匙

九把钥匙可以用于打开安装在下级负荷进线开关柜的后柜门，检修完毕后恢复所有下级负荷开关柜的后柜门并拿出九把钥匙

用九把钥匙在钥匙交换盒中交换出水油灰0A、0B段电源开关本体的闭锁锁具钥匙

拿交换出的钥匙去打开水油灰0A、0B段电源开关本体机械闭锁锁具

打开水油灰0A、0B段电源开关本体机械闭锁锁具后可以对水油灰0A、0B段电源开关进行相应操作

图 7-1 机械闭锁锁具

经华东、浙江两级电网调度部门研究决定，在玉环电厂至浙江主网的新送出通道建成投产前，采取加装线路稳控联切机组装置的临时措施，以解决当前玉环电厂送塘岭双线发生 N—1 故障情况下，另一线路的稳控问题。过载切机装置安装于 500kV 继电器楼保护室内，玉环电厂的过载切机采用双重化配置，主、备工作方式。本站配置两套过载联切机组装置。若玉塘 5429、玉岭 5430 双线中任一回线有功功率绝对值小于低功率门槛值，另一回线有功功率绝对值大于动作定值，且双线均存在事故前后的潮流穿越，则装置动作出口切除玉环电厂 3 号机组，跳机方式采用程序跳闸（即切机装置动作后先关 3 号机组主汽门，再由程跳逆功率保护动作停机）。

玉环电厂线路过载联切机组装置接入模拟量有：500kV 玉塘 5429、玉岭 5430 线的三相电流、电压。由于施工期间处于"世博保电"特殊时期，采用玉塘 5429、玉岭 5430 线路轮停接线的方式，存在影响电网和机组安全运行的潜在安全隐患。根据网、省调的要求，采用线路不停电，线路保护单套运行的方式进行电流、电压接入。

### 三、节能降耗

#### （一）电气部分

1. 电除尘器高频电源改造

3 号锅炉配置了浙江菲达环保科技股份有限公司生产的静电除尘器一套两台，每台静电除尘器为三室四电场，电除尘电源采用 2A/72kV 工频电源（包括高阻抗硅整流变压器、高压控制柜等）。根据 2013 年 7 月 15 日 3 号锅炉电除尘器实测功率为 1180kW（不包括振打和加热器的功率消耗）。1 号锅炉于 2013 年 4 月对电除尘器一、二电场进行了高频电源改造，改造后烟尘排放浓度保持在 $30mg/m^3$ 以下，电除尘器功率降至 600kW 以下（燃烧设计煤种，不含振打和电加热）。根据 1 号锅炉电除尘高频电源改造经验，3 号锅炉电除尘高频电源改造方案介绍如下。

（1）高频电源改造前后的电除尘电源原理接线图见图 7-2。现有工频电源中晶闸管及控制部分位于除尘段配电室内，整流变压器位于电除尘顶部。改造后的高频电源的整流回路、逆变器、高频整流变压器将集成为高频电源统一安装于电除尘器顶部，除尘段配电室内仅设低压电源柜。

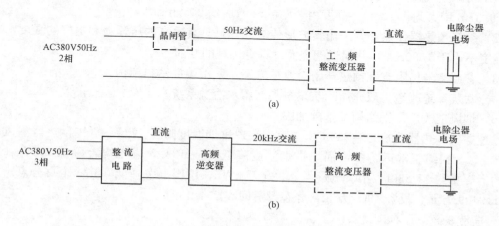

图 7-2　工频电源与高频电源原理结构图
（a）工频电源；（b）高频电源

（2）改造中高频电源的进线电缆可直接沿用原有工频电源所使用的电缆，无须再进行更换。

（3）原有工频电源中的整流变压器本体、高压控制柜内的晶闸管、控制板及控制器等将全部拆除，高压控制柜内的电源隔离开关和空气断路器以及电除尘顶部的高压隔离开关柜将予以保留，作为改造后高频电源的电源隔离开关和断路器用。

（4）改造后的高频电源高压出线接口将与原有工频电源高压出线接口配套，以便于现场安装。

（5）电除尘器 A、B 侧各安装一台通信箱，并重新敷设通信电缆用于各电场高频电源的控制和通信。

（6）为了配合高频电源的正常运行，还需对上位机的软件进行相应的更新。

（7）为了改善高频电源的运行环境，需在高频电源本体位置建造防护棚并用于遮阳和避雨。

改造费用 443 万元。改造后单个电场的最大功率为 30kW 左右，改造后的 24 个电场总功率约为 720kW，改造后可减少的功率为 460kW。按照电除尘器每年运行 7200h，年节电量 331.2kWh，厂用电率降低 0.06 个百分点。电价按 0.469 元/kWh 计算，每年节电收益 155.33 万元，静态投资回收期 2.85 年。

**（二）锅炉部分**

1. 空气预热器整体改造

华能玉环电厂锅炉为哈尔滨锅炉厂有限责任公司（简称哈锅）引进三菱重工业株式会社技术设计制造的超超临界变压运行直流锅炉，并配套该公司生产的空气预热器。锅炉在额定负荷下设计排烟温度为 122℃，实际运行中锅炉排烟温度为 135～140℃，较设计值高约 15℃。哈锅 1000MW 机组配套生产的空气预热器，较同类型上海锅炉厂有限责任公司、东方锅炉（集团）股份有限公司配套生产的空气预热器，换热元件总高度、转子直径及换热面积均偏小。经可行性分析论证，提出了空气预热器整体改造方案，改造方案介绍如下。

（1）将原空气预热器拆除，整体更换新型的空气预热器。新型空气预热器转子直径由原来的 16.37m 增大到 17.29m，高度由 2000mm 增加到 2450mm。

（2）空气预热器传热元件采用新波形传热元件且具有更高的压紧力和更好的强度，冷端元件高度不小于 1000mm，并保证搪瓷元件具有优良的性能。

（3）参照 2 号机组空气预热器密封改造方案，采用柔性密封结构。

（4）吹灰系统改造为双介质吹灰系统和高压水清洗系统。

（5）烟风道改造、钢结构及基础加固。

通过空气预热器改造，在 BMCR 工况下锅炉排烟温度降低 12℃，空气预热器漏风率控制在 3.5%。机组正常运行中，锅炉排烟温度降低 10～12℃，发电煤耗降低 2.06g/kWh，年节约标煤量约 11 330t，年节电量 408.925 万 kWh，厂用电率降低 0.074 个百分点。年净收益 1104.9 万元，投资 4900 万元，静态投资回收期 4.43 年。

2. 汽动联合引风机改造及除尘器后尾部烟道优化

（1）风机设计参数及运行现状。

3 号机组分别配备两台引风机和增压风机。引风机为成都电力机械设备厂生产的 YA18448-2F 型静叶调节轴流式风机（机组原脱硝改造后），增压风机仍为成都电力机械设备厂生产的 AN42e6（V13+4o）型静叶调节轴流式风机。

根据 2011 年引风机性能试验结果，经修正到 BMCR 工况引风机风量为 666.0m³/s，入口烟气温度约为 135℃，密度为 0.87kg/m³，阻力为 4925Pa。

根据增压风机性能试验结果，经修正到 BMCR 工况增压风机风量为 632.0m³/s，入口烟气温度约为 130℃，密度为 0.895kg/m³，阻力为 4060Pa。

（2）驱动方式及选型参数。

汽动驱动引风机可采用背压式或凝汽式汽轮机驱动。

背压式汽轮机驱动引风机，蒸汽来自锅炉一级再热器出口与冷段的混合蒸汽，小汽轮机排汽排至 6 号低压加热器。背压式汽动驱动引风机配置：设 2 台 50% 容量的静调轴流风机，并配 2 台驱动小汽轮机。每台小汽轮机配置一套减速齿轮箱、润滑油系统、轴封系统、引风机汽轮机供汽、排汽系统。TB 工况风机轴功率 9305kW，效率 76.63%，进汽压力 5.3MPa，温度 500℃，进汽流量 62.61t/h。

凝汽式汽轮机驱动引风机，汽源来自四抽，排汽进入专设的凝汽器，后通过凝结水增压泵将凝结水打入主机凝汽器。凝汽式汽轮机驱动引风机方案配置：设 2 台 50% 容量的静调轴流风机，配 2 台驱动小汽轮机。每台小汽轮机配置一套减速齿轮箱、润滑油系统。

3 号机组节能环保改造后，TB 工况烟气量为 700m³/s，全压 11 400Pa，风机轴功率

9417kW。4号机组小汽轮机设计风机轴功率9305kW，4号机组汽动引风机小汽轮机基本可满足3号机组改造的要求。

根据4号机组已实施的背压式汽轮机驱动引风机改造结果，TB工况烟气量为779m³/s，全压10 590Pa，风机轴功率9305kW，风机转速850r/min。可见，现有4号机组引风机的设计参数不满足3号机组的要求，4号机组风机风量设计偏大，低负荷风机存在较大失速安全隐患，本次改造将按照新的要求设计选型。

经与华东电力设计院、成都电力机械厂、华能玉环电厂相关人员关于风机选型会议的专题讨论，引风机TB工况设计选型脱硝装置催化剂按三层考虑（系统阻力增加300Pa），并为以后增加湿式电除尘器留有裕量（系统阻力增加500Pa），TB工况设计风机入口烟温88℃、烟气量700m³/s、扬程11 400Pa。若脱硝催化剂按二层考虑，并不考虑以后增加湿式电除尘器，TB工况设计风机入口烟温88℃、烟气量700m³/s、扬程10 600Pa。根据TB工况选型参数，扬程分别为11 400Pa、10 600Pa，经成都电力机械厂和西安热工研究院有限公司核算，两种选型参数均选择HA47048-2F静调风机，两种风机选型参数不影响风机的选型及风机运行性能。3号机组环保改造后引风机选型参数及各工况下运行参数见表7-1。引风机性能曲线及运行工况点如图7-3所示。

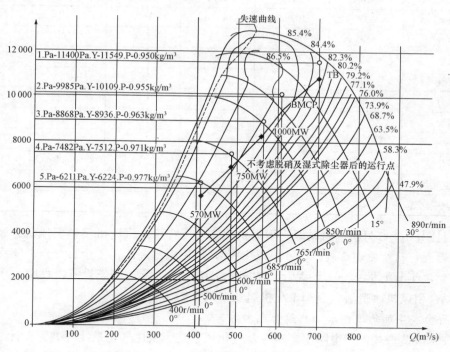

图7-3 引风机性能曲线及运行工况点

表7-1　　　　　　3号机组环保改造后引风机选型参数及各工况下运行参数

| 项目名称 | 单位 | TB | BMCR | BRL | 75%BMCR | 50%BMCR |
|---|---|---|---|---|---|---|
| 主蒸汽流量 | t/h | — | 2950 | 2807 | 2214 | 1476 |
| 入口烟温 | ℃ | 88 | 88 | 88 | 88 | 88 |
| 设计密度 | kg/m³ | 0.950 | 0.955 | 0.963 | 0.971 | 0.977 |

续表

| 项目名称 | 单位 | TB | BMCR | BRL | 75%BMCR | 50%BMCR |
|---|---|---|---|---|---|---|
| 设计风量 | $m^3/s$ | 700 | 607 | 575 | 498 | 410 |
| 扬程 | Pa | 11 400 | 9185 | 8505 | 7179 | 5573 |
| 曲线效率 | % | 83.4 | 85.7 | 86 | 86.5 | 87 |
| 修正效率 | % | 83.4 | 80.7 | 81 | 81.5 | 82 |
| 风机轴功率 | kW | 9471 | 6870 | 6042 | 4407 | 2812 |

（3）小汽轮机各工况下运行参数及性能。

根据引风机选型参数及各工况下的轴功率，通过焓差功率法简化计算，引风机汽轮机各工况下运行参数及性能计算结果见表 7-2。由表 7-2 可见，采用背压式汽轮机驱动引风机机组发电煤耗升高 4.05g/kWh。

表 7-2　　　　　　　　　　　引风机汽轮机各工况下运行参数及性能

| 项目名称 | 单　位 | TB | BMCR | BRL | 75%BMCR | 50%BMCR |
|---|---|---|---|---|---|---|
| 风机轴功率 | kW | 9471 | 6870 | 6042 | 4407 | 2812 |
| 输出功率 | kW | 10 003 | 7294 | 6431 | 4679 | 2985 |
| 进汽压力 | MPa | 5.3 | 5.3 | 5.3 | 3.6 | 2.4 |
| 进汽温度 | ℃ | 500 | 500 | 500 | 500 | 500 |
| 蒸汽流量 | t/h | 129.4 | 94.36 | 83.2 | 66.5 | 43.24 |
| 排汽压力 | % | 0.28 | 0.28 | 0.28 | 0.22 | 0.15 |
| 排汽温度 | ℃ | 203.5 | 216.2 | 236.3 | 246.4 |
| 热耗率 | kJ/kWh | | 7429.3 | | 7525.9 | 7763.4 |
| 热耗率变化量 | kJ/kWh | | 113.3 | | 108.9 | 109.4 |
| 发电煤耗变化量 | g/kWh | | 4.17 | | 4.01 | 4.03 |
| 加权发电煤耗变化量 | g/kWh | | | 4.05 | | |

综合对比分析，3 号机组汽动联合引风机改造采用背压式汽轮机驱动引风机方案，静态投资 5500 万元，机组发电煤耗升高 4.05g/kWh，厂用电率降低 1.4 个百分点。年多消耗标煤量 22 275t，年节电量 7700 万 kWh，年净收益 1815.9 万元，静态投资回收期 3.03 年。

汽动联合引风机改造后，夏季工况机组功率减少约 7.5MW。

3. 电除尘灰斗加热器由电加热改为汽加热。

（1）技术改造概述。静电除尘器灰斗及气化风系统、灰库气化系统等处原设计采用电加热器，考虑到能源品质的差异及综合利用，将静电除尘器灰斗加热、灰斗气化风加热、灰库气化风加热等处的电加热器改造为高效可调节蒸汽加热器，利用辅助蒸汽换热器来取代原先较大功率的电加热器，同时对蒸汽加热器的疏水进行综合利用。

（2）技术改造具体内容。

1）静电除尘器灰斗加热：改造前采用电加热，单个灰斗电加热器的额定电功率 4.5kW，改造后采用辅助蒸汽加热。

2）通过管道将辅助蒸汽引至静电除尘器下部，将原先布置在灰斗夹腔内的电加热器全部拆除，替换为蒸汽加热器，蒸汽加热器安装于原电加热器部位。灰斗蒸汽加热器的形式为钢/铝翅片管组、插入式，共计144组（每个灰斗3组）。

3）热源蒸汽在灰斗蒸汽加热器内热交换后产生的疏水汇流至布置于静电除尘器出口下方的高效、可调温气化风换热器。

4）灰斗气化风加热：改造前采用电加热，单台气化风电加热器的额定电功率为35kW；改造后利用静电除尘器灰斗蒸汽加热器的疏水进行加热。换热后产生的冷凝水送至冷凝水用户（脱硝制备车间，脱硝热解用水以及送至机组启动疏水扩容器水箱回收）。

5）灰斗气化风蒸汽加热器的形式为钢铝复合翅片无缝管传热元件，蒸汽－汽水混合物－水连续散热，低温排水。蒸汽加热器出口空气温度可调节，并配备泄漏检测控制装置。蒸汽加热器布置于静电除尘器下方，共计两台。

6）灰库气化风加热：改造前采用电加热，单台灰库气化风电加热器的额定电功率为90kW；改造后采用辅助蒸汽加热。换热后产生的疏水排放至灰库污水池内。

7）灰库气化风蒸汽加热器的形式为钢高频焊与钢/铝复合翅片无缝管传热元件，蒸汽－汽水混合物－水连续散热，低温排水。蒸汽加热器出口空气温度可调节，并配备泄漏检测控制装置。蒸汽加热器布置于原电加热器旁，并联布置，共计一台。

8）各电改汽装置使用的汽源管道均从就近的厂区辅助蒸汽管道上接出。

**（三）汽轮机部分**

**1. 凝结水泵变频改造**

现在的大型火力电站越来越多的承担调峰任务，而凝结水泵容量裕度较大，在变工况运行中节流损失很大，在机组额定工况运行时，由于凝水管道压力高，主调节阀开度不大，节流损失非常大，在负荷低时节流更大，经济性更差，更为严重的是，主调门节流还产生不容忽视的安全问题。由于除氧器上水主调阀采用气控调节，在节流调节过程中凝水管道产生交变的压力变化，带来除氧器水位自动调节控制的指令波动和凝水母管流量的晃动，导致管道大幅振动和现场巨大噪声。使得该阀门易造成损坏；同时水流撞击、管道晃动对管线的连接部分及焊口、支承件的安全造成较严重的威胁。因此凝结水泵变频运行势在必行。

玉环电厂4台机组两台凝结水泵配套电机型号为HRQI569-D4，额定功率为2700kW，额定电压为6kV，额定频率为50Hz，转速为1486r/min，功率因数为0.89。进行变频改造后，凝结水泵A电动机配置一套变频器，凝结水泵B不配置变频器。凝结水泵变频改造后，每台机组年节约电量568.32kWh，产生经济效益227.32万元，降低0.01%上的厂用电率，降低能耗，减少厂用电率，产生巨大的经济效益。由于原先汽动给水泵的密封水来自凝结水杂用水一路，因此凝结水母管压力必须维持在高位运行。其凝结水管路压力由原来工频运行时3.5MPa降低至2.5MPa，管路节流仍然较大，节能的效果并不明显。有些电厂对机组给水泵密封水系统进行了改造，在杂用水管路上增加了管道泵，用来对给水泵密封水进行增压。这样，机组凝结水母管的压力可以降低到1MPa左右，除氧器上水调阀基本无节流。原先的除氧器上水辅助调阀不再投用；机组正常运行阶段，除氧器上水主阀维持在一个固定开度，由凝结水泵变频器控制除氧器水位。调阀的固定开度随着负荷变化而变化，目的在于确保凝结水泵变频器的输出频率在可调且经济的范围；在机组的启动阶段或在其他低压旁路需要开启的情况下，凝结水泵超驰至工频运行。除氧器上水主阀速关至当前负荷对应下的阀位开度后，释放控制除氧器水位。

2. 凝结水节流调频运行

为了满足电网调频的要求，火电机组负荷调节主要采用炉跟机的控制方式，即汽轮机通过开关高调门改变蒸汽流量来快速调节发电机功率，及时响应电网一次调频及 AGC 变负荷指令，锅炉通过燃烧调整来维持机前压力。由于汽轮机高压调门需要全过程参与调节，导致高压调门运行中处于节流状态，不可避免地存在节流损失。玉环电厂汽轮机是上海汽轮机厂引进德国西门子技术设计生产的凝汽式汽轮机，通过 2 个高压调门和 1 个补汽阀来调节进入汽轮机的蒸汽流量，由于该型汽轮机存在补汽阀开启后机组振动大的普遍问题，负荷调节只能通过高压调门节流来实现，必然存在调门节流损失。如何才能既减少汽轮机调门节流损失，又不削弱机组调频性能，是电力科研机构和电力企业研究的热门课题。西门子公司针对该问题提出了"凝结水节流调频"理念。其技术原理如下：通过修改机组滑压曲线参数，降压运行，使机组正常运行时汽轮机高压调门处于全开状态，减少调门节流损失；当机组需要调整负荷出力时，通过短时间改变流过低压加热器的凝结水流量来改变低压加热器换热量，从而改变汽轮机低压抽汽量，最终改变汽轮机的发电功率，在短时间内快速调节负荷。同时，调整锅炉燃烧状况，实现全过程调门全开下的调频功能。既提高机组经济性又不影响机组调频性能，达到节能目的。

2012 年玉环电厂与相关科研单位联合开展凝结水调频课题研究，通过综合分析调研所掌握的情况及玉环电厂 3 号机组凝结水节流调频试验结果，获得了必要的技术数据：凝结水量可调幅度在 800t/h 以上；节流调频响应时间约 15s，而浙江省考核指标为 20s，满足一次调频考核要求；调频响应速率约 10MW/min，正好符合 AGC 考核速率要求；凝结水调频可持续的有效时间为 3min，大于锅炉燃烧响应滞后时间 2.5min，不影响 AGC 性能。

利用 3 号机组停机检修期间，在除氧器上水门及除氧器入口之间增加低压加热器旁路管阀和调节阀，采取低压加热器旁路分流调节的方式来实现凝结水调频。该方式比凝结水母管节流调频方式，对机组的运行影响较小，对除氧器水位及凝结器热井水位的扰动小得多。重新优化设计协调控制策略，并组态下装新的控制逻辑，实现在线跟踪调试及参数优化。

本次改造采购设备所需费用合计为 55.862 万元，管道安装、仪表安装、电缆敷设、接线调试费用合计 6 万元，合计改造工程总费用 61.862 万元。

通过改造，实现调门全开无节流，可以显著降低机组发电煤耗。根据浙江省该型 1000MW 汽轮机性能试验报告，机组在 750MW 负荷时，调门开度在 45%，主汽压力损失为 4.3%；调门开度在 100% 时，主汽压力损失为 1.5%。实施该节能改造后虽然会降低机组运行主汽压力，引起系统热循环效率降低，但调门节流损失的减少大于循环效率的降低。根据机组目前实际运行状况，以调门开度 45% 为基准，综合考虑负荷变化因素，实现凝结水调频，全开调节汽门，全年平均发电煤耗可降低 0.4g/kWh，年节约标煤量 2200t，年收益 177.32 万元，静态投资回收期 0.35 年。

3. 外置蒸汽冷却器

在 3 号机组汽机房零米层增加一个外置蒸汽冷却器，高过热度的汽轮机 3 号抽汽进入外置蒸汽冷却器管侧，1 号高压加热器的部分疏水进入外置蒸汽冷却器的壳侧。外置蒸汽冷却器壳侧疏水被加热后产生的饱和蒸汽再引回到 1 号高压加热器进汽管道，管侧 3 号抽汽被冷却后成为低压过热度的蒸汽再供给 3 号高压加热器。图 7-4 为某电厂外置蒸汽冷却器系统布置示意图。

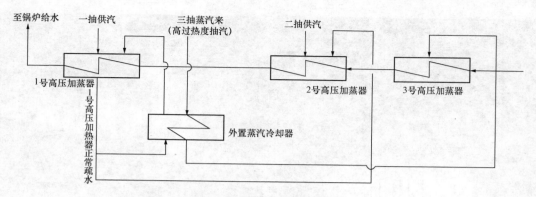

图 7-4　某电厂外置蒸汽冷却器系统布置示意图

（1）外置蒸汽冷却器技术规范。外置蒸汽冷却器由哈尔滨锅炉厂有限责任公司制造，型号为 ZF-720，型式为 U 形管、双流程、卧式，加热蒸汽入口与被加热蒸汽出口设计端差为 164.5℃，加热蒸汽出口与被加热疏水入口设计端差为 15℃。该外置蒸汽冷却器的主要技术规范见表 7-3。

表 7-3　　　　　　　　　　　　　外置蒸汽冷却器主要技术规范

| 项　　目 | 管侧技术规范（汽） | 壳侧技术规范（汽、水） |
|---|---|---|
| 流量（kg/h） | 150 000 | 37 830 |
| 入口压力（MPa） | 2.347 | 8.541 |
| 入口温度（℃） | 464.1 | 283.3 |
| 入口焓（kJ/kg） | 3384.7 | 1253 |
| 出口温度（℃） | 298.3 | 299.6 |
| 设计压力（MPa） | 2.73 | 9.5 |
| 设计温度（℃） | 500 | 310 |
| 试验压力（MPa） | 4.88 | 11.88 |
| 压力降（MPa） | <0.035 | <0.035 |
| 安全门开启压力（MPa） | | 9.4 |
| 容积（m³） | 4.25 | 19.2 |
| 管子数量（根） | 722 | |
| 有效换热面积（m²） | 720 | |
| 流速（m/s） | 22 | 0.65 |

（2）外置蒸汽冷却器运行画面。3 号机组满负荷运行时，外置蒸汽冷却器系统运行画面如图 7-5 所示。

（3）外置蒸汽冷却器运行参数分析。某电厂 3 号机组外置蒸汽冷却器投运前后，高压加热器系统相关运行参数发生了明显的变化，外置蒸汽冷却器未投运时高压加热器系统参数见表 7-4，外置蒸汽冷却器投运时高压加热器系统参数见表 7-5。

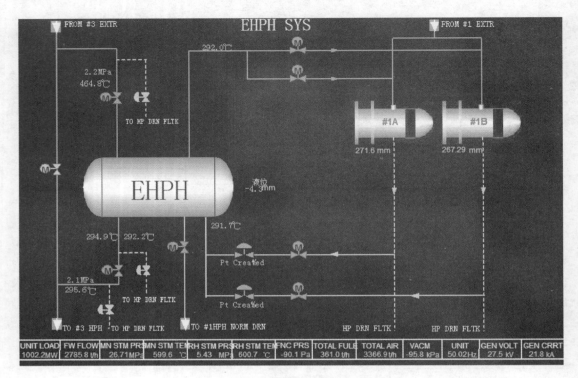

图 7-5  外置蒸汽冷却器系统运行画面

表 7-4                    外置蒸汽冷却器未投运时高压加热器系统参数

| 项    目 | 机组负荷（MW） | | |
|---|---|---|---|
|  | 500 | 750 | 1000 |
| 3 号高压加热器入口温度（℃） | 165.0 | 177.7 | 190.3 |
| 3 号高压加热器出口温度（℃） | 190.5 | 207.5 | 216.3 |
| 2 号高压加热器出口温度（℃） | 239.3 | 257.0 | 270.6 |
| 1 号高压加热器出口温度（℃） | 254.5 | 274.3 | 291.8 |
| 1 号高压加热器正常疏水调门开度（%） | 28 | 40 | 49 |
| 2 号高压加热器正常疏水调门开度（%） | 45 | 57 | 64 |
| 3 号高压加热器正常疏水调门开度（%） | 44 | 55 | 64 |
| 1 号高压加热器抽汽压力（MPa） | 4.034 | 5.706 | 7.338 |
| 1 号高压加热器抽汽温度（℃） | 398.4 | 400.7 | 388.0 |
| 2 号高压加热器抽汽压力（MPa） | 3.002 | 4.300 | 5.597 |
| 2 号高压加热器抽汽温度（℃） | 358.6 | 363.6 | 347.9 |
| 3 号高压加热器抽汽压力（MPa） | 1.177 | 1.755 | 2.140 |
| 3 号高压加热器抽汽温度（℃） | 460.8 | 466.3 | 456.9 |

表 7-5　　　　　　　　　　　外置蒸汽冷却器投运时高压加热器系统参数

| 项　目 | 机组负荷（MW） | | |
|---|---|---|---|
| | 500 | 750 | 1000 |
| 3 号高压加热器入口温度（℃） | 164.7 | 176.2 | 190.1 |
| 3 号高压加热器出口温度（℃） | 187.4 | 200.5 | 213.5 |
| 2 号高压加热器出口温度（℃） | 238.9 | 256.5 | 271.0 |
| 1 号高压加热器出口温度（℃） | 255.0 | 273.1 | 291.2 |
| 1 号高压加热器正常疏水调门开度（%） | 22 | 33 | 39 |
| 2 号高压加热器正常疏水调门开度（%） | 43 | 56 | 62 |
| 3 号高压加热器正常疏水调门开度（%） | 44 | 54 | 63 |
| 1 号高压加热器抽汽压力（MPa） | 4.126 | 5.641 | 7.515 |
| 1 号高压加热器抽汽温度（℃） | 359.7 | 364.8 | 374.9 |
| 2 号高压加热器抽汽压力（MPa） | 3.045 | 4.217 | 5.604 |
| 2 号高压加热器抽汽温度（℃） | 360.6 | 350.5 | 355.5 |
| 3 号高压加热器抽汽压力（MPa） | 1.164 | 1.605 | 2.123 |
| 3 号高压加热器抽汽温度（℃） | 258.0 | 274.4 | 293.7 |
| 外置蒸汽冷却器进水温度（℃） | 240.6 | 259.9 | 278.2 |
| 外置蒸汽冷却器产汽温度（℃） | 253.6 | 273.8 | 291.4 |

由表 7-4、表 7-5 可见，机组负荷 500～1000MW 之间，外置蒸汽冷却器投运前后，1 号高压加热器的温升变化较小，在±1℃以内，2 号高压加热器的温升变化较大，上升 2.7～6.5℃，3 号高压加热器的温升变化也较大，下降 2.6～5.5℃，不同高压加热器温升变化的综合影响：1 号高压加热器出口温度，即省煤器入口的给水温度，在外置蒸汽冷却器投运前后，变化较小，在±1℃以内。

另外，由表 7-4、表 7-5 可见，机组负荷 500～1000MW 之间，外置蒸汽冷却器投运前后，1 号高压加热器正常疏水调门开度明显关小，关小幅度为 6%～10% 开度，而 2、3 号高压加热器正常疏水调门开度变化较小，变化幅度一般不超过 2% 开度。

根据外置蒸汽冷却器投运前后，1、2、3 号高压加热器正常疏水调门开度的变化情况，结合 1、2、3 号高压加热器温升的变化情况和 1、2 号高压加热器进水温度的变化方向，可知：机组负荷一定时，外置蒸汽冷却器投运后，1 号高压加热器抽汽量减少，2 号高压加热器抽汽量增加，3 号高压加热器抽汽量基本不变。

（4）经济性分析。外置蒸汽冷却器投运前后，高压加热器系统相关运行参数发生了明显的变化，可以采用 PEPSE 软件进行计算，获得经济性指标的定量分析结果，外置蒸汽冷却器用于加热 1 号高压加热器疏水时的经济性指标见表 7-6，其中，标煤价按 850 元/t 计算。

表 7-6　　　　　　　　外置蒸汽冷却器用于加热 1 号高压加热器疏水时的经济性指标

| 项　　目 | 机组负荷（MW） | | |
| --- | --- | --- | --- |
| | 500 | 750 | 1000 |
| 汽轮机热耗（kJ/kWh） | 7655 | 7421 | 7321 |
| 汽轮机热耗降低值（kJ/kWh） | 7 | 7 | 7 |
| 管道效率（%） | 99.0 | 99.0 | 99.0 |
| 锅炉效率（%） | 93.80 | 93.80 | 93.80 |
| 发电效率（%） | 43.67 | 45.05 | 45.66 |
| 发电煤耗（g/kWh） | 281.62 | 273.02 | 269.34 |
| 厂用电率（%） | 3.80 | 3.80 | 3.80 |
| 供电效率（%） | 42.01 | 43.34 | 43.93 |
| 供电煤耗（g/kWh） | 292.75 | 283.80 | 279.98 |
| 年运行时间（h） | 2000 | 4000 | 1500 |
| 供电煤耗降低值（g/kWh） | 0.27 | 0.27 | 0.26 |
| 年发电量（kWh×10⁶） | 1000 | 3000 | 1500 |
| 年节约标煤（t） | 270 | 810 | 390 |
| 年节约成本（万元） | 22.95 | 68.85 | 33.15 |
| 年节约成本合计（万元） | 124.95 | | |

　　由表 7-6 可知，当外置蒸汽冷却器用于加热 1 号高压加热器疏水时，可以充分利用机组 3 号高压加热器抽汽的过热度，能有效降低汽轮机不同工况下的热耗值。另外，外置蒸汽冷却器投运后，不同能量品位抽汽之间的排挤效应可以提高机组的出力裕量，采用 PEPSE 软件进行计算机组出力可提高 2.8MW。

## 四、环境保护

### 1. 低氮燃烧器改造

　　华能玉环电厂 3 号机组 1000MW 锅炉是由哈尔滨锅炉厂有限责任公司引进日本三菱重工业株式会社技术制造的超超临界变压运行直流锅炉，型号为 HG-2953/27.46-YM1。采用 Π 型布置、单炉膛、低 $NO_x$PM 主燃烧器和 MACT 燃烧技术、反向双切圆燃烧方式。根据华能玉环电厂 3 号锅炉 $NO_x$ 燃烧状况、煤质、原燃烧器设备情况综合评估，哈尔滨锅炉厂有限责任公司从日本三菱公司引进新型燃烧器技术，在 50%～100%BMCR 负荷范围内，采用新型燃烧器改造后可实现排放 $NO_x$≤180mg/m³。主要改造内容包括：

　　(1) 采用 MPM 燃烧器，取消原 PM 燃烧器中的浓、淡煤粉燃烧器以及 PM 煤粉分离器，并保持 MPM 燃烧器的标高与原 PM 浓煤粉燃烧器的中心标高一致。

　　(2) 增加从 PM 分离器接口处到 MPM 燃烧器处的煤粉管道以及吊挂。

　　(3) 改造后的 M-PM 燃烧器摆动方式与原来相同，使用原摆动执行器与二次风门执行器，重新设计燃烧器摆动连杆。

　　(4) 维持原来的燃烧器风箱尺寸不变，增加原淡煤粉风室处的二次风喷口，将其他的二次风喷口进行封堵，确保燃烧器配风的合理性。

（5）更换 A-A 风风室喷口，以满足燃尽风风量增大后的需要。

（6）原等离子燃烧器以及相应的油点火系统不做更改。

（7）MPM 燃烧器的一次风速设计为 27m/s，二次风速以及 A—A 风风速设计为50m/s，为了有较为宽松的调节范围，初步设计 A—A 风所占总风量的比例为 30％。

2. 电除尘超净排放改造

华能玉环电厂 3 号机组配备两台浙江菲达环保股份有限公司设计生产的三室四电场电除尘器，单台除尘器有效流通面积 648m²，比集尘面积 98.02m²/m³，设计除尘效率 99.83％，设计最大排放浓度不大于 45mg/m³。电除尘器总长（含进、出口喇叭）34.6m，电场长度方向柱距为 6.4m；单台电除尘器总宽 44.64m（柱距）。每台电除尘器均有 3 个进、出口喇叭，目前 2 台除尘器入口喇叭口及烟道下方有消防通道，出口空间结构紧凑，扩容空间位置有限。

根据西安热工研究院有限公司测试结果计算，原电除尘器入口烟气量标态为 291.34×$10^4$m³/h，折算到实际工况下为 396.38×$10^4$m³/h；脱硫系统出口标态烟气量为 306.02×$10^4$m³/h，折算到实际工况下为 356.09×$10^4$m³/h。除尘器入口温度按 90℃设计，脱硫系统出口烟气温度按 50℃设计；按照近三年煤质特性分析结果，电除尘器入口烟尘浓度按 14g/m³设计（灰分按 12％计算）。除尘器系统改造工程主要设计参数见表 7-7。

表 7-7　　　　　　　　　　　除尘器系统改造工程主要设计参数

| 项　　目 | 单　　位 | 设　计　参　数 |
|---|---|---|
| 低低温除尘器入口烟气量 | ×$10^4$m³/h | 396 |
| 低低温除尘器入口温度 | ℃ | 90 |
| 低低温除尘器入口烟尘浓度 | g/m³ | 14 |
| 烟囱入口烟尘排放浓度 | mg/m³ | ≤5 |

针对华能玉环电厂锅炉烟气系统现状，在满足场地布置条件下，经初步比选，采用低低温电除尘器＋脱硫系统协同除尘，该技术方案能够确保烟尘排放不大于 5mg/m³，能够同时去除微细粉尘 PM2.5、石膏雨、重金属等多种污染物。采用低低温电除尘器改造方案，电除尘器出口烟尘排放浓度不大于 20mg/m³，该方案的主要内容包括：

（1）原电除尘器内部修复性检修（含极板、极线、振打及漏风治理等）。

（2）灰斗改造（增设加热装置、内衬不锈钢板）。

（3）所有绝缘件位置设置强制热风吹扫装置。

（4）气流分布调整。

（5）电除尘器 1、2、3 电场采用高频电源改造，第 4 电场采用脉冲电源改造。

3. 水媒式 GGH 系统（Gas-Water-Gas Heat exchanging system，WGGH 系统）改造

华能玉环电厂 3 号机组原设计有回转式 GGH，为了避免原烟气向净烟气泄漏造成 $SO_2$ 和烟尘排放超标，同时彻底解决 GGH 堵塞造成的烟气阻力增加和机组非停，本次改造将拆除原回转式 GGH，新增水媒式 WGGH 系统。

WGGH 系统分两级布置，在 ESP 前烟道布置锅炉烟气余热回收装置（烟气冷却器），在脱硫吸收塔后水平烟道中设置锅炉烟气余热再热装置（净烟气加热器）。每台锅炉 ESP 前水平烟道支管 6 根，每根支管上设置一台烟气余热回收装置，一台锅炉共设 6 台烟气余热回

收装置。脱硫吸收塔后水平烟道上设置一台净烟气加热器。本方案在 BMCR 工况下可以将烟温从 125℃降至 90℃，将脱硫净烟气从 50℃加热至 80℃以上。WGGH 系统工艺流程如图7-6 所示。

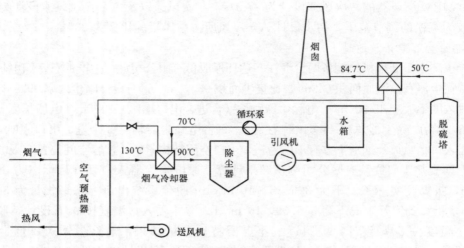

图7-6　WGGH 系统工艺流程

该工艺是一个闭式循环水媒式换热系统，主要由烟气冷却器、净烟气加热器、热媒辅助加热器（用锅炉的蒸汽加热并提高热媒水温以维持 FGD 出口烟气的温度）、循环水泵（进行热媒水加压强制循环）、热媒体平衡罐（凝结水箱，平衡热媒体由于温度变化而产生的压力变化）、清灰装置（运行时除去换热器管束上的灰尘）和热媒体循环旁路、加药罐以及其他辅助系统组成。

WGGH 系统中间传热媒介为除盐水，在循环水泵的作用下，流经布置于电除尘器入口处的烟气冷却器，吸收烟气放出的热量，然后将热量带至布置于脱硫除雾器后的净烟气加热器中加热脱硫后的烟气。

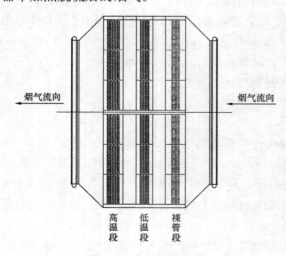

图7-7　净烟气加热器

WGGH 系统的核心是净烟气加热器的腐蚀问题，需要注意烟气中 $SO_3$、$Cl^-$、$F^-$等离子对管道的腐蚀。净烟气加热器仍然分段设计，净烟气加热器如图7-7 所示。在烟温最低的入口段设置不少于 6 排的裸管，材质等级不低于 SUS444，错列布置，加热烟气，降低后续换热器中烟气的相对湿度，避免管排黏结积灰，同时拦截石膏液滴，有效保护换热面。后面的低温段换热器材质等级不低于 316L，高温段受热面材质不低于 ND钢，采用螺旋翅片管。

4. 高效脱硫及协同除尘改造

华能玉环电厂 3 号机组烟气脱硫装置采用石灰石湿法脱硫工艺，按一炉一塔设计。改造设计入口 $SO_2$ 浓度按 $1969mg/m^3$（标态、干基、6%$O_2$），要求脱硫系统出口 $SO_2$ 浓度不大于 35mg/m³（标态、干基、6%$O_2$），脱硫效率不小于 98.5%。

本次脱硫系统改造设计煤质收到基含硫量仍按 0.9% 设计，设计入口烟气条件见表 7-8。

表 7-8　　　　　　　　　脱硫系统改造设计 FGD 入口烟气条件

| 项　　目 | | 单　位 | 数　据 | 备　注 |
|---|---|---|---|---|
| 烟气参数 | 烟气量（湿基） | m³/h | 3 016 000 | 标态，湿基，实际含氧量 |
| | 烟气量（干基） | m³/h | 2 767 135 | 标态，干基，实际含氧量 |
| | 吸收塔入口烟温 | ℃ | 92 | |
| FGD 入口处烟气组成 | $H_2O$ | （体积分数）% | 8.25 | 标态、湿基、实际 $O_2$ |
| | $O_2$ | （体积分数）% | 4.88 | 标态、干基、实际 $O_2$ |
| | $N_2$ | （体积分数）% | 80.42 | 标态、干基、实际 $O_2$ |
| | $CO_2$ | （体积分数）% | 14.58 | 标态、干基、实际 $O_2$ |
| | $SO_2$ | （体积分数）% | 0.07 | 标态、干基、实际 $O_2$ |
| FGD 入口处污染物浓度 | $SO_2$ | mg/m³ | 1969 | 标态，干基，6%$O_2$ |
| | $SO_3$ | mg/m³ | 50 | 标态，干基，6%$O_2$ |
| | HCl | mg/m³ | 132 | 标态，干基，6%$O_2$ |
| | HF | mg/m³ | 56 | 标态，干基，6%$O_2$ |
| | 烟尘 | mg/m³ | 20 | 标态，干基，6%$O_2$ |

脱硫系统改造主要内容包括：

（1）吸收塔系统。增加一层合金托盘方案加一层喷淋层。增加的一层喷淋层浆液循环泵流量与原设计尽量保持一致。本次改造同步考虑脱硫装置的协同除尘效果，增加最上层喷淋层和除雾器之间距离至 3m，优化除雾器及喷淋层设计，提高喷淋覆盖率，原除雾器组件全部更换，采用两级进口品牌屋脊式除雾器（设置四层冲洗水）加一级管式除雾器，增加一级进口品牌屋脊式除雾器（设置两层冲洗水）或在吸收塔后净烟道设置两级进口品牌平板式烟道除雾器（设置三层冲洗水），保证吸收塔后净烟气中雾滴测试均值不超过 25mg/m³。满足在吸收塔入口烟尘浓度不超过 20mg/m³ 时，控制吸收塔出口烟尘浓度不超过 5mg/m³，系统协同除尘能力不低于 70%。

本次改造吸收塔浆池区抬高 2.5m，吸收区抬高 5.7m，吸收塔总高增加至 42.5m。增加一层合金托盘吸收塔阻力增加约 800Pa，增加一层喷淋层阻力增加约 300Pa，烟道除雾器阻力增加约 200Pa。

（2）烟气系统。取消 GGH。

（3）石膏脱水系统。拆除两台真空皮带脱水机，在原位置新增两套真空圆盘脱水机，每套处理能力为 40t/h。

# 第八章

# 化 学 设 备 系 统 运 行

## 第 一 节　 预 处 理 系 统

电厂采用的"原水池＋微涡旋絮凝沉淀池＋超滤"的预处理系统布置在海淡预处理系统中极具有代表性。取水采用虹吸井出水及循环水泵出口母管来水两路供水的方式。来水经过原水池初步缓冲并添加次氯酸钠后通过原水升压泵进入反应沉淀池，柱塞式计量泵将浓度为5％的混凝剂输送至原水升压泵出口管的管道混合器内。在经过大约1h的混合、絮凝、沉淀后，产水进入超滤系统。海水在超滤系统内进行深度过滤后进入反渗透系统。在此期间，反应沉淀池的排泥由污泥沉淀池收集后输送至废水处理系统进行处理。预处理系统通过调整原水池进水水源来保证海淡系统进水的水温，保证海淡设备处于良好的运行状态。

### 一、系统特点

1. 反应沉淀池

"高效混凝沉淀净水技术"是基于"涡旋混凝低脉动沉淀给水处理技术"基础上发展而来的，涉及了水处理中混合、絮凝反应、沉淀三大主要工艺，适用范围较广。该型反应沉淀池结构简洁紧凑，无转动部件，对进水水质要求低，在实际使用中取得了良好的效果。但是由于缺少转动部件，在运行过程中只能通过排泥和调整加药量来调节产水水质。

为保证产水水质，反应沉淀池采用手动调整流量、自动定时排泥的模式，每个沉淀池共有15个排泥角阀，1、2、3、4号排泥角阀为第一组，5、6、7、8号排泥角阀为第二组，9、10、11号排泥角阀为第三组，12、13、14、15号排泥角阀为第四组。每组排泥角阀都通过定时自动进行排泥。在上位机上有个联锁按钮，只要将联锁投入就会按照设定的要求进行自动排泥，如果将联锁解除就要手动进行排泥。自动排泥的设定参数有两个，一个是每一组排泥角阀的排泥周期，另一个是每一组排泥角阀的排泥时间，此两参数在实际运行时应根据进出水浊度和出水矾花的携带情况及时进行调整。每一次排泥最好都要在就地观察排出的泥沙量，以便来调整相关的参数。如果进水泥沙量低时不可将泥沙排尽，要留一定量的泥沙作为反应的活性泥沙。如巡检中发现出水区的某区域带矾花现象加重（翻池）时，要对该区域所对应的排泥角阀进行手动加强排泥。

2. 超滤

华能玉环电厂采用 ZeWeed1000V3 型膜元件，属于浸没真空抽吸式，运行启动方便，操作简单。由于整个超滤处理系统自动化程度较高，在运行维护过程中，主值班员只需要关注整列超滤系统的运行参数以及各列膜池的反洗情况即可。自动反洗装置根据进水水质、进水温度以及各列膜池的回收率情况进行设备的反洗工作，保障了设备的健康稳定，基本上不需要人为频繁进行调整。

为了保持膜的渗透性，需要对膜进行定期的维护性清洗，维护性清洗 24h 进行一次；一般利用次氯酸钠或者盐酸进行清洗，在化学清洗水箱内配制 $50\mu L/L$ 的次氯酸钠溶液或者 pH 值为 2.2～2.5 的盐酸溶液。先排空待维护性清洗膜池，把配置好的药液打入该膜池内，启动化学清洗水泵根据产水方向进行循环清洗，循环 15min 后用原水进行水池及管道壁的冲洗，冲洗水质根据加入的药液不同使次氯酸钠残余量或 pH 合格后即可转入正常产水。

## 二、系统操作

### （一）反应沉淀池的运行

1. 反应沉淀池投运

首先检查确认需要启动的反应沉淀池处于正常备用状态，无检修工作。如果是大修后的沉淀池需要彻底冲洗干净后再进行投运。确认反应沉淀池具备投运条件后，开启混凝剂加药箱出口阀、混凝剂加药计量泵进出口阀、管道混合器上的混凝剂加药阀；将混凝剂加药计量泵的冲程调到适当的位置。

启动海水原水升压泵，初始频率设定为 33Hz，频率升至 33Hz 后打开对应的出口电动门，防止出口管内的海水回流至原水池。在原水升压泵启动后，混凝剂加药计量泵自动投入运行并根据海水流量的变化改变频率。缓慢提高原水升压泵频率，直至流量达到系统要求。沉淀池投运完毕后要根据沉淀池的启停情况切换原水池进次氯酸钠手动门。如果投运完毕后超滤进水余氯有所变化，则要根据实际情况调整次氯酸钠计量泵冲程、频率。调整完毕后要根据超滤进水余氯的变化再次进行调整直至符合要求。反应沉淀池在投运初期尽可能采用手动排泥操作，待水质稳定后再投入自动排泥程序。

启动过程中要注意以下几点：

（1）启动前要排空反应沉淀池底部失去活性的淤泥，如果反应沉淀池内已经添加保养液，则需要排空沉淀池内的海水后才能投入运行。

（2）在投运初期，打开第一组排泥角阀进行排泥后，尽量不再对第一组进行排泥操作，让混凝区内尽可能多尽可能快的生成"矾花"。

（3）如果是在沉淀池排空的情况下进行投运操作，则需要注意初始流量不能过大，以免过大的流量冲坏折板。待混凝区内液位高过折板后再提高沉淀池流量。

2. 反应沉淀池的停运

反应沉淀池在经过一段时间的运行后，由于"翻池"等原因导致出口滤网及集水槽滤网均会附着一定量的淤泥，这些淤泥会导致滤网污堵，反应沉淀池产水界面上升。在这种情况下就需要停运后进行冲洗，以免滤网污堵后海水从集水槽顶部直接进入集水槽影响产水水质。反应沉淀池的停运较为简单，直接从上位机上调出预处理沉淀系统的相应画面，单击准备停运的反应沉淀池相对应的海水原水升压泵，将海水原水升压泵的频率设为 33Hz，同时关闭出口电动门，等电动门关闭后将海水原水升压泵的频率降至 0Hz 并单击停运开关，此时混凝剂加药计量泵频率降至 0Hz，在上位机找出预处理加药系统画面后手动停运混凝剂计量泵；反应沉淀池停运完毕后，根据超滤进水余氯值适当调整次氯酸钠计量泵运行工况，必要时停运一台计量泵，保证超滤进水的余氯值处于要求范围内。

反应沉淀池停运后，检查沉淀池的斜板、出水槽和出口滤网积泥和损坏程度，联系检修及时处理。等设备全部停运后，将每一组排泥角阀打开进行排泥，将水位降至斜板以下约 0.5m，联系检修人员对集水槽滤网、产水管滤网、斜板上的杂物及积泥进行冲洗。冲洗结束后，在向反应沉淀池上水的同时，加入戊二醛杀菌剂，以防止反应沉淀池在停运时滋生有机物，加药量为 $50\mu L/L$。

**3. 反应沉淀池回泥泵的启停**

为了消除进水浊度的大幅变化以及低浊度对产水水质产生的影响，在污泥沉淀池内加装回泥泵。通过将污泥打回至反应沉淀池的入口来调整反应沉淀池的进水浊度，保证反应沉淀池进水有足够的颗粒形成絮凝体，进而形成稳定的泥渣层，以保证产水水质。

在巡检过程中，发现反应沉淀池进水浊度偏小时就需要汇报主值班员，由主值班员根据实际情况确定是否需要启动回泥泵。在启动回泥泵后就地巡检人员根据反应沉淀池入口的回泥量调整进水门开度或者是加泥管道上的回流阀开度，保证回泥量处于适中位置。巡检人员如果发现反应沉淀池进水浊度已经明显升高，且通过反应区的矾花判断已加泥过量，向值班员申请停运回泥泵。

**4. 海水原水池进水水温的调节**

由于海淡系统对水温的要求较高，而且反应沉淀池产水水质收温度影响也较高，因而在日常运行中需要通过循环水泵进水及虹吸井排水之间的温度差来保证原水池进水的水温。一般情况下通过两种调节方式进行调节。

（1）直接取用循环水泵出水：当海水温度大于 25℃时，被选用机组的循环水压力母管至海水原水池的进口手动阀开度调节在较大的位置，保证絮凝沉淀池四台絮凝沉淀池满出力情况下保持海水原水池液位高于被选用机组的虹吸井液位，被选用机组的虹吸井至海水原水池的隔绝闸板全部关闭，使海水原水池的进水全部来自循环水。

（2）需要冷暖海水混合取水：当海水温度小于 25℃时，被选用机组的虹吸井至海水原水池的隔绝闸板拉起，相应的虹吸井至原水池出口手动门全开，1 号机、3 号机循环水压力母管至海水原水池的进口手动阀开度调节在合适的位置，流量分别约为 100t/h、200t/h。

虽然全部采用虹吸井出水可以提高海淡系统进水温度，提高日常水量，但是这种情况下机组负荷波动引起的水温快速变化容易导致反应沉淀池产水水质变差甚至"翻池"。而反应沉淀池产水水质的恶化会严重影响超滤系统的正常运行。为尽量避免以上情况的发生，我们采取了"间断性两路供水模式"，即在机组调峰时段，采用两路供水，其他时段只采用虹吸井供水。根据日常运行经验可以看出沉淀池翻池现象主要集中在机组早高峰阶段，因此在该时段，我们采用两组供水模式，减轻甚至避免反应沉淀池的翻池现象。主要步骤介绍如下。

1）打开 1 号机循环水压力母管至海水原水池的进口手动阀。

2）打开 3 号机循环水压力母管至海水原水池的进口手动阀，关闭 1 号机循环水压力母管至海水原水池的进口手动阀。

3）打开 1 号机循环水压力母管至海水原水池的进口手动阀。

4）关闭 1 号机循环水压力母管至海水原水池的进口手动阀。

5）打开 1 号机循环水压力母管至海水原水池的进口手动阀，关闭 3 号机循环水压力母管至海水原水池的进口手动阀。

6）关闭 1 号机循环水压力母管至海水原水池的进口手动阀。

**5. 混凝剂加药系统的启停**

（1）混凝剂的配制。当混凝剂计量箱的液位降到 20％时，开混凝剂计量箱的稀释水进水阀，向混凝剂计量箱内加水，当计量箱液位到 83％时停止加水，关进水阀。开启混凝剂储存箱出口阀、所选用混凝剂计量箱的进药阀，加入浓度为 40％三氯化铁混凝剂原液，当计量箱液位到 92％时停止加混凝剂，关进药阀。投运混凝剂加药箱的搅拌器，搅拌至均匀后停运搅拌器。

（2）混凝剂加药泵的启动。在启动海水原水升压泵前 15min，检查加药系统的控制系统和设备都处于通电状态并在自动位，就地触摸屏上的加药泵的频率和流量的系数比设为 100％，打开混凝剂计量箱的出口门、混凝剂计量泵的进出口门、至反应沉淀池的出口门、管道混合器的进药门，将加药泵的冲程调到合适位置。当对应的海水原水升压泵启动后此加药泵会自动联启，观察出口的压力和流量是否正常，反应沉淀池的矾花是否正常，如无出力或出力偏小时调整泵的冲程，在还没有明显变化时，切换到邻近的加药泵来运行，同时联系检修进行处理。混凝剂计量泵控制柜上按钮如打在手动位，则启动海水原水升压泵后，必须手动启动对应的混凝剂计量泵。

（3）混凝加药泵的停运。在海水原水升压泵停运对应的加药泵会联锁停运，关此泵的出口门；如在异常情况和检修时启运备用泵，打开母管联通阀，将相邻的备用加药泵改为手动方式给予此流量下相匹配的频率投入运行、同时冲程调到合适的位置。

（4）卸药的操作。当药品到现场时，联系化验班取样化验，在接到化验班的化验合格报告后才可进行卸药。混凝剂卸药泵只能用于卸混凝剂，助凝剂卸药泵只能用于卸助凝剂，卸药备用泵二者均可用。如卸药备用泵用于卸混凝剂后再需用于卸助凝剂，应先将管道冲洗干净，反之亦然，以防两种药品起絮凝（如厂家自带泵可求执行以上操作）。每次卸药操作时应穿戴好必要的防护用品，避免受到药品外泄的危险，具体操作介绍如下。

1）确认需要进药品的储存箱的空余容积能接纳一槽车的药品，开启该储存箱的进口阀。

2）指挥运输药品的槽车停到合适的位置，用软管连接槽车出口与卸药泵进口并固定好。

3）开启所选用卸药泵的进出阀，投运所选用的卸药泵进行卸药。

4）卸药过程中随时注意槽车和储存箱的液位变化情况，防止储存箱溢流或卸药泵打空泵，待槽车卸至最低液位时停运卸药泵。

5）拆除连接槽车出口与卸药泵进口的软管，关闭上述所开的阀门。

**（二）超滤的运行**

在上位机上相应的超滤系统画面上通过更改超滤透过液泵的变频器运行控制方式可以实现手动和自动方式的切换。

**1. 超滤膜池运行时的流量调节**

如启动时透过液泵设置在手动调节频率或在自动下的手动调节流量状态，运行时在上位机相应的超滤系统画面上手动调节超滤透过液泵变频器的频率设定值，确认后控制系统会自动将超滤透过液泵的频率调节到新的设定值运行；当超滤产水箱液位达到预先设定的超滤产水箱高液位自动停运超滤系统的限值时，控制系统通过判断后会按反洗先后次序相反的次序自动逐个停运超滤系列；如果超滤系列自动停运后，当超滤产水箱液位下降到预先设定的超滤产水箱低液位自动投运超滤系统的限值时，控制系统通过判断后会按反洗先后次序相同的次序自动逐个投运超滤系列，流量控制按上述描述调节。

如启动时透过液泵设置在自动，运行时可以在上位机上相应的超滤系统画面上重新设定超滤系统产水箱液位的设定值，确认后控制系统会根据超滤系统产水箱液位的反馈信号自动调节超滤透过液泵的频率使超滤系列的产水流量达到新的运行状态；当超滤系统产水箱水位液位低于预先设定值时，控制系统会自动平均调节各超滤系列透过液泵的频率，使各超滤系列的产水量同时增加至被允许的透过液泵最高频率或被允许的超滤系列的最大产水量；当超滤系统产水箱液位高于预先设定值时，控制系统会自动平均调节各超滤系列透过液泵的频率，使各超滤系列的产水量同时减小至被允许的透过液泵最低频率，如果此时超滤系统产水箱液位仍在不断上升，当超滤系统产水箱液位上升到预先设定的超滤产水箱高液位自动停运超滤系统的限值时，控制系统通过判断后会按反洗先后次序相反的次序自动逐个停运超滤系列。如果超滤系列自动停运后，当超滤产水箱液位下降到预先设定的超滤产水箱低液位自动投运超滤系统的限值时，控制系统通过判断后会按反洗先后次序相同的次序自动逐个投运超滤系列，流量控制按上述描述调节。

2. 超滤的反洗

运行中当超滤系列的累计回收率达到预设定的激发超滤系列反洗的系统回收率时，控制系统将该超滤系列进入反洗程序的第一步。

反洗是形成一个周期性的逆向的流量通过膜丝，把附着在膜丝表面的碎片冲洗下去；反洗的频率取决于膜池计算回收率的设定点，当膜池计算回收率不小于系统的设定回收率设定点时，膜池将开始反洗；系统回收率设定点取决于膜池的进水的平均浊度和温度。反洗也可以由操作员单击上位机画面的反洗按钮强制进行反洗；由于反洗设备是六列膜池公用的，所以在同一时间只能有一列膜池在反洗；如果是多个膜池的累计回收率达到系统的回收率时，按到达时间的先后顺序进行排队反洗。

超滤系列反洗步骤介绍如下。

反洗第一步：降低膜池液位，首先关闭膜池进水阀保持透过液泵运行状态，等到膜池降到开始反洗液位设定点时，停止透过液泵，5s后进入反洗第二步。

反洗第二步：打开膜池进气阀，同时关闭透过液泵入口阀，5s后启动膜鼓风机，并开始曝气计时，这个持续时间为15s，计时结束时进反洗第三步。

反洗第三步：打开膜池反洗进水阀，5s后进入反洗第四步。

反洗第四步：启动反洗水泵，并开始反洗计时，这个时间持续15s，计时完成时停止膜鼓风机和反洗泵，5s后关闭膜池进气阀，并进入反洗第五步。

反洗第五步：打开膜池排水阀，进行排水，等膜池排空以后关闭膜池排水阀，5s后关闭反洗进水阀，5s后进入反洗第六步。

反洗第六步：打开膜池进水阀对膜池进行补水；等膜池液位达到产水液位设定时，进入反洗第七步。

反洗第七步：表明反洗过程完成，复位反洗信号，同时进入产水步骤。

运行人员可以根据超滤系列的实际运行情况进行手动强制反洗，超滤系列在运行状态下可以在上位机上相应的超滤系统画面上强制启动反洗按钮来启动反洗程序，则将使反洗按照已经设定的持续时间进行反洗。也可以在上位机上相应的超滤系统画面上更改超滤系列的反洗设定值以便调整反洗周期和反洗时间，以确保超滤系列的产水水质。此外，也可以通过强制启动反洗程序来调整运行周期以维持交错反洗。强制启动反洗命令将作为优先命令立刻执行，该命令只有在运行模式下才能作用。

3. 超滤系列的维护清洗

为了保持膜的渗透性，需要对膜进行定期的维护性清洗，维护性清洗 24h 进行一次；一般利用次氯酸钠或者盐酸进行清洗，在化学清洗水箱内配制 $50\mu L/L$ 的次氯酸钠溶液或者 pH 值为 2.2～2.5 盐酸溶液。

维护性清洗只要设备在运行模式下没有其他膜池在进行化学清洗时操作员可以从上位机上在任何时候手动点击维护性按钮而进行的，如果在同一天内需要有多个膜池进行清洗，每两个膜池清洗的时间间隔不小于 2h。

根据膜的污堵和实际运行情况，操作员按规定选择使用次氯酸钠或者盐酸进行维护性清洗，一旦选择，以后的维护性清洗将利用被选择的药品进行清洗，直到操作员再次改变选择药品；在每一个维护性清洗循环中没有必要重新选择期望的化学药品，在维护性清洗过程中化学药品的选择是不能改变的。按以下三种方案选择清洗药品：

（1）每周五次次氯酸钠和两次盐酸。

（2）每周五次盐酸和两次次氯酸钠。

（3）次氯酸钠和盐酸交替进行。

当在运行中的超滤系列的连续运行时间达到预先设定的激发超滤系列维护性清洗的连续运行时间设定值时，该超滤系列首先进行反洗，反洗程序结束后该超滤系列将按照预先设定好的维护清洗持续时间自动进入维护清洗。超滤系列的维护清洗步骤介绍如下。

维护性清洗的第一步：如果膜池在运行产水状态，紧紧需要关闭进水阀，进行降液位的步序；如果膜池在待机状态则需要打开透过液泵入口阀，5s 之后启动透过泵，进行降液位的步序；当膜池液位降到开始清洗的液位设定点时，系统会自动停止透过液泵，5s 后进入维护性清洗的第二步。

维护性清洗的第二步：打开排水阀，进行维护清洗的第二步排水，排水结束后，同时关闭排水阀和透过液泵入口阀，5s 后系统进入维护性清洗的第三步。

维护性清洗的第三步：调整阀门，打开膜池清洗进水阀和化学清洗水箱出口阀，阀门调整结束后，进入维护性清洗的第四步。

维护性清洗的第四步：启动化学清洗泵把化学清洗水箱内配制的化学药品溶液打入到膜池中，当膜池的液位上升到开始清洗的液位设定点时停止化学清洗泵，系统进入维护性清洗的第五步。

维护性清洗的第五步：调整阀门；关闭化学清洗水箱出口阀，同时打开膜池清洗循环阀，阀门调整之后进入维护性清洗的第六步。

维护性清洗的第六步：启动化学清洗泵，使药液在膜池内循环，循环时间设定为 10min，这个时间设定操作员可以在上位机上改动；循环计时结束后，停止化学清洗泵，5s 后关闭膜池清洗进水阀，5s 后进入维护性清洗的第七步。

维护性清洗的第七步：打开膜池排水阀，将膜池排空；当膜池排空以后，关闭膜池排水阀，5s 后进入维护性清洗的第八步。

维护性清洗的第八步：打开膜池进水阀，对膜池进行充水；同时打开化学清洗药剂循环阀；当膜池液位上升到开始清洗的液位设定点时进入维护性清洗的第九步。

维护性清洗的第九步：启动化学清洗泵，冲洗化学清洗管道和化学清洗水箱，直到化学清洗泵出口的余氯和 pH 值都满足设定点的要求并且化学清洗水箱的液位达到冲洗的液位设定时；如果进超滤化学清洗水箱的冲洗废液的 pH 值高于预先设定值和余氯含量低于预先设定值并且超滤化学清洗水箱的液位达到高液位时，停运清洗泵、关闭超滤系列化学清洗循环阀和超滤化学清洗水箱进口阀，排放冲洗废液；冲洗完成，停止化学清洗泵，5s 后关闭药剂循环阀和膜池清洗循环阀，并进入维护性清洗的第十步。

维护性清洗的第十步：表明维护性清洗已经完成，当膜池的液位达到产水液位设定点时，可以转入产水，并复位维护性清洗信号。

维护性清洗过程中，但是如果出现报警停车时，系统会自动停下来，并提醒操作员维护性清洗没有完成，同时弹出两个按钮一个是继续清洗，另一个是取消清洗，操作员可以单击继续清洗按钮，系统会自动从停运时正在进行的化学清洗步序重新开始进行化学清洗，直到化学清洗完成。

4. 超滤系列的化学清洗

当膜受到杂质污堵时，并且不能在没有超过最大透膜压差或者没有达到在需求的通量下的情况下长时间工作时，需要对膜进行一个恢复性清洗程序。

化学清洗前应记录下该系列正常运行时的流量和透水性能。化学清洗是半自动的操作程序，需要人工驱动才能进行。如需要进行恢复性清洗的超滤系列进行反洗时，等反洗结束后，在上位机上调出超滤系统的相应画面，点击该系列的"停运"按钮停运该超滤系列后，点击准备进行恢复性清洗的超滤系列的恢复性清洗按钮。只有当超滤系列处于停运状态时，才能切换到化学清洗程序。操作员可以点击化学清洗按钮，当化学清洗按钮被激活后，此时设备进入化学清洗备用状态，此时系统会自动配制化学药品溶液，上位画面上会提醒操作员选择需要的化学药品，操作员可以点击需要的化学药品，如果操作员不做出选择，2min 后会默认为次氯酸钠药品；选择化学药品以后，系统会启动相应的化学药品加药泵并打开化学清洗水箱补水阀在化学清洗水箱内配制需要的药品溶液；化学清洗需要的化学药品的浓度：如果选择次氯酸钠药品，需要配置的次氯酸钠化学药品溶液的余氯为 $500\mu L/L$；如果选择的是盐酸药品，需要配置 pH 值为 2.1 的盐酸溶液；化学药品溶液配置完成后，系统会自动开始化学清洗步序；一旦化学清洗开始，操作员无法把膜设备切换到停运状态，只有在化学清洗待机的时候才能切换，化学清洗完成后系统会自动转入化学清洗待机状态，此时操作员需要点击停运按钮把设备切换为停运状态，然后再点击运行按钮，系统重新转入运行；确认有足够的化学清洗药品（次氯酸钠和柠檬酸）；根据运行情况确定恢复性清洗所用的药品并在化学清洗水箱内配制好足量的一定浓度的清洗液（次氯酸钠溶液或柠檬酸溶液），通入加热蒸汽将清洗液加热到 38℃。

按照已确定的恢复性清洗所用的药品的种类在上位机相关超滤系统的画面上按下"开始氯清洗"的按钮或"开始酸清洗"的按钮，超滤系列的恢复性清洗步骤介绍如下。

当需要的化学药品加入化学清洗水箱并充满水后，此时配制化学药品的过程完成，此时系统会进入化学清洗的第一步。

化学清洗第一步：打开透过液泵入口阀，5s 后启动透过液泵，对膜池进行降液位的步序，当膜池也下降到清洗液位设定点时，系统会停止透过液泵，5s 后进入化学清洗的第二步。

化学清洗第二步：打开膜池排水阀，对膜池进行排空，当膜池排空以后，关闭膜池排水以及透过液泵入口阀，5s 之后进入化学清洗的第三步。

化学清洗第三步：打开膜池清洗进水阀和化学清洗水箱出口阀，5s 后进入化学清洗第四步。

化学清洗第四步：启动化学清洗泵，向膜池冲入化学药品溶液，当膜池液位上升到开始清洗的液位设定时，停止化学清洗泵，5s 后进入化学清洗的第五步。

化学清洗第五步：关闭化学清洗水箱出口阀，同时打开化学清洗循环阀，5s 后进入化学清洗第六步。

化学清洗第六步：启动化学清洗水泵，在膜池内进行化学药品溶液循环，并开始循环计时，这个时间可以由操作员在上位机上设定，一般设定为 5～9h，计时完成后，停止化学清洗水泵，5s 后关闭膜池清洗进水阀，5s 后进入化学清洗的第七步。

化学清洗第七步：打开膜池排水阀，对膜池进行排空，当膜池排空以后，关闭膜池排水阀，5s 后进入化学清洗第八步。

化学清洗第八步：打开膜池进水阀以及化学清洗药剂循环阀，对膜池进行充水，当膜池液位达到开始清洗的液位设定点时，进入化学清洗第九步。

化学清洗第九步：启动化学清洗水泵，以化学清洗水泵代替透过液泵对清洗管道和化学清洗水箱进行冲洗，当化学清洗泵出口的余氯和 pH 值达到设定点的标准并且化学清洗水箱的液位达到高液位设定点时，停止化学清洗泵，5s 后关闭膜池清洗循环阀和化学清洗药剂循环阀，进入化学清洗第十步。如果进超滤化学清洗水箱的冲洗废液的 pH 值高于预先设定值或余氯含量低于预先设定值并且超滤化学清洗水箱的液位达到高液位时，停运清洗泵、关闭超滤系列化学清洗循环阀和超滤化学清洗水箱进口阀，提示运行人员手动排放冲洗废液；同时程序自动进入运行程序的第一步。

化学清洗第十步：表面化学清洗已经完成，系统会自动转入化学清洗的待机状态。

化学清洗过程中，停运按钮的指令将被忽略，但是如果出现报警停车时，系统会自动停下来，并提醒操作员化学清洗没有完成，当系统恢复后，操作点击化学清洗按钮，系统会自动从停运时正在进行的化学清洗步序重新开始进行化学清洗，直到化学清洗完成。另外在上位机上有一个步进按钮，如果在化学清洗已经开始，但是操作员选择错了化学药品或者是希望化学清洗快速完成，此时操作员可以点击步进按钮，这样化学清洗的循环时间就会从 5～9h 变成 10min，化学清洗很快就会完成。

### 三、典型案例分析

1. 某电厂预处理反应沉淀池出水水质轻度恶化

如果反应沉淀池出水恶化后，首先检查混凝剂加药系统有无异常，检查加药管道有无泄漏、计量泵出力是否正常，若是出现泄漏或者无出力，则停运沉淀池检修或者切换备用计量泵运行。

若加药系统正常，则检查排泥角阀是否有内漏导致反应区矾花被打碎或者产水区悬浮泥层被带至斜板以上导致出水变差，如果有内漏则关闭排泥角阀前手动门联系检修处理。

如果排泥角阀正常则检查反应沉淀池的进水浊度、矾花形成情况。产水恶化但还未"翻池"时，若进水浊度偏小、矾花偏细、产水浑浊颜色偏白则调大加药量保证矾花的形成情况。如果进水浊度进一步偏小则考虑投运加泥泵，保证进水浊度。若进水浊度、矾花形成正常，产水颜色略微发红，则考虑适当降低加药量。

2. 某电厂预处理反应沉淀池的"翻池"处理

在反应沉淀池"翻池"后，首先确认"翻池"的真正原因，检查混凝剂加药量是否正常，管道是否有泄漏；反应沉淀池流量是否调整过；机组负荷是否突然变动。

首先确认混凝剂计量泵出力是否正常、加药管道是否有泄漏。如果存在上述现象，则更换计量泵或者切换备用反应沉淀池运行并联系检修人员对缺陷进行处理。在巡检人员赶至现场后，集控室远方控制第二组排泥角阀进行手动排泥，巡检员就地观察排泥情况。待排泥角阀出水清澈后通知值班员关闭第二组排泥角阀。在反应沉淀池斜板下的悬浮层重新生成后，沉淀池的出水水质会逐渐变好并恢复正常。通常情况下，在关闭第二组排泥角阀后修改第二组排泥角阀排泥周期为 80min，以免在 50min 后再次排泥时悬浮层再次被破坏导致产水水质一直在恶化状态。

如果加药系统工作正常，检查反应沉淀池生成矾花的情况。在来水浊度变化不大的情况下矾花偏细、偏碎，则存在加药量不足的情况，此时需要适当调大混凝剂计量泵冲程约 10 个左右，过大概 20min 左右观察矾花情况，再适当进行调整。在初次调整完混凝剂计量泵冲程后，对沉淀池进行排泥操作。

如果反应沉淀池进水浊度已发生改变，检查是原水池内少量的清水回水注入引起的浊度变化还是虹吸井、循环水泵出口母管来水的浊度已发生改变。若是短时间内的清水回水进入，则不作任何调整，在约 30min 后反应沉淀池产水水质就会恢复正常。如果是虹吸井、循环水泵出口母管来水浊度发生变化，则需要根据浊度变化的情况调整混凝剂的加药量并对反应沉淀池进行排泥操作。如果来水浊度变小，需要投运污泥回流泵对反应沉淀池进行加泥，人为增加反应沉淀池的进水浊度，促进矾花生成。如果来水浊度变大，则适当减小混凝剂加药量。

排除以上原因后检查反应沉淀池进水水温是否有变化。如果机组负荷波动引起了反应沉淀池进水水温的变化，则只能通过加强排泥等人为措施进行干预，不再进行其他操作。但要加强就地的巡检，尽快恢复反应沉淀池产水水质。

3. 某电厂超滤系统透膜压差（TMP）高，致使超滤出力不足，影响反渗透产能

超滤在平时运行中，TMP 上升，多是由于进水水质的变化以及水中微生物对超滤膜丝的污染引起的，此时应该进行物理或化学清洗。

利用柠檬酸加氨水的方案清洗，首先利用柠檬酸配成溶液，然后利用氨水调节其 pH值，pH 值控制在 2.8～3.1；温度控制在 30～35℃。

具体处理步骤介绍如下。

（1）运行需要清洗的膜池，记录流量以及对应的 TMP 和水温。

（2）手动在化学清洗水池中配药，打开清洗水箱补水阀，先注入一定的淡水至 90% 的液位，然后通入蒸汽加热，并利用化学清洗水泵进行内循环；然后利用测温仪进行测温，在温度达到 30℃时，缓慢加入柠檬酸，当温度升到 37～38℃时，停止通入加热蒸汽，加入氨水，调节 pH 值至 2.8～3.1。高液位时停止曝气反冲洗，然后排空膜池；进入原水等膜池液位达到产水液位时，启动化学清洗水泵，进行膜池、管道以及清洗水箱冲洗；清洗一直到清洗水泵出口的 pH 值、余氯满足要求为止。

（3）运行清洗过的膜池，记录流量以及对应的流量和水温。

（4）计算所清洗的膜池的清洗清洗前后的透过能力，计算所清洗的膜池的 TMP 恢复率。

4. 某电厂超滤排污水池液位开关故障，超滤排污水池满水外溢，造成超滤系统停运

由于超滤系统为半地下布置，超滤透过液泵则布置在底部，反洗后的浓水需自流排入排污水池，经排污水泵排至厂房外部，排污水泵的启停则由液位开关自动控制，化学值班员监盘发现超滤系统 1、2 号真空泵电气故障信号发出，立即汇报值长。联系电气检修人员并派巡检员到海淡配电室检查，同时检查画面超滤排污水池液位开关状态，发现水池液位显示在低位，超滤排污水泵没有启动，属于正常状态。

化学值班员监盘发现海淡系统运行监视画面信号丢失，通知巡检员至海淡 PC 间检查，发现海淡 MCC B 段电源断路器跳闸，显示原因为非限制性接地。通知巡检员去海淡超滤车间检查，发现超滤车间地面积水严重。值长令电气巡检员断开海淡 MCC B 段各负载，恢复海淡 MCC B 段母线送电。海淡 MCC B 段母线恢复送电正常，海淡系统运行监视画面信号恢复。手动启动超滤 2 台排污水泵，使超滤车间地面积水排放干净。

半地下布置的设备尤其要注重防止水淹泵房的事故发生，特别是超滤这种间接性排放大量浓水的设备，特别依赖排污泵的可靠性，事故发生时水池液位显示低位，所以排污泵没有连锁启动，液位计的故障导致了大量超滤浓水无法外排，使水淹电动机事故的发生。

## 第二节 反渗透海水淡化系统

华能玉环电厂海水淡化系统采用二级反渗透系统，即一级为一级一段，二级为一级两段。使得反渗透产水以满足全厂生产、生活用水，反渗透系统的基本流程如图 8-1 所示。

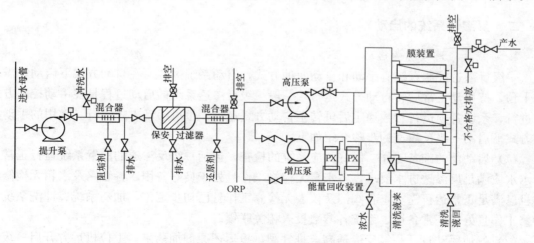

图 8-1 反渗透系统的基本流程图

### 一、反渗透系统的主要构件及其作用

（1）保安过滤器设置在反渗透装置前，一般设计过滤精度为 $5\mu m$，其目的是为了保护高压泵、能量回收装置和膜元件的安全长期运行。

（2）高压泵是反渗透海水淡化系统的心脏，它提供了克服海水渗透压的动力，高压泵性能的好坏对系统性能影响很大，正确选择高压泵是系统安全、经济运行的关键。

（3）能量回收装置有多种，其中压力转换器，是一种以液－液直接传递压力的能量回收装置，由于没有任何机械传动，回收效率可高达 95％左右，具有回收率高、噪声低等特点。

（4）反渗透膜组件是反渗透海水淡化技术的核心。膜法海水淡化技术的发展也是基于海水反渗透膜技术的进步，新型复合膜的材质是芳香族聚酰胺，具有高脱盐率、高通量、高膜面积、低压力的特点，脱盐效率可达 99.7％，且运行稳定。

（5）加药系统根据进水水质可分为：

1）还原剂。作为还原性物质，除去进水中的氧化性物质，防止进水中的游离氯等氧化性物质进入膜元件，造成膜元件被氧化降解，导致脱盐率的快速下降等。

2）阻垢剂。作为一种分散剂，防止海水中难溶性无机盐被浓缩后在膜表面沉积结垢，导致膜的运行压差上升速度过快，清洗频繁等。

3）加酸。根据进水 pH 值，加入适量的酸，使得反渗透膜处于适宜的运行环境，减缓膜的酸性或者碱性降解。

4）加碱。由于反渗透的产水特性，需加碱调节产水 pH 以满足各用户的用水要求。

5）淡水冲洗系统是在反渗透启停过程及停运状态下的一种保护膜的措施。主要是为了防止高浓度海水在膜表面聚集加速膜的浓差极化、启动前的膜内冲水防止高压泵启动后出现水锤现场导致膜元件的损坏及防止膜元件出现自然渗透后造成干膜的现象。

6）反渗透的化学清洗系统是当反渗透系统运行中的标准化产水量降低了 10％以上；反渗透系统进水和浓水之间的标准化压差上升了 15％以上；反渗透系统标准化透盐率增加了 5％以上时，在排除其他异常情况后，可考虑采用化学清洗的方法使其膜的各项性能得到部分恢复。

## 二、反渗透系统的启动

### 1. 一级反渗透系统的启动

一级反渗透控制系统有手动和自动两种方式，启动系统过程可在自动方式下启动，需人为干预，待启动正常后转自动方式运行。一般一级反渗透系统的启动过程是在手动控制方式下进行，系统各项运行参数稳定后可转至自动方式运行，也可手动方式运行。常用的手动控制方式下启动一级反渗透的步骤介绍如下。

（1）启动前的准备工作。做好相应系统的检查，包括一级反渗透的前置系统运行正常且产水水质满足反渗透进水要求，各水泵无检修工作且处于良好备用，各管路及水箱无检修工作且已满足正常运行需求，各阀门及仪表无检修工作且已初步定位，加药系统、冲洗系统无检修工作且处于正常备用，系统各参数投入相关联锁。

（2）就地手动打开一级反渗透高点排气阀，投运还原剂加药泵，上位机远方开启一级反渗透不合格排水阀、高压泵出口电动慢开阀、提升泵出口气动阀。开始向反渗透系统静压注水（首次启动或大修后启动，必须先给各段管道注水冲洗，保证水质合格后，方可向膜内注水，防止杂质物质堵塞膜的水流通道，导致膜的进口压力和压差异常）。膜内静压注水过程中建议关注项目：高压泵进口流量，保安过滤器顶部排气阀排气情况，一级反渗透系统高点排气阀排气情况。

（3）待保安过滤器顶部排气阀无气排出，高压泵进口流量基本趋于零时，关闭提升泵出口气动阀，启动提升泵 5s 后打开提升泵出口气动门，此时一级反渗透进入启动前冲洗状态，此状态需要持续 10min。开始向膜内带压注水。此时建议关注项目：进口的氧化还原电位（简称 ORP），高压泵进口流量，保安过滤器顶部排气阀排气情况，一级反渗透系统高点排气阀排气情况；能量回收装置低压海水进口（简称 PX 低压进）流量及压力，能量回收装置低压浓水排放（简称 PX 低压出）压力（首次启动或大修后启动，应及时检查各连接部件是否存在漏水现象）。

（4）待冲洗过程中，保安过滤器顶部排气阀无气排出，高压泵进口流量基本趋于零时，以 20Hz 的频率启动增压泵，此时须关注反渗透膜进口压力，增压泵入口流量等参数。逐步缓慢的增加增压泵频率，直至增压泵入口流量到 280t/h 左右。在增压泵启动升频期间反渗透系统进口压力可能有所上升，若系统压力上升值不大于 1.7MPa，保持此流量下运行，这时系统内的空气会通过高点排气阀缓慢排尽，反渗透膜进口压力会逐步缓慢下降，等系统压力下降至 0.45～0.5MPa 时，检查 PX 是否转动正常、高点排气阀的排水排气情况等，再启动高压泵。若系统压力上升值大于 1.7MPa，应及时下调增压泵频率至 20Hz，保持此状态运行 15min 后，再重新将增压泵加频运行，排尽膜系统内残余空气等。

（5）待增压泵启动正常，高压浓水流量及反渗透膜入口压力满足启动要求后，就地检查能量回收装置 PX 转子的运转情况及高点排气阀处的排水排气状态。高点排气阀排水中夹带大量的白色汽包，应维持此状态运行 10min，然后再进行查看。若高点排气阀基本无汽包排除，则可认为系统内残余气体已基本排尽。反渗透系统已具备启动高压泵的条件。关闭高压泵出口电动慢开门、浓水高点排气阀并启动阻垢剂计量泵，电动慢开门关闭后，以 25Hz 的频率启动高压泵，同时开启高压泵出口电动慢开门，高压泵维持此频率稳定运行 5min，就地再次确认检查能量回收装置转子的运行情况。若 PX 运转无异常，提升高压泵频率升至 30Hz，维持此频率稳定运行 5min，然后再把频率升至 35Hz，观察高压泵进水流量、膜装置进水压力，小幅度调节高压泵频率，直到达到要求的流量后，打开产水阀后，关闭不合水排放阀。一级反渗透产水后启动加碱计量泵，调节反渗透至各用水点 pH 值。调节高压泵频率，维持反渗透在高产水流量下，回收率不大于 45%。

2. 二级反渗透系统的启动

二级反渗透的控制方式分为自动和手动控制两种，启动系统过程可在自动方式下启动。启动过程中，系统按既定程序，先进行膜系统的充水及冲洗步序，15min 后，完成冲洗步序，调节阀门状态，启动二级高压泵转入产水。

### 三、反渗透系统的停运

1. 一级反渗透系统的停运

停运一级反渗透时，首先高压泵进行降频，高压泵的频率首先降至 38Hz，当高压泵的频率降至 38Hz 时，增压泵的频率也要同时降至 42Hz，高压泵在 38Hz 的频率下稳定运行 3min，然后频率降至 30Hz，3min 后频率降至 0，等高压泵的频率反馈小于 15Hz 时，停运高压泵；高压泵停运后，打开不合格水排放阀，关闭产水阀，保持此状态进行泄压，此过程要持续 10min；泄压完成之后，停止阻垢剂计量泵，系统进入停运冲洗状态。

启动冲洗水泵，5s 后打开冲洗进水阀，确认冲洗进水阀已经打开后，关闭提升泵出口阀同时停止还原剂计量泵，5s 后停止提升泵，开始冲洗，冲洗完成后，降频停运增压泵，同时关闭高压泵出口电动慢开门。增压泵停运后，延时 1min 关闭冲洗进水阀，5s 后停止冲洗泵，然后关闭不合格水排放阀。此时设备正常停运完成。

2. 二级反渗透系统的停运

停运二级反渗透时，自动控制下，停止按钮触发二级反渗透的停运步序。关闭二级高压泵出口电动阀，10s 后停运二级高压泵。开启冲洗水排放阀，启动一台冲洗水泵，开启冲洗水进水阀，开始进行二级反渗透停运冲洗，15min 后冲洗结束。关闭冲洗水进水阀，停运冲洗水泵，关闭冲洗水排水阀。

### 四、反渗透系统的异常情况处理

（一）异常情况处理的注意事项

（1）反渗透系统进水水质必须符合设计要求，当 SDI 大于 5、水温大于 45℃时，反渗透系统不能运行。

（2）一级反渗透的能量回收装置低压浓水排放压力不低于 100kPa，能量回收装置高压浓水进口流量不大于 300t/h，能量回收装置的低压海水进口与低压浓水排放出口压差须维持在 60～80kPa。

（3）一级反渗透高压泵启动前，系统内空气必须彻底排放干净。

（4）一级反渗透增压泵 20Hz 启动期间，若反渗透进口压力不断上升，但随着运行时间的增长，逐步下降，则说明膜系统内空气较多，应延长启动时间；若反渗透进口压力上升后，但随着运行时间的增长，压力变化不明显，应及时检查能量回收装置的运行情况。

（5）一级反渗透在启动或运行过程中，反渗透出水阀和不合格排放阀必须保证有一个处于开启状态，绝对禁止同时关闭。

（6）为了防止反渗透膜的氧化降解，要密切关注一级反渗透进水的氧化还原电位（ORP）值。时刻关注预处理的次氯酸钠加药量，超滤配水槽余氯和还原剂的加药量等。

（7）一级反渗透在启动和运行过程中调整流量时要注意能量回收装置 PX 的运行情况。若遇到反渗透膜进口压力异常升高、高压泵流量在同频率下大幅度下降时，须就地检查 PX 的实际运行情况是否正常。

（8）在运行过程中，应时刻控制反渗透的产水流量，保证一级反渗透回收率不大于 45%。二级反渗透回收率不大于 85%。

（9）在反渗透运行过程中要注意反渗透的进水水温、进水的含盐量、系统的压力和回收率之间的关系。

（10）一级反渗透在正常运行过程中，若手动调整高压泵和增压泵频率后，用保持反渗透系统处于手动运行状态。

（11）若系统出现报警按正常程序停运时，需要等到设备完全停止，报警复位后方可进行下一次的启动。

（12）若系统出现报警按正常程序停运时，需要等到设备完全停止，报警复位后，应对反渗透进行淡水冲洗一次后方可进行下一次启动。防止停运过程中，在膜表面出现浓差极化现象。

（13）在程控启动过程中，增压泵启动时，需要观察反渗透系统膜进口压力，如果压力上升后一直没有下降趋势，则须将高压泵切至手动位，待压力恢复正常后，再将高压泵切至自动状态，系统会按自动程序继续运行。

（14）在一级反渗透装置只有一套运行时，由于浓水管线会产生虹吸现象，造成停机后反渗透装置内有失水现象，所以每次开机时，在高压泵启动之前，浓水管高点排气阀均应处于开启状态，到高压泵启动前关闭，保证反渗透系统内充满水。

（15）二级反渗透高压泵出口手动阀和浓水调节阀调整好流量后，尽量保持原开度。待需要调整回收率时，再行调整。

（16）反渗透启动前，必须保证前置系统内空气已排净。防止泵启动后出现水锤现象，导致反渗透膜的损坏。

（17）对于备用的反渗透装置，应根据停运时间的长短，选择最佳的保养方案。建议是采用轮换制度。

（18）一级反渗透高压泵和增压泵均为变频器控制，应时刻关注变频器的运行工况、环境等，防止变频器异常导致的设备停运。

（19）淡水系统与海水系统应可靠隔离，防止串水现象。导致淡水系统被污染，影响后续系统。

（20）按制度定期检查运行反渗透单根膜元件的产水电导率。以便及时发现水质异常等问题。

**（二）异常处理**

1. 反渗透系统故障诊断

在多数情况下，产水量、脱盐率和压降的变化是与某些特定故障原因相关联的症状，虽然实际系统中不同的故障原因会有重复相同的症状，但在很多特定的情况下，个别症状却多少起主导作用，反渗透系统常见故障及解决方法见表 8-1。

**表 8-1** 反渗透系统常见故障及解决方法

| 故障现象 | | | 直接原因 | 间接原因 | 解决方法 |
|---|---|---|---|---|---|
| 产水流量 | 盐透过率 | 膜外状（厚度） | | | |
| 增加 | 增加 | 不变 | 氧化破坏 | 余氯、臭氧、$KMnO_4$ 等氧化剂过量而所加还原剂量不足或失效 | 更换膜元件；改善预处理 |
| 增加 | 增加 | 不变 | 膜片渗漏 | 产水背压膜片破损或磨损 | 更换膜元件；改进保安滤器的性能 |
| 增加 | 增加 | 不变 | O 形圈泄漏 | 安装不正确 | 更换 O 形圈 |
| 增加 | 增加 | 不变 | 产水管泄漏 | 装元件时损坏 | 更换膜元件 |
| 降低 | 增加 | 增加 | 结垢 | 结垢控制不当 | 对膜进行化学清洗；控制反渗透的回收率、改变阻垢剂的加药量或改变药的种类 |

续表

| 故障现象 | | | 直接原因 | 间接原因 | 解决方法 |
|---|---|---|---|---|---|
| 产水流量 | 盐透过率 | 膜外状（厚度） | | | |
| 降低 | 不变 | 增加 | 胶体污染 | 预处理不当 | 对膜进行化学清洗；改进预处理的运行方式及调整预处理加药量 |
| 降低 | 不变 | 增加 | 生物污染 | 原水含有微生物预处理不当 | 对膜进行化学清洗、消毒；改进预处理的运行方式，调整杀菌剂的加药量及更换杀菌剂的种类 |
| 降低 | 不变 | 增加 | 有机物污染油、阳离子聚电解质 | 原水污染预处理不当 | 对膜进行化学清洗；改进预处理的运行方式，调整混凝剂的加药量 |
| 降低 | 增加 | 增加 | 压密化 | 水锤作用 | 更换膜元件或增加膜元件；调整反渗透的运行状况，在启动初期将系统内的气体充分排尽，避免反渗透带气运行 |

2. RO 系统故障排除

（1）系统压降高。RO 系统压降高及解决方法见表 8-2。

表 8-2 　　　　　　　　　　　**RO 系统压降高及解决方法**

| 现　象 | 可能的原因 | 解　决　方　法 |
|---|---|---|
| 产水量低（进水压力高） | 碳酸钙沉淀 | 一般情况下，把系统最后的元件取出称重就可以了解结垢程度。利用柠檬酸在 pH 为 2 的条件下对系统进行化学清洗，如果结垢严重，需要重复清洗；如果结垢十分严重清洗效果不佳或重复清洗不经济时，应更换膜元件 |
| | 硫酸钙、硫酸钡、硫酸锶沉淀 | 一般情况下，把系统最后的元件取出称重就可以了解结垢的程度（但钡和锶的结垢除外）。用 EDTA 在 pH 为 12 的条件下对系统进行清洗，如果结垢严重，需要重复清洗；如果结垢十分严重或重复清洗不经济时，应更换膜元件。加入适量的相对应的阻垢剂 |
| | 氟化钙结垢 | 用 HCl 在 pH 为 2 的条件下进行清洗 |
| | 磷酸盐结垢 | 过量投加含磷酸根的化学品，通常很难清洗，建议更换新元件 |
| | 二氧化硅结垢 | 在 pH 为 12 的条件下进行清洗 |
| | 膜元件被异物堵塞或膜表面受到磨损（如砂粒等） | 用探测法探测系统内的元件，找到已损坏的膜元件，改造预处理，更换膜元件 |
| | 淤泥或黏土堵塞 | 在 pH 为 12 的条件下进行清洗 |
| | 胶体硅污堵 | 在 pH 为 12 的条件下进行清洗 |
| | 微生物污堵 | 在 pH 为 12 的条件下进行清洗和消毒整个系统。把系统最前面的元件取出称重就可以了解微生物污堵的程度 |
| | 活性炭粉末和砂粒 | 出现永久性产水量下降，需进行单支膜元件的单独清洗，可以部分恢复膜元件的性能 |

（2）透盐率高（脱盐率低）。透盐率高及解决方法见表 8-3。

表 8-3                                   透盐率高及解决方法

| 现 象 | 可能的原因 | 解 决 方 法 |
|---|---|---|
| 透盐率高产水量上升（进水压力低） | 膜氧化 | 更换受损膜元件，根除氧化源，通常情况下，系统中的第一支元件首先受氧化攻击，可采用板框试验确定 |
| | 膜面剥离（产水背压所致） | 更换受损膜元件，可采用寻找分布规律法（profiling）和探测法（probing）确定受损膜元件 |
| | 清洗消毒方法不正确（存在铁污染） | 更换受损膜元件，膜元件在采用任何含有潜在氧化性的消毒剂前，首先必须清洗掉铁和其他金属离子。通常情况下，系统中的第一支元件首先受损，可采用探测法确定 |
| | 严重的机械损坏 | 更换受损膜元件，可采用探测法和真空试验确定受损膜元件 |
| 透盐率高产水量正常 | O 形圈泄漏或未装 | 采用寻找分布规律法（profiling）和探测法（probing）确定泄漏位置，更换已受损的 O 形密封圈。建议采用合适的密封剂并调整膜元件在压力外壳内的间歇，限制由于元件在压力容器内的运动而引起的密封圈磨损 |
| | 膜表面磨损 | 用探测法可找到已损坏的膜元件，整改预处理，更换膜元件 |
| | 内部部件破裂 | 采用寻找分布规律法（profiling）和探测法（probing）确定泄漏位置，更换已受损的部件，如果膜元件产水管受损，更换膜元件。建议采用合适的密封剂并调整膜元件在压力外壳内的间歇，限制由于元件在压力容器内的运动而引起的密封圈磨损 |
| 透盐率高产水量低（进水压力高） | 有机物污染 | 检查有机物或油的含量或是否超回收率操作。在 pH 为 12 的条件下进行清洗，某些有机物容易清洗，但对聚电解质类有机物污染，清洗无效，而且也难于清洗油类有机物，此时可尝试用 pH 为 12 的洗涤剂 |
| | 碳酸盐结垢 | 在 pH 为 2 的条件下对系统进行清洗，可能需要强烈重复清洗，如果结垢十分严重或重复清洗不经济时，应更换膜元件。一般情况下，把系统最后的元件取出称重就可以了解结垢的程度 |
| | 硫酸盐结垢 | 在 pH 为 12 的条件下对系统进行清洗，可能需要强烈重复清洗，如果结垢十分严重或重复清洗不经济时，应更换膜元件。一般情况下，把系统最后的元件取出称重就可以了解结垢的程度 |
| | 膜元件被异物堵塞或表面受到磨损 | 用探测法探测系统内的元件，找到已损坏的膜元件，改造预处理，更换膜元件 |
| | 胶体硅污堵 | 在 pH 为 12 的条件下进行清洗，但胶体硅污堵的清洗十分困难，建议调整预处理，降低回收率 |
| | 氧化铁污堵 | 用亚硫酸氢钠在 pH 为 5 的条件下进行清洗 |
| | 其他重金属氧化物污堵 | 用 HCl 在 pH 为 2 的条件下进行清洗 |
| | 硫化亚铁污堵 | 用 HCl 在 pH 为 2 的条件下进行清洗。应严防空气进入膜系统 |
| | 氟化钙污堵 | 用 HCl 在 pH 为 2 的条件下进行清洗 |
| | 磷酸盐结垢 | 过量投加含磷酸根的化学品，通常很难清洗，建议更换新元件 |
| | 二氧化硅结垢 | 在 pH 为 12 的条件下进行清洗，但胶体硅污堵的清洗十分困难，建议调整预处理，降低回收率 |

（3）产水量低（操作压力高）。产水量低及解决方法见表 8-4。

表 8-4　　　　　　　　　　　　　**产水量低及解决方法**

| 现　象 | 可能的原因 | 解　决　方　法 |
|---|---|---|
| 产 水 量 低（进水压力高）透盐率低 | 有机物污染 | 检查有机物或油的含量或是否超回收率操作。在 pH 为 12 的条件下进行清洗，某些有机物容易清洗，但对聚电解质类有机物污染，清洗无效，而且也难于清洗油类有机物，此时可尝试用 pH 为 12 的洗涤剂 |
| | 碳酸盐结垢 | 在 pH 为 2 的条件下对系统进行清洗，可能需要强烈重复清洗，如果结垢十分严重或重复清洗不经济时，应更换膜元件。一般情况下，把系统最后的元件取出称重就可以了解结垢的程度 |
| | 硫酸钙、硫酸钡、硫酸锶沉淀 | 用 EDTA 在 pH 为 12 的条件下对系统进行清洗，如果结垢严重，需要重复清洗；如果结垢十分严重或重复清洗不经济时，应更换膜元件。一般情况下，把系统最后的元件取出称重就可以了解结垢的程度（但钡和锶的结垢除外） |
| | 超极限水锤破坏 | 更换受损膜元件 |
| 产 水 量 低（进水压力高）透盐率正常 | 微生物污堵 | 在 pH 为 12 的条件下进行清洗和消毒整个系统。把系统最前面的元件取出称重就可以了解微生物污堵的程度 |
| | 天然有机物污染 | 在 pH 为 12 的条件下进行清洗和消毒 |
| | 保护液失效（投运前或投运后） | 在 pH 为 12 的条件下进行清洗 |
| | 活性炭粉末和砂粒 | 出现永久性产水量下降，需进行单支膜元件的单独清洗，可以部分恢复膜元件的性能 |
| 产 水 量 低（进水压力高）透盐率高 | 油类有机物污染 | 在 pH 为 12 的条件下进行清洗，改善预处理以减少进入膜元件的油类，对于油类有机物的清洗，可尝试采用 pH 为 12 的洗涤剂 |
| | 淤泥或黏土堵塞 | 在 pH 为 12 的条件下进行清洗 |
| | 胶体硅污堵 | 在 pH 为 12 的条件下进行清洗 |
| | 氧化铁污堵 | 用亚硫酸氢钠在 pH 为 5 的条件下进行清洗 |
| | 其他重金属氧化物污堵 | 用 HCl 在 pH 为 2 的条件下进行清洗 |
| | 硫化亚铁污堵 | 用 HCl 在 pH 为 2 的条件下进行清洗。应严防空气进入膜系统 |
| | 碳酸钙沉淀 | 在 pH 为 2 的条件下对系统进行清洗，如果结垢严重，需要重复清洗；如果结垢十分严重或重复清洗不经济时，应更换膜元件。一般情况下，把系统最后的元件取出称重就可以了解结垢的程度 |
| | 硫酸钙、硫酸钡、硫酸锶沉淀 | 用 EDTA 在 pH 为 12 的条件下对系统进行清洗，如果结垢严重，需要重复清洗；如果结垢十分严重或重复清洗不经济时，应更换膜元件。一般情况下，把系统最后的元件取出称重就可以了解结垢的程度（但钡和锶的结垢除外） |
| | 氟化钙污堵 | 用 HCl 在 pH 为 2 的条件下进行清洗 |
| | 磷酸盐结垢 | 过量投加含磷酸根的化学品，通常很难清洗，建议更换新元件 |
| | 二氧化硅结垢 | 在 pH 为 12 的条件下进行清洗 |
| | 膜元件被异物堵塞或膜表面受到磨损（如砂粒等） | 用探测法探测系统内的元件，找到已损坏的膜元件，改造预处理，更换膜元件 |

（4）产水量高（进水压力低）。产水量高及解决方法见表表 8-5。

**表 8-5**　　　　　　　　　　产水量高及解决方法

| 现象 | 可能的原因 | 解决方法 |
|---|---|---|
| 产水量增加（进水压力降低）透盐率增加 | 膜氧化 | 更换受损膜元件，根除氧化源，通常情况下，系统中的第一支元件首先受氧化攻击，可采用探测法确定 |
| | 膜面剥离（产水背压所致） | 更换受损膜元件，可采用寻找分布规律法（profiling）和探测法（probing）确定受损膜元件 |
| | 清洗消毒方法不正确（存在铁污染） | 更换受损膜元件，膜元件在采用任何含有潜在氧化性的消毒剂前，首先必须清洗掉铁和其他金属离子。通常情况下，系统中的第一支元件首先受损，可采用探测法确定 |
| | 严重的机械损坏 | 更换受损膜元件，可采用寻找分布规律法（profiling）和探测法（probing）确定受损膜元件 |

（5）透盐率低。透盐率低及解决方法见表 8-6。

**表 8-6**　　　　　　　　　　透盐率低及解决方法

| 现象 | 可能的原因 | 解决方法 |
|---|---|---|
| 透盐率低产水量低（进水压力高） | 有机物污染 | 检查有机物或油的含量或是否超回收率操作。在 pH 为 12 的条件下进行清洗，某些有机物容易清洗，但对聚电解质类有机物污染，清洗无效，而且也难于清洗油类有机物，此时可尝试用 pH 为 12 的洗涤剂 |
| | 碳酸盐结垢 | 在 pH 为 2 的条件下对系统进行清洗，可能需要强烈重复清洗，如果结垢十分严重或重复清洗不经济时，应更换膜元件。一般情况下，把系统最后的元件取出称重就可以了解结垢的程度 |
| | 硫酸钙、硫酸钡、硫酸锶沉淀 | 用 EDTA 在 pH 为 12 的条件下对系统进行清洗，如果结垢严重，需要重复清洗；如果结垢十分严重或重复清洗不经济时，应更换膜元件。一般情况下，把系统最后的元件取出称重就可以了解结垢的程度（但钡和锶的结垢除外） |
| | 超极限水锤破坏 | 更换受损膜元件 |

（6）内漏。内漏及解决方法见表 8-7。

**表 8-7**　　　　　　　　　　内漏及解决方法

| 现象 | 可能的原因 | 解决方法 |
|---|---|---|
| 透盐率高 | O 形密封圈泄漏或未装 | 采用寻找分布规律法和探测法确定泄漏位置，更换已受损的 O 形密封圈。建议采用合适的密封剂并调整膜元件在压力外壳内的间歇，限制由于元件在压力容器内的运动而引起的密封圈磨损 |
| | 内部部件破裂 | 采用寻找分布规律法和探测法确定泄漏位置，更换已受损的部件，如果膜元件产水管受损，更换膜元件。建议采用合适的密封剂并调整膜元件在压力外壳内的间歇，限制由于元件在压力容器内的运动而引起的密封圈磨损 |
| | 元件内漏 | 采用寻找分布规律法和探测法确定泄漏位置，通过单支元件的测试或对系统内元件重排，可以确认存在内漏的元件。如果泄漏点随元件位置的改变而变化，则该元件就是泄漏源，此时需要更换该元件 |

（7）PX 能量回收装置可能出现的异常情况。PX 能量回收装置常见故障及解决方法见表 8-8。

表 8-8　　　　　　　　　　　　PX 能量回收装置常见故障及解决方法

| 现　象 | 可能的原因 | 解　决　方　法 |
|---|---|---|
| 噪声过大 | 运行中的 PX 单位的低压侧或高压侧的流动速率超过额定值 | （1）降低增压泵和 PX 低压进出口流量。<br>（2）通过调整增压泵和 PX 低压进出口流量并使之平衡系统 |
| 反渗透系统压力过高 | （1）高压泵在过高的流速下运行。<br>（2）反渗透系统过高的回收率。<br>（3）低压海水流量低于高压废弃水出口流量过多造成混合和出水高盐度。 | （1）确定高压泵的流速在给定的温度，盐分和污堵等因素下没有超过膜系列产品的承受能力。<br>（2）提高 PX 增压泵流速和低压进水流量并使之平衡系统。<br>（3）重新进行流量平衡调节 |
| 高压海水供给水盐度高 | （1）不稳定的系统。<br>（2）淤堵或停转的转子使高压废弃水无法变成高压供给水，没有任何能量交换。（PX 能听到的噪声没有了）。<br>（3）运行的 PX 单位低于额定的流速导致低转速，进而导致混合的增加。<br>（4）PX 增压泵故障或停运 | （1）重新进行流量平衡调节。<br>（2）同下面序号（4）。<br>（3）通过 PX 增压泵来增加高压浓水流量。（较低的系统回收率）<br>（4）检查 PX 增压泵的旋转、运行、流量和压力 |
| 转子停止转动（听不见旋转声音） | （1）系统在高于额定压力和流量上运行或在低于额定流量下运行。<br>（2）外来的碎片或颗粒在设备中聚集。<br>（3）系统并没有完全达到流量平衡。<br>（4）PX 内气体没有排尽。<br>（5）PX 内有有机物将转子粘连 | （1）按产品规范要求调节运行参数。<br>（2）联系供应商进行维修。<br>（3）重新进行流量平衡调节。<br>（4）在启动时通过改变流量将气体排尽。<br>（5）停运设备，联系检修进行设备解体清洗检修 |

（8）一级 RO 高压泵可能出现的异常情况。一级 RO 高压泵常见故障及解决方法见表 8-9。

表 8-9　　　　　　　　　　　　一级 RO 高压泵常见故障及解决方法

| 现　象 | 原　因 | 检查项目或措施 |
|---|---|---|
| 泵运行中跳闸 | （1）无进水。<br>（2）压力开关联锁跳闸，压力开关坏。<br>（3）润滑油液位太低 | （1）检查进口压力是否正常，若不正常，检查提升泵，及高压泵的进口门开度。<br>（2）检查压力开关是否正常。<br>（3）检查油液位开关是否正常，油系统是否泄漏 |
| 泵无法投运 | （1）熔丝熔断。<br>（2）电气部分故障。<br>（3）控制部分故障 | （1）检查和替换熔丝。<br>（2）检查电系统。<br>（3）检查控制电路 |
| 泵运行但无出水或无压力 | （1）进入高压泵的水量太小或无水。<br>（2）泵吸入口堵塞。<br>（3）保安过滤器堵塞 | （1）检查入口压力是否大于 0.05MPa。<br>（2）解体泵并清除堵塞物。<br>（3）更换保安过滤器滤芯 |
| 泵运行但达不到额定出力 | （1）出口阀部分关闭。<br>（2）反渗透膜被污染。<br>（3）泵内被杂物部分堵塞。<br>（4）泵被损坏 | （1）检查阀门。<br>（2）清洗反渗透膜。<br>（3）解体清洗检查泵。<br>（4）解体清洗检查泵 |

（9）各类加药计量泵可能出现的异常情况。各类加药计量泵常见故障及解决方法见表 8-10。

表 8-10　　　　　　　　　　各类加药计量泵常见故障及解决方法

| 现　象 | 可能的原因 | 检查项目或措施 |
|---|---|---|
| 泵无法初始启动 | （1）泵没有开或接通电源。<br>（2）泵的电源方式开关不正确。<br>（3）泵的联锁不在自动位置。<br>（4）电动机和泵之间的联轴器没有连接。<br>（5）泵的变频器故障 | （1）开泵或接通电源。<br>（2）将泵的电源方式开关切至正确位。<br>（3）将泵的联锁由手动切至自动位置。<br>（4）将电动机和泵之间的联轴器进行连接。<br>（5）检修变频器 |
| 输出量不足或在压力下无输出 | （1）注入压力高于泵的最大输出压力。<br>（2）密封圈磨损。<br>（3）膜片破裂。<br>（4）冲程长度不正确。<br>（5）泵的进出口止回阀不严漏药。<br>（6）进口滤网堵塞。<br>（7）泵的隔膜腔内有空气。<br>（8）泵的油室内无油。<br>（9）泵的出口安全阀动作和漏药。<br>（10）出口管道漏药 | （1）注入压力，不能高于泵的最大压力，参见泵的铭牌。<br>（2）更换已磨损的密封圈、备件。<br>（3）更换膜片。<br>（4）检查泵的零点/调零。<br>（5）检修更换泵的进出口止回阀。<br>（6）检查泵进口滤网是否堵塞，进行清洗。<br>（7）将泵的隔膜腔内空气排尽。<br>（8）将油室内添加合格的油脂。<br>（9）调整泵的出口安全阀动作设定值和检查漏药并处理。<br>（10）检修出口管道 |

3. 典型案例分析

（1）某电厂反渗透海水淡化系统在投运后，运行初期一段时间内，一度出现产水电导率快速升高，系统压差上升较快的现象。

针对这种情况，在运行过程中及停机后做了详细检查，检查内容如下：几次检测保安过滤器出口余氯，均为 0；测提升泵出口 $SDI_{15}$，均在 0.7～1.3；打开反渗透装置进出口端板，膜元件端面入口面为棕红色将一个压力容器内 7 支膜元件推出，量去水分，分别称重为 17.3kg、16.9kg、16.8kg、16.4kg、16.5kg、16.45kg、16.2kg。

综合上述现象，污堵物均沉积在第一根膜元件上，从颜色上分析，再结合该厂采取的预处理系统，反应沉淀池所加混凝剂是三氯化铁溶液（浓度 5%），经超滤系统到反渗透进口。初步确定装置污染的原因为铁沉积，处理过程如下：

1）经混凝剂加药试验重新调整反应沉淀池加药量，降低反应沉淀池系统出水铁含量。

2）检查超滤系统运行情况，检查各管卡连接，优化超滤系统运行工况。

3）检查系统各管道防腐情况。

4）检查保安过滤器滤芯安装及连接情况。

5）制定清洗方案，对已污堵的膜系统进行清洗。

经上述多措施防范下，反渗透系统运行中未再见上述现象出现。

（2）某电厂反渗透海水淡化系统运行过程中，出现系统压差上升快，要达到额定产水量下，系统运行压力较正常异常偏高，系统产水电导率异常升高。

检查内容如下：监测反渗透进水含盐量稳定；能量回收装置 PX 运转正常；反渗透预处理加次氯酸钠装置稳定（临时计量泵）；系统停运后打开反渗透装置进水端，发现有黏性物质，且伴有轻微恶臭气味。

综合上述检查，可以判断为微生物污染所致，采取如下处理措施：

1）经系统改造换用大计量的加药泵并在反应沉淀池入口投加氯片，保证反渗透进口余氯量在 1.6~2.0mg/L。同时加大还原剂的投加量，保证反渗透进口 ORP 在 300mV 以下，同时使用非氧化性杀生剂戊二醛，定期对海水淡化系统包括预处理系统进行全面性灭活处理。

2）制定清洗方案，对已污染膜系统进行清洗。

采取上述措施处理之后系统运行周期较长，产水水质稳定，系统进水压力稳定。

（3）某电厂反渗透海水淡化系统，带有能量回收装置（PX），在运行过程中出现系统压力突然升高，产水电导率突然增大的现象。

检查反渗透系统进水，预处理出水电导率稳定；检查各压力容器产水电导率均一样，未有明显上升的现象；检查测量反渗透膜装置入口电导率异常偏高；检查能量回收装置（PX）有多根不转现象。

综上所述，可以得出结论。造成上述现象的原因是，由于能量回收装置（PX）转子停转或转动不好，引起高压浓水未经压力交换直接通过能量回收装置进入膜系统，造成膜系统进水电导率异常上升，产水水质恶化的现象。进行如下处理：

1）停运设备，对能量回收装置 PX 转子进行全面清洗。

2）检查保安过滤器滤芯安装正常。

3）控制反渗透进水水质。

通过上述操作，及时对能量回收装置 PX 转子进行清洗，尤其是在高温季节应加强清洗，在启动初期加强监视，保证 PX 转动正常，从而保证产水电导率稳定。

# 第三节　凝结水精处理系统

## 一、凝结水精除盐处理系统的控制方式

每两台机组凝结水精处理控制系统采用一套双机热备的可编程控制器（PLC）控制，用于凝结水精处理系统设备的启、停控制、现场信息采集与处理。控制范围包括前置过滤器单元、高速混床单元和再生单元等整个凝结水精处理系统。凝结水精处理控制系统采用就地手动和远方程控两大操作方式。

### 1. 就地手动

当设备控制盘上的（手动/自动）选择开关置于（手动）时，可通过控制盘上的开/关旋钮进行开、关设备。此时，在上位机操作站上操作该设备无效。但当远方操作切换至"就地"模式的设备，重新切换至"自动"后，驻留的指令有可能发生作用，须引起注意。

### 2. 远方程控

当设备控制盘上的（手动/自动）选择开关置于（自动）时，可通过上位机操作站对设备进行控制。此时，就地操作该设备无效。对于混床及过滤器远方程控可分为点操、步操、

自动。对于公用系统（混床公用系统、再生公用系统）可分为点操、步操、自动。对于再生系统可分为点操、步操、半自动、自动

由点操切换到步操、自动，先点操关闭所有阀门，再切换操作方式到步操或自动，否则下次重新切换到点操方式时，阀门将保持上次点操时的状态；由步操、自动切换到点操方式时，步操、自动时的阀门状态也将保持不变，如因冲突而导致设置的闭锁保护启动，设备将自动切换到备用状态。

此外还设有必要的步序时间、状态指示、操作指导和必要的选择和闭锁功能。控制方式切换灵活，就地优先。

### 二、凝结水精处理系统旁路阀操作

（1）当凝结水精处理系统设备全部停运或第一次投运时，凝结水精处理系统电动旁路阀开启；前置过滤器开始投运后手动关闭该旁路阀；当整个系统压差达到设定值（0.35MPa）时，该旁路阀自动开启，待正常后可手动关闭。

（2）当前置过滤器全部停运或第一次投运时，前置过滤器电动旁路阀开度至100%；当一台过滤器（以步操或自动方式）投运时，过滤器进、出水门全开后，过滤器旁路门自动关至50%开度。当第二台过滤器（以步操或自动方式）也投运时，过滤器进、出水门全开后，由精处理系统自动关闭过滤器旁路门。若两台过滤器同时运行。一台过滤器（以步操或自动方式）退出，则先自动打开过滤器旁路至50%开度，然后过滤器才停运，此时凝结水旁路门及混床旁路门仍维持原来状态；仅一台过滤器运行时，若此台过滤器（以步操或自动方式）停运时，过滤器旁路门将全开，凝结水旁路门及混床旁路门维持原来状态；若过滤器以点操方式投运或停运，则过滤器旁路应以点操方式开启或关闭。过滤器进出口差压联锁条件投入时，系统自动开启过滤器旁路门，而后相应过滤器退出运行。精处理系统的母管压力低于1.8MPa（凝结水泵降频运行后该定值改为0.7MPa），或者高于4.5MPa时，将自动打开过滤器旁路门和混床旁路门，旁路门全部开到位后，解列全部当前投运的过滤器和混床，即当前的混床和过滤器的进水门、出水门全部自动关闭。床体上的"投运"代表该混床是由投运时的系统参数超过连锁设置值导致的退出，以区别混床或过滤器正常退出时的床身无指示状态。

（3）当高速混床停运或第一次投运时，混床电动旁路门打开；第一套高速混床投运正常后该旁路阀开度为66%；第二套高速混床投运正常后该旁路阀开度为33%；第三套高速混床投运正常后该旁路阀全关。当高速混床系统压差或进口温度达到设定值时，该旁路阀自动开启，待正常后可手动关闭。

（4）当PLC系统失电时，上述三门自动开启。

### 三、前置过滤器系统操作

前置过滤器主要是截留金属腐蚀物和固体悬浮物，当运行压差超过设定值就要停止运行，进行空气擦洗和水清洗；当前置过滤器投入运行时，电动旁路阀是关闭的，当过滤器停止运行和进行清洗时旁路阀门一直是开启在设定的开度。在机组启动冲洗过程中，当凝结水泵出口铁小于$1000\mu g/L$时，可以投运前置过滤器。首次启动安装$10\mu m$滤芯元，正常运行装$1\mu m$滤芯。

1. 前置过滤器充水及投运

（1）对于大修和第一次投运的前置过滤器系统（进出口母管隔离阀将前置过滤器系统与精处理隔绝），先开启前置过滤器反洗水泵进出口手动门，手动开启每台前置过滤器的反洗水进水门和中部排气门、启动反洗水泵进行充水，下部充满水后关中部排气门，打开上部排气门，继续充水至上部充满，关上部排气阀、反洗进水阀和停反洗水泵。

将每台前置过滤器的进出口阀打开，手动打开前置过滤器的进口母管隔绝阀的手动旁路阀，将前置过滤器系统进行升压，等压力正常后打开前置过滤器进口母管隔绝阀、前置过滤器出口母管隔绝阀，关闭前置过滤器的进口母管隔绝阀的手动旁路阀，系统投运正常。

在运行中的前置过滤器系统，反洗结束后，处于备用状态。在控制系统上调出将要投运已处于备用状态的设备的画面，按下准备投运前置过滤器的投运按钮后，控制系统会自动开启前置过滤器进水升压阀，当前置过滤器内部压力合格且运行时间结束后会自动开启进出口阀，关旁路门，该过滤器处于投运状态，升压前须确认前置过滤器充满水，否则将导致设备损坏或升压时间过长，禁止跳过升压步序直接开启前置过滤器进出口门，否则将引起凝结水系统压力波动。

投运后检查该前置过滤器各仪表，显示运行正常后，关前置过滤器电动旁路阀开度至50%。此时如果过滤器进出口压差超过设定值，该过滤器会自动进入停用反洗程序，检查正常后，根据需要可按上述操作投运另一前置过滤器，二台前置过滤器全部投运正常后，系统关闭前置过滤器电动旁路阀。

（2）前置过滤器的运行。

1）运行中参数。前置过滤器运行中差压联锁值设定为 0.07MPa，实际运行中差压为 0.01MPa，运行压力及流量随凝结水压力及流量变化而变化，运行中压力范围为 1.5～3.7MPa，低于 0.7MPa 则退出运行，运行中流量范围为 200～1000t/h。

2）运行中巡检。前置过滤器系统运行中应按要求对运行设备进行巡检，检查前置过滤器系统是否有泄漏、就地的压力表是否正常等，检修后初次投运及凝结水泵工频运行时，应加强巡检，前置过滤器人孔门及法兰面处容易产生泄漏，前置过滤器反洗过程中观察曝气效果及反洗出水水质。

3）定期取样分析。每周一次定期取样分析前置过滤器系列进、出水中铁浓度的变化情况，1 号机组前置过滤器铁的去除率达 72%，3 号机组前置过滤器铁的去除率达 81%，2、4 号机组前置过滤器出现进出口铁反交换现象，检查滤芯无破损情况，分析可能跟反洗曝气压力不足，机组启动时前置过滤器截留的铁未被反冲洗干净所致。

2. 前置过滤器的反洗

反洗前应检查贮气罐压力，设定值为 0.65MPa±0.035MPa。低于该值则低压报警，但仍可进行反洗；如高于 0.7MPa，则高压报警停止反洗，防止高压损坏过滤元件。每台前置过滤器每隔 4 天进行一次停运反洗。

（1）检查并开启：前置过滤器用压缩空气减压阀前隔绝阀、前置过滤器用压缩空气减压阀前自动阀、压缩空气罐进口阀、压缩空气罐出口阀、反洗水泵进口阀、反洗水泵出口阀。

（2）反洗前按下待反洗过滤器的停运按钮，自动打开前置过滤器电动旁路阀至 50% 开度后，自动关闭进出水阀。

（3）开启前置过滤器上部排气阀进行卸压。

（4）开启前置过滤器反洗排水阀，将前置过滤器水位排到滤芯的顶部。

（5）关闭前置过滤器反洗排水阀，开启前置过滤器进气阀进行空气擦洗。

（6）关闭前置过滤器的进气阀、上部排气阀，启动前置过滤器的冲洗水泵，开启反洗排水阀、冲洗进水阀。

（7）打开前置过滤器上部排气阀，关闭反洗排水阀。

（8）重复上述（1）～（7）之间的步骤进行多次反洗，直到反洗出水清澈，反洗次数可根据实际运行情况预先进行设定。

（9）关闭前置过滤器的上部排气阀、反洗进水阀，打开进气阀加压到 0.2MPa。

（10）关闭前置过滤器进气阀，打开排水阀进行曝气清洗。

（11）关闭前置过滤器反洗排水阀，打开反洗进水阀、上部排气阀。

（12）重复上述（9）～（11）步空气清洗是进压缩空气将前置过滤器内加压（0.2MPa）再打开底部阀门让污物迅速排走，最后又充进干净水至滤元端部为止，可重复数次。

（13）关闭前置过滤器上部排气阀，打开中部排气阀进行下部充水。

（14）关闭前置过滤器中部排气阀，打开上部排气阀进行上部充水，转备用。

3. 前置过滤器反洗程序表

前置过滤器反洗程序见表 8-11。

表 8-11　　　　　　　　　　　　前置过滤器反洗程序

| 序号 | 步骤 | 时间（s） | 运行阀门与设备名称 |
|---|---|---|---|
| 1 | 停运 | 120 | 电动旁路阀 |
| 2 | 卸压 | 60 | 电动旁路阀、上部排气阀 |
| 3 | 排水至滤芯顶部 | 60 | 电动旁路阀、上部排气阀、反洗排水阀 |
| 4 | 空气擦洗 | 120 | 电动旁路阀、上部排气阀、进气阀 |
| 5 | 水冲洗 | 120 | 电动旁路阀、反洗排水阀、反洗进水阀、冲洗水泵 |
| 6 | 水位调整 | 120 | 电动旁路阀、上部排气阀、反洗进水阀、冲洗水泵 |
| 7 | 压缩空气升压 | 180 | 电动旁路阀、进气阀、冲洗水泵 |
| 8 | 曝气清洗 | 120 | 电动旁路阀、反洗排水阀、冲洗水泵 |
| 9 | 水位调整 | 120 | 电动旁路阀、反洗进水阀、上部排气阀、冲洗水泵 |
| 10 | 充水 1 | 60 | 电动旁路阀、反洗进水阀、中部排气阀、冲洗水泵 |
| 11 | 充水 2 | 60 | 电动旁路阀、反洗进水阀、上部排气阀、冲洗水泵 |
| 12 | 备用 | | 电动旁路阀 |
| 13 | 升压 | 300 | 电动旁路阀、升压阀 |
| 14 | 运行 | | 进水阀、出水阀 |

### 四、高速混床系统运行操作

高速混床主要是除去由于凝汽器泄漏、系统内的金属腐蚀产物和补充水中溶解的盐分。当一台运行混床出水导电度、二氧化硅、钠离子或进、出口压差超标时，投运备用混床，首先进行循环正洗，到出水水质合格后，备用混床投入运行。失效混床方可停运。失效混床内的树脂将送入再生系统，进行清洗分离和再生。每台机组配备四台混床，在正常情况下，三台运行一台备用；每两台机组公用一套再生系统。在机组启动冲洗过程中，当凝结水泵出口

铁小于 $500\mu g/L$ 时，可以投运高速混床。

1. 高速混床投运操作

（1）将一台再生冲洗水泵切至联锁位。

（2）在控制系统上调出将要投运设备的画面，按下已处于备用状态的准备投运高速混床的投运按钮。

（3）系统自动打开高速混床循环正洗出口门、高速混床排气阀和混床总排污阀进行卸压，卸压后关闭混床总排污阀，打开冲洗水进水阀，联锁启动冲洗水泵，进行充水，流量为 28t/h，卸压充水 5min（高速混床排气阀出水为准）后关闭混床排气阀和冲洗水进水阀，停冲洗水泵，此步序设置先泄压后充水的目的是防止由于混床系统阀门内漏导致混床系统充水前带压，高压力返回至再生系统将造成对再生系统设备不可恢复地冲击性损坏，充水时开启再循环阀可以防止升压后再循环阀前后压差导致的阀门开启困难。充水流量保持在 $30\sim40t/h$，流量过高将影响树脂上部树脂层分布。充水时间根据混床停运时间及泄漏情况会有不同，一般为 $3\sim10min$ 之间。

（4）打开混床升压阀进行升压，升压时间设定为 5min，实际为 $1\sim2min$，床体压力正常后，关闭升压阀。升压前须保证床体已充满水，否则将造成树脂上部不平整及升压时间过长，甚至可能损坏上部布水设备。

（5）打开高速混床再循环泵出口门和混床的进口阀，启动高速混床循环正洗水泵进行循环正洗；水质合格后，关闭高速混床循环正洗水泵出口门。停运高速混床循环正洗泵。再循环泵流量 $500\sim600t/h$，正洗再循环时间设定为 15min，正常为 $7\sim12min$，如果电导率在规定时间内不合格应该进行手动延时，继续进行循环正洗直到水质合格。在混床循环正洗的同时在就地投入在线仪表。进行混床正洗再循环，除了可以保证混床产水合格，还能保证一部分破碎及泄漏树脂回到混床树脂层上部，防止进入汽水系统。

（6）关闭高速混床循环正洗出口门，开启高速混床出口门，该高速混床投入运行。

（7）当第一台高速混床投运正常后，按上述步骤投运其他二台混床；禁止一台混床在正洗再循环时投运另一个混床，三台混床全部投运正常后，高速混床电动旁路阀按照对应的混床投运的台数关闭阀门的开度直到全关。如果系统压差或进水温度超过设定值，混床旁路系统会自动开启。混床进出口阀门故障反馈时，混床电动旁路门会自动开启至一个合适的能保证混床运行不超流量的开度。

（8）高速混床投运程序表。高速混床投运程序见表 8-12。

表 8-12　　　　　　　　　　　　　　高速混床投运程序

| 序号 | 步骤名称 | 时间（min） | 运行阀门与设备名称 | 说明 |
|---|---|---|---|---|
| 1 | 卸压充水 | 5 | 高速混床排气阀，高速混床循环正洗出口门，高速混床冲洗水进水阀，高速混床总排污阀（卸压后关闭），再生冲洗水泵 | |
| 2 | 升压 | 5 | 高速混床升压阀 | |
| 3 | 再循环正洗 | 15 | 高速混床进水阀，高速混床循环正洗出水门，循环正洗水泵出水门，启动高速混床循环正洗水泵。洗到导电度合格 | 投运在线取样仪表 |
| 4 | 运行 | | 高速混床进水阀，高速混床出水阀，高速混床在线取样仪表 | 运行状态 |

2. 高速混床的运行

（1）运行中参数。在控制系统上调出高速混床系统的相应画面，监视到混床运行流量在 550t/h 时，树脂捕捉器的进出口压差 0.01MPa，高速混床系列的进出口压差 0.08MPa，树脂捕捉器的进出口压差达 0.03MPa 时，检查树脂捕捉器可见较多树脂。

（2）运行中巡检。高速混床系统运行中除一般正常巡检项目外，在凝结水泵工频运行时，需加强检查树脂捕捉器法兰及混床人孔门法兰检查，截面积较大的法兰面垫圈处在混床初投运及混床运行压力增大时容易出现泄漏现象。

（3）定时取样分析。固定周期取样分析高速混床系列进、出水中钠离子、二氧化硅、铁浓度的变化情况，确认在线仪表是否正常。

（4）发现高速混床出水水质有失效趋势时，应立即投运备用高速混床，停运将要失效的混床，杜绝让混床运行至出水水质达到失效时再退出运行。由于凝结水及给水 pH 值控制在 9.2～9.6，高速混床采用 H/OH 型运行方式，导致混床出现"集体失效"，当混床出口 SC 在达到 0.1$\mu$S/cm 后，继续运行则 SC 上升速度较快，再产水 3000t 左右就能到达 0.2$\mu$S/cm，失效混床继续运行，混床出水 CC、钠及硅均能保持稳定在 24h 左右，但混床出水氯离子有上升趋势，但当投入备用混床维持四个混床运行时，因单台混床流速降低，失效混床出水水质变好，这跟混床树脂交换速度有关，流速过高容易导致混床树脂被提前击穿。

3. 高速混床停运

（1）系统正常运行时应确保有一台混床总是处于备用状态。

（2）当正常运行混床出水水质有失效趋势时，应尽快退出运行，进入待再生状态。

（3）按上述投运步骤将备用混床投入运行，并确保出水水质正常。

（4）在控制系统上调出将要停运设备的画面，按下准备停运高速混床的停运按钮。系统自动关闭高速混床进、出口门，进行泄压后，该混床处于待再生状态。

## 五、高速混床树脂的输送

1. 输送树脂操作

（1）输送前应打开树脂输送母管手动隔离阀、高速混床用压缩空气减压阀前隔绝阀、压缩空气罐进口阀、压缩空气罐出口阀等系统手动阀，检查再生冲洗水泵处于备用状态，且水源充足。仪用空气系统压力必须高于 0.4MPa，气源充足。

（2）将再生冲洗水泵切至联锁位，在控制系统上调出将要输送树脂设备的画面，按下准备输送树脂的高速混床的树脂输送按钮。该混床自动进入树脂输送程序。

（3）开启混床排气阀、混床进气阀和混合树脂进气阀，利用压缩空气进行松动树脂。进行 3min 后关闭混床排气阀、混床进气阀和混合树脂进气阀。混床处理流量低于 20 万 t 时，混床内树脂未被压实或结块，松动树脂步序可以取消，但必须保证混床已泄压，松动树脂时床体内水位过高或者压缩空气压力过高，还容易导致混床排气门处跑树脂现象发生。

（4）开启阴塔中部排水阀、阴塔正洗排水阀、阴塔排气阀、阴塔树脂进口阀、混合树脂输送隔绝阀、高速混床树脂输出阀、该机组树脂输送总管隔绝阀、高速混床冲洗进水阀，开始水力输送树脂，流量为 25t/h。进行 25min 后关闭阴床正洗排水阀，水力输送结束。

（5）在上步操作的阀门状态下开启阴塔上部排水阀、输送树脂进气阀和高速混床进气阀，进行气力输送，进行 5min。重复（4）和（5）步三次，每步进行 3min（观察阴再生塔进口树脂管道上的观察窗，无树脂后停止输送）。关闭高速混床进气阀和输送树脂进气阀。

（6）保持上步的阀门状态进行冲洗高速混床至阴塔之间的树脂输送管道，进行 5min。关闭阴塔中部排水阀、阴塔上部排水阀、阴塔树脂输送进口阀、阴塔的排气阀、高速混床树脂输出阀和高速混床的冲洗进水阀。

（7）开启高速混床排气阀、高速混床树脂进口门、高速混床循环正洗出水阀、高速混床排水总阀、阳塔底部进水阀、阳塔树脂出口阀、混合树脂输送隔绝阀、开始进行水力将阳塔树脂送混床，进行 50min（观察树脂观察窗，树脂输送彻底后结束）。关闭高速混床树脂进口门、高速混床循环正洗出水阀、高速混床排水总阀、阳塔底部进水阀、阳塔树脂出口阀、混合树脂输送隔绝阀。

（8）开启混床冲洗水进水阀，进行充水 10min（混床上部排气阀出水）关闭混床冲洗水进水阀，停再生冲洗水泵。

（9）开启高速混床循环正洗出水阀和高速混床总排水阀进行混脂前的水位调整，进行 2min，关闭高速混床循环正洗出水阀和高速混床总排水阀。

（10）开启高速混床进气阀和混合树脂进气阀，调整压缩空气压力至 0.1MPa，利用压缩空气将高速混床内的树脂进行充分混合，进行 10min。关闭高速混床进气阀和混合树脂进气阀。

（11）开启高速混床循环正洗出水阀和高速混床总排水阀向混床充水，将高速混床内的树脂进行快速排水沉降，进行 1min。此步骤目的是防止树脂自然沉降导致混合不均或重新分层。

（12）开启高速混床的冲洗水进水阀，启动再生冲洗水泵，将高速混床充满水，进行 7min（排气阀出水）。关闭高速混床排气阀，停运再生冲洗水泵。

（13）此混床处于备用状态。

（14）树脂输送程序。树脂输送程序见表 8-13。

表 8-13                                        树脂输送程序

| 序号 | 步骤名称 | 时间（min） | 运行阀门与设备名称 | 说 明 |
|---|---|---|---|---|
| 1 | 松动树脂 | 3 | 高速混床排气阀高速混床的进气阀 混合树脂进气阀 | |
| 2 | 树脂送出步骤一 | 25 | 阴塔中部排水阀、阴塔正洗排水阀、阴塔树脂进口阀、阴塔排气阀、混合树脂输送隔绝阀、高速混床树脂输出阀、该机组树脂输送总管隔绝阀、高速混床冲洗进水阀 | 再生水泵运行 |
| 3 | 树脂送出步骤二 | 5 | 阴塔中部排水阀、阴塔上部排水阀、阴塔树脂进口阀、阴塔排气阀、混合树脂输送隔绝阀、高速混床树脂输出阀、该机组树脂输送总管隔绝阀、高速混床冲洗进水阀、输送树脂进气阀、高速混床进气阀 | 再生水泵运行 |
| 4 | 重复上述两步骤3次 | 3 | | 观察阴塔进口树脂管道上的观察窗，无树脂后停止输送 |

| 序号 | 步骤名称 | 时间（min） | 运行阀门与设备名称 | 说 明 |
|---|---|---|---|---|
| 5 | 树脂管道冲洗 | 5 | 阴塔中部排水阀、阴塔上部排水阀、阴塔树脂进口阀、阴塔排气阀、混合树脂输送隔绝阀、高速混床树脂输出阀、该机组树脂输送总管隔绝阀、高速混床冲洗进水阀 | 再生水泵运行 |
| 6 | 阳塔树脂送至高速混床 | 50 | 高速混床树脂输入阀、高速混床循环正洗出水阀、高速混床排气阀、高速混床排水总阀、该机组树脂输送总管隔绝阀、阳塔树脂出口阀、阳塔反洗进水阀、混合树脂输送隔绝阀 | 观察阳塔树脂观察窗，树脂输送彻底再生水泵运行 |
| 7 | 充水 | 9 | 高速混床排气阀、高速混床冲洗进水阀 | 再生水泵运行 |
| 8 | 调整水位 | 5 | 高速混床排气阀、高速混床循环正洗出水阀、高速混床排水总阀 | |
| 9 | 树脂混合 | 10 | 高速混床排气阀、高速混床进气阀、混合树脂进气阀 | |
| 10 | 树脂沉降 | 1 | 高速混床排气阀、高速混床循环正洗出水阀、高速混床排水总阀 | |
| 11 | 充水 | 7 | 高速混床排气阀、高速混床冲洗进水阀 | 再生水泵运行 |

2. 树脂输送注意事项

（1）为防止树脂输送时管道堵塞，树脂输送前混床（或阳塔）及树脂输送管道内须充满水，树脂产水量超过 20 万 t 时，混床树脂送阴塔时，须保证树脂充分松动。

（2）树脂输送过程须连续，再生水及压缩空气压力须正常。

（3）混床系统步操时注意事项。要保证中压系统不会从一列混床串入另一列混床的低压系统例如，某一列混床处于"正洗至合格"步序时另外两列不能进行"树脂送入""水位调整"这两步中的任意一步。

### 六、失效树脂再生

1. 树脂清洗

树脂清洗前将再生冲洗水泵投入联锁，将罗茨风机中的一台投入联锁。

（1）放水至中排。开启阴塔中部排水阀、阴塔排气阀，将树脂上部水放空，15min 后关闭阴塔中部排水阀。

（2）擦洗水位调整。开启阴塔正洗进水阀、阴塔排气阀，启动再生冲洗水泵，流量 78t/h。1min 后关闭阴塔正洗进水阀。

（3）进气擦洗。开启阴塔擦洗空气进口阀、阴塔排气阀、阴塔上部排水阀。启动罗茨风机擦洗，空气流量 498.8m³/h。10min 后停罗茨风机，关闭阴塔进气阀、阴塔排气门、阴塔上部排水阀。

（4）树脂正洗。开启阴塔正洗进水阀、阴塔正洗排水阀，启动再生水泵，流量 78t/h，15min 关闭阴塔正洗进水阀。

（5）阴塔排水。打开阴塔的排气阀，5min 后关闭阴塔正洗排水阀。

（6）重复（3）～（5）的步骤，进行 3 次擦洗，擦洗次数可人工设定，直至树脂擦洗干净，正常运行时擦洗 3 次出水较清，经历机组启动混床树脂的再生可延长至 5 次。

（7）空气擦洗。开启阴塔擦洗空气进口阀、阴塔排气阀、阴塔上部排水阀。启动罗茨风机擦洗，空气流量 498.8m³/h。10min 后停罗茨风机，关闭阴塔进气阀。

（8）补充水量。开启阴塔反洗进水阀开度为 P2，10min 后关闭阴塔排气阀和阴塔上部排水阀。

（9）反洗树脂。开启阴塔上部排水阀和将阴塔反洗进水阀开度调整为 P1，流量控制为30.00t/h 左右。30min 后关闭阴塔上部排水阀和阴塔反洗进水阀，停再生冲洗水泵。

（10）树脂清洗程序。树脂清洗程序见表 8-14。

表 8-14　　　　　　　　　　　　　　　　树脂清洗程序

| 序号 | 步骤名称 | 时间（min） | 运行阀门与设备名称 | 说明 |
|---|---|---|---|---|
| 1 | 放水至中排 | 15 | 阴塔中部排水阀、阴塔排气阀 | |
| 2 | 擦洗水位调节 | 0 | 阴塔正洗进水阀、阴塔排气阀 | 再生水泵运行 |
| 3 | 空气擦洗 | 10 | 阴塔空气进口阀、阴塔排气阀、阴塔上部排水阀 | 罗茨风机运行 |
| 4 | 正洗 | 15 | 阴塔正洗进水阀、阴塔正洗排水阀 | 再生水泵运行 |
| 5 | 排水 | 5 | 阴塔正洗排水阀、阴塔排气阀 | |
| 6 | 充水至中排 | 0 | 阴塔正洗进水阀、阴塔中部排水阀、阴塔排气阀 | 再生水泵运行 |
| 7 | | | 重复 3～6 步骤 5 次 | |
| 8 | 擦洗水位调节 | 0 | 阴塔正洗进水阀、阴塔排气阀 | 再生水泵运行 |
| 9 | 空气擦洗 | 10 | 阴塔擦洗空气进口阀、阴塔排气阀、阴塔反洗排水阀 P2 | 罗茨风机运行 |
| 10 | 补充水量 | 10 | 阴塔反洗进水阀 P2、阴塔排气阀、阴塔上部排水阀 | 再生水泵运行 |
| 11 | 反洗 | 30 | 阴塔反洗进水阀、阴塔上部排水阀 | 再生水泵运行 |

2. 树脂分离

（1）快速进水分层。开启阴塔的反洗进水阀，开度为大开度 P2（15%）及阴塔的排气阀和阴塔的上部排水阀，进行 5min，启动再生冲洗水泵，反洗流量 35t/h。

（2）慢速进水分层。将阴塔的反洗进水阀开度改为小开度 P1（13%），反洗流量为 25t/h，进行 10min，关闭阴塔的反洗进水阀和阴塔的上部排水阀。

（3）静置。树脂进水分层结束，将树脂层静置 5min，使阴阳树脂层界面清晰稳定。

（4）阳脂送出 1。开启阳塔排气阀、阳塔树脂进口阀、阳塔上部排水阀、阳塔倒 U 形排水阀、阴塔树脂出口阀和阴塔反洗进水阀开度为 P2，进行 5min。阳树脂送出时流量不能过高，保持在 30t/h 以下，过高容易破坏树脂界面。

（5）阳脂送出 2：在上步阀门开启的状态下打开阴塔二氧化碳进气阀，将阴塔反洗进水阀开度改为 P1，阴塔出脂电导率表和阴塔出脂感光表同时投入运行，流量控制为 25.00t/h左右，当输送树脂时分界面通过阴塔出脂感光表或电导率表，并被检测到后，输送步骤自动终止。降低树脂送出流量,能减小树脂分界面通过界面检测装置速度,减少阴树脂送出量,减少阳树脂中阴树脂混合率,但过低流速将影响电导率及颜色突变速度,同样影响界面检测装置反应速度甚至导致界面检测装置失效。二氧化碳流量也影响电导率突变速度,控制在150L/min 比较经济。当树脂老化后树脂色差变小阴塔出脂感光表无法检测到树脂颜色变化,或者电导率检测同时失效时,往往采用人工检测树脂界面,此时降低树脂送出流量将提高树脂分离精度。

(6)混脂输送。开启阴塔反洗进水阀、阴塔树脂输送出口阀、混脂隔离罐树脂输送阀、隔离罐排气阀,进行约 30s,关闭阴塔反洗进水阀、阴塔树脂输送出口阀。

(7)冲洗树脂输送管至混脂隔离罐。开启树脂管道冲洗进水阀,流量控制为 44t/h 左右,进行约 10s,关闭混脂隔离罐树脂输送阀、隔离罐排气阀。

(8)冲洗树脂输送管至阴塔。开启阴塔树脂出口阀、阴塔排气阀、阴塔倒 U 形排水阀,流量控制为 44t/h 左右,进行 1min,关闭阴塔树脂进口阀、阴塔排气阀、阴塔倒 U 形排水阀。

(9)冲洗树脂输送管至阳塔。开启阳塔树脂进口阀、阳塔排气阀、阳塔倒 U 形排水阀,流量控制为 44t/h 左右,进行 1min,关闭阳塔树脂进口阀、阳塔排气阀、阳塔倒 U 形排水阀和树脂管道冲洗水阀,停再生冲洗水泵。

(10)树脂分离程序。树脂分离程序见表 8-15。

表 8-15　　　　　　　　　　　　　　树脂分离程序

| 序号 | 步骤名称 | 时间 | 运行阀门与设备名称 | 说明 |
|---|---|---|---|---|
| 1 | 快速进水分层 | 5min | 阴塔反洗进水阀 P2、阴塔排气阀、阴塔上部排水阀 | 再生冲洗水泵运行 |
| 2 | 慢速进水分层 | 10min | 阴塔反洗进水阀 P1、阴塔排气阀、阴塔上部排水阀 | 再生冲洗水泵运行 |
| 3 | 静置 | 5min | 阴塔排气阀 | |
| 4 | 阳树脂送出 1 | 5min | 阴塔反洗进水阀 P2、阴塔树脂出口阀、阳塔排气阀、阳塔树脂进口阀、阳塔上部排水阀、阳塔倒 U 形排水阀 | 再生冲洗水泵运行 |
| 5 | 阳树脂送出 2 | 20min | 阴塔底部进二氧化碳阀、阴塔反洗进水阀 P1、阴塔树脂出口阀、阳塔排气阀、阳塔树脂进口阀、阳塔上部排水阀、阳塔倒 U 形排水阀,投运阴塔出脂电导率表和阴塔出脂感光表 | 再生冲洗水泵运行,当树脂界面通过阴塔出脂感光表或电导率表,并被检测到后,输送步骤自动结束 |
| 6 | 混脂送混脂隔离罐 | 30s | 阴塔反洗进水阀 P1、阴塔树脂出口阀、混脂隔离罐树脂进出口阀、混脂隔离罐排气阀 | 再生冲洗水泵运行 |
| 7 | 冲脂去混脂隔离罐 | 10s | 混脂隔离罐树脂进出口阀、混脂隔离罐排气阀、树脂管道冲洗进水阀 | 再生冲洗水泵运行 |

续表

| 序号 | 步骤名称 | 时间 | 运行阀门与设备名称 | 说明 |
|---|---|---|---|---|
| 8 | 冲脂去阴塔 | 1min | 阴塔树脂出口阀、阴塔排气阀、阴塔倒U形排水阀、树脂管道冲洗进水阀 | 再生冲洗水泵运行 |
| 9 | 冲脂去阳塔 | 1min | 树脂管道冲洗进水阀、阳塔树脂进口阀、阳塔排气阀、阳塔倒U形排水阀 | 再生冲洗水泵运行 |

3. 阴树脂再生

阴树脂再生前检查再生冲洗水泵、一台碱计量泵和一台罗茨风机是否投入联锁。

(1) 阴塔部分排水。开启阴塔正洗排水阀、阴塔排气阀、阴塔倒 U 形排水阀，进行 5min，关闭正洗排水阀。

(2) 阴塔倒 U 形排水。在上述步骤的阀门状态下，进行 5min，排水至树脂表面。

(3) 再生准备。开启阴塔进碱阀、碱稀释水进水阀，启动再生水泵，流量控制为 22t/h 左右，进行 1min。

(4) 进碱再生。开启碱计量箱出碱门、碱计量泵进出口阀、碱计量泵出口母管总阀，投运碱计量泵。流量控制为 22t/h 左右，进行 40min。进碱时间和浓度可人工进行设定，浓度为 3%，进碱量按碱计量箱的液位联锁停碱计量泵。停碱计量泵，关闭碱计量箱出碱门、碱计量泵进出口阀、碱计量泵出口母管总阀。

(5) 置换。在上一步骤结束时的阀门状态下进行置换，流量控制为 22t/h 左右，进行 45min。关闭阴塔进碱阀、阴塔倒 U 形排水阀、碱稀释水阀。再生水温度对树脂进碱及置换效果影响较大，冬季再生水温度无加热的情况下，只能达到 15℃，置换时间延长至 60min。

(6) 空气擦洗。开启阴塔空气进口阀、阴塔排气阀、阴塔上部排水阀。启动罗茨风机擦洗，空气流量 498.8m³/h。10min 后停罗茨风机，关闭阴塔进气阀、阴塔排气门、阴塔上部排水阀。

(7) 正洗。开启阴塔正洗进水阀、阴塔正洗排水阀，流量控制为 78t/h 左右，进行 15min，关闭阴塔正洗进水阀。

(8) 排水。开启阴塔排气阀，进行 5min。

(9) 倒 U 形排水。开启阴塔倒 U 形排水阀，进行 2min，排水至树脂表面。

(10) 重复 (6) ～ (9) 步骤 3 次。

(11) 空气擦洗。开启阴塔进气阀、阴塔上部排水阀。启动罗茨风机擦洗，空气流量 498.8m3/h。10min 后停罗茨风机，关闭阴塔进气阀、阴塔排气门。

(12) 反洗。开启阴塔反洗进水阀开度为 P1、启动再生水泵，流量控制为 28t/h 左右，进行 30min。

(13) 快速分层。将阴塔反洗进水阀开度改为 P2，流量控制为 30t/h 左右，进行 20min，关阴塔上部排水阀。

(14) 送混脂至隔离罐。将阴塔反洗进水阀开度改为 P1，开启阴塔树脂出口阀、混脂隔离罐树脂进出口阀、混脂隔离罐排气阀，进行 10s，关闭阴塔反洗进水阀、混脂隔离罐树脂进出口阀、混脂隔离罐排气阀。

(15) 冲洗树脂输送管道。开启阴塔排气阀、树脂管道冲洗进水阀，进行 1min，关闭阴塔树脂出口阀、阴塔排气阀、树脂管道冲洗进水阀。

（16）正洗至合格。开启阴塔正洗进水阀、阴塔正洗排水阀，流量控制为 78t/h 左右。进行 30min。正洗至出水以电导率合格后自动停止。

（17）阴树脂再生程序。阴树脂再生程序见表 8-16。

**表 8-16　　　　　　　　　　　　　　阴树脂再生程序**

| 序号 | 步骤名称 | 时间 | 运行阀门与设备名称 |
|---|---|---|---|
| 1 | 部分排水 | 5min | 阴塔正洗排水阀、阴塔排气阀、阴塔倒 U 形排水阀 |
| 2 | 倒 U 形排水 | 5min | 阴塔排气阀、阴塔倒 U 形排水阀 |
| 3 | 再生准备 | 1min | 阴塔进碱阀、阴塔倒 U 形排水阀、碱稀释水进水阀、阴塔排气阀，再生水泵 |
| 4 | 进碱 | 40min | 阴塔进碱阀、阴塔倒 U 形排水阀、碱计量箱出碱阀、碱稀释水进水阀、阴塔排气阀、碱计量泵再生水泵 |
| 5 | 置换 | 45min | 阴塔进碱阀、阴塔倒 U 形排水阀、碱稀释水进水阀、阴塔排气阀，再生水泵 |
| 6 | 水位调整 | | 阴塔正洗进水阀、阴塔排气阀，再生水泵 |
| 7 | 空气擦洗 | 10min | 阴塔空气进口阀、阴塔排气阀、阴塔反洗排水阀，启动罗茨风机 |
| 8 | 正洗 | 15min | 阴塔正洗进水阀、阴塔正洗排水阀，再生水泵 |
| 9 | 排水 | 5min | 阴塔排气阀、阴塔正洗排水阀 |
| 10 | 倒 U 形排水 | 5min | 阴塔排气阀、阴塔倒 U 形排水阀 |
| 11 | 重复 6～10 步骤 3 次 | | |
| 12 | 水位调整 | | 阴塔正洗进水阀、阴塔排气阀，再生水泵 |
| 13 | 空气擦洗 | 10min | 阴塔空气进口阀、阴塔排气阀、阴塔上部排水阀，罗茨风机 |
| 14 | 反洗 | 30min | 阴塔反洗进水阀 P1、阴塔上部排水阀，再生水泵 |
| 15 | 快速分层 | 20min | 阴塔反洗进水阀 P2、阴塔上部排水阀，再生水泵 |
| 16 | 送脂去混脂隔离罐 | 10s | 阴塔反洗进水阀 P1、阴塔树脂出口阀、隔离罐树脂进出口阀、混脂隔离罐排气阀，再生水泵 |
| 17 | 冲洗树脂管 | 1min | 树脂管道冲洗进水阀、阴塔出脂阀、阴塔排气阀，再生水泵 |
| 18 | 正洗至合格 | 30min | 阴塔正洗进水阀阴、塔正洗排水阀，再生水泵 |

4. 阳树脂再生

阳树脂再生前检查再生冲洗水泵、一台碱计量泵和一台罗茨风机是否投入联锁。

（1）倒 U 形排水。开启阳塔倒 U 形排水阀、阳塔排气阀，进行 5min，放水至树脂表面。

（2）再生准备。开启阳塔进碱阀、碱稀释水进水阀，启动再生水泵，流量控制为 22t/h 左右，进行 1min。

（3）进碱。开启碱计量箱出碱门、碱计量泵进出口阀、碱计量泵出口母管总阀，投运碱计量泵，流量控制为 22t/h 左右，进行 40min。进碱时间和浓度可人工进行设定，浓度为 3%，进碱量按碱计量箱的液位联锁停碱计量泵。停碱计量泵，关闭碱计量箱出碱门、碱计量泵进出口阀、碱计量泵出口母管总阀。

（4）置换。在上一步骤结束时的阀门状态下进行置换，流量控制为22t/h左右，进行45min。关闭阳塔进碱阀、阳塔倒U形排水阀、碱稀释水阀。

（5）空气擦洗。开启阳塔空气进口阀、阳塔排气阀、阳塔上部排水阀。启动罗茨风机擦洗，空气流量498.8m³/h。10min后停罗茨风机，关闭阳塔进气阀、阳塔排气门、阳塔上部排水阀。

（6）正洗。开启阳塔正洗进水阀、阳塔正洗排水阀，流量控制为78t/h左右，进行15min，关闭阳塔正洗进水阀。

（7）排水。开启阳塔排气阀，进行5min。

（8）倒U形排水。开启阳塔倒U形排水阀，进行2min，排水至树脂表面。

（9）重复（5）～（8）步骤3次。

（10）空气擦洗。开启阳塔空气进口阀、阳塔上部排水阀。启动罗茨风机擦洗，空气流量498.8m3/h。10min后停罗茨风机，关闭阳塔进气阀、阳塔排气门。

（11）反洗。开启阳塔反洗进水阀，流量控制为28t/h左右，进行30min。关闭阳床反洗进水阀和阳床上部排水阀。

（12）充水。开启阳塔正洗进水阀、阳塔排气阀，流量控制为78t/h左右，进行充水1min。关闭阳床排气阀。

（13）正洗。开启阳塔正洗排水阀，流量控制为78t/h左右，进行15min。

（14）正洗至合格。在上述步骤的阀门状态下进行正洗30min，正洗至出水以电导率合格后自动停止。

（15）阳树脂再生程序。阳树脂再生程序见表8-17。

表8-17　　　　　　　　　　　　　　　　阳树脂再生程序

| 序号 | 步骤名称 | 时间（min） | 运行阀门与设备名称 |
|---|---|---|---|
| 1 | 倒U形排水 | 5 | 阳塔排气阀、阳塔倒U形排水阀 |
| 2 | 再生准备 | 1 | 阳塔进碱阀、阳塔倒U形排水阀、阳塔排气阀、碱稀释水进水阀，再生水泵 |
| 3 | 进碱 | 40 | 阳塔进碱阀、阳塔倒U形排水阀、阳塔排气阀、碱计量箱出口阀、碱稀释水进水阀，再生水泵碱计量泵 |
| 4 | 置换 | 45 | 阳塔进碱阀、阳塔倒U形排水阀、碱稀释水进水阀、阳塔排气阀，再生水泵 |
| 5 | 水位调整 | | 阳塔排气阀、阳塔正洗进水阀，再生水泵 |
| 6 | 空气擦洗 | 10 | 阳塔空气进口阀、阳塔排气阀、阳塔上部排水阀，罗茨风机 |
| 7 | 正洗 | 15 | 阳塔正洗进水阀、阳塔正洗排水阀，再生水泵 |
| 8 | 排水 | 5 | 阳塔排气阀、阳塔正洗排水阀 |
| 9 | 倒U形排水 | 5 | 阳塔排气阀、阳塔倒U形排水阀 |
| 10 | 重复5～9步骤3次 | | |
| 11 | 水位调整 | | 阳塔正洗进水阀、阳塔排气阀，再生水泵 |
| 12 | 空气擦洗 | 10 | 阳塔空气进口阀、阳塔排气阀、阳塔上部排水阀，罗茨风机 |
| 13 | 充水 | | 阳塔正洗进水阀、阳塔排气阀，再生水泵 |
| 14 | 反洗 | 30 | 阳塔反洗进水阀、阳塔上部排水阀，再生水泵 |
| 15 | 正洗 | 15 | 阳塔正洗进水阀、阳塔正洗排水阀，再生水泵 |
| 16 | 正洗至合格 | 30 | 阳塔正洗进水阀、阳塔正洗排水阀，再生水泵 |

5. 阴、阳树脂混合

（1）阴树脂至阳塔。开启阳塔树脂进口阀、阳塔上部排水阀、阳塔倒 U 形排水阀、阳塔排气阀、阴塔反洗进水阀 P1、阴塔树脂出口阀，启动再生水泵，流量控制为 25t/h 左右，进行 30min，关闭阳塔树脂进口阀、阳塔上部排水阀、阳塔倒 U 形排水阀、阴塔反洗进水阀、阴塔树脂出口阀，停再生水泵。

（2）排水。开启阳塔正洗排水阀，进行 5min。关闭阳塔正洗排水阀。

（3）空气混合。开启阳塔上部排水阀、阳塔空气进口阀，投运罗茨风机，进行 15min。关闭阳塔空气进口阀，停运罗茨风机。

（4）快速排水。开启阳塔正洗排水阀，进行 2min。关闭阳正洗排水阀、上部排水阀。

（5）慢充水。开启阳塔正洗进水阀，启动再生水泵，流量控制为 78.00t/h 左右，进行 2min。

（6）快速充水。在上述步骤的状态下继续进行充水，进行 5min。关闭阳塔排气阀。

（7）正洗。开启阳塔正洗排水阀，进行 15min。

（8）正洗至合格。在上述步骤的状态下继续正洗，进行 30min。正洗至出水以电导率合格后自动停止，关闭正洗排水阀、下洗进水阀，停运再生水泵。

（9）隔离罐树脂输送至阴塔。开启阴塔树脂输送出口阀、阴塔中部排水阀、阴塔排气阀、混脂隔离罐树脂进出口阀、混脂隔离罐进水阀，流量控制为 20t/h 左右，进行 3min。关闭阴塔树脂输送出口阀、阴塔中部排水阀、阴塔排气阀、混脂隔离罐树脂进出口阀、混脂隔离罐进水阀，停再生水泵。

（10）阴、阳树脂混合程序。阴、阳树脂混合程序见表 8-18。

表 8-18　　　　　　　　　　　　　　阴、阳树脂混合程序

| 序号 | 步骤名称 | 时间（min） | 运行阀门与设备名称 |
|---|---|---|---|
| 1 | 阴树脂送阳塔 | 30 | 阴塔反洗进水阀 P1、阴塔树脂出口阀、阳塔树脂进口阀、阳塔排气阀、阳塔倒 U 形排水阀、阳塔上部排水阀，再生水泵 |
| 2 | 排水 | 5 | 阳塔排气阀、阳塔正洗排水阀 |
| 3 | 水位调整 |  | 阳塔排气阀、阳塔上部排水阀、阳塔反洗进水阀，再生水泵 |
| 4 | 空气混合 | 15 | 阳塔排气阀、阳塔上部排水阀、阳塔空气进口阀，罗茨风机 |
| 5 | 混脂快排水 | 2 | 阳塔上部排水阀、阳塔正洗排水阀、阳塔排气阀 |
| 6 | 慢充水 | 2 | 阳塔正洗进水阀 P1、阳塔排气阀，再生水泵 |
| 7 | 快充水 | 5 | 阳塔正洗进水阀 P2、阳塔排气阀，再生水泵 |
| 8 | 正洗 | 15 | 阳塔正洗进水阀、阳塔正洗排水阀，再生水泵 |
| 9 | 正洗至合格 | 30 | 阳塔正洗进水阀、阳塔正洗排水阀，再生水泵 |
| 10 | 隔离罐树脂送阴塔 | 3 | 阴塔树脂出口阀、阴塔排气阀、阴塔中部排水阀、混脂隔离罐树脂进出口阀、混脂隔离罐进水阀，再生水泵 |

## 七、异常情况处理

1. 异常处理注意事项

（1）在初次投运前或者检修后恢复时，前置过滤器及混床系统必须将进出口母管内注满

水，凝结水泵启动前须开启过滤器及混床总进出口门。在线检修结束恢复系统前对前置过滤器及混床系统进出口母管进行升压，须开启手动小旁路，防止直接开启进出口门对凝结水系统压力造成冲击。

（2）过滤器及混床升压的时间根据现场实际情况决定，必须等压力正常后才进行下一步。

（3）罗茨风机出口气动隔膜阀开启时间较短，当风机压力升起，处于正常后就及时关闭；当罗茨风机出口管道受阻时，罗茨风机的安全阀就动作影响擦洗的效果。

（4）当一台混床（以步操或自动方式）投运时，混床进、出水门先开后，确认有一台未投运混床在点操方式，这时可以手动将混床旁路门关至 $66\%$，此时凝结水旁路门及过滤器旁路门维持原来状态；当第二台混床也（以步操或自动方式）投运时，混床进、出水门先开后，确认有一台未投运混床在点操方式，这时可以手动将混床旁路门关至 $33\%$，此时凝结水旁路门及过滤器旁路门维持原来状态；当第三台混床也（以步操或自动方式）投运时，混床进、出水门先开后，可以手动将混床旁路门关至 $0\%$，此时凝结水旁路门及过滤器旁路门维持原来状态。

（5）四台混床运行时，若一台混床（以步操或自动方式）停运，混床旁路门不动作，该台混床执行解列步序。三台混床运行时，若一台混床（以步操或自动方式）停运，混床旁路门先自动开至 $33\%$，凝结水旁路门及过滤器旁路门维持原来状态，然后该台混床执行解列步序。两台混床运行时，若一台混床（以步操或自动方式）停运，混床旁路门先自动开至 $66\%$，凝结水旁路门及过滤器旁路门维持原来状态，然后该台混床执行解列步序。仅一台混床运行时，若此台混床（以步操或自动方式）停运时，混床旁路门先自动全开，凝结水旁路门及过滤器旁路门维持原来状态。若混床以点操方式投运或停运，则混床旁路应以点操方式开启或关闭。

（6）当混床入口母管温度或旁路差压高于联锁设定值且联锁已投入时，若联锁条件满足，混床旁路先全部打开至 $100\%$，然后混床全部退出。

（7）当混床进出口差压或树脂捕捉器差压及其他联锁条件投入时，若其中一个联锁条件满足时，系统自动开启混床旁路门至相应开度，而后相应混床退出运行。运行人员判断系统正常投运备用混床后，再按上述方式点操关闭混床旁路门。

（8）在树脂再生过程中要暂停执行阴树脂再生程序或阳树脂再生程序，请点击"阴暂停"或"阳暂停"键，则系统将暂停相应再生程序，画面中"阴暂停"钮或"阳暂停"键的文本变为红色，再次点击"阴暂停"或"阳暂停"键，程序将从暂停步序开始重新开始执行；剩余时间将还原为设定时间。

（9）在树脂再生过程中，若运行人员需要停止程序执行，请点击"程序停止"键，则再生程序停止执行，系统恢复至初始状态。

（10）执行树脂分离程序（非点操，步操方式），阳树脂送出 2 步开始执行后 3min，程序启动树脂界面检测装置。开始界面检测后，若 20min 内，检测装置成功检测到阴阳树脂界面，程序自动跳至下一步序，反之界面检测失败，程序将在该步剩余时间为零后执行下一步。

（11）再生执行树脂分离程序前请确认 $CO_2$ 钢瓶有气并且减压阀打开，再生完毕后最好关闭 $CO_2$ 减压阀，以免下次再生间隔时间太长，钢瓶内气体漏光。

（12）阴阳树脂再生时，阴或阳树脂再生程序同时开始执行直至置换步序运行完成后，阳树脂再生程序暂停运行，阴树脂再生程序继续运行直至最后一步完成后，且阴塔树脂正洗合格导电度低于阴树脂导电度合格设置值时，阳树脂再生程序继续运行。

（13）当酸或碱计量箱有液位高报警（计量箱液位高于1.5m）时，进酸或碱阀门自动关闭；且运行的相应酸碱输送泵自动停止；当酸或碱计量箱有液位低报警（计量箱液位高于0.2m）时，出酸或出碱阀门自动关闭；且运行的相应酸碱计量泵自动停止。

（14）系统意外掉电，应将所有设备切换到就地操作方式，恢复供电后，待PLC控制系统初始化完成，并启动当前任务后，方可将手动方式切换到自动方式。

（15）CPU故障。工作人员可以观察CPU面板上RUN指示灯状态，当它点亮并闪烁时，可确认CPU发生故障。此时维护人员可关掉PLC电源，然后将PLC上电初始化，观察PLC是否正常运行。如仍不能正常运行，可将PLC程序重新下载，PLC可恢复运行。如PLC程序不能下载，可将CPU模板断电，并拔下其电池放电5~10min。再下载程序，PLC可恢复运行。

（16）工控机故障。工控机为监控专用，不得挪作他用，不得在工控机上进行与工艺操作无关的操作，否则可能造成不可恢复的故障，轻则死机，重则计算机损坏。若出现异常现象，运行人员应该及时与维护人员联系，不可擅自关机或进行其他的操作。

2. 异常情况处理

异常情况处理方法见表8-19。

表8-19　　　　　　　　　　　异常情况处理方法

| 序号 | 现象 | 原因 | 处理方法 |
|---|---|---|---|
| 1 | 高速混床运行周期短，周期制水量低 | 再生不彻底 | （1）检查调节冲释水流量碱，碱浓度和再生时间；<br>（2）再生时树脂分离是否彻底；<br>（3）高混投运前树脂混合是否充分 |
| | | 进水水质改变 | （1）分析进水水质；<br>（2）检查分析热力设备水汽质量 |
| | | 运行流速大高 | 降低流量 |
| | | 树脂老化 | 更换树脂 |
| | | 树脂污染 | （1）复苏树脂；<br>（2）加树脂复苏后仍不能恢复，则更换树脂 |
| | | 树脂损失 | （1）调整反洗流速，看是否跑树脂现象发生；<br>（2）检查树脂管道泄漏；<br>（3）检查排出过多的细树脂（机械破裂）；<br>（4）由于碱浓度高，使阴树破碎而损失，可减小再生碱浓度；<br>（5）检查阴树脂再生温度，温度过高会使树脂突然胀裂而破碎 |
| 2 | 高压差 | 流速过高 | 减少流速 |
| | | 树脂污染 | （1）复苏树脂；<br>（2）如复苏后仍不合格可更换树脂 |
| | | 细树脂过多 | （1）增大反洗流速（同时监视出口，防止大粒树脂带出）；<br>（2）延长反洗时间；<br>（3）检查细末产生原因（按树脂损失部分进行） |

| 序号 | 现象 | 原因 | 处理方法 |
|---|---|---|---|
| 3 | 树脂损失 | 正排泄漏 | (1) 从再生罐内将树脂取出，检查锥斗，如果损坏，无法修理则要进行更换；<br>(2) 将高混内树脂取出，检查水帽，进行修理 |
| | | 反洗流速过高 | (1) 减小反洗流速；<br>(2) 添加树脂到正常位置 |
| | | 磨损 | 经过一段较长时间后树脂损失是正常的，应检查设备运行周期，并加填树脂，使床层达到要求高度 |
| 4 | 再生剂浓度小 | 再生水泵故障 | (1) 检查泵的运行状况及吸入口阀和排出阀是否开；<br>(2) 检查泵安全阀是否误动作；<br>(3) 检查酸碱计量泵冲程是否在正确位置 |
| | | 再生剂管路阀门故障 | 检查酸碱截流阀是否开启 |
| | | 稀释水流量高 | 检查稀释水流量，根据需要调节好 |
| | | 浓度指示器故障 | 用液体密度计或滴定法测定再生剂浓度 |
| | | 酸碱管路泄漏 | 更换酸碱管路 |
| | | 酸碱计量箱内酸碱浓度低 | 检查酸碱计量箱内酸碱浓度，并进行更换 |
| 5 | 稀释后的再生剂浓度高 | 稀释水流量低 | 检查冲稀水流量是否合适 |
| | | 泵冲程调节不正确 | 校正泵冲程至正确位置 |
| 6 | 稀释后的碱温度高 | 冲稀水流量不正确 | 检查冲稀水流量至正确 |
| | | 温度控制器故障 | 联系热工检修 |
| 7 | 出水质量不合格 | 树脂分离不完全 | 调整反洗流量和时间，取得较好的分离效果 |
| | | 酸碱质量不好 | (1) 分析酸碱杂质含量；<br>(2) 如果质量不好，更换合格的新品种 |
| | | 再生不足 | 调整再生时间和再生液浓度，保证完全再生 |
| | | 树脂污染 | (1) 复苏树脂；<br>(2) 复苏后出水仍不合格则更换树脂 |
| 8 | 空气混合未达到最佳效果 | 由于阀门的故障，使风量不合适或厂用气压力和流量不够 | (1) 检查阀门是否工作正常；<br>(2) 检查空气流量是否调节正确，罐内压力是否正常 |
| 10 | 空气混合使树脂带出 | 罐内混合时水位过高 | 排水至合适水位，这需要调节排水步骤的时间 |
| | | 空气流量过高 | 检查空气流量是否调节合适 |
| 11 | 上位机死机 | 程序故障 | (1) 联系集控凝水混床旁路开启，混床出系；<br>(2) 联系热工检修 |
| | | 失电 | (1) 联系集控凝水混床旁路开启；混床就地进、出水阀置"开"，其他阀置"关"；<br>(2) 联系热工检修；<br>(3) 电源恢复，联系集控，凝水混床调整到正常运行 |

续表

| 序号 | 现象 | 原因 | 处理方法 |
|------|------|------|----------|
| 12 | 混床正洗再循环时间过长 | 表计误差 | 校验检查表计 |
| | | 混床内树脂未混合均匀 | 重新混合 |
| | | 再生时树脂未正洗合格 | 增加再循环正洗时间，不合格的重新再生 |
| | | 再循环流量过低 | 检查再循环水泵及相关管道阀门 |
| 13 | 阴塔出脂感光表失效 | 界面检测窥视孔透光性不良 | 清洁或更换 |
| | | 阴阳树脂色差小 | 更换树脂 |
| | | 界面检测装置本身故障 | 检查界面检测装置 |
| | | 阴阳树脂界面不清晰 | 重新反洗分层 |
| 14 | 树脂界面电导检测失效 | 二氧化碳流量不足 | 调整进入阴塔的二氧化碳流量 |
| | | 阴阳树脂界面不清晰 | 重新反洗分层 |
| | | 电导率表故障 | 检查电导率表 |

# 第四节　给水处理与汽水品质控制

## 一、超超临界机组汽水品质控制

根据超超临界机组的特点，尽量纯化水质，减少水中盐类杂质，降低给水中的含铁量，控制腐蚀产物的沉积量，是超超临界机组水处理和水质控制的主要目标。

### （一）超超临界机组凝结水系统配置及其出水水质控制指标的建议

1. 凝结水精处理系统出水水质控制指标

在超超临界工况条件下，锅炉受热面的温度比较高，容易发生化学物质的沉积。其中，最常见的是 $Na_2SO_4$、$NaCl$ 和 $NaOH$，这类物质溶解在蒸汽中后，会对后续的过热器、再热器及汽轮机产生腐蚀影响。必须控制蒸汽中的 $Na$ 含量小于 $1\mu g/kg$，才有可能控制二级再热器中形成的氢氧化钠浓缩液对奥氏体钢的腐蚀和锅炉停用时存在干状态的 $Na_2SO_4$ 引起再热器的腐蚀。$NaCl$ 中的氯离子是一种强腐蚀性离子，能破坏金属表面钝化膜，在金属表面形成点蚀。奥氏体不锈钢对氯离子极其敏感，常常遭受应力腐蚀而破裂，而且氯离子浓度增加，应力腐蚀破裂的敏感性增加。

在机组的整个热力循环系统中，凝结水精处理是唯一可以去除各类杂质的设备。凝结水精处理其作用主要是去除凝结水中金属腐蚀产物及微量的溶解性盐。凝结水精处理系统的正常运行，对保证机组水汽品质、提高机组热效率、缩短机组的启动时间、节约启机费用、提高机组凝汽器泄漏的保护能力、延长机组酸洗周期都具有重要的现实意义，因此要保证蒸汽

中钠及氯含量小于 $1\mu g/kg$，必须控制凝结水精处理出水水质的钠及氯含量小于 $1\mu g/kg$。另外，精处理混床的配置数量必须能确保凝汽器在微泄漏的情况下，系统仍能达到相应的水质标准。

超超临界凝结水精处理出水水质建议见表 8-20。

表 8-20　　　　　　　　　　　**超超临界凝结水精处理出水水质建议指标**

| 主要控制项目 | 标准 |
| --- | --- |
| 氢电导率（25℃）（$\mu S/cm$） | <0.08 |
| Na（$\mu g/kg$） | <0.5 |
| Cl（$\mu g/kg$） | <0.5 |
| $SO_4^{2-}$（$\mu g/kg$） | <0.5 |
| $SiO_2$（$\mu g/L$） | <2 |
| Fe（$\mu g/kg$） | <1 |
| Cu（$\mu g/kg$） | <1 |
| 悬浮物（$\mu g/L$） | <5 |

为保证混床出水水质，凝结水精处理系统的运行及控制方式至关重要。

（1）凝结水精处理混床宜采用氢型方式运行，以防止出水钠含量超标。

（2）输送树脂的压力要确保混床内失效树脂能完全送至再生塔，无残留。

（3）再生用酸、碱质量应满足国家标准要求，游离氯、硫酸钠、碳酸钠、氯化钠、三氧化二铁等杂质含量必须达标。

（4）应尽量降低前置过滤器、阳床、覆盖过滤器等的退出时间，减少进入混床中铁氧化物的量，否则树脂中掺杂的铁屑很难清除，将会导致树脂污染，影响产水水质。

（5）要注重机组启动阶段对水质的控制，只要凝结水泵启动，就应投运前置过滤系统，以截留住检修过程中带入的杂物，停运过程中产生的锈蚀产物。当开始向锅炉上水时，应投运混床系统，保证进入锅炉的水质的洁净，可有效降低锅炉冲洗时间及并网后水质的恢复时间。

2. 凝结水精处理系统配置原则

凝结水精处理设备的设计，要充分考虑尽量减少硫酸盐、氯离子和钠的漏出。为了满足以上出水指标，凝结水精处理系统必须采用设置有前置过滤的深层混床处理系统。

前置过滤的配置重点考虑机组在启动阶段去除固体腐蚀产物、杂质和长期运行后脱落的氧化皮颗粒。高速混床的配置重点考虑对非晶型腐蚀产物和盐类杂质的去除。考虑到超超临界机组对水质的严格要求，树脂体外再生单元宜选用分离效果好的"高塔法"树脂分离技术。

超超临界机组在启停时锅炉给水应采用全发挥处理 AVT（O）方式，热力系统的腐蚀产物为颗粒状悬浮物，在向锅炉上水时，尽量投入前置过滤系统。正常运行后，锅炉给水应采用加氧处理，给水的 pH 值一般控制在 8.0～8.5，运行中大多产生非晶型腐蚀产物。同时任何材料的凝汽器均可能发生泄漏或渗漏，循环水中的盐类杂质会漏入热力系统。根据这一特点，前置过滤的配置有如下几点建议：

（1）直接空冷机组由于凝结水水温较高，加之系统无冷却水漏入的危险，使用粉末树脂过滤器，效果会更好一些。

（2）间接空冷机组由于循环水采用的是含盐量很低的除盐水，同时冷却水漏入系统的概率较小，可使用粉末树脂过滤器。

（3）水冷机组中由于粉末树脂过滤系统的机组所发生的汽轮机腐蚀积盐问题较多，而且粉末树脂过滤系统对降低出水的含钠量效果不高，故不推荐使用该系统。

（4）滤芯式过滤器的除铁效率较高，且持续效果稳定，随着滤芯质量的提高，目前使用较普遍。但滤芯式过滤器对降低出水的含钠量和除去非晶型腐蚀产物没有什么效果，这样增加了混床的负担，如使用该系统，应对混床的阴、阳树脂比例进行调整，建议阳、阴树脂比例为3∶2。

（5）采用前置阳床的过滤系统，在核电站及部分俄制机组应用较多。尽管前置阳床的除铁效率不如滤芯式过滤器和粉末树脂过滤器，但它具有降低水中含钠量，改善精处理系统混床的运行工况，又能除去离子态铁的能力。在国内部分电厂应用情况较好，所以采用前置阳床，是超超临界机组凝结水精处理前置过滤配置的较佳选择。但同时应注意进入前置阳床的氧化皮粉末具有磁性，极易黏附在树脂表面，采用酸浸泡等方式也极难清除。建议从机组投运开始，前置阳床每隔5～10个制水周期，在再生前后均应加强空气擦洗，除掉树脂表面的磁性氧化铁粉末。尽量减少影响树脂再生度、降低出水水质、污染混床树脂的情况。

**（二）腐蚀产物的控制**

与超临界机组相同，超超临界机组的腐蚀产物来源有：机组停用期间产生停用腐蚀，其腐蚀产物在机组启动后带入热力系统；炉前热力系统包括加热器汽侧在运行中产生腐蚀，腐蚀产物随给水带入热力系统；金属在水汽中氧化速度增快，生成的氧化皮剥落，除了引起蒸汽通流部件的冲蚀和磨蚀外，氧化皮变成细小的氧化铁颗粒，穿过凝结水精处理系统进入热力系统。上述的腐蚀产物沿着热力系统的各个设备流动或沉积下来。腐蚀产物最终都会转移到受热面沉积，造成机组的腐蚀和结垢问题。因此，超超临界机组在控制腐蚀产物主要通过以下几个方面进行。

**1. 炉前系统腐蚀产物控制**

对于炉前系统腐蚀产物控制方法，国内外毫无例外的首推给水加氧处理（OT）技术。加氧处理是利用纯水中溶解氧对金属的钝化作用，使给水系统金属表面形成致密的保护性氧化膜，达到热力系统防腐防垢的最佳效果。目前国外已经投运的超超临界机组的给水处理均采用加氧处理，可以使省煤器入口的铁含量小于 $1\mu g/L$。国内超临界机组几乎全部采用了给水加氧处理工艺，均取得了良好的效果。

因此，加氧处理是超超临界机组正常运行工况下唯一的给水处理工艺。

**2. 停用腐蚀产物控制**

停用腐蚀的控制对减少沉积物是非常必要的。不能将其作为临时措施，应作为必备的配套设备，在设计时就应考虑进去，例如，完整的充氮保护系统、干风系统和保护液加药系统等，以满足机组不同的停备用周期的保护。

超超临界机组启动时的水质控制非常重要，按照国家标准，在进行锅炉点火之前，锅炉给水的参数应达到下列极限要求：溶解氧小于 $50\mu g/L$；铁小于 $50\mu g/L$。只有严格按照有关机组启停的标准进行控制，才有可能最大限度的阻止停用期间产生的腐蚀产物进入热力系统。

### 3. 热力系统沉积物的清除

沉积在热力系统各个设备沉积物应该用不同的方法加以清除。

丹麦的超超临界机组非常重视在机组运行和启停的各个阶段不断用各种方法清除热力系统的沉积物。例如，可以将返回除氧器水箱的疏水通过一个与除氧器水箱并联的管式过滤器连续处理，以除去疏水中带入的腐蚀产物。

由于过热器和再热器中的沉积物可能造成腐蚀损坏，定期在汽轮机旁路运行时，用饱和蒸汽清洗过热器和再热器。同时规定在任何较长时间停用前，应清洗再热器直到蒸汽氢电导率降至正常标准为止。

对于高压加热器的疏水超标时，其沉积物在负荷波动时，通过紧急排水管排至凝汽器。在计划停用前需要额外的清洗时，方法是在从尖峰负荷下来时，切断加热器的蒸汽供应，在冷却 15min 后，再重新送入蒸汽，最初的蒸汽会在正常运行时形成降温区的整个表面凝结，从而达到将离子态沉积物洗掉，并洗出系统的效果。

除氧器水箱水质必须保持符合标准要求，在正常运行时问题不大，但在启动、停用或者负荷剧变时，由于有些沉积物会释放出来，若不经精处理设备处理，水质会变坏。所以系统所有疏水应排至凝汽器并通过精处理设备处理。

### （三） 高温氧化和氧化皮的控制

目前已经运行的超临界机组的实践表明，蒸汽通流部分的高温氧化和氧化皮堵塞引起的短期过热现象是比较严重的，主要的原因是对蒸汽氧化的特点、温度的影响以及奥氏体不锈钢氧化皮的易剥落性认识不足。

通过对丹麦超超临界机组的考察发现，超超临界机组即使使用 TP347 不锈钢，也依然发生过过热器和再热器氧化皮剥落造成的损坏，据专家分析，这是由于实际温度、热负荷和冷却效果之间的不平衡所致。丹麦超超临界机组运行经验表明奥氏体钢的氧化皮厚度超过 $150\mu m$ 时就会剥落，在运行条件的影响下，氧化皮厚度超过 $20\mu m$ 也可能剥落。丹麦改善的措施：一是修改运行条件以尽量减少氧化皮剥落问题；二是用细晶粒奥氏体钢取代粗晶粒奥氏体钢。但据了解，细晶粒奥氏体钢的价格贵得多。

从控制高温氧化和氧化皮角度，最根本办法的是合理的设计锅炉和选材。在运行控制方面，应该严格控制过热器和再热器的金属壁温不超过金属高温氧化的突变点。

实时准确地监测受热面的温度和蒸汽的氢含量是及时把握高温氧化和氧化皮问题的有效手段。

## 二、给水处理方式及选择

超超临界机组给水处理方式按机组启动、正常运行、异常状态等情况分别考虑应集中为氧化性挥发处理 AVT（O）和加氧处理 OT 两种情形，因此应配备加氨和加氧系统。

### 1. 加氨系统

氨的加入点以精处理出口为主，除氧器出口加氨点只是备用的加氨点，并应该同时满足机组停用时很高的加氨量、AVT（O）方式下高的加氨量和 OT 方式下低的加氨量要求。机组运行加氨应为自动调节，精处理出口加氨控制信号可采用凝结水流量和除氧器入口比电导率，除氧器出口加氨控制信号可采用给水流量和给水比电导率。建议两台机组加氨设备配置，见表 8-21。

表 8-21　　　　　　　　　　　　超超临界加氨系统配备（两台机组）

| 设　备 | 数　量（台） |
|---|---|
| 精处理出口运行加氨泵 | 3～4 |
| 精处理出口加氨计量箱 | 2 |
| 精处理出口停用保护加氨泵 | 1 |
| 给水加氨泵 | 2～3 |

由于闭式冷却水系统可能含有铜材料，宜设置单独的闭式水加药系统，加氨、联氨、固体碱化剂或缓蚀剂，两台机组共用一个计量箱和两台加药泵。

2. 给水加氧系统和设备

给水加氧处理的加氧点为精处理出口和除氧器出口，每台机组宜配备单独的加氧设备和相应的氧气汇流排。

给水加氧系统由氧气瓶、汇流排、氧气流量控制设备和氧气输送管线组成。

加氧流量控制柜应具备手动和良好的自动调节氧气流量的功能，流量控制范围应满足机组水汽系统氧含量的准确控制的要求，一般宜根据氧含量和水流量两个因数来控制，并且确保水汽品质异常时自动停止加氧。由于氧的可压缩性，加氧设备调节阀前后宜配备保持压差相对稳定的装置。

氧气瓶至汇流排的母管应采用铜合金管或纯铜管，母管出口减压至小于 6MPa 后，可采用不锈钢管与加氧控制柜连接。加氧控制柜至加氧点的加氧管道可采用内径 $\phi5$～$\phi7$，壁厚 1.5～2.5mm 的不锈钢抛光仪表管。除氧器出口加氧支管应在各给水泵前置泵入口加氧点附近分开。加氧点就地应设置两个耐压仪表针型阀或截止阀，此处不宜设止回阀。

### 三、超超临界机组的化学监督

超超临界机组的化学监督与超临界机组相同，超超临界机组的关键监测指标是电导率、氢电导率、氧含量、氢含量和钠含量。特别应考虑氢含量现场监测取样点布置和数据分析处理。

超超临界机组水质控制的关键在于凝结水精处理的出水水质控制。良好的出水水质除了与设计和设备配置有关外，与树脂、再生工艺、监测仪表的精度和设备运行水平均有关。

腐蚀产物的控制指标主要是铁，应重视提高铁样品的取样代表性和样品测量的准确性，铁的腐蚀产物特性见表 8-22。

表 8-22　　　　　　　　　　　　　　铁的腐蚀产物特性

| 化学组成 | 颜色 | 密度（g/cm³） | 热稳定性 |
|---|---|---|---|
| $Fe(OH)_2$ | 白 | 3.40 | 100℃时分解为 $Fe_3O_4$ 及 $H_2$ |
| $FeO$ | 黑 | 5.40～5.73 | 在 570℃以下分解为 Fe 及 $Fe_3O_4$ |
| $Fe_3O_4$ | 黑 | 5.20 | 在 1597℃熔化 |
| $\alpha$-$FeOOH$ | 黄 | 4.20 | ≈200℃失水成 $\alpha$-$Fe_2O_3$ |
| $\beta$-$FeOOH$ | 淡褐 | — | ≈230℃失水成 $\alpha$-$Fe_2O_3$ |
| $FeOOH$ | 橙 | 3.97 | ≈200℃转变为 $\alpha$-$Fe_2O_3$ |
| $Fe_2O_3$ | 褐 | 4.88 | ≤250℃转变为 $\alpha$-$Fe_2O_3$ |
| $\alpha$-$Fe_2O_3$ | 红转黑 | 5.25 | 在 0.101MPa 下，1457℃时分解为 $Fe_3O_4$ |

（一）在线化学监督仪表选择

1.集中在线化学监督仪表选择原则

（1）水汽质量监测点应该满足机组正常运行和启动、停运的监测要求。

（2）取样一次门后取样管应选用316L及以上不锈钢的材料。

（3）为了提高样品监督的代表性，取样点至冷却装置的距离应该尽量缩短。省煤器入口给水取样点宜在给水调节阀后，主蒸汽和再热蒸汽（热段）取样点宜在进汽机房的主蒸汽和再热蒸汽（热段）管道上或主蒸汽阀和再热蒸汽阀前。

2.水汽集中在线化学监督仪表配备

水汽集中在线化学仪表最低配备见表8-23。

表8-23　　　　　　　　　　　水汽集中在线化学仪表最低配备

| 水样 | 取样点名称 | 配置仪表及手工取样 | 备 注 |
|---|---|---|---|
| 凝结水 | 凝结水泵出口 | CC  O₂  Na  M | |
| 给水 | 除氧器入口 | CC  SC  pH  O₂  M | |
| | 除氧器出口 | M | |
| | 省煤器入口 | CC  SC  pH  O₂  Na  SiO₂  M | |
| 蒸汽 | 主蒸汽 | CC  O₂  Na  SiO₂  M | |
| | 再热蒸汽 | CC  M | |
| 疏水 | 高压加热器 | CC  O₂  M | |
| | 低压加热器 | M | |
| | 热网加热器 | CC  M | 每台加热器配 |
| 冷却水 | 发电机冷却水 | SC  pH  M | |
| | 取样冷却装置冷却水/闭式冷却水 | SC  pH  M | |
| 热态清洗水 | 启动分离器排水 | CCM | |

注　1. CC：带有$H^+$离子交换柱的电导率；$O_2$：溶氧表；pH：pH表；$SiO_2$：硅表；Na：钠度计；SC：氢电导率表；M表示人工取样。

　　2. 给水配备的pH表宜为根据氢电导率计算型。

　　3. 每个监测项目的样品流量为300~500mL/min，或根据仪表制造商要求。

　　4. 硅表可选择多通道仪表。

　　5. 推荐高压加热器疏水安装溶解氧表。

3.化学实验室仪表配置

化学实验室仪表配置应配备原子吸收分光光度计以准确监测痕量的铁和铜，宜配置离子色谱仪以检测痕量的阴离子。

（二）机组整套启动阶段的化学监督

整套启动时，必须保证凝结水精处理设备（前置过滤器和精除盐）可靠投运。水汽取样分析装置具备投运条件，水样温度和流量应符合设计要求，能满足人工和在线化学仪表同时分析的要求。在线化学仪表具备随时投运条件：锅炉冷态冲洗结束，投运凝结水、精处理出口和给水氢电导率、电导率表；锅炉点火时，给水溶解氧表应投运；热态冲洗结束，锅炉开始升压时主蒸汽氢电导率表应投运；机组168h满负荷试运行时，所有在线化学仪表应投入运行。精处理出口和除氧器出口加氨设备能投入运行，满足水质调节要求。除氧器投入运行应使除氧器水温达到运行参数的饱和温度，使给水溶解氧含量达到要求。循环水加药系统应能投入运行，按设计或调整试验后的技术条件对循环水进行阻垢、缓蚀以及杀生灭藻。全厂闭式循环冷却水系统水冲洗合格，闭式循环冷却水充满除盐水或凝结水，并在冷却水中加入氨或联氨，调节 pH 值规定见表 8-24。

表 8-24　　　　　　　　　　　　　　闭式循环冷却水质量

| 材质 | 电导率（25℃）（μS/cm） | pH（25℃） |
|---|---|---|
| 全铁系统 | ≤30 | ≥9.5 |
| 含铜系统 | ≤20 | 8.0～9.2 |

1. 停（备）用机组启动阶段水汽品质净化措施和标准

（1）机组启动过程低压系统开路及循环冲洗。

1）当凝结水泵向除氧器上水时，必须投入精处理系统运行。

2）投运精处理出口加氨，使出水 pH 值为 9.4～9.6，开始低压系统上水冲洗。

3）凝结水泵出水质量满足要求时低压系统循环冲洗合格，进入高压系统冲洗，合格标准见表 8-25。

表 8-25　　　　　　　　凝结水泵出水水质标准（分析周期 30min）

| 外　观 | 硬度<br>（μmol/L） | 浊度<br>（NTU） | 全铁<br>（μg/L） | 二氧化硅<br>（μg/L） |
|---|---|---|---|---|
| 无色透明 | ≤5 | ≤3 | ≤200 | ≤200 |

（2）高压系统开路及循环冲洗。

1）锅炉上水至分离器正常水位。

2）冲洗至分离器排水铁含量小于 1000μg/L，分离器停止排水，进行循环冲洗，并启动炉水循环泵，投除氧器辅助蒸汽加热。

3）在循环冲洗后期投运给水氢电导率和溶解氧表。

4）高压系统循环合格水质指标见表 8-26。

表 8-26　　　　　　　　　　高压系统循环合格水质指标

| 取样点 | 外观 | 硬度<br>（μmol/L） | 氢电导率（25℃）<br>（μS/cm） | 全铁<br>（μg/L） | 二氧化硅<br>（μg/L） |
|---|---|---|---|---|---|
| 省煤器入口给水 | 清澈 | ～0 | ≤0.5 | ≤50 | ≤30 |
| 启动分离器储水箱排水 | 清澈 | ≤5 | — | ≤100 | ≤100 |

（3）锅炉点火时的给水水质控制标准。

1）锅炉点火时省煤器入口给水水质标准见表 8-27。

表 8-27　　　　　　　　锅炉点火时省煤器入口给水水质标准

| 项目 | 氢电导率<br>（μS/cm）（25℃） | pH | 二氧化硅<br>（μg/L） | 全铁<br>（μg/L） |
|---|---|---|---|---|
| 标准值 | ≤0.5 | 9.3～9.6 | ≤30 | ≤50 |

2) 锅炉点火后，应每 30min 检测分离器排水铁含量，当铁含量大于 $1000\mu g/L$ 时，分离器排水不回收，小于 $1000\mu g/L$，回收至凝汽器。

（4）锅炉点火热态冲洗要求和水质标准。

1) 锅炉点火热态冲洗时应维持水冷壁出水温度稳定在 150～170℃。

2) 热态冲洗至分离器排水水质合格标准见表 8-28。

表 8-28　　　　　　　　启动分离器储水箱排水质量

| 外　观 | 全铁<br>（$\mu g/L$） | 二氧化硅<br>（$\mu g/L$） |
|---|---|---|
| 无色透明 | ≤100 | ≤30 |

（5）锅炉热态冲洗结束后，进行升温升压。投运所有在线化学仪表，给水控制指标见表 8-29。

表 8-29　　　　　　　　整套启动时给水质量标准

| 项目 | 氢电导率（25℃）<br>（$\mu S/cm$） | pH | 硬度<br>（$\mu mol/L$） | 溶解氧<br>（$\mu g/L$） | 二氧化硅<br>（$\mu g/L$） | 全铁<br>（$\mu g/L$） | 钠离子<br>（$\mu g/L$） |
|---|---|---|---|---|---|---|---|
| 标准值 | ≤0.5 | 9.4～9.6 | ≈0.0 | ≤30 | ≤30 | ≤20 | ≤5 |

启动后给水指标应在 8h 内达到正常运行给水标准值，分析周期 30min。

（6）当主蒸汽参数合格后，可以进行汽轮机冲转，冲转前主蒸汽合格标准见表 8-30。

表 8-30　　　　　　　　汽轮机冲转前主蒸汽标准

| 项目 | 氢电导率（25℃）<br>（$\mu S/cm$） | 二氧化硅<br>（$\mu g/kg$） | 全铁<br>（$\mu g/kg$） | 钠离子<br>（$\mu g/kg$） |
|---|---|---|---|---|
| 标准值 | ≤0.5 | ≤30 | ≤50 | ≤20 |

汽轮机冲转后主蒸汽指标应在 8h 内达到正常运行蒸汽标准值，分析周期 30min。

（7）高压加热器疏水回收标准。高压加热器疏水满足要求后回收至除氧器，否则回收至凝汽器，高加疏水回收至除氧器水质标准见表 8-31。

表 8-31　　　　　　　　高压加热器疏水回收至除氧器质量标准

| 外观 | 氢电导率（25℃）<br>（$\mu S/cm$） | 全铁<br>（$\mu g/L$） | 二氧化硅<br>（$\mu g/L$） | 钠<br>（$\mu g/L$） |
|---|---|---|---|---|
| 无色透明 | ≤0.5 | ≤20 | ≤30 | ≤5 |

# 第九章

# 除灰除渣系统运行

火力发电厂除灰除渣部分的主要任务是将静电除尘器收集的粉煤灰输送到灰库，将锅炉燃烧产生的灰渣经冷却破碎后输送到灰场，保证锅炉安全运行。国产超超临界火力发电机组的除灰除渣部分主要由静电除尘器、空气压缩机系统、输灰系统、底渣系统和灰库系统组成。

## 第一节　静 电 除 尘 器

### 一、静电除尘器简述

静电除尘器由静电除尘器本体系统和静电除尘器电气系统两大部分组成，静电除尘器的设备组成如图 9-1 所示。静电除尘器本体系统主要由集尘极（即阳极）、电晕极（即阴极）、

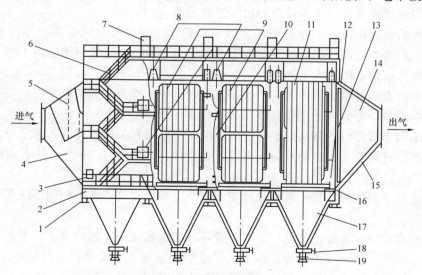

图 9-1　静电除尘器的设备组成

1—支座；2—外壳；3—人孔门；4—进气烟箱；5—气流分布板；6—梯子平台栏杆；
7—高压电源；8—电晕极吊挂；9—电晕极；10—电晕极振打；11—集尘极；
12—集尘极振打；13—出口槽型板；14—出气烟箱；15—保温层；16—内部走台；
17—灰斗；18—插板箱；19—卸灰阀

振打装置、气流分布装置、壳体及除灰装置等组成。静电除尘器电气系统主要由高压供电装置和低压自动控制系统。高压供电装置由高压硅整流变压器、整流控制柜组成。

## 二、静电除尘器的启动前检查

1. 静电除尘器本体系统的启动前检查

（1）检查静电除尘器检修工作全部结束，所有工作票已终结，安全措施全部拆除。

（2）检查各部位栏杆、平台、阶梯牢固安全，畅通无杂物，各处照明充足。

（3）检查所有人孔门、检查孔门全部关严，气密性良好。

（4）确认各振打装置的电动机齿轮箱和减速箱安装正确，各保险锁及防护罩完好，润滑油质合格，无漏油现象。振打装置的转向正确。

（5）检查振打装置转动部分轴承油位正常，油质良好，联轴器或链条连接良好，无卡涩现象。

（6）检查各整流变、加热装置、绝缘子等设备完好无损。

（7）确认灰斗及绝缘子加热装置在锅炉点火前8h已正常投入，以确保灰斗内和各绝缘件（绝缘瓷套、电瓷转轴等）的干燥，防止因结露爬电而引起的任何损害。检查各加热器电流是否正常。

（8）确认输灰系统已投运正常。

（9）确认静电除尘器各电场的高压供电装置已送电正常。

（10）工作现场卫生已清理完毕。

2. 静电除尘器电气系统的启动前检查

（1）检查验收静电除尘器各电场高压硅整流变压器的电源隔离开关，以及电晕极悬吊瓷支柱、电晕极绝缘瓷轴和套管等设备的耐压试验记录。

（2）检查验收高压网络的绝缘电阻、各电场绝缘电阻、静电除尘器本体接地电阻。用2500V绝缘电阻表测定高压网络的绝缘电阻应大于1000MΩ，电场绝缘电阻不小于500MΩ，静电除尘器本体接地电阻不大于2Ω。

（3）逐一检查静电除尘器各电场外壳、低压配电装置外壳、控制柜外壳、高压隔离开关接地端及各电动机外壳等，上述设备外壳必须可靠接地。

（4）静电除尘器各电场高压硅整流变压器的电源隔离开关操作灵活，指示位置准确。

（5）检查振打装置驱动电动机接线正确，绝缘电阻应大于0.5MΩ；各电动机防护设施齐全。

（6）检查各控制柜的电压、电流表计安装规范，各指示灯齐全，柜内清洁无杂物，照明充足。

（7）检查高压硅整流变压器外观良好，变压器无漏油现象，油位2/3以上，油枕硅胶无饱和、变色，高压硅整流变压器排油箱清洁，排油管畅通；直流导线及阻尼电阻连接完好，高压硅整流变压器接线及电缆连接完好，接地防雨罩盖好；高压隔离开关操作灵活，柜门紧闭上锁，所有检修接地线均已拆除，接地开关均已经拉开。

（8）程控柜所有继电器插牢，PLC柜送电正常，处于备用状态；各低压柜熔断器压好完整。

（9）各料位计监视设施完好，指示正确，各温度测点指示正确。

（10）供电方式的确认。确认除尘变压器、除灰渣变压器运行正常，除尘 PC、除灰渣 PC 在正常运行方式，各 PC 联络断路器备用投入。

### 三、静电除尘器检修后的试验

**1. 阴、阳极振打及槽板振打机构的试运转**

通过对阴、阳极振打及槽板振打机构进行通电试转，可以确认振打装置的驱动电动机转动方向是否正确，声音是否正常，是否发生掉锤、空锤、卡涩现象，锤砧是否接触良好，锤头之间的错位角度是否正确；试转 60～90min，检查振打装置的驱动电动机是否发热，核定振打周期是否准确。

**2. 电加热器的加温试验**

本体大梁加热和阴、极振打装置瓷轴加热通电试运行，检查温度上升的速度，检查其最高温度、最低温度、露点温度的自动控制调整系统是否灵敏。核实控制温度范围与实测温度之间的偏差大小。

**3. 高、低压控制设备的电气试运行**

高压控制柜脱开高压硅整流变压器，带假性负载，通电检查主回路及控制器工作是否正常，检查后恢复与高压硅整流变压器的连接。

低压控制设备各控制功能（振打、灰位、加热等）分别通电试运，确认其就地与集控操作功能正常。

**4. 静电除尘器静态空负荷升压试验**

静电除尘器大、小修后的空负荷升压试验必须在当地正常工作条件下进行，不能在雨雪及大雾天气进行，试验时应记录当时的气象条件，例如，温度、湿度和大气压等。试验过程中，振打装置和引风机必须停运。

（1）试验目的。

1）检查静电除尘器本体的检修质量，特别是电晕极与集尘极之间的距离调整是否合适，两极之间是否存在异物。

2）对静电除尘器电气设备进行调试，考核高压硅全套整流设备的供电性能。

3）绘制静电除尘器伏安特性曲线，记录各电场起晕电压、电流值，闪络时的击穿电压、电流值。

4）为静电除尘器负载运行做好准备。

（2）试验条件。

1）确认静电除尘器大、小修工作结束，电场内部清理完毕，所有人员均已撤出。

2）检查验收高压隔离开关、电晕极悬吊瓷支柱、电晕极绝缘瓷轴和套管等设备的耐压试验记录合格。

3）检查验收高压网络的绝缘电阻、电场绝缘电阻、静电除尘器本体接地电阻。用 2500V 绝缘电阻表测定高压网络的绝缘电阻应大于 $1000M\Omega$，电场绝缘电阻不小于 $500M\Omega$，静电除尘器本体接地电阻不大于 $2\Omega$。

4）检查各控制柜的电压、电流表计良好规范，指针在零位；各指示灯齐全完好，柜内清洁无杂物，照明充足。

5）整流控制柜电源主回路断路器完好，处于断开位置，电缆连接完好。

6）整流控制柜柜门门锁开关处于"断开"位置，指示灯齐全完好。

7）检查高压硅整流变外观完好，变压器无漏油现象，油位 2/3 以上，呼吸器完好，油枕硅胶无饱和、变色，整流变排油箱清洁，排油管畅通。

8）检查高压隔离开关柜外观良好，柜内无杂物，整流变接线及电缆连接完好，接地防雨罩盖好；高压隔离开关操作灵活，柜门紧闭上锁，所有检修接地线均已拆除，接地隔离开关断开；高压隔离开关柜与整流变接线正确，整流变一次抽头应在 72kV 处。

9）再次确认所有人员均已从电场内部撤出，并远离其他高电压危险区域，在静电除尘器本体楼梯处挂"升压试验，禁止攀登"标示牌。

（3）试验步骤。

1）确认静电除尘器相关检修工作票均已收回，拆除检修各临时接地线，合上供电单元的高压隔离开关。

2）逐一合各上各电场高压硅整流变压器的动力电源与控制电源开关，手动调整二次电压使之逐步上升，每个电场的二次电压均应缓慢上升至 67.5kV 以上，直至额定值或闪络合格，升压过程中记录一次电压、二次电压、一次电流、二次电流；并记录试验过程中的异常情况。

3）试验完毕逐一停运各电场，采用手动降压的方法观察空负荷通电时电压下降情况，降压过程中记录一次电压、一次电流、二次电压、二次电流的变化情况，根据试验中的记录数据，绘制伏安特性曲线，存档。

4）分析试验情况，联系并协同检修消除试验中出现的所有异常情况。

### 四、静电除尘器的启动

（1）确认静电除尘器投运前的检查工作已结束，所有安全措施拆除，有关人员已就位。

（2）向电场通烟气预热以消除静电除尘器内部机件上的潮气，预热时间根据电场内气体温度、湿度而定，一般以末电场出口端温度达到烟气露点以上即可。锅炉烧油时不应投运静电除尘器的高压硅整流电源。

（3）锅炉点火前 12～24h 启动电晕极绝缘子室、阴极振打瓷轴室及灰斗的加热装置，并检查运转良好。启动振打系统的各种功能，使报警和安全联锁、温测温控装置、灰位检测和输灰系统处于正常运行状态。

（4）确认输灰系统、气化风系统均已投运正常。

（5）检查静电除尘器各电场的高压硅整流变压器已处于热备用状态。

（6）锅炉点火后期，投粉燃烧稳定，油枪退出运行且排烟温度达到 110℃时，确认静电除尘器各电场的高压硅整流变压器参数设定正确后，根据烟气流通方向依次投运各电场的高压硅整流设备控制柜。

（7）静电除尘器运行正常后，将阴、阳极振打装置投入周期方式运行。

### 五、静电除尘器的运行维护及调整

1. 静电除尘器的运行检查

（1）检查静电除尘器振打装置运转正常；振打装置转动部分轴承油位正常，油质良好，无漏油现象；联轴器或链条连接良好，无卡涩现象。

（2）经常检查静电除尘器的除尘效果是否正常。

（3）检查静电除尘器本体人孔门、检查孔等处漏风情况，严重处应设法消除。

（4）监视高压硅整流变压器的油温变化情况，油温一般不超过 65℃，温升不得大于 40℃，并无异常声音，高压输出网络无异常放电现象。

（5）检查各灰斗加热、瓷轴加热、绝缘子加热装置运行正常，温度的运行值与设定值一致。

（6）检查各指示器、信号灯及报警系统工作正常。

（7）检查高压硅整流设备的运行电压、电流值应在正常范围内。

（8）当锅炉燃烧不正常时，应采取有效措施防止静电除尘器内部发生燃爆现象。

2. 静电除尘器的运行维护

（1）静电除尘器振打装置运行措施。为确保静电除尘器振打装置正常运行，避免由于振打装置长时间连续运行导致振打锤掉落引发输灰管道堵塞或设备损坏，需要采取如下措施：

1）静电除尘器各电场正常运行时，阴极、阳极振打装置投入周期方式运行，振打装置的时间设定见表 9-1。

表 9-1　　　　　　　　　　　　静电除尘器振打装置时间设定

| 振打单元 | 电场顺序 | 预停时间<br>（s） | 运行时间<br>（s） | 停机时间<br>（s） |
| --- | --- | --- | --- | --- |
| 阳极 | 1 | 0 | 150 | 150 |
| 阳极 | 2 | 150 | 150 | 450 |
| 阳极 | 3 | 450 | 150 | 1050 |
| 阳极 | 4 | 600 | 150 | 1650 |
| 阴极 | 1 | 150 | 150 | 150 |
| 阴极 | 2 | 300 | 150 | 150 |
| 阴极 | 3 | 600 | 150 | 150 |
| 阴极 | 4 | 750 | 150 | 150 |

2）静电除尘器各电场正常停运后，投入阴极、阳极振打装置连续振打方式 2～3h 后，再停运振打装置。

3）静电除尘器的某个电场异常停运后，不排除是内部积灰原因引起时，需投入阴极、阳极振打装置连续振打 4h，然后进行电场试投。若试投成功，则将振打装置投回周期运行方式。若试投失败，则继续投入连续振打 8h 后再次进行电场试投。试投成功，则将振打装置投回周期运行方式，试投失败，则停运该电场振打装置，择机再进行处理。

（2）防止静电除尘器及灰斗坍塌预案。

1）电厂运行人员必须确保输灰系统正常运行。若检修工作需要停运输灰系统时，应办理停复役申请单，且工作时间不得超过 4h，超过 2h 后将相应电场停运。检修完毕，必须确认输灰系统运行正常后，方可将停运电场投运。

2）电除尘器正常运行中，注意测量灰斗下灰口温度，判断是否下灰正常，发现温度低于正常值，应及时采取敲击、反吹或拆平衡管等手段确保灰斗下灰通畅。

3）机组启动时静电除尘器电场投运 1h 后，全面检查各灰斗下灰口处温度，4h 后再次检查各灰斗下灰口处温度，确保各灰斗下灰正常。输灰系统停运消缺完毕后，检查停运灰斗下灰口处温度，确保各灰斗下灰正常。

4）发现灰斗"高料位"报警时，应及时查明原因，采取措施降低灰斗灰位，严防静电除尘器多个灰斗"高高料位"运行，必要时可以停止相应电场运行。

5）经常查看锅炉燃煤煤质，随时关注机组负荷情况、吹灰情况，发现灰分超过设计值，应加强巡检，确保输灰正常。输灰系统输送空气压力经常低于 500kPa 时或输灰时间频繁超过设定时间时，应及时启动一台备用输送空气压缩机，提高输送气压力，保证输灰正常。

### 六、静电除尘器的停运

（1）锅炉降负荷投油运行前，当排烟温度降到 100℃时，停止运行高压硅整流设备。

（2）锅炉停止运行后，待静电除尘器内的烟气全部排出后，停止引风机运行。

（3）静电除尘器高压硅整流设备停止运行后，阴极、阳极振打装置投入连续振打 2～3h。

（4）振打装置停止运行后，仍应继续排灰，直到确认灰斗排空时停止输灰系统运行。

（5）若静电除尘器无检修工作，则各加热装置保持连续运行。

（6）锅炉事故灭火后，应立即检查静电除尘器自动退出运行，否则立即将其手动停运。

（7）静电除尘器停止运行后，应对振打系统、电极系统、接地装置、电控设备及电场内部积灰等情况进行检查，发现缺陷，及时消除。

### 七、静电除尘器的安全隔离措施

（1）静电除尘器运行期间，严禁打开其本体人孔门进入内部工作。

（2）在静电除尘器设备上，应明显标明设备的统一名称，运行和检修人员必须按统一名称联系工作。

（3）静电除尘器检修必须严格执行工作票制度，并采取相应的安全措施，将高压控制柜、低压控制柜等设备停运、停电，并悬挂"禁止合闸，有人工作"标示牌。确认送风机、引风机已停运，风机进出口挡板关闭，设备停电。送风机、引风机启动前必须确认静电除尘器内部人员安全撤离。

（4）静电除尘器内部检修，需在锅炉停运冷却后静电除尘器出口温度降到 40℃以下，检查接地可靠后，方可进入内部工作，一般情况下，静电除尘器停运 8h 后方可打开其本体人孔门，若检修急需打开人孔门进行内部检查时，可采用在静电除尘器停运 4h 后打开人孔门进行冷却的方法进行。

（5）进入静电除尘器前，必须将灰斗内的存灰排空。

（6）进入静电除尘器前，必须在醒目处挂上"电场内有人工作"的标示牌。

（7）进入静电除尘器前，必须将高压硅整流变压器的高压电源断路器断开，高压隔离开关置于接地位置，用接地棒对高压硅整流变压器输出端电场放电部分进行放电，可靠接地，以防残余静电对工作人员造成伤害。

（8）进入静电除尘器前，必须排除静电除尘器内残余烟气，并在工作过程中保持良好的通风。

（9）进入静电除尘器内部工作至少应有两人，其中一人负责监护。监护人应了解静电除尘器内部结构，掌握有关安全保护措施。设备检修期间的停送电，电场升压试验工作前，工作负责人应检查所有工作人员确已安全撤离现场，确定无人工作，提出书面试验申请，经有关人员签字认可。运行值班人员应收回工作票，对设备进行全面检查，确认静电除尘器的高压隔离开关室和人孔门确已关闭，接地线均已经拆除，认真检查设备具备送电条件后，方可对设备送电，若送电后设备跳闸，应查明原因，不可冒然强送，以确保人身设备安全。

（10）检修用的照明电源电压应不大于12V。

（11）设备检修完毕，运行人员和检修人员应共同检查设备情况，确认静电除尘器本体人孔门、高压隔离开关室关严上锁，检修人员将工作票终结后，方可送电运行。

（12）上述各项应做好记录，汇报值班员，值班员应将工作票内容、工作期限、安全措施内容汇报值长，经值长同意后，方可许可开工检修工作，检修工作延期或终结应及时汇报值长，并做好记录。

### 八、静电除尘器的常见故障及处理

1. 立即停运静电除尘器高压硅整流设备的情况

（1）高压硅整流变压器发热严重，油温超过75℃，或内部有明显的闪络、拉弧、振动等。高压绝缘部件闪络严重，各电缆接头发热严重，闪络放电。

（2）电气设备着火，高压阻尼电阻闪络严重甚至着火。

（3）供电装置失控，出现大的电流冲击，出现偏励磁。

（4）晶闸管元件发热严重，不能采取措施有效降温。

（5）电场内部短路，或电晕极与集尘极之间距离严重缩小，电场持续拉弧。

（6）高压供电回路开路。

（7）烟气中飞灰可燃物增多时，有迹象表明电场内部出现爆燃现象。

（8）高压供电装置自动跳闸，原因不明，允许试投一次，若再次跳闸，需待查明原因，消除后再试投。

（9）锅炉异常工况时投油运行。

（10）其他严重威胁人身、设备安全的情况。

2. 静电除尘器电场完全短路

（1）现象。

1）故障电场一次电压低，只有30V左右，一次电流、二次电流接近额定值，二次电压趋向于零，电场不发生闪络。

2）若设备跳闸时，液晶显示屏显示"输出欠压跳闸"报警。

（2）原因。

1）高压引出端或隔离开关误处于接地位置。

2）电晕线脱落，与集尘板或静电除尘器外壳接触。

3）极板或其他零部件、成片铁锈脱落，在阴、阳极间搭桥短路。

4）高压电缆或电缆终端盒绝缘破坏，高压绝缘部件（如阴极支柱绝缘子、瓷套筒、瓷转轴、隔离开关瓷柱绝缘子、穿墙套管、聚四氟乙烯挡灰板等）污损或结露造成漏电击穿、严重爬电。

5）硅堆击穿短路或变压器二次侧绕组短路。

6）料位计指示失灵，灰斗棚灰或满灰，触及阴极框架造成灰短路。

（3）处理。

1）停止该电场高压硅整流设备运行，拉开电源断路器。

2）检查高压隔离开关操作位置是否正确，接触是否良好。

3）检查该电场灰斗下灰是否故障，有故障时及时处理。

4）检查该电场电加热系统是否故障，有故障及时处理。

5）以上故障排除，可再次做升压试验。若仍不能排除故障，则停止供电，断开主回路电源断路器，汇报值长，将故障情况做好记录。

3. 静电除尘器电晕极螺旋线与积尘极板搭接造成电场内部短路

（1）现象。

1）故障电场一次电压、二次电压偏低，一次电流、二次电流接近额定值。

2）若设备跳闸时，液晶显示屏显示"输出欠电压跳闸"报警。

（2）原因。

1）静电除尘器电晕极螺旋线断裂与集尘板相搭，造成电场内部短路。

2）电晕线脱落，与集尘板或静电除尘器外壳接触。

（3）处理。

1）停运故障电场，拉开其高压硅整流变压器的电源断路器，并将其高压隔离开关打接地位置。

2）停运故障电场的瓷轴加热装置、绝缘子加热装置、振打装置，并断开其电源。

3）将交流焊机放置在电除尘顶部电场高压进线断路器处，以作备用。

4）打开该电场高压进线小室检修盖，对该电场进线验电，确认无电后，对电晕极悬挂框架进线放尽剩余电荷并搭接临时接地线，拆接线时保持该临时接地线可靠接地。

5）断开故障电场与其供电电源的连接铜线。

6）将电焊机焊把线接到电晕极进线，并用螺栓固定。

7）将电焊机接地线和电场接地直接可靠连接。

8）将钳形电流表放置可观察位置。

9）给交流电焊机进线送电，逐渐调大电流至最大值。

10）观察钳形电流表读数。检查读数是否变化，如读数变化说明螺旋线正在过电流；如电流表读数瞬间到零，说明造成搭接短路的螺旋线已经熔断，工作结束，恢复安全措施，投运阴极、阳极振打装置后，试投故障电场，若投运失败，说明熔断后的螺旋线仍然与集尘板搭接，仍需按照以上程序再次操作，直到电场投运正常；如果电流表维持一定读数超过3min 仍未烧断则说明螺旋线挂搭很牢，为保护焊机应断开断路器，10min 后再通电进行熔断。

11）故障处理结束后，恢复安全措施，并清理工作现场。

4. 静电除尘器电场内部不完全短路

（1）现象。

1）一次电压、二次电压较低，一次电流、二次电流偏大。

2）二次电流表指示针摆动剧烈呈不稳定状态。

（2）原因。

1）电晕极线损坏未完全脱落，在气流中晃动，或电晕极框架发生振动。

2）高压电缆或电缆终端盒绝缘不良，高压绝缘部件（如电晕极支柱绝缘子、瓷套筒、瓷转轴、隔离开关瓷柱绝缘子、穿墙套管、聚四氟乙烯挡灰板等）污损或结露造成漏电、绝缘不良。

3）电场内零部件、铁锈脱落与电极接触，尚未在电晕极和集尘极之间搭桥，但使实际的异极距缩小，引起闪络。

4）振打装置故障，电晕极线和集尘极板局部粘尘过多，使实际异极距缩小，引起闪络。

5）灰斗下灰不正常，灰斗短期满载与电晕极下部接触。

6）流过静电除尘器的烟气比电阻过低。

（3）处理。

1）停止该电场高压硅整流设备运行，拉开电源断路器。

2）检查该电场振打装置是否正常，及时处理故障。

3）检查该电场灰斗下灰是否正常，有故障及时处理。

4）检查该电场电加热系统是否故障，有故障及时处理。

5）以上故障排除后，可作升压试验，做好记录若无效果，可将二次电流降至 0.12A，二次电压降至 30kV，如仍不能运行，则停止该电场供电，及时汇报值长。将故障情况做好记录，择机做进一步处理。

5. 静电除尘器高压硅整流设备过电流

（1）现象。

1）一次电压、二次电压、二次电流基本正常，一次电流特别大，表针出现抖动，并且伴随着一次电流的突然上跳，二次电流和二次电压同时下跌。

2）若设备跳闸，液晶显示屏显示"过电流报警"。

（2）原因。

1）高压硅整流变压器低压包匝间频繁闪络甚至短路。

2）高压硅整流变压器穿芯螺栓接地。

3）取样电阻接触不良。

（3）处理。停止该电场高压硅整流设备运行，汇报值长，联系检修对变压器一次侧进行检测处理。将故障情况做好记录。

6. 静电除尘器失电

（1）现象。

1）静电除尘器各电场的输出电压、电流到零。

2）静电除尘器各振打装置和电加热停止运行。

（2）原因。

1）除尘干式变压器失电。

2）除尘干式变压器至配电柜供电断路器断开。

（3）处理。

1）停止故障电源供电的高压硅整流设备及各低压设备。

2）联系电气检查，并尽快恢复电源供电。

3）电源恢复后，按正常投运步骤对静电除尘器恢复送电。

7. 静电除尘器电气设备过热发生焦味、有明火或自动跳闸

（1）原因。

1）电缆连接处松动，接触电阻大，造成长期过热，将绝缘物烤焦和导体烧红。

2）电气设备过热严重或绝缘击穿造成短路。

（2）处理。

1）发现电气设备有焦煳味时，应立即停止运行，查明故障点，通知检修。

2）遇有电气设备着火时，应立即将有关设备电源切断，然后进行灭火，对带电设备应使用干式灭火器、1211灭火器，不得使用泡沫灭火器，对注油设备应使用干式灭火器或干砂等进行灭火。

8. 静电除尘器振打系统失灵

（1）现象。

1）振打装置驱动电动机停止运转，控制画面上该振打装置驱动电动机显示黄色故障信号。

2）振打装置驱动电动机运转，但是振打驱动轴不转。

3）若振打装置长时间停运，可能造成高压硅整流设备二次电流降低。

（2）原因。

1）振打装置驱动电动机故障。

2）振打装置驱动电动机控制热电偶动作。

3）振打装置传动机构损坏，或保险销断裂。

4）振打锤脱落或振打装置锤系、轴系卡涩。

（3）处理。

1）发现振打装置停运，应先对其电源进行检查，若电源跳闸，应查明原因后恢复电源，再启动一次，检查其运行情况，启动失败则联系检修处理。

2）检查振打装置驱动电动机热电偶，若热电偶动作，可将热电偶复位后，再启动一次，启动失败，或热电偶仍然跳闸，联系检修处理。

3）检查振打装置减速机、联轴器、链条、振打瓷轴以及振打保险销是否正常。

4）发现问题通知检修处理，汇报值班员，将故障情况做好记录。

9. 静电除尘器高压硅整流设备开路

（1）现象。

1）二次电压升至 30kV 以上仍无电流显示。

2）若设备跳闸时，显示"停机"。

（2）原因。

1）高压隔离开关操作有误，悬空或接触不良。

2）高压回路测点后有开路现象（如线头松动或断线）。

3）高压阻尼电阻烧坏。

（3）处理。

1）停止该电场高压硅整流设备运行。

2）检查高压隔离开关是否操作位置有误，接触是否良好，若此项正常，汇报值班员。将故障情况做好记录。

10. 静电除尘器高压硅整流变压器"油温高"报警

（1）现象。

1）高压柜"危险油温"报警，跳闸并伴有警铃响。

2）变压器油温超过或者达到 85℃值。

（2）原因。

1）变压器油位低或变压器油含水变质。

2）高压硅整流设备严重偏励磁。

3）变压器匝间短路。

4）变压器油温表损坏误动作或出线破坏碰地。

（3）处理。

1）停止该电场高压硅整流设备运行，检查变压器实际温度，查明原因。

2）联系检修处理，汇报单元长，将故障情况做好记录。

11. 静电除尘器除尘效率不高

（1）现象。

1）烟囱排放烟气含尘浓度较大。

2）烟气浓度值较大。

（2）原因。

1）锅炉工况变化，烟气条件波动很大，进入静电除尘器的烟气不符合本设备原始设计条件。

2）静电除尘器本体内部分布板部分堵塞，气流分布不均匀。

3）灰斗内的阻流板脱落，气流发生短路粉尘二次飞扬。

4）静电除尘器本体漏风严重，使烟气流速增加，烟度下降，从而使尘粒荷电性能变弱。

5）尘粒比电阻过高，甚至产生反电晕使驱极性下降，且沉积在电极上的灰尘泄放电荷很慢，黏附力很大使振打效果变差。

6）振打装置故障，振打程序失灵或振打力度不符合要求。

7）高压硅整流设备控制系统故障，或控制参数设置不合理。

8）静电除尘器电场内部电晕极与集尘极之间的距离过大。

（3）处理。

1）调整锅炉燃烧，稳定工况，必要时更换燃煤种类，使进入静电除尘器的烟气参数符合设备的原始设计条件。

2）清除堵管或更换静电除尘器内部分布板。

3）检查静电除尘器本体是否漏风，消除漏风点。

4）检查振打系统是否正常，排除振打装置故障，调整振打周期。

5）调整静电除尘器各控制参数，必要时通知检修，消除控制系统故障。

6）重新调整静电除尘器电场内部电晕极与集尘极之间的距离。

12. 静电除尘器灰斗棚灰

（1）现象。

1）灰斗内部有异物落下，将下灰孔堵死。

2）灰斗有漏风点致使灰温降低而结块。

3）输灰系统故障或长期不运行致使灰斗积灰。

4）排灰手动阀误关或仓泵的入口圆顶阀故障关闭。

（2）处理。

1）停止该灰斗对应的电场高压硅整流设备运行。

2）及时疏通或用大锤振打灰斗承击砧，直至下灰正常。

3）检查灰斗是否有漏风点。

4）检查灰斗气化风是否正常，尽快恢复输灰系统运行。

5）检查排灰阀和仓泵入口圆顶阀运行情况，发现故障及时联系处理。

6）灰斗棚灰处理完毕后，恢复高压硅整流设备运行。

13. 静电除尘器电场二次电流大，二次电压升不高，且无火花

（1）原因。

1）高压部分可能被异物接地。

2）高比电阻粉尘或烟气性质改变电晕电压。

3）控制柜内高压取样回路，放电管软击穿或表计卡死。

4）高压硅整流变压器内的高压取样电阻并联的放电管软击穿。

（2）处理。

1）检查电场或绝缘子室，清除异物。

2）改变煤种或采用烟气调质。

3）检修控制柜内高压取样回路，更换故障的元器件。

4）更换损坏的放电管。

14. 静电除尘器二次电流正常或偏大，二次电压升不高

（1）原因。

1）绝缘子污染严重，或由于绝缘子加热元件失灵、保温不良，使绝缘子表面结露，绝缘性能下降，引起爬电。

2）电场内烟气温度低于实际露点温度，导致绝缘子结露引起爬电。

3）电晕极、集尘极积灰严重，使两极之间的实际距离变小。

4）电晕极、集尘极之间的距离安装偏差大。

5）静电除尘器本体外壳焊接不良、人孔门密封差，导致冷空气冲击电晕极、集尘极元件使之结露变形，异极距变小。

6）电晕极线或集尘极板晃动，在低电压下严重闪络。

7）灰斗灰满，接近或碰到电晕极部分，造成两极间绝缘性能下降。

8）高压硅整流装置输出电压较低。

9）回路中其他部分电压降低较大（如接地不良）。

（2）处理。

1）更换修复加热元件或保温设施，清理脏污的绝缘子表面。

2）烟温低于实际露点温度时，静电除尘器不能投入运行。

3）加强对电晕极、集尘极的振打。

4）检查并调整异极距。

5）补焊外壳漏洞，关严漏风的人孔门。

6）检查并调整电晕极、集尘极定位装置。

7）疏通排、输灰系统，清理积灰，检查灰斗加热元件运行正常，避免灰斗堵管。

8）检修高压整流装置。

9）检修系统回路。

15. 静电除尘器电场产生严重闪络而跳闸

（1）原因。灰斗内积灰料位上升至灰斗上口以上，甚至将集尘极板、电晕极线埋在灰内，造成两极间绝缘性能大幅降低。

（2）处理。

1）当灰斗高料位报警时，必须检查输灰系统的实际运行情况，并采取措施保证输灰顺畅，以降低灰斗料位，直至解除高料位报警。

2）当任一灰斗积灰超过其上平面且使电场跳闸时，必须在极短时间内采取紧急排灰措施，要在 3h 内及时清灰，8h 内使灰斗积灰低于灰斗大口以下，保证电场能投入正常运行。

3）如果 8h 内还未能及时清灰，则必须进行强制措施排灰，如灰斗下口割口、打开挖手孔等排灰方法。

4）经过各种排灰努力，如 48h 之内，灰斗仍不能清灰到大口以下，电场还在跳闸状态，则必须强制停机停炉，确保设备可靠安全，否则可能会产生严重后果。

5）排灰时严格注意人身安全，特别是灰斗内部积灰搭桥时，由于受到其他外力作用时，可能会突然下坠，更应防止发生烫伤及其他事故。

16. 静电除尘器电场二次电压正常，二次电流偏小或降至零

（1）原因。

1）烟气中的粉尘浓度过大出现电晕闭塞。

2）电晕极、集尘极积灰严重。

3）静电除尘器接地电阻过高，高压回路接地不良。

4）高压硅整流变压器高压回路电流表测量回路断路。

5）高压硅整流变压器高压输出与电场接触不良。

6）高压硅整流变压器毫安表指针卡住。

（2）处理。

1）改进工艺流程，降低烟气的粉尘含量。

2）加强对电晕极、集尘极的振打。

3）清除积灰，使静电除尘器接地电阻达到规定要求。

4）修复高压回路电流表测量回路断路。

5）检修高压输出与电场接触不良部位，使其接触良好。

6）修复高压硅整流变压器毫安表。

17. 静电除尘器运行电场火花异常增多

（1）原因。

1）静电除尘器本体人孔门漏风，湿空气进入。

2）锅炉泄漏产生的水汽进入运行电场。

3）静电除尘器绝缘子脏污。

4）高压硅整流变压器内部二次侧接触不良或整流桥二极管开路。

5) 静电除尘器本体内部气流分布不均匀。

6) 静电除尘器电场异极距变小。

7) 灰斗满灰，或电场内存在积灰死角，落料不畅。

8) 阻尼电阻断裂放电。

(2) 处理。

1) 检查静电除尘器本体是否漏风，消除漏风点。

2) 检查锅炉本体有无泄漏，处理泄漏故障。

3) 做好安全措施后，清理脏污的电除尘器绝缘子。

4) 对高压硅整流变压器进行吊芯检查并修复。

5) 更换静电除尘器本体内部气流分布板。

6) 调整静电除尘器电场异极距。

7) 清除灰斗内部积灰，保证灰斗下灰通畅。

8) 更换断裂的阻尼电阻。

18. 静电除尘器电场升压时一次电压调压正常，二次电压时有时无，并伴有放电声

(1) 原因。

1) 高压硅整流变压器二次绕组及硅堆开路及虚焊点。

2) 高压硅整流变压器高压引线对壳体安全距离不够。

3) 高压硅整流变压器的直流采样分压回路有开路现象。

(2) 处理。

1) 对高压硅整流变压器进行吊芯检查，并将故障排除。

2) 检查并装好高压硅整流变压器高压引线。

3) 对高压硅整流变压器进行吊芯检查并修复。

19. 静电除尘器控制回路及主回路工作异常

(1) 原因。

1) 静电除尘器安全联锁未到位闭合。

2) 高压硅整流变压器的高压隔离开关联锁未到位。

3) 控制回路及主回路的合闸绕组或回路断线。

4) 控制回路及主回路的辅助开关接触不良。

(2) 处理。

1) 检查静电除尘器本体人孔门及开关柜门是否关闭到位。

2) 检查高压硅整流变压器的高压隔离开关到位情况。

3) 更换控制回路及主回路的绕组，检查接线。

4) 检修控制回路及主回路的辅助开关。

# 第二节　空气压缩机系统

## 一、空气压缩机系统简述

空气压缩机（简称空压机）系统中的各类空压机均为双螺杆油润滑强制风冷空压机，空

压机系统包括输送空压机系统和灰库空压机系统，输送空压机系统的主要设备有：输送空压机和仪用空压机。

输送空压机：输灰系统设置 3 台出力为 35m³/min 的输送空压机，2 台运行，1 台备用，辅助设备为 3 台水冷式冷干机和 2 个输送储气罐，作用是为飞灰输送提供动力气源（输送气）。

仪用空压机：输灰系统设置 3 台出力为 10m³/min 的仪用空压机，作为两台火力发电机组的公用设备，2 台运行，1 台备用，辅助设备为 3 台仪用干燥机和 2 个仪用储气罐，作用是为输灰系统的仪表、控制装置提供气源（仪用气）。

灰库空压机系统的主要设备有：灰库仪用空压机、灰库气化空压机和灰库输送空压机。

灰库仪用空压机：灰库设置 5 台出力为 8.5m³/min 的灰库仪用空压机，3 台运行，2 台备用。辅助设备有 5 台仪用干燥机和 2 个仪用储气罐，作用是为灰库区域的各气动阀的开关和布袋除尘器的脉冲吹扫提供气源。

灰库气化空压机：灰库设置 2 台出力为 35m³/min 的灰库气化空压机，1 台运行，1 台备用。辅助设备有 2 台水冷式冷干机和 1 个气化储气罐，作用是为灰库的气化系统提供气源。

灰库输送空压机：灰库设置 4 台出力为 35m³/min 的灰库输送空压机，3 台运行，1 台备用。辅助设备有 4 台冷冻式冷干机和 2 个输送储气罐，作用是为灰库的二级输灰系统提送输送气源。

### 二、空压机系统的启动前检查项目

（1）确认空压机系统相关检修工作结束，工作票终结，照明良好，现场清洁。

（2）检查空压机系统管道连接完好，无泄漏现象，表计齐全并指示正常，信号报警、程控正常并已投入。

（3）检查空压机电动机绝缘合格，接地线良好，地脚螺栓牢固，无松动现象。

（4）检查空压机转动部件无卡涩现象，转动灵活且转动方向正确。

（5）检查空压机本体无异物，各部件齐全完整。

（6）确认储气罐安全阀完整、灵活可靠，无卡涩现象。

（7）检查储气罐压力表一次隔绝门已开启。

（8）检查空压机干燥塔中的干燥剂未失效。

（9）检查空压机油水分离器各连接无泄漏。

（10）检查空压机油过滤器、空气过滤器应无积灰，无堵塞现象。

（11）将空压机出口门及储气罐进、出口隔绝门已开启。空压机至静电除尘器输灰系统的出口隔绝门打开。

（12）确认空压机和冷干机电源已送电正常，电源指示灯亮，控制柜内接线良好，紧急停止按钮已经复位，就地控制屏显示启动条件满足。

（13）检查空压机、冷干机的冷却水进、出口隔绝门已开启，冷却水压正常。

### 三、空压机系统的启动

1. 储气罐投运

（1）稍开储气罐放水门。

（2）确认储气罐进、出口隔绝门已开启。

（3）确认储气罐压力表指示正常。

2. 冷干机启动

（1）确认冷干机冷却水进、出口隔绝门已开启。

（2）检查冷干机送电正常。

（3）若冷干机的控制方式在"远方"，冷干机将在空压机启动过程中联锁启动。

（4）若冷干机的控制方式在"就地"，冷干机只能在就地手动启动。

（5）按下冷干机启动按钮，运行指示灯亮，检查冷干机运行正常。

（6）检查冷干机自动疏水器自动排水正常。

3. 空压机启动

（1）检查空压机动力电源送电正常。

（2）合上空压机就地控制柜内控制熔丝，检查控制面板及显示屏显示正常。

（3）复位空压机停机键，投入空压机联锁。

（4）在控制画面上启动空压机，检查空压机运行正常，系统无泄漏。

## 四、空压机系统的运行维护及调整

1. 空压机系统的运行检查项目

（1）定期检查空压机储油筒油位、油质正常。

（2）检查空压机入口调节门调节灵活，弹簧完好。

（3）检查空压机供气压力 $p_2$ 应在设定值 0.72MPa 左右自动调节正常，因系统用气量改变而引起供气压力变化时，当供气压力高于 0.76MPa 时，将自动关闭空压机进气蝶阀（卸载），供气压力低于 0.72MPa 时，将开启进气蝶阀（加载）。

（4）检查空压机油气分离器进、出口的空气压差 $\Delta p_1$ 不超过 0.07MPa，油过滤器前后压差 $\Delta p_2$ 不超过 0.14MPa，压缩机出口的空气温度 $T_1$ 不超过 107℃，油气分离器出口的空气温度 $T_2$ 不超过 107℃，空压机油温 $T_3$ 不超过 107℃。

（5）检查空压机就地控制面板模拟图上嵌入的状态指示灯无闪烁。

（6）检查空压机出口的疏水器自动疏水正常。

（7）确认空压机出口管上的手动疏水门应稍开，排水正常。

（8）检查空压机出口管道过滤器设备完好，疏水正常。

（9）定期检查储气罐各部件无泄漏，压力表指示正常。

（10）检查储气罐疏水器进、出口隔绝门保持开启，自动疏水正常，防止储气罐内部积水。

2. 空压机系统的运行维护项目

（1）空压机运行 50h 后要检查并清洁回油管过滤器、节流孔和控制管路上的过滤器，更换油过滤器滤芯。

（2）空压机运行 1000h 要清洁回油管过滤器，给进气控制器中的传动副加润滑油，更换油过滤器滤芯和空气过滤器滤芯。

（3）空压机只有在取样分析后认为润滑油需要更换，或润滑油被污染时才需要换油，正常运行过程中若油位低，则补充和原来使用的相同型号油即可。

（4）当空压机出口管道过滤器进、出口差压超过 0.07MPa 时，需及时更换过滤器或更换滤芯。

### 五、空压机系统的停运

1. 空压机系统的正常停运

（1）空压机停运。

1）在空压机系统控制画面上解除备用空压机联锁或手动启动备用空压机。

2）在空压机系统控制画面上停运需要停运的空压机。

3）打开空压机就地箱柜内的空压机出口卸压阀进行卸压。

4）根据检修安全措施要求，确定是否要将空压机停电。

（2）冷干机停运。

1）若冷干机的控制方式在"远方"，则空压机停运后经延时将联锁停运冷干机。

2）若冷干机的控制方式在"手动"，冷干机只能在就地手动停运。

3）按下冷干机停运按钮，运行指示灯灭，检查冷干机停运正常。

4）如果需要检修冷干机的空气侧部件，应关闭冷干机的进、出口隔绝门。

（3）储气罐停运。

1）逐渐关小直至全关储气罐的进、出口隔绝门，注意系统压力不应有大幅下降。

2）开启储气罐放水门进行卸压。

3）确认储气罐压力表指示到零。

2. 空压机必须紧急停运的项目

（1）空压机运行参数达到保护规定的跳闸值而保护拒动时。

（2）发生危及人身、设备安全的事故时。

（3）空压机电动机冒烟着火时。

（4）空压机发生强烈振动或异常声音时。

（5）空压机排气压力或排气温度超限时。

（6）空压机运行电流大幅度摆动且超过规定值。

（7）空压机润滑油回路大量漏油，储油箱油位低于规定值，油温超限时。

### 六、空压机系统的故障及处理

1. 空压机排气压力低

（1）现象。

1）空压机长时间连续加载运行。

2）空压机系统压力低报警。

（2）原因。

1）空压机进气滤网脏污或堵塞。

2）空压机油气分离器压力释放阀未关闭。

3）空压机进气蝶阀开度过小。

（3）处理。

1）检查空压机的运行方式，及其运行压力设定值是否正确。

2）联系检修人员更换空压机进气滤网进行。

3）检查空压机油气分离器的压力释放阀开度，如果是因为连杆位置不正确，应联系检修人员进行调整。

2. 空压机冷却水中断

（1）现象。

1）从空压机冷却水回水管出口处看不到有水流出。

2）空压机排气温度异常升高。

3）空压机气缸及各冷却器外壳温度升高。

4）空压机冷却水进口压力表指示升高。

（2）原因。

1）空压机冷却器发生堵塞。

2）误操作冷却水回路阀门或阀门损坏。

3）冷却水系统故障导致冷却水中断。

（3）处理。

1）当发现冷却水中断时应立即停运该空压机，禁止在空压机气缸被冷却前通入冷却水。

2）开启备用空压机的冷却水进、出口隔绝门正常后，启动备用空压机。

3）如果系冷却水中断，应及时停运空压机，并切换空压机冷却水供水水源，待空压机冷却水供水恢复后再启动空压机。

4）若冷却水中断短时无法恢复，不允许无冷却水运行空压机。

3. 空压机在带负载时跳闸

（1）现象。

1）空压机跳闸报警。

2）空压机出口母管气压下降。

（2）原因。

1）空压机电源失电。

2）空压机电源电压偏低。

3）空压机运行压力过高。

4）空压机运行温度过高。

5）空压机运行油压过低。

6）空压机冷却水压力过低。

7）空压机电动机过载。

（3）处理。

1）检查空压机电源是否正常，恢复正常电源供电。

2）空压机运行温度过高时，检查冷却水回路畅通，冷却水压正常，必要时增加临时风机加强冷却通风。

3）冷却水压过低时，检查冷却水母管压力以及阀门状态，恢复冷却水压力正常。

4）空压机电动机过载时，及时启动备用空压机维持系统气压正常，停运故障空压机并联系检修处理。

4. 空压机润滑油系统故障

（1）现象。

1）空压机油压不正常，油温升高。

2）空压机储油箱油位低。

3）空压机油过滤器前后压差增大。

4）空压机润滑油变质。

（2）原因。

1）空压机储油箱油位太低或油管路堵塞、破裂、漏泄。

2）空压机润滑油内含杂质，使过滤器堵塞。

3）空压机润滑油油质不合格。

4）空压机润滑油压力表失灵。

5）冷油器在空压机备用时漏入冷却水。

（3）处理。

1）如油位过低或油质不良，停运空压机后可进行补油或换油。

2）润滑油太脏，可能是储油箱内杂质过多，应彻底清洗并换新油。

3）如油过滤堵塞，应进行清洗并检查油路系统。

4）如因油压表故障可隔离油压表，联系热工人员更换油压表。

5）若判断为冷油器漏油则联系检修人员进行更换处理。

5. 空压机排气温度高

（1）现象。

1）空压机自动跳闸，排气温度高指示灯亮。

2）空压机气缸外壳温度异常升高。

（2）原因。

1）空压机润滑油量不足。

2）空压机冷却水量不足，水温度高或冷却水管堵塞。

3）环境温度高。

4）空压机冷油器堵塞。

5）空压机润滑油规格或质量不合格。

6）空压机热控制阀故障。

7）空压机空气滤清不清洁。

8）空压机油过滤器堵塞。

9）空压机冷却风扇故障。

10）空压机机械故障、发热量增多。

（3）处理。

1）检查空压机储油罐油位是否正常，若油位低则及时进行补油。

2）检查冷却水进出水管温差，增加冷却水流量，降低冷却水进水温度。

3）增加通风，降低室内温度。

4）清理堵塞的油冷却器和空气冷却器。

5）油质不合格时及时进行更换。

6）检查空压机润滑油是否经过油冷却器冷却，若无则更换热控制阀。

7）用低压空气清洁脏污的空气滤清器。

8）更换堵塞的油过滤器。

9）更换故障的冷却风扇。

10）若调整无效，停运空压机并联系检修人员检查处理。

6. 空压机无法启动

（1）现象。

1）控制室控制画面上出现空压机报警。

2）就地空压机控制面板上出现启动失败报警。

（2）原因。

1）空压机电源断路器未合上。

2）空压机电源断路器过载跳闸。

3）空压机控制回路熔丝熔断。

4）空压机工作电源输入电压过低。

5）空压机 Yd 转换系统故障。

6）空压机进气蝶阀无法正常打开。

7）空压机控制面板损坏。

（3）处理。

1）检查空压机工作电源回路，恢复正常供电。

2）检查空压机有无过载或故障，查明原因并消除缺陷。

3）更换损坏的空压机控制回路熔丝。

4）处理或更换故障的空压机 Yd 转换系统。

5）确保空压机进气蝶阀开关动作灵活。

6）更换损坏的空压机控制面板。

7. 冷干机运转正常，但运行效果不佳

（1）现象。

1）冷干机冷凝压力过高。

2）储气罐中压缩空气湿度变大。

（2）原因。

1）冷干机入口压缩空气温度过高。

2）冷干机冷凝器闭冷水侧结垢。

3）压缩空气处理量过大且压力偏低。

4）制冷剂压缩机进、排气阀片磨损。

（3）处理。

1）改善冷干机入口压缩空气温度。

2）清洗结垢的冷凝器闭冷水侧。

3）控制空压机排气量及排气压力。

4）更换磨损的制冷剂压缩机进、排气阀片。

8. 冷干机故障报警

（1）现象。

1）冷干机露点高报警。

2）冷干机运行效果变差。

（2）原因。

1）冷干机吸附剂超过使用期限，失效。

2）冷干机吸附剂被污染。

3）冷干机进气压力过低或进气温度过高。

（3）处理。

1）更换超过使用期限的吸附剂。

2）检修冷干机前置过滤器后更换被污染的吸附剂。

3）增加冷干机进气压力或降低冷干机进气温度。

9. 冷干机再生塔内压力过高

（1）原因。

1）冷干机消声器堵塞。

2）冷干机再生阀没有完全打开。

3）冷干机止回阀密封不良。

（2）处理。

1）清洗或更换堵塞的冷干机消声器。

2）检修故障的冷干机再生阀使其完全打开。

3）检修或更换密封不良的冷干机逆止阀。

10. 气动阀门拒动

（1）原因。

1）气动阀门控制气源压力不足。

2）气动阀门控制气源管路脱落、断裂或泄漏。

3）气动阀门电磁阀拒动。

4）气动阀门电磁阀漏气严重。

5）气动阀门卡涩。

6）气动阀门安装过紧。

（2）处理。

1）调整仪用气母管压力至正常。

2）检查并消除气动阀门控制气源管路脱落、断裂或泄漏等缺陷。

3）更换故障的气动阀门电磁阀。

4）处理或更换卡涩的气动阀门。

5）重新调整安装过紧的启动阀门。

# 第三节　输　灰　系　统

## 一、输灰系统概述

输灰系统按照输送方式的不同可以分为气力输灰系统、机械输灰系统和水力输灰系统。与机械、水力输灰系统相比，气力输灰系统具有如下优点：

（1）设备简单、密封性能好、占地面积小，能保证较清洁的生产环境。

（2）输灰线路不受限制，输灰管道可水平、倾斜或垂直布置，布置方式灵活。

（3）易实行系统自动化，所需运行维护人员较少。

（4）便于实现分散多点散料的输送、集中，或定点物料分散到不同的地点。

（5）利用空气作媒介，避免了对水资源的污染和浪费，也不会产生灰管结垢等问题。

气力输灰系统有压力和自流两种形式。压力输灰系统按其输送空气的压力可分为负压和正压两类。根据输灰浓度不同，正压输灰系统又可分为正压浓相气力输灰系统和正压淡相气力输灰系统。目前国内火力发电机组中应用较多的是正压浓相气力输灰系统（简称输灰系统），输灰系统的流程如图 9-2 所示。

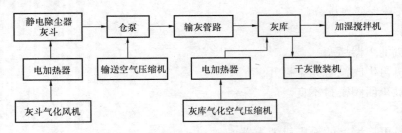

图 9-2　输灰系统流程图

输灰系统的主要设备包括：静电除尘器灰斗及其下部的仓泵、输灰管道、阀门、支吊架，及用于防止灰斗内部积灰板结或下灰不畅的灰斗气化风机和电加热器。

为使静电除尘器灰斗内收集的粉煤灰能更顺畅地排至输灰系统的仓泵中，每台锅炉设置了 3 台灰斗气化风机（2 台运行 1 台备用）和 2 台电加热器。灰斗气化风机流量 $7.5m^3/min$，出口风压 $0.05MPa$，电加热器保证出口风温 176℃，功率 35kW。

## 二、输灰系统的启动前检查

（1）检查输灰系统相关检修工作结束，工作票已全部终结，安全措施恢复，现场清洁无杂物。

（2）检查输灰系统各设备连接完整，保温完整，吊架、支撑良好。

（3）检查就地表计齐全，完整无损，各标志醒目，投用正常。

（4）检查各阀门完整无损，动作灵活，阀门标示牌齐全，开关方向醒目。

（5）检查确认输灰系统各气动阀门的仪用气源已送上，压力正常。

（6）检查输灰系统各阀门状态正确。

（7）检查灰斗气化系统管道安装正确，不使管道载荷直接加到风机法兰上。检查管道连接紧固，气化风机与管道连接良好。

（8）检查灰斗气化风机进口滤网清洁无堵塞；滤网必须可靠地固定，以免被吸入风机；滤网须用不锈钢丝编织而成，不能用焊接滤网。

（9）检查灰斗气化风机皮带轮（或联轴器）确已对准，皮带张紧程度正常。

（10）用手转动灰斗气化风机的皮带轮，应转动灵活，无卡涩。

（11）检查灰斗气化风机皮带防护罩完整，安装牢固可靠。

（12）检查灰斗气化风机油塞及油位观察窗已经紧固，油位正常，油质良好。

（13）检查灰斗气化风机电动机绝缘合格。送电正常；接地线完整、接地可靠；地脚螺栓牢固，无松动现象。

（14）检查灰斗气化风机电动机已试转正常，旋转方向正确。

（15）检查灰斗气化风机出口安全阀完整，动作正确。

（16）开启灰斗气化风机出口隔绝门、至静电除尘器各电场灰斗气化的隔离门。

（17）检查电加热器壳体、防护罩完好无损。

（18）检查电加热器地脚螺栓完整无松动，其外壳、控制柜已可靠接地。

（19）检查电加热器控制柜面板完好，送电正常，各开关、信号、表计指示正确。

（20）检查灰斗气化风机及加热器送电正常，就地控制柜内接线良好，控制方式正确，加热器温度设定值已设置正确。

（21）检查各热控装置已投入，各开关、信号指示灯、表计完整无损，指示正确。

（22）检查各仓泵检查孔已关闭严密，仓泵本体各部件完整无损坏。

（23）检查各仓泵及仓泵连接管道的保温正常，冬季检查各仪表管路的伴热带工作正常，如在控制气源管路上有低位放水门，应每 2h 微开放水一次，防止仪表管路冻，发生系统故障。

### 三、输灰系统的启动

（1）检查静电除尘器加热、振打装置已投运正常。

（2）检查输灰仪用气压和输送气压正常。

（3）在灰斗气化风机控制画面上选择目标风机为主机，检查目标风机出口门开启状态收到，备用风机出口门关闭状态收到，单击"START"按钮，风机启动运行，经延时连锁启动电加热器。检查风机带负荷正常，振动、温升正常，各参数正常，画面显示灰斗气化风机、电加热器运行状态，出口气动门打开。

（4）在输灰控制画面上检查输灰路径已选择正确；灰斗落料时间、输灰循环时间和输灰结束压力等参数均已设置正确；各输灰管路的控制方式已设置正确。

（5）在输灰控制画面上按下各输灰管路的"启动"控制按钮，确认各输灰装置顺序启动正常。

### 四、输灰系统的运行维护及调整

1. 输灰系统的运行维护

（1）输灰系统运行期间要对输灰情况进行实时监测。除了监视输灰控制画面外，还要定时到现场进行巡视检查。

（2）检查灰斗气化风机运行平稳，无异常振动和响声，各参数在正常运行范围内，风机出口压力表指示准确，电加热器出口风温自动控制正常，安全阀没有卡涩或误动。灰斗气化风系统管道、法兰无泄漏。

（3）检查灰斗气化风机各轴承温度正常，运行声音平稳，气化风机电动机本体温度无异常上升，接地线连接良好，地脚螺栓紧固，无异常振动。

（4）定期清理灰斗气化风机入口进气滤网，控制进气滤网差压在正常范围内，防止因风机入口进气滤网堵塞导致风机运行异常。

（5）灰斗气化风机停运或跳闸后，要立即确认对应的电加热器联锁停运正常，防止设备损坏。正常情况下，电加热器必须在"联锁"控制方式运行，严禁"手动"控制方式运行。发现电加热器出口风温超上限时，应立即将其停运并联系检修人员检查电加热器各加热管指示灯、电流、电压情况。

（6）灰斗气化风压力大于 50kPa 时报警。出现报警时应检查气化风系统管路是否通畅，阀门状态是否正确，电加热器是否运行正常。

（7）就地实测各个电场的灰斗出口短节（方圆节或大小头）的温度是否正常。一般情况下，一电场短节温度 90～100℃，二电场短节温度 50～70℃，三电场短节温度 30～50℃。检测此处温度用以检查落料情况和灰斗存灰情况，若温度明显偏低，说明灰斗落料不畅或灰斗内存灰较少。

（8）如果同一电场的灰斗出口短节温度差异较大，就有可能存在各个灰斗落料不均匀或某个灰斗落料较差的情况。需要调整烟道、静电除尘器的负荷分配、调整灰斗气化风的气量或对落料时间、循环间隔时间做相应调整，使落料正常，保证输灰系统良性循环运行。

（9）定期检查仓泵的落料情况，设备在"落料→输送→输送完成"的过程中，仓泵内物料的落入和送出的状态可以通过敲击仓泵听音辨别，或打开仓泵本体的手动排气阀看排出灰尘的浓度进行辨别。特别是在输送刚开始阶段、仓泵未装满进行输送的情况下，要进行此项工作，以便了解输送的基本状态。

2. 灰斗落料时间的调整

（1）输灰压力曲线完全正常时，一、二电场的灰斗落料时间逐渐增加至 30～40s，三、四电场落料时间逐渐增加至 40s。

（2）锅炉高负荷运行或锅炉燃用煤种煤质差，导致烟气含灰量较大时，灰斗落料时间视输灰压力曲线的变化而定。若无堵管现象，宜缓慢增加灰斗落料时间，尽量使 1～2 个满仓泵出灰。一般情况下，一、二电场灰斗落料时间可增加至 30s 以上。对于灰斗落料时间已达 30s 以上，而盘上仍无满仓泵信号的现象，就地应检查对应仓泵平衡管是否被堵，灰斗落料是否顺畅。

（3）锅炉刚启动，静电除尘器高压硅整流变压器未投运时，灰斗内的存灰主要为沉降灰，颗粒较大，并且此时输灰管道温度较低。将一、二电场灰斗的起始落料时间设置为 3～5s，三、四电场灰斗的起始落料时间设置为 10～20s，并且应设置好循环周期，尽量使一、二电场多走循环。循环比例 5:1～6:1。待输灰管路温度上升后，将灰斗落料时间以 1s/次的幅度递增，每次增加后观察两个输灰循环，确认输灰正常后再增加。具体根据输灰压力曲线而定。

（4）静电除尘器高压硅整流变压器投运后，应密切监视输灰压力曲线变化，若曲线平稳，输灰通畅，应逐渐增加灰斗落料时间。若输灰压力曲线变差，毛刺多，灰难送，则逐渐减少灰斗落料时间至 5～8s。待输灰正常后，再缓慢将灰斗落料时间增加至 30s 左右，尽量保证输灰系统最大出力运行。

（5）锅炉进行吹灰时，若输灰管路不堵管，在原灰斗落料时间的基础上，先观察吹灰后的输灰压力曲线，若正常则缓慢、适量地增加灰斗落料时间（最大可比原灰斗落料时间多出 5s），尽量增加输灰系统出力，以防出现灰斗高料位（具体情况也应根据锅炉燃用煤质而定）。若出现输灰不畅，应将灰斗落料时间减少至 8～10s，观察 1～2 个输灰循环正常后，再以 1s/次的幅度逐渐增加灰斗落料时间，同时每增加一次，观察 1～2 个输灰循环正常后再增加。

（6）输灰压力曲线出现毛刺状时（一般发生在一电场），及时对输灰管道进行 1～2 次吹扫。若吹扫后还出现毛刺状，则适当减少灰斗落料时间。主泵灰斗落料时间不宜太长，一般设置为 5～8s，其他仓泵的灰斗落料时间设置为 10s，出口泵 15s。若灰量太大，输灰时间拉长至 35min 以上，则继续减少灰斗落料时间至 6～8s，待输灰正常后再根据输灰压力曲线变化逐步缓慢增加。

（7）输灰压力曲线出现拖尾时，可根据拖尾时的输灰压力值，适当增加输灰结束压力（比如拖尾时的输灰压力为 50kPa 左右时，可将输灰结束压力设置为 60kPa），并且就地联系检修人员配合敲打对应的输灰管道。待输灰压力曲线趋于正常后，应及时将输灰结束压力改回至原设定值，并对输灰管路进行 2 次吹扫后再恢复正常的落料、输灰（若长时间未将输灰结束压力值改回，可能导致管道下部积灰，对后期输灰不利）。

（8）灰斗长时间"高高料位"时。

1）当第一电场出现"高高料位"时，锅炉满负荷运行情况下，若输灰系统完全无法输灰且时间长达 2h 以上，一电场灰斗"高高料位"达到 2 个以上，降低机组负荷至 750MW，同时汇报相关领导。

2）若 4h 内仍无法输灰，一电场"高高料位"达到 4 个以上，则继续降低机组负荷，直至输灰恢复正常。

3）若输灰通畅，出现"高高料位"，就地检查对应泵的落料情况，若每次落料仓泵料位能达到 1/2～3/4 以上，则保持输灰系统运行，8h 内无须停运静电除尘器电场，锅炉负荷较低的情况下可以相应延长。

4）长时间"高高料位"，会导致灰斗内部存灰密度增大，温度降低，气化效果变差，所以应减少灰斗落料时间，缩短输灰循环时间，以保证输灰管道畅通，防止输送气主进气管堵塞。一般情况下，灰斗落料时间可设 8～10s，以不堵塞主进气管为原则，并视输灰压力曲线逐步增加。

5）静电除尘器电场跳闸后，输灰系统经处理正常输灰 2h 内，试投跳闸电场，二次电流设定为 600mA，同时该泵对应的灰斗落料时间设为 5s，并根据输灰压力曲线逐步增加，正常输灰 2h 后再以每小时 200mA 的速率逐步增加电场二次电流设定值直至正常。

（9）输灰管路发生堵管时，立即进行排堵操作，先关闭每一个流化阀前手动阀，再开排堵阀。排堵完毕后对输灰管路进行 1～2 次吹扫，减少灰斗落料时间至 6～8s，待输灰顺畅后再以每次 2s 的幅度增加灰斗落料时间，一旦输灰压力曲线再次出现跳动，则暂停灰斗落料时间的增加，观察 3 个输灰循环正常后再以每次 1s 的幅度尝试增加灰斗落料时间。

3. 输灰系统的排堵操作

（1）堵管的判断。当一组仓泵在一个输灰循环中，进料完成，处在输灰阶段；系统输灰压力（主泵压力变送器输出数值）到达高位（一般在 0.2MPa），所有输送进气阀均已关闭；此时输灰压力不下降或下降很慢（每秒下降 0.01MPa 左右甚至更少），这时认为输灰管道被堵，叫作堵管。另一种判断堵管的方法是在输灰过程中，当输灰时间超过正常输灰时间 2～3 倍并大于 30min，输灰压力较高并没有明显下降趋势，该次输灰就判定为失败，发生堵管。

（2）输灰过程若发生堵管，按以下步骤进行排堵。

1）将发生堵管的输灰管路运行方式由"运行"改为"吹扫"。在较高的管道压力时，关闭手动进气阀、将手动排堵阀打开，将灰通过排堵管排到灰斗内。并反复进行"加气→压力升高后关进气阀→开排堵阀→压力降低后关排堵阀"，直到吹扫后最高压力达到空吹压力时停止，最后进行两次吹扫。

2）在上述方法无法排除堵管时，可以将主泵（或其他仓泵）上的手动排气阀在有较高压力的情况下打开，通过此方法可以将管道内的灰抽回到泵内。

3）恢复正常运行时，最好将灰斗落料时间适当缩短，经过几个正常输灰循环，再逐渐将灰斗落料时间增加至正常值。在逐渐增加灰斗落料时间的过程中，若发现输灰压力曲线异常，有堵管趋势时，采用"进一秒，退两秒"的办法（即灰斗落料时间增加 1s 后若出现堵管趋势，则将灰斗落料时间减少 2s，观察运行），逐渐找到合理的灰斗落料时间。

### 五、输灰系统的停运

（1）确认静电除尘器各灰斗内的存灰已清空后（一般在锅炉停运 24～48h 后），方可停运输灰系统。

（2）在输灰控制画面上将各输灰管路的运行方式由"启动"改为"停止"，检查各输灰装置顺序停运正常。

（3）远方停运灰斗气化风机，检查电加热器联锁停运正常，否则立即将其手动停运；15s 内灰斗气化风机出口气动门关闭。

（4）远方停运输送空气压缩机，检查相应冷干机联锁停运正常。

（5）远方停运除灰仪用空气压缩机，检查相应冷干机联锁停运正常。

### 六、输灰系统的故障处理

1. 输灰系统无法正常启动

（1）原因。

1）控制画面上，输灰系统的运行按钮没有按下。

2）输灰压缩空气母管压力低。

3）输灰管路的输灰压力开关反馈信号异常。

4）仓泵圆顶阀密封压力信号不对，控制气源故障。

5）输灰路径选择不对，目标灰库有"高料位"报警信号，或灰库除尘器有"压差高"报警信号。

（2）处理。

1）控制画面上，按下输灰系统的运行按钮。

2）启动备用输送空气压缩机、打开相应阀门并检查储气罐就地压力表和压力开关、压力变送器工作正常。

3）检查输灰管路输送压力开关的接线，并重新进行整定。

4）对照仓泵圆顶阀初始状态表检查所有圆顶阀的状态。有差异时检查控制气源及气控箱进气阀，检查并调整有异常的密封压力反馈信号。

5）选择正确的输灰路径。有"高料位"报警信号或灰库除尘器"压差高"报警信号的灰库无法继续送灰。

2. 仓泵装料完成，圆顶阀关闭，但不开始输灰

(1) 原因。

1) 仓泵圆顶阀密封压力信号不对，或限位开关未动作。

2) 仓泵圆顶阀未关严，或被外物卡住而无法关严。

3) 流化阀不工作，或输灰压缩空气管道的手动隔绝阀门未开启。

(2) 处理。

1) 检查调整引起仓泵圆顶阀密封压力反馈信号错误的相关条件，若故障则更换限位开关。

2) 切断仓泵圆顶阀气路和电路，从底部弯头拆出管子进行清理，拆去汽缸，手动试验检查限位开关的动作。

3) 检查仓泵圆顶阀的供气情况。若供气良好，则修理或更换圆顶阀。若没有供气，则检查喷吹电磁阀或限位开关的动作是否正常。

3. 输灰时仓泵圆顶阀或排气圆顶阀漏气

(1) 原因。

1) 密封气压力下降，接近输灰压力。

2) 圆顶阀密封开裂。

3) 过滤器堵塞。

(2) 处理。

1) 调整密封气压至正常。

2) 更换圆顶阀密封圈，检查并调整球顶和密封圈之间的间隙。

3) 清理堵塞的过滤器。

4. 输灰系统运行中异常中断

(1) 原因。

1) 输灰管道堵塞并不能自行疏通。

2) 仓泵出口处的物料起拱。

(2) 处理。

1) 检查输灰系统供气和供电正常，确认各阀门状态正确，动作正常。

2) 敲击输灰管路，通过对声音的判断，确定堵管位置后，切断该输灰管路的气源，就地进行人工排堵。

3) 检查仓泵出口物料是否颗粒过大或潮湿。

5. 输灰气压大大低于正常值

(1) 原因。

1) 静电除尘器振打装置故障。

2) 静电除尘器灰斗内棚灰，仓泵没有进料。

3) 仓泵圆顶阀动作异常。

4) 输灰管道的压力变送器故障。

(2) 处理。

1) 确认静除尘器振打装置、各电加热板等设备工作正常。

2) 检查灰斗气化风机及其电加热器运行正常。

3) 检查静除尘器灰斗内确实有灰，且没有出现棚灰现象。

4) 若静除尘器灰斗内部出现棚灰，则立即进行疏通，确保仓泵落料正常。

5) 若静除尘器灰斗内部灰量较小，则增加仓泵的落料时间，延长输灰循环时间。

**6. 输灰管道弯头磨损严重**

(1) 原因。

1) 进气孔板设置不当，或物料量偏小，使输灰管道内物料流动速度过快。

2) 输灰管道弯头安装不当。

(2) 处理。

1) 调整孔板的进气量。

2) 适当增加仓泵的进料量。

3) 重新调整输灰管道弯头的安装位置。

**7. 仓泵圆顶阀密封压力信号反馈异常**

(1) 原因。

1) 仓泵圆顶阀密封气源压力低于设计要求。

2) 仓泵圆顶阀密封压力开关整定值偏高。

3) 仓泵圆顶阀限位开关没有被接通。

4) 仓泵圆顶阀密封气路连接错位。

5) 就地端子排接线松动。

6) 调整螺栓需要调整。

7) 异物阻挡仓泵圆顶阀关闭动作。

(2) 处理。

1) 检查仓泵圆顶阀密封气路连接情况、气源压力是否正常。

2) 检查并调整仓泵圆顶阀压力开关整定值。

3) 就地检查仓泵圆顶阀限位开关和控制气路连接是否正确。

4) 调整圆顶阀调整螺栓的长度。

5) 检查就地气控箱的电源是否正常，PLC柜内的接线端子排接线是否牢固。

6) 清理阻碍仓泵圆顶阀关闭动作的杂物。

**8. 输灰压力曲线持续振荡**

(1) 原因。输灰过程中，输灰管道被较大的物料堵塞。

(2) 处理。

1) 若输灰压力曲线振幅较小，将仓泵间管道解体，取出大块的物料。

2) 若输灰压力曲线振幅较大，需先确定堵塞的确切位置，再将管道解体，取出大块物料。

**9. 输灰压力曲线上升至一定值后长时间内无明显下降趋势**

(1) 原因。

1) 输送气进气管路不畅通。

2) 输送气量与灰量不匹配，输送气量偏小或孔板的配置不合理。

3) 灰质颗粒粗大。

4）灰质潮湿。

5）输灰管道漏气。

6）仓泵圆顶阀密封不严。

7）在输灰结束后，输灰管道内仍有较多余灰。

（2）处理。

1）检查并调整所有气动门的电磁阀工作正常，并消除故障。

2）检查所有止回阀工作正常，保证畅通。

3）增加仓泵之间补气管路的节流孔管孔径，逐渐增加出口泵方向的输送气量和出口泵后的辅助进气量，减少主泵方向的输送气量。

4）调整输送气量或输灰量，改变两者之间的比例。

5）检查灰斗气化风机及其电加热器工作正常，提高风量和风温。

6）检查确认输送空气压缩机及其冷干机工作正常、自动疏水畅通，调整其运行参数在正常范围内。

7）若输灰管道漏灰、漏气，则及时进行排除。

8）检查各仓泵的入口圆顶阀、排气圆顶阀是否关闭并密封严密。

9）输灰循环开始前，对输灰管道进行充分吹扫。

10. 灰斗气化风机入口进气滤网差压高

（1）原因。

1）灰斗气化风机入口进气滤网堵塞。

2）压力表计失灵。

（2）处理。

1）更换或清理堵塞的滤网。

2）对压力表计进行检查校验。

11. 灰斗气化风机过热

（1）现象。灰斗气化风机本体温度异常升高。

（2）原因。

1）灰斗气化风机进口滤清器堵塞，使入口空气流量减小。

2）灰斗气化风管路不畅，引起压缩过热。

3）灰斗气化风机油位过高或油的黏度过大。

4）灰斗气化风机的转子之间或转子与机壳内壁之间的间隙过大。

（3）处理。

1）清洗或更换灰斗气化风机进口滤清器。

2）检查灰斗气化风管路有无堵塞，安全阀压力设定值是否正确。

3）检查灰斗实际灰位是否正常。

4）更换使用其他牌号的润滑油或调整灰斗气化风机油位。

5）若灰斗气化风机的转子之间或转子与机壳内壁之间的间隙过大，则必须对灰斗气化风机进行大修。

12. 灰斗气化风机运行声音异常

（1）现象。灰斗气化风机运行声音异常。

（2）原因。

1）灰斗气化风机转子相互碰撞或转子和机壳擦碰。

2）灰斗气化风机齿轮间隙过大。

3）灰斗气化风机滚动轴承间隙过大。

4）由于积尘使灰斗气化风机转子失去平衡。

（3）处理。

1）检查调整灰斗气化风机转子和机壳的间隙。

2）更换灰斗气化风机齿轮。

3）更换灰斗气化风机轴承。

4）清洗脏污的灰斗气化风机转子。

13. 灰斗气化风机停转

（1）现象。灰斗气化风机停转跳闸。

（2）原因。

1）灰斗气化风机转子相互碰撞或转子和机壳擦碰。

2）灰斗气化风机过载。

3）由于基础不平，灰斗气化风机机壳变形。

4）异物进入灰斗气化风机。

5）灰斗气化风机内部积尘淤塞。

（3）处理。

1）检查调整灰斗气化风机转子和机壳之间的间隙。

2）调整灰斗气化风机的出口工作压力和温度至正常。

3）若灰斗气化风机机壳变形，则必须进行彻底的检修。

4）检查灰斗气化风机转子和机壳的内腔。

5）对积尘淤塞的灰斗气化风机内部进行清洗。

### 七、灰斗/灰库气化风系统电改汽及疏水综合利用技术改造

1. 技术改造概述

静电除尘器灰斗及气化风系统、灰库气化系统等处原设计采用电加热器，考虑到能源品质的差异及综合利用，将静电除尘器灰斗加热、灰斗气化风加热、灰库气化风加热等处的电加热器改造为高效可调节蒸汽加热器，利用辅助蒸汽换热器来取代原先较大功率的电加热器，同时对蒸汽加热器的疏水进行综合利用。

2. 技术改造具体内容

（1）静电除尘器灰斗加热：改造前采用电加热，单个灰斗电加热器的额定电功率4.5kW。改造后采用辅助蒸汽加热。

（2）通过管道将辅助蒸汽引至静电除尘器下部，将原先布置在灰斗夹腔内的电加热器全部拆除，替换为蒸汽加热器，蒸汽加热器安装于原电加热器部位。灰斗蒸汽加热器的形式为钢/铝翅片管组、插入式，共计144组（每个灰斗3组）。

（3）热源蒸汽在灰斗蒸汽加热器内热交换后产生的疏水汇流至布置于静电除尘器出口下方的高效、可调温气化风换热器。

（4）灰斗气化风加热：改造前采用电加热，单台气化风电加热器的额定电功率为 35kW；改造后利用静电除尘器灰斗蒸汽加热器的疏水进行加热。换热后产生的冷凝水送至冷凝水用户（脱硝制备车间，脱硝热解用水以及送至机组启动疏水扩容器水箱回收）。

（5）灰斗气化风蒸汽加热器的形式为钢铝复合翅片无缝管传热元件，蒸汽—汽水混合物—水连续散热，低温排水。蒸汽加热器出口空气温度可调节，并配备泄漏检测控制装置。蒸汽加热器布置于静电除尘器下方，共计 2 台。

（6）灰库气化风加热：改造前采用电加热，单台灰库气化风电加热器的额定电功率为 90kW；改造后采用辅助蒸汽加热。换热后产生的疏水排放至灰库污水池内。

（7）灰库气化风蒸汽加热器的形式为钢高频焊与钢/铝复合翅片无缝管传热元件，蒸汽—汽水混合物—水连续散热，低温排水。蒸汽加热器出口空气温度可调节，并配备泄漏检测控制装置。蒸汽加热器布置于原电加热器旁，并联布置，共计 1 台。

（8）各电改汽装置使用的汽源管道均从就近的厂区辅助蒸汽管道上接出。

# 第四节　除　渣　系　统

## 一、除渣系统概述

除渣系统用于处理锅炉燃烧产生的炉底渣，一般采用单元制，即每台锅炉设一套独立的除渣系统。除渣系统可以分为湿式除渣系统和干式除渣系统。湿式除渣系统包括炉底渣系统和渣水系统。

## 二、除渣系统的启动前检查

1. 湿式除渣系统的启动前检查

（1）检查刮板捞渣机所有轴承已涂润滑脂，包括浸水轮轴承。

（2）检查刮板捞渣机所有行走轮在轨道上就位正确。

（3）检查所有控制柜、动力站、电动机、电控阀的电气接线正确完整。

（4）检查刮板捞渣机水位开关、温度开关、压力开关安装校验正常。

（5）检查刮板捞渣机动力站油箱油位、油温正常，液压软管无破坏和磨损。

（6）检查刮板捞渣机驱动齿轮与链条啮合正确。

（7）确认刮板捞渣机所有连接器将刮板与链条连接正常。

（8）检查刮板捞渣机和二级刮板底部整个槽体，清除槽体内所有垃圾、碎片。

（9）检查碎渣机、渣仓、排渣门、皮带输送机皮带正常，刮板捞渣机三通挡板在"直通"位置，渣仓路径通畅且渣仓控制方式投"自动"。

（10）检查渣水系统沉淀池、贮水池水位正常。

（11）检查湿式除渣系统各阀门状态正确。

（12）检查所有泵体、电动机及相关设备完整无异常，电源送电正常。

（13）检查泵轴承润滑油油位正常、油质良好，密封水压力正常，就地表计完整、指示正确。

（14）检查仪用气压力、补水压力正常。

（15）检查所有设备控制方式均在"远方"位置。

2. 干式除渣系统启动前检查

（1）钢带输渣机运行前，确认液压破碎机挤压头处于关闭状态。

（2）确认设备连接完整，所有配套的热工仪表、开关、控制线路完好。

（3）确认锅炉冷灰斗水封槽水位及给排水系统正常，水封槽内干净无积灰。

（4）确认钢带输渣机的电动机、减速机、液压破碎机、液压泵站的连接螺栓完好。确认各转动部件转向正确，转动灵活、无卡涩，安全保护装置齐全完好。

（5）检查液压泵站油箱内的液压油液面在油标的2/3刻度以上，液压缸密封处、管道及各控制阀无泄漏。

（6）确认钢带输渣机钢带及清扫链刮板运行方向正确。钢带位于承载托辊中间，钢带的各个钢片间距一致，钢片固定螺钉完好无松动或脱落。刮板清扫链的链条应安放在相应的托轮槽内。

（7）检查钢带及清扫链刮板的张紧装置完好，钢带输渣机头部动力段及尾部张紧段的检查门关闭严密，并挂好"运行中严禁开启"警示牌，以防运行时大量冷空气进入炉膛，影响锅炉正常燃烧（检查门上的检查窗在运行检查时可短时间打开）。

（8）检查各电动机接线正确，绝缘合格，接地良好，且电源已投入。

（9）确认液压系统的系统溢流阀工作压力、钢带张紧溢流阀工作压力、清扫链张紧溢流阀工作压力均已设置正确。所有液压系统截止阀旋至接通状态。

（10）确认设备上所有安装仪器、仪表、传感器和控制开关完好，各执行机构按指令正确动作。所有配套设备、控制系统、热工仪表、开关、阀门都处于启动准备状态。

（11）启动前控制系统设置为程控，准备启动干式除渣系统。

### 三、除渣系统的启动

1. 湿式除渣系统的启动

（1）锅炉点火前向刮板捞渣机水槽注水，直到溢流水管开始溢流。

（2）确认二级刮板、碎渣机、刮板捞渣机控制方式均在"远方"位置。

（3）通过远程控制系统设定二级刮板运行速度和刮板捞渣机运行速度。

（4）操作员发出"启动"命令，顺序启动渣仓皮带、二级刮板、碎渣机、刮板捞渣机（依次延时10s）。

（5）就地检查所有设备运转正常，相关阀门动作正常。

（6）根据锅炉负荷，通过变频器调整二级刮板运行速度，同时通过可调速液压驱动装置调整刮板捞渣机运行速度。

（7）锅炉底部灰渣送到渣仓进行析水处理，然后装车运走。

（8）所有溢流水均回收至溢流池中，再通过溢流水泵送到沉淀池池中澄清。

2. 干式除渣系统的启动

（1）锅炉点火前1h启动干式除渣系统，确认系统启动前检查已结束，启动钢带并在空载状态下运行48h。

（2）将控制系统设定在程控方式，按以下顺序依次启动各设备：液压泵站启动→输渣钢带张紧→清扫链张紧→斗提机风扇启动→斗提机电动机启动→碎渣机启动→钢带风扇启动→

钢带电动机启动→清扫链风扇启动→清扫链电动机启动→液压关断门开启。

（3）新点火的锅炉在投入煤粉 1～1.5h 后液压关断门按顺序和设定的间隔时间依次慢开，炉内灰渣开始进入输送钢带向外输送。

### 四、除渣系统的运行维护及调整

1. 湿式除渣系统的运行维护及调整

（1）湿式除渣系统的运行维护。

1）正常运行时，刮板捞渣机水槽水位应保持在溢流水位以上，若低水位信号持续超过 20s，刮板捞渣机槽体补水阀自动开启。若低水位信号持续超过 3min，发报警信号。

2）正常运行时，刮板捞渣机水槽水温不高于 60℃，锅炉吹灰情况下水温不高于 80℃。若高温（大于 55℃）信号持续 60s，刮板捞渣机槽体补水阀自动开启。

3）检查刮板捞渣机液压油温度正常。若温度超过 40℃，检查冷却风扇自动启动。当温度低于 38℃，冷却风扇自动停运。当温度低于 15℃时，油箱电加热自动启动。高于 20℃时油箱电加热自动停运。

4）正常运行时，刮板捞渣机液压油压在 3～12MPa，当压力超过 33MPa 时，刮板捞渣机应立即停运。任何情况下，液压系统压力不能超过 35MPa。

5）刮板捞渣机尾部液压张紧装置低压设定为 4.5MPa，如果压力下降，装置自动启动加压到 7MPa 张紧。若张紧装置液压油缸行程大于 150mm，则刮板捞渣机的两侧链条各拆除 2 个链环。

6）如果刮板捞渣机主油泵停运，循环泵将启动供油。

7）液压动力站控制方式在"就地"时，刮板捞渣机可以反转，最大转速不超过 0.3m/min。刮板捞渣机的反转只能在人员监督下就地操作。刮板捞渣机检修时或较长时间停运后重新启动时才有必要反转。此时刮板捞渣机尾部液压张紧装置的高压开关在控制系统中设为旁路。

8）碎渣机运行过程中时常会遇到难以破碎的物料，这就增加了碎渣机堵塞的概率。当碎渣机控制系统的敲打继电器检测到非正常的增量，碎渣机排堵系统开始运行。碎渣机堵塞时（电流异常增大），辊子会反转很短的一段时间。如果反转 3 次，堵塞仍然存在，碎渣机立即跳闸报警，同时刮板捞渣机跳闸。

9）碎渣机故障不能投入运行时，可通过就地控制盘将刮板捞渣机三通挡板切换至"旁通"位置，从而将碎渣机旁路。

10）若要保证刮板捞渣机和二级刮板在远程模式下运行，渣仓的路径必须正常。5s 内，所选择的路径不能被确定时，炉底渣系统将故障报警。

11）炉底渣系统在"自动"方式下运行时，当一个渣仓"高料位"报警时，控制系统切换路径到另一个无"高"报警的渣仓。

（2）刮板捞渣机刮板回渣处理措施。

1）刮板捞渣机头部下降段刮板出现回渣，应及时联系人员进行清理。

2）若清理不及时，刮板捞渣机底槽第一个导向轮后开始出现回渣，立即增派人员协助清渣，保证至少有 3 人同时清渣。回渣的清理顺序为按刮板捞渣机运行方向，由前向后进行清理。

3）若大量回渣已至刮板捞渣机底槽中部，清渣工作进展仍然不理想时，将刮板捞渣机转速降低到 0.5m/min，同时增派清渣人员，至少有 8 人同时进行清渣，加快清渣速度。清渣结束后将刮板捞渣机转速逐步提升至 1.2～1.5m/min。

4）若清渣工作进展仍不理想，大量回渣至刮板捞渣机底槽尾部转向轮前一块刮板时，停运刮板捞渣机，加快就地清渣速度，确保 10min 内清理干净刮板捞渣机底槽尾部刮板、导轮及链条处积渣，同时将刮板捞渣机头部驱动链轮、导向轮及链条冲洗干净，尽快恢复刮板捞渣机正常运行。

2. 干式除渣系统的运行维护

（1）钢带输渣机在运行前，必须确保打滑报警和断带报警信号已经接到控制室，连锁动作正确。在启动过程中，一旦操作人员发现有报警信号出现，需立即停机，检查原因，在排除故障后，方可重新运行。

（2）当报警信号未接到控制室前，如果进行试运转，必须有人在就地监视，随时监视钢带运转状态，绝不允许钢带出现打滑现象。

（3）整机运行平稳，没有出现停转的托辊、托轮、压轮、压辊；各张紧装置调整灵活，各张紧装置已利用的行程不应大于全行程的 70%。

（4）检查钢带输渣机的运行速度，驱动电动机的电压、电流、转速正常，输送钢带运行时，其边缘与限位轮的距离不小于 2mm。

（5）刮板清扫链行走应无跑偏现象，回程的清扫链链条应在所对应的托轮槽内，不允许脱落在托轮槽外。

（6）钢带输送机每次停运前都要将液压关断门关闭，钢带输送机停运时间不得超过 4h。当钢带输渣机运行出现故障，或碎渣机不能正常工作时，各个关断门液压缸活塞应全部自动伸出，关闭钢带输渣机进渣口，同时系统报警，进行检修。

（7）钢带输渣机在正常情况下以恒定速度运行，当干式除渣系统的某个设备临时检修结束时，应逐扇打开关断门，如果运行中渣斗内的渣量较多，进入钢带输渣机的渣量较大时，应提高钢带的运行速度。

## 五、除渣系统的停运

1. 湿式除渣系统的停运

（1）锅炉灭火后，待二级刮板上已无渣、炉膛水冷壁金属温度达 100℃，且锅炉冲灰清渣工作已结束时，可以停运湿式除渣系统。

（2）停运刮板捞渣机液压油泵电动机。

（3）刮板捞渣机正转电磁阀断电。

（4）延时 10s，碎渣机联锁停运。

（5）延时 10s，二级刮板联锁停运。

（6）延时 10s，渣仓皮带输送机联锁停运。

2. 干式除渣系统的停运

（1）锅炉灭火 8h 后，炉膛无灰渣落下时，可以停运干式除渣系统。

（2）关闭冷灰斗液压关断门后，停运钢带机和清扫链。

（3）按以下顺序依次停运各设备：钢带电动机→钢带电动机风扇→清扫链电机→清扫链

电动机风扇→碎渣机→斗提机电动机→斗提机电动机风扇。

### 六、除渣系统的故障处理

1. 湿式除渣系统的常见故障及处理

（1）刮板捞渣机液压油泵跳闸。

1）原因。

a. 刮板捞渣机液压动力站电源中断。

b. 刮板捞渣机液压油泵电动机过负荷。

c. 刮板捞渣机液压油泵卡涩。

2）处理。

a. 若有备用液压油泵则立即启动备用液压油泵，并尽快恢复液压动力站电源。

b. 检查刮板捞渣机液压油泵电动机有无过热、焦味等其他异常，并消除故障。

c. 检查液压油泵本体连接装置有无异常，并联系检修人员处理。

（2）刮板捞渣机跳闸。

1）原因。

a. 刮板捞渣机电动机电气部分故障。

b. 刮板捞渣机过负荷跳闸。

c. 刮板捞渣机被损坏的刮板或异物卡住。

d. 渣仓皮带机跳闸联跳刮板捞渣机。

e. 刮板捞渣机尾部接近开关损坏。

f. 刮板捞渣机液压油压过高或过低。

g. 刮板捞渣机断链保护动作。

h. 液压动力站油箱油位低。

2）处理。

a. 查明跳闸原因后，复位刮板捞渣机"跳闸"按钮。

b. 若电动机或电气部分故障，应及时联系电气检修人员处理。

c. 刮板捞渣机过负荷时，降低其转速设定值，就地反转后，重新启动刮板捞渣机。

d. 若刮板捞渣机被异物卡住，应及时进行清除。

e. 更换刮板捞渣机尾部接近开关。

f. 调整刮板捞渣机液压油压、油箱油位。

g. 若是刮板捞渣机断链保护误动，则处理相关探测器后重新启动刮板捞渣机，否则联系检修人员进行链条的修复。

（3）刮板捞渣机卡住。

1）原因。

a. 刮板捞渣机被异物卡住，或被大渣块卡住。

b. 刮板捞渣机刮板或链条脱轨后卡住，或机械部分故障。

2）处理。

a. 刮板捞渣机卡住后应立即停运，防止刮板捞渣机过负荷，液压油泵电动机烧坏。

b. 若刮板捞渣机被异物或大渣块卡住，应及时清除。

c. 刮板捞渣机传动部件损坏严重时，应立即停运刮板捞渣机进行处理。

（4）刮板捞渣机出力不足或转速慢。

1）原因。

a. 链条冲洗水量过大，捞上的灰渣被冲回刮板捞渣机底槽。

b. 刮板捞渣机轴承缺油卡涩。

c. 刮板捞渣机驱动链轮与链条啮合错位。

d. 刮板捞渣机液压油泵电动机缺相运行或电动机电源断路器异常。

2）处理。

a. 调整刮板捞渣机链条冲洗水量。

b. 对缺油的刮板捞渣机轴承及时加注润滑油脂。

c. 调整刮板捞渣机链条使之与驱动链轮啮合就位。

d. 联系电气检修人员检查处理刮板捞渣机机液压油泵电动机动力回路缺相故障。

（5）刮板捞渣机液压油泵或其电动机的轴承过热。

1）原因。

a. 轴承油质不良，油位过低或过高。

b. 冷却水量不足或中断。

c. 轴承间隙过小。

d. 轴承损坏。

2）处理。

a. 更换新油，或调整轴承油位。

b. 增加冷却水量或疏通冷却水管道。

c. 调整轴承间隙。

d. 更换轴承。

2. 湿式除渣系统的事故应急预案

（1）预案题目。刮板捞渣机跳闸且头部浸水轮位置发生偏移。

（2）预案工况。机组负荷 1000MW，AGC 方式；6 台磨煤机运行，总煤量 400t/h，燃煤全水分 21%，挥发分 25%，灰分 15%，热值 20 180.376kJ/kg；各系统及参数运行正常。

（3）预案处理。

1）除渣系统控制画面出现"刮板捞渣机跳闸"报警后，立即联系巡检员就地检查刮板捞渣机系统情况，同时联系相关检修人员至就地检查处理。

2）巡检员到达就地后立即检查刮板捞渣机本体有无损坏、链条有无断裂或偏移、刮板回渣情况、浸水轮偏移情况、尾部张紧装置压力是否正常等。

3）巡检员确认刮板捞渣机头部浸水轮位置发生偏移后，立即汇报值长。

4）机组退出 AGC 方式，减负荷至 500MW。在保证机组安全的前提下，先停运磨制高灰分煤种的制粉系统，并联系更换含灰分较低的煤种，暂时停运锅炉吹灰系统。

5）将燃油系统压力提至 3.0MPa，确认锅炉等离子系统和燃油系统在热备用，锅炉降负荷过程中若出现燃烧不稳，及时投运等离子系统或投运油枪稳燃。

6）确定在线抢修方案：通常采用在刮板捞渣机前端水封槽内安装隔离插板，将炉膛落渣口与头部浸水轮隔开的方式，关闭刮板捞渣机链条冲洗水手动门和浸水轮密封水隔绝门，刮板捞渣机前端水封槽抽水结束后开始抢修。

7）抢修过程中现场留一名巡检员与控制室保持联系，密切监视刮板捞渣机水位、水温以及炉膛负压变化情况，保持较大的水封溢流。若浸水轮处严重漏水，刮板捞渣机水封补水来不及时，应联系检修采取措施增加补水。为防止炉膛突然掉焦及渣水外溅伤人，就地人员不要过度靠近刮板捞渣机本体，并提前规划好撤退路线。

8）若检修时间较长，可适当再降低负荷，必要时将机组负荷减至最低水平，并根据现场情况可考虑停运所有制粉系统，投入油枪运行。停运电除尘和脱硫系统，减少刮板捞渣机内炉渣量的增加。低负荷阶段保持空气预热器连续吹灰，密切监视炉膛燃烧状况。

9）若处理过程中发生锅炉 MFT，则按相关预案进行处理。

10）若刮板捞渣机头部浸水轮处无法有效隔离，则降低机组负荷至 50MW，保留油枪运行，停运所有制粉系统，尝试破坏炉底水封处理。破坏水封之前降低主再热汽温至 550℃，防止水封破坏后受热面超温。水封破坏后注意监视空气预热器电流和排烟温度，适当提高空气预热器吹灰压力，保持空气预热器连续吹灰，注意调节送引风机风量，防止超限，注意炉膛燃烧和火检的变化情况，保证炉膛压力稳定。如果破坏水封后锅炉无法维持运行，则停炉处理。

11）抢修结束后，先进行刮板捞渣机前端水封槽注水，注水至正常水位后再撤除插板，防止插板吊离时两侧水封水位相差过大而导致水封破坏，然后开启刮板捞渣机链条冲洗水手动门和浸水轮密封水隔绝门，并将其他安全措施恢复。

12）启动刮板捞渣机时，如因渣量大刮板捞渣机无法，应就地操作多次短时正、反两个方向转动刮板捞渣机，使渣松弛后，再低速启动刮板捞渣机，并及时清理刮板捞渣机尾部及返程段积渣。

13）先保持 0.3m/min 左右低速转动，仔细检查刮板捞渣机浸水轮的转动、声音等是否正常，对刮板及链条进行全面检查，特别是故障前停运在刮板捞渣机内部的刮板及链条，如有损坏及变形，应及时进行更换。

14）观察就地渣量情况及动力油站油压变化，正常油压在 4～12MPa。刮板捞渣机各项参数均正常时，根据渣量的多少逐步提高刮板捞渣机的转速至 1～1.5m/min 运行。期间若动力油压上升超过 12MPa，则立即检查刮板捞渣机刮板、链条、浸水轮等工作状况是否正常；若油压继续上升至 20MPa 以上，则立即停止刮板捞渣机运行。

15）待刮板捞渣机运行，渣量较正常后，再申请机组加负荷至正常水平。

3. 干式除渣系统的常见故障及处理

（1）钢带输送机打滑。

1）原因。

a. 钢带输送机跑偏。

b. 承重钢板损坏。

c. 导料板变形阻碍钢带输送机运行。

d. 张紧压力不足。

e. 钢带输送机的钢带因过热、磨损而伸长。

2）处理。

a. 对钢带输送机进行调偏，或更换磨损的限位轮。

b. 更换损坏的承重钢板。

c. 更换变形的导料板。

d. 就地增加液压系统压力。

e. 增加钢带输送机进风口数量，放松并截去部分钢带后重新张紧。

（2）钢带输送机无法启动。

1）原因。

a. 减速机损坏。

b. 电动机过热。

c. 冷却风扇损坏。

2）处理。

a. 更换减速机。

b. 检查并处理钢带卡涩情况。

c. 增设临时冷却风扇，并联更换损坏的冷却风扇。

（3）钢带输送机张紧补压液压泵频繁启动。

1）原因。

a. 钢带张紧压力变送器设置的液压泵联锁启动值不正确。

b. 钢带张紧溢流阀调定压力不正确。

2）处理。

a. 重新调整液压泵联锁启动定值。

b. 在"钢带张紧"工况下，调整钢带张紧溢流阀至钢带张紧液压缸压力。

（4）清扫链打滑。

1）原因。

a. 清扫链驱动链轮损坏。

b. 清扫链掉链。

c. 清扫链张紧压力不足。

d. 接近开关松动或损坏。

e. 清扫链改向链轮卡阻。

2）处理。

a. 更换损坏的清扫链驱动链轮。

b. 重新定位清扫链。

c. 就地增加液压系统压力。

d. 重新定位或更换清扫链接近开关。

e. 检查并处理卡阻的改向链轮。

（5）清扫链无法启动。

1）原因。

a. 清扫链减速机损坏。

b. 清扫链驱动电动机过热。

2）处理。

a. 更换损坏的清扫链减速机。

b. 检查清扫链卡阻情况，或更换清扫链减速机。

### 七、炉底渣系统的技术改造

1. 炉底渣系统技术改造概述

炉底渣系统的功能是将锅炉燃烧产生的炉底渣收集、冷却，并连续地将底渣从炉底输送至渣仓贮存、转运。

（1）技术改造前，炉底渣系统的工艺流程：高温炉渣从锅炉底部落入刮板捞渣机水封中冷却裂化，而后被送到刮板捞渣机斜升段，经脱水后，依次经三通挡板、碎渣机（破碎）、二级刮板输送机（提升、脱水）、渣仓皮带，贮存于渣仓，经充分滤水后，灰渣由湿灰车运送至灰场贮存，如图9-3所示。

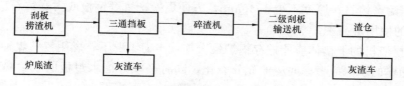

图9-3　炉底渣系统改造前的工艺流程

（2）技术改造后，炉底渣系统的工艺流程：高温落入刮板捞渣机水槽，冷却裂化后，由刮板捞渣机连续从炉底输出，通过斜升段，边提升边脱水，直接输送至炉架外侧的渣仓贮存。刮板捞渣机头部设有电动三通挡板，使湿渣可选择进入两座渣仓中的任一座，如图9-4所示。

图9-4　炉底渣系统改造后的工艺流程

炉底渣系统技术改造的目的就是把"刮板捞渣机加二级刮板输送机到渣仓"的两级输送型式改造为"捞渣机到渣仓"的一级输送型式，以简化工艺流程，提高系统设备运行的安全可靠性。

2. 炉底渣系统技术改造的具体要求

（1）刮板捞渣机技术改造的具体要求。

1）刮板捞渣机的处理能力应满足锅炉最大连续出力工况下的排渣量。刮板捞渣机采用连续运行方式。正常运行时，出力应为9～19t/h，最大出力应不低于76t/h。链条的运行速度在刮板捞渣机额定出力（19t/h）时，不大于1.0m/min。

2）刮板捞渣机的布置必须满足锅炉炉架、设备、管道等的布置要求。刮板捞渣机尾部张紧装置的布置必须满足锅炉的布置情况。

3）刮板捞渣机的设计应能适应锅炉运行的各种工况，适应可能遇到的不同尺寸的渣块和最大渣块而不至于造成设备运行中止。刮板捞渣机应按严重冲击和骤变载荷工况设计，并应采用缓冲击措施。刮板捞渣机应保证在最大出力76t/h仍能正常工作，设备部件不损坏，刮板、链条不变形。

4）整套刮板捞渣机应具有防爆、防溅性能，并应充分解决大渣块及大渣块裂化的问题。

5）刮板捞渣机应按加强结构设计、制造，应保证能在满载（即上槽体充满底渣）时正常启动，并能迅速清除积渣，同时槽体没有任何变形。刮板捞渣机的强度设计可以保证刮板捞渣机能够在最小检修工作量下连续长时间运行。

6）刮板捞渣机由水平的上槽体（蓄水、存渣）、斜升段（提升、脱水）、下部干链返回槽、头部驱动装置、尾部拉紧装置、电动行走机构等组成。捞渣机的下槽体应有足够的空间，以满足链条、刮板、惰轮等的检修需要，同时应有防止渣水外溢的措施。

7）刮板捞渣机壳体为焊接法兰结构，上下槽体使用碳钢钢板制作，所有钢板厚度应不小于14mm。其结构应充分考虑本体的刚度和强度，以保证在任何工况下都不发生变形。并应满足当上部槽体充满水和渣，整机被移出时，不发生变形。在刮板捞渣机上槽体的底部、侧面应衬可更换的抗磨钢板，厚度不小于25mm，硬度不小于HRC50。下槽体及斜升段底板铺以玄武岩耐磨铸石，厚度不小于40mm，方便更换。抗磨钢板或耐磨铸石应保证有不小于100 000h的使用寿命。

8）刮板捞渣机的上槽体应能贮存锅炉最大连续出力工况下，燃用校核煤种不小于4h的排渣量。上槽体的水深应考虑底渣的充分裂化，同时必须考虑水封板的水封高度，冷态时，水封板插入上水槽的深度应不小于100mm。上槽体的水深应不小于2.2m。上槽体应设自动补水系统，应设计合适的上部水槽溢流口，保证在冷却水补水温度38℃时，刮板捞渣机溢流水的水温不大于60℃。上部水槽的深度以及补水和排水口的尺寸应满足在补水和供水时没有水溅出及减少溢流水携带的灰粒。溢流水装置应设有锯齿形溢流堰和平行斜板澄清器，以保证溢流水携带的悬浮物浓度不超过300mg/L。上槽体侧面应设紧急排水口。

9）刮板捞渣机下槽体的两侧均补设检查孔（窗），以便可随时从外部检查链条的工作状态。下槽体的底层补设清理积渣和排水装置，用于冲洗排污及事故排水。下槽尾部设有挡渣罩。

10）刮板捞渣机采用液压驱动系统，两端双驱动。液压驱动系统包括低速大转矩液压马达、液压站。液压马达采用径向柱塞式内曲线马达，应直接与驱动轴相连，不允许采用附加的机械减速器减速。液压马达应可无级调速，并具有软启动功能，保证设备运行平稳，减少对链条、刮板等部件的冲击。任何工况下，都不允许出现转速不稳，忽停忽转的"爬行"现象。为保证捞渣机在满载工况下启动，液压马达应有足够大的启动输出转矩。

11）改造后的液压动力站应采用闭环液压系统，包括交流电动机、液压泵、过滤器、冷却器、监测传感器、油箱、控制系统等全套附件。液压泵应为轴向柱塞变量泵，以实现液压马达的无级调速，从而实现捞渣机的运行速度随负荷变化而变化。驱动系统应具有过载保护，抗冲击载荷的能力。每台捞渣机配2台液压马达，最大转矩为$2 \times 120\ 000\text{N} \cdot \text{m}$。液压动力站应采用可移动式设计，当液压动力站故障时可迅速移出并更换为备用油站。

12）刮板捞渣机的干链返回段要求不能返渣。刮板捞渣机斜升角度应不大于35°。斜升段的抗磨衬板敷设应有利于渣脱水，提高脱水效率。从刮板捞渣机头部排出的渣含水率应不高于20%。

13）刮板捞渣机应设置电动驱动行走机构，以使捞渣机可行走到锅炉房的一侧进行检修。行走机构的设计应能满足在刮板捞渣机充满湿渣，即满载时，可将捞渣机移出，并保持各行走轮的同步。所有行轮均为双轮缘结构，每移动一次复位后偏移量小于10mm，行轮横移速度为1.5m/min。

14）刮板捞渣机横移装置每一个主动行轮均应有一台直联电动机的行星摆线针轮减速机驱动，驱动机构应能适应湿热环境的工况，应设封闭式防护罩，以保证长时间闲置后仍能移动自如。

15）刮板捞渣机的链条应采用高强度耐磨圆环链。链条表面应进行硬化处理，硬化层厚度不小于 3.6mm，表面硬度应不小于 HRC63，使用寿命应不小于 35 000h。

16）接链环应具备高强度、耐磨特性，表面进行硬化处理，硬化层厚度不小于 3.6mm，表面硬度应不小于 HRC63。接链环的尺寸应与圆环链一致。接链环的结构应保证连接可靠，拆装方便简单，使用寿命应不小于 35 000h。

17）刮板捞渣机的驱动链轮和主动轴的齿轮传动应经过表面精加工及硬化处理。与链条紧密配合的链轮的表面硬化处理应与链条完全相同，硬化层厚度不小于 2mm，表面硬度应不小于 HRC63。链轮和齿轮使用寿命不小于 35 000h，并应同驱动装置相配合，统一考虑主动轮：凸齿或凹齿链轮，齿圈为多瓣式结构，在链轮需更换时，只需分瓣拆卸即可。材质采用 Cr-Mn 精锻合金或更好材质。

18）刮板应按用于重载和输送强磨蚀性物料设计，保证能承受驱动系统调整到其最大力矩值时不产生永久变形。同时其结构形式还应避免湿渣在刮板上的黏附。刮板采用 16Mn，运动面应采用耐磨材料，其整体使用寿命应不低于 20 000h。刮板与链条的连接应便于拆装。刮板采用无沿多边加强型。

19）所有转动部分轴承应采用原装 SKF 轴承。刮板捞渣机上槽体内的浸水轮应充分考虑轴承室的密封结构性能，轴承和密封件使用寿命不少于 50 000h。

20）捞渣机头部出口应设大渣块分离装置及大渣块排除口。捞渣机出渣口设置大渣篦子，以分除粒径超过 400mm 的大渣块，并设置检测装置，报警信号送至渣仓控制盘有大渣排出后进行报警并由人工进行破碎。

21）刮板捞渣机尾部应设液压自动张紧装置和机械张紧装置。液压自动张紧装置应能保持张紧力恒定，及时吸收捞渣机拖动链条磨损后的增长量，调整行程应足够，使捞渣机运行平稳。张紧装置应设置单向逆止装置，确保张紧可靠。液压张紧装置张紧行程 600mm 以上。并加设单向机械逆止机构，防止张紧滑块因捞渣机负载加大而回落。

22）刮板捞渣机斜升段到捞渣机头部应设置检修步道和防护栏杆。平台采用刚性良好的防滑格栅板平台，布置维护检修平台处应考虑合理的承载荷重。步道宽度不小于 1m，平台及步道之间的净高尺寸大于 2.1m。刮板捞渣机的上槽体应设水位控制装置，有防溅措施。

23）刮板捞渣机本体应至少有下列联锁保护报警功能：过电流、过载的报警保护；断链、卡链、掉链的报警保护；捞渣机转速信号；水温显示和超温报警；水位有监测和控制装置；油系统的报警、保护、联锁以及捞渣机落料口堵料报警（大渣块）、电动三通阀位信号及其故障信号。

24）刮板捞渣机槽体、支架等机构件寿命不小于 30 年。其他部件的检修期与机组的检修期应保持一致，以保证不会因为刮板捞渣机的故障导致机组停机。

（2）渣仓技术改造的具体要求。

1）每台炉设 2 座渣仓，每座渣仓应能贮存锅炉最大连续出力工况下，燃用设计煤种时约 20h 的排渣量，燃用校核煤种时约 10h 的排渣量。每座渣仓的有效容积应不小于 80m³。渣仓下留有 16t 级运渣密闭式自卸汽车通道，底渣在此处装车。

2）渣仓的结构应有利于容积的充分利用，同时应保证卸料的顺畅。底部为锥形，锥形与水平的夹角应不小于 60°。渣仓应采用 16Mn 材质，仓体钢板厚度应不小于 10mm。

3）渣仓内应设析水元件，进一步脱去湿渣中的水分。渣仓采用周边脱水方式。析水元件采用外置式结构，孔隙均匀，应具有足够的刚度和强度，以确保长期使用不被破坏，不出现永久变形。各析水元件应采用同样规格，可互换，便于拆装和更换。析水组件（包括紧固件）采用 316L。使用寿命应不小于 20 000h。

4）渣仓壁应提供就地控制的振打器，以便于排出渣仓内壁遗留的沉渣。

5）每座渣仓应设 1 只连续的料位指示器，该料位器应能实现连续料位显示、低料位报警和高料位报警。

6）每座渣仓应设一个卸料口，配一套就地控制的自动卸料装置。卸料装置应保证卸料的顺畅，卸料出力应可调节。同时渣仓及卸料装置设计时应避免落渣直接冲击卸料装置，以保证卸料装置的可靠性及卸料阀的严密性，卸料阀关闭时不能有漏水现象。卸料时应考虑必要的设施，以防止装车时对周围环境造成污染。

7）渣仓的结构设计有足够的强度、刚度和稳定性，并能承受下述荷载的同时作用：结构自重（包括管道）、渣（水）重量、平台上动载（按不低于 400kg/m² 考虑）、风和雪载（室外布置）、设备起吊荷载、地震力及仓内渣塌方引起的冲击荷载等。

8）对于经常操作、检查或维修的场所均设有永久性钢制平台、扶梯、栏杆、所有通道两侧、平台、上下扶梯和孔洞的四周设有安全防护栏杆和踢脚板。栏杆高度为 1.20m，立柱间距为 1m，踢脚板高度不小于 0.11m。从地面至贮渣仓顶部的所有平台、走道及扶梯踏步板采用热镀锌钢格栅板。

9）渣仓顶部应设置电动起吊装置，能将地面的设备及部件吊至仓顶，起重量按检修起吊最大质量考虑。滑线导电形式采用三相分离"H"形安全节能户外滑线。

10）渣仓应设有控制盘位于渣仓运转层上，卸料设备（振打器、渣仓排渣门、反冲洗、渣仓卸料顶部输送设备状态及故障信号）的控制盘（柜）布置在此处。

11）所有室外的系统和设备，包括钢结构等均应有防潮、防水、防滑和防冻的措施。并应为所有室外电动机、电动阀和仪表提供防雨罩，所有介质为液体的室外仪表管和阀门提供防冻措施。

12）渣仓应设反冲洗装置，对渣仓的析水元件、析水元件排水管、排渣门等进行冲洗，清理干净各处的积渣。启、停操作可在就地、远方分别进行，设远方/就地操作切换，任何情况下只能单方操作。同时在仓顶布置冲洗用管接口。

13）渣仓排渣门和密封圈的技术改造要求：

a. 渣仓排渣门的密封应采用充气密封圈。

b. 排渣门开、关应操作灵活可靠，并应打开缓慢、关闭快速。其结构形式应便于维护、检修和更换。在进渣、脱水阶段没有泄漏现象；在卸渣阶段，顺利卸渣，并按运载工具的承载能力，可调节开度，控制卸渣量，开度大小在渣仓控制装置内应具有相应的位置信号。

c. 排渣门的闸板保证使用寿命不低于 35 000h，开闭次数不低于 10 000 次。

d. 渣仓在进渣、脱水阶段，排渣门与阀座充气密封圈之间应关闭严密，不漏水、不溢渣。在排渣门下应设导流装置和排水管，当排渣门的密封故障时，可应脱出的水引至排水系统。

e. 密封装置的结构形式应固定可靠，便于维护、检修和更换。密封圈应保证密封可靠，在正常工作状况下应有防止破损的措施，其使用寿命保证 8000h 以上。密封圈应有耐压、耐磨、耐酸碱的特性，在保证的使用寿命期内，不应出现因材质（弹性减弱等原因）而造成的擦伤、漏气、脱落或"打炮"破裂等。密封圈还应具备自动复位的功能，以保证闸板开启、关闭时，密封圈不会被切破、擦伤或撞脱，同时闸板上的积渣应能被自动清除掉，使其不与密封圈接触。

f. 排渣门在关闭和开启的过程中，应保证：排渣门关闭未到位时，密封圈充不上气；密封圈内腔只有在维持负压时，排渣门才能实现开启和关闭的功能。

g. 渣仓系统的排水阀、反冲洗系统阀门，均应采用耐磨灰渣阀。

（3）其他技术改造要求。

1）炉底渣系统中，刮板捞渣机安装在锅炉排渣口处，机体的一部分在锅炉房外，工作环境恶劣。应采取必要的防护措施，使整套设备具备耐腐蚀、防尘、防溅性能。

2）要充分考虑锅炉设计煤种灰熔点低，易结焦等特性。

3）所有设备应设计合理，满足电厂连续运行要求，在使用寿命期间内任何设备应没有变形、振动、腐蚀和其他运行故障。

4）所有易损、需调整、检验和检修的部件应易于拆除、更换和检修。所有这些部件应选用合适的材料，以使得维护工作量最小。

5）所有重件应带有在安装和检修时可起吊的装置，如吊耳等。

6）系统中各种阀门（包括手动阀门）的安装高度超过 2m 时，应配置固定的操作、检修平台。

7）易于磨损、腐蚀、老化或需要调整、检查和更换的部件应提供备用品。并且结构的设计应能方便地拆卸、更换和修理。

8）所使用的零件或组件应有良好的互换性。所有的齿轮减速器均应采用硬齿面减速器，减速器应转动灵活、密封良好、无冲击和漏油现象。

9）各外露的转动部件均应设置防护罩，且应便于拆卸；人员易于到达的运动部件应设置防护栏，但不应妨碍维修工作。

10）除渣系统采用闭式循环，进入渣仓系统的渣水的 pH 值会不断升高；仓体等与渣水接触部件材质的选用，应充分考虑 pH 值高对其的腐蚀作用。

11）动力油及润滑油管道选用不锈钢材质，其他部件材质的选用应考虑临海的腐蚀性。遇有钢管道改向时应采用等径铸造三通或弯头处理。

# 第五节　灰　库　系　统

## 一、灰库系统概述

灰库系统由灰库本体系统和飞灰分选系统组成。

灰库本体系统包括灰库（原灰库、粗灰库和细灰库）、灰库气化系统、卸灰设备等。为便于飞灰的综合利用，火力燃煤发电厂通常采取粗、细灰分排、分贮的飞灰处理方式，同时考虑到灰库容积的合理利用和便于维护管理，一般每两台锅炉公用 3 座灰库，即原灰库、粗灰库和细灰库。按粗细分排原则，静电除尘器一、二电场的灰作为原灰输送至原灰库；电气除尘器三、四电场的灰作为细灰输送至细灰库。

每座灰库底部均设置有1个干灰排放口和1个湿灰排放口，分别接至干灰卸料系统和湿灰卸料系统。另外，为提高卸灰效率，灰库区域设置了一套正压浓相式二级输灰系统，用于将各座灰库中的存灰直接输送至码头装船。

为了使灰库卸灰通畅、不结拱，灰库底部还设有气化系统（主要设备为灰库气化空气压缩机和电加热器），使灰库内部存灰始终处于有效的整体流动，不论灰库放灰与否，灰库底部气化系统均连续运行。另外，为了排出灰库内的乏气，又不造成飞灰对外界环境的污染，每座灰库顶部都安装有布袋除尘器和排气风机。

为使飞灰得到更好地利用，产生更好的经济效益，火力燃煤发电厂通常采用飞灰分选系统对原灰库中的飞灰进行分选，经过分选后，粗灰进入粗灰库贮存，细灰则进入细灰库贮存，飞灰分选系统流程如图9-5所示。

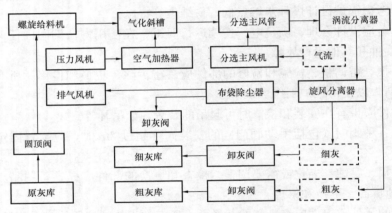

图9-5 飞灰分选系统流程图

飞灰分选系统由分选主风机、压力风机、空气加热器、涡流锁气器、旋风锁气器、布袋除尘器、排气风机、管道阀门等组成，其基本工艺流程：原灰库中的原灰通过螺旋给料机，进入气化斜槽，由气化斜槽输送至入分选主风管。原灰与空气混合后，进入涡流分离器。通过对系统内的二次风调节门的调节，从而达到合适的分选颗粒和分选效率。分选出来的粗灰经卸料阀落入粗灰库，其余部分通过涡流分离器两侧的涡壳进入旋风分离器再次进行分离，分离后的细灰经卸料阀落入细灰库，分离后的气流经分选主风机大部分返回系统，作为一次风和二次风，小部分气流经过灰库顶部的布袋除尘器过滤后由排气风机抽出，对空排放。

**二、灰库系统的启动前检查**

1. 灰库本体系统的启动前检查

（1）检查灰库本体系统相关检修工作已结束，工作票已全部终结，现场无影响运行的杂物。

（2）检查灰库本体系统控制画面中各设备无异常报警。

（3）灰库本体的启动前检查。

1）检查灰库压力－真空释放阀动作正常，各灰库的库顶切换阀均已关闭。

2）检查灰库所有人孔门、检查门确已关闭严密。

3）检查就地表计齐全，完整无损，投用正常，各标志醒目。

4）检查灰库区域仪用气母管压力正常，所有气动门气源投用正常。

5）检查各灰库顶部的布袋除尘器气源压力、压差正常，无漏气，电源送电正常，各脉冲电磁阀动作正常。

（4）灰库气化系统的启动前检查。

1）检查灰库气化系统控制装置良好、仪表齐全、投运正常。

2）检查灰库气化系统管道安装正确，不使管道载荷直接加到风机法兰上。检查管道连接紧固，气化空气压缩机与管道连接良好。

3）检查灰库气化空气压缩机进口滤网清洁无堵塞。

4）检查灰库气化空气压缩机油箱油位观察窗已经紧固，油位正常，油质良好。

5）检查灰库气化空气压缩机电动机绝缘合格。送电正常；接地线完整、接地可靠；地脚螺栓牢固，无松动现象。

6）检查灰库气化空气压缩机电动机已试转正常，旋转方向正确。

7）检查灰库气化空气压缩机出口最小压力阀完整，动作正确。

8）检查灰库气化系统各阀门开关动作灵活，状态正确。

9）检查电加热器壳体、防护罩完好无损。

10）检查电加热器地脚螺栓完整无松动，其外壳、控制柜已可靠接地。

11）检查电加热器控制柜面板完好，送电正常，各开关、信号、表计指示正确。

12）检查灰库气化空气压缩机及加热器送电正常，就地控制柜内接线良好，控制方式正确，加热器温度设定值已设置正确。

（5）灰库顶部布袋除尘器的启动前检查。

1）检查布袋除尘器所有仪表一次门开启，电源送电正常。

2）检查布袋除尘器脉冲清灰装置完整，送电正常，仪用气压力正常。

3）检查袋式除尘器出口排气风机完好，接地线完整。

（6）干灰卸料系统的启动前检查。

1）检查干灰卸料系统无检修工作。

2）检查干灰散装机和抽尘机设备完整，地脚螺栓完整无松动。联轴器、防护罩完整牢固。

3）检查电动机绝缘合格，接地线完整，干灰散装机和抽尘机电源已送上。

4）检查干灰卸料就地控制站电源已送上，各开关、信号状态正确。

5）检查干灰卸料电动锁气器电源已送上。

6）将干灰卸料抽尘机就地站选择开关切至自动（AUTO）位置。

7）干灰卸料系统气动门的仪用气投运正常。

（7）湿灰卸料系统的启动前检查。

1）检查加湿搅拌机和电动锁气器无检修工作。

2）检查加湿搅拌机叶片完整，检查门关闭严密。

3）检查加湿搅拌机无积灰卡涩现象，湿灰供水压力正常。

4）检查加湿搅拌机地脚螺栓完整无松动。联轴器、防护罩完整牢固。电动机绝缘合格，接地线完整，电源已送上。

5）检查湿灰卸料就地控制站电源已送上，各开关、信号正常。

6）检查湿灰卸料系统气动门仪用气投运正常。

（8）二级输灰系统的启动前检查。

1）检查二级输灰系统管路连接正确完整，阀门动作灵活，无泄漏。

2）所有空气管道都必须进行分段吹扫干净；输灰管道和空气管道都必须进行冲压、检漏（密封试验压力一般为 0.4～0.5MPa）。

3）各输送罐内干燥，无杂物，无堵塞。

4）压力输送罐内流化喷嘴牢固、无堵塞。

5）将每个输送器的加压阀（便于输灰，否则输送器内有积灰现象）和流化阀（充分流化输送罐内的灰，便于输灰）全部打开（遇到特殊情况时阀门的开度可以进行适当调整或关闭），开度为 100%，补气阀组的手动调节阀开度为 30%～40%。

6）所有手动排堵阀都应该在关闭状态。

7）单元手动调节阀的开度为 20%～40%。

8）参数设定：进料时间 2min；补气阀开启压力全部为 0.2～0.25MPa；输灰结束压力为 0.12～0.15MPa；堵管压力设定为 0.3MPa；输灰超时报警时间设定 15min。

9）仪用气源供气正常，压力不小于 0.5MPa；每个电磁阀箱内的手动球阀都必须在开启状态，调压阀后的压力调整为 0.6MPa。

10）空气压缩机系统运行正常（空气压缩机出口温度在 75℃左右，冷干机制冷剂低压在 0.3～0.5MPa，制冷剂高压在 1.2～1.6MPa），气源压力稳定，进料阀压力开关整定为 0.4MPa。

11）热工各开关表计、报警保护及程控均准确、可靠，并已投运；所有阀门的反馈一切正常；所有压力输送罐的料位开关工作正常，均无报警信号。

12）所有阀箱内的转换开关都必须在程控状态，阀箱内所有电磁阀的就地手操开关都必须在关闭状态（电磁阀的手操塑料按钮都在 0 位置）。

13）所有机械设备均已加油并已确定运行方式。

14）输送空气压缩机和冷干机都已送电，空气压缩机和干燥机冷却风扇均运转正常（空气压缩机出口温度在 75℃左右，冷干机制冷剂低压在 0.35～0.50MPa，制冷剂高压在 1.2～1.6MPa），冷干机出口阀门都已打开且运行正常（冷干机的自动排水阀前的手动球阀在开启状态，电子排水器的间隔时间调整为 10～15min，排放时间调整为 7～10s），输送气压力（减压阀后压力）整定为 0.35～0.40MPa。

15）冷干机前后的空气过滤器均已经过吹扫，空气过滤器下方的手动球阀已打开（手动球阀下方的自动排水器已安装完毕）。

16）所有动力设备操作箱指示灯工作正常；动力设备的各个仪表工作正常，无异常现象。

17）检查每个输送罐落灰管的气化槽是否投入（如落灰正常时可不投入）。

18）码头系统各设备正常，布袋除尘器（均已送电）投入并且运行正常（布袋除尘器的反吹进气阀打开且进气端的手动调压阀设定为 0.4～0.5MPa）；布袋除尘器配套的负压排尘风机投入并且运行正常。

19）码头系统的仪用气管连接完毕，仪用气压正常，系统无泄漏现象。

20）电动葫芦动转正常，吊臂转向及升降灵活。

21）船舶就位且具备装灰条件。

22）装船计量仪表箱上的相应装船头开关已切至"允许输送"。

23）输灰管道上的切换阀已切至规定状态。

2. 飞灰分选系统的启动前检查

（1）检查飞灰分选系统相关检修工作结束，工作票终结，安全措施恢复，现场清洁无杂物。

（2）检查飞灰分选系统各管道支架稳固，螺栓紧固。

（3）检查飞灰分选系统管道畅通，各阀门状态正确，就地各设备标示牌完整、正确。

（4）检查控制柜上各表计完整，指示正确，各按钮、开关状态正确。

（5）检查分选主风机本体地脚螺栓完好，紧固无松动。

（6）检查分选主风机轴承油位正常，油质良好。

（7）检查分选主风机进口蝶阀调节灵活，锁定可靠。

（8）检查飞灰分选系统各电动机绝缘合格，接地线完整，送电正常。

（9）检查各联轴器、防护罩完整牢固。

（10）确认飞灰分选系统各电动机试转正常，转动方向正确，运转平稳。

（11）检查布袋除尘器所有仪表一次门开启，电源送电正常。

（12）检查仪用气母管压力正常。

（13）检查布袋除尘器出口排气风机及其电动机完好。

（14）检查布袋除尘器脉冲清灰控制装置正常。

（15）检查涡流锁气器、旋风锁气器转动灵活，无积灰卡涩。

## 三、灰库系统的启动

1. 灰库本体系统的启动

（1）确认灰库本体的启动前检查已经完成。

（2）灰库顶部布袋除尘器的启动。

1）检查布袋除尘器脉冲控制装置运行正常。

2）启动脉冲清灰装置，检查运行正常，无漏气、漏灰现象。

3）开启布袋除尘器出口气动门。

4）开启布袋除尘器出口排气风机，检查运行正常。

5）检查布袋除尘器压力指示正常，差压信号指示在正常范围内。

（3）灰库气化系统的启动。

1）开启电加热器出口气动门。

2）开启原灰库、粗灰库、细灰库各气化风进气闸阀。

3）启动灰库气化空压机，检查运行正常。

4）投入电加热器。在电加热器控制柜上设定好工作温度后，启动电加热器并注意其出口温度的变化，控制出口风温度在设定范围内。

（4）二级输灰系统的启动。

1）在控制画面中选择二级输灰系统"自动"控制方式。

2）进气阀、出料阀和进料阀自动关闭，输送罐平衡阀自动开启。

3）输送罐平衡阀开到位，经延时后进料阀自动开启，输送罐开始装灰。

4）待输送罐"高料位"信号发出，或进料时间到达预先设定的装灰时间时，进料阀自动关闭，停止装灰。

5）经延时后自动关闭输送罐平衡阀，装灰过程结束（确认单元所有阀门都在关闭状态，信号反馈正常）。

6）开始输灰。出料阀、输灰进气阀依次自动开启，输灰 60s 后，输灰管路压力变送器开始判断：若输灰管路压力小于 0.15MPa，开始进行吹扫。延时 10s，吹扫结束。

7）输送过程中，若输灰管路压力大于 0.2MPa，补气阀自动开启；若输灰管路压力降至 0.2～0.25MPa，经延时后补气阀自动关闭。

8）输灰时间大于 15min，或者输灰管路压力大于 0.4MPa、持续 3min 仍未有下降趋势时，系统"堵管"报警；将输灰管道上的其余单元均切为"手动"控制，进行手动清堵。

9）当输灰管路压力小于 0.25MPa 时，关闭补气阀；当输灰管路压力再次大于 0.25MPa 时，重新进行手动清堵。

10）当输灰管路压力大于 0.12MPa，且输灰时间大于 15min，系统"输灰超时"报警。二级输灰系统进行手动重新输送：将系统控制方式切至"手动"，按照自动输灰顺序进行手动输送，直到输灰器内的灰彻底输空后，再将系统控制方式切至"自动"。

11）当输灰管路压力小于 0.15MPa，延时 10s（降低输送器内的余压，以减小余压对进料阀和排气阀阀芯的磨损），吹扫结束，进气总阀关闭，经延时后出料阀关闭，输灰过程结束，输送罐重新进行装灰，开始下一个输灰循环。

12）二级输灰系统"手动"方式运行时的操作顺序与"自动"方式时的相同，禁止不按操作顺序进行操作，否则将会造成阀门等设备的损坏。

13）二级输灰系统在"输送"或"非输送"状态下切为"手动"控制时，必须先将输送罐内的存灰手动输送干净，防止下次输送时输灰不畅甚至堵管。

2. 飞灰分选系统的启动

（1）启动布袋除尘器给料机，检查设备运行正常，检查布袋下料口无堵塞现象。

（2）启动布袋除尘器清洗装置，检查压缩空气母管压力正常，布袋除尘器电磁阀工作正常。

（3）关闭布袋除尘器排气风机进气手动门，启动排气风机。启动正常后开启排气风机进气手动门直至全开位置。

（4）启动布袋除尘器检漏装置。

（5）关小分选主风机进气挡板至 50% 开度后，启动分选主风机，运行 1min 后，根据带灰情况下的压差变化调整分选主风机进气挡板开度。

（6）依次开启 1、2 号涡流分离器给料机和 1、2 号旋风分离器给料机。

（7）启动气化斜槽的压力风机，检查工作正常后，开启气化斜槽进气手动门。

（8）启动空气加热器，检查工作正常。

（9）飞灰分选系统空载运行 1h 左右，以烘干系统内部结构，烘干时间的长短可根据周围环境空气湿度情况做相应的调整。若在分选主风机内部潮湿的情况下进灰，容易导致飞灰黏附、凝结于风机内部，影响风机正常运行。

（10）启动原灰库底部的螺旋给料机。

（11）开启螺旋给料机入口圆顶阀。

（12）检查分选主风机入口的空气流速，手动重新调解分选主风机进气挡板，确保飞灰分选系统空气流速在 3000～4000ft/min。

（13）通过手动调节涡流分离器二次风挡板开度，提高或降低二次风流速，已达到合适的分选颗粒和分选效率。

（14）手动调节布袋除尘器入口挡板，确保空气流速在 1223ft/min 左右。

3. 飞灰分选系统启动的简要过程

布袋除尘器给料机→布袋除尘器清洗电源→排气风机→检漏装置电源→分选主风机→1号涡流分离器给料机→2号涡流分离器给料机→1号旋风分离器给料机→2号旋风分离器给料机→压力风机→空气加热器→原灰库螺旋给料机→分选圆顶阀。

### 四、灰库系统的运行维护及调整

1. 灰库本体系统的运行维护

（1）定期对灰库系统运行设备及仪表进行巡视检查。

（2）关注各灰库料位变化，控制各灰库料位在规定范围内。

（3）检查灰库压力—真空释放阀动作正常。

（4）定期检查灰库系统各管路有无漏灰、漏气，电气设备的电源指示是否正常。

（5）定期检查灰库系统各转动机械声音、振动及轴承温度是否正常，当轴承油位偏低时，查明原因并及时加注规定的合格润滑油。

（6）运行灰库气化空气压缩机入口滤网差压升至规定值时，及时切换至备用气化空气压缩机运行，并进行脏污滤网的清洗或更换。

（7）灰库内有存灰时，必须保持灰库气化空气压缩机及其电加热器连续运行。

（8）定期检查布袋除尘器的进出口差压，发现异常应及时查明原因并排除故障。

（9）运行过程中，严禁打开布袋除尘器人孔门进行检查。

2. 二级输灰系统的运行维护

（1）二级输灰系统从"手动"控制切至"自动"控制时，控制画面上对应的状态显示由"绿色"变为"红色"，系统进入运行状态。

（2）二级输灰系统从"自动"控制切至"手动"控制时，控制画面上对应的状态显示由"红色"变为"绿色"，系统所有设备恢复为初始状态，此时必须先将输送罐内的存灰手动输送干净，防止下次输送时输灰不畅甚至堵管。

（3）输送过程中禁止将系统控制方式由"自动"切为"手动"，否则会造成输灰管堵管。

（4）二级输灰系统一般按程控方式"自动"运行，当系统出现"堵管"报警或"输灰超时"报警时，须进行手动清堵；当系统因程控故障停止运行时，应切至"手动"方式运行。

（5）当系统出现"堵管"报警，控制方式由"自动"切为"手动"时，必须将输灰管路上的其余单元（输送结束后）均切至"手动"方式运行。

（6）手动操作二级输灰系统时，必须严格按照输灰的工艺流程进行。

（7）系统在"手动"方式运行时，装灰时间、输送时间等都由运行人员控制，料位计也只进行料位指示（不参与控制）；要根据实际情况控制好装灰时间、输送时间、输送压力，防止输灰管堵管。

(8) 当控制气源压力小于 0.5MPa 时，禁止操作进料阀、出料阀，防止阀门因开关不到位而磨损。

(9) 禁止在输灰过程中操作进料阀和平衡阀，防止灰气混合物磨损进料阀和排气阀的阀芯，甚至造成灰管堵管，平衡管磨损。

(10) 输灰开始前必须确认布袋除尘器处于运行状态，且排气风机运行正常。

(11) 冷干机严禁在无压缩空气流通的情况下运行。空气压缩机严禁在无低压电源的情况下启动高压电动机，否则会造成空气压缩机损坏。

(12) 设备在运行过程中，严禁切换其就地控制箱上的"远方/就地"操作按钮，否则会对设备造成严重损坏。

(13) 就地操作阀门和动力设备时，应严格遵守以下操作步骤：

1）进气阀开启前，必须先确认进料阀和平衡阀在关闭状态；装灰时，出料阀和进气阀必须在关闭状态，否则会影响正常装灰。

2）装灰的操作顺序。确认出料阀和进气阀在关闭状态，先开平衡阀，再开进料阀。

3）输灰的操作顺序。确认进料阀和平衡阀在关闭状态，先开出料阀，再开进气阀。

4）打开出料阀和进气阀进行输灰前，必须先确认控制气源压力大于输送气源压力，否则禁止进行输灰，防止进料阀损坏。

3. 灰库干灰装车操作流程

(1) 灰库引车员接到票据后进行认真核对，确认无误后，方可将干灰车引入相应灰库，并通知卸灰人员"干灰车已准备就绪"。

(2) 灰库引车员必须监督干灰车驾驶员在戴好安全帽、系好安全带的情况下，方可上干灰车顶开启或关闭装料口顶盖。

(3) 卸灰人员接到通知后，确认干灰车已就位，干灰车装料口顶盖已打开后，严格按照如下顺序进行操作：

1）下降干灰卸料头，当干灰卸料头快接近干灰车装料口时尽量放慢下降速度，并通知干灰车驾驶员协助对准干灰卸料头和干灰车装料口的位置。

2）确认干灰卸料头无偏斜正确就位后，启动吸气风机空载运行 2min，再启动电动给料机。

(4) 干灰车装满后，卸灰人员严格按照如下顺序进行干灰卸料头回升操作：

1）停运电动给料机。

2）维持吸气风机在干灰车罐内抽气 2min 后，提升干灰卸料头，直到吸气风机自动停运为止（在提升干灰卸料头过程中必须把卸料布袋内的余灰清理干净）。

(5) 干灰装车结束后，通知干灰车驾驶员上车将装料口顶盖盖好。

4. 灰库湿灰装车操作流程

(1) 首先进行加湿搅拌机的空载运行，空载启动加湿搅拌机主机、电动给料机以及供水阀进行试运，确认设备运行正常后，方可进行湿灰装车操作。

(2) 灰库引车员接到票据后进行认真核对，确认无误后，方可将灰渣车引入相应灰库。

(3) 灰渣车就位后，通知卸灰人员"灰渣车已准备就绪"。

(4) 卸灰人员接到通知后检查灰渣车周围环境，确认正常后，严格按照如下顺序进行操作：

1）启动加湿搅拌机主机。

2）启动电动给料机。

3）开启灰库底部插板门。

4）开启加湿搅拌机供水阀（根据灰量大小调节供水压力）。

5）卸灰人员经常对放灰情况进行检查，确保湿灰不散落到灰渣车外。

（5）灰渣车即将装满时，灰渣驾驶员通知卸灰人员及时停止放灰。

（6）卸灰人员接到通知后，严格按照如下顺序进行操作：

1）关闭灰库底部插板门。

2）停运电动给料机（要求将电动给料机内余灰放尽）。

3）将加湿搅拌机内部冲洗干净后，关闭加湿搅拌机供水阀。

4）停运加湿搅拌机主机。

5. 灰库卸灰设备的运行注意事项

（1）干、湿灰装车过程中，应注意干灰车（灰渣车）内料位，防止溢出。

（2）关注加湿搅拌机和干灰散装机的运行情况，应无撞击、摩擦、严重振动和轴承超温现象。

（3）加湿搅拌机启动前，应先检查其内部积灰和叶片磨损情况，必要时先进行冲洗，防止带负荷启动加湿搅拌机。

（4）加湿搅拌机运行时，注意湿灰的含水率应调节适中，必要时调整湿灰卸料气动闸板阀开度和加湿搅拌机给水量。

（5）加湿搅拌机运行过程中严禁开启人孔门和检查门进行检查。

（6）加湿搅拌机停运前，必须将机器内部的余灰冲洗干净（以放灰口处有清水流出为标准），防止机器内部结垢。

（7）为防止灰库卸灰设备长时间无操作发生腐蚀，要求每天对设备空载运行一次，每个月带灰运行一次。

（8）干灰卸料头在下降过程中，要确认其是否竖直，钢丝绳有无断裂，卸料布袋的内、外袋是否有破裂、漏灰现象。

（9）干灰车罐体装料至 $80\% \sim 85\%$ 时要及时停止装料，防止满灰、磨损风机、胀破卸料布袋的内袋等。

6. 分选系统的运行维护

（1）定期检查飞灰分选系统主风管补风门处于负压状态。

（2）带灰运行时，根据差压变化及时调整分选主风机进气挡板开度。

（3）定期从旋风分离器下部取样处提取灰样分析，并根据灰样分析结果按要求调整二次风门的开度。当二次风的调节阀关小时，旋风分离器下部取样口提取的灰样会变细，当二次风的调节阀开大时，旋风分离器下部取样口提取的灰样会变粗。

（4）尽量避免在雨天运行飞灰分选系统。

## 五、灰库系统的停运

1. 灰库本体系统的停运

（1）根据输灰系统运行方式以及各灰库料位情况，切换灰库顶部切换阀，并关闭停运灰库的库顶切换阀。

（2）确认停运灰库内部的存灰清空后，方可停运该灰库的气化系统。

（3）确认灰库气化风进气闸阀及相应的电加热器出口蝶阀在开启状态，停运电加热器5min后，再停运灰库气化空气压缩机。

（4）关闭灰库的气化风进气闸阀。

（5）关闭灰库气化风加热器出口蝶阀。

（6）停运灰库顶部布袋除尘器和排气风机。

2. 二级输灰系统的停运

（1）关闭进料阀，停止进料，关闭平衡阀。

（2）开启出料阀和进气阀，进行输送和吹扫，吹扫结束后应逐一检查每个输送罐，以确保输送罐内无积灰，否则将影响下次输灰。

（3）输灰管路压力小于0.12MPa后，延时10s，关闭进气阀和出料阀，系统停运完毕。

（4）若二级输灰系统停运时间较长，则应在系统停运前手动将布袋除尘器灰斗及压力输送罐内积灰完全排尽。

（5）二级输灰系统必须紧急停运的情况：

1）输灰系统出现严重的泄漏、冒灰。

2）系统、设备发生强烈的振动、撞击或摩擦。

3）设备轴承温度过高、电动机温度过高或电动机电流过大。

4）系统、设备出现严重缺陷，危及人身、设备安全。

3. 飞灰分选系统的停运

（1）关闭原灰库底部螺旋给料机的入口圆顶阀。

（2）5min后，停运螺旋给料机。

（3）空载运行30min后，停运空气加热器。

（4）5min后，停运气化斜槽的压力风机。

（5）停运分选主风机。

（6）5min后，停运布袋除尘器检漏装置。

（7）飞灰分选系统冷却到环境温度后，停运布袋除尘器排气风机。

（8）10min后，关闭1、2号涡流分离器给料机。

（9）2min后，关闭1、2号旋风分离器给料机。

（10）确认给料机上口无积灰后，停运布袋除尘器清洗装置。

（11）关闭布袋除尘器给料机。

4. 飞灰分选系统停运的简要过程

分选圆顶阀→原灰螺旋库给料机→空气加热器→压力风机→分选主风机→检漏装置电源→排气风机→1号涡流锁气器给料机→2号涡流锁气器给料机→1号旋风分离器给料机→2号旋风分离器给料机→布袋除尘器清洗电源→布袋除尘器给料机。

## 六、灰库系统的故障及处理

1. 布袋除尘器压差高

（1）现象。布袋除尘器压差高报警。

（2）原因。

1）布袋除尘器压差高报警定值设定过低。

2）布袋除尘器的布袋堵塞。

3）布袋除尘器的脉冲清灰装置故障。

（3）处理。

1）适当调整布袋除尘器压差高报警定值。

2）检查更换布袋除尘器的布袋。

3）恢复布袋除尘器的脉冲清灰装置正常运行。

2. 布袋除尘器出口排气风机故障

（1）原因。

1）排气风机叶轮发生卡涩。

2）排气风机速度开关出现异常。

3）排气风机电动机故障（电源中断或温度继电器跳开）。

（2）处理。

1）就地检查排气风机是否堵塞。

2）检查排气风机叶轮有无卡涩。

3）检查排气风机电动机电源断路器，根据具体的故障情况，更换损坏的电源断路器，或更换熔丝、保护装置。

4）检查排气风机的电气装置，如电缆、接点、熔丝等处的缺陷并修复，查明故障原因并处理好后，恢复温度继电器。

3. 灰库卸灰时下灰不畅

（1）原因。

1）灰库底部的卸灰圆顶阀动作不正常，或阀门状态不对。

2）灰库卸灰装置故障。

3）灰库气化系统运行异常。

4）灰库密封不良，内部存灰受潮结块。

5）灰库底部有大块异物堵住卸灰口。

6）油灰混合物在灰库内壁挂灰严重。

（2）处理。

1）处理或更换故障的灰库底部卸灰圆顶阀，重新调整断路器状态不对的圆顶阀。

2）检查并恢复灰库卸灰装置正常运行。

3）检查调整灰库气化系统运行方式，使其恢复正常运行。

4）消除灰库漏风点，防止湿空气进入。

5）清除灰库底部异物。

6）清除灰库内部油灰。

4. 二级输灰系统发生堵管

（1）现象。

1）输灰时间大于 15min，输灰管路压力大于 0.4MPa 且无下降趋势。

2）输灰管路压力大于 0.4MPa，持续 3min 且无下降趋势。

（2）处理。

1）把输灰管道上其余单元的控制方式均切为"手动"。

2）关闭进气总阀和出料阀。

3）手动开启补气阀，继续输送，并观察输灰管路的压力变化，结合就地输灰管道中的气流声判断输灰管路是否完全堵塞。

4）若输灰管路没有完全堵塞，用补气阀继续输送并用手锤敲击堵塞管道附近（敲击管道时应从输灰管路出口端开始向进气端方向逐步进行），同时观察输灰管路的压力变化。

5）若输灰管路完全堵塞，关闭补气阀后，迅速开启手动排堵阀，待输灰管路压力小于 0.12~0.15MPa 后，关闭排堵阀。

6）重新开启补气阀，观察输灰压力变化。若输灰管路压力上升缓慢，且经过一段时间后小于 0.12~0.15MPa（达到输灰结束压力设定值），则管道疏通，清堵结束；若输灰管路压力下降后又迅速回升，则重新进行手动清堵操作。

7）输灰管路疏通后，将输灰管道上其余单元的控制方式切回"自动"。

8）开启出料阀和进气阀，用手动方式把系统内剩余的灰输送干净。

9）复位"堵管"报警，继续运行中断的输灰程序。

5. 加湿搅拌机卡涩或跳闸

（1）现象。

1）加湿搅拌机跳闸。

2）加湿搅拌机内部积灰板结堵塞。

（2）原因。

1）加湿搅拌机内部积灰堵塞。

2）加湿搅拌机电动机故障。

（3）处理。

1）将加湿搅拌机停电后，清除内部堵塞物。

2）如电动机故障，则联系电气检修人员检查处理。

6. 二级输灰系统阀门故障

（1）现象。

1）阀门卡涩，阀杆转动不灵活，开关不到位。

2）阀门不动作。

3）阀门动作，但开/关反馈信号收不到。

4）进料阀充气密封圈不密封。

5）进料阀的球阀关闭不严。

6）供气后，进料阀不转动。

（2）原因。

1）阀门阀杆与其配合部位有损伤或积有污物。

2）阀门阀杆润滑不好，包括气动阀气缸进灰。

3）阀门球体与密封面间有损伤或积有污物。

4）电磁阀电气故障。

5）反馈装置（接近开关和磁性开关接触不好、位置安装不正确或损坏）、线路或接头故障。

6）进料阀的压力开关损坏、整定值偏高或者控制气源压力偏低（控制气源压力要求大于 0.45MPa）。

7）进料阀 O 形圈安装位置不正确。

8）进料阀球体位置不对中、进料阀的快排阀损坏或者密封圈破损。

9）气源压力过低，控制气源压力小于 0.5MPa，或者气动装置进/排气口漏气。

10）输送单元余压过高，进料阀打开受阻。

（3）处理。

1）检修阀门，提高控制气源压力。

2）检查电磁阀电气部分，或更换电磁阀；阀门控制气源管的开关接反（一般阀箱内的阀岛在关闭状态时，有气输出的那根管接气缸的关，另一根管接气缸的开）。

3）检修阀门接近开关和磁性开关（接近开关和磁性开关采用两线制直流 24V 供电，接线有正负极之分），检查反馈回路，调整接近开关与感应铁片之间的间隙，调整磁性开关与气缸内磁环的感应距离；重新整定压力开关，整定值为 0.4MPa。

4）重新调整进料阀 O 形圈的位置。

5）调整气动装置，使球体位置处于正中时气动装置处于"关"位，如果密封圈破损，则更换密封圈。

6）调整气源压力，检修气动装置或轴承。

7）将二级输灰系统控制方式切至"手动"，打开出料阀排除余压。

8）当进料阀关信号不到位时，需至现场确认是否由压力开关故障或进料阀密封圈故障造成，若密封圈故障，则严禁操作阀门，否则会造成阀门磨损及电磁阀损坏。

7. 分选主风机剧烈振动

（1）原因。

1）分选主风机机壳或进风口与叶轮摩擦。

2）分选主风机进、出风口管道安装不良，产生共振。

3）分选主风机叶片有积灰、污垢，叶片磨损，叶轮变形。

4）分选主风机轴弯曲使转子产生不平衡。

5）分选主风机基础的刚度不够或不牢固。

6）分选主风机机壳、轴承座与支架，轴承座与轴承盖等连接螺栓松动。

7）分选主风机叶轮轴盘孔与轴配合松动。

8）分选主风机叶轮铆钉松动或变形。

9）分选主风机轴与电动机轴不同心。

（2）处理。

1）调整分选主风机机壳或进风口与叶轮间隙。

2）重新固定分选主风机进、出风口管道，消除共振。

3）检查并清理分选主风机叶片，更换磨损、变形的叶片。

4）校正或更换分选主风机的转轴。

5）加固分选主风机基础。

6）重新紧固分选主风机机壳、轴承座与支架，轴承座与轴承盖等连接螺栓。

7）更换分选主风机叶轮轴或转轴。

8）更换分选主风机已经松动或变形的叶轮铆钉。

9）重新校正分选主风机轴与电动机轴。

8. 分选主风机电动机电流过大和温升过高

（1）原因。

1）分选主风机启动时进、出风口管道未关严。

2）电动机电源输入电压过低或电源单相断电。

3）分选主风机的输入介质密度过大或温度过低。

4）分选主风机联轴器连接不正，橡胶垫圈过紧或间隙不均。

5）分选主风机主轴转速超过额定值。

（2）处理。

1）进、出风口管道关严后再启动分选主风机。

2）调整电动机电源至正常。

3）调节分选主风机的输入介质密度、温度至正常范围。

4）校正分选主风机联轴器，调整橡胶垫圈间隙。

5）调整分选主风机转速至正常。

9. 分选主风机轴承温升过高

（1）原因。

1）分选主风机轴承箱振动剧烈。

2）轴承润滑剂质量不良，变质或含有灰尘、砂粒、污垢等杂质或填充量不足。

3）分选主风机轴承箱盖、底座连接螺栓的拧紧力矩过大或过小。

4）分选主风机转轴与滚动轴承安装歪斜，前后两轴承不同心。

5）滚动轴承损坏或轴变形。

（2）处理。

1）重新固定分选主风机轴承箱。

2）更换规定型号的合格轴承润滑剂，并确保填充量合适。

3）调整分选主风机轴承箱盖、底座连接螺栓。

4）校正分选主风机转轴与滚动轴承、前后两轴承的安装位置。

5）更换损坏或变形的滚动轴承。

# 第十章

# 脱 硫 系 统 运 行

## 第一节 概 述

### 一、脱硫技术分类

燃煤电站锅炉烟气脱硫技术按脱硫反应物质在反应过程中的状态（液态、固态），分为干法脱硫、半干法脱硫和湿法脱硫三类。

按脱硫反应产物的处理方式可分为抛弃法和回收法。

（1）抛弃法。将脱硫反应的废渣以某种方式抛弃，不回收。其主要优点是设备简单，操作较容易，运行费用较低。但废渣需要占用场地堆放，容易造成二次污染。当烟气中 $SO_2$ 浓度较低，脱硫产物无回收价值或投资有限，且大气污染物排放控制严格时，多采用抛弃法。

（2）回收法。回收法是将烟气脱硫的产物做进一步处理，从而可以作为一种副产品加以回收利用，变害为利。回收法的另一方面意义是有些工艺中脱硫剂的再生使用。回收法多数采用闭路循环流程，避免或者大大减少了二次污染。但是，流程较复杂，运行难度较大，投资和运行费用均较高。

按脱硫剂的使用情况可分为再生法和非再生法。

（1）再生法。在某些脱硫工艺中，脱硫剂在使用后可以采取某种比较经济的方式进行再生，从而再循环利用。

（2）非再生法。脱硫剂为一次性使用，与脱硫产物一起抛弃或回收利用。

### 二、干法及半干法脱硫技术

干法脱硫反应是在无液相介入的完全干燥的状态下进行的，反应产物也为干粉状，不存在腐蚀、结垢等问题。半干法烟气脱硫是指在湿态下进行脱硫反应，在干态下处理脱硫产物的脱硫技术。半干法烟气脱硫的代表有喷雾干燥法、炉内喷钙尾部增湿活化法等。干法烟气脱硫有循环流化床法、电子束照射法（EBA）、脉冲电晕法（PPCP）以及活性炭吸附法等。

### 三、湿法脱硫技术

湿法烟气脱硫（FGD）的系统位于烟道的末端、除尘器之后，反应温度低于露点，脱硫过程是气液反应，其脱硫反应速度快、效率高、脱硫剂利用率高。该工艺已有几十年的发展历史，技术上日趋成熟、完善，传统湿法工艺中的堵塞、结垢问题已经得到很大改善。在国外应用的脱硫工艺 85％是湿法，特别是日本，几乎全部采用湿法脱硫工艺。湿法脱硫工艺根据吸收剂的不同又有多种不同工艺，常见的湿法脱硫方式有石灰石－石膏法、双碱法、氧化镁法、氨法、海水法等。

## 第二节　石灰石-石膏湿法脱硫装置及运行

石灰石-石膏法由于具有吸收剂资源丰富、成本低廉等优点，成为世界上应用得最多的一种烟气脱硫工艺。其反应过程：石灰石的水浆液作为脱硫剂，在吸收塔内对含有 $SO_2$ 的烟气进行喷淋洗涤，使 $SO_2$ 与浆液中的碱物质发生化学反应生成亚硫酸钙和硫酸钙从而将 $SO_2$ 除掉；在浆液中鼓入空气，强制使亚硫酸钙转化成硫酸钙；浆液中的固体物质连续从浆液中分离出来，经过浓缩后生成有用的石膏副产品。下面就石灰石-石膏脱硫装置不同形式的运行情况作详细介绍。

### 一、典型的石灰石-石膏湿法脱硫装置

典型的石灰石-石膏湿法烟气脱硫装置如图 10-1 所示，其主要包括石灰石浆液制备系统、烟气系统、吸收塔系统、石膏脱水处理系统、公用系统和事故浆液排放系统、废水处理系统。

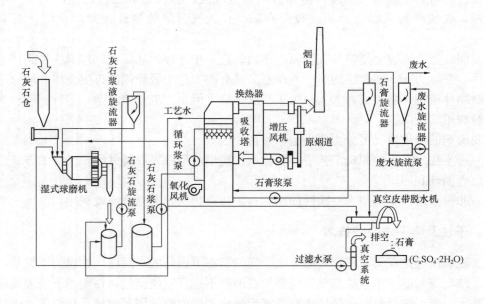

图 10-1　典型的石灰石－石膏湿法烟气脱硫装置

### （一）石灰石浆液制备系统

石灰石浆液制备系统有干粉制浆系统和湿法制浆系统，二者的区别在于石灰石粉的磨制方式，前者采用干磨机，后者采用湿磨机。干粉制浆系统包括石灰石粉磨制系统、气力输送系统和配浆系统。如果直接购置合格的干粉，则不需要石灰石粉磨制系统。

干磨工艺流程为：贮存于石灰石筒仓内的石灰石经振动给料机、胶带输送机、斗式提升机送入磨前仓，经称重皮带给料机送入立式干磨机内研磨，磨制成的石灰石粉被风携带，经选粉机进行分离；符合粒度要求的随气流从磨机排出，由袋式收尘器收集后，通过螺旋输送机、星形卸料器、刮板输送机、石粉斗提输送入石灰石粉仓贮存待用；不符合粒度要求的则从分离器返回至磨机，再次研磨，直至其符合要求后被送入石灰石粉仓。

（1）磨机在平稳运行一段时间后会出现振动，主要由以下原因造成。

1）在磨机压差过大时出现振动。磨内粉尘浓度过高、压差过大造成的振动可以加大风机阀门的开度或降低选粉机的转速（降低选粉机转速要取决于产量和产品细度）。

2）料层过薄引起的振动。挡料圈太低引起的振动可以适当增加挡料圈的高度。

3）磨内进入金属物质造成的振动。进磨物料有金属物质，对进磨机的物料进行除铁处理。

4）压力过高造成的振动。磨机碾磨压力过高，适当调小磨机的碾磨压力。

（2）对于采用干磨，日常运行期间应注意：

1）磨机电流变化，通常磨辊在喂料过程中因进入的料层不同而上下浮动的现象，某电厂运行操作发现 A 磨主电动机电流偏小，现场检查吐料口吐料增多，A1 磨辊在运行中，磨辊已落至最低位（机械限位碰到）静止不动，并且无跳动现象。当时判断可能的原因是由于进料溜管落入的石料将中心料管一侧冲（磨）破后，石料直接冲击到 A 辊中部端盖处（溜管溜料方向正对 A 辊）后被挡回而未能碾入。从后来磨辊检修的情况看，是因为料管磨破，磨辊端盖的油位孔、放油孔螺塞受石料冲刷破损，石料进入轴承造成磨辊的卡涩。这也就解释了卡涩的磨辊为什么会落至最低位静止不动、并且无振动的现象及主电动机电流突然变小、吐料增加的原因，当磨辊突然卡涩后，磨辊对石料的碾入、带入的能力消失，原来的碾压变成对物料的推挡和清扫，石料不能被碾入，3 只磨辊只有 2 只在进行正常工作，自然主电动机电流会变小，吐料增加。

2）冬季磨机启动初期减速箱油温情况，一般情况来说，干磨减速箱较大，配套专用润滑油站。某电厂运行启动 C 磨操作过程中，发现 A 磨减速箱温度快速上升，紧急停用。现场检查发现 C 磨减速箱处地面大量积油，润滑油泵出口滤网差压增高。经拆检后的情况看，润滑油站内有大量薄膜装碎屑，减速箱推力瓦块磨损，需返厂处理。经分析造成此事件的主要原因：上一班在启动油泵时，因环境温度低（未投电加热装置），出现跑油现象，开大再循环阀关小出口阀（油压测点位置安装在泵出口，现场油压显示正常，实际进入磨机内油量不够），同时又未将该情况告知下一班，导致另一班启动时磨机减速箱推力瓦块磨损。采取措施：将减速箱油温情况作为润滑油泵启动条件，将再循环阀、出口阀调整后拆除手柄。

3）如采用干磨时一般设置石灰石粉仓。某电厂设置 2 座石灰石粉仓容量相同，有效贮粉容积 $1000m^3$，粉仓直径为 10m，底部锥形部分与水平面的夹角 65°，每座石灰石粉仓底部设 2 个可伸缩卸粉装置，为使卸粉顺畅，每座石灰石粉仓底部设置足够面积的气化装置，粉仓气化用气由气化风机提供。2 座粉仓共设 2 台三叶罗茨气化风机（1 用 1 备）和 2 台电加热器。在干磨刚开始调试投运期间，多次发生石灰石粉仓下部堵粉情况，经反复清理重新投运后，发现在石灰石粉仓料位高于 10m 以后，发现放粉困难。对比运行参数发现气化风出口温度为 150℃ 左右，远高于袋式收尘器出口粉的温度，分析可能由于温差偏大，粉仓料位高于 10m 后，无法吹透结露造成。为此停用气化风电加热器后使用均正常。

（3）湿法制浆：粒径 80mm 左右的石灰石块料，经立轴反击锤式破碎机磨碎成小于 20mm 的粒料，经理刮板输送机及斗式提升机送至石灰石仓；经石灰石仓下的 1 台封闭式称重皮带给料机，将石灰石粒料送至湿式球磨机，并加入合适比例的工业水磨制成石灰石浆液，流入球磨机浆液箱；由球磨机浆液泵输送至石灰石浆液旋流站，经水力旋流循环分选，不合格的返回球磨机重磨，合格的石灰石浆液送至石灰石浆液箱储存；再根据需要由石灰石浆液箱配备的浆液输送至吸收塔。为了防止石灰石在浆液箱中沉淀，设有浆液循环系统和搅拌器。

对于石灰石浆液制备系统来说，在日常运行期间还应注意水平衡问题。

### （二）烟气系统

烟气系统主要包括旁路挡板门和出、入口挡板门，FGD 上游热端前置增压风机和回转式气-气热交换器（GGH）。原烟气经增压风机增压后，由 GGH 将原烟气降温至 90～100℃，并送至吸收塔下部，经吸收塔脱除 $SO_2$ 后，将净烟气送回 GGH 升温至高于 80℃后经烟囱排放。其中部分原烟气和全部净烟气通道内壁需要防腐设计。在烟气再热系统中，还有采用外来蒸汽加热与燃料加热等方式加热。

**1. GGH 对运行的影响**

（1）由于 GGH 本身的结构特点，它是造成 FGD 事故停机的主要设备。

（2）GGH 的存在，漏风是不可避免的，一般计算时 GGH 的漏风率是按 1%进行考虑。有 GGH 的脱硫系统一般喷淋层需相应增加一层。

（3）由于原烟气经过 GGH 换热后，降温到 80～90℃后进入吸收塔，这比原烟气在 120～130℃进入吸收塔后的蒸发水量明显减少，因此整个系统的工艺水消耗相应也就减少。

（4）由于 GGH 的存在，系统阻力明显增大，一般在选择增压风机时考虑的 GGH 系统的阻力在 1000～1500Pa，这一般比没有 GGH 时的增压风机增大了 50%，因此造成了 FGD 系统的能耗增大。

（5）由于 GGH 的存在，为尽量减少设备的漏风率，GGH 系统本身配备的密封系统和冲洗系统，脱硫系统为此配备空压机系统和冲洗水系统，这些都是 GGH 的存在而增加的辅助系统。

（6）由于 GGH 的存在，FGD 系统本身就增加了控制点和事故点，考虑到 GGH 本身的结构特点对吸收塔的除雾器的除雾效果有了更高的要求。由于上游除雾器的除雾效果不好，导致净烟气携带的水分过多而和 GGH 内的烟灰反应结垢而堵塞换热元件，一旦 GGH 压降快速升高，就意味着 GGH 的结垢达到了事故停机的状态，此时对 FGD 系统的影响就很大了（GGH 积灰）。

（7）增压风机的运行也会受到 GGH 运行情况的影响，因 GGH 容易积灰，GGH 在吹灰前后和高压冲洗水清洗前后的阻力降的差别在 500Pa 左右，因此增压风机的运行情况也就随之有所变动。

**2. 防止 GGH 堵塞的运行措施**

GGH 一般都在原烟气侧高低温端各安装有一支摆动或伸缩式吹灰器。根据吹灰时间的不同，一般可分为日常运行中连续吹灰、运行中高压水吹灰、停机后高压和低压水吹灰。

（1）日常运行中连续吹灰。某电厂采用的是 0.6MP 的压缩空气，设备制造商推荐的吹灰周期是每天三次，根据现场实际运行情况，调整为连续不间断吹灰，虽然增加了空压机的能耗，但因为是不间断吹灰，结垢在换热元件上不会长时间粘接，很容易被吹落，可以长时间保持换热元件的清洁，降低了增压风机的能耗。

（2）运行中高压水吹灰。虽然使用压缩空气对换热元件进行连续吹灰，但换热元件表面还是会逐渐产生结垢物，为了避免结垢物在换热元件表面长时间粘接后形成极致密牢固的混合型固体，GGH 每运行一个月，即使 GGH 差压没有增加很多，仍需要采用 15MPa 的高压水进行清洗。如果运行中 GGH 差压或驱动电动机电流出现异常升高 30％ 以上的情况，也需立即采用高压水对换热元件进行清洗。为了提高高压水清洗的效果，必须将机组负荷降至 50％ 甚至更低。

（3）停机后吹灰。在脱硫装置停运后，烟道内残存的热烟气逐渐会在换热元件表面冷凝，需要立即对换热元件进行高压水冲洗。由于装置已经退出运行，首先，使用热端吹灰器对换热元件进行清洗后再使用冷端吹灰器对换热元件进行清洗。低压水吹灰在实际运用时效果并不太理想。同时在每次脱硫装置停运后对摆动吹灰器进行定位，确保 GGH 每个角落都能吹到，在运行期间应注意吹灰器每次吹扫时间，一般为 2h 左右。

3. 增压风机的运行

增压风机用于克服 FGD 挡板、吸收塔及内部部件引起的烟气压降，脱硫烟气压力控制系统根据原烟气挡板前的压力，通过调整增压风机的叶片角度，来控制送入 FGD 系统的烟气速度，保证原烟气挡板前的压力稳定在设定值，以适应锅炉负荷的变化。某电厂每套脱硫系统装置进口原烟气侧（高温烟气侧）配置了两台增压风机，日常运行中主要存在增压风机的运行调节机构卡涩及抢风的安全隐患。

（1）造成增压风机静叶卡涩及抢风的原因。

1）增压风机静叶角度问题。某电厂增压风机采用静叶可调，角度是从 $-75°\sim+30°$ 对应 $0\sim100\%$ 开度，内部叶片共 24 片，静叶各轴输出与外部小铰接件相连，铰接件与风机外部连接支架连成一体，通过执行机构进行一起调整。投运一段时间后，由于各铰接件磨损，形成了一定的空行程后，A、B 侧增压风机静叶对应角度发生了变化，导致在同电流情况下两侧开度不同。同时由于增压风机出口烟道合并进入吸收塔，易发生抢风现象，在角度达到一定值时，静叶出现调节困难，有卡涩现象。

2）执行机构对应角度问题。在最初因铰接件原因需对增压风机静叶进行调整时，由于未仔细理解厂家资料，认为角度在 $+90°$ 才是全开，对应执行机构 $0\sim100\%$ 开度，在实际运行中造成两侧偏差加大，卡涩现象加剧。自动投入时扰动大，入口压力控制困难。

3）静叶各轴设备定期加油情况。静叶各轴输出定期加油执行不力，造成各轴承润滑不良发生卡涩。增压风机运行一年左右，静叶输出轴有卡涩现象，轴承内部积灰。

4）执行机构问题。某厂增压风机静叶电动执行机构，配套装有减速箱，速比 $60:1$。从投产到现在主要发生 1A 增压风机静叶调节机构卡涩，静叶调节机构蜗轮蜗杆箱故障；4A 增压风机静叶执行机构电动机输出轴与减速箱连接处打滑；2B 增压风机静叶执行机构蜗轮轴承故障共 3 次。其中 4 号机 4A 增压风机静叶执行机构电动机输出轴与减速箱连接处打滑为厂家制造原因，其他 2 次分析为减速箱无加油口，无法正常补油，内部缺油引起。减速箱故障时易在各工况点出现卡涩现象。

5）增压风机静叶本生问题。某厂 4B 增压风机跳闸，静叶叶片脱落；2B 增压风机静叶中有一片叶片与轴的链接的三颗螺栓全部断裂。在发生该现象前期有卡涩现象，引起该现象主要为内部窝臼与静叶输出轴配合造成。

f. 运行操作不当引起。运行操作时对静叶开度偏置不注意，引起两侧抢风，静叶出现调节困难，有卡涩现象。该现象较普遍。

（2）防止增压风机静叶卡涩及抢风的对策。运行操作时需根据增压风机电流偏差情况，及时调整两侧静叶开度。在出现因该种现象发生卡涩时，应及时降低另一台电流大的风机开度，减小顶的压力。期间应汇报值长，适当增加引风机出力。

低负荷期间可停用一台浆液循环泵，降低系统阻力。

定期对增压风机铰接件进行检查处理，必要时更换。防止增压风机运行一段时间后铰接件等磨损形成空行程。

### （三）吸收塔系统

进入吸收塔的热烟气经逆向喷淋的循环浆液冷却、洗涤，烟气中的 $SO_2$ 与浆液进行吸收反应，生成亚硫酸氢根（$HSO_3^-$）。亚硫酸氢根被鼓入的空气氧化为硫酸根（$SO_4^{2-}$）。硫酸根与浆液中的钙离子反应生成硫酸钙（$CaSO_4$），$CaSO_4$ 进一步结晶为石膏（$CaSO_4 \cdot 2H_2O$）。同时烟气中的 Cl、F 和灰尘等大多数杂质也在吸收塔中被去除。含有石膏、灰尘和杂质的吸收剂浆液的一部分被排入石膏脱水系统。脱出 $SO_2$ 后的烟气经除雾器去除烟气中的液滴，排出吸收塔。由于吸收浆液的循环利用，脱硫吸收剂的利用率很高。

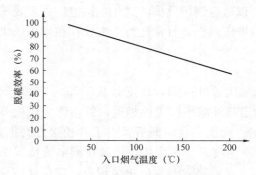

图 10-2　烟气温度对脱硫效率的影响

**1. 影响脱硫效率的因素**

（1）吸收塔入口烟气参数的影响。

1）烟气温度。烟气温度对脱硫效率的影响如图 10-2 所示。脱硫效率随吸收塔进口烟气温度的降低而增加，这是因为湿法脱硫需要在液体参与下，脱硫剂才有可能有高反应活性。实际的石灰石湿法烟气脱硫系统中，通常采用 GGH 装置，或在吸收塔前布置喷水装置，降低吸收塔进口的烟气温度，以提高脱硫效率。

2）烟气中 $SO_2$ 浓度的影响。一般认为，当烟气中 $SO_2$ 浓度增加时，有利于 $SO_2$ 通过液浆表面向液浆内部扩散，加快反应速度，脱硫效率随之提高。事实上，烟气中 $SO_2$ 浓度的增加对脱硫效率的影响在不同浓度范围内是不同的。

在钙硫摩尔比一定的条件下，当烟气中 $SO_2$ 浓度较低时，根据化学反应动力学，其吸收速率较低，吸收塔出口 $SO_2$ 浓度与入口 $SO_2$ 浓度相比降低幅度不大。由于吸收过程是可逆的，各组分浓度受平衡浓度制约。当烟气中 $SO_2$ 浓度很低时，由于吸收塔出口 $SO_2$ 浓度不会低于其平衡浓度，所以不可能获的很高的脱硫效率。因此，工程上普遍共识为，烟气中 $SO_2$ 浓度低则不易获得很高的脱硫效率，浓度较高时容易获得较高的脱硫效率。实际上，按某一入口 $SO_2$ 浓度设计的 FGD 装置，当烟气中 $SO_2$ 浓度很高时，脱硫效率会有所下降。

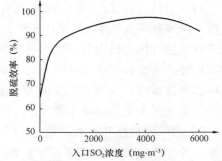

图 10-3　烟气中 $SO_2$ 浓度对脱硫效率的影响

因此，在 FGD 装置和 Ca/S 一定的情况下，随

着 $SO_2$ 浓度的增大，脱硫效率存在一个峰值，亦即在某一值下脱硫效率达到最高。图 10-3 是在实验室条件下烟气中 $SO_2$ 浓度对脱硫效率影响的实际结果。当烟气中 $SO_2$ 浓度低于这个值时，脱硫效率随 $SO_2$ 浓度的增加而增加；超过此值时，脱硫效率随着 $SO_2$ 浓度的增加而减小。

3）烟气中 $O_2$ 浓度的影响。在吸收剂与 $SO_2$ 反应过程中，$O_2$ 参与其化学过程，使 $HSO_3^-$ 氧化成 $SO_4^{2-}$。图 10-4 是在烟气量、$SO_2$ 浓度、烟气温度等参数一定的情况下，烟气中 $O_2$ 浓度对脱硫效率的影响。

随着烟气中 $O_2$ 含量的增加，脱硫效率有增大的趋势；当烟气中 $O_2$ 含量增加到一定程度后，脱硫效率的增加逐渐减缓。随着烟气中 $O_2$ 含量的增加，吸收浆液滴中 $O_2$ 含量增大，加快了 $SO_2 + H_2O \rightarrow SO_4^{2-}$ 的正向反应进程，

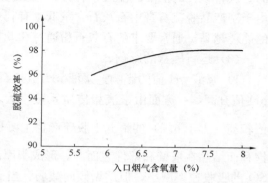

图 10-4 烟气中 $O_2$ 浓度对脱硫效率的影响

有利于 $SO_2$ 的吸收，脱硫效率呈上升趋势。但是，并非烟气中 $O_2$ 浓度越高越好，因为烟气中 $O_2$ 浓度很高则意味着系统漏风严重，进入吸收塔的烟气量大幅度增加烟气在塔内的停留时间减少，导致脱硫效率下降。

4）烟气含尘浓度的影响。锅炉烟气经过高效静电除尘器后，烟气中飞灰浓度仍然较高，一般在 $100 \sim 300 mg/m^3$（标准状态下）。经过吸收塔洗涤后，烟气中绝大部分飞灰留在了浆液中。浆液中的飞灰在一定程度上阻碍了石灰石的消溶，降低了石灰石的消溶速率，导致浆液 pH 值降低，脱硫效率下降。同时飞灰中溶出的一些重金属如 Hg、Mg、Cd、Zn 等离子会抑制 $Ca^{2+}$ 与 $HSO_3^-$ 的反应，进而影响脱硫效果。此外，飞灰还会降低副产品石膏的白度和纯度，增加脱水系统管路堵塞、结垢的可能性。

（2）石灰石粉品质的影响。

1）石灰石的消溶特性。石灰石的活性可以用消溶速率来表示。在石灰石颗粒粒度和消溶条件相同的情况下，消溶速率大则活性高。石灰石消溶速率最主要与石灰石品种有关。这是由于石灰石的形成过程和晶体结构不同造成的。

2）石灰石纯度的影响。石灰石纯度对脱硫有很大影响，石灰石粉中 Mg、Al（铝）等杂质对提高脱硫效率虽有有利的一面，但更不利的是，当吸收塔 pH 值降至 5.1 时（运行控制一般要求在 5.5 左右），烟气中的 $F^-$ 与 $Al^{3+}$ 化合成 F-Al 复合体，形成包膜段盖在石灰石颗粒表面。$Mg^{2+}$ 的存在对包膜的形成有很强的促进作用。这种包膜的包裹引起石灰石的活性降低，也就降低了石灰石的利用率。另一方面，杂质 $MgCO_3$、$Fe_2O_3$、$Al_2O_3$ 均为酸易溶物，它们进入吸收塔浆液体系后均能生成易溶的镁、铁、铝盐类。由于浆液的循环，这些盐类将会逐步富集起来，浆液中大量增加的非 $Ca^{2+}$ 离子，将弱化 $CaCO_3$ 在溶液体系中的溶解和电离。所以，石灰石中这些杂质含量较高，会影响脱硫效果。此外，石灰石中的杂质 $SiO_2$ 难以研磨，若含量高会导致研磨设备功率消耗大、系统磨损严重。石灰石中的杂质含量高，必然导致脱硫副产品石膏品质的下降。

由于石灰石纯度越高价格也越高，因此采用高纯度的石灰石做脱硫剂将使系统运行成本增加，但这可以通过出售高品位石膏加以弥补。对于石灰石湿法烟气脱硫，石灰石纯度要在

90％以上。

3）石灰石粉粒度的影响。石灰石粉颗粒的粒度越小，质量比表面积就越大。由于石灰石的消溶反应是固液两相反应，其反应速率与石灰石粉颗粒比表面积成正相关，因此，较细的石灰石颗粒的消溶性能好，各种相关反应速率较高，脱硫效率及石灰石利用率较高，同时由于副产品脱硫石膏中石灰石含量低，有利于提高石膏的品质。但石灰石的粒度越小，破碎的能耗越高。通常要求的石灰石粉通过 325 目筛的过筛率达到 95％。

（3）运行因素的影响。

1）浆液 pH 值的影响。浆液 pH 值是石灰石湿法烟气脱硫系统的重要运行参数。浆液 pH 值升高，一方面由于液相传质系数增大，$SO_2$ 的吸收速率增大；另一方面，由于在 pH 值较高（大于 6.2）的情况下脱硫产物主要是 $CaSO_3 \cdot \frac{1}{2}H_2O$，其溶解度很低，极易达到过饱和而结晶在塔壁和部件表面上，形成很厚的垢层，造成系统严重结垢。浆液 pH 值低，则 $SO_2$ 的吸收速率减小，但结垢倾向减弱。当 pH 值低于 6 时，$SO_2$ 的吸收速率下降幅度减缓；当 pH 值降到 4.0 以下时，浆液几乎不再吸收 $SO_2$。

浆液 pH 值不仅影响 $SO_2$ 的吸收，而且影响石灰石、$CaSO_3 \cdot \frac{1}{2}H_2O$ 和 $CaSO_4 \cdot 2H_2O$ 的溶解度，见表 10-1。随着 pH 值的升高，$CaSO_3 \cdot \frac{1}{2}H_2O$ 的溶解度显著下降，$CaSO_4 \cdot 2H_2O$ 的溶解度增加，但增加的幅度较小。因此，随着 $SO_2$ 的吸收，浆液 pH 值降低，$CaSO_3 \cdot \frac{1}{2}H_2O$ 的量增加，并在石灰石颗粒表面形成一层液膜，而液膜内部 $CaCO_3$ 的溶解又使 pH 值升高，溶解度的变化使液膜中的 $CaSO_3 \cdot \frac{1}{2}H_2O$ 析出并沉积在石灰石颗粒表面，形成一层外壳，使石灰石颗粒表面钝化。钝化的外壳阻碍了石灰石继续溶解，抑制了吸收反应的进行，导致脱硫效率和石灰石利用率下降。

由此可见，低 pH 值有利于石灰石的溶解和 $CaSO_3 \cdot \frac{1}{2}H_2O$ 的氧化，而高 pH 值则有利于 $SO_2$ 的吸收，互相对立。因此，选择一合适的 pH 值对烟气脱硫反应至关重要。新鲜石灰石浆液的 pH 值通常控制在 8～9，但也有人认为，石灰石浆液的 pH 值应控制在 6.9～8.9。实际的吸收塔的浆液 pH 值通常选择 5～6 之间。

表 10-1　　　　　50℃时 $CaSO_3$、$CaSO_3 \cdot \frac{1}{2}H_2O$、$CaSO_4 \cdot 2H_2O$ 溶解度　　　　　（mg/L）

| pH 值 | $CaSO_3$ | $CaSO_3 \cdot \frac{1}{2}H_2O$ | $CaSO_4 \cdot 2H_2O$ |
|---|---|---|---|
| 7.0 | 675 | 23 | 1320 |
| 6.0 | 680 | 51 | 1340 |
| 5.0 | 731 | 302 | 1260 |
| 4.5 | 841 | 785 | 1179 |
| 4.0 | 1120 | 1873 | 1072 |
| 3.5 | 1763 | 4198 | 980 |
| 3.0 | 3153 | 9375 | 918 |

2）液气比 $L/G$ 的影响。液气比决定吸收酸性气体所需要的吸收表面。在其他参数值一定的情况下，提高液气比相当于增大了吸收塔内的喷淋密度，使液气间的接触面积增大，吸收过程的推动力增大，脱硫效率也将增大，但液气比超过一定程度，吸收率将不会有显著提高，而吸收剂及动力的消耗将急剧增大。$L/G$ 对脱硫效率的影响如图 10-5 所示。

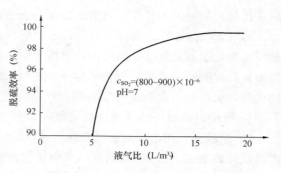

图 10-5　$L/G$ 对脱硫效率的影响

从图 10-5 中可以看到，在浆液 pH = 7 的条件下，液气比 $L/G < 15 L/m^3$，时，随 $L/G$ 的增大，脱硫效率显著增大。$L/G > 15 L/m^3$ 后，随 $L/G$ 的增大，脱硫效率增加幅度很小。

对于实际运行的石灰石湿法 FGD 系统，提高 $L/G$ 将使浆液循环泵的流量增大，设备初投资和运行成本相应增大；提高 $L/G$ 还会使吸收塔内压力损失增大，风机能耗提高。研究表明，在浆液中加入添加剂（如钠碱、己二酸等），在保证较高的脱硫效率的前提下，可以适当降低 $L/G$，从而降低初投资的运行费用。

3）浆液循环量的影响。新鲜的石灰石浆液喷淋下来与烟气接触后，$SO_2$ 等气体与吸收剂的反应并不完全，需要不断地循环反应，以提高石灰石的利用率。增加浆液循环量，提高 $L/G$ 的同时，也就增加了浆液与 $SO_2$ 的接触，从而提高了脱硫效率。此外，增加浆液循环量，将促进混合液中的 $HSO_3^-$ 氧化成 $SO_4^{2-}$，有利于石膏的形成。但是，过高的浆液循环量将导致初投资和运行费用增加。

4）浆液停留时间的影响。浆液在反应池内停留时间长将有助于浆液中石灰石与 $SO_2$ 完全反应，并能使反应生成物 $CaSO_3$ 有足够的时间完全氧化成 $CaSO_4$，形成粒度均匀、纯度高的优质脱硫石膏。但是，延长浆液在反应区时间会导致反应池的容积增大，氧化空气量和搅拌机的容量增大，土建和设备费用以及运行费用增加。

5）吸收液过饱和度的影响。石灰石浆液吸收 $SO_2$ 后生成 $CaSO_3$ 和 $CaSO_4$。石膏结晶速度依赖于石膏的过饱和度，在循环操作中，当超过某一相对饱和度值后，石膏晶体就会在悬浮液内已经存在的石膏晶体上生长。当相对饱和度达到某一更高值时，就会形成晶核，同时石膏晶体会在其他物质表面上生长，导致吸收塔浆液池表面结垢。此外，晶体还会覆盖那些还未反应的石灰石颗粒表面，造成石灰石利用率和脱硫效率下降。正常运行的脱硫系统过饱和度一般应控制在 $120\%\sim130\%$。

由于 $CaSO_3$ 和 $CaSO_4$ 溶解度随温度变化不大，所以用降温的办法难以使两者从溶液中结晶出来。因为溶解的盐类在同一盐的晶体上结晶比在异类粒子上结晶要快得多，故在循环母液中添加 $CaSO_4 \cdot 2H_2O$ 作为晶种，使 $CaSO_4$ 过饱和度降低至正常浓度，可以减少因 $CaSO_4$ 而引起的结垢。$CaSO_3$ 晶种的作用较小，通常是在脱硫系统中设置充气槽将 $CaSO_3$ 氧化成 $CaSO_4$，从而不致于扰 $CaSO_4 \cdot 2H_2O$ 结晶。

向吸收液添加含有 $Mg^{2+}$、$CaCl_2$ 或己二酸等添加剂，也可降低 $CaSO_3$ 和 $CaSO_4$ 的过饱和度。不仅可以防止结垢，而且可以提高石灰石的活性，从而提高脱硫效率。己二酸可起缓冲溶液 pH 值的作用，抑制气液界面上由于 $SO_2$ 溶解而导致的 pH 值降低，使液面处的 $SO_2$

浓度提高，加速液相传质，可大大提高石灰石的利用率，从而提高 $SO_2$ 的吸收率。

6）Ca/S 的影响。在保持液气比不变的情况下，钙硫比增大，注入吸收塔内吸收剂的量相应增大，引起浆液 pH 值上升，可增大中和反应的速率，增加反应的表面积，使 $SO_2$ 吸收量增加，提高脱硫效率。但是，由于石灰石的溶解度较低，其供给量的增加将导致浆液浓度的提高，会引起石灰石的过饱和凝聚，最终使反应的表面积减小，脱硫效率降低。对于石灰石湿法 FGD，吸收塔的浆液浓度一般在 20%～30%，Ca/S 在 1.02～1.05。

7）浆液氯化物浓度对脱硫系统可靠性的影响。浆液对金属材料造成腐蚀损坏的主要原因是氯化物浓度、pH 值和温度，其中氯化物浓度变化范围最宽，给金属防腐材料的选择带来的困难，成为由于材料损坏而使 FGD 系统可利用率的主要原因之一。随着对这种环境中浆液腐蚀特点和材料特性认识的提高，通过选择适当的结构材料和安装过程中严格控制内衬和焊接质量，新建 FGD 系统已基本消除由于浆液氯离子浓度而降低系统的可利用率。

8）吸收塔内烟气流速的影响。在其他参数维持不变的情况下，提高吸收塔内烟气流速，一方面可以提高气液两相的湍动，降低烟气与液滴间的膜厚度，提高传质系数；另一方面，喷淋液滴的下降速度将相对降低，使单位体积内持液量增大，增大了传质面积，增加了脱硫效率。但是，烟气流速增大，则烟气在吸收塔内的停留时间减小，脱硫效率下降。因此，从脱硫效率的角度来讲，吸收塔内烟气流速有一最佳值，高于或低于此气速，脱硫效率都会降低。

在实际工程中，烟气流速的增加无疑将减小吸收塔的塔径，减小吸收塔的体积，对降低造价有益。然而，烟气流速的增加将对吸收塔内除雾器的性能提出更高要求，同时还会使吸收塔内的压力损失增大，能耗增加。目前，将吸收塔内烟气流速控制在 3.5～4.5m/s 较合理。

2. 腐蚀、磨损和堵塞对 FGD 装置的影响

（1）吸收塔、烟道以及接触浆液的防护层一旦被腐蚀穿后，则将直接导致装置停运进行处理。

（2）泵、管道等一旦磨损超过其能承受的最大载荷限度，则系统将退出运行，进行更换或维护处理。

（3）GGH 和除雾器一旦发生大面积堵塞，则对增压风机的运行产生影响，容易导致风机失速振动。

（4）喷淋层一旦被堵塞，则在塔内形成烟气走廊，脱硫效率降低。

**（四）石膏脱水系统**

由吸收塔底部抽出的浆液主要由石膏晶体（$CaSO_4 \cdot 2H_2O$）组成，固形物含量 8%～15%，经一级水力旋流器浓缩为 40%～50% 的石膏浆液，进入真空皮带式脱水机，脱水至小于 10% 含水率的湿石膏后，进石膏仓暂时储存。为了控制石膏中的 Cl 等成分的含量，确保石膏的品质，在石膏脱水过程中，用工业水对石膏及滤布进行冲洗。石膏过滤水收集在滤液水箱，然后用滤液泵送至吸收塔和湿式球磨机中在固体含量低时，石膏水力旋流器底流切换至吸收塔循环使用。

脱硫石膏的生成是利用价廉的石灰石作脱硫吸收剂与水混合制成浆液，在脱硫吸收塔内和烟气接触混合，烟气中二氧化硫与浆液中的碳酸钙以及空气中的氧气进行化学反应被脱除，脱硫后的烟气经加热升温后进入烟囱排放，最终反应产物—脱硫石膏浆被脱水后回收成

脱硫石膏。运行调整对脱硫石膏的质量有着非常重要的意义。

1. 脱硫石膏的质量标准

脱硫石膏的质量标准见表10-2。

**表 10-2** 脱硫石膏的质量标准

| 质量参数 | 单位 | 质量标准 |
|---|---|---|
| 游离水 | % | <10 |
| 二水硫酸钙 | % | >93 |
| 可溶于水的镁盐 | % | <0.10 |
| 可溶于水的钠盐 | % | <0.06 |
| 氯化物 | % | <0.01 |
| 半水亚硫酸钙 | % | <0.5 |
| pH | | 5～9 |
| 颜色 | | 白色 |
| 平均颗粒尺寸（32$\mu$m 以上） | % | >60 |
| $SiO_2$ | % | <2.5 |
| $CaCO_3 + MgCO_3$ | % | <1.5 |

2. 脱硫石膏的杂质分析

（1）灰尘含量高。烟气中的灰尘在脱硫过程会因洗涤而进入浆液中，浆液中的杂质含量高时，不能随着脱水而全部排出，使成品石膏中的杂质含增加，影响石膏品质。

（2）碳酸钙含量高。

1）在脱硫过程中，碳酸钙作为脱硫的吸收剂，在脱硫系统运行过程中要不断地补充，为了保证脱硫效果，吸收塔内要保持一定的 pH 值，有时 pH 值保持较高，这样浆液中的碳酸钙含量就会较高。由于石灰石的性质不良或粒度不合理，最终生成脱硫石膏的杂质较多，超过一定范围后会影响石膏的质量和应用。

2）石灰石活性较差，石灰石浆液补充到吸收塔内后，在短时间内不能充分溶解，也就不能和二氧化硫发生反应，最终会随脱水而进入石膏中。

（3）亚硫酸钙含量高。亚硫酸钙含量升高的主要原因是氧化不充分引起的，正常情况下由于烟气中含氧量低（4%～8%），锅炉燃烧后产生的烟气中的硫氧化物主要是二氧化硫，在脱硫过程中浆液吸收二氧化硫而生成亚硫酸钙，脱硫系统通过氧化风机向吸收塔补充空气，强制氧化亚硫酸钙生成硫酸钙，硫酸钙与 2 个水分子结合生成石膏分子，当石膏达到一定饱和程度后结晶析出，经脱水后产生成品石膏。而由于种种原因不能使亚硫酸钙得到充分氧化时（原因包括氧化空气流量不够；氧化空气压力达不到要求；吸收塔搅拌器搅拌效果不佳等），浆液中亚硫酸钙的含量就会升高，最终使成品石膏品质下降。

（4）氯离子含量高。脱硫石膏的杂质主要有害成分有氯化物，其在潮湿环境中会加速对钢筋的腐蚀，在加工纸面石膏板时造成纸芯黏结不良；其他杂质还有可溶于水的镁盐和钠盐，它们不但影响石膏制品的黏结性能，而且受到较潮湿环境影响时会使石膏制品产生"返霜"现象，造成制品表面粉化、粗糙、返碱、严重影响产品质量。

（5）脱硫石膏含水量高。脱硫石膏通过真空皮带进行脱水，一般含水量要求控制在

373

10%以下，由于含水率高使其原料黏度增大，在输送过程中，极易黏结在装载和提升设备上，造成积料、堵塞、直接影响生产的正常运转；含水率高使氯离子含量高；同时高含水率也使石膏深加工成本提高和质量也不稳定的主要因素。

3. 应对措施

(1) 灰尘含量高。烟气中灰尘含量高的原因主要是煤质差及电除尘效果差所致，FGD系统上游侧除尘设备的正常运行是保持 FGD 装置稳定运行不可忽视的条件之一。一般电厂锅炉电除尘器和 FGD 装置分属不同的部门管理，电除尘器投运情况不能及时为脱硫运行人员所知道，石膏中飞灰含量又非常规分析项目，当 FGD 系统出则石灰石"封闭"现象或石膏纯度下降时，无法及时准确地判断造成的原因。因此在 FGD 系统入口安装的"在线烟气含尘监测仪"或通过其他方式让 FGD 运行人员及时了解电除尘器的运行状况，有利于脱硫系统的运行管理，当入口烟气中含尘量超标时及时联系锅炉运行检查调整电除尘运行情况。

(2) 碳酸钙含量高。

1) 提高 pH 值和浆液中 $CaCO_3$ 浓度，脱硫效率增大。而提高浆液中 $CaCO_3$ 浓度则会降低石灰石的利用率和石膏纯度。运行中要适当控制 pH 值，兼顾脱率效果和石膏品质，同时要注意石灰石浆液的补充量，当补充大量石灰石而 pH 上升不明显时有可能是石灰石活性差，必须要让石灰石有充分的时间在吸收塔内溶解。运行 pH 值的控制对石膏纯度有最明显、最直接的影响。当入口烟气条件不变时，降低运行 pH 值即可降低浆液中过剩 $CaCO_3$ 含量，有利提高石膏纯度，但将以损失脱硫率作代价。过分降低 pH 值可能对石膏质量产生负面影响，过低 pH 值将增加浆液中有害离子浓度，有可能造成"封闭"石灰石活性。因此，一般运行 pH 值不宜低于 5.0。提高 pH 值，脱硫效率增大，石膏纯度下降。当 pH 值超过5.7 后不仅脱硫效率提高不多，未反应石灰石浓度却增加较多，石膏纯度将明显下降。因此，运行在合理 pH 值是提高石膏质量的重要保证。

目前，脱硫石灰石供浆控制方式：恒定 pH 值控制的运行方式，即当入口 $SO_2$ 浓度在设计值范围以内时，pH 值取定值运行，这样随着入口 $SO_2$ 浓度的下降，脱硫率上升，这种运行方式可获得较高的脱硫效率。浆液中 $CaCO_3$ 浓度亦随入口 $SO_2$ 浓度的下降后上升，石膏纯度则下降。

恒定脱硫率运行方式，在这种运行方式下，脱硫率为定值，根据入口 $SO_2$ 浓度和脱硫率自动设定出入口 $SO_2$ 浓度设定值，pH 值将随入口 $SO_2$ 浓度的下降而下降，浆液中 $CaCO_3$ 浓度也随 pH 值下降而下降。因此，可以获得运行方式中最高石膏纯度。

2) 脱硫过程中石灰石颗粒越细，其比表面积越大，反应越充分。因此应尽可能提高石灰石的纯度（碳酸钙含量）和合理的细度，才能有利于脱硫石膏的生成，保证脱硫石膏化学成分的稳定。

(3) 亚硫酸钙含量高。

1) 亚硫酸钙含量升高的主要原因是氧化不充分引起的，对氧化风机出口风压加强监视，在巡检时对注意滤网差压监视器的检查。如出口风压下降，则有可能是风机入口空气滤网被飞尘堵塞，应及时通知检修更换滤网以保证氧化空气流量。吸收塔液位和浆液浓度会影响风机出口风压，但当风机出口风压不正常的增大，有可能雾化空气喷嘴部分被堵塞，这种情况对于二期管网式氧化装置尤其易于发生。部分喷嘴被堵塞将造成氧化空气分布不均匀，使氧化效率下降，出现这种情况应停机疏通喷嘴。对于矛枪管强制氧化装置来说，吸收塔液位偏低，喷嘴浸没深度不足，氧化空气泡在浆液中停留时间过短。

2）在低 pH 值下运行有利提高氧化率。因此，在确保脱硫率的前提下应尽量降低运行 pH 值，避免高 pH 运行，减少亚硫酸钙含量。

3）同时亚硫酸钙含量高会造成脱水效果差、脱硫系统脱硫效率差、石灰石消耗量增加等一系列不良影响。此时要检查氧化风机运行情况（压力、电流等），氧化空气母管是否有漏气现象。必要时适当减少进烟量，也可以排出一部分吸收塔浆液，增加新鲜水，待吸收塔内浆液品质改善后再恢复正常运行。

（4）氯离子含量高。脱硫石膏的主要有害成分有氯化物，其含量高对后续产品影响更大。氯离子主要存在在一些可溶性盐中，因此主要通过对石膏进行水洗消除。

（5）脱硫石膏含水量高。

1）加强对水力旋流器的管理，需要运行人员操作的工作不多，除了调整旋流器投入运行的旋流子数外，还要注意监视调整旋流器入口浆液压力，当压力下降时会影响分离效果，从而使未长大的小颗粒进入真空皮带，造成堵滤布的现象，石膏含水量高品质下降。压力波动往往是石膏排出泵造成的，例如频率给定、浆泵叶轮磨损、吸入较多的氧化空气气泡、管道部分堵塞等。同时压力下降较多时，石膏晶体由滚动摩擦变为滑动摩擦，加快旋流分离器磨损。建议建立定期测定底流和溢流浆液的浓度是检查分离效果。

2）加强对真空皮带密封水流量管理。真空皮带通过真空盒中摩擦带的随动，维持真空，摩擦带通过密封水来密封。在出现真空时应对管路是否漏空气进行检查的同时，还应对密封水流量进行检查。

3）加强对真空皮带滤布冲洗水管理。部分未长大的小颗粒进入真空皮带，小颗粒易堵滤布造成石膏含水量高品质下降现象，石膏饼被排出后，滤布要经过正反两面的冲洗后才返回到原位，一路清洗管用于冲洗滤布的正面上；另一路是用于冲洗滤布的反面。在平时运行中要注意真空皮带滤布冲洗水喷嘴及滤布清洁情况。

4）注意对滤饼厚度的调整。真空皮带脱水机的工作原理是通过真空抽吸浆液达到脱水的目的，真空皮带在与运行方向垂直的表面上开出等间距的凹槽，在皮带中心有排水孔穿过每个排水凹槽，滤液通过这些孔被吸入真空槽。因此滤饼厚度与真空有一定关系，如太厚、太薄，水分均不易抽干，合理的滤饼厚度应在 2.0～3.5cm，可以通过调整真空皮带的转速和投入旋流子运行个数进行控制。

5）注意对真空度参数的监视。真空皮带合理真空度一般控制在 −50～−30kPa。负压太高，需对真空槽与皮带中心排水孔位置进行检查，防止因皮带跑偏堵排水孔。负压太低可能有漏气现象。

**（五）公用系统**

公用系统由工艺水系统、工业水系统和压缩空气系统等子系统构成，为脱硫系统提供各类用水和控制用气。

FGD 的工艺水一般来自电厂循环水，并输送至工艺水箱中。工艺水由工艺水泵从工艺水箱输送到各用水点。FGD 装置运行时，由于烟气携带、废水排放和石膏携带水而造成水损失。工艺水由除雾器冲洗水泵输送到除雾器，冲洗除雾器，同时为吸收塔提供补充用水，以维持吸收塔内的正常液位。此外，各设备的冲洗、灌注、密封和冷却等用水也采用工艺水。如 GGH 的高压冲洗水和低压冲洗水、各浆液管路冲洗水、各浆液泵冲洗水以及设备密封水。

FGD 的工业水一般来自电厂补充水,并输送至工业水箱中。该水质优于工艺水。工业水箱中的水通过工业水泵为湿磨机提供制浆用水;为真空皮带脱水系统提供冲洗水,以获得高品质石膏副产品。

## (六) 浆液排放系统

浆液排放系统包括事故浆液储罐系统和地坑系统。当 FGD 装置大修或发生故障需要排空 FGD 装置内浆液时,塔内浆液由浆液排放泵排至事故浆液箱直至泵口低液位跳闸,其余浆液依靠重力自流至吸收塔的排放坑,再由地坑泵打入事故浆液储罐。事故浆液储罐用于临时储存吸收塔内的浆液。

地坑系统有吸收塔区地坑、石灰石浆液制备系统地坑和石膏脱水地坑,用于储存 FGD 装置的各类浆液,同时还具有收集、输送或储存设备运行、运行故障、检验、取样、冲洗、清洗过程或渗漏而产生的浆液。地坑系统主要设备包括搅拌器和浆液泵。

## (七) 脱硫废水系统

脱硫废水通过废水旋流器将废水送入三联箱的中和箱、反应箱、絮凝箱进行处理。中和箱中投加石灰乳将偏酸性的废水 pH 值调节至 9.0 左右,将部分重金属离子形成沉淀物除去,反应箱中分别投加有机硫、絮凝剂发生系列氧化还原反应主要将废水中的重金属污染物转化为不溶性沉淀物;絮凝箱中投加助凝剂使废水中的悬浮固体反应生成絮凝体,以利于有效加速沉淀。上述各箱废水停留时间经过优化设计,并配备不同转速的搅拌装置以保证良好的处理效果。经絮凝后的废水进入澄清/浓缩池进一步絮凝并充分沉淀,上清液溢流至 pH 调节箱,并投加适量 HCl 搅拌均匀将最终出水 pH 值调节至 6.0~9.0 后,溢流至再利用水池,最后用再利用水泵提升排放。

澄清/浓缩池底部产生的污泥一部分利用污泥循环泵回流至中和池以增强废水处理效果和充分发挥投加化学药剂的作用,另一部分污泥周期性地利用污泥输送泵输送至离心脱水机进行脱水处理,泥饼外运,排水集中至集水池。集水池中的水用集水池提升泵打至中和箱进行处理。

所有加药装置均包括溶药箱和可调节的隔膜计量泵,可以保证方便准确地投配所需要的化学药剂量。

某厂氧化箱、中和箱、反应箱、絮凝箱每个箱罐 30m³,浓缩/沉淀池 420m³,实际每套废水外排量约 20m³/h,在浓缩/沉淀池停留时间约 21h。废水泵出口浆液密度 1021~1023kg/m³,浓度 2.7%~3.1%,浆液沉积量 0.571t/h(按 90% 沉淀),沉积量较大。浓缩/沉淀池底部锥度太小(约 10%),石膏堆积后很难通过污泥输送泵外排。因此浓缩/沉淀池下部石膏堆积严重。经试验脱硫废水经 2h 沉淀密度,底流部分就可达到 1500kg/m³,污泥输送泵扬程 30m,从浓缩/沉淀池至离心脱水机管路长度 220m,沿程阻力约 22m,加上机房高度,基本至极限。实际运行时泥浆很难达到离心脱水机。离心脱水机对密度要求太高,密度低时现场扬灰,密度高时过载跳机。为此:取消浓缩/沉淀池,直接将加药后脱硫废水排至工业废水集中处理的脱硫专用池,多级沉淀后清水再回收利用。

# 第十一章

# 事 故 案 例 分 析

## 第一节 锅 炉 专 业

### 一、给煤机转速异常跳闸

**1. 事发前系统运行方式**

某电厂 2 号机负荷 916MW，AGC 方式，六台磨运行，总煤量 346t/h，2F 给煤机煤量 56t/h，电流 1.66A，给煤机变频器转速 899r/min。

**2. 事件经过**

4 月 7 日 16：51，监盘发现 2F 给煤机跳闸，大屏报警 "FDR F LOCAL TRIP"，立即手动关闭 2F 磨煤机热风快关门，关闭 2F 磨煤机热风调节门，全开 2F 磨煤机冷风调节门。17：03，2F 磨煤机吹扫完毕后停运；18：40，就地检查未发现异常；18：50，恢复 2F 给煤机运行。

**3. 原因分析及暴露的问题**

根据历史曲线判断为给煤机落煤斗瞬时搭桥堵煤，给煤量反馈快速减小，在指令未变的情况下给煤机为保证给煤量增加转速输出，同时落煤斗搭桥坍塌，原煤从高处掉落造成冲击使给煤机电动机堵转，给煤机转速快速下降，此时给煤机要求转速与转速探头反馈偏差超出 20%，给煤机跳闸。

**4. 防范措施**

（1）研究分析局部测量回路改造可行性，提高给煤机运行可靠性。

（2）加强配煤掺烧，降低给煤机落煤斗搭桥堵煤现象。

### 二、高压冲洗水管脱落致空气预热器卡涩停运

**1. 事发前系统运行方式**

某电厂 2 号机组负荷 900MW，6 台制粉系统运行，2B 空气预热器运行正常，电流 21A。

**2. 事件经过**

12 月 17 日 21：09，2B 空气预热器电流出现晃动，最大至 23A 左右，派巡检就地检查。21：13，2B 空气预热器电流晃动至 128A，强制提升空气预热器扇形板。21：14，退出 AGC，机组快速减负荷。21：15，就地检查 2B 空气预热器主电动机振动大，并确认 2B 空

气预热器已停转，就地拉开空气预热器 2B 变频器控制柜内主电动机动力电源，辅电动机联启，电流 50A，确认 2B 空气预热器仍处于停转运状态，就地拉开空气预热器 2B 变频器控制柜内辅电动机动力电源。21：21，空气预热器 RB 发出，2B 一次风机、2B 送风机、2B 引风机联跳正常，停运脱硝、脱硫系统。

12 月 18 日 19：45，2 号炉 2B 空气预热器检修工作结束，风烟系统恢复正常运行。

3. 原因分析及暴露的问题

该双介质吹灰器是在本次 2 号炉 B 级检修期间配合脱硝改造安装，采用的是上海克莱德设备。

(1) 直接原因。空气预热器内高压冲洗水管路与径向密封片距离偏小，热态下管路膨胀下垂，密封片碰到了管路吊架，导致吊架、枪管掉落，卡住扇形板。

(2) 间接原因。管路焊接存在问题，管路内壁未焊透，焊口处只在表面处进行焊接，热态运行后焊口出现裂纹导致管路断裂掉落。

(3) 设计不合理，高压冲洗水管路与径向密封片距离设计偏小。

(4) 设备安装质量欠佳，管路内壁未焊透，焊口处只在表面处进行焊接，导致管路强度不够。

4. 防范措施

(1) 在 2B 空气预热器热端吹灰器未修复前，加强 2B 空气预热器冷端吹灰次数。

(2) 加强空气预热器各项参数和吹灰情况的监视，发现问题及时处理。

(3) 利用低谷机会，对空气预热器内部吹灰器进行检查处理，消除隐患。

### 三、磨煤机爆燃停运

1. 事发前系统运行方式

某电厂 2 号机组负荷 890MW，六台制粉系统运行，2C 磨煤机磨制煤种为"中国能源"分流上仓的 37 航次印尼煤，热值 4452kcal/kg（1kcal/kg＝4.1840kJ/kg），水分 27.8％，挥发分 36.38％。磨煤机入口混合风温度 266.8℃，出口风温 65.8℃，给煤量 57.4t/h。

2. 事件经过

4 月 4 日 14：20：10，2C 磨煤机入口一次风压力上升、风量下降，炉膛负压波动，立即派巡检到就地进行测温检查。14：20：40，磨煤机内部 CO 浓度上升至 60％，退出给煤机自动、磨煤机风量、磨煤机出口温度自动控制，手动调整冷热调门开度及给煤量。14：21：20，磨煤机内部 CO 浓度下降至正常值，磨煤机出口温度最高升至 77℃后开始下降。14：23：10，磨煤机出口温度降至 58℃，手动关小冷风调门、开大热风调门，观察磨煤机入口风量无明显上涨。14：25：00，就地发现磨煤机出口粉管燃烧冒烟，磨煤机入口风量波动，出口温度开始快速上升，立即打闸磨煤机，投入磨煤机消防蒸汽，磨煤机出口温度最高升至 298℃。15：25，磨煤机出口温度降至 120℃以下，试运旋转分离器失败。

18：43，许可开工 2C 磨煤机内部检查工作票。4 月 5 日 6：04 检修工作结束，2C 制粉系统恢复正常运行。

3. 原因分析及暴露的问题

(1) C 磨煤机磨制煤种为 37 航次印尼煤，水分 27.8％，挥发分 36.38％，热值 4452 kcal/kg，该煤种挥发分高，属易燃易爆煤种，是磨煤机爆燃的直接原因。

（2）就地已经发现煤粉管道过热时磨煤机出口温度最高仍只有 77℃ 分析，本次爆燃属于煤粉管道积粉引发。

（3）磨煤机入口一次风压力上升，风量下降，炉膛负压波动，磨煤机已经发生爆燃的前期征兆，运行人员采取了手动调整冷热调门开度和给煤量的方法，而没有紧急停运磨煤机是造成事件严重的间接原因。

（4）磨煤机内部旋转分离器叶轮、叶片与端板焊缝、叶轮装置、磨辊轴装置下磨辊座盖以及石子煤刮板等磨损严重，会导致磨煤机内煤粉气流紊乱，造成制粉系统局部位置积粉后自燃。

4. 防范措施

（1）加强入炉煤的磨前掺配工作，降低入炉煤的挥发分，避免发生爆燃。

（2）加强对运行参数的监控，提高执行制度、措施的严肃性，避免事态扩大。

（3）加强对运行人员的技能培训，加强对运行技术措施的学习和反事故能力的演练，提高异常运行工况下的分析和处理能力。

（4）进一步落实磨煤机轮修计划。

## 四、空气预热器电流异常增大

1. 事发前系统运行方式

某电厂 2 号机负荷 880MW，2 号 A、2B 空气预热器，2B 空气预热器电流 21A，2B 空气预热器扇形板 3（一次风与二次风侧）已停电，提升装置与固定端在最高位用焊接固定。

2. 事件经过

3 月 1 日 19：41，2B 空气预热器电流由 21A 突升至 56A，之后在 30～56A 之间剧烈波动，检查空气预热器扇形板 1、2 均自动提升，扇形板 3 的固定焊接点断开，致使扇形板 3 下降与空气预热器发生摩擦。20：30，扇形板 3 在最高位使用手拉葫芦固定后，2B 空气预热器电流恢复正常。

3 月 3 日 08：18，2B 空气预热器电流由 27A 突升至 72A，之后在 45～86A 之间波动，检查为 2B 空气预热器扇形板 3 用于悬挂手拉葫芦的钢丝索断裂，经更换钢丝索和增加手拉葫芦重新固定后，空气预热器电流恢复正常。

3. 原因分析及暴露的问题

（1）固定点的焊点开裂和用于固定手拉葫芦的钢丝索断裂是造成扇形板下降摩擦空气预热器，导致空气预热器电流大幅波动的直接原因。

（2）春节调停以后 2B 空气预热器电流一直在 20～25A 之间在波动，反映出扇形板与转子一直存在轻微摩擦，导致焊接点处金属疲劳、强度下降，引起焊点断裂。

（3）固定手拉葫芦的双股 4 分钢丝绳（单股承载 2t）的额定承载为 4t，而 2 号炉空气预热器扇形板的自重加上内部积灰质量接近或大于 4t，使得钢丝索处于超载荷使用，最终导致钢丝索断裂。

4. 防范措施

（1）检修人员和点检每天对 2 号炉空气预热器热端扇形板状态进行一次巡检，并做好相关记录。

（2）加强监盘和现场巡视，发现问题及时处理。

（3）在 2B 空气预热器一次风与二次风扇形板的悬吊处做好明显标记以观察是否存在钢丝绳拉长变形等异常情况发生。

（4）每日早会着重对 2 号炉空气预热器扇形板巡检相关事宜进行交底。

（5）择机对 2B 空气预热器扇形板 3 的提升机进行更换。

### 五、炉膛负压波动造成脱硫烟气旁路挡板开启

1. 事发前系统运行方式

某电厂 1 号机组负荷 500MW，AGC 方式，C、D、E、F 磨运行，总风量 2369t/h，1A 引风机电流 338A，静叶开度 42.4%，1B 引风机电流 338A，静叶开度 36.2%。

2. 事件经过

2 月 21 日 6：31，3 号机负荷 500MW，AGC 负荷指令 600MW，风量上升至 2573t/h，1B 引风机静叶开至 68.5%、电流上升至 550A，1A 引风机静叶开度在 39.7% 卡涩、电流最低降至 322A。经手动调节 1A 引风机静叶无效后，限制负荷指令，联系检修人员，07：38，检修人员就地手动逐渐开大 1A 引风机静叶至 59.2%，炉膛负压在 −588～454Pa 之间发生剧烈波动，脱硫旁路挡板开启，1B 引风机静叶自动关至 23.4%，执行机构发出过力矩报警，立即退出送、引风机自动，机组切至 BI 方式。

7：45，就地手动缓慢摇动 1B 引风机静叶后切至远方控制，控制炉膛负压在 −60Pa、送风量 1946t/h。9：05，将 1B 引风机静叶开大至 42.1%，其电流为 359A，1A 引风机静叶开度为 59.8%，电流为 373A。两台引风机电流平衡后，关闭脱硫旁路挡板。15：16，许可开工 1A 引风机静叶调节挡板执行器更换工作。17：28，1A 引风机静叶调节执行器检修结束，机组重新投入 CCS 方式运行。

3. 原因分析及暴露的问题

（1）在调节 1A 引风机静叶开度过程中发生抢风，导致炉膛负压剧烈波动，造成引风机静叶铰链固定支架破裂和脱硫旁路挡板开启。

（2）引风机改造后，风机额定转速由原来的 496r/min 增加至 597r/min，改造后引风机静叶执行器总输出力矩为 12000N·m，原有的静叶执行器总输出力矩规格为 8000N·m，两者不匹配，造成执行机构内部蜗轮蜗杆过度磨损卡涩。

（3）引风机改造后，引风机不稳定工作区域有所放大，从目前的 4 台机组运行情况分析，机组 500MW 负荷容易发生风机失速、抢风。

（4）设计改造上存在缺陷，一是引风机改造时，没有考虑对风机静叶的执行机构进行相应的改造；二是风机不稳定工况没能避开我厂日常低负荷运行工况。

（5）引风机发生静叶卡涩、抢风时调节经验不足。

4. 防范措施

（1）对引风机静叶铰链固定支架进行修复处理。

（2）对已经损坏的 1A 引风机静叶执行器和减速箱进行整体更换。

（3）为防止低负荷引风机失速情况的发生，调整相应的运行方式。

（4）在确保引风机静叶各零部件能满足机组长期安全稳定运行的前提下，对现有的引风机静叶执行器进行加大力矩的改造。

（5）制定引风机静叶卡涩的现场紧急处置方案，加强方案演练，防止类似事件的发生。

### 六、引风机轴承温度异常停运检修

1. 事件经过

11月24日～12月18日，某电厂2号机组2A引风机滚动轴承温度1～3点和推力轴承温度4～6点发生多次异常上升，经轴承加油等各项措施后，该现象没有得到有效控制，经过多次讨论、分析，判断为2A引风机主轴承箱内轴承发生损坏，计划利用周末期间组织抢修。12月17日1：50，停运2A引风机，许可开工2A引风机检查、检修工作票。

12月19日13：30，引风机抢修工作结束，试运2A引风机正常，13：45投入2A送风机运行。

2. 原因分析及暴露的问题

(1) 轴承箱解体发现：风机轴承表面目测正常，内部加油孔未有堵塞；风机轴承处油质严重老化，油质发黑碳化；轴承内部少油。

(2) 引风机轴承温度高问题是由轴承箱内润滑油质的老化、碳化，以及轴承箱少油造成。

3. 防范措施

(1) 加强轴承箱的定期维护管理。对每运行2年左右的轴承箱进行解体检查，清洗轴承并涂装新油脂重新紧固所有螺栓。

(2) 加强加油脂管理。重新修订引风机轴承箱加油脂管理规定；部门专业及管控体系应不定期对加油脂记录本和加油过程进行检查，确保加油脂过程受控。

### 七、磨煤机因出口门关信号误发跳闸

1. 事件经过

10月6日22：31，2D制粉系统跳闸，首出为"磨煤机出口门关"，就地检查未发现明显异常。22：55，2D制粉系统恢复正常运行。

10月14日17：20，2D制粉系统跳闸，首出为"磨煤机出口门关"，检查为2D磨煤机5号/6号角出口门关导致磨跳闸。20：10，更换3号角出口门关反馈信号电缆后，2D制粉系统恢复正常运行。

2. 原因分析及暴露的问题

(1) 根据风量等参数判断，2D磨煤机首次跳闸为3号/4号角出口门关闭信号误发引起；通过对2D磨煤机再次跳闸后检查、分析，是3号角出口门关反馈多次跳变引起磨煤机保护动作。

(2) 对磨煤机出口门反馈信号电缆检查，发现3号角出口门关反馈信号电缆对地绝缘不良，造成关反馈信号多次跳变，是此次事件的直接原因。

(3) 电缆外观未发现挤压破损异常，但局部存在刮擦、磨损现象，这是导致绝缘不良的主要原因。

(4) 对磨煤机首次跳闸原因没能深入检查、分析，是导致磨煤机再次跳闸的间接原因。

3. 防范措施

(1) 磨煤机出口门行程开关加装防护罩，防止积灰、清扫等造成行程开关误发信号。

（2）对所有磨煤机出口门开关反馈信号电缆进行外观检查，发现磨损较为严重利用低谷停磨机会进行更换。

（3）在日常磨煤机检修、维护和清卫过程中，做好成品保护，防止造成信号电缆磨损、刮擦。

### 八、一次风机消音器脱落风机停运

**1. 事件经过**

6 月 25 日某电厂 1 号机负荷 600MW，B、D、E、F 磨煤机运行，6：24，监盘发现 1 号炉一次风压从 8.9kPa 下降至 5kPa，1A 一次风机电流从 247A 降至 179A，紧急停运 B 制粉系统，降负荷至 500MW。经检查 1A 一次风机入口消声器掉落。09：36 停运 1A 一次风机转检修。13：35 一次风母管压力从 6.5kPa 下降至 2.2kPa，1B 一次风机电流从 342A 降至 270A。紧急停运 1C、1D、1E 制粉系统，投入 AB、CD、EF 三层共 21 根油枪，负荷稳定在 210MW。检查 1B 一次风机入口消声器掉落。经过抢修，6 月 27 日 5：15，机组恢复正常运行。

**2. 原因分析及暴露的问题**

（1）近期连续降雨，造成因消声片壳体腐蚀而外露的吸声棉吸收大量水分，在重力作用下，使得消声片开裂，吸声棉大量脱落在风道入口滤网上，造成风道堵塞、风压下降、风机不出力，风机停运。这是事件发生的直接原因。

（2）消声器壳体设计材料为 Q235 的普通碳钢，经长期运行腐蚀严重，造成消声片壳体、压条及固定铆钉等部分脱落，整体支撑力下降。这是事件发生的间接原因。

**3. 防范措施**

（1）对厂内的送风机、一次风机消声器进行一次全面检查，根据检查情况进行加固或者拆除。

（2）加强对运行风机的检查和监视。

（3）对消声器进行改造，消声片主体材质改 Q235 碳钢为不锈钢。

（4）针对入口风道为竖直形状，雨水易于进入，进行防雨水的可行性研究。

### 九、润滑油泵故障致一次风机停运

**1. 事件经过**

5 月 10 日 5：54，监盘发现 4A 一次风机电动机油站 A 油泵跳闸，B 油泵联启，油泵"过载"报警，经检修检查油泵无明显异常，调整油泵热偶定值，启动油泵运行一段时间后仍然跳闸，5 月 16 日 13：10 停运一次风机，对 A 油泵进行了更换，16：40 4A 一次风机恢复正常运行。

**2. 原因分析及暴露的问题**

（1）对 A 油泵及电动机解体检查确认，油泵与电动机对轮处弹性块破损、电动机叶轮侧轴承跑外圈是造成油泵跳闸的主要原因。

（2）电动机与油泵间采用的是活性连接，由于胶块老化（或者质量问题）破损，造成对轮的局部磨损，引起电动机轴承摩擦。

（3）可能电动机轴承的安装工艺不良造成轴承跑外圈。

（4）可能电动机油脂润滑不良、电动机轴承外环与壳体间隙不当，造成轴承与外环共同转动，引起轴承损伤。

3. 防范措施

（1）利用机组检修期间，对弹性胶块进行检查，更换老化、损坏的弹性块。

（2）加强巡视检查，发现异常及时处理。

（3）提高检修及安装工艺质量，严格执行质检点验收管理。

### 十、扇形板接触器故障致空气预热器停运

1. 事件经过

4月15日7：37，监盘发现2B空气预热器主电动机电流持续快速上升，手动提升扇形板失灵，经现场检查发现2B空气预热器已停转，紧急停运2B空气预热器驱动电动机，机组RB动作，隔绝2B空气预热器后联系检修处理。经5h的抢修，13：10 2B空气预热器恢复正常运行。

2. 原因分析及暴露的问题

1. 2号空气预热器B1扇形板下降接触器（AC380V）故障，下降指令消失后触点未能脱开，造成扇形板持续下降，引起空气预热器卡涩停转。

3. 防范措施

（1）更换空气预热器扇形板AC380V接触器。

（2）将空气预热器扇形板电源空开更换为分励脱扣型，判断DCS无指令输出而检测到反馈信号持续（暂定2s）变化，发出扇形板电源开关跳闸指令，切断动力电源，并发出报警。

### 十一、电动机轴承温度高致引风机停运

1. 事件经过

4月20日11：32，监盘发现2A引风机电动机润滑油温度发生波动，电动机非驱动端温度从52.7℃上升至58℃，就地检查发现电动机非驱动端轴承油压从50kPa上升至0.16MPa，驱动端轴承油压正常。18：54，停运2A引风机，经检查非驱动端轴承进油节流阀有橡胶杂物堵塞。21：07，引风机恢复正常运行。

2. 原因分析及暴露的问题

（1）橡胶杂物堵塞轴承进油节流阀，是造成润滑油温波动、轴承温度上升的直接原因。

（2）橡胶杂物的来源初步判断为油站橡胶软管。

3. 防范措施

（1）加强设备安装前的检查工作，防止设备在加工、运输过程中产生的异物进入运行系统。

（2）取消节流孔板（征求厂家意见后，只要保证足够油流且不产生润滑油溢出现象，可以取消节流孔板）。

（3）加强对改造后的引风机油站、轴承的检查，发现异常及时处理。

### 十二、捞渣机故障停运

1. 事件经过

12 月 29 日 20：42，运行人员监盘发现 3 号捞渣机液压动力站油压在 2～12MPa 间晃动，立即停运 3 号捞渣机。就地检查发现一刮板挂耳脱落、链条断、捞渣机头部下侧过渡轮倾斜。进一步检查发现 3 号捞渣机导向轮轴承座断裂一个，接链环断裂 1 个，刮板变形 4 块。20：50，3 号机降负荷至 450MW。21：10，3 号炉捞渣机链条检修工作开工。12 月 30 日 1：30，抢修结束，启动运行正常。负荷加到 500MW，投入 AGC。

2. 原因分析及暴露的问题

（1）TS 接链环断裂处为环环相扣的连接处的环向断裂，TS 接链环断裂导致刮板倾斜从而卡住导向轮，拉坏轴承座。经测量此接链环磨损并未超标，但根据断面形状，判断此弯部有裂纹，属于厂家制造缺陷所致。更换其他刮板时检查发现又有两个接连环的相同部位存在裂纹。

（2）加强厂家供货产品的监督力度，确保供货产品满足现场实际生产需求。

3. 防范措施

（1）联系厂家探讨裂纹原因，追查此批接链环的质检资料。并利用下次检修停炉全面检查更换此批接链环。

（2）加强巡检，如有断链及时发现停运，防止事故扩大。

### 十三、水冷壁管道温度高机组停运

1. 事件经过

9 月 30 日 22：18，某电厂 3 号机组调停解列。10 月 2 日进行水冷壁节流孔圈割管检查，发现右侧墙 R12、R22、R38 管节流圈内部结垢严重。10 月 2 日 15：30，由浙江中试所实施水冷壁酸洗；10 月 3 日 11：30，酸洗结束放酸完成。酸洗后节流圈处清洁无结垢，17：10，3 号炉进水至汽水分离器见水，22：10，按冲洗要求，启动炉水循环泵进行循环，23：30 由于水质不合格，停运炉水循环泵；10 月 4 日 10：44，3 号炉点火；2009 年 10 月 4 日 18：27，3 号机组发电机并网。机组启动后检查发现前墙 708 管和 696 管温度较相邻管高 100℃。10 月 9 日 23：08，3 号机组水冷壁温度高停机消缺。检查发现 696 管下部二分四三通内部有氧化铁杂质，节流圈未见异常；中间集箱以上 16m 位置有氧化铁杂质堵塞。检查 708 管下部二分四三通内部有氧化铁杂质，节流圈未见异常；水冷壁 8.3m 位置和冷灰斗水平弯头处氧化铁堆积；分别采取下部向上疏通等手段疏通。10 月 11 日 1：00，检修结束，10：58，3 号炉点火，21：05，机组并网发电。

2. 原因分析及暴露的问题

3 号机组调停临修安排酸洗，酸洗结束后没有安排针对性水冷壁冲洗，启动后气塞造成水冷壁 696 管、708 管立管段堵塞，造成水冷壁管超温，机组被迫停机检修。

3. 防范措施

（1）加强锅炉水冷壁酸洗浸泡后的冲洗工作，酸洗后水冷壁必须安排单独冲洗。

（2）加强锅炉内部清洁度的检查，酸洗后用内窥镜进行集箱检查，防止杂质积存。

### 十四、水冷壁泄漏停机

**1. 事件经过**

9月19日20：10，某电厂1号机组负荷780MW；水冷壁右墙334、346点温度开始明显上升。运行人员修正BTU减少煤量、停运A磨煤机、手动快速减负荷至600MW，切BI方式减少煤量，增加给水后壁温没有下降趋势；20：30，1号机组负荷降至450MW，投入CD层1，2，7，8油枪，启动1C电泵，手动打闸1A给水泵汽轮机。手动启动空气预热器连续吹灰。334、342、346快速下降至300℃以下。20：48，1号机组负荷减至300MW，手动启动炉水循环泵，锅炉转湿态。21：20就地检查发现锅炉5号角处有明显泄漏声。21：25，1号锅炉水冷壁泄漏报警光字牌亮，水冷壁12点有泄漏报警。

21：27汇报调度，1号机组熄火解列停机转调停。就地检查1号炉右墙5号角约48m，同时第329～335管烧红明显，前墙水冷壁3号角约40m处有泄漏。

9月24日3：22检修工作结束，18：06，1号发电机并网。

**2. 原因分析及暴露的问题**

由于水冷壁节流缩孔被$Fe_2O_3$和$Fe_3O_4$异物堵塞，引起缩孔流通面积减小，给水流量严重不足，这些水冷壁管子比邻近正常管子壁温偏高，在运行一段时间后，在管子薄弱部位发生爆管。

**3. 防范措施**

(1) 更换损坏的水冷壁管道。

(2) 1号锅炉安排化学酸洗，清除水冷壁管缩孔的氧化物。

(3) 调研锅炉加氧运行方式，安排进行锅炉加氧运行试验。

### 十五、一次风机跳闸，机组RB动作

**1. 事件经过**

4月1日下午，某电厂根据定期工作安排，进行3A一次风机油站B油泵切换A油泵运行操作，14：24，启动3A一次风机电动机油站A油泵，CRT盘上、就地控制柜运行信号反馈正常。14：25，停运3A一次风机电动机油站B油泵，润滑油母管压力低、流量低报警，运行人员立即启动3A一次风机电机油站B油泵，启动多次均失败，3A一次风机跳闸，机组RB动作。15：10，启动3A一次风机成功。就地检查发现3A、3B一次风机电机油站就地控制柜内的备用油泵动力电源空开均在断开位置。

**2. 原因分析及暴露的问题**

(1) 3A一次风机电机油站A油泵启动前、启动后的状态控制盘和就地检查工作均不到位，错误地认为A油泵运行正常，停运B油泵，造成润滑油母管压力低，3A一次风机跳闸，机组RB动作。经验不足，检查不认真，是事件发生的主要原因。

(2) 事件发生后，检查发现3A、3B一次风机电机油站就地控制柜内的备用油泵动力电源没有送电。设备的停送电管理还存在漏洞。

(3) 运行控制室盘面操作人员和就地巡操人员之间的沟通联系工作必须进一步加强。

**3. 防范措施**

(1) 进一步加强电气设备的停送电操作管理，规范合理使用停送电联系单和操作票。

（2）设备启动前和启动后必须确认有关设备的状态，确保切换操作安全顺利进行。

（3）进一步加强运行人员之间的沟通联系，操作期间严格执行操作复诵制度。

### 十六、空气预热器跳闸

1. 事件经过

2009年1月1日3：29：18，某电厂4号机组大屏发出"4B空气预热器异常"报警信号，点开画面窗口显示"空气预热器主电动机、辅助电动机均不在运行"。运行人员，启动4B空气预热器主电动机和辅助电动机不成功。3：30：18，4号机组RB动作；机组负荷降至500MW。3：36，现场检查确认4B空气预热器确已停转，但就地声音很响，气动电动机发出咯哒、咯哒声音。3：36，4B空气预热器后排烟温度上升至199℃；3：36，启动气动电动机，又发出启动失败信号。3：37：44，停运气动电动机；4：40检修开始就地手动盘4B空气预热器，但因卡涩严重，没有能够盘动。6：25，4号机组负荷减至80MW，经调度同意后，解列停机处理。6：40，退出所有油枪，4号炉灭火。09：21，检查4B空气预热器机械部分，未发现异常；经电气和仪控专业检查处理后，17：20启动4B空气预热器成功。按照调度安排，1月2日00：40，4号炉点火成功；06：34，并网运行。

2. 原因分析及暴露的问题

（1）4B空气预热器主电动机变频器内部故障导致主电动机跳闸，由于没有"停主电动机指令复位主电动机启动指令"，空气预热器辅电动机未能联锁启动；因进口烟气挡板不严，空气预热器变形严重，空气盘车启动后无法盘动空气预热器。

（2）按照DCS逻辑组态设计，空气预热器主电动机DCS首先应发停主电动机指令复位主电动机启动指令，然后再联启辅助电动机，在主辅电动机均联启不成功的情况下启动空气电动机。2008年年底4号机组C修期间，在空气预热器变频电源改造中，热工组态审查不严密，使逻辑设计有错误造成DCS停主电动机指令未自动发出。

（3）运行人员对DCS逻辑了解不透彻，在4B空气预热器主电机跳闸后运行操作人员没有通过手动复位跳闸报警，发空气预热器主电机停指令将空气预热器主电动机启动指令复位，失去启动辅助电动机的机会。

（4）C修后的空气预热器联锁试验不彻底，试验方法存在问题。

（5）DCS历史记录还需进一步完善。

（6）4B空气预热器跳闸后，现场未能及时手动盘车。暴露出针对空气预热器停转的应急处置工作还存在漏洞，空气预热器手动盘车工具的管理工作需要进一步加强。

3. 防范措施

（1）更换启动变频器的继电器，更换新的备品变频器，将原变频器返厂检测。

（2）进一步规范DCS组态修改流程的审批手续，确保热工逻辑正确。

（3）进一步完善运行规程，加强技能培训，空气预热器主电动机跳闸后，如果辅电动机未联锁启动，则运行人员应该手动执行以下操作步骤进行启动辅电动机操作：

1）在DCS画面手动复位跳闸报警。

2）手动发空气预热器主电动机停指令，复位空气预热器主电动机启动指令。

3）启动空气预热器辅助电动机。

（4）修改4号机组A、B空气预热器DCS组态，在空气预热器变频器主辅电动机启停故障及跳闸信号发出时不闭锁空气预热器主辅电动机停指令。

（5）增加 4 号机组打包点的历史趋势。

（6）进一步优化连锁试验方案，试验方法严格按照标准化文件执行。

（7）进一步明确空气预热器跳闸后应急盘车的有关规定，明确盘车设备的定置摆放点、有关操作步骤和责任人员。

### 十七、燃烧器损坏

1. 事件经过

某电厂三期工程为 2×600MW 机组，第一台机组于 1997 年 1 月 17 日通过 168h 试运。1 月 29 日发现 D 层 D1 燃烧器烧毁，到 3 月 5 日停炉临检，负荷一直在 70% 以上。停炉后，发现燃烧器内外套管及高能点火器、油枪全部烧毁，内部调节挡板部分烧坏。

2. 原因分析及暴露的问题

（1）该锅炉自第一次投粉后，六台制粉系统一直运行。从 1 月 26 日开始，D 制粉系统燃。

（2）烧器关断挡板就多次出现故障，造成磨煤机一次风量下降。29 日 10：45，运行人员发现一次风管道 D1、D2 压差不正常，D1 压差 540Pa；同时发现油枪不能投入，经就地检查发现燃烧器 D1 烧毁。

（3）在燃烧器 D1 烧毁后，运行人员才发现各燃烧器温度高报警信号未投入。后将信号恢复，发现 C、F 层燃烧器温度高报警两次，且都是投油时温度高报警，退出油枪后温度逐渐下降恢复正常，说明煤油混烧使着火点提前。同时检查发现 D1 外套管有很多积粉烧结，显然燃烧器投油时回火引燃积粉是其烧毁的主要原因；检查还发现 D1、D4 运行中二次风门只开至点火位（约 30%），而未开至运行位（80% 以上），由此也造成了着火点靠前。

3. 防范措施

（1）由于机组新投产，制粉系统阀门多次发生故障，运行中 2 次发生 D 磨煤机一次风入口闸板门下滑，引起一次风量减少。1 月 26～29 日，发生 5 次燃烧器关断门自动关闭，致使一次风压波动大，容易造成燃烧器内部积粉。因此应加强制粉系统阀门维护，必要时全部更换。加强制粉系统运行监视及运行管理。机组试生产后，燃烧器内温度高报警信号一直未投，运行管理人员没有采取措施。新机组投运后应采取怀疑一切的态度，积极验证各测点各参数的正确性，同时确保各监测点监测参数正常。

（2）加强燃烧器正常运行时的检查核对。实行每班定期核对并做好记录，确保一、二次风门远方就地一致，开度正确。对油枪及油系统应加强监视，防止油枪进退不到位及油门关闭不严、漏油烧毁燃烧器。

（3）做好防止燃烧器回火的措施：①煤种变化时积极调节一、二次风量，防止着火点提前或燃烧器喷口结焦；②一次风量不应过小，防止燃烧器内部或风管积粉；③保持适当的一次风温及合适的煤粉细度，根据煤质变化适时进行调整；④制粉系统停运前，应充分通风吹扫，防止积粉。

### 十八、空气预热器因高压冲洗水管脱落卡涩停运

1. 事发前系统运行情况

2 号机组负荷 900MW，6 台制粉系统运行，2B 空气预热器运行正常，电流 21A。

2. 事件经过

12月17日21：09，2B空气预热器电流出现晃动，最大至23A左右，派巡检就地检查。21：13，2B空气预热器电流晃动至128A，强制提升空气预热器扇形板。21：14，退出AGC，机组快速减负荷。21：15，就地检查2B空气预热器主电动机振动大，并确认2B空气预热器已停转，就地拉开空气预热器2B变频器控制柜内主电动机动力电源，辅电动机联启，电流50A，确认2B空气预热器仍处于停转运状态，就地拉开空气预热器2B变频器控制柜内辅电动机动力电源。21：21，空气预热器RB发出，2B一次风机、2B送风机、2B引风机联跳正常，停运脱硝、脱硫系统。

12月18日19：45，2号炉2B空气预热器检修工作结束，风烟系统恢复正常运行。

检查情况：2B空气预热器高温端双介质吹灰器高压冲洗水管脱落，卡在二次风与烟气侧扇形板底部，同时，高压冲洗水管脱落过程中，将热端吹灰器蒸汽吹扫管路支架砸坏变形散架。

3. 原因分析及暴露问题

该双介质吹灰器是在本次2号炉B级检修期间配合脱硝改造安装，采用的是上海克莱德设备。

（1）直接原因：空气预热器内高压冲洗水管路与径向密封片距离偏小，热态下管路膨胀下垂，密封片碰到了管路吊架，导致吊架、枪管掉落，卡住扇形板。

（2）间接原因：管路焊接存在问题，管路内壁未焊透，焊口处只在表面处进行焊接，热态运行后焊口出现裂纹导致管路断裂掉落。

（3）设计不合理，高压冲洗水管路与径向密封片距离设计偏小。

（4）设备安装质量欠佳，管路内壁未焊透，焊口处只在表面处进行焊接，导致管路强度不够。

4. 防范措施

（1）在2B空气预热器热端吹灰器未修复前，加强2B空气预热器冷端吹灰次数。

（2）加强空气预热器各项参数和吹灰情况的监视，发现问题及时处理。

（3）利用低谷机会，对空气预热器内部吹灰器进行检查处理，消除隐患。

## 十九、空气预热器受热面局部烧损

1. 事件经过

某电厂工程试运指挥部令5号锅炉准备点火进行热态冲洗。23：10，5号锅炉点火成功，逐步投入B、E层4~8条点火油枪；10月6日01：20~02：50，相继投入了4条启动油枪。05：15，锅炉主汽压力1.5MPa，主汽温度300℃，排烟温度70℃。05：40，试用等离子点火装置点火投入煤粉燃烧器。点火过程中，F1不拉弧，投入F1点火油枪；F2~F5拉弧情况良好，F6拉弧不稳定；启动F磨煤机，缓慢增加给煤量至10~15t/h，炉膛内黑暗不清，燃烧恶劣，将给煤量增加至25t/h并减少风量后炉膛内燃烧情况明显好转；逐步退出4条启动油枪，给煤量增加至50 t/h时，炉膛内燃烧稳定，火焰明亮。

10月6日07：10，锅炉冲洗工作结束后停炉。炉膛熄火后保持引、送风机运行进行炉膛送风，10min后停止各风机运行，关闭所有烟风道挡板，按规定封炉自然冷却。

10月6日08：45，运行人员检查发现5号锅炉A空气预热器人孔门不严密处有火星冒出，空气预热器发生再燃烧；立即开启空气预热器蒸汽吹灰和水力冲洗扑灭此次火灾。事故发生后，对 5 号锅炉 A 空气预热器进行检查发现：A 空气预热器热端三个扇形模块的波形板箱受热面被烧毁报废，其他受热面局部烧损。A、B 空气预热器受热面内清理出来大量的焊渣、废铁、杂物等。

2. 原因分析及暴露的问题

(1) 新机组第一次启动前，5 号锅炉空气预热器受热面内有大量的焊渣、废铁、杂物没有清理干净，造成空气预热器受热面堵塞，为可燃物的滞留和存积提供了条件，是事故发生的主要原因。

(2) 锅炉点火时投运了 4 条启动油枪，该油枪油流量大 (3.3t/h)，未经试运技术人员严格的配风调试验收，风量调整时存在不足，油枪燃烧不完全，致使大量未完全燃烧油滴分解成为炭黑；炭黑极难着火燃烧，大部分被带入尾部烟道，并黏附在空气预热器的受热面上。启动油枪运行约 2h 后又进行了等离子点火装置点燃 F 磨煤机煤粉的操作，燃烧工况恶劣，煤粉气流的燃烧燃尽过程不能得到充分强化，使大量的未燃尽煤粉带入尾部受热面存积。锅炉停炉前没有对空气预热器全面吹灰一次。

(3) 停炉后，工程技术及调试人员对尾部烟道可燃物存积情况重视不够，按正常停炉进行炉膛和烟道的通风操作，没有将滞留在 5 号锅炉空气预热器内大量的可燃物通风抽尽，留下事故发生的重大隐患。大量滞留的可燃物在停炉后逐步缓慢氧化发热到自燃，最终烧坏 A 空气预热器受热面。

(4) 发生空气预热器再燃烧后灭火过程中，蒸汽吹灰装置灭火效果十分不理想，不得已采用空气预热器水力消防进行了灭火。检查发现 5 号锅炉空气预热器蒸汽吹灰装置未能覆盖受热面。

3. 防范措施

(1) 锅炉空气预热器在安装后第一次投运时，应将杂物彻底清理干净，经制造、施工、建设、生产等各方验收合格方能投入运行。

(2) 对于新安装的油枪，在投运前应进行冷态验收。保证油枪雾化良好、燃烧安全。

(3) 保证锅炉低负荷工况下连续吹灰，防止未燃尽油滴、煤粉滞留和存积在尾部烟道受热面。

(4) 运行和停运的锅炉都要加强现场的巡检和对各部烟气温度的监视，发现异常情况及时处理。

(5) 对磨煤机煤粉细度进行调整，保证 $R_{90}$ 在合格范围内，避免煤粉过粗燃烧不完全，未燃尽煤粉带入尾部烟道。

(6) 锅炉停炉前应对空气预热器全面吹灰一次。

## 二十、一台一次风机跳闸，机组 RB 动作

1. 事件经过

4 月 1 日下午根据定期工作安排，进行 3A 一次风机油站 B 油泵切换 A 油泵运行操作，14：24 启动 3A 一次风机电动机油站 A 油泵，CRT 盘上、就地控制柜运行信号反馈正常。14：25 停运 3A 一次风机电动机油站 B 油泵，润滑油母管压力低、压力低低、流量低报警，运行人员立即启动 3A 一次风机电动机油站 B 油泵，启动多次均失败，3A 一次风机跳闸，

机组 RB 动作。15：10 启动 3A 一次风机成功。就地检查发现 3A、3B 一次风机电动机油站就地控制柜内的备用油泵动力电源空开均在断开位置。

2. 原因分析及暴露的问题

（1）3A 一次风机电动机油站 A 油泵启动前、启动后的状态控制盘和就地检查工作均不到位，错误地认为 A 油泵运行正常，停运 B 油泵，造成润滑油母管压力低，3A 一次风机跳闸，机组 RB 动作。经验不足，检查不认真，是事件发生的主要原因。

（2）事件发生后，检查发现 3A、3B 一次风机电动机油站就地控制柜内的备用油泵动力电源没有送电。设备的停送电管理还存在漏洞。

（3）运行控制室盘面操作人员和就地巡操人员之间的沟通联系工作必须进一步加强。

3. 防范措施

（1）进一步加强电气设备的停送电操作管理，规范合理使用停送电联系单和操作票。

（2）设备启动前和启动后必须确认有关设备的状态，确保切换操作安全顺利进行。

（3）进一步加强运行人员之间的沟通联系，操作期间严格执行操作复诵制度。

## 二十一、炉膛掉大渣，炉膛压力高 MFT

1. 事件经过

某电厂 1 号机组负荷由 570MW 升至 600MW，协调方式运行，六台磨煤机运行。A、B、C、E、F 磨煤机均带 39t/h 自动方式运行，D 磨煤机带 32t/h 手动方式运行。主汽温 564℃，主汽压力 24MPa，炉膛氧量 3.8%～4.0%，负压-100～0Pa。09：45：40，31 号锅炉塌焦，炉膛负压突增至 400Pa，氧量升至 5.6%，A、F 磨煤机火检剧烈闪烁。09：47：35，值班员投入 F 层油枪；09：48，投入 A 层油枪。09：48：16，炉膛压力达到+4300Pa，"炉膛压力高"保护动作，锅炉 MFT，汽轮机跳闸，发电机自动解列。就地检查发现，捞渣机人孔门被大焦砸开，炉底水封破坏。

2. 原因分析及暴露的问题

（1）炉膛结焦塌大焦是事故发生的直接原因。塌大焦造成锅炉捞渣机人孔门砸开，水封破坏，大量冷空气进入炉内，燃烧恶化，锅炉灭火。

（2）热工将锅炉 MFT"临界火焰"保护解列，造成大部分煤粉燃烧器火焰熄灭后"临界火焰"保护无法动作，锅炉产生灭火爆燃，"炉膛压力高"MFT 保护动作。

（3）从事故追忆曲线看，09：45：40，1 号锅炉塌焦，炉膛负压剧烈增大至 400Pa，氧量升至 5.6%，A 磨煤机火检 A3、A4 及 F 磨煤机火检 F1～F4 同时剧烈闪烁；09：47：35，值班员投入 F 层油枪，F2、F3 火检仍在闪烁；09：48，投入 A 层油枪，A4 火检仍在闪烁。09：49：10，炉膛负压开始下降；09：49：37，降至-2200Pa，（时间为 2s）没达到 3s 延时，因此炉膛压力低保护未动作。

（4）由于锅炉塌大焦将捞渣机人孔门砸开，捞渣机密封水大量外泄，水封破坏，炉膛冒正压，同时引风机挡板自动开大，大量冷空气进入炉膛，锅炉燃烧区温度下降，燃烧恶化，除 A2、F1、F2 煤火检之外，其余 29 个煤火检全部无火。因 F 层 4 只点火油枪运行（油层运行条件满足），全炉膛灭火保护没有动作。

（5）09：49：45，炉膛压力由-2200Pa 回到 0Pa。09：49：59，炉膛压力达到+2000Pa，"炉膛压力高"保护动作 MFT，炉膛压力最高达到 4300Pa。

3. 防范措施

(1) 将炉膛压力高及压力低保护动作延时由 3s 改为 1s，减少炉膛灭火爆燃造成锅炉严重损坏的可能性。

(2) 加强燃烧调整，尽快做燃烧调整试验，准确判断结焦部位，制定防范措施。考虑增加在燃尽风区域炉膛蒸汽吹灰器数量，防止锅炉炉膛结焦。加强燃料的管理，对来煤的灰熔点进行分析，对变形温度比较低的煤种确定合理的掺烧方案。

(3) 加强检修维护工作，加固捞渣机及人孔门，将捞渣机的部分人孔门封死。炉底开裂部分尽快恢复。

(4) 恢复锅炉 MFT "临界火焰"保护功能，改进灭火保护逻辑。原逻辑为当本煤层所有点火油无火且少 3 个煤火焰时，认为本煤层无火，当所有煤层无火时，锅炉失去全部火焰保护动作，应取消其中的点火油火检逻辑。

(5) 当炉底水封破坏时，调整炉膛压力在 +400～+500Pa 之间运行，根据炉底负压调整炉膛压力，防止大量冷空气漏入炉膛。

## 二十二、减负荷过程中风煤调整不及时磨煤机跳闸 MFT

1. 事件经过

某电厂 2 号机组负荷 450MW，协调投入，总燃料量 180t/h；A、B 送引风机及一次风机运行，引风机投入自动，锅炉氧量 3%，B、C、D、E 制粉系统运行，B 磨煤机煤量 32t/h、一次风量 90t/h，C 磨煤机煤量 48t/h，一次风量 90t/h，D 磨煤机煤量 50t/h，一次风量 90t/h，E 磨煤机煤量 50t/h，一次风量 90t/h，锅炉燃烧稳定。03：13，值长命令 2 号机组调峰逐步减负荷到 400MW 运行，机长开始减负荷操作，但 B、D 磨煤机对应的煤火检几乎同时消失并造成 B、D 磨煤机跳闸，锅炉灭火保护 MFT 动作，首显"炉膛负压低延时 1s"。

2. 原因分析及暴露的问题

(1) 炉膛负压分析：根据保护动作前后炉膛负压历史曲线，在炉膛灭火保护动作前，B、D 磨煤机分别在 03：12：19 和 03：12：32，相隔 13s 左右相继跳闸，但炉膛负压并没有出现过大的增加现象；直到 03：12：12，全炉膛灭火保护动作时，炉膛负压才急剧增大，表征出在灭火保护动作前炉膛实际上并没有灭火。

(2) 炉膛配风分析：跳闸前机组正处于 450～400MW 降负荷期间，总二次风压和各大风箱风压逐渐降低，由于风量自动不能投入，减风量滞后，加上 B、D 摸没机相继跳闸造成总煤量减少，造成氧量高于对应的负荷（两侧氧量分别为 6.2%、5.6%），锅炉燃烧不稳。

(3) 磨煤机跳闸前锅炉并没有发生足以造成煤粉燃烧中断的扰动和参数调整偏差，特别是从负压曲线可以看出，在 B 磨煤机跳闸前以及全炉膛灭火保护动作前炉膛的燃烧基本稳定。从磨煤机火检变化趋势看，火检本身以及失去火检跳磨煤机保护和全炉膛灭火保护都不存在误动的可能。

(4) 造成磨煤机连续跳闸及全炉膛灭火保护动作的主要原因，是火检探头安装位置偏差和煤粉燃烧器着火点滞后共同造成。着火点滞后的原因：①由于 F 制粉系统正常停止，B 制粉系统煤量低、一次风量相对大、煤挥发分低，在失去全部下层燃烧器后，着火点推迟，超过 B 磨煤机火检探头检测范围，致使 B 磨煤机失去火检跳闸；②B 磨煤机跳闸后其他运行磨煤机煤量和风量存在扰动，影响对侧的 D 层燃烧器着火点滞后，超过 D 磨煤机火检探头检测范围，D 磨煤机失去火检跳闸。另外，锅炉的三次风调节挡板存在问题，风量自动不能投入，变负荷期间需手动调整风量，造成燃烧工况偏差也是喷燃器着火点滞后的原因。

3. 防范措施

（1）对火检安装位置重新整改，消除火检安装位置偏差，保证炉膛火检检测准确可靠。

（2）运行值班员加强燃烧调整措施的学习，在设备存在缺陷的情况下提高调整燃烧的水平。锅炉正常运行中应严格监视水煤比，来煤差时应采取强化燃烧的措施，适当减少一次风量及一次风速、提高一次风温等，防范类似原因导致磨煤机跳闸，引起炉膛扰动锅炉灭火。

（3）热控人员应加强火检等重要保护设备的维护检查，确保其工作正常。

## 二十三、燃烧器烧损

1. 事件经过

某电厂三期工程为 2×600MW 机组，第一台机组于 1997 年 1 月 17 日通过 168h 试运。1 月 29 日发现 D 层 D1 燃烧器烧毁，到 3 月 5 日停炉临检，负荷一直在 70% 以上。停炉后，发现燃烧器内外套管及高能点火器、油枪全部烧毁，内部调节挡板部分烧坏。

2. 原因分析及暴露的问题

（1）该锅炉自第一次投粉后，六台制粉系统一直运行。从 1 月 26 日开始，D 制粉系统燃烧器关断挡板就多次出现故障，造成磨煤机一次风量下降。29 日 10：45，运行人员发现一次风管道 D1、D2 压差不正常，D1 压差 540Pa；同时发现油枪不能投入，经就地检查发现燃烧器 D1 烧毁。

（2）在燃烧器 D1 烧毁后，运行人员才发现各燃烧器温度高报警信号未投入。后将信号恢复，发现 C、F 层燃烧器温度高报警两次，且都是投油时温度高报警，退出油枪后温度逐渐下降恢复正常，说明煤油混烧使着火点提前。同时检查发现 D1 外套管有很多积粉烧结，显然燃烧器投油时回火引燃积粉是其烧毁的主要原因；检查还发现 D1、D4 运行中二次风门只开至点火位（约 30%），而未开至运行位（80% 以上），由此也造成了着火点靠前。

3. 防范措施

（1）由于机组新投产，制粉系统阀门多次发生故障，运行中 2 次发生 D 磨煤机一次风入口闸板门下滑，引起一次风量减少。1 月 26~29 日，发生 5 次燃烧器关断门自动关闭，致使一次风压波动大，容易造成燃烧器内部积粉。因此应加强制粉系统阀门维护，必要时全部更换。加强制粉系统运行监视及运行管理。机组试生产后，燃烧器内温度高报警信号一直未投，运行管理人员没有采取措施。新机组投运后应采取怀疑一切的态度，积极验证各测点各参数的正确性，同时确保各监测点监测参数正常。

（2）加强燃烧器正常运行时的检查核对。实行每班定期核对并做好记录，确保一、二次风门远方就地一致，开度正确。对油枪及油系统应加强监视，防止油枪进退不到位及油门关闭不严、漏油烧毁燃烧器。

（3）做好防止燃烧器回火的措施：①煤种变化时积极调节一、二次风量，防止着火点提前或燃烧器喷口结焦；②一次风量不应过小，防止燃烧器内部或风管积粉；③保持适当的一次风温及合适的煤粉细度，根据煤质变化适时进行调整；④制粉系统停运前，应充分通风吹扫，防止积粉。

### 二十四、锅炉燃烧不稳、处理不当造成爆燃灭火

1. 事件经过

某电厂 1 号机组负荷 300MW，协调方式运行，A、B、C、E4 台磨煤机运行，燃烧煤种是郑煤煤种。07：02，停 A 给煤机（应检修要求进行 A 磨煤机内部检查），负荷维持 300MW 稳定运行。之后，E 给煤机多次断煤，引起总煤量大幅波动；由于燃烧不稳定，于 07：29，重新启动 A 给煤机，但多个煤火检不稳，A、B、C、E 层点火油枪自动投入助燃（其中 B3、B4、C2 点火枪故障无法投入）。E 给煤机处于持续断煤中，锅炉氧量大幅波动（3%～6.5%），炉膛负压摆动大。07：45，锅炉 MFT 保护动作，首显原因为"炉膛压力高"保护动作，动作时机组负荷为 278.94MW。

2. 原因分析及暴露的问题

（1）E 给煤机频繁断煤，造成 E 层 4 个燃烧器着火燃烧不稳定，锅炉燃料量变化大；另外，锅炉一直处于较低负荷运行，抗干扰能力差，引起炉内局部发生灭火。当 E 磨煤机来煤时，大量煤粉进入炉内引起爆燃，造成锅炉 MFT 保护动作。

（2）点火油枪维护不力，部分点火油枪无法正常投入，没有起到助燃作用，是发生锅炉灭火的原因之一。

（3）运行值班员燃烧调整不力。在低负荷和 E 磨煤机频繁断煤的异常工况下，对锅炉氧量、负压大幅度变化等燃烧不稳现象没有引起足够重视，煤量风量调整不及时，造成锅炉灭火。

（4）炉膛临界火焰保护解列、磨煤机火检跳闸保护动作不正常，A、B、C 层煤粉燃烧器均出现失去 2 个火检情况，A、B、C 磨煤机没有跳闸，造成锅炉爆燃。

3. 防范措施

（1）保证点火油枪处于正常备用状态，发现有堵塞或故障应及时处理，每周进行一次点火油枪试投试验。

（2）正常运行时，注意风煤配比调整，低负荷停止助燃油前须派人就地看火，确认着火点合适、火焰着火稳定后方可解列油枪操作，否则保持油枪助燃。

（3）尽量保持磨煤机正常运行方式，对冲燃烧，相互支持，保证煤粉气流着火燃烧稳定。

（4）发现燃烧不稳及时投油助燃，或向调度申请加负荷以保证燃烧的稳定。

（5）将煤层火焰成立的条件由 2/4 恢复为 3/4，确保磨煤机火检保护安全、正确动作。

（6）投入锅炉临界火焰保护。

（7）加装防止煤斗堵煤疏通装置，防止磨煤机频繁断煤。

# 第二节 汽 机 专 业

### 一、凝结水泵入口滤网清洗时，凝结水泵变频器故障跳闸，机组 MFT

1. 事件经过

2 月 7 日 05：12，4 号机组调停后启动并网；13：05，4 号机负荷 300MW，4B 凝结水

泵入口滤网差压升至 6kPa，4B 凝结水泵出口压力由 3.0MPa 突降至 2.4MPa，凝结水泵电流由 155A 突降至 125A，运行人员启动 4A 凝结水泵，停运 4B 凝结水泵，4A 凝结水泵在变频方式保持工频转速运行。13：55，许可《4B 凝结水泵入口滤网清理》工作开工。

14：53：50，4A 凝结水泵跳闸，首出为 "4A 凝结水泵变频器故障报警，4A 凝结水泵电气异常跳闸"，手动抢启 4A 凝结水泵两次均失败。14：54：30，4A、4B 给水泵密封水温度高跳闸，4 号炉 MFT 动作，首出原因为 "给水泵全停"，4 号机解列。15：05，4B 凝结水泵入口滤网清理工作结束，4B 凝结水泵开始恢复安措。15：29，4A 凝结水泵变频器切至旁路隔离开关，4A 凝结水泵切至工频方式。

15：30，4B 凝结水泵安措恢复，启动 4B 凝结水泵运行。19：48，4 号发电机并网。

2. 原因分析及暴露的问题

(1) 经试验和检查，发现 4A 凝结水泵变频器控制电源 UPS "启/停" 按钮接触不好，分析判断为 UPS 电源输出不稳定导致凝结水泵变频器故障报警，4A 凝结水泵因电气异常跳闸。

(2) 凝结水泵变频器 UPS 电源为三菱公司外购 APC 产品，产品性能不能保证，凝结水泵变频控制电源回路的设计方案需要进一步完善优化。

(3) 分析此次机组启动后凝结水泵入口滤网差压变化可以看出，2 台凝结水泵投运初期差压均正常，A 泵差压上升的主要原因是投入高压加热器汽侧，高压加热器疏水系统携带杂质进入凝汽器汽侧；B 泵差压上升是由于各个系统投入运行后杂质的逐渐积聚引起。说明机组热力系统存在的杂质较多，锅炉受热面氧化皮脱落对汽轮机和回热系统的影响以及处理对策的研究，机组停机后各系统设备的维护工作必须引起高度重视。

3. 防范措施

(1) 取消 1～4 号机组凝结水泵变频器控制电源 UPS，增加 RCD 回路来代替。

(2) 组织研究锅炉受热面氧化皮脱落对汽轮机和回热系统的影响以及处理对策，分析机组停机后各系统设备维护工作存在的问题，根据分析研究情况，采取相应措施减少机组启动阶段凝汽器内杂质，减少清洗凝结水泵滤网的次数，降低事故风险。

## 二、4A 给水泵汽轮机跳闸，机组 RB 动作

1. 事件经过

3 月 16 日 7：04，4 号机组发出 "4A 给水泵最小流量低 & 转速大于 2850r/min 报警"。7：05，4A 给水泵汽轮机跳闸，机组 RB 动作正常，机组负荷从 800MW 降到 500MW。检修人员检查发现为 4A 给水泵汽轮机低压调门油动机故障；11：50，检修工作结束，12：50，启动 4A 给水泵汽轮机，投入运行。

2. 原因分析及暴露的问题

(1) 4A 给水泵汽轮机低压调门调节器电液转换装置（EG-3P）以前安装于 1B 给水泵汽轮机，也曾发生过运行中突然关闭的现象，后外送日本三菱公司授权检修商大连中远嘉洋上海分公司检修未找出原因，日本三菱对此现象也未做出准确的分析，建议我厂将此台调节器送回日本检查，考虑到我厂调节器仅有一只备件，外送日本检验时间较长，春节调停期间安装到 4A 给水泵汽轮机上运行，静态试验正常。

(2) 调门调节器电液转换装置（EG-3P）属于精密元件，检验需专用试验台，目前国内

电厂均不具备检修检验的条件，只能采取计划检修时外送供货商检测的手段来预防，此台调节器在 4C、春节调停期间均已外送检测。电液转换装置（EG-3P）对工作条件要求很高，出现故障具有一定的不可预见性，国内电厂均是准备备品在发生故障后更换，再外送供货商检修。

（3）从 4A 给水泵汽轮机近期油质化验结果来看，颗粒度均合格（在 NAS 8 级以内），油中含水也在合格范围。分析初步认为大连中远嘉洋上海分公司检修不彻底或系统中残留的杂质造成 EG－3P 卡涩引起给水泵汽轮机转速波动。

3. 防范措施

（1）联系日本三菱公司，将此台调节器的电液转换装置（EG-3P）送回日本检测。

（2）公司批复的在线滤油机尽需尽快落实供货，安装于 2、3、4 号机组用于在线滤油。

（3）鉴于给水泵汽轮机控制油于润滑油共用油源，安装在线滤油机后应提高油质的等级，由现在的 NAS8 级提高为 NAS7 级，并逐步向 NAS6 级提高。

（4）加强此台给水泵汽轮机油质取样化验的密度，重点监视此台水泵汽轮机的油质。利用停机机会清理油箱。

### 三、2A 给水泵出口阀损坏

1. 事件经过

5 月 4 日，2 号机组"五一"调停后启动；4：00，根据《根据 2 号机组节电启动方案》联系热工强制 MFT 跳给水泵汽轮机 A 保护，4：50，2A 给水泵汽轮机升速至 2850r/min，2A 给水泵出口压力 9.6MPa。

4：55，开启 2A 给水泵出口电动门时，发现阀门卡涩，联系检修部门检查。5：01，点动开启 2 号炉省煤器进口电动门给锅炉上水。6：42，汽机检修回告：2A 给水泵出口电动门就地手摇较重，开度 7%。6：42，联系热工强制 MFT 跳给水泵汽轮机 2B 保护。7：30，2B 给水泵汽轮机升速至 2850r/min，开启出口电动门向锅炉上水。

检修解体 2A 给水泵出口门后发现阀杆与阀板连接处损坏，因无备品，故暂将 C 修中的 1B 给水泵出口门拆下装到 2A 给水泵出口；5 月 5 日 0：55，处理结束，试验开关正常。

2. 原因分析及暴露的问题

（1）在给水系统电泵未启动的情况下，用 2A 给水泵启动向锅炉上水，虽然开启出口门的压力平衡阀，但因为该阀门和管径小，流量有限，出口阀前后差压过大导致阀门无法正常打开。

（2）2A 给水泵出口门卡涩后，运行、检修人员缺少处理经验，没有调整系统运行状态情况下，检修人员就地手摇执行机构，导致阀杆与阀芯支座连接处断开。

3. 防范措施

（1）在采取新的运行方式前，全面分析评估设备运行安全性；给水系统的启动在系统没有改造，方案没有讨论成熟前应暂时考虑先启动电动给水泵运行，待压力平衡后冲转给水泵汽轮机开启给水泵出口门。

（2）分析论证不用电动给水泵启动改造项目的必要性、经济性及可行性。

（3）在碰到类似阀门卡涩问题时要进行认真分析，采取合理方法，避免造成设备损坏。

#### 四、汽动给水泵出口阀关闭，机组 RB 动作

1. 事件经过

5月7日02：18，3号机负荷550MW，3B给水泵反转信号发出，出口门联锁关闭，3B给水泵低流量保护动作跳闸。检查3B给水泵汽轮机转速下降，出口门显示关故障，3A给水泵汽轮机转速上升，给水流量调节正常。退出AGC降负荷到500MW。就地检查3B给水泵出口门已关闭。联系检修人员检查。02：24，检查发现3B给水泵汽轮机反转信号误发，将反转信号出口强制，复位信号。02：25，重新冲转3B给水泵汽轮机正常，并泵带负荷正常。

2. 原因分析及暴露的问题

3B给水泵汽轮机现场反转信号判断装置故障，反转信号误发，联关出口门，因再循环门不能及时开启，导致最小流量保护动作跳闸。

3. 防范措施

（1）更换反转信号判断装置。

（2）1～4号机组汽动给水泵，在汽动给水泵反转信号基础上，加入给水泵汽轮机转速信号（小于2850r/min时反转跳闸）进行判别，防止误关汽动给水泵出口门。

#### 五、高压加热器泄漏

1. 事件经过

2012年6月30日08：20，某电厂2号机组负荷936MW，运行人员监盘发现2号机组3B高压加热器水位由正常设定值250mm上升至288mm，正常疏水调门逐渐全开至100%，危急疏水调门开启至10%。就地确认3B高压加热器正常疏水和危急疏水调门动作正常，调门无故障，远方和就地核对3B高压加热器水位指示正常。

经分析发现：2号机组两台汽动给水泵出水流量之和大于省煤器入口给水流量约300t/h；3B高压加热器疏水温度比3A高压加热器疏水温度高4.2℃；3B高压加热器出口给水温度低于3A高压加热器出口给水温度4℃。初步判断3B高压加热器换热管束可能存在泄漏。

10：02，缓慢关闭3B高压加热器抽汽电动门至全关，关闭2B高压加热器至3B高压加热器正常疏水调门，关闭3B高压加热器正常疏水调门；11：20，3B高压加热器汽侧完全退出运行，观察3B高压加热器危急疏水调门仍长时间保持70%开度，进一步确认为3B高压加热器换热管束存在泄漏。13：05，2号机组B列高压加热器汽侧退出运行，B侧给水切至旁路运行，开始3B高压加热器降温操作。

7月3日10：36，高压加热器内温度低于50℃，经有关生产领导批准和运行人员许可后，检修人员进入高压加热器内工作。20：30，3B高压加热器换热管束漏点处理结束，共发现漏点8个，加装堵头16个，3B高压加热器具备重新投运条件。21：41，开启2号机组B列高压加热器注水一次门、微开二次门，高压加热器水侧开始注水，00：05，注水完毕，3B高压加热器水侧就地压力表显示值与高压加热器入口三通阀前压力值基本相等，全面检查B列高压加热器水侧无异常，高压加热器汽侧水位计无水位。7月4日4：50，2号机组B列高压加热器汽侧投运完毕，3B高压加热器运行正常。

2. 原因分析及暴露的问题

（1）从盘上参数看，3B 高压加热器疏水温度比 3A 高压加热器疏水温度高 4.2℃，初步分析漏点位置应该在 3B 高压加热器水侧出口处；检修人员进入 3B 高压加热器检查后发现漏点位置确为 3B 高压加热器水侧出口处；另外，3B 高压加热器正常运行中都能够维持正常水位；所以可以排除 3B 高压加热器内汽、水两相流造成冲刷损坏的可能。

（2）设备运行时间长，部分部件可能出现磨损。

（3）换热管束本身存在质量问题，或组装时管子外侧有损伤。

（4）在机组加减负荷时，负荷变化速度过快，相应抽汽压力、抽汽温度迅速变化，高压加热器 U 形管由于受激烈的温度交变热应力后容易损坏，尤其在机组紧急甩负荷或高压加热器紧急解列时高压加热器受到的热冲击更大，高压加热器 U 形管长期受热疲劳冲击而容易发生损坏泄漏。

（5）停机过程中，高压加热器退出汽侧运行后，经常保留高压加热器水侧运行，相当于温度较低的给水对管束进行强制冷却；此时，原来均匀的温度场因汽侧温度快速变化而变得很不均匀，引起高压加热器管束壁温大幅度变化，产生很大的热应力，容易使管束最薄弱的部位产生破裂而造成泄漏。

3. 防范措施

（1）高压加热器投停时，要注意控制高压加热器出水升温率或降温率。

（2）进一步加强高压加热器系统的运行监视和调整，保持高压加热器水位正常；在机组加减负荷时应加强监视高压加热器运行参数的变化，及时进行调整，避免高压加热器受到热冲击。

（3）运行中发现高压加热器有泄漏时，应及时停运并隔离相应的加热器，避免泄漏点冲刷邻近管束造成二次损伤。

（4）对靠近泄漏管束周边的一层管子进行保护性堵管，消除泄漏点冲刷管束使表面减薄而留下的潜在泄漏隐患。

（5）停机过程中，高压加热器退出汽侧运行后，高压加热器水侧应同时退出运行，走旁路，避免温度较低的给水对管束进行强制冷却。

## 六、汽轮机大轴抱死

1. 事故经过

2007 年 11 月 25 日 14：30，某电厂 4 号机组由于凝汽器钛管泄漏，凝结水精处理混床树脂失效，导致凝结水及锅炉给水水质恶化，决定降负荷查漏。运行人员将辅汽联箱汽源由本机四抽切为临机汽源；19：42，4 号机组负荷 350MW 时，凝结水水质严重超标，手动停机。4 号机组惰走过程中顶轴油泵自启动及盘车电磁阀自开启连锁正确，各轴瓦温度及振动情况正常，21：02，转速惰走至 0r/min。液压盘车投入不成功，就地手动盘车也不能盘动。

检查各轴瓦顶轴油压及润滑油压数值，并与调试阶段数据比较，确认顶轴油、润滑油系统工作正常。

经分析会议研究认为：①由于轴封供汽温度偏低，造成轴封套收缩，汽封与大轴抱死；②凝汽器检漏即将完成，检漏完成后立即破坏真空，对 4 号汽轮机采取闷缸处理；③制定闷缸措施，并落实到位。

2. 原因分析及暴露的问题

(1) 汽轮机转速惰走至零转速后，检查各轴瓦润滑油及顶轴油压均正常，排除由于油系统故障引起大机轴抱死的可能。

(2) 经初步分析，大轴抱死的直接原因为轴封供汽温度低。打闸前，正常运行时轴封温度为 300℃ 左右，惰走过程中，由于轴封供汽温度下降，轴封蒸汽温度最低降至 140℃，冷汽进入轴封套，造成轴封套冷却收缩，轴封抱死。

(3) 机组手动停机前，辅汽联箱汽源由本机四抽切为临机汽源，由于在正常运行时，辅汽联络母管中的蒸汽基本处于不流动状态，蒸汽温度在饱和温度左右；打闸前，联络母管暖管不够充分，导致联络母管中的冷汽进入辅汽联箱，引起轴封供汽温度急剧下降。

(4) 停机过程中正在进行凝汽器钛管泄漏检查，轴封供汽温度下降至正常运行值下限后没有及时破坏真空，停运轴封。

3. 防范措施

(1) 本机与临机辅汽联络母管的疏水系统设计不够完善，联络母管未设温度监视，造成相邻机组间辅汽不能形成真正的热备用，建议在机组辅汽联箱临机供汽电动门前增设一路疏水至凝汽器，正常运行时常开，保证备用供汽温度，并增设温度监视测点。

(2) 正常运行中当发生机组紧急停机时，若临机辅汽未达到热备用需要，本机轴封可暂时由本机冷再供应。

(3) 停机工况下如无有效手段提升轴封供汽温度，应果断破坏真空，停运轴封。

(4) 闭冷水箱跑水致使两台汽动给水泵跳闸，机组 MFT。

## 七、闭冷水箱跑水致使两台汽动给水泵跳闸，机组 MFT

1. 事故经过

2008 年 1 月 26 日 11：00，某电厂因"1 号机循环水虹吸井查漏"检修工作需要停运 1A、1B 循环水泵，为保证一期空气压缩机以及循环水泵电动机冷却水的正常供应，运行人员开始进行一期闭冷水系统切换操作。

13：00，运行人员开启 1、2 号机组闭冷水回水联络电动门；13：08，由 1 号机组巡检员将 1 号机组闭冷水至锅炉侧联络手动供水门和回水门关小（全关将造成循环水泵和空压机冷却水中断）；由 1 号机组主值班员将 1、2 号机组闭冷水供水联络电动门开启，此时 2 号机组闭冷水箱水位开始上升，现场人员迅速将 1 号机组闭冷水至锅炉侧联络手动供水门和回水门全关，2 号机组值班员检查闭冷水调门自动关至零，此时水位 1.8m。

13：09，2 号机组闭冷水箱水位迅速上升至超量程，13：11 水位开始下降，2 号机组值班员意识到闭冷水箱可能溢流，通知巡检员就地检查 2 号机组闭冷水箱。

13：12，巡检员汇报 2 号机组闭冷水箱排空气管有水溢出，2 号机组 A/B 给水泵汽轮机交流控制柜上方有水落下。值长立即通知检修部电气检修人员进行处理，检修人员拿来塑料布将 2 号机组 A/B 给水泵汽轮机交流控制柜遮住。

14：06，2 号机组大屏报"给水泵 A/B SYS FAULT"，2A 给水泵汽轮机 A1 主油泵跳闸，2B 给水泵汽轮机 B1 主油泵跳闸，2A、2B 给水泵汽轮机跳闸，2 号锅炉 MFT，首出原因为"全部给水泵跳闸"，汽轮机联跳正常，发电机逆功率保护动作正常；就地检查给水泵汽轮机交流控制柜 II 失电。

17：00，2A、2B 给水泵汽轮机油系统恢复，投入给水泵汽轮机盘车。

1 月 27 日 01：00，2 号锅炉点火成功，04：54，2 号机组并网。

2. 原因分析及暴露的问题

（1）2 号机组闭冷水箱溢流管不满足溢流需要，设计管径太小；排空气管直接排空，未加装导流管，致使水箱水位波动时，水直接从排空气管溢出到地面，流向下部各运转层。进一步顺着电缆流入 2 号机组给水泵汽轮机交流控制柜Ⅱ柜内，造成给水泵汽轮机交流控制柜Ⅱ工作电源断路器跳闸；备用电源判为母线故障，闭锁自投，从而引起给水泵汽轮机交流控制柜Ⅱ失电，致使 2A 给水泵汽轮机的 A2 油泵和 2B 给水泵汽轮机的 B2 油泵失去备用。2 号机组给水泵汽轮机交流控制柜Ⅰ由于进水，造成 24V 控制电源模块故障，发"电源异常"报警信号至给水泵汽轮机 DCS。DCS 逻辑判断电源失电，分别发 2A 给水泵汽轮机 A1 主油泵、2B 给水泵汽轮机 B1 主油泵跳闸指令，两台给水泵汽轮机工作油泵跳闸，因失去电源，2A 给水泵汽轮机的 A2 油泵和 2B 给水泵汽轮机的 B2 油泵无法联启，致使两台给水泵汽轮机跳闸，2 号机组 MFT。

（2）由于设计原因，一期循环水泵冷却水由 2 号机组供应时，必须通过 1 号机的炉侧闭冷水管才能实现，运行人员在切换闭冷水水源时必须要经过两台机组闭冷水并列运行的过程，由于两台机组的闭冷水系统参数不完全相同，并列运行时会发生串水现象；另外 1、2 号机组闭冷水联络门未设计中停功能，位置悬空，不方便检查和操作，在闭冷水并列操作中，水箱水位波动时缺少控制手段，从而造成相关机组闭冷水箱水位波动。

（3）运行规程中缺少"闭冷水切换操作"相应规定；运行人员对闭冷水系统的切换操作缺少认识，没有能够辨识出操作的危险点，没有做好事故预想。

（4）运行人员的监盘质量有待于进一步提高；对给水泵汽轮机控制系统的报警没有引起足够的重视。13：40，2 号机组闭冷水箱溢流出的水流入 2 号机组给水泵汽轮机交流控制柜Ⅱ柜内，造成给水泵汽轮机交流控制柜Ⅱ工作电源断路器跳闸，运行人员没有能够及时发现。

（5）在闭冷水并列操作中，水箱水位波动时缺少控制手段，从而造成相关机组闭冷水箱水位波动，闭冷水箱溢流管设计管径偏小，瞬间不能满足溢流需要，排空气管直接排空，致使水箱水位波动时，水直接从排空气管溢出到地面。

（6）电气设备的防水、防潮及防火隔离措施以及电缆孔洞封堵工作有待于进一步完善。

（7）给水泵汽轮机 DCS 跳闸逻辑有待于进一步完善，没有给水泵汽轮机油泵电源失去的声光报警。

3. 防范措施

（1）制定"闭冷水切换操作"规定。

（2）加强运行人员培训，提高运行人员操作技能，强化责任意识，提高监盘质量，吸取教训，做好事故预想，确保类似事故不重复发生。

（3）闭式水箱排空气管加装导流管接至无压放水或地沟，以免由于闭式水溢出影响设备安全运行，将闭冷水箱的溢流水管改成大管径管，并举一反三，对其他机组的闭冷水箱进行改造。

（4）做好电气设备的防水、防潮及防火隔离措施，完善有关电气配电柜的防进水功能，加强电缆孔洞封堵工作，防止进水及小动物进入配电柜。

(5) 完善、优化给水泵汽轮机 DCS 跳闸逻辑，增加给水泵汽轮机油泵电源失去的声光报警，取消控制电源模块故障联跳润滑油泵的逻辑，模块故障发出报警，而不联跳油泵。

### 八、循环水泵出口蝶阀阀门井满水，低真空保护动作

1. 事故经过

2008 年 3 月 16 日 12：05，某电厂 2 号机组 B 修后根据调试指挥部安排，运行人员用 1、2 号机组循环水联络门对 2 号机组循环水母管注水，发现 2A 循环水泵出口阀后自动排气阀冒水严重，停止注水并泄压，联系检修人员处理；3 月 16 日 16：00，检修处理好。

3 月 17 日 08：18，运行人员开启 1、2 号机组循环水母管连通门 A，继续进行 2 号机组循环水母管注水。09：00，运行人员发现循环水泵出口蝶阀阀门井水位超过正常水位，2A 循环水泵出口蝶阀后排气阀冒水严重，后由检修人员关闭 2A 循环水泵出口蝶阀后排气阀手动门。

9：29：58，因海水浸泡，1A 循环水泵出口碟阀在开启位置误发关信号，延时 2s 后，1A 循环水泵跳闸。1B 循环水泵联启后，由于海水浸泡出口碟阀状态信号误发而跳闸。运行人员手动启动 1A 循环水泵、1B 循环水泵均不成功。

9：31：56，1 号机组真空降至 —76.15kPa，机组真空保护动作跳闸。1 号机组跳闸后，电厂立即组织检查恢复，1 号机组停运三个多小时后于 13：18，恢复并网运行。

2. 原因分析及暴露的问题

(1) 交接班期间安排重要操作，违反交接班有关规定。

(2) 在 2 号机循环水母管注水过程中，2A 循环水泵出口蝶阀后排气阀冒水，发现后运行、调试人员未能及时采取有效的隔离措施，延误时机，造成 1A、1B、2A、2B 循环水泵出口蝶阀阀门井水位上升淹没蝶阀，这是事件发生的直接原因。

(3) 现场操作人员安排不当，现场巡视、操作安排了一名 2007 年 7 月进厂的见习巡检员到一期循环水联络门处配合联系。由于现场运行人员和参与 2 号机组调试人员对循环水母管注水操作危险点分析不够，对阀门井满水的危害认识不足，以致在发现 2A 循环水泵出口蝶阀排气门向外冒水后，没有采取果断措施关闭排气阀手动门，造成阀门井水位上升淹没蝶阀，这是事件发生的主要原因。

(4) 调试人员措施交代不清，预想不到位，现场没有有效配合运行及时采取措施，是事件发生的重要原因。

(5) 运行辅机操作规程对循环水系统注水操作程序没有明确规定，没有制定循环水管注满水的检查标准，也没有制定相应的操作技术措施，造成运行操作人员对整个注水操作缺乏依据，对可能发生的问题预想不足，这是事件发生的一个重要原因。

(6) 消缺管理要求不严，泄漏缺陷第一天发现处理后，第二天再次发生，消缺的质量、验收和跟踪不到位。

(7) 设备管理存在漏洞，循环水泵出口排气阀安装在出口阀门井内，排气阀冒水直接排放到阀门井内，留下了事故隐患；阀门井排水泵容量偏小，排水不能满足应急需要；循环水泵出口蝶阀排气门为手动门且缺少操作平台，现场操作不便，造成隔离操作时间较长。

(8) 运行、检修人员对全厂危险源分析存在漏洞，对循环水泵坑、凝结水泵坑等存在淹水可能的事故预想和应急预案准备不足。

3. 防范措施

（1）加强运行人员培训，重点加强操作技能培训，提高危险辨识能力和预控能力，提高异常工况下事故处理能力。运行部要立即组织制定详细的、可操作的培训计划，并严格实施。

（2）严格执行交接班制度，交接班期间原则上不安排重大操作。

（3）加强机组检修后调试组织、协调，明确机组启动调试的所有操作由运行负责，重要操作各有关部门和单位技术人员要现场监督指导、把关，坚决杜绝由于设备、系统调试影响运行机组安全运行。

（4）加强技术管理工作，完善运行规程，对循环水注水及公用系统切换等重要操作要明确操作规定，做好事故预想和应急预案。

（5）对每台循环水泵的自动排气门进行改造，将排气管引到循环水泵房外，排气门前手动门改为电动门，循环水泵正常运行期间将排气门前手动门关闭。

（6）考虑排污泵容量偏小，不能满足紧急情况下排水需要，增加较大容量的排污泵，并对每台机组的循环水泵蝶阀坑进行隔离。

（7）对类似于1、2号机组循环水联络阀阀门井的位置增加爬梯、操作平台，以方便运行人员操作。

（8）更换所有受潮端子及引线，防止对机组运行留下隐患。

（9）研究循环水泵出口蝶阀开关触点改为非接触式或密封较好耐海水腐蚀的开关触点的方案。

（10）进一步加强对诸如循环水泵房等重要区域、重要部位的监控和管理。

## 九、给水泵汽轮机进冷汽造成给水泵跳闸，机组 MFT

1. 事故经过

2006年12月18日19：25，某电厂1号机组负荷550MW，运行人员监盘发现1号机组辅汽母管压力在825～1005kPa之间波动，1B给水泵流量已从1116t/h降到0t/h，1A给水泵流量从1120t/h降到500t/h。

19：27，1号机组发出MFT动作信号，首出为"给水流量低"。

20：07，1号炉重新点火，21：32，1号发电机并网。

2. 原因分析及暴露的问题

（1）事件发生时1号机组给水泵汽轮机汽源的供汽方式：本机四抽与辅汽同时供汽，1、2号机组辅汽串联运行，一期两台机组辅汽实际上由2号机组供。在调高2号机组辅汽压力过程中，1号机组的辅汽压力大于四抽压力，导致辅汽联箱中的蒸汽进入给水泵汽轮机。由于正常运行时辅汽用户较少，辅汽联箱内汽温偏低，作功能力差，这部份蒸汽进入给水泵汽轮机后直接造成给水泵汽轮机转速下降，此时给水泵汽轮机转速指令增加而实际转速不能迅速上升，当转速偏差大于500r/min后给水泵汽轮机低压调门自动关闭，最终导致停机事件发生。

（2）正常运行的机组和调试机组之间指挥和协调不一致，未做好事故预想。

（3）2号机组冷再供辅汽调节门阀门特性不好，在调整该门时辅汽压力发生较大波动。

3. 防范措施

(1) 改变给水泵汽轮机汽源供应方式,正常运行时 1、2 号机组辅汽联箱隔离门应关闭,辅汽至给水泵汽轮机隔离门关闭,四抽供给水泵汽轮机汽源正常投运。

(2) 运行中应加强对辅汽联箱温度的监视,辅汽联箱疏水器应正常投运,在给水泵汽轮机汽源从四抽切换至辅汽前可通过适当打开疏水器旁路阀及就地疏水阀等措施来提高辅汽联箱内的蒸汽温度。

(3) 机组停役检修时,在辅汽供给水泵汽轮机电动隔离门前增加疏水暖管管路。

### 十、凝汽器钛管泄漏

1. 事故经过

2008 年 10 月 25 日 15:36,某电厂 4 号机组凝结水钠离子浓度和氢电导率均上升较快,15:45,就地表计显示:钠离子 $1850\mu g/L$,氢电导率 $75\mu S/cm$。为排除表计故障,联系化验人员就地采样化验,其测量数值和表计所反映的一致。立即联系检修人员对 4 号机组循环水前池加锯末,数分钟后,钠离子数值略有好转,但仍居高不下。

15:48,电厂组织人员对 4 号机组与负压系统连接的疏水阀门进行全面的检查,现场凝结水泵坑的水位处于较低的位置,坑内负压系统的疏水阀即使内漏也不可能将坑内的积水吸入凝汽器里,且现场也没有发现泄漏的阀门,根据上述情况分析为 4 号机组凝汽器钛管出现泄漏。

16:05,运行申请省调同意,4 号机组负荷降到 700MW;17:00,开始进行凝汽器 A 侧隔离;17:30,凝汽器 A 侧隔离结束,水侧开始放水;20:00,凝汽器 A 侧水室放水完成。在放水过程中,记录钠离子变化情况,在放水至人孔门上 1m 高左右的位置,凝结水钠离子逐渐降至正常值,初步确定了漏点位置。

22:05,通过用贴薄膜查漏的方法,在对凝汽器的水室进行了全面的检查后发现 B 凝汽器人孔门上方约 1m 的地方,即从下往上数 63 排第 1 根管子的位置处泄漏,用专用的堵头进行封堵;23:00,查漏结束,封人孔门。

10 月 26 日 03:00,恢复 4 号机组凝汽器 A 侧循环水运行,观察 4 号机组凝结水钠离子和氢电导率均正常。

2. 原因分析及暴露的问题

泄漏管子为管束外围厚壁管,怀疑管子本身有缺陷或安装期间有损伤,长时间运行后缺陷进一步扩展引起泄漏。

3. 防范措施

(1) 发现钠离子超标后如钠离子含量较大应立即采取单侧隔离措施,应避免加锯末引起钠离子波动造成误判断。

(2) 发现钠离子超标后如钠离子含量较小可采取加锯末的措施控制钠离子含量继续上升,根据运行情况决定是否单侧隔离进行查漏。

(3) 结合机组检修对凝汽器放水管进行改造,缩短放水时间。

### 十一、冷再管道水击部分支吊架、吊杆损坏

1. 事故经过

某电厂 3 号机组于 2007 年 8 月 31 日通过 168h 试运行投入商业运营。10 月 5 日按总调

命令停机备用消缺，10 月 8 日开启机、炉疏水（除缸体疏水外），10 月 19 日，3 号机组消缺结束，10 月 20 日，锅炉点火。

10 月 20 日 8：00，接班后运行人员对汽机、锅炉各疏水门（气动门及手动门）等进行检查，除缸体疏水外其他疏水（包括冷再所有疏水）均在开启位置。锅炉继续升温升压，至 12：25，达到冲转参数：主汽压 7.085MPa、主汽温度 407.7℃、凝汽器真空−97.786kPa，冲转前开启了缸体疏水。

12：27，汽轮机冲转，转速目标设定值 2000r/min，冲动过程中汽轮机轴振、各瓦振动、各瓦金属温度正常。

12：33，当转速升至 1500r/min 左右时，听到一声管道振动声音，就地巡操员用对讲机汇报：冷再管路振动大，主值班员立即将情况汇报值长，并对汽轮机进行检查，振动、串轴等各参数均正常。

12：36，又听到一声管道振动声音，值长令汽轮机打闸停机，打闸后汽轮机转速由 2000r/min 暖机转速开始下降，检查冷再管道振动消失。

12：40，转速达到 1800r/min 左右，运行副总令汽轮机重新挂闸维持 1800r/min 暖机，暖机过程中检查汽机各参数：主汽压 7.151MPa、主汽温度 400.203℃、再热汽压 0.003MPa、再热汽温 158.088℃、凝汽器真空−98.289kPa、高中胀差 5.537mm、串轴 0.027mm、1～7 号瓦水平振动参数均在正常范围内。

现场检查，发现机炉冷再管系支吊架发生损坏：衡力吊架 S1、S2、S4、S5、S9、S15、S16 吊杆断；限位支吊架 S3、S14、S21 限位拉杆断；阻尼器 S25、S26 拉杆弯；S11 刚性吊杆生根部位撕裂。

电厂生产、基建部门、设备生产厂家及设计单位对现场支吊架情况进行检查后，研究认为：对损坏的衡力吊架均选用 5t 导链进行临时固定后可以运行，但在停机时要掌握好降负荷的速率。哈汽厂现场检查管道轴向位移后，经核算认为推力对汽轮机的安全运行影响不大，可以运行。按生产厂家意见 10 月 20 日 19：29，3 号机组由 1800r/min 升速，18：00，升至 3000r/min 定速，18：06，发电机并网。

2. 原因分析及暴露的问题

(1) 冷再管道水击振动原因分析。

1) 3 号汽轮机调速系统在冲转过程中存在左侧主汽门不开，右侧主汽门处于部分开至全关状态来回摆动状态，并发现冲动过程中高排止回阀频繁开关引起冷再管晃动的现象，在 3 号机组 168h 试运后的三次启机中均发生高排止回阀振动（11 月 15 日再次启动时该止回阀仍然频繁开关）。哈汽厂工代答复高排止回阀摆动根源是左侧主汽门卡涩引起，在机组检修中予以处理。冷态启动冲转后高排止回阀打开时较大量的高排蒸汽进入冷再管道，高排止回阀关闭时高排蒸汽迅速凝结成水，当疏水量累积到一定程度，高排止回阀在摆动打开的过程中造成管道水击，冷再管道发生振动。

2) 本台机组采用一级大旁路系统，冲转前再热管道得不到预热。10 月 20 日启动时，已停机 15 天时间，冷再、热再系统均为冷态，冷再管道内部温度 55℃ 左右。在汽轮机冲动后高排蒸汽在冷再管道流动过程中急剧凝结，形成汽-液两相流，发生管道水击振动。经调查和查验历史数据 9 月 17 日也有一次冷态启动（机组从 9 月 4～17 日停机时间为 13 天），启动冲转过程中冷再系统管道也曾发生过晃动。

3) 现场检查发现, 冷段疏水设计上均采用向上的 U 形弯, 高差在 3m 以上, 部分疏水管高于冷再管道。此种疏水方式在疏水过程中需要通过疏水扩容器, 然后借助凝汽器真空作用将疏水导进凝汽器。当疏水量较大时, 疏水会注满疏水管道, 在 U 形管的上升段形成水柱, 形成水封效应, 降低了疏水能力, 使在冲转时产生的疏水不能及时疏掉, 产生疏水累积。

4) 运行没有及时总结、分析前几次启机过程中出现的管道晃动原因, 并采取防范措施。

(2) 支吊架吊杆损坏的原因分析。

1) 支吊架吊杆在设计方面存在材质选材不合理、型式选择不当, 使支吊架吊杆刚度和强度存在不足等问题。经过调查发现该电厂支吊架结合方式普遍采用了螺纹连接, 应力因素考虑的不足, 螺纹处易产生应力集中。

2) 支吊架在安装过程中存在承载不合理现象, 有的欠载、有的过载及安装偏斜等问题, 不同程度的改变了管系应力分布, 在此次运行工况变化情况下, 薄弱部位产生断裂。又将载荷依次传递到相邻的支吊架, 使相邻的支吊架载荷增加后产生断裂, 造成多米诺骨牌效应, 使多个支吊架吊杆产生断裂。

3) 经现场查看和分析, 存在恒力吊架状态异常情况, 在机组工况变化时, 管系膨胀受阻, 不能有效吸收由于管道膨胀或振动带来的位移, 使支吊架失效断裂。

3. 防范措施

(1) 聘请有设计资质的单位对 3、4 号机组管路支吊系统重新进行状态和应力分析核算, 对设计、安装、运行存在问题的支吊架按《火力发电厂汽水管道与支吊架维护调整规则》要求进行整改, 对支吊架吊杆材质及承重性能按照国家标准进行认定和完善。

(2) 对 3 号机组整个冷再热管道相对位置进行测量; 对整个管道系统所有焊口进行检测、对所有管件 (包括三通、弯头、异径管、接管座等) 进行检测, 并作详细记录。对损坏的支吊架 (包括 2 个阻尼器拉杆弯) 全部进行更换, 所有衡力吊架的安全系数由原来的 1.5 倍提高到 2.0 倍, 对限位拉杆进行改进。

(3) 对现有冷再管道疏水布置, 由电厂会同设计院商定改进方案, 以解决疏水不畅的问题。

(4) 利用检修机会对冷再系统疏水门、疏水管进行检查。

(5) 利用停机机会对汽水系统主要电动阀门极限进行检查和调整; 机组停运后, 锅炉再热器减温水手动门应严密关闭, 并将此写入运行规程。

(6) 从防止类似事件发生和考虑中压缸使用寿命, 组织研究超超临界机组一级大旁路系统改造的必要性和可行性; 研究完善超超临界两缸两排汽汽轮机启动方式, 完善运行规程。

(7) 按哈汽厂承诺, 将利用机组检修机会由哈汽厂来人处理左侧主汽门卡涩缺陷, 解决 3 号汽轮机冲动过程中高排止回阀摆动问题。

(8) 在机组冷态启动时, 设置汽轮机 650r/min 停留 20min 暖再热管道系统。在机组启动过程中, 要设专人监视机组及再热蒸汽管道振动情况。

(9) 机组自动疏水功能要调试好并投入使用。

## 十二、除氧器断水致使机组被迫停运

1. 事故经过

2011 年 4 月 17 日 23∶57, 某电厂 6 号机组负荷 628MW, 主汽压 25.8MPa, 主汽温

596℃，再热汽温 590℃，A、B、C、D、E、F 磨煤机运行。运行人员发现 6A 凝结水泵出口压力波动，除氧器水位开始下降，除氧器上水调阀自动开大至 80％，将 6A 凝结水泵变频器频率自动切手动调整，6A 凝结水泵频率提至 50Hz，除氧器上水调阀切手动开至 90％，并启动 6B 凝结水泵，除氧器水位仍持续下降。处理中凝结水泵出口流量突降至 0，立即切出协调手动快速降负荷，并立即派人至就地查除氧器上水调门已经全关（盘上显示 90％）。4 月 18 日 00：06，除氧器水位持续下降至－1065mm，给水流量突降至 0t/h，运行人员手动将锅炉 MFT。

检修热控人员接到通知后立即赶到集控室，得知盘上定位器反馈位置 91.07％后，与运行人员一起到就地确认阀门状态，发现该阀门处于关闭位置，定位器反馈连接杆从阀门连接件之间脱出，且定位器的反馈杆保持在较高的开度上，进一步检查连接杆螺栓无松动，外观也无扭曲等现象。将定位器反馈连接杆装复后恢复正常。

05：34，6 号机组点火成功，12：29，重新并网运行，停运 12h。

2. 原因分析及暴露的问题

经查询历史记录，除氧器上水调节阀的定位器反馈值，23：57：06～23：59：45 时段在 68.92％～95.63％之间；23：57：06～00：10：10 时段在 95.63％～91.07％之间；之后定位器的反馈值一直保持在 91.07％。

从记录值和现场检查情况推断，除氧器上水调节阀在调节过程中，因设计上反馈杆端部无锁定装置，加之安装时反馈杆连接件导轨安装不当，造成在较高阀位开度时，气动定位器的反馈杆从阀门连接件之间导轨处脱出。

虽然运行人员已将该阀控制切为手动，当阀门指令低于定位器的反馈时，定位器发出关闭指令到执行气缸，使其不断朝关闭的方向动作，以使其达到要求的开度值；但是由于此时反馈已经失效，阀门不断关小直至全关断水。

调节阀定位器位置反馈传动机构设计或安装不合理，易受阀体震动等其他外力因素影响而脱出，需立即对全厂重要气动调节阀定位器反馈杆进行检查，在其端部增加锁定装置，防止脱出。

3. 防范措施

（1）立即对全厂重要气动调节阀定位器反馈杆进行检查，对安装不良或已有磨损的反馈杆或导轨进行整改。

（2）对重要气动调节阀定位器反馈杆，在其端部增加锁定装置，防止脱出。

（3）制定对定位器的专项巡检制度。

## 十三、汽轮机超速保护误动机组跳闸

1. 事故经过

2008 年 11 月 10 日 00：54，某电厂 2 号机组汽轮机突然跳闸，跳闸首出为"F 型系统 PASSVATION"，锅炉、发电机联跳，锅炉跳闸原因为"机组负荷大于 30％时汽轮机跳闸"。

检查发现 2 号机组 DEH 布朗超速系统的跳闸继电器处于动作位置；报警信息显示第一套布朗超速系统正在自检，当自检到第四步后发生汽轮机跳闸；跳闸发生近 1h 后，F 型系统的逻辑在线数据在工程师站中均无法显示，401 CPU 逻辑中的部分功能块不运算，画面的部分测点和操作块异常。

分析判断为布朗硬超速保护系统误动作,热工人员进行程序下装。15：10,程序下装结束;15：15,主机冲转;15：47,2 号机组并网。

2. 原因分析及暴露的问题

(1) 布朗硬超速保护系统误动作是引起 2 号机组跳闸的原因。布朗硬超速系统分 A、B 两个回路,两个回路动作逻辑均分别为"三取二";根据系统自检历史记录显示,分析认为当第一套自检到第四步完成后,该跳闸继电器动作未能正常复位,但模件误认为其已复位,系统进行自检第五步,满足"三取二"跳闸条件,造成超速保护误动作。

(2) 布朗硬超速保护系统误动作导致机组跳闸,跳闸首出应该是"超速保护动作";但此次跳闸首出条件是"F 型系统 PASSVATION"的原因:①当超速保护动作时,其硬接线直接去 F 型系统,使 F 型模件断电,引起跳闸电磁阀断电,汽轮机跳闸。硬回路动作时间较软回路快,因此"超速保护动作"条件首出反而被屏蔽;②超速保护动作后,因 DEH 软件系统问题,其送至软件的信号由于功能块没有运算,导致"超速保护动作"信号被屏蔽。

(3) 在 DEH 401 站系统恢复中,发现存在以下问题:①程序下装时经常有错误信息提示,导致下装无法进行;②程序下装无问题,但程序下装完成后,仍然出现部分功能块逻辑不运算或运算错误;③新 CPU 换上后,在程序下装时,出现不匹配问题,无法正常使用;④机组正常运行中 401 CPU 仍会出现"INTF"故障报警。

3. 防范措施

(1) 对超速系统模件进行更换。

(2) 联系布朗超速系统厂家,让德国专家进行技术分析。

(3) 联系西门子厂家远程登录 2 号机组 DEH,查找和分析 T3000 系统故障的原因。

(4) 对新模件不匹配问题,联系南京西门子厂家安排技术人员到现场进行分析、处理。

## 十四、凝结水泵变频器故障跳闸致使机组被迫停运

1. 事故经过

2009 年 2 月 7 日 05：12,某电厂 4 号机组调停后启动并网;13：05,4 号机组负荷 300MW,4B 凝结水泵入口滤网差压升至 6kPa,4B 凝结水泵出口压力由 3.0MPa 突降至 2.4MPa,凝结水泵电流由 155A 突降至 125A,运行人员启动 4A 凝结水泵,停运 4B 凝结水泵,4A 凝结水泵在变频方式下保持工频转速运行。13：55,许可"4B 凝结水泵入口滤网清理"工作开工。

14：53：50,4A 凝结水泵跳闸,首出为"4A 凝结水泵变频器故障报警,4A 凝结水泵电气异常跳闸",手动抢启 4A 凝结水泵两次均失败。14：54：30,4A/4B 给水泵密封水温度高跳闸,4 号炉 MFT 动作,首出原因为"给水泵全停"。

15：05,4B 凝结水泵入口滤网清理工作结束,4B 凝结水泵开始恢复安措;15：29,4A 凝结水泵变频器切至旁路隔离开关,4A 凝结水泵切至工频方式;15：30,4B 凝结水泵安措恢复,启动 4B 凝结水泵运行;19：48,4 号发电机并网。

2. 原因分析及暴露的问题

(1) 经试验和检查,发现 4A 凝结水泵变频器控制电源 UPS"启/停"按钮接触不好,分析判断为 UPS 电源输出不稳定导致凝结水泵变频器故障报警,4A 凝结水泵电气异常

跳闸。

（2）电厂凝结水泵变频器 UPS 电源为三菱公司外购 APC 产品，产品性能不能保证，凝结水泵变频控制电源回路的设计方案需要进一步完善优化。

（3）分析此次机组启动后凝结水泵入口滤网差压变化可以看出，2 台凝结水泵投运初期差压均正常，4A 凝结水泵差压上升的主要原因是投入高压加热器汽侧，高压加热器疏水系统携带杂质进入凝汽器汽侧；4B 凝结水泵差压上升是由于各个系统投入运行后杂质的逐渐积聚引起。说明机组热力系统存在的杂质较多，锅炉受热面氧化皮脱落对汽轮机和回热系统的影响以及处理对策的研究和机组停机后各系统设备的维护工作必须引起高度重视。

3. 防范措施

（1）取消 1～4 号机组凝结水泵变频器控制电源 UPS，增加 RCD 回路来代替。

（2）组织研究锅炉受热面氧化皮脱落对汽轮机和回热系统的影响以及处理对策，分析机组停机后各系统设备维护工作存在的问题，根据分析研究情况，采取相应措施减少机组启动阶段凝汽器内杂质，减少清洗凝结水泵滤网的次数，降低事故风险。

### 十五、给水泵汽轮机高压调门油动机进异物，给水泵跳闸

1. 事故经过

2009 年 10 月 5 日 11：02，某电厂 1 号机组负荷由 920MW 向 880MW 减负荷。11：06，1 号机组负荷 890MW 时，1B 给水泵汽轮机跳闸，首出为"给水泵流量低"。锅炉省煤器入口给水流量由 2636t/h 瞬间上升至 2933t/h，然后下降至 1426t/h，RB 未触发。除 1F 磨煤机外，其余五台磨煤机煤量均降至最低，1A～1E 磨煤机分离器转速快速下降，导致磨煤机中大量存粉吹入炉膛。

11：06：33，因煤水比严重失调，部分水冷壁金属壁温快速上升。运行人员迅速手动停运 1A、1F 两套制粉系统，立即启动 1C 电泵并入系统，控制煤水比稳定。就地检查 1B 给水泵汽轮机无异常，通知检修人员。

11：40，机组投入 CCS 控制方式，恢复正常。19：30，检修更换了 1B 给水泵汽轮机高、低压调门油动机。拆下的高压调门油动机油管中发现有带压堵漏注入的胶体；胶体堵塞油管路造成高压调门动作异常。21：40，1B 给水泵汽轮机高、低压调门静态、动态试验均合格，启动 1B 给水泵汽轮机并入供水，停运 1C 电泵备用。

2. 原因分析及暴露的问题

2009 年 7 月 12 日，1B 给水泵汽轮机高压调门进油管焊口漏油，当时经专题会议研究决定进行了带压堵漏，处理后运行正常。10 月 5 日，1 号机组负荷达 950MW，1B 给水泵汽轮机高调门开启，油管道中的带压堵漏的胶条在油流的冲刷下进入高调油动机的进油口，并在油压的作用下进入错油门内，当负荷降低时，高调门应及时关闭，高调油动机的错油门由于胶条卡涩，EG-3P 动作正常，错油门不能在弹簧力的作用下恢复，造成给水泵汽轮机转速升高，给水泵汽轮机实际转速和转速指令偏差大于 500r/min 时，保护动作，关闭给水泵汽轮机调门；由于 1B 给水泵再循环门开启迟缓，最小流量保护动作，1B 给水泵跳闸。1B 给水泵汽轮机转速突变造成给水流量突变，给水流量测点偏差大造成给水流量变坏点，机组控制方式切至 BH，1B 给水泵跳闸后，RB 无法正常动作。

3. 防范措施

(1) 清理干净系统内带压堵漏的胶体。

(2) 处理油系统滤网泄漏缺陷时，应避免采用带压堵漏的方法。

(3) 给水泵汽轮机油系统设计为承插式焊接，不便于检验，基建时的焊接缺陷逐渐暴露，今后应加强对 $\phi76$ 以下油管路的焊接质量及振动的监督。

(4) 给水泵汽轮机油系统的滤网设计存在缺陷，未在油动机进口设置滤网，调速油滤网出口至油动机进口管线太长，目前已考虑加装油动机进口滤网的方案，但需论证在滤网压降满足系统油压的前提下实施。

## 十六、EH 油站隔离过程中，EH 油箱顶部鼓起

1. 事故经过

2009 年 9 月 30 日，某电厂 2 号机组 EH 油站蓄能器需进行测氮压检查工作，运行人员于 10 月 1 日 00：30，将 2 号机组 EH 油站蓄能器 A、B、C、D、E 进油手动门关闭，但 2 号机组 EH 油站蓄能器 A、B、C、D、E 放油手动门未开启，工作票中安措未执行完毕。

00：50，2 号机组值班员将热机工作票许可开工。10 月 1 日 04：50，停运 2 号机组 EH 油泵；10 月 1 日 09：30，开启 2 号机组 EH 油站蓄能器 A 泄油手动门，检查系统无异常后开启蓄能器 E 泄油手动门，系统无异常。当开启 2 号机组 EH 油站蓄能器 D 放油手动门时，EH 油站发出一声异音并伴随 EH 油站上部有雾气冒出，立即终止操作。

检修人员检查发现 E 蓄能器的皮囊破裂，EH 油箱上盖最大鼓起处约 30mm，内部隔板焊点开裂，油泵与电动机结合面密封垫鼓出。

2. 原因分析及暴露的问题

(1) 在 2 号机组 EH 油站油泵运行情况下，关闭 5 只蓄能器进油隔离门，各蓄能器的压力未能在系统中缓慢释放，始终保持较高压力；2 号机组 EH 油 E 蓄能器皮囊破裂，高压氮气进入蓄能器内部 EH 油中；在运行连续操作开启蓄能器放油阀时，蓄能器内部 EH 油和高压氮气快速进入油箱，油箱卸压不及，导致事件发生。

(2) 现场检修工作票的许可手续严重违反安规规定，在安全措施未确认完成（实际未能全部完成），工作负责人没到现场的情况下，中班运行工作许可人即在许可栏签字，工作负责人无人签字的情况下，即许可工作。

3. 防范措施

(1) 分析 EH 油站蓄能器皮囊破裂原因，采取对策保证设备正常运行。

(2) 研究分析 EH 油站蓄能器检修隔离操作方法，充分考虑皮囊破裂存在的风险，确保蓄能器泄压安全。

(3) 严格按照安全工作规定要求，认真执行工作票许可手续，通过落实严谨的组织措施来保证现场检修工作的安全。

## 十七、凝结水泵入口滤网堵塞，凝汽器水位高，机组跳闸

1. 事故经过

2008 年 3 月 21 日，某电厂 3 号机组负荷 974MW，3A 凝结水泵运行，3B 凝结水泵备用，3A 凝结水泵进口滤网前后差压 10.42kPa，3B 凝结水泵进口滤网前后差压 6.9kPa，3

号机组凝结水流量 1970t/h，凝结水压力 2.3MPa；3A/3B 汽动给水泵运行。

07：24：28～07：25：14，3A 凝结水泵进口滤网前后差压从 10.42kPa 突升至 18.56kPa，凝结水母管压力下降至 1.726MPa，07：25：31，3B 凝结水泵连锁启动。3B 凝结水泵启动后，其入口滤网前后差压从 6.9kPa 快速上升，07：29：55，该泵入口滤网前后差压上升至 26.77kPa，此时凝结水流量 520t/h，凝结水泵出口压力快速下降，凝汽器水位从 700mm 逐渐上升，除氧器水位逐渐下降。

两台凝结水泵运行，凝结水泵出口压力上升至 3.4MPa，随后因为滤网堵塞逐渐降低，07：27：23，3A 凝结水泵跳闸。07：28：42，因凝结水母管压力低导致 3B 汽动给水泵密封水供水中断，泵体密封水回水温度超过 95℃，保护动作 3B 汽动给水泵跳闸，3 号机组 RB 动作，3A/3B/3C 磨煤机跳闸，机组负荷开始下降。

07：29：47，值班员手动启动 3A 凝结水泵，但其进口滤网前后差压迅速上升。07：29：59，凝结水流量下降至 351t/h，凝结水母管压力下降至 0.728MPa，3B 凝结水泵因流量低跳闸。在此期间，凝结水流量和压力大幅度晃动。07：32：49，3 号机组负荷 787MW，凝汽器水位上升至 2091mm，超过汽轮机跳闸保护整定值 2080mm，3 号汽轮机跳闸，首出"凝汽器水位高"。

3 号机组跳闸后，运行人员立即隔离 3A/3B 凝结水泵入口滤网，检修人员分别对两个滤网进行清洗。09：30，3B 凝结水泵入口滤网清洗结束，从滤网内清理出大量的铁锈等杂物。10：40，3A 凝结水泵入口滤网清洗结束，从该滤网中也清理出大量铁锈等杂物，数量和 3B 凝结水泵入口滤网差不多。

2. 原因分析及暴露的问题

(1) 凝汽器内铁锈等杂物堵塞凝结水泵进口滤网是事故发生的直接原因。由于电网原因，3 号机组自投产以后，实际运行时间并不长，管道系统杂质没有得到很好的冲洗，还存有不少的铁锈等杂质。3 号机组在 2 月 28 日启动后连续运行期间，铁锈等杂质逐渐沉积在凝汽器热井底部，热井内水流的扰动，沉积的铁锈等杂质被水流带入凝结水泵入口滤网，引起滤网前后差压上升直至堵塞，凝结水流量下降，凝汽器水位上升。

(2) 没有设置凝结水泵进口滤网差压高报警是事故发生的重要原因。凝结水泵进口滤网差压超过规程规定值时，没有相应的报警信号，运行人员不易发现超限。

(3) 事件的发生暴露出运行基础管理工作还很薄弱，技术管理工作还需进一步加强。在机组调试过程中，多次发生凝结水滤网堵塞事件，但没有引起大家的重视，没有能够及时制定和采取有效措施，落实规程规定。

(4) 事件的发生暴露出运行培训工作有待于进一步加强。从事件发生后现场的调查发现，运行人员对于运行规程中关于凝结水滤网的差压规定不了解、不掌握，只是根据调试阶段的经验来进行日常的工作。

3. 防范措施

(1) 加强运行技术管理工作，加强运行监盘质量，加强运行分析工作，及时发现设备异常情况，及时采取有效措施消除设备异常。

(2) 设置凝结水泵进口滤网差压高报警，及时提醒运行人员采取切换操作，并通知检修人员清洗滤网。

(3) 进一步加强运行人员培训工作。制定详细的培训计划，加强运行规程培训，提高运行人员分析、判别异常的能力。

（4）在保证设备安全运行的前提下，适当放大凝结水泵入口滤网的孔径，增加通流面积，考虑将原有的 60 目滤网改为 20 目滤网。

### 十八、汽轮机轴承振动大保护动作停机

1. 事故经过

2011 年 7 月 6 日 20：37，某电厂 4 号机组负荷 610MW，运行人员监盘发现 4 号机组 6 号轴承 Y 方向、7 号轴承 Y 方向振动逐渐增大，6、8 号轴瓦振动逐渐增大，其中 6Y 轴振由 33$\mu$m 上升至 149$\mu$m、7Y 轴振由 78$\mu$m 上升至 157$\mu$m、6 号瓦振由 7$\mu$m 上升至 100$\mu$m 高限、8 号瓦振由 26$\mu$m 上升至 85um。值长令 4 号机组进行降负荷至 450MW，轴承振动稍有稳定，但 5min 后轴承振动继续上升；4 号机组继续降负荷至 240MW，6Y 方向轴振有一定下降，但几分钟后轴承振动增大；22：56，4 号机组 6X 方向轴振 157$\mu$m，6Y 方向振动上升至 254$\mu$m，4 号汽轮机轴承振动大保护动作停机，4 号汽轮机跳闸，发电机跳闸，锅炉 MFT，运行人员紧急破坏真空，23：21，4 号汽轮机转速到零投入大机盘车。

2. 原因分析及暴露的问题

（1）4 号机组振动出现增大时，环境温度较高，会造成排汽缸温升高，结构刚度下降，导致瓦振增大；同时由于机组刚完成检修，可能调整的汽封间隙较小且不均匀，缸温升高也会引起汽缸产生一定的变形，使低压转子产生局部动静碰磨，造成转子出现暂态热弯曲，导致轴振及瓦振爬升。因此，振动是因低压转子动静碰磨引起，其原因是汽缸变形导致动静间隙消失。

（2）东汽 600MW 等级机组，低压轴承座动刚度设计的较差，稍有一定的轴振动（转子不平衡激振力）就会引起较大的瓦振，因此应尽可能改善转子的平衡状态，降低转子振动水平。

3. 防范措施

（1）将汽轮机盘车 4～6h，将转子晃动度降至原始正常值，再依据运行规程进行热态启动。

（2）启动时适当降低真空，防止汽缸产生过大的变形。

### 十九、汽轮机主汽门调门 ATT 试验时，电磁阀故障导致汽轮机跳闸

1. 事故经过

2012 年 5 月 31 日，某电厂 7 号机组进行汽轮机主汽门调门 ATT 试验。试验过程中，EH 油压快速下跌，7 号机组因 EH 油压低保护动作停机。

2. 原因分析及暴露的问题

机组在执行汽轮机主汽门调门 ATT 试验时，B 侧高压调门快关电磁阀 1 虽然线圈带电，但由于机械部分卡涩，实际还在开启泄油状态，导致 EH 油压快速下跌。

3. 防范措施

为避免以后在 ATT 试验时由于电磁阀故障导致汽轮机跳闸情况的发生，需要对现有的程序进行修改和完善。

（1）调门在进行 ATT 试验时，如果快关电磁阀带电复位后由于机械部分卡涩仍处于开启泄油状态，使调门无法正常开启，调门阀位指令与反馈会产生较大的偏差，因此阀门控制

回路会在伺服阀线圈上产生很大的电流信号，增加伺服阀的流量。由于 DEH 采用的 T3000 系统可以在线监视伺服阀的线圈电流，可以将进行 ATT 试验时伺服阀的输出电流持续异常偏高作为快关电磁阀故障的判断依据。即伺服阀线圈电流大于一定值并持续 2～3s 后，则可以判断快关电磁阀故障并发出信号将伺服阀的指令清零，关闭油动机的进油，维持 EH 油压稳定，同时 ATT 试验程序自动退出。

（2）主汽门的开启关闭由先导阀控制，且由于先导阀的流量较小，当发生主汽门油动机快关电磁阀故障时，先导阀的进油量有限，不足以使 EH 油压快速下跌至停机值，因此可保持主汽门试验程序不变。

（3）在做主汽门调门 ATT 试验时，EH 油箱应有专人监视操作。如果发生快关电磁阀故障情况，除了 DEH 程序自动采取措施关闭油动机伺服阀的同时，还应及时关闭对应油动机的供油阀门，切断油路并进行检修。集控室 DEH 运行人员应将故障油动机的阀限设为零，避免检修结束后恢复时油动机瞬间快开对系统造成冲击。

### 二十、汽轮机高压主汽门油动机液压油进口管大漏，机组被迫停运

1．事故经过

2010 年 7 月 8 日 13：55 左右，某电厂 4 号机组运行人员发现 4 号机组高压主汽门 B 油动机液压油进口管大漏，随即值长汇报调度申请紧急停机；14：01，汽轮机紧急脱扣，机组 MFT。

机组停运后该厂检修人员对高压主汽门 B 油动机进油口法兰进行了抢修，发现进油管接头 O 形密封圈已经破损。更换了该进油口 O 形密封圈，同时更换高压主汽门 A 油动机、高压调门 A/B 油动机、中压主汽门 A/B 油动机、中压调门 A/B 油动机、补汽阀油动机的进油管接头 O 形密封圈及 EH 油箱出口模块上的接头 O 形密封圈。

同时厂部组织人员清理漏油现场，更换部分高温管道上的保温，做好防火及机组启动的措施。

15：20，消缺完成，4 号机组具备点火启动条件，等待调度机组启动指令。

2．原因分析及暴露的问题

（1）原上汽厂提供安装的 O 形密封圈材质可能存在问题，使用在 EH 油系统中的必须是氟橡胶 O 形密封圈，拆下的 O 形密封圈和原一期 EH 油系统检修时拆下的 O 形密封圈相比明显偏软，有老化现象。

（2）O 形密封圈的尺寸和密封环槽不太相配，在基建安装时有压坏翻边现象，造成使用寿命缩短。

3．防范措施

（1）针对 O 形密封圈质量问题，紧急采购品牌氟橡胶 O 形密封圈，更换现在所使用的 O 形密封圈。

（2）举一反三，更换 4 号机组高压主汽门 A/B 油动机、高压调门 A/B 油动机、中压主汽门 A/B 油动机、中压调门 A/B 油动机、补汽阀油动机的进油管接头 O 形密封圈及 EH 油箱出口模块上的接头 O 形密封圈；同时对备用 3 号机组相同部位 O 形密封圈进行检查更换。

（3）提高安装密封圈的工艺，防止安装过程中压伤密封圈。

（4）对所有液压油管路进行全面检查，对于有振动的 EH 油管路进行防振处理。

（5）加强对 EH 系统的检查，一旦发现 EH 油系统的轻微漏油现象及时通报处理，避免事故扩大。

（6）制定 EH 油系统漏油的运行紧急处置措施，保证发生问题时能够及时处理，避免事故扩大。

### 二十一、汽轮机轴承温度高保护动作跳机

1. 事故经过

2008 年 8 月 10 日 07：34，某电厂 1 号机组负荷 790MW，润滑油压 0.35MPa，油温 50℃，1 号瓦温度（12 点）基本在 60～70℃，瓦振 0.8～0.9mm/s，轴振 11μm 左右。

07：40：17，1 号瓦温上升超过 130℃，1 号汽轮机"轴承温度高"保护动作跳闸。在此期间内，1 号轴振发生明显变化，变化值在 11～42μm，润滑油温、油压无变化，瓦振变化幅度在 0.2～0.5mm/s。

07：44：17，1 号瓦温最高达到 160℃，然后逐步下降；08：23：40，1 号轴振最高达 89.4μm，此时汽轮机转速 396r/min。

2. 原因分析及暴露的问题

（1）揭开上瓦发现上瓦乌金表面有细小的碎裂脱落现象，局部有铸造气孔，检查主轴轴颈表面完好，没有明显划痕。翻出下瓦后发现整个下瓦接触面乌金磨损严重，下瓦中间有数道向圆周方向扩展的裂纹，两侧乌金有明显碎裂脱胎现象，乌金表面没有发现异物。对主机润滑油回油滤网及进油滤网进行检查，滤网清洁无异物、完好无破损。对 1 号轴承进油节流阀解体检查未发现异物，节流阀后管道到轴承进油口用压缩空气进行吹扫无异物，阀前管道用内窥镜检查无异物，润滑油进油、回油管道清洁通畅，管道内积油油质良好。结合 8 月 10 日 1 号瓦温度升高时的现象，排除了由于润滑油中断引起烧瓦和油中杂质进入轴承引起乌金磨损造成轴瓦损坏的可能。

（2）事后对损坏轴瓦乌金进行了光谱分析，测量显示损坏乌金中 Cu 的成分在 10.61% 以上，明显高于设备厂家提供的 6% 的标准。从轴承乌金损坏的情况结合检修过程中对油系统相关管道、阀门的检查，专业上认为 1 号轴承出现瓦温高跳机主要是由于轴瓦本身存在质量问题，轴瓦两侧乌金先出现碎裂脱胎后导致两侧漏油量加大，破坏了轴承的油膜，造成瓦温突然上升最后导致烧瓦。

3. 防范措施

（1）更换 1 号机组 1 号轴承。

（2）联系上海汽轮机厂对损坏的轴瓦进行分析。

（3）对现在运行的各主机轴瓦的情况做整体评估。

## 第三节 电 气 专 业

### 一、变压器出线第 2 个门架 A 相悬吊绝缘子发生闪络炸裂，机组跳闸

1. 事件经过

2 月 12 日 21：27，1 号主变压器第一套、第二套比例差动、差动速断保护动作，1 号主

变压器 5011 断路器、1 号发电机出口断路器跳闸，1 号主变压器/玉岭线 5012 断路器跳闸，1 号汽轮机、锅炉跳闸，1 号机组 6kV 厂用电自动切换至 01 号高压备用变压器供电正常。检查发现 1 号主变压器出线第 2 个门架 A 相悬吊绝缘子炸裂，A 相悬挂绝缘子第 7 节至第 38 节完全碎裂。

23：32，将 1 号发电机由热备用转冷备用。将 500kV 5011 断路器、5012 断路器由热备用转检修。将 1 号主变压器由热备用转检修。1 号主变压器龙门架绝缘子更换工作开工。

2 月 13 日 8：56，1 号主变压器龙门架绝缘子更换工作完毕，经网调同意后 1 号主变压器零升试验正常，18：02，1 号发电机并网。

2．原因分析及暴露的问题

由于 1 号主变压器高压侧门型钢架上 A 相悬挂绝缘子上附着的盐分在严重大雾天气时溶解液化，该附着在绝缘子表面的含盐露水导致沿绝缘表面的爬电和闪络，致使悬式绝缘子损坏，1 号机组停机。

3．防范措施

（1）天气干燥期，要高度重视开关站外绝缘的防污闪和雾闪情况，如发现外绝缘运行期间有异常情况，应及时尽快处理，确保设备安全。增加绝缘子停电清扫和清洗的频率，并利用停机、停电机会及时进行清洗。

（2）在清扫设备外绝缘工作时，不仅要清扫绝缘表面的污物和杂质，还要重点清洗绝缘表面附着的沉积盐分。在清洗附着盐分时可以采用瓷质绝缘子专用清洗剂或使用大量清水和干净擦布彻底清洗。

（3）采用喷涂 PRTV 来提高绝缘子抗污秒等级。

## 二、电除尘灰斗电加热配电柜隔离开关烧毁，PC 3A、3B 母线失电

1．事件经过

3 月 15 日 12：52，DCS 电气报警发出电除尘 PC 3B 段工作电源断路器电气保护动作，检查发现电除尘变 3B 高/低压侧断路器跳闸，电除尘变 3A 低压侧断路器跳闸，PC 3A/3B 段联络断路器合闸。运行拉开电除尘 PC 3A/3B 联络断路器，6kV 电除尘变 3A 电源断路器。就地检查发现灰斗电加热配电柜熔断器式隔离断路器熔丝烧毁、低压配电柜两备用断路器烧损，母线铜排 A、C 相与柜体放电部分烧熔。

将 380V 电除尘 PC3A、3B 段改检修，更换烧坏设备；3 月 16 日 5：40 检修工作结束，测母线绝缘合格，电除尘 PC3A、3B 母线投运正常。

2．原因分析及暴露的问题

熔断器式隔离开关的熔断器产品质量问题，突然发生炸裂，造成弧光短路。又由于电除尘 PC3A 进线断路器二次动静触头接触不良，导致保护装置没有闭锁母联断路器自投，母联断路器合在故障电路上后，导致电除尘变 3B 高/低压侧断路器跳闸。

3．防范措施

（1）灰斗加热器柜内的熔断器式隔离开关改为带过电流保护的空气开关。

（2）由于 400V 断路器保护属于断路器自带保护模块，正常检验时不能进行保护定值检验，故对 GE、ABB 400V 断路器购买相应的保护测试模块，检修时使用测试模块进行断路器跳闸试验，同时检验断路器外部回路正确性。

（3）检修时，对断路器柜至 DCS、高压侧断路器连锁等回路进行传动，保证回路的正确性。

### 三、炉水循环泵电动机故障

1. 事件经过

2月9日，2号机组春节调停检修后启动，04：10运行人员开启2号锅炉启动循环泵冷却器冷却水进、回水手动门后发现锅炉启动循环泵冷却器进水管安全门漏水严重，联系检修处理。05：20检修工作结束，启动锅炉启动循环泵。05：47锅炉启动循环泵跳闸，查6kV断路器保护装置报过负荷保护跳闸信号。后经过多次检查处理试转无效，于2月12日开始拆3号炉水循环泵替代2号炉水循环泵；拆下来的2号炉水循环泵送厂家合肥皖化电机技术开发有限责任公司检查处理；2月14日08：30替换工作完成，开始启动2号机组；2月14日23：40，2号发电机并网。

厂家对2号炉水循环泵电动机解体检查发现：该电动机的叶轮、轴承损坏，电动机盖侧轴套和转子部分有摩擦痕迹。现正在修复处理中。

2. 原因分析及暴露的问题

根据2月19日厂家拆检分析报告，电动机推力轴承部位缺水运行是故障发生的主要原因。电动机推力轴承止推垫为水润滑高分子材料制成，在缺水运行时止推垫无水润滑摩擦发热造成材料延升而损坏，由于上推力轴承严重磨损，转子上浮导致叶轮与扩散器严重相擦，最终咬死导致电动机堵转跳闸。

3. 防范措施

认真组织分析2号炉水循环泵轴承缺水原因，并制定应对措施，避免类似事件再次发生。

### 四、4B 凝结水泵电动机差动保护动作，凝结水泵跳闸

1. 事件经过

4月13日19：19，4B凝结水泵跳闸，4A凝结水泵联启，但发现4A凝结水泵出口门自关，立即中停之，手动全开。检修检查4B凝结水泵电动机中性点中性点TA接线盒内A相对地跨接端子芯线打圈处断裂、脱落，导致4B凝结水泵差动保护动作；21：20检修处理结束。

2. 原因分析及暴露的问题

（1）A相TA二次电缆在接线时受到损伤，随电动机运行震动导致断裂、脱落。

（2）4A凝结水泵启动后运行信号瞬间跳至停运信号。

3. 防范措施

（1）利用机组检修对类似回路进行重点检查。

（2）加大对相关外包队伍施工、检修工艺的培训与教育。

（3）完善检修文件包，规范相关验收、质检流程。

（4）凝结水泵运行信号增加1s延时。

### 五、发电机出口 1 号 TV 一次侧熔丝 C 相熔断

1. 事件经过

某电厂1000MW超超临界汽轮发电机组发电机组，发电机型号 THDF 125/67 型三相同

步汽轮发电机。发电机额定容量 1056MVA，发电机最大连续输出功率 1000MW，励磁系统采用无刷励磁系统，含主励磁机、永磁副励磁机、旋转整流装置、数字式自动电压调整器（DAVR）、工频手动备用励磁装置自动电压调节器（AVR）。负荷 620MW，AGC 方式、一次调频投入，CCS 方式投入，（降负荷过程中）。检查机组各参数发现发电机出口电压升高最大至 28.5kV（正常运行时为 27kV），机组功率 1 号点 620MW，2、3 号点 580MW，发电机无功有快速增加的趋势（最大 350Mvar），6kV 厂用电压、励磁电压、励磁电流均有增大的趋势（追忆曲线最大值分别为 6720V、54V、90A）。初步判断为发电机 1 号 TV 一次侧熔丝熔断。在检查机组参数的过程中，大屏报警"♯2U EXCTR FAULT"信号来。切换励磁方式为恒流方式（励磁电压、电流恒定方式），功率回路切至 1 号点运行，手动降低发电机励磁电压，上述各参数逐步回落到正常值，保持 AGC、CCS 方式运行。电气报警"♯2U T11/T13 TV DISCON ALM"信号来。退发电机第一套保护（A 屏）所有保护连接片，测 1 号 TV 二次侧 C 相对地电压（43V）偏低。将 1 号 TV C 相拉出，NCS 上传功率由 500MW 突变为 370MW，此时发电机有功仍为 620MW。电气检修人员更换完 1 号 TV C 相高压侧熔丝后，投发电机 A 屏所有保护连接片，切励磁方式为正常方式，测 1 号 TV 二次侧 C 相对地电压正常，机组恢复正常方式。

2. 原因分析及暴露的问题

（1）检查发现该型号熔丝（额定电压 36kV，额定电流 0.5A，法国进口）为国外进口产品，分析认为该批熔丝存在质量问题。已对各台机组更换额定电压 36kV、额定电流 2A 熔丝，提高机组安全可靠性。并从国内厂家订制高压熔断器替换进口熔断器。

（2）TV 断线要尽早发现和判断，为事故处理争取更多的机会。

（3）当发现机组热负荷与电负荷不匹配时，要根据蒸汽流量、压力等参数分析，不能盲目加大燃料量，防止机组超负荷、超压。

（4）处理期间应加强对发电机机端和励磁电流、电压的监视，防止超限。

（5）当功率信号都不准的情况下，应将燃料和给水切手动，避免由于 BID 偏差大引起燃料和给水大幅波动。实际负荷按主变压器输出的有功加上厂用电估算，将该负荷对应的水煤作为燃料和给水的粗调，用过热度作为细调，稳定炉侧运行。

（6）为防止燃料快速减少使引起汽温下降太快，制粉系统应自下而上停运。

（7）取下 TV 一次熔断器时，必须确证对应的二次熔断器已经取下，观察故障 TV 一次无放电及发热现象后将 TV 故障相一次侧拉至检修位置，测量 TV 一次及构件无电压，并采用接地放电。

（8）投入保护前检查保护装置无异常信号，测量连接片无压后投入。

（9）判断故障性质时，如果系统有接地，现象是非故障相电压肯定有上升，完全接地是非故障相电压将上升到线电压。如果实际接地则不允许拉开 TV 一次，应停机处理。

3. 防范措施

（1）排查熔断器端头或卡簧是否有被氧化或有铜锈现象和运行中是否因振动或卡簧原因发生位移熔断器接触不良的现象，是否有机械损伤现象。

（2）机组投运前检修人员必须检查熔断器直流电阻是否发生变化，熔断器两端金属部分及卡簧是否氧化，发现氧化须进行打磨，并检查接触电阻是否符合要求。

（3）对电压互感器引线连接处、熔断器静触头的卡簧检查调整，对卡簧有松动、引线连接处等进行紧固。

(4) 安装熔断器应检查熔断器静触头的卡簧力度足够，接触面要合理，当接触面不够应调整卡簧及熔断器位置来满足。

### 六、380V 脱硫 PC1A 段母线带接地线合闸

1. 事件经过

4 月 17 日 16：25，脱硫 6kV 1A 段母线及所属 6kV 断路器检修、断路器保护仪表等二次回路检修、检查清扫工作结束，工作票 WDGP-200904-0010 终结。21：30，开始进行"6kV 脱硫 1A 段母线由检修改为工作电源断路器充电运行"操作。22：10，1A 脱硫变压器由检修改为冷备用。22：40，"6kV 脱硫 1A 段母线由冷备用改为工作电源供电运行"操作结束。22：45，燃脱部运行五班班长沈燕飞任监护人，值班员刘震任操作人开始进行"1A 脱硫变压器由冷备用改带 380V 脱硫 PC1A 段运行"操作，22：57，操作至合 1A 脱硫变压器 6kV 关时，发现 1A 脱硫变温控装置异常报警，1A 脱硫变压器 6kV 断路器无合闸条件，无法合闸，即临时用 380V 脱硫 1A＼1B 联络断路器对 380V 脱硫 PC1A 段母线充电运行时，造成带接地线合闸，380V 脱硫 PC1A＼1B 联络断路器保护动作跳闸。检查发现 380V 脱硫 PC1A 段母线上有一接地线，1 号脱硫保安段工作电源断路器（一）进线接头短路、出线处电缆外绝缘及断路器框架损坏，1 号脱硫 MCC 工作电源断路器（一）进线间隔纵向三相母线铜排有短路烧灼点。停止操作，将 380V 脱硫 PC1A 段母线改为检修。

2. 暴露问题及原因分析

(1) 燃脱部运行五班在执行 1A 脱硫变压器和 380V 脱硫 PC1A 段母线的复役操作任务时，未认真检查核对工作票和现场设备状态，想当然，错误认为 380V 脱硫 PC1A 段母线在冷备用状态。没有依据工作票的内容和现场实际布置措施填写操作票，造成了操作票填写操作内容不准确。

(2) 操作票执行过程中不认真、不严肃。监护人、操作人在执行"检查 380V 脱硫 PC1A 段母线确在冷备用状态"操作时，执行操作票流于形式，没有对母线状态进行认真检查，直接打钩了事，致使未能及时发现 380V 脱硫 PC1A 段母线上所挂接地线。

(3) 无票操作。当操作至合 1A 脱硫变压器 6kV 断路器时，发现 1A 脱硫变压器温控装置异常报警，1A 脱硫变压器 6kV 断路器无合闸条件无法合闸时，又无票操作，临时用 380V 脱硫 1A＼1B 联络断路器对 380V 脱硫 PC1A 段母线充电，造成带接地线合闸，380V 脱硫 PC1A＼1B 联络断路器保护动作跳闸。

(4) 事件暴露出燃脱部在两票管理、人员技能培训和反措管理等方面还存在很大漏洞，运行管理问题较多，两票执行不严肃。

3. 防范措施

(1) 开展专项整治活动。认真开展安全分析，查找安全管理漏洞，排查安全隐患，采取有效措施，提高燃脱部安全管理水平。

(2) 在全厂各部门班组包括各外协单位开展一次防电气误操作大讨论活动，部门领导、专业管理人员要参加班组讨论。深刻反思我们在部门管理、班组管理、人员管理、运行操作、制度管理等方面存在的不足和需要改进的地方，补充完善防误操作措施，并组织学习讨论。

（3）母线停送电等重要操作部门领导一定要重视，专业技术人员一定要求到位监督。

（4）严格执行两票制度。

（5）加强培训，提高技能。要加强运行人员电力安全工作规程、两票管理制度、电气倒闸操作知识的培训，提高运行人员的电气操作技能和安全意识。

### 七、3号发电机A相出线套管接地，机组跳闸

1. 事件经过

7月1日20：07：58，声光报警发出，故障录波器启动，3号机组跳闸，大连锁动作，3号锅炉MFT动作，首出为"负荷大于30％时汽轮机跳闸"，3号汽轮机跳闸首出为"发电机跳闸"，发电机出口断路器跳闸，励磁断路器跳闸。3号发电机保护装置第一、第二套过励磁保护及95％定子接地保护动作。检查发现A相出线套管接地；7月3日12：00，3号发电机A相出线套管更换完毕。7月4日8：00，3号发电机绝缘电阻、吸收比、定子绕组泄漏电流和直流耐压试验结束，试验结果合格；7月5日16：00，3号机组并网。

2. 暴露问题及原因分析

经解体检查，发现故障套管法兰面内的绝缘材料上有一击穿孔洞，说明绝缘材料在制造过程中该处内部包裹了杂质，导致此处绝缘下降，在运行电压的作用下击穿接地。此故障原因上海发电机厂已认同。

3. 防范措施

（1）更换故障套管。

（2）加强监视2、3、4号发电机国产套管的运行情况，综合评估和验证这些套管能否满足安全运行需要，考虑逐步更换2、3、4号发电机全部套管。进一步研究更换成进口套管的必要性。

# 参 考 文 献

[1] 西安热工研究院. 超临界、超超临界燃煤发电技术. 北京：中国电力出版社，2008.

[2] 樊泉桂. 亚临界与超临界参数锅炉. 北京：中国电力出版社，2000.

[3] 火电厂水处理和水分析人员资格考核委员会. 电力系统水处理培训教材. 北京：中国电力出版社，2009.

[4] 望亭发电厂. 660MW 超超临界火力发电机组培训教材　化学分册. 北京：中国电力出版社，2011.